Siegfried Schulz
Dieter Cieplik
Hans Tegen
Annely Zeeb

ERLEBNIS
Naturwissenschaft 1

Ein Lehr- und Arbeitsbuch

Schroedel

ERLEBNIS Naturwissenschaft

Herausgegeben von
Siegfried Schulz
Hans Tegen
Dieter Cieplik
Annely Zeeb

Bearbeitet von
Dieter Keller
Marietta Keller
Ulrike Preuß
Siegfried Schulz
Albert Steinkamp
Erwin Werthebach
und andere

Beratung:
Christian Voerster

und der Verlagsredaktion

Illustrationen:
Brigitte Karnath
Liselotte Lüddecke
Langner & Partner
Karin Mall
Tom Menzel
Heike Möller
Kerstin Ploß
Barbara Schneider
Ingrid Schobel
Werner Wildermuth

Grundlayout und Pinnwände:
Atelier *tiger*color Tom Menzel

Umschlaggestaltung:
Cordula Hofmann

Druck A [4] / Jahr 2008
Alle Drucke der Serie A sind im Unterricht parallel verwendbar.

Satz: media service schmidt, Hildesheim
Druck und Bindung: westermann druck GmbH, Braunschweig

ISBN 978-3-507-**76992**-2

Naturwissenschaftliches Arbeiten

Umgang mit Stoffen im Alltag

Sonne – Wetter – Jahreszeiten

Welt des Großen – Welt des Kleinen

Körper – Gesundheit – Entwicklung

Körper und Bewegung

Pflanzen – Tiere – Lebensräume

Hier findest du Methoden, die dir helfen, naturwissenschaftliche Themen zu verstehen und zu bearbeiten.

Hier findest du zusätzlich Bilder und Informationen zum jeweiligen Thema und Aufgaben, die du selbstständig bearbeiten und lösen kannst.

Hier findest du weitere Informationen zu Themen, die in anderen Bereichen von großer Bedeutung sind.

Hier findest du Versuche, Aufträge und Bastelanleitungen, die du selbstständig oder mit deinen Mitschülerinnen und Mitschülern ausführen kannst.

Hier findest du Themen zu Projekten. Ein Projektthema wird in mehrere Aufträge unterteilt. Eine Gruppe bearbeitet jeweils einen Auftrag. Am Ende stellt jede Gruppe ihre Ergebnisse vor.

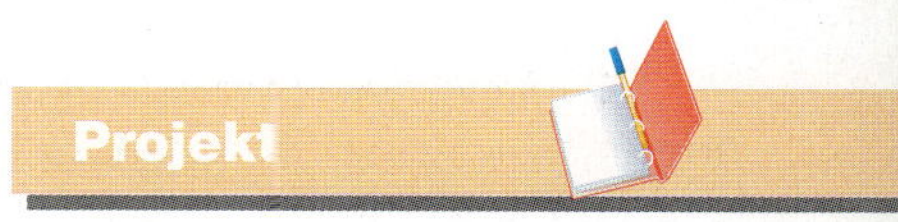

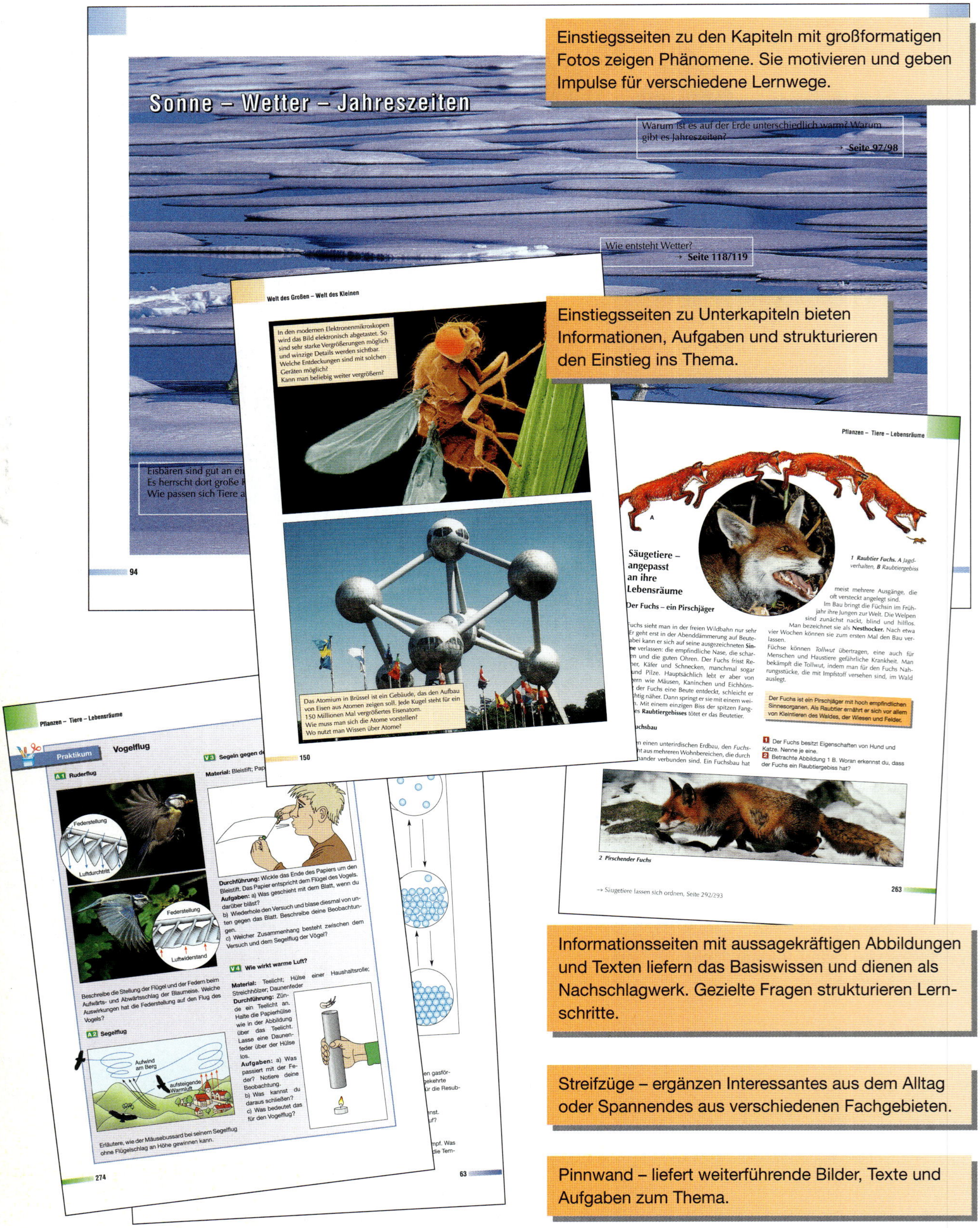

Einstiegsseiten zu den Kapiteln mit großformatigen Fotos zeigen Phänomene. Sie motivieren und geben Impulse für verschiedene Lernwege.

Einstiegsseiten zu Unterkapiteln bieten Informationen, Aufgaben und strukturieren den Einstieg ins Thema.

Informationsseiten mit aussagekräftigen Abbildungen und Texten liefern das Basiswissen und dienen als Nachschlagwerk. Gezielte Fragen strukturieren Lernschritte.

Streifzüge – ergänzen Interessantes aus dem Alltag oder Spannendes aus verschiedenen Fachgebieten.

Pinnwand – liefert weiterführende Bilder, Texte und Aufgaben zum Thema.

→ Stoffe bestehen aus kleinsten Teilchen, Seite 52
→ Vom Steinsalz zum Kochsalz, Seite 54

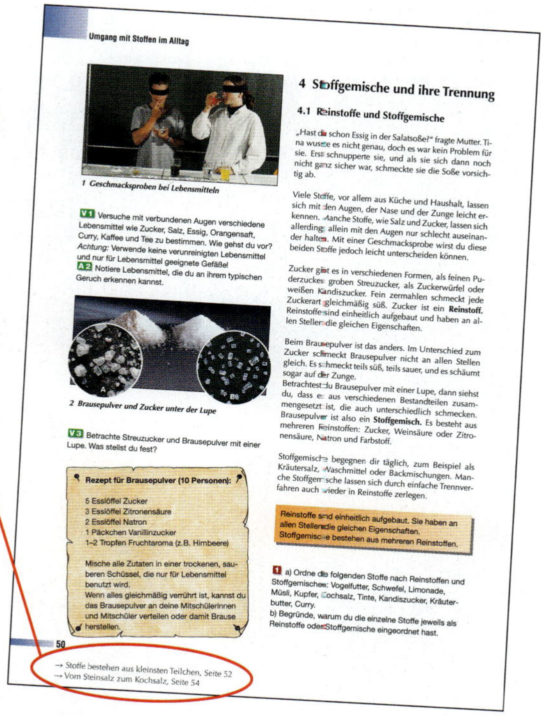

Umgang mit Stoffen im Alltag

1 Geschmacksproben bei Lebensmitteln

V1 Versuche mit verbundenen Augen verschiedene Lebensmittel wie Zucker, Salz, Essig, Orangensaft, Curry, Kaffee und Tee zu bestimmen. Wie gehst du vor? *Achtung:* Verwende keine verunreinigten Lebensmittel und nur für Lebensmittel geeignete Gefäße!
A2 Notiere Lebensmittel, die du an ihrem typischen Geruch erkennen kannst.

2 Brausepulver und Zucker unter der Lupe

V3 Betrachte Streuzucker und Brausepulver mit einer Lupe. Was stellst du fest?

Rezept für Brausepulver (10 Personen):
5 Esslöffel Zucker
3 Esslöffel Zitronensäure
2 Esslöffel Natron
1 Päckchen Vanillinzucker
1–2 Tropfen Fruchtaroma (z.B. Himbeere)
Mische alle Zutaten in einer trockenen, sauberen Schüssel, die nur für Lebensmittel benutzt wird.
Wenn alles gleichmäßig verrührt ist, kannst du das Brausepulver an deine Mitschülerinnen und Mitschüler verteilen oder damit Brause herstellen.

4 Stoffgemische und ihre Trennung

4.1 Reinstoffe und Stoffgemische

„Hast du schon Essig in der Salatsoße?" fragte Mutter. Tina wusste es nicht genau, doch es war kein Problem für sie. Erst schnupperte sie, und als sie sich dann noch nicht ganz sicher war, schmeckte sie die Soße vorsichtig ab.

Viele Stoffe, vor allem aus Küche und Haushalt, lassen sich mit den Augen, der Nase und der Zunge leicht erkennen. Manche Stoffe, wie Salz und Zucker, lassen sich allerdings allein mit den Augen nur schlecht auseinander halten. Mit einer Geschmacksprobe wirst du diese beiden Stoffe jedoch leicht unterscheiden können.

Zucker gibt es in verschiedenen Formen, als feinen Puderzucker, groben Streuzucker, als Zuckerwürfel oder weißen Kandiszucker. Fein zermahlen schmeckt jede Zuckerart gleichmäßig süß. Zucker ist ein **Reinstoff**. Reinstoffe sind einheitlich aufgebaut und haben an allen Stellen die gleichen Eigenschaften.

Beim Brausepulver ist das anders. Im Unterschied zum Zucker schmeckt Brausepulver nicht an allen Stellen gleich. Es schmeckt teils süß, teils sauer, und es schäumt sogar auf der Zunge.
Betrachtest du Brausepulver mit einer Lupe, dann siehst du, dass es aus verschiedenen Bestandteilen zusammengesetzt ist, die auch unterschiedlich schmecken. Brausepulver ist also ein **Stoffgemisch**. Es besteht aus mehreren Reinstoffen: Zucker, Weinsäure oder Zitronensäure, Natron und Farbstoff.

Stoffgemische begegnen dir täglich, zum Beispiel als Kräutersalz, Waschmittel oder Backmischungen. Manche Stoffgemische lassen sich durch einfache Trennverfahren auch wieder in Reinstoffe zerlegen.

Reinstoffe sind einheitlich aufgebaut. Sie haben an allen Stellen die gleichen Eigenschaften. Stoffgemische bestehen aus mehreren Reinstoffen.

A1 a) Ordne die folgenden Stoffe nach Reinstoffen und Stoffgemischen: Vogelfutter, Schwefel, Limonade, Müsli, Kupfer, Kochsalz, Tinte, Kandiszucker, Kräuterbutter, Curry.
b) Begründe, warum du die einzelne Stoffe jeweils als Reinstoffe oder Stoffgemische eingeordnet hast.

50

→ Stoffe bestehen aus kleinsten Teilchen, Seite 52
→ Vom Steinsalz zum Kochsalz, Seite 54

Seitenhinweise am unteren Buchrand bieten eine Auswahl an möglichen Vernetzungen von Themen. Die Vernetzungen der Themen können je nach Schwerpunkt innerhalb eines Kapitels, aber auch zwischen verschiedenen Kapiteln erfolgen.

Methode – führt in fachspezifische Arbeitsweisen ein.

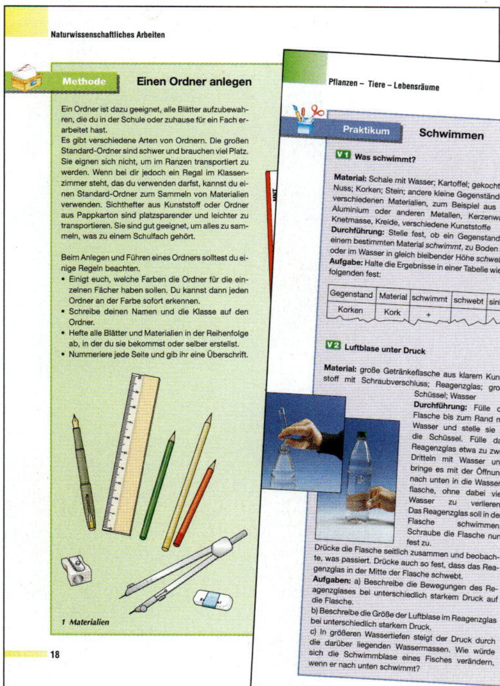

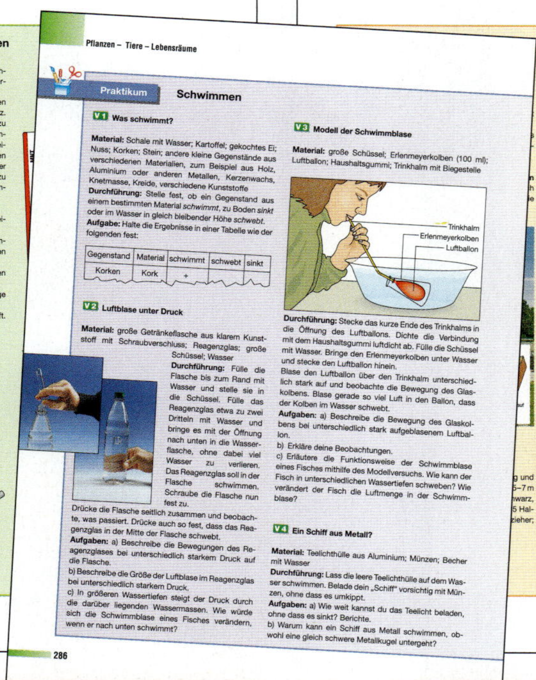

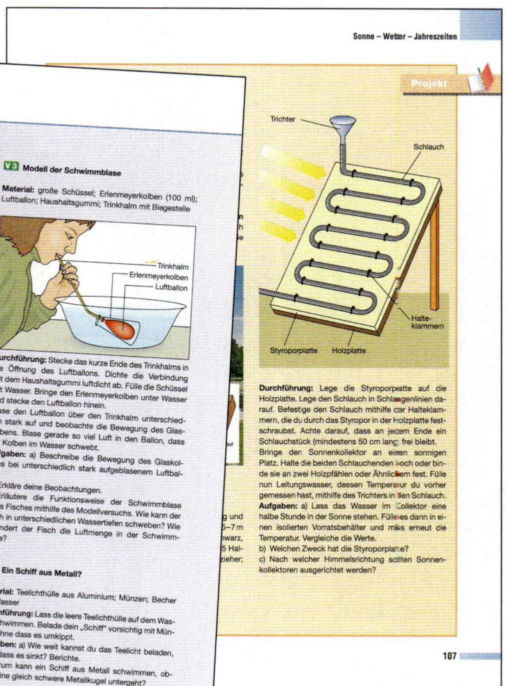

Praktikum – ermöglicht das selbstständige fachspezifische Erarbeiten von Inhalten, Methoden und Kompetenzen.

Projekt – bietet strukturierte Arbeitsprozesse, die dem Transfer von Wissen dienen, aber genügend Spielraum für eigene Ideen und Lösungsansätze lassen.

Naturwissenschaftliches Arbeiten

1 Spannendes aus Wissenschaft und Technik

Im Sommer macht es allen Spaß, draußen zu grillen. Du kannst Würstchen, lecker gewürztes Fleisch, aber auch Fisch, Scampis oder Gemüse auf einen Holzkohlengrill legen. Wenn das Grillgut so richtig knusprig und saftig ist, dann ist dir die Zubereitung gut gelungen.

Beim Grillen benutzt du zur Zubereitung von Speisen die Wärme, die beim Verbrennen von Holz oder Kohle entsteht. Hast du dir aber schon einmal überlegt, warum das Grillfeuer überhaupt brennt? Aus welchen Materialien muss ein Grill beschaffen sein, damit er den hohen Temperaturen des Feuers standhält? Welche Wirkung hat Wärme auf Pflanzen, Tiere und Menschen?

Dieses Buch hilft dir, solche Fragen zu beantworten. Es führt dich durch die interessante Welt der Natur und der Technik, wo du in alltäglichen Situationen viele weitere spannende Entdeckungen machen kannst.

1.1 Verschiedene Fachrichtungen arbeiten zusammen

Wer sich mit der Natur und der Umwelt beschäftigt, muss unterschiedliche Bereiche berücksichtigen. Viele Fragen, die sich mit Tieren, Pflanzen und den Menschen beschäftigen, werden von der **Biologie** beantwortet. Die **Chemie** beantwortet Fragen nach dem Aufbau und der Zusammensetzung der Stoffe, aus denen die Dinge um uns herum bestehen. Die **Physik** befasst sich darüber hinaus mit dem Zustand und den Veränderungen der Materialien und mit den Kräften, die diese Veränderungen hervorrufen. Biologie, Chemie und Physik werden zusammen als **Naturwissenschaften** bezeichnet.

Viele Ergebnisse naturwissenschaftlicher Forschungen werden genutzt, um unseren Alltag angenehmer zu gestalten. So beschäftigt sich die **Technik** damit, Werkzeuge, Maschinen und Geräte zu entwickeln, herzustellen und anzuwenden. Auch die **Hauswirtschaft** nutzt Erkenntnisse der Naturwissenschaften, beispielsweise beim Haltbarmachen von Nahrungsmitteln.

Nur durch die enge **Zusammenarbeit von Fachleuten** verschiedener Richtungen gelingt es, schwierige Probleme zu lösen. Das folgende Beispiel zeigt, wie die Naturerscheinung Wärme verschiedene Fachrichtungen beschäftigt und wie die Erkenntnisse im Alltag angewendet werden.

Wärme

In der **Biologie** wird untersucht, wie Menschen, Tiere und Pflanzen Wärme wahrnehmen, diese nutzen oder sich davor schützen.

In der **Chemie** wird untersucht, unter welchen Bedingungen ein Feuer brennt und was bei Verbrennung von Materialien wie Holz, Kohle oder Fett passiert.

In der **Physik** wird untersucht, wie Temperaturen exakt gemessen werden können und wie sich Wärme auf Materialien wie Holz oder Metalle auswirkt.

In der **Hauswirtschaft** wird überlegt, wie sich Wärme auf Lebensmittel auswirkt und wie diese Erkenntnisse im Alltag angewendet werden können.

In der **Technik** wird überlegt, wie und aus welchen Werkstoffen Geräte wie ein Gartengrill konstruiert werden können, damit sie möglichst viel Wärme aushalten.

Biologie, Chemie und Physik sind Naturwissenschaften. Ihre Forschungsergebnisse nutzen Fachleute aus Technik und Haushalt, um unseren Alltag angenehmer zu gestalten.

1 Das nebenstehende Bild zeigt die Naturerscheinung „Winter und Kälte".
a) Welche Fragen könnten die Biologie in diesem Zusammenhang interessieren?
b) Welche Fragen würden die Chemie und die Physik stellen?
c) Welche Fragen stellen Technik und Hauswirtschaft?

Lerngang zur Blumenwiese beim Spielplatz am 17.6.03

Wetter: sonnig, 22 °C

Das haben wir beobachtet:

Pflanzen	Tiere
Wiesenkerbel	Kleiner Fuchs
Margeriten	Amsel
Weißklee	

B

1 Erforschen einer Wiese. ***A*** *Beobachtungen,* ***B*** *Beobachtungsprotokoll*

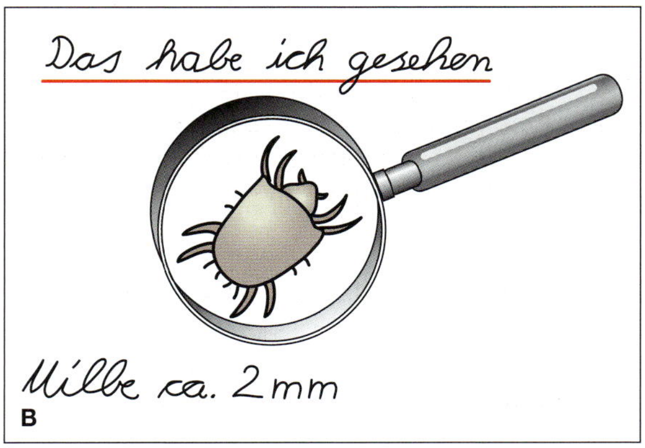

2 Beobachten von Bodentieren. ***A*** *im Klassenzimmer,* ***B*** *Beobachtungsprotokoll*

1.2 Arbeiten in der Forschung

Viele Dinge, die in unserem Leben selbstverständlich sind, wären ohne naturwissenschaftliche Forschung nicht entstanden. Es gäbe beispielsweise keine Flugzeuge, keine Kosmetikartikel und auch keine Medikamente. Wie arbeiten Forscherinnen und Forscher, um Erkenntnisse über uns Menschen und unsere Umwelt zu erhalten?

Lebewesen beobachten

Wer etwas über Lebewesen erfahren möchte, muss sie dort *beobachten,* wo sie vorkommen. So *erforschen* Wissenschaftlerinnen und Wissenschaftler Tiere, Pflanzen und Menschen und die Lebensräume, in denen sie leben. Sie erfahren dabei, welche Bedingungen einzelne Lebewesen brauchen, um leben zu können.
Dies ist auch im Umfeld deiner Schule möglich. Zum Erforschen einer Wiese oder eines Waldes kannst du verschiedene Pflanzen oder Pflanzenteile *sammeln* und sie miteinander *vergleichen.* Mit Hilfe eines Buches *bestimmst* du die Namen der Pflanzen.
Bei Tieren ist das schon schwieriger. Um sie zu *beobachten,* musst du sehr leise sein und brauchst viel Geduld. Tiere wie Vögel oder größere Säugetiere lassen sich mit einem guten Fernglas beobachten. Kleinere Bodentiere kannst du fangen, um sie mit der Lupe genauer zu *betrachten.* Wenn du sie *zeichnest,* wirst du viele Kleinigkeiten entdecken, die du sonst kaum wahrnimmst. Die Ergebnisse deiner Untersuchungen hältst du in einem *Beobachtungsprotokoll* fest. Nach dem Betrachten müssen die Tiere unverletzt wieder in ihren Lebensraum zurückgebracht werden.
Um noch mehr über die Natur zu erfahren, wenden Fachleute aber auch komplizierte Verfahren an. Sie *untersuchen* Lebewesen mit Hilfe von Geräten, zum Beispiel mit einer Stereolupe oder dem Mikroskop, und führen Versuche durch.

Versuche durchführen

Viele Fragen lassen sich nur mit Hilfe von *Versuchen* beantworten. So erkennen Fachleute, wie und warum Vorgänge in der Natur oder in der Technik nach einem ganz bestimmten Muster ablaufen.
Damit ein Versuch zu einem Ergebnis führt, muss er einem klaren Ablauf folgen. Dieser Ablauf lässt sich an einem ganz alltäglichen Beispiel zeigen:
Du hast dein Lieblingssweatshirt in der Waschmaschine gewaschen und trotzdem ist es nicht sauber geworden. Bei der letzten Wäsche war das ganz anders. Jetzt willst du aber wissen, warum das so ist. Du führst einen Versuch durch.

Ablauf eines Versuchs

Am Anfang steht eine Beobachtung.

Du beobachtest, dass dein Sweatshirt nach der Wäsche manchmal noch Flecken aufweist. Oft ist es nach dem Waschen aber auch ganz sauber.

Daraus ergibt sich eine Frage.

Warum ist das Sweatshirt nach der Wäsche nicht immer fleckenlos sauber?

Als nächstes stellst du Vermutungen an.

Es gibt mehrere Möglichkeiten, warum das Sweatshirt nicht immer sauber wird. Du überlegst zum Beispiel, ob die unterschiedlichen Waschergebnisse etwas mit der Temperatur des Waschwassers zu tun haben könnten.

Mit einem Versuch kannst du deine Vermutung überprüfen.

Nun überlegst du dir einen Versuch um nachzuprüfen, ob deine Vermutung stimmt. Wenn du mehrere Vermutungen hast, musst du dir zu jeder einzelnen einen geeigneten Versuch ausdenken. Anschließend planst du den Versuchsaufbau und die Versuchsdurchführung. Dazu erstellst du eine Materialliste. Dann führst du den Versuch durch und notierst alle Ergebnisse in einem Versuchsprotokoll.

Das Versuchsergebnis bestätigt oder widerlegt die Vermutungen.

Nach der Durchführung des Versuchs kannst du Schlussfolgerungen aus dem Versuchsergebnis ziehen. In unserem Beispiel könnten dies Tipps zum Entfernen von Flecken aus Kleidungsstücken sein.

Durch Beobachten und Experimentieren erhältst du Erkenntnisse über Lebewesen und Vorgänge in der Natur.

A

Versuchsergebnis:

Temperatur des Waschwassers	Sauberkeit der Stoffproben
30°C	
60°C	
95°C	

B

3 ***Durchführung eines Versuchs. A*** *in der Schulküche,* ***B*** *Ergebnisprotokoll*

V1 Führe einen Versuch zu der im Text beschriebenen Vermutung durch. Benutze dazu Stoffproben mit verschiedenen Flecken. Folge dabei Schritt um Schritt der links dargestellten Planung eines Versuchs.

1 a) Du vermutest, dass die unterschiedlichen Waschergebnisse etwas mit den verschiedenen Materialien der Kleidungsstücke zu tun haben könnten. Denke dir einen Versuch zu dieser Vermutung aus und führe ihn durch.
b) Nenne weitere Vermutungen, woran die unterschiedlichen Waschergebnisse liegen könnten.

Methode

Ein Heft führen

Mit einem gut geführten Fachheft kannst du zeigen, was du dir in einem Fach erarbeitet hast. Du kannst damit leichter wiederholen und dich auf Tests, Klassenarbeiten und Prüfungen vorbereiten. Außerdem kannst du dich freuen und stolz sein, wenn du dir dein schön gestaltetes Heft ansiehst.

Was gehört in ein Fachheft?

- Merksätze, wichtige Begriffe und Zeichnungen, wie ihr sie im Unterricht festgehalten habt
- Lösungen von Aufgaben, die du im Unterricht oder als Hausaufgaben bearbeitet hast
- Arbeitsblätter, die du bearbeitet hast
- Notizen über Beobachtungen und Versuche, die du gemacht hast. Diese kannst du durch Zeichnungen ergänzen. Hier kannst du beispielsweise das Verhalten von Tieren oder ein Experiment beschreiben.
- Zusatzmaterial, das du gesammelt hast. Das können Fotos, Zeitungsausschnitte, Kopien aus Büchern oder Ausdrucke von Internetseiten sein.
- eigene Arbeiten wie eine besonders schön gestaltete Seite über Hunderassen

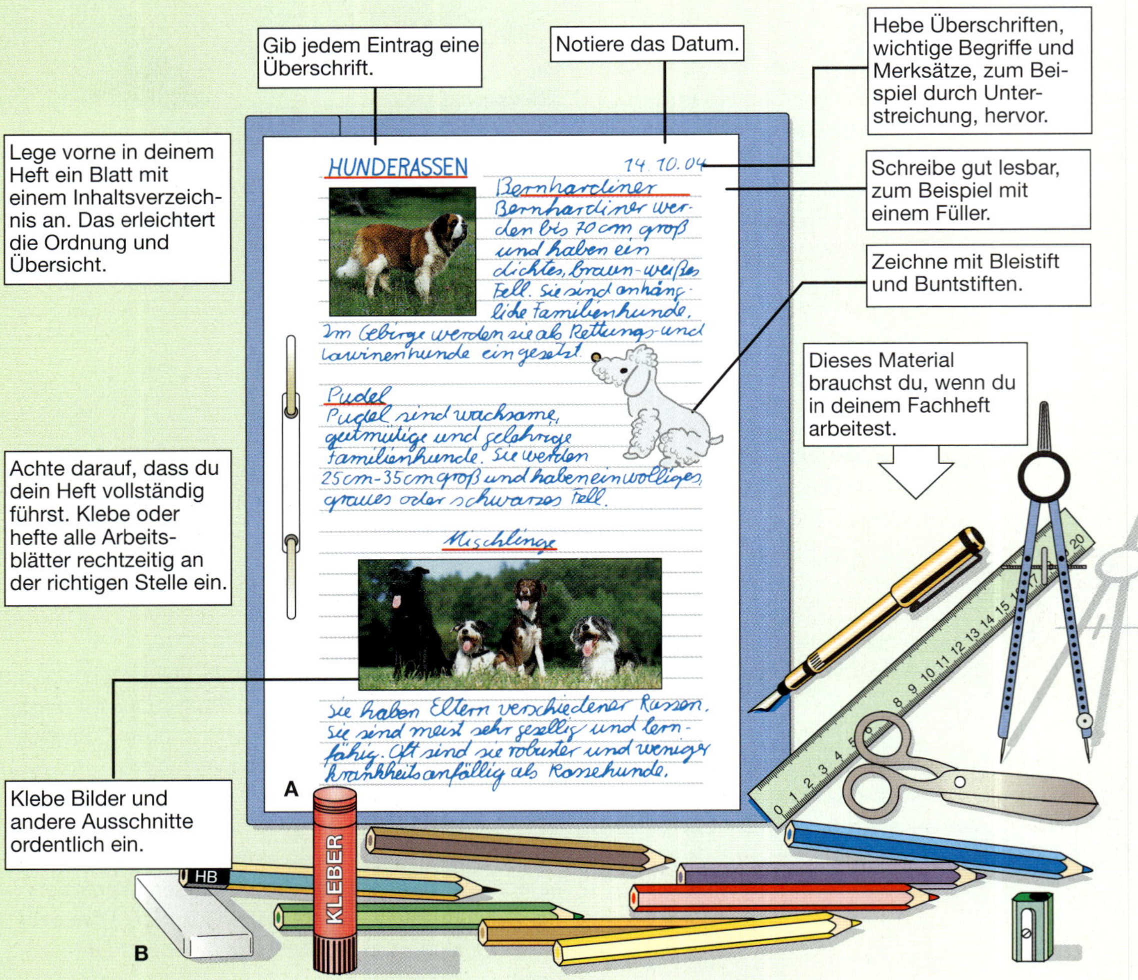

*1 **Fachheft. A** Seite über Hunderassen; **B** Arbeitsmaterial*

Erstellen einer Sachmappe

Methode

In einer **Sachmappe** werden möglichst viele Materialien gesammelt, die zu einem Sachgebiet gehören. Eine gut sortierte Sachmappe ist ein kleines Nachschlagewerk, das du auch im Klassenzimmer aufstellen kannst.
Die Sachmappe kann ein Ordner sein, ein Schnellhefter oder eine Loseblattsammlung, die gebunden wird.

Was gehört in eine Sachmappe?

In eine vielseitige Sachmappe gehören Bilder, Fotos, selbstgeschriebene Texte, Zeitungsausschnitte, Diagramme, Schaubilder und Zeichnungen, zum Beispiel zum Thema Wald. Auch Naturmaterialien wie gepresste Blätter, Nadeln und Samen kannst du zur Gestaltung der Sachmappe verwenden.

1 Sachmappen in verschiedenen Formen

Vorgehensweise beim Erstellen einer Sachmappe

- Sammle zunächst alle möglichen Materialien zum ausgewählten Thema.
- Sortiere die Materialien in zusammengehörende Bereiche, zum Beispiel Blätter, Waldsterben oder Baumarten.
- Wähle die besten Materialien aus.
- Entscheide dich, ob deine Sachmappe DIN A 4-Format haben soll. Du kannst auch ein anderes Format wählen.
- Klebe kleine Zeitungsausschnitte, Fotos und Blätter auf.
- Achte darauf, dass die Seiten übersichtlich gestaltet und nicht zu voll sind. Gib jeder Seite eine Überschrift.
- Gestalte ein schönes Deckblatt. Füge dahinter ein Inhaltsverzeichnis ein. Dazu musst du alle Seiten durchnummerieren.

2 So entsteht eine Sachmappe.

Methode

Einen Ordner anlegen

Ein Ordner ist dazu geeignet, alle Blätter aufzubewahren, die du in der Schule oder zuhause für ein Fach erarbeitet hast.
Es gibt verschiedene Arten von Ordnern. Die großen Standard-Ordner sind schwer und brauchen viel Platz. Sie eignen sich nicht, in der Tasche transportiert zu werden. Wenn bei dir jedoch ein Regal im Klassenzimmer steht, das du verwenden darfst, kannst du einen Standard-Ordner zum Sammeln von Materialien verwenden. Sichthefter aus Kunststoff oder Ordner aus Pappkarton sind platzsparender und leichter zu transportieren. Sie sind gut geeignet, um alles zu sammeln, was zu einem Schulfach gehört.

Beim Anlegen und Führen eines Ordners solltest du einige Regeln beachten.

- Einigt euch, welche Farben die Ordner für die einzelnen Fächer haben sollen. Du kannst dann jeden Ordner an der Farbe sofort erkennen.
- Schreibe deinen Namen und die Klasse auf den Ordner.
- Hefte alle Blätter und Materialien in der Reihenfolge ab, in der du sie bekommst oder selber erstellst.
- Nummeriere jede Seite und gib ihr eine Überschrift.

2 Verschiedene Ordner

- Erstelle ein Inhaltsverzeichnis und schreibe es auf eine Seite aus stabilem Papier. Es liegt immer oben in deinem Ordner. Du kannst die Löcher mit Klebefolie verstärken, damit sie nicht so leicht ausreißen.
- Trage die Überschrift und die Seitenzahl jeder Seite in das Inhaltsverzeichnis ein.
- Beim Gestalten der Seiten solltest du links einen breiten Rand zum Abheften lassen. Oben steht auf jeder Seite das Datum.
- Zeichne mit Bleistift oder Buntstiften. Achte darauf, dass deine Zeichnungen nicht zu klein werden.
- Verwende für gerade Linien ein Lineal und für Kreise einen Zirkel.
- Überprüfe ständig, ob dein Ordner vollständig ist.
- In deinem Ordner darfst du alles sammeln, was zu einem Unterrichtsfach passt. So kannst du später immer nachschlagen, wenn du bestimmte Informationen brauchst.
- Achte darauf, dass dein Ordner einen ordentlichen Eindruck macht.

1 Materialien

Informationen suchen und auswerten

Methode

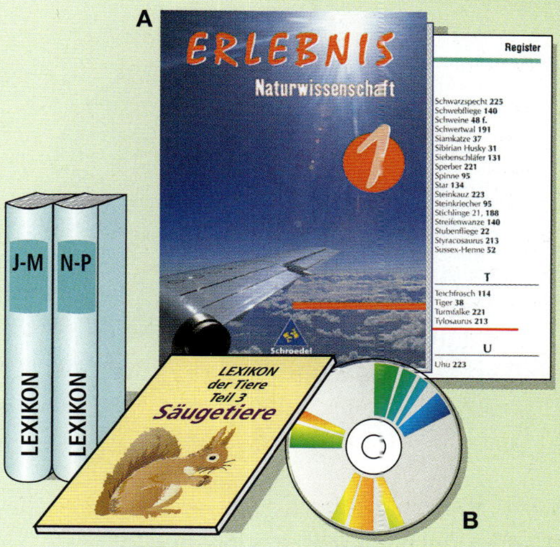

Im **Schulbuch** kannst du dir zuerst das Grundwissen über ein Thema verschaffen. Hinten im Buch findest du ein *Stichwortverzeichnis,* das auch Register genannt wird. Hier sind wichtige Begriffe alphabetisch angeordnet. Die Stichwörter verweisen auf die entsprechenden Seiten im Buch.

Im nächsten Schritt kannst du ein **Lexikon** benutzen. Darin lassen sich Begriffe leicht nachschlagen, weil die Informationen alphabetisch geordnet sind. Wenn du das Richtige gefunden hast, schreibe dir die wichtigsten Informationen heraus.
Auch an einem Computer kannst du mit einem Lexikon, zum Beispiel auf CD, arbeiten.

In der Schulbibliothek, der Stadtbücherei oder einer anderen *Bibliothek* findest du viele **Sachbücher,** zum Beispiel über die Tierwelt Südamerikas, die Geschichte der Fliegerei und andere interessante Themen. Auch viele Anleitungen zu praktischen Arbeiten gibt es hier.
Um zu finden, was du suchst, kannst du das Inhaltsverzeichnis vorne im Buch durchschauen oder hinten im Stichwortverzeichnis nachschlagen.

Sehr viele Informationen und Abbildungen gibt es auch im **Internet.** Du findest leicht das Richtige, wenn du in eine *Suchmaschine* eine Kombination von zwei *Suchwörtern* eingibst. Lies die angezeigten Seiten kurz durch. Drucke nur die Abschnitte aus, die du wirklich für deine weitere Arbeit verwenden möchtest.

1 Schlage im Stichwortverzeichnis dieses Schulbuches die Begriffe Jaguar, Elefant, Wal, Magnet, Volumen, Thermometer und Fallschirm nach. Welche dieser Begriffe findest du in diesem Buch nicht?
2 Suche in einem Lexikon das Wort ‚Tiger“. Schreibe wichtige Informationen in dein Heft.
3 Lasst euch gemeinsam in einer Bücherei zeigen, wie ihr Bücher zu bestimmten Themen findet.
4 Besprecht in der Klasse, welche Suchmaschinen ihr im Internet benutzt. Probiere die Suchbegriffe „Tiger“ und „Beute“ aus und die Kombination „Tiger Beute“. Berichte.

1 ***Informationsquellen.*** ***A*** *Schulbuch;* ***B*** *Lexika;* ***C*** *Sachbücher;* ***D*** *Internet*

Methode

Fachbegriffe nachschlagen

1. Auswahl einer Informationsquelle
Wenn du dich für ein bestimmtes Thema oder für einen bestimmten Fachbegriff interessierst, musst du zunächst eine passende Informationsquelle suchen. Das kann ein Buch sein. Es kann aber auch eine CD oder eine Internetseite sein.

2. Orientierung im Fachbuch
In einem Lexikon kannst du den gesuchten Begriff nachschlagen. Alle Einträge sind alphabetisch geordnet. In einem Fachbuch findest du ganz vorne ein Inhaltsverzeichnis und auf den letzten Seiten ein Stichwortverzeichnis.

4. Nachlesen
Manchmal ist es auch hilfreich, andere Worte nachzuschlagen, die dir zu dem Thema einfallen.
Falls du keine passenden Seiten oder nur unzureichende Informationen findest, musst du eine andere Informationsquelle suchen.

3. Inhalts- und Stichwortverzeichnis
Im Inhaltsverzeichnis sind die Kapitel des Buches aufgelistet. Es gibt dir einen Themenüberblick. Das Stichwortverzeichnis ist alphabetisch geordnet. Hinter jedem Wort sind die betreffenden Seiten angegeben. Der Buchstabe f bedeutet, dass sich auch die folgende Seite noch mit dem Begriff befasst. Bei ff steht der Begriff auf mehreren der folgenden Seiten.

1 Ordne folgende Begriffe in alphabetischer Reihenfolge: Tanne, Kiefer, Bergahorn, Stieleiche, Birke, Rotbuche, Fichte, Lärche.

2 Schlage einen der folgenden Begriffe nach und stelle seine Bedeutung der Klasse vor:
Hetzjäger, Schleichjäger, Sinne, Säugetiere.

Internetrecherche

Methode

Die Tipps auf dieser Seite sollen dir helfen, im Internet gezielt Informationen zu finden und diese dann zu nutzen. Wenn du zum Beispiel wissen möchtest, welche Mikroorganismen für die Sauerteigbildung verantwortlich sind, und du außerdem ein Rezept zum Backen von Sauerteigbrot suchst, wirst du im Internet sicher das Richtige finden.

Favoriten

www.nabu.de
www.naturdetektive.de
www.GEOlino.de
www.chemikus.de
www.bund.net/bawue/
www.deutschesmuseum.de
www.biolinks.ginkgoweb.de
www.hobbythek.de
www.lfr.ka.bw.schule.de

Tipp: Ziel verfolgen

➔ Suche in einer begrenzten Zeit nur nach Sauerteigrezepten und dazugehörigen Mikroorganismen. Surfe nicht zu anderen Seiten.

➔ Schließe alle Fenster mit Werbung. Gib nirgends persönliche Angaben ein.

Tipp: Suchen

➔ Benutze eine *Suchmaschine*.

➔ Schreibe die Suchwörter mit richtiger Rechtschreibung. Beachte die unterschiedlichen Eingabemöglichkeiten der Suchmaschinen.

➔ Gib spezielle *Suchwörter* oder *Kombinationen* davon ein. Probiere „Sauerteig Bakterien", „Sauerteig Mikroorganismen", oder „Sauerteigbrot Rezept" aus. So erhältst du jeweils eine überschaubare Menge *Internetadressen* zu diesen Themen. Die Suchmaschinen sortieren die Seiten zu den Stichwörtern und geben einen kurzen Einblick in den Inhalt. Die passenden Seiten stehen oft am Anfang der Trefferlisten.

Gibst du nur ein allgemeines Stichwort wie „Bakterien" ein, werden oft tausende von Seiten angezeigt.

➔ Wenn du eine gute Seite über Sauerteig gefunden hast, gibt es dort manchmal *Links* zu anderen Internetseiten. Oft lohnt es sich, solche *Verweise* zu verfolgen.

uchmaschinen

vww.google.de
vww.metager.de
vww.blinde-kuh.de
www.suchmaschinen.de

Tipp: Prüfen und Auswählen

➔ Prüfe, ob die Seite das enthält, was du suchst.

➔ Prüfe, ob die Seite für dich verständlich ist.

➔ Prüfe, wer die Seite anbietet, zum Beispiel eine Firma, eine Behörde, ein Verein oder eine Privatperson.

➔ Prüfe, wie aktuell die Seite ist. Gibt es ein Datum?

➔ Prüfe die Qualität der Seite. Ist sie gut gestaltet und übersichtlich? Funktionieren die Links? Enthält der Text keine groben Fehler?

➔ Beachte, dass das Internet auch viel Falsches bietet, was nicht immer leicht zu erkennen ist.

Vergleiche die Informationen von verschiedenen Seiten. Stimmen die Aussagen zum Sauerteig überein oder widersprechen sie sich? Welche Aussage erscheint dir glaubwürdiger?

Tipp: Sammeln

➔ Speichere oft benutzte Adressen als *Lesezeichen* (*Favoriten*).

➔ Kopiere interessante Adressen zu deinem Thema in ein Textdokument. Schreibe darunter eine eigene kurze Notiz. Kopiere einen wichtigen Abschnitt, zum Beispiel ein Rezept, dazu.

➔ Drucke nur die Texte und Abbildungen aus, die du wirklich benötigst. Markiere beispielsweise den Abschnitt mit dem Rezept und drucke das Markierte aus.

Tipp: Informationen verwerten

➔ Beachte, dass du fremde Texte und Bilder nicht als deine eigenen ausgeben darfst. Gib die *Quelle* an.

➔ Backe ein Sauerteigbrot.

1 Erprobe und vergleiche verschiedene Suchmaschinen zu derselben Suchwortkombination.

2 Wähle ein Thema aus diesem Buch aus. Suche dazu eine Internetseite, die dir gut gefällt. Stelle die Seite vor. Gib ihre Adresse an. Gib auch an, von wem sie angeboten wird und wann sie erstellt wurde. Wie ist die Seite gestaltet? Fasse den Inhalt zusammen. Bewerte abschließend, was dir gut und was dir weniger gut gefällt.

Methode

Einen Sachtext lesen

Auf dieser Seite findest du Hilfen, wie du schrittweise einen Text erarbeiten kannst.

1. **Orientiere** dich zunächst in dem Text.

Wie lautet die Überschrift? Was zeigen die Bilder und was steht darunter? Was steht in Einleitungen oder Zusammenfassungen? Was ist fett gedruckt? Wie ist der Text gegliedert?

2. **Lies** den Text einmal ganz durch.

3. **Wähle aus,** welchen Textteil du genau lesen möchtest.

Was interessiert mich? Wo finde ich eine Antwort auf meine Frage, zum Beispiel was Eichhörnchen im Winter machen?

4. **Erarbeite** dir den ausgewählten Text. Lies den Text noch einmal abschnittsweise. Mache dir zu jedem Abschnitt stichwortartig Notizen. Orientiere dich dabei an Abbildung 1B.

Welchen Titel kann ich dem Abschnitt geben? Welche Begriffe und Aussagen sind wichtig? Lassen sich die Bilder bestimmten Abschnitten zuordnen? Welche Wörter oder Inhalte verstehe ich nicht?

5. **Nutze** die Informationen.

Ich wiederhole und lerne mit meinen Notizen.

Ich brauche sie für ein Referat.

Eichhörnchen sind geschickte Kletterer

Eichhörnchen

Eichhörnchen begegnen uns in Wäldern, Gärten und Parkanlagen. Vor unseren Augen beißen diese zutraulichen *Nagetiere* geschickt Haselnüsse oder Bucheckern auf und verschwinden dann blitzschnell im Geäst der Bäume.

Eichhörnchen sind **geschickte Kletterer.** Sie laufen senkrecht Baumstämme hinauf und hinunter und auf Ästen und sogar dünnen Zweigen entlang. Mit ihren scharfen Krallen halten sie sich an der Baumrinde fest. Distanzen von über fünf Metern überspringen sie mühelos. Dabei benutzen sie ihren buschigen Schwanz als Steuerruder.

Wie alle **Nagetiere** haben Eichhörnchen im Ober- und Unterkiefer je zwei lange Nagezähne. Die Zähne nutzen sich beim Nagen an harten Schalen ab. Trotzdem reduziert sich ihre Länge nicht, denn sie wachsen lebenslang nach.

Den Winter verbringen Eichhörnchen in ihrem Kobel. Dort halten sie **Winterruhe.** Ihre Körpertemperatur sinkt dabei aber nicht ab wie bei echten Winterschläfern. Auch ihr Herzschlag wird nicht langsamer. Eichhörnchen wachen immer wieder auf und suchen Samen und Früchte in den Verstecken, die sie im Herbst angelegt haben – und manchmal vergessen. **A**

B

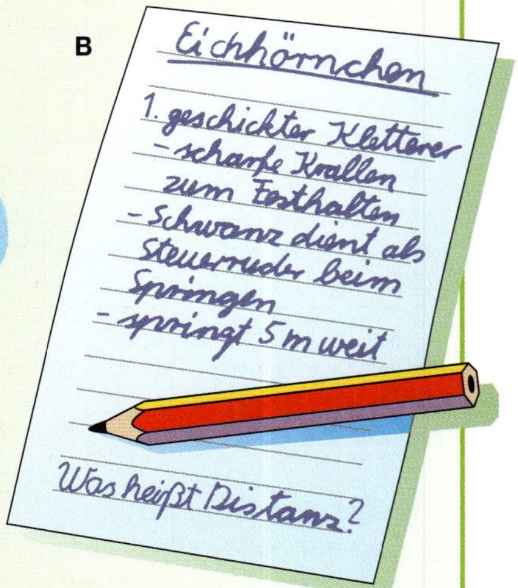

1 Lies den Text über Eichhörnchen. Nimm dazu die Schritte 1 bis 4 im Text zu Hilfe. Vervollständige den angefangenen Stichwortzettel aus Abbildung 1B in deinem Heft.

***1 Sachtext. A** Beispieltext; **B** Notizen zum Text*

Umgang mit Diagrammen und Tabellen

Methode

Naturwissenschaftliche Texte enthalten oft **Diagramme** und **Tabellen.** Diese stellen eine Fülle von Informationen übersichtlich und anschaulich dar. Sie müssen oft in mehreren Schritten gelesen werden. Die einzelnen Schritte können dabei von Darstellung zu Darstellung verschieden sein. Es gibt unterschiedliche Darstellungsformen. Am häufigsten sind **Kreisdiagramme** und **Säulendiagramme.** Tabellen und Diagramme können auch als Grundlage für Vorträge dienen.

1 Sieh dir das Kreisdiagramm an. Es zeigt dir, welche Kosten ein Hund in einem Jahr verursacht und wie hoch diese Kosten im Einzelnen sind. Beantworte folgende Fragen:
a) Welche Bedeutung haben die Kreisabschnitte?
b) Welche Bedeutung haben die Farben?
c) Verfasse einen Text, in dem die wichtigsten Aussagen des Diagramms enthalten sind.

2 In diesem Säulendiagramm ist das Wachstum einer Feuerbohne dargestellt. Sieh dir das Diagramm genau an und beantworte die folgenden Fragen:
a) Welche Bedeutungen haben die Achsen?
b) Wie sind die Achsen eingeteilt?
c) Welche Bedeutung haben die Säulen?
d) Verfasse einen Text, in dem die wichtigsten Aussagen des Diagramms enthalten sind.

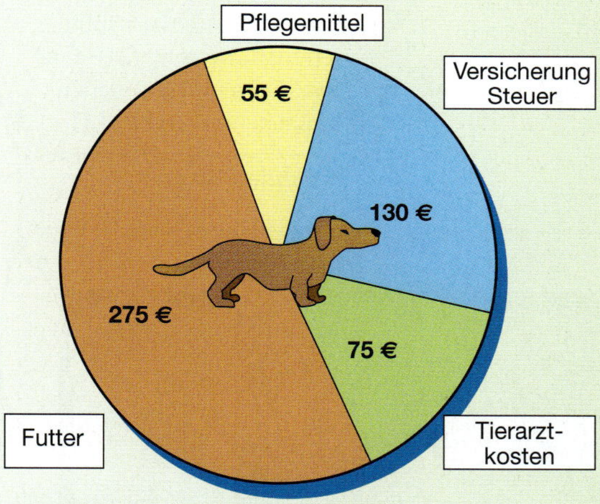

1 Kreisdiagramm (Kosten pro Jahr)

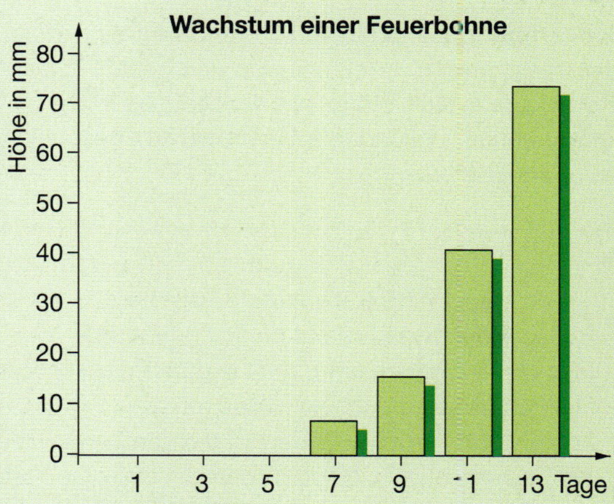

2 Säulendiagramm

3 In der folgenden Tabelle werden die Wachstumsbedingungen für Bohnen dargestellt. Vergleiche die Tabelle mit den Ergebnissen von V4 im Praktikum „Keimung und Wachstum" auf Seite 312. Nenne die Unterschiede.

	Glas A	Glas B	Glas C	Glas D	Glas E	Glas F
Erde	ja	Watte	ja	ja	ja	ja
destilliertes Wasser ohne Mineralstoffe	ja	ja	nein	ja	ja	ja
Temperatur	warm	warm	warm	warm	kalt	warm
Licht	ja	ja	ja	nein	ja	ja
Luft	ja	ja	ja	ja	ja	nein
Ergebnis	wächst	wächst, stirbt später ab	wächst nicht	wächst, ergrünt nicht	wächst nicht	wächst nicht

Methode

Einen Steckbrief erstellen

Gesucht

Mann
etwa 180 cm groß
schwarze Haare
Stoppelbart
Räuberhut

1 Steckbrief: Räuber

Steckbrieflich gesucht wurden früher Räuber und Verbrecher. Ein Plakat wurde an Polizeistationen und Rathäusern ausgehängt und zeigte ein Bild und wichtige Merkmale des Verdächtigen. So konnte er oft mithilfe der Bevölkerung erkannt und gefasst werden. Auch heute werden Personen über das Fernsehen oder Zeitungen gesucht, indem ihre Kennzeichen durch Fotos, Computerzeichnungen und Beschreibungen möglichst genau dargestellt werden.

Wasser

- farb- und geruchlose Flüssigkeit
- gefriert bei 0 °C und siedet bei 100 °C
- 1 Liter Wasser wiegt 1 kg
- Eis schwimmt auf Wasser
- gutes Lösungsmittel für viele Stoffe, zum Beispiel Salze, Zucker, Spiritus und Luft
- lebensnotwendig für Pflanzen, Tiere und Menschen
- chemische Formel: H_2O

2 Steckbrief: Wasser

Steckbriefe in der Biologie kennzeichnen eine Tier- oder Pflanzenart möglichst knapp und genau. In der Chemie lassen sich Stoffe wie Kochsalz oder Sauerstoff durch ihre besonderen Eigenschaften beschreiben und wiedererkennen.

Jaguar

Familie: Katzenartige Raubtiere
Kennzeichen: Das Fell hat dunkel umrandete Flecken. Sie gehen am Bauch in dunkle Tupfer über. Die Pupillen sind auch im Hellen rund.
Lebensraum: lebt am Boden im dichten Regenwald
Verbreitung: Süd- und Mittelamerika; vergleiche Karte.
Verhalten, Jagdverhalten: jagt allein in der Dämmerung, ist ein guter Schwimmer, klettert aber nicht gut
Nahrung: erbeutet Säugetiere, Vögel, Krokodile, Schlangen und Fische
Fortpflanzung: 2 bis 4 Junge, die drei Monate gesäugt werden und noch zwei Jahre bei der Mutter bleiben
Besonderheiten: vom Aussterben bedroht durch Zerstörung der Regenwälder

3 Steckbrief: Jaguar

1 Erstelle einen Steckbrief zu einer weiteren Katzenart: Löwe, Tiger, Leopard, Schneeleopard, Puma, Gepard, Luchs oder Ozelot.
a) Suche zu der von dir gewählten Tierart Informationen. Nutze dabei die Stichwörter, die du auf dem Steckbrief in Bild 3 findest.
b) Schreibe den Steckbrief zu der Tierart. Vervollständige ihn durch eine möglichst genaue Zeichnung oder ein Foto des Tieres.
c) Hänge den Steckbrief im Klassenraum aus, zum Beispiel auf einer Pinnwand.

Eine Mindmap erstellen

Methode

Du sollst zu einem Thema, zum Beispiel zu Tieren im Winter, einen kleinen Vortrag halten. Zuerst musst du deine Ideen zu diesem Thema ordnen. Das Erstellen einer **Mindmap** ist eine Möglichkeit, dies zu tun. Du schreibst dabei deine Gedanken nicht wie üblich hintereinander in einem Text auf. Du notierst stattdessen alle Gedanken in einer Art *„Gedankenlandkarte"*, einer Mindmap. Sie hilft dir, das Thema weiter auszuarbeiten. Du kannst sie später auch als Stichwortzettel für deinen Vortrag verwenden. Eine Mindmap hilft dir ebenfalls, die Inhalte eines Textes besser einzuprägen.

So gehst du vor:

1. Schreibe das Thema in die Mitte eines Blattes.

2. Zeichne nun für jede weitere Idee, die dir zu diesem Thema einfällt, einen Ast. Schreibe an jeden Ast möglichst mit ein oder zwei Worten, was dir dazu eingefallen ist.

3. An jedem Ast befinden sich dünnere Zweige. Schreibe an jeden dieser Zweige neue Ideen, die dir zu den Begriffen an den Ästen einfallen. Du kannst alle Begriffe mit Bildern oder Zeichen versehen. Dadurch gelingt es dir später leichter, dich wieder an diese Gliederung zu erinnern. Wenn du magst, kannst du die Äste auch in verschiedenen Farben darstellen. Dies trägt zur Übersichtlichkeit bei.

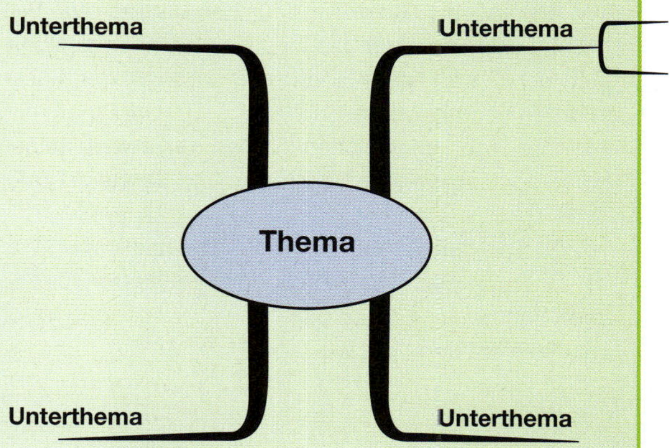

Beispiel für eine Mindmap

In einem Text über Tiere im Winter hast du dir folgende Begriffe markiert: Vögel, Vögel am Futterplatz, Kohlmeise, Sperling, Zugvögel, Star, Schwalbe, Tiere mit Fell, Winterschlaf, Igel, Siebenschläfer, aktive Überwinterung, Feldhase, Fuchs, Wildschwein.

Eine Mindmap dazu könnte so aussehen:

1 Ergänze die Mindmap. Benutze dazu die Begriffe aus der Aufzählung, die noch nicht verwendet wurden.

Methode

Einen kurzen Vortrag halten

In folgenden Schritten kannst du einen Vortrag vorbereiten:

1. Sammle **Ideen.**
2. Suche dazu **Informationen** und werte sie aus. Frage dich dabei, was für dich und deine Klasse interessant, wichtig und neu ist.
3. Suche nach geeigneten Abbildungen und anderen Materialien.
4. Arbeite eine **Gliederung** für den Vortrag aus. Versuche einen spannenden Einstieg und einen geeigneten Schluss zu finden. Plane ein, dass von der Klasse Fragen gestellt werden.
5. Überlege, an welchen Stellen du etwas zeigen möchtest und welche Materialien und Geräte du dafür brauchst.
6. Bereite die Materialien zur Veranschaulichung vor.
7. Schreibe Stichwortzettel oder Karteikarten für deinen Vortrag.
8. Trainiere den Vortrag.

1 Vortrag vor der Klasse

1 Schlage einen Titel für den im Bild gezeigten Vortrag vor. Vergleiche deinen Vorschlag mit anderen Vorschlägen aus deiner Klasse.

2 Informiere dich über Schafe. Schreibe eine weitere Karteikarte zu einem anderen Gliederungspunkt dieses Vortrags.

Präsentieren mit dem PC

Methode

Präsentieren kann man auch mit dem PC. Dazu benötigt man ein Präsentationsprogramm und ein Projektionsgerät, den Beamer. Mit einem Präsentationsprogramm werden Folien so ähnlich erstellt wie mit einem Textverarbeitungsprogramm. Es gelten dieselben Gestaltungskriterien wie bei der Herstellung von Folien für den Tageslichtprojektor, zum Beispiel für Schriftgröße oder Farben. Der Unterschied ist, dass sich einzelne Elemente einer Folie in der von dir gewünschten Reihenfolge einblenden lassen. Dieser Vorgang wird Animation genannt.

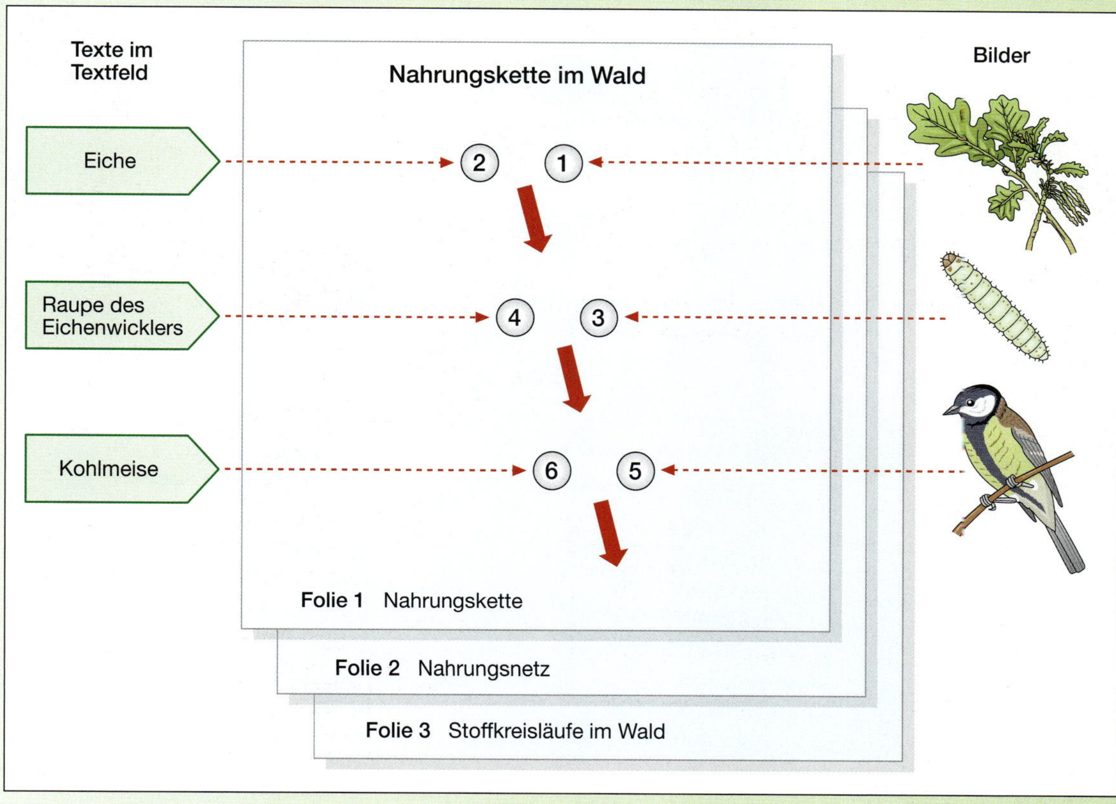

Die Text- und Bildelemente der Folie erscheinen passend zu den Inhalten des Vortrags, wenn du klickst. Zusätzlich lassen sich die Übergänge zwischen den einzelnen Folien gestalten. So kann man z.B. eine Folie über den rechten Bildrand verschwinden lassen, während gleichzeitig die nächste von links hereingeschoben wird. Präsentationsprogramme bieten auch die Möglichkeit, Filmausschnitte und Soundeffekte einzubinden.

Tipps zur Präsentation:

- Erstelle ein Präsentationsdrehbuch zu deinem Vortrag.
- Die Struktur aller Folien zu einem Vortag sollte gleich sein. Verwende deshalb für alle Folien ein einheitliches Layout.
- Wähle möglichst nur eine Übergangsmethode für deine Folien.
- Verwende Animationen sparsam.

Methode

Gemeinsames Lernen in Projekten

Die Klasse plant ein Projekt

Die Gruppen bearbeiten ihren Auftrag

Selbstständiges Lernen macht viel Spaß, besonders wenn Gleichaltrige zusammen sind. Es klappt besser, wenn jeder seine Ideen einbringt. Mit diesem Buch könnt ihr nicht nur selbständig lernen, es werden euch auch Themen angeboten, die ihr in Gruppen bearbeiten könnt. Solche Themen findet ihr hier unter der Bezeichnung **Projekt.**
Ein Projektthema besprecht ihr zunächst gemeinsam. Es ist oft schon in einzelne Arbeitsaufträge zerlegt. Diese werden jeweils von einer Schülergruppe übernommen. Jede **Gruppe** arbeitet selbständig und unabhängig von den anderen. Natürlich ist auch euer Lehrer dabei, aber er ist in erster Linie Berater. Er gibt euch Tipps und Anregungen, wenn es einmal nicht recht vorangeht. Euer **Auftrag** führt zu Beobachtungen, Versuchen und zu Messungen. Als Hilfe für die Arbeit könnt ihr auch Bücher, Zeitschriften, Prospekte, Bilder, Videos oder den Computer benutzen. Manchmal ist es auch sinnvoll, Fachleute zu fragen.

Projektthema vereinbaren

Projektthema in einzelne Arbeitsaufträge zerlegen

Aufträge in Gruppen übernehmen

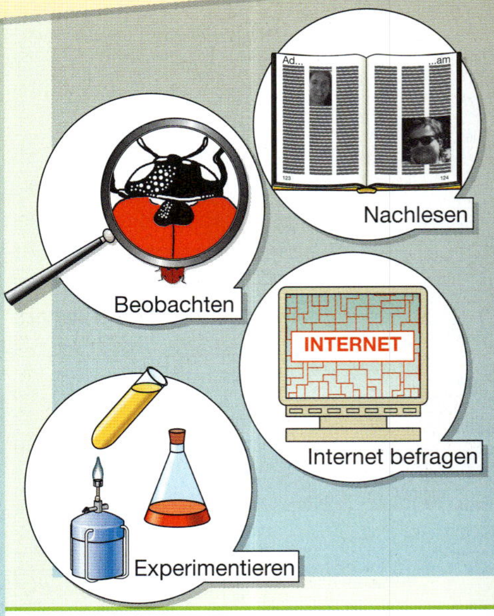

Die Gruppen stellen ihre Ergebnisse vor

Die **Ergebnisse** der Beobachtungen, der Versuche, Befragungen oder Erkundungen stellt erst einmal jede Gruppe für sich zusammen. Damit alle Schüler der Klasse über die einzelnen Arbeitsergebnisse Bescheid wissen, trägt jede Gruppe ihre Ergebnisse den Mitschülern vor. Diese **Vorstellung** gibt somit jedem einen Überblick über alle wichtigen Teile des Projektthemas.

Die Ergebnisse eines Projekts sind oft auch für eine **Ausstellung** geeignet. Ihr könnt damit den anderen Schülerinnen und Schülern der Schule oder euren Eltern zeigen, was ihr erarbeitet und als Ergebnis herausgefunden habt. Bei größeren Projekten gibt es die Möglichkeit, die Ergebnisse im Schaufenster eines Geschäftes, in einer Bank oder gar im Rathaus auszustellen. Übersichtliche Zeichnungen und große Fotos machen Projektergebnisse besonders anschaulich. Gute Arbeiten könnt ihr auch in einer Zeitung veröffentlichen. Dazu müsst ihr die Ergebnisse besonders sorgfältig aufbereiten und sauber darstellen.

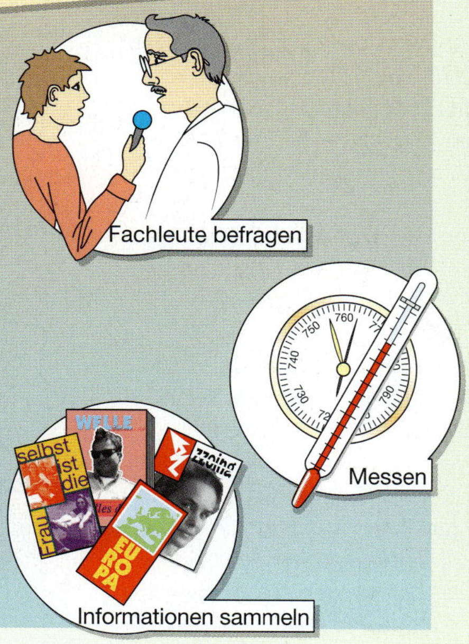

Methode

Einen Versuch planen, durchführen und protokollieren

Wenn du herausfinden willst, welche Lampen aus der Physiksammlung noch zu gebrauchen sind, kannst du einen **Versuch** durchführen. Dazu ist es wichtig, dass du dir vor dem Experimentieren Gedanken darüber machst, wie ein solcher Versuch ablaufen soll. Du erstellst eine **Versuchsplanung**.

Was wird benötigt?

Überlege zunächst, welche Bauteile erforderlich sind, damit du die Lampen prüfen kannst (Bild 2).

Wie wird der Versuch aufgebaut?

Mache dir klar, wie die Bauteile verbunden werden müssen, damit ein Stromkreis entsteht und damit empfindliche Materialien nicht zerstört werden.

2 Bauteile im Physikschrank

Problemstellung: 6.12.2004

Welche Lampen sind noch zu gebrauchen?

Material:

Batterie, verschiedene Lampen, Schalter, Leitungen

Versuchsbeschreibung:

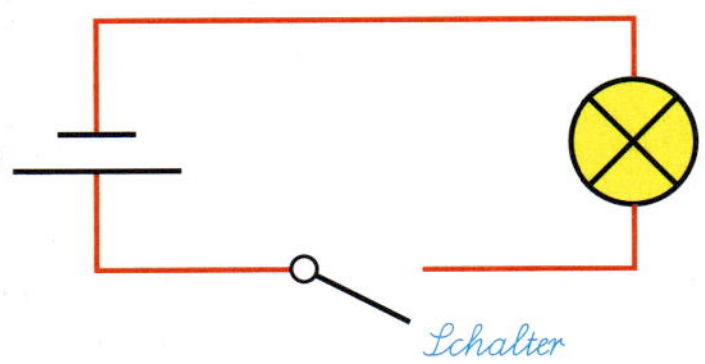

Ich verbinde einen Pol der Batterie mit einem Anschluss des Schalters. Den zweiten Anschluss des Schalters verbinde ich mit der Lampe. Anschließend verbinde ich den freien Anschluss der Lampe mit dem zweiten Pol der Batterie.

Versuchsdurchführung:

Ich schließe den Schalter und beobachte, ob die Lampe leuchtet.

Danach öffne ich den Schalter, tausche die Lampe aus und schließe den Schalter wieder.

Lampe Nr.	1	2	3	4
leuchtet	ja	nein	ja	nein

Auswertung:

Fünf der zwölf Lampen im Materialschrank funktionieren nicht mehr. Bei allen ist der Glühdraht durchgebrannt. Sie werden aussortiert.

1 Versuchsprotokoll

Am Anfang eines **Versuchsprotokolls** werden die Problemstellung und das Datum als Überschrift notiert (Bild 1).

Material

Im nächsten Schritt schreibst du die *Materialien* auf, die zum Experimentieren erforderlich sind.

Versuchsbeschreibung

Zeichne in der *Versuchsbeschreibung* eine Skizze, in der dargestellt ist, wie die Bauteile verbunden werden. Beschreibe mit deinen eigenen Worten, wie du den Versuch aufbaust.

Versuchsdurchführung

Ist die Planung abgeschlossen, kannst du das Experiment durchführen. Schreibe deine *Versuchsdurchführung* sehr genau auf, damit der Versuch auch von jemandem durchgeführt werden kann, der nicht am Unterricht teilgenommen hat.
Die Beobachtungen oder Messwerte können in Form von Sätzen oder in einer Tabelle notiert werden.

Versuchsauswertung

Die Versuchsergebnisse werden in Form von Sätzen, in einer Tabelle oder als Zeichnung in der *Auswertung* des Protokolls festgehalten. Sie werden danach beurteilt, ob die Problemstellung des Versuchs geklärt werden konnte. Kannst du mithilfe des Experiments auch weitergehende Schlussfolgerungen gewinnen, so werden diese ebenfalls in der Auswertung aufgeschrieben.

Experimentiertipps

1. Lies oder besprich die Versuchsanleitung vor Beginn eines Versuchs ausführlich. Befolge sie genau.

2. Stelle alle benötigten Geräte und Chemikalien vor Versuchsbeginn bereit. Benutze sie erst nach ausdrücklicher Erlaubnis.

3. Baue alle Geräte standfest und kippsicher auf. Sorge dafür, dass die Vorratsgefäße für Chemikalien sicher stehen.

4. Beachte die vorgeschriebenen Sicherheitshinweise.

Umgang mit Chemikalien

1. Chemikalien dürfen nicht mit den Fingern angefasst werden.

2. Chemikalien dürfen niemals in Lebensmittelbehältern aufbewahrt werden.

3. Die Versuche werden mit möglichst wenig Chemikalien durchgeführt, weil nur so die Abfallmenge gering bleibt.

4. Chemikalienreste werden nicht in die Vorratsgefäße zurückgegeben. Sie werden in besonderen Abfallbehältern gesammelt.

5. Gefährliche Abfälle werden grundsätzlich extra gesammelt.

Sicherheitsvorkehrungen im Fachraum

1. Informiere dich, wie du dich bei Feuer und Unfällen verhalten musst und wo sich Feuerlöscher, Löschdecke und Not-Aus-Schalter befinden.

2. Informiere dich über den Fluchtweg. Jeder Fachraum muss über einen Notausgang verfügen.

3. Jacken und Mäntel müssen an einer Garderobe aufgehängt werden. Deine Schultasche darf nicht zur Stolperfalle werden.

4. Bewahre bei Feuer und Unfällen stets Ruhe. Bei Alarm musst du den Fachraum zügig, aber ohne zu drängeln, über die Fluchtwege verlassen.

Verhalten

1. In naturwissenschaftlichen Fachräumen darf nicht getrunken und gegessen werden.

2. Experimente mit Chemikalien oder offener Flamme dürfen grundsätzlich nur mit einer Schutzbrille durchgeführt werden.

3. Geschmacksproben von Chemikalien dürfen nicht durchgeführt werden. Den Geruch stellst du durch vorsichtiges Zufächeln fest.

4. Dein Arbeitsplatz soll stets sauber und aufgeräumt sein. Alle Geräte werden nach der Beendigung des Versuchs wieder gereinigt und weggeräumt.

Gefahrensymbole

T+ sehr giftig
T giftig

Xn gesundheitsschädlich
Xi reizend

C ätzend

F+ hochentzündlich
F leichtentzündlich

O brandfördernd

N umweltgefährdend

Umgang mit Stoffen im Alltag

In Backrezepten ist das Gewicht für die Zutaten angegeben.
Es wird mit einer Waage bestimmt.
→ **Seite 38**

Wird beim Backen Energie verbraucht?
→ **Seite 86**

Für einen Kuchen werden verschiedene Stoffe zu einem neuen Stoff vermengt.
Wie kannst du Stoffe und ihre Eigenschaften erkennen?
→ **Seite 36**

Beim Backen müssen zum Teil Stoffgemische getrennt werden. Welche Trennverfahren kennst du?

→ **Seite 51**

Wasser kann verschiedene Zustandsformen annehmen. Welche kannst du auf dem Bild entdecken?

Im Restmüll befinden sich viele verschiedene Stoffe. Wiederverwertbare Abfälle werden vorher durch verschiedene Trennverfahren aussortiert.

Für die Trennung und Sortierung von Müll sind verschiedene Verfahren notwendig.

Ein bekannter Brauch ist das Osterfeuer. Ein großer aufgetürmter Haufen aus Zweigen und Ästen wird entzündet. Durch das große Feuer entstehen Wärme, Licht und Rauch – nur wenig Asche bleibt zurück.

Mit dem Abwasser gelangen viele Stoffe und Stoffgemische in die Kläranlage. Mit großem Aufwand werden sie dort in verschiedenen Schritten aus dem Wasser entfernt.

1 Stoffe mit den Sinnen erkennen

1.1 Stoffe erkennen

Du benutzt deine Sinnesorgane, um Gegenstände und Stoffe unserer Umwelt zu erkennen.
Stell dir vor, eine Klassenkameradin soll dir eine Süßigkeit beschreiben, die du nicht sehen kannst. Wie beschreibt sie ein Gummibärchen? Sicher beschreibt sie das Aussehen, also die Farbe und die Form, dann den Geruch und möglicherweise auch noch die Verformbarkeit, die sie ertastet hat. Augen, Nase und der Tastsinn wirken hier zusammen und geben dir eine Vorstellung der Süßigkeit.

Die **Augen** sind dein wichtigstes Sinnesorgan. Mit ihnen erkennst du nicht nur die Farbe und die Form, sondern auch, wie die Oberfläche eines Gegenstandes beschaffen ist. Außerdem erkennst du, ob ein Stoff fest oder flüssig ist und ob der Gegenstand undurchsichtig, durchscheinend wie Milchglas oder klar durchsichtig wie Glas ist.

1 Farbe

2 Geruch

Deine **Nase** lässt dich viele Gerüche wahrnehmen und warnt dich manchmal vor gefährlichen Gasen. Der beißende Rauch eines Feuers veranlasst dich, einen Ort mit frischer Luft zu suchen.

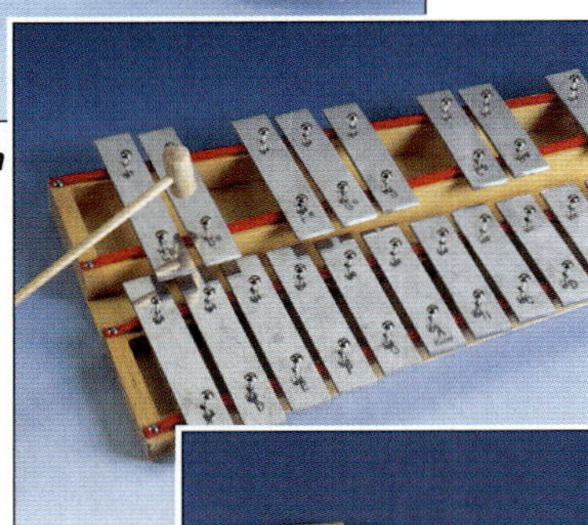

3 Klang

Im Zusammenwirken mit der **Zunge** werden besonders Nahrungsmittel erkannt und unterschieden. Deine Zunge unterscheidet dabei süß, sauer, bitter und salzig. Beim Erkennen und Genießen der Nahrung spielen aber auch noch die Tastsinneszellen der Lippen und im Mundbereich eine wichtige Rolle.

4 Tasten

Im Labor und bei Versuchen darf der Geruch nur durch vorsichtiges Zufächeln festgestellt werden. Geschmacksproben dürfen nicht durchgeführt werden!

Mit den **Ohren** erkennst du viele Stoffe an einem besonderen Klang, den sie beim Anschlagen erzeugen. So kannst du den hellen Klang eines Trinkbechers aus Glas deutlich von dem dumpfen Klang eines Plastikbechers unterscheiden. Auch viele andere Vorgänge sind von charakteristischen Geräuschen begleitet.

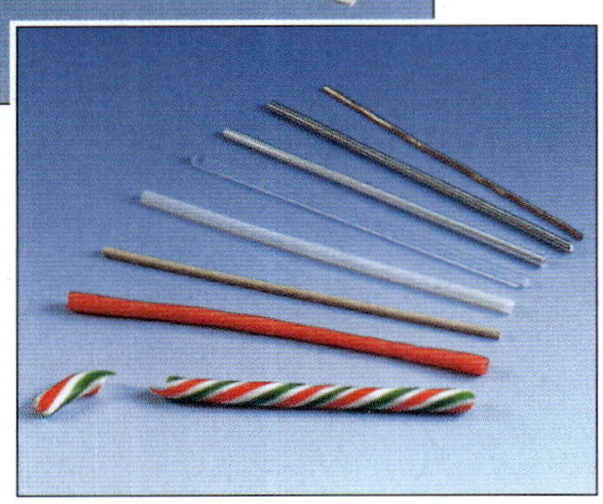

5 Verformbarkeit

Mit den druck- und wärmeempfindlichen Sinneszellen deiner **Haut** kannst du nicht nur die Oberfläche ertasten, sondern auch noch eine Aussage zur Masse eines Gegenstandes machen. Auch seine Verformbarkeit kann ertastet werden. Die wärmeempfindlichen Sinneszellen sagen dir etwas über die Temperatur eines Gegenstandes.

Sehen, Riechen, Schmecken, Hören und Fühlen sind deine Sinne. Mit ihnen kannst du Stoffe und Gegenstände erkennen.

1 Warum sollst du dir bei einer Geruchsprobe den Duft vorsichtig zufächeln?

2 Warum sind Geschmacksproben im Labor verboten?

3 Warum reicht ein Sinnesorgan in der Regel nicht aus, um einen Stoff oder Gegenstand zu erkennen?

→ Riechen und Schmecken, Seite 184
→ Die Haut hat viele Aufgaben, Seite 186

1 Gleicher Stoff, verschiedene Formen

2 Gleiche Form, unterschiedliche Stoffe

1.2 Körper und Stoffe

Schaust du dich in deinem Zimmer oder im Klassenraum um, wirst du viele Gegenstände entdecken. Alle diese Gegenstände sind im physikalischen Sinne **Körper.** Du kennst *feste* Körper wie Tische oder Stühle, *flüssige* Körper wie den Saft in einer Flasche oder *gasförmige* Körper wie die Luft in einem Ball. So lässt sich jedem Körper bei Zimmertemperatur ein *Aggregatzustand* zuordnen.

Körper lassen sich aber auch auf andere Weise unterscheiden. Sie können aus verschiedenen Materialien bestehen. Ein Stuhl kann aus Holz, aus Kunststoff oder aus Metall gefertigt sein. Tische können aus Holz, Marmor oder Glas hergestellt werden. Solche Materialien, aus denen Körper bestehen, werden **Stoffe** genannt.

Auf Bild 1 siehst du viele Schokoladenfiguren. Alle Figuren sind aus dem gleichen Stoff, aus Schokolade. Sie unterscheiden sich trotzdem, denn alle haben verschiedene **Formen.** Aus dem gleichen Stoff wurden also unterschiedliche, feste Körper geformt.
Bild 2 zeigt viele Kugeln. Hier haben alle Körper die gleiche Form, bestehen aber aus unterschiedlichen Stoffen.

Stoffeigenschaften lassen sich mit Hilfe der Sinnesorgane unterscheiden

Betrachtest du verschiedene Körper, kannst du mit deinen Augen viele voneinander unterscheiden. Du kannst ihr Aussehen beschreiben und dabei die Farbe und den Aggregatzustand bei Zimmertemperatur bestimmen.
Auch deine Nase kann behilflich sein. Stoffe können einen typischen Geruch besitzen. Viele sind aber geruchlos.
Bei Lebensmitteln prüfst du den Geschmack mit deiner Zunge. Du schmeckst Stoffe als salzig, süß, bitter oder sauer. Alle diese Stoffeigenschaften lassen sich in einem **Steckbrief** wie in Bild 3 zusammenfassen.

Körper bestehen aus verschiedenen Stoffen und haben unterschiedliche Formen. Mithilfe der Sinnesorgane kannst du sie unterscheiden.

A 1 Betrachte die Gegenstände auf Bild 1 und Bild 2. Beschreibe und vergleiche sie.

V 2 Beschreibe das Aussehen folgender Stoffe: Wasser, Haushaltsessig, Apfelessig, Milchzucker, Zucker, Salz.

V 3 Führe eine Geruchsprobe mit folgenden Stoffen durch: Wasser, Apfelessig, Salz, Zucker, Essig, Spiritus. Berichte.

V 4 Teste den Geschmack folgender Lebensmittel: Apfelessig, Haushaltsessig, Zitrone, Milchzucker, Salz. Beschreibe und notiere deine Ergebnisse.

V 5 Bestimme den Aggregatzustand von Essig, Holzkohle, Alufolie, Salz und Sauerstoff.

3 Einfacher Steckbrief

1 Erstelle Steckbriefe von Zitronensaft und Kandiszucker.

→ Das Auge – Fenster zur Außenwelt, Seite 170
→ Das Gehör, Seite 197
→ Steckbrief, Seite 24

2 Masse und Dichte von Stoffen

2.1 Jeder Körper hat eine Masse

„Karin, hol mir schnell ein Kilogramm Tomaten!" Wie viel ist das? Für Karin ist das kein Problem, denn die elektronische Waage im Supermarkt zeigt das Gewicht an. Am Morgen hat sich Karin schon selbst auf eine Waage gestellt. Sie wollte ihr Gewicht überprüfen.
Wenn du einen Brief richtig frankieren willst, musst du ihn auf eine Briefwaage legen. Dann kannst du sein Gewicht ablesen und die richtige Briefmarke aufkleben.
Es gibt sogar Athleten, die große Gewichte in die Höhe stemmen. Sie heißen Gewichtheber.
Alle reden von Gewicht und doch meint jeder etwas anderes. Karin muss beim Einkauf wissen, *wie viel* sie nach Hause trägt. Am Morgen will sie ablesen, *wie schwer* sie ist. Der Gewichtheber prüft, *wie stark* er ist. In der Physik sind alle drei Messungen gleichberechtigt. Mit Hilfe einer Waage kann die **Masse** eines Körpers bestimmt werden. Dieses Wort ersetzt also den umgangssprachlichen Ausdruck Gewicht.

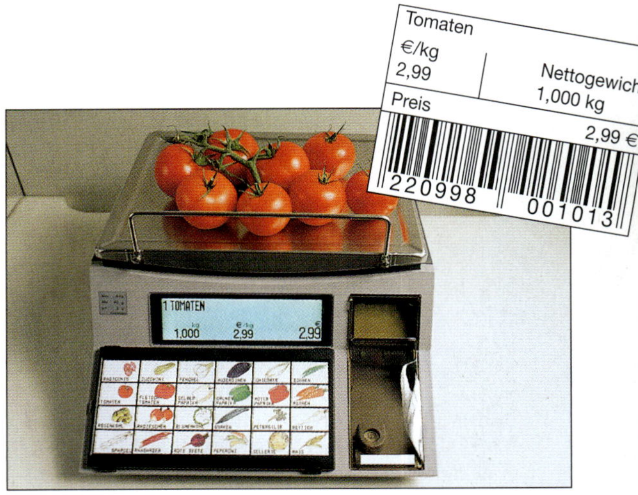

1 Elektronische Waage mit Anzeige

Es gibt aber auch Waagen, die keinerlei Anzeige haben, wie die Balkenwaage (Bild 2).
Wenn du damit eine Masse bestimmen willst, brauchst du einen Vergleichskörper, von dem du schon weißt, welche Masse er hat. Ein solcher Körper liegt im internationalen Maßbüro bei Paris und heißt **Urkilogramm.** Davon sind alle gebräuchlichen *Wägestücke* abgeleitet.

2 Balkenwaage

3 Urkilogramm

Masse des Körpers bestimmen

Dazu brauchst du eine Waage. Darauf legst du den Körper und wartest, bis die Anzeige ruhig steht. Jetzt kannst du die Masse *m* ablesen.
Das geht leicht, wenn die Waage den Wert gleich anzeigt, wie die elektronische Waage (Bild 1), die Personenwaage oder die Briefwaage.

Massenvergleich

Um einen Körper zu wägen, legst du ihn auf eine Waagschale der Balkenwaage. Auf die andere Schale legst du so viele Wägestücke, bis die Waage im Gleichgewicht ist. Dazu musst du so lange kleinere oder größere Wägestücke auflegen, bis der Zeiger der Waage in der Mitte der Skala zur Ruhe kommt. Die Werte der einzelnen Wägestücke brauchst du nun nur noch zu addieren. Die Summe gibt dann die Masse des Körpers an. Mit einer Balkenwaage vergleichst du also die Masse des Körpers mit der Gesamtmasse aller Wägestücke.

Wägen durch Anhängen

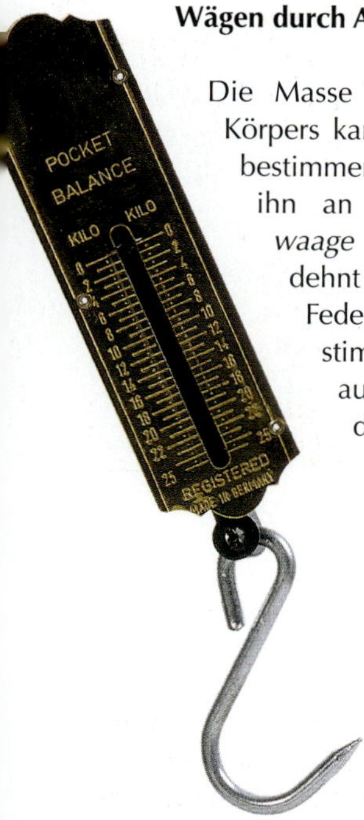

Die Masse eines festen Körpers kannst du auch bestimmen, wenn du ihn an eine *Paketwaage* hängst. Er dehnt dabei eine Feder ein bestimmtes Stück aus. Am Ende der Feder befindet sich ein Zeiger, der auf einer Skala die Masse des Körpers anzeigt.

4 Paketwaage

Die Masse eines Körpers wird mit einer Waage gemessen. Der Wert kann direkt abgelesen oder durch Massenvergleich mit Wägestücken bestimmt werden.

1 a) Beschreibe, wie du auf einer elektronischen Waage die Masse von Tomaten bestimmst.
b) Wie gehst du vor, wenn du am Morgen dein Gewicht bestimmen willst?

2 a) Erkundige dich, welche Waagen ihr zu Hause habt.
b) Sieh nach, wie groß die Masse eines Körpers jeweils sein darf, damit du ihn noch mit der Waage bestimmen kannst.

3 Ein Wägesatz enthält folgende Wägestücke: ein 1 g-, zwei 2 g-, ein 5 g- und ein 10 g-Stück.
a) Welche Massen kannst du damit bestimmen?
b) Welche Wägestücke müsste der Wägesatz haben, damit du einen Körper mit einer Masse von 119 g wägen kannst?

WÄGEN UND WAAGEN

Pinnwand

Laufgewichtswaage

Bei dieser Waage musst du die Laufgewichte bei den entsprechenden Kerben einhängen und die Einzelwerte addieren.

Briefwaage

A 1 Erkundige dich, wie groß die Masse bei einem Standard- und Kompaktbrief höchstens sein darf.

In diesem **Wägesatz** für Balkenwaagen findest du Wägestücke von 1 g bis 500 g. Für Zwischenwerte sind Gramm-, Zehngramm- und Hundertgramm-Stücke enthalten.

Wie wird die Masse von Wasser bestimmt?

V 2 Besorge dir ein Glas und bestimme die Masse des Glases. Fülle nun das Wasser hinein und bestimme jetzt die Masse von Glas und Wasser. Subtrahiere dann die Masse des Glases von der Gesamtmasse. Auf diese Weise kannst du auch die Masse von anderen Flüssigkeiten bestimmen.

Masseeinheiten

1 Milligramm	1 mg	
1 Gramm	1 g	= 1000 mg
1 Kilogramm	1 kg	= 1000 g
1 Tonne	1 t	= 1000 kg

Bestimmen von Massen

V 3 Lege nacheinander verschiedene Körper wie Holzklötze, Steine oder Schrauben auf eine Briefwaage und bestimme jeweils die Masse. Halte die Werte in einer Tabelle fest.

V 4 Bestimme die Massen der Körper aus V3 auch mit einer Balkenwaage und einer Laufgewichtswaage. Halte die Werte in einer zweiten und dritten Tabellenspalte fest und vergleiche sie miteinander.
Welche Waage zeigt die Masse am genauesten an?

V 5 Bestimme die Masse von 200 ml Wasser.

1 Max ist offenbar stärker als Moritz!

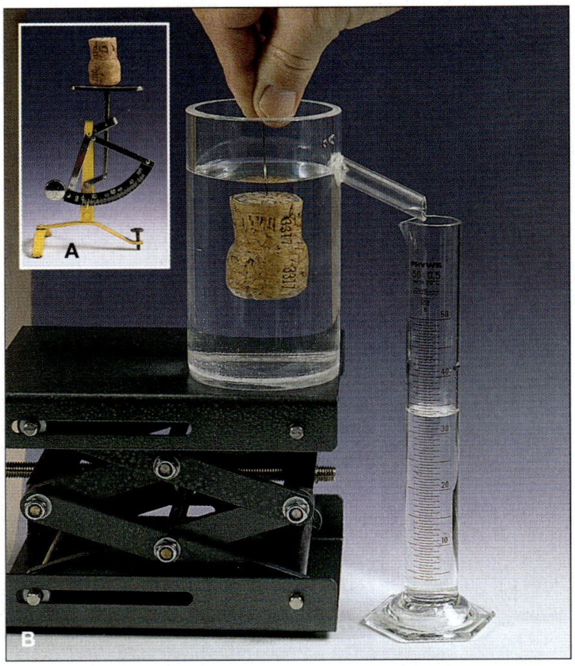

2 Bestimmung der Masse (A) und des Volumens (B) eines Korkens

V 1 Bestimme die Masse eines Flaschenkorkens mit einer Briefwaage. Miss sein Volumen mit dem Überlaufgefäß. Achte darauf, dass der Korken ganz untertaucht. Dazu musst du ihn mit einer dünnen Nadel ins Wasser drücken. Das Volumen der Nadel macht gegenüber dem des Korkens nichts aus. Bestimme die Dichte.

V 2 Bestimme die Masse und das Volumen von verschiedenen festen Körpern, wie von deinem Haustürschlüssel, von einem Nagel, von einem Kieselstein oder von einem Stück Kupferrohr. Berechne mit diesen Werten jeweils die Dichte des Stoffes.

2.2 Ist Holz schwerer als Eisen?

Der kleine, schmächtige Max hebt die Kugel mühelos hoch, der große, kräftige Moritz kommt mit seiner Kugel nicht aus der Hocke. Woran kann das liegen? Beide Kugeln sind doch gleich groß.

Offenbar spielt hier eine Rolle, aus welchem Stoff die jeweilige Kugel ist. Max ist nämlich doch nicht stärker als Moritz. Er stemmt ganz locker eine Kugel aus Kunststoff, während Moritz sich mit einer Kugel aus Eisen abmüht.

Die Dichte eines Stoffes

Wenn du aus einer Stange Plastilin eine Kugel formst, dann eine aus zwei Stangen, ergibt die Volumenbestimmung, dass das Volumen der größeren Kugel doppelt so groß ist wie das der kleinen. Klar, du hast ja zwei Stangen Plastilin benutzt.

Ebenso kannst du feststellen, dass sich die Masse verdoppelt hat. Doch dieses Ergebnis erhältst du nur, wenn beide Kugeln aus demselben Stoff bestehen. Aus Bild 1 ersiehst du, dass gleiches Volumen nicht immer gleiche Masse bedeutet.

Um verschiedene Stoffe zu vergleichen, muss eine Größe eingeführt werden, die Masse und Volumen gleichermaßen berücksichtigt. Diese neue Größe heißt **Dichte** eines Stoffes. Sie ergibt sich, wenn der Wert der Masse durch den Wert des Volumens eines Körpers dividiert wird.

$$\text{Dichte} = \frac{\text{Masse (g)}}{\text{Volumen (cm}^3\text{)}}$$

Stoff	Dichte in $\frac{g}{cm^3}$	Stoff	Dichte in $\frac{g}{cm^3}$
Gold	19,3	Grafit	2,25
Blei	11,3	Kiesel	≈ 2,1
Kupfer	8,9	Holz	≈ 0,7
Eisen	7,9	Hartgummi	≈ 1,2
Aluminium	2,7	Kork	0,2
Zink	7,13	Styropor	≈ 0,04
Zinn	7,28	Wasser	1,0
Messing	≈ 8,5	Spiritus	0,8
Glas	2,5	Benzin	0,65
Beton	≈ 2,0	Salatöl	0,9

3 Dichte einiger Stoffe

Die Dichte schnell bestimmt

Zur Berechnung der Dichte musst du den Zahlenwert der Masse durch den Wert des Volumens dividieren. Eine besonders einfache Rechnung ergibt sich, wenn im Nenner des Bruchs die Zahl 1 steht. Dies erreichst du, wenn du zur Dichtebestimmung einen *Probekörper* mit dem Volumen $V = 1\,cm^3$ wählst. Solche Probekörper kannst du dir selbst herstellen. Sie sind als Würfel in Bild 4 dargestellt. Der Zahlenwert für die Dichte stimmt mit dem Zahlenwert der Masse überein.

Jeder Stoff eines Körpers hat eine bestimmte Dichte. Sie lässt sich berechnen, wenn der Wert der Masse des Körpers durch den Wert des Volumens dividiert wird.

1 Welche Messungen musst du an einem Körper vornehmen, um die Dichte des Stoffes festzustellen, aus dem der Körper besteht?

2 Welcher der Körper, von denen du in V 1 bis V 2 die Dichte bestimmt hast, schwimmt, welcher geht im Wasser unter? Vergleiche die Dichte der Stoffe dieser Körper mit der von Wasser. Was fällt dir auf?

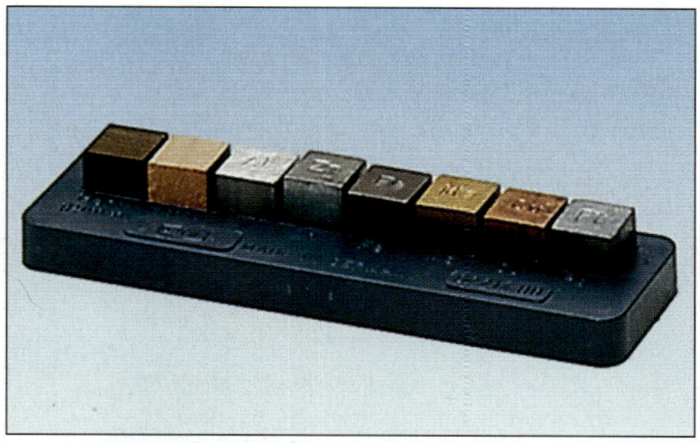

4 Würfel mit dem Volumen von 1 cm³

5 Ein Goldbarren

Messen in der Küche

Streifzug

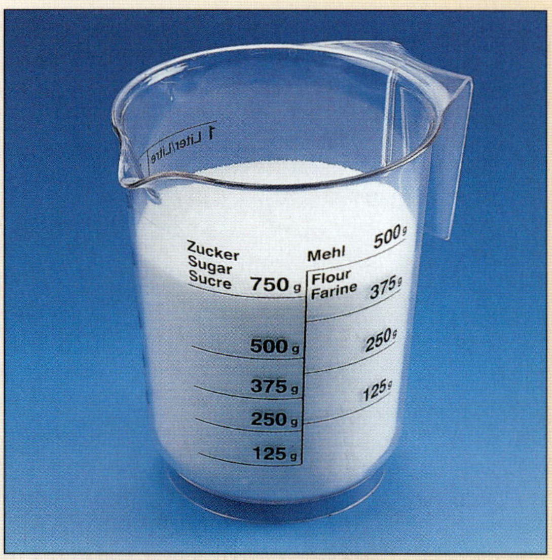

1 Messbecher für Mehl und Zucker

Mit einem Messbecher kannst du die Masse von Lebensmitteln wie Mehl oder feinem Zucker in Gramm (g) abmessen.

Doch warum sind für Zucker und Mehl zwei verschiedene Skalen notwendig?
Wie du siehst, nimmt die eingefüllte Menge Zucker mit 750 g so viel Raum ein wie etwa 430 g Mehl. In das gleiche Volumen passt also mehr Zucker als Mehl. Bei gleicher Masse, zum Beispiel 250 g, nimmt Zucker nur ungefähr den halben Raum ein wie die gleiche Masse Mehl. Die Dichte von Zucker ist also größer als die Dichte von Mehl.

A 1 Wieso darfst du Drachen nicht in der Nähe von Hochspannungsleitungen steigen lassen?

V 2 Baue den Stromkreis nach Bild 1 auf. Spanne nacheinander Gegenstände aus verschiedenen Stoffen in die Prüfstrecke ein, zum Beispiel eine Stricknadel, ein Stück Kreide, einen Glasstab und eine Bleistiftmine. Notiere in einer Tabelle, bei welchen Materialien die Lampe leuchtet und bei welchen nicht.

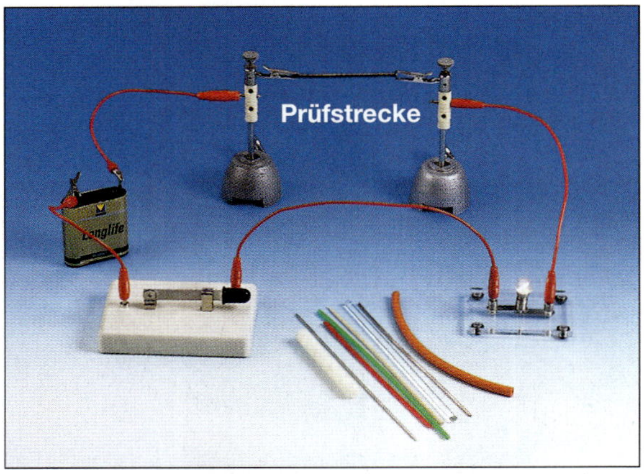

1 Stromkreis mit Prüfstrecke und Anzeigegerät

A 3 Zeichne den Schaltplan zu V 2.

A 4 Aus welchen Stoffen bestehen die Gegenstände in V2, wenn die Lampe
a) leuchtet,
b) nicht leuchtet?

A 5 Damit Pferde nicht weglaufen können, wird die Weide mit einem Elektrozaun eingezäunt. Dieser besteht aus einem dünnen Draht, der an eine Stromquelle angeschlossen ist. Überlege, warum
a) ein dünner Draht die Pferde auf der Weide halten kann,
b) die Zuleitungen zum Weidezaun mit Kunststoff überzogen sind.

Unfall beim Drachensteigen

(Windburg) Gestern ließen einige Jugendliche auf den Feldern Drachen steigen. Dabei kam es zu einem folgenschweren Unfall. Ein Junge musste mit schweren Verbrennungen ins Krankenhaus eingeliefert werden. Sein Drachen hatte sich in einer Hochspannungsleitung verfangen. So bekam der Junge einen lebensgefährlichen Stromschlag.

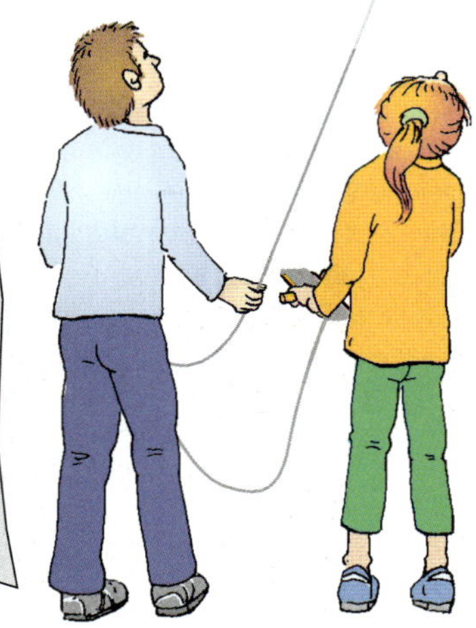

2 Gefahr beim Spiel mit Drachen

2.3 Leitfähigkeit

Es ist sehr gefährlich, Drachen in der Nähe von Hochspannungsleitungen steigen zu lassen. Darüber berichtet auch der Zeitungsartikel in Bild 2. Wie kann ein solcher Unfall überhaupt passieren?

Lässt du beispielsweise bei feuchter Herbstluft einen Drachen steigen, wird auch die Drachenschnur feucht. Wenn der Drachen jetzt eine Stromleitung berühren würde, befändest du dich mit deinem gesamten Körper in einem geschlossenen elektrischen Stromkreis. Du würdest einen elektrischen Schlag erhalten.

Leiter und Nichtleiter

Stoffe, die den elektrischen Strom leiten, heißen elektrische **Leiter**. Solche Leiter sind auch die feuchte Drachenschnur und der menschliche Körper, der zu einem großen Teil aus Wasser besteht.
Andere Stoffe wie Gummi oder Kunststoff leiten den elektrischen Strom nicht. Sie heißen **Nichtleiter** oder **Isolatoren.**

Mit Versuch 2 kannst du herausfinden, welche Stoffe den elektrischen Strom leiten und welche nicht. Bei einem Leiter in der *Prüfstrecke* (Bild 1) leuchtet die Lampe. Wird ein Nichtleiter eingespannt, so leuchtet die Lampe nicht. Der Versuch zeigt, dass alle Metalle leiten. Ein weiterer Leiter ist Grafit, aus dem eine Bleistiftmine besteht. Viele andere Stoffe sind dagegen Nichtleiter, zum Beispiel Glas, Kreide, Gummi, Holz oder Kunststoff.

! Elektrische Leiter sind für einen geschlossenen Stromkreis notwendig, sie können aber auch Gefahren bergen. Deshalb musst du beim Umgang mit elektrischen Geräten zu deiner Sicherheit Folgendes beachten:
- Bei Experimenten darfst du nur Batterien oder Stromversorgungsgeräte bis 24 V benutzen!
- Elektrisches Spielzeug darfst du höchstens mit 24 V betreiben!
- Elektrogeräte darfst du nie mit nassen Händen, barfuß oder auf feuchtem Boden stehend betreiben!
- Geräte mit Isolationsschäden an der Zuleitung darfst du nicht mehr in Betrieb setzen. Sie müssen sofort zur Reparatur.

Durch elektrischen Strom verursachte Unfälle können gesundheitsgefährdend und sogar tödlich sein.

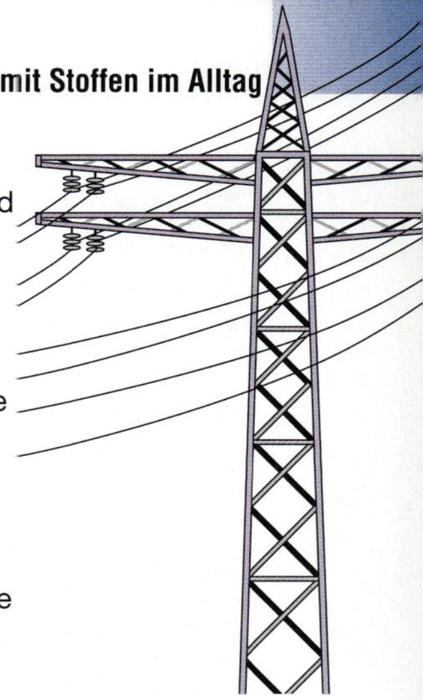

Leitfähigkeit fester und flüssiger Stoffe

Kabel sind außen mit einem biegsamen Kunststoffmantel umhüllt. Innen befinden sich zwei oder drei Leitungen, die *Adern*. Diese bestehen aus vielen dünnen Kupferdrähten, der *Litze*. Jede Litze ist mit verschieden farbigem Kunststoff überzogen, der als Isolator eine leitende Verbindung zwischen den Drähten verhindert.

Wieso wird aber als Litze Kupfer und nicht das viel billigere Eisen verwendet? Der Grund dafür ergibt sich aus Versuch 6. Das Messgerät zeigt für Kupfer einen viel höheren Wert an als für Eisen. Kupfer leitet den elektrischen Strom viel besser als Eisen, seine **elektrische Leitfähigkeit** ist größer.
Verschiedene Leiter unterscheiden sich also auch in ihrer Leitfähigkeit. Sie gibt an, wie gut ein Stoff den elektrischen Strom leitet. Stoffe mit guter Leitfähigkeit sind neben Kupfer auch Silber, Gold und Aluminium. Andere Stoffe wie Eisen und Grafit haben eine geringere Leitfähigkeit. Die Leitfähigkeit von Kupfer ist etwa sechsmal größer als die von Eisen und sogar 700-mal größer als die von Grafit.
Die elektrische Leitfähigkeit von Nichtleitern, wie beispielsweise von Kunststoff, Glas, Keramik oder Gummi ist null.

Genauso gefährlich wie das Spielen mit Drachen in der Nähe von Hochspannungsleitungen wäre es, wenn du ein Radio auf den Rand deiner Badewanne stellen würdest. Fiele das Radio beim Baden ins Wasser, würdest du einen elektrischen Schlag erhalten, da das Radio mit einer Steckdose verbunden ist.
Der Versuch 7 zeigt, dass manche Flüssigkeiten den elektrischen Strom leiten können. Gute Leiter sind Salzwasser und Essig. Dagegen besitzt Leitungswasser eine geringere Leitfähigkeit. Öl und destilliertes Wasser sind Nichtleiter.

Stoffe, die den elektrischen Strom leiten, heißen Leiter. Stoffe, die den elektrischen Strom nicht leiten, heißen Nichtleiter oder Isolatoren.
Je besser ein Stoff den Strom leitet, desto höher ist seine elektrische Leitfähigkeit.

1 Wieso ist es lebensgefährlich, bei Hochwasser in den Keller eines Hauses zu gehen, wenn sich darin elektrische Geräte befinden, die am Stromnetz angeschlossen sind?

2 Aus welchem Material müssen die Oberleitungen bestehen, aus denen Straßenbahnen ihre Energie zur Fortbewegung beziehen? Begründe.

V 6 Baue den Stromkreis wie in Bild 3 auf. Spanne Drähte aus Eisen, Kupfer und Konstantan mit einem Durchmesser von 0,2 mm in die 1 m lange Prüfstrecke ein. Schließe den Stromkreis kurzzeitig und beobachte das Messgerät. Notiere für jeden Draht den angezeigten Zahlenwert.
a) Was stellst du fest?
b) Ordne die Drähte nach den Zahlenwerten des Messgerätes. Beginne mit dem Draht, bei dem das Messgerät den größten Wert anzeigt.

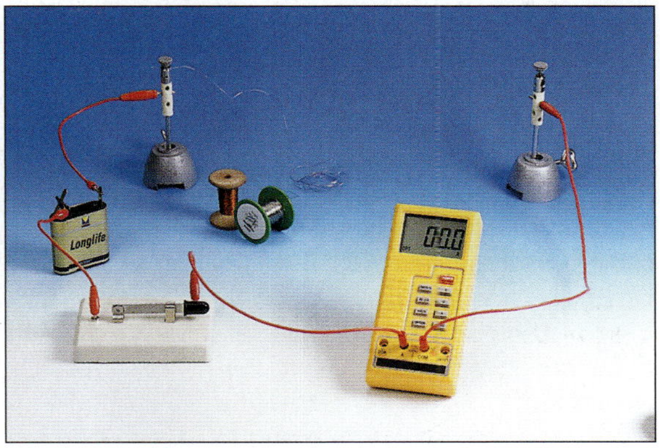

3 Prüfung der Leitfähigkeit fester Stoffe

V 7 Baue den Versuch nach Bild 4 auf. Achte darauf, dass der Abstand der Nägel etwa 1 cm beträgt.
a) Fülle das Becherglas mit Leitungswasser. Schließe den Stromkreis und beobachte die Lampe.
b) Gib bei geschlossenem Stromkreis einen Teelöffel Kochsalz in das Wasser und rühre um. Was bewirkt das Salz?
c) Wiederhole a) mit Essig und Öl. Notiere, ob die Lampe leuchtet.

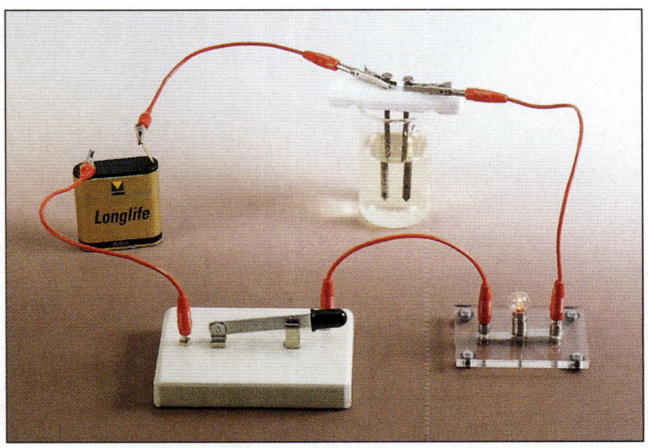

4 Prüfung der Leitfähigkeit von Flüssigkeiten

A1 Vergleiche ein Stück Aluminiumblech mit einem Zinkblech. Lege dazu für beide Stoffe einen einfachen Steckbrief an. Beschreibe dann die Eigenschaften der beiden Stoffe mithilfe deiner Sinnesorgane.

V2 a) Ritze beide Bleche wechselseitig. Beschreibe. Was schließt du daraus?
b) Ritze das Aluminiumblech und das Zinkblech mit einem Bleistift, einem Eisennagel und einem Stahlnagel. Vergleiche die Ergebnisse.

V3 a) Bestimme mit einer Waage die Masse des Aluminiumblechs und die Masse von Zinkblech. Notiere die Ergebnisse in Gramm.
b) Miss das Volumen von beiden Blechen mit einem Messzylinder. Achte darauf, dass der ganze Körper in das Wasser taucht. Notiere die Ergebnisse in cm^3.
Beachte: 1 ml = 1 cm^3
c) Berechne die Dichte von Aluminium und von Zink nach der Formel:
$\text{Dichte} = \frac{\text{Masse}}{\text{Volumen}}$
d) Vergleiche die Ergebnisse. Was stellst du fest?

V4 Prüfe mit einem Magneten die Magnetisierbarkeit des Aluminiumbleches und des Zinkbleches.

A5 Erweitere mit den Ergebnissen aus V2 bis V4 die einfachen Steckbriefe aus V1.

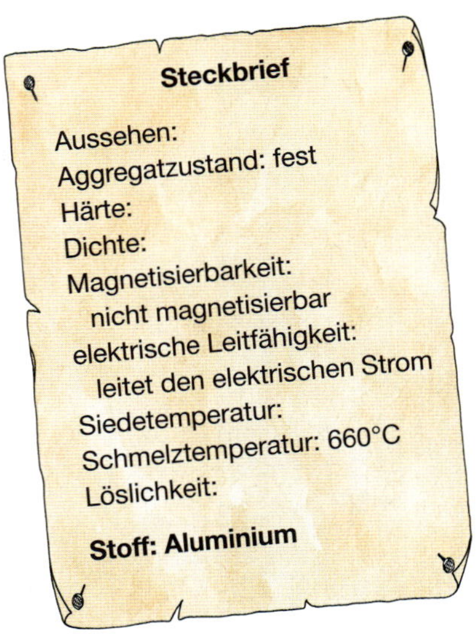

1 Erweiterter Steckbrief

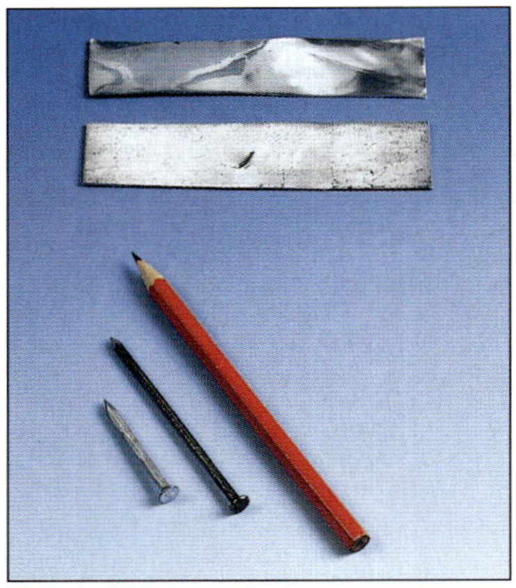

2 Bestimmung der Härte durch Ritzen

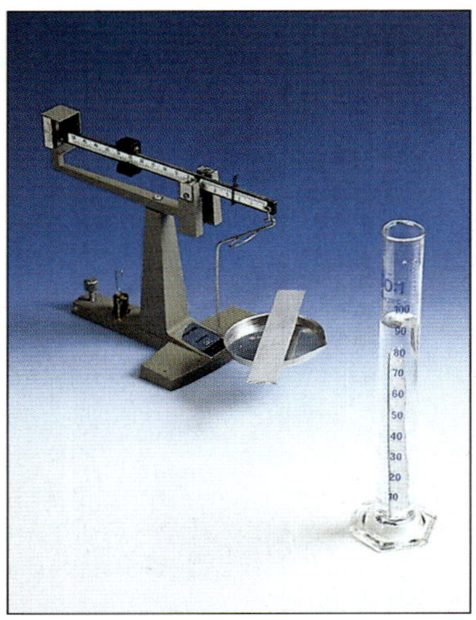

3 Bestimmung der Dichte aus Masse und Volumen

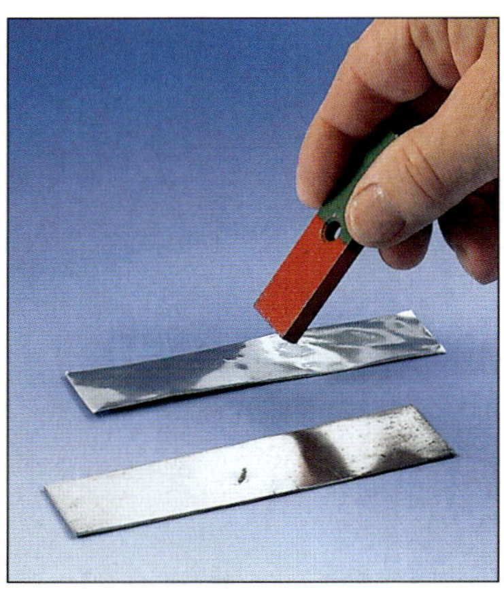

4 Bestimmung der Magnetisierbarkeit

2.4 Steckbriefe

Stoffeigenschaften lassen sich untersuchen

In unserem Alltag begegnen uns immer wieder Stoffe, die sich sehr ähnlich sind. So kann es Probleme geben, wenn Stoffe gleich aussehen und die Gefäße nicht mehr richtig beschriftet sind.
Es gibt verschiedene Verfahren, mit denen die Eigenschaften von Stoffen genau untersucht werden können. So kannst du einen einfachen Steckbrief erweitern.

Härte

Durch Ritzen kannst du feststellen, wie *hart* die Stoffe sind.
Um Stoffe miteinander zu vergleichen, können sie wechselseitig geritzt werden. Dabei musst du immer mit gleicher Kraft arbeiten.
Du kannst aber auch mit einem Bleistift, einem Eisennagel oder einem Stahlnagel Ritzversuche durchführen. So hast du die Möglichkeit über die Ritztiefe die Härte von Stoffen zu vergleichen.

Dichte

Um die Dichte eines Stoffes zu bestimmen, musst du die Masse und das *Volumen* eines Körpers messen. Die Masse bestimmst du mithilfe einer Waage. Sie wird in g angegeben.
Das Volumen wird mit der Überlaufmethode oder der Differenzmethode ermittelt. Es wird in cm^3 angegeben.

Magnetisierbarkeit

Mithilfe eines Magneten kannst du überprüfen, ob ein Stoff magnetisch oder *magnetisierbar* ist.

→ Stoffe mit den Sinnen erkennen, Seite 36

Elektrische Leitfähigkeit

Mit einer Prüfstrecke kannst du herausfinden, ob ein Stoff den elektrischen Strom leitet.

Schmelz- und Siedetemperatur

Im Schullabor gelingt die Bestimmung dieser Temperaturen nur bei Stoffen mit relativ niedrigen Schmelz- und Siedetemperaturen, zum Beispiel bei Wasser oder Spiritus. Viele Stoffe haben aber so hohe Schmelz- und Siedetemperaturen, dass diese Werte nur aus Tabellen entnommen werden können. So schmilzt das Metall Titan bei 1700 °C und siedet erst bei 3260 °C.

Löslichkeit

Mit der Löslichkeit ist in der Regel die Löslichkeit in Wasser gemeint. Aber auch die Löslichkeit in anderen Flüssigkeiten, zum Beispiel in Alkohol oder Benzin, ist eine kennzeichnende Eigenschaft für Stoffe.
Und nicht nur Feststoffe lösen sich in Flüssigkeiten, sondern auch andere Flüssigkeiten. So löst sich zum Beispiel die Flüssigkeit Alkohol in jedem beliebigen Verhältnis in Wasser. Auch Gase, zum Beispiel Sauerstoff oder Stickstoff, lösen sich in Wasser auf.

Eigenschaften von Stoffen lassen sich durch verschiedene Mess- und Prüfverfahren bestimmen. Dadurch lassen sich Stoffe voneinander unterscheiden.

1 Beschreibe, wie du die Dichte und die elektrische Leitfähigkeit von Flüssigkeiten bestimmen kannst.

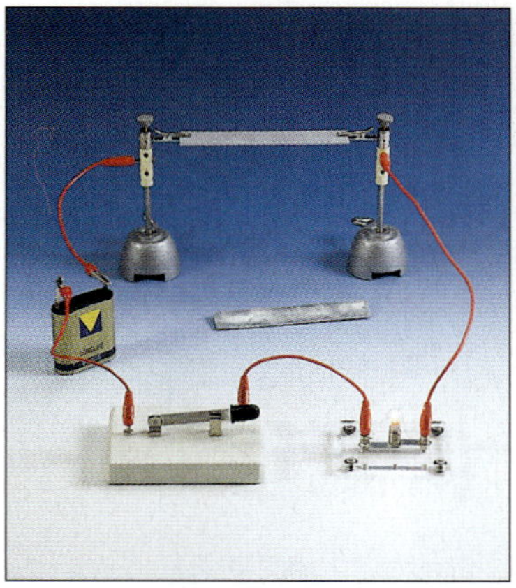

5 Bestimmung der elektrischen Leitfähigkeit

6 Bestimmung der Schmelztemperatur

7 Bestimmung der Löslichkeit

V6 Teste mithilfe einer Prüfstrecke die elektrische Leitfähigkeit von Körpern aus Aluminium und Zink. Berichte.

V7 a) Erhitze zuerst ein Stück Aluminium und dann ein Stück Zink mithilfe einer Tiegelzange in der nicht leuchtenden Brennerflamme. *Vorsicht:* Benutze eine feuerfeste Unterlage.
Beobachte und beschreibe.
b) Vergleiche das Verhalten der beiden Stoffe und notiere deine Beobachtungen.

V8 Suche aus einer Tabelle die Siede- und Schmelztemperaturen von Aluminium und Zink heraus. Vergleiche sie. Was stellst du fest?

V9 Vervollständige die erweiterten Steckbriefe aus A5.

V10 Fülle einen hohen Erlenmeyerkolben mit zerstoßenem Eis. Erhitze ihn wie in Bild 6. Miss die Temperatur alle dreißig Sekunden, bis das Eis geschmolzen ist. Fertige eine Tabelle an, in der du die Zeit und die dazugehörige Temperatur einträgst.

V11 Fülle 100 ml Wasser in einen Erlenmeyerkolben und füge zwei Siedesteinchen hinzu. Erhitze bis zum Sieden. Miss alle dreißig Sekunden die Temperatur und beobachte die Veränderungen. Bestimme die Siedetemperatur. Ergänze die Tabelle aus V10.

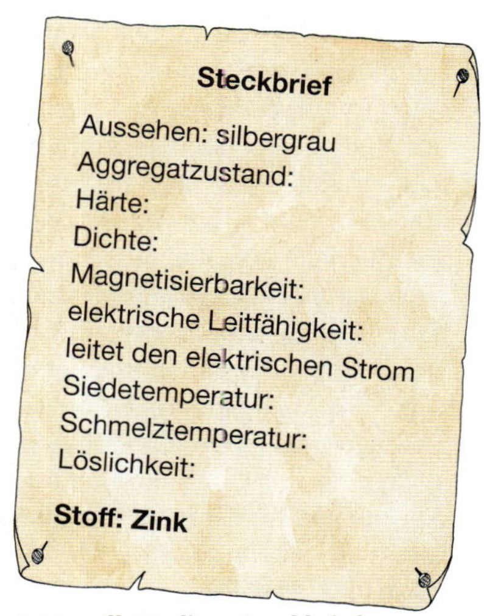

8 Unvollständiger Steckbrief

3 Werkstoffe

Die ersten Werkstoffe, die den Menschen zur Verfügung standen, waren Knochen, Holz, Stein und Ton. Später kamen Metalle und in neuerer Zeit Kunststoffe hinzu.

Holz und Holzwerkstoffe

Holz ist ein nachwachsender **Rohstoff.** Jede Baumart liefert Holz mit bestimmten Eigenschaften. Von der Härte, der Farbe und der Maserung des Holzes hängt sein Verwendungszweck ab.
Aus **Rohholz** werden durch verschiedene Bearbeitungsverfahren Werkstoffe hergestellt. Es gibt Schnittholz und Furniere. Furniere sind sehr dünn geschnittene oder geschälte Blätter aus Holz.
Daneben werden **Holzwerkstoffe** wie *Spanplatten, Sperrholz* und *Verbundplatten verwendet.* Spanplatten bestehen aus Holzspänen, die mit Kleber vermischt zu großen Platten gepresst werden. Sperrholz entsteht aus kreuzweise übereinandergeklebten Furnieren. Bei Verbundplatten werden Holzstäbe zwischen zwei Furnierplatten geklebt.

Metallische Werkstoffe

Die Menschen verwenden Metalle seit vielen tausend Jahren zur Herstellung von Werkzeugen, Schmuck und Waffen. Der überwiegende Teil aller Metalle wird aus Erzen gewonnen. Durch die Möglichkeit, verschiedene Metalle miteinander zu verschmelzen, entstehen immer neue metallische Werkstoffe mit vielfältigen Anwendungsgebieten. Diese Metallverbindungen werden als **Legierungen** bezeichnet. Metalle kommen nicht als Rohstoffe in den Handel, sondern als **Halbfabrikate** wie *Bleche, Rohre, Drähte, Stäbe* und *Winkelprofile.*

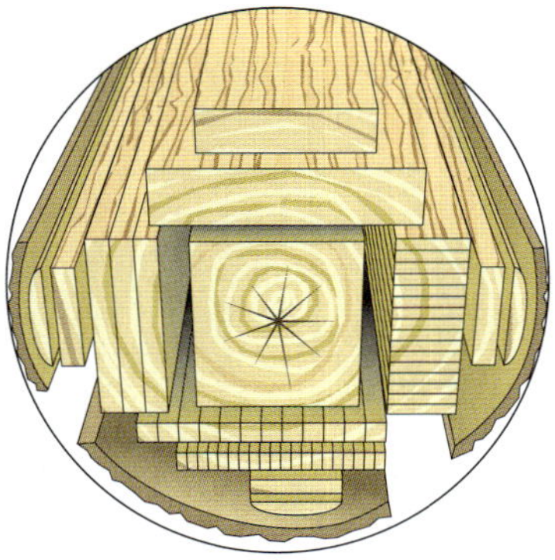

1 Schnittholz

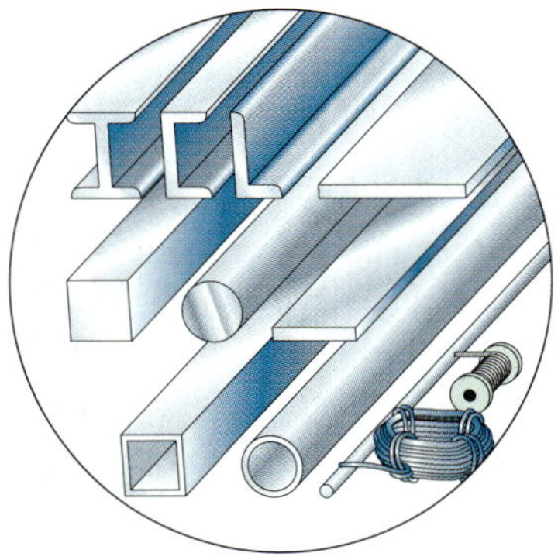

2 Halbfabrikate aus Metall

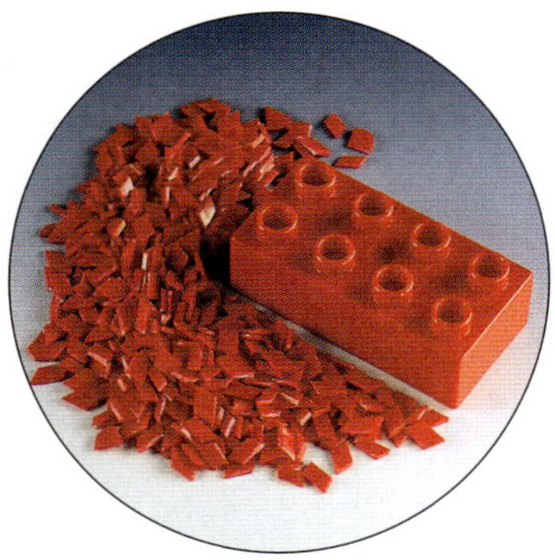

3 Granulat und Endprodukt

4 Töpferscheibe

Kunststoffe

Durch die Verarbeitung von Rohstoffen wie *Erdöl, Erdgas, Kohle* oder *Zellulose* produziert die chemische Industrie Kunststoffe mit speziellen Eigenschaften für nahezu jeden Anwendungsbereich. Du findest Kunststoffe inzwischen in allen Lebensbereichen, beispielsweise als Verpackungen. Wegen der großen Mengen an Kunststoffen entstehen viele Abfälle. Daraus ergeben sich große Umweltprobleme.
Kunststoffe verfügen über hervorragende Gebrauchs- und Verarbeitungseigenschaften. Sie sind leicht, wasserabweisend, beständig gegen Chemikalien und Zersetzung. Sie können leicht eingefärbt werden. Viele Kunststoffe lassen sich gut *warm verformen.*

Ton

Ton entsteht durch die Verwitterung von bestimmten Gesteinen. Durch den Abbau in Tongruben wird ein Werkstoff gewonnen, der in feuchtem Zustand leicht und ohne Werkzeugeinsatz zu bearbeiten ist. Nach dem Trocknen wird Ton *hart,* lässt sich aber im Wasser wieder aufweichen. Erst **gebrannter Ton** wird *steinhart* und *wasserfest.* Mit viel Wasser verdünnter Ton lässt sich in **Gipsformen** gießen, um viele Gefäße gleicher Qualität und gleichen Aussehens herzustellen.

Werkstoffe werden aus Rohstoffen gewonnen. Zur Herstellung von Gebrauchsgegenständen oder Fertigteilen müssen sie aufbereitet und verfeinert werden.

1 Nenne jeweils mehrere Beispiele für Gebrauchsgegenstände aus Holz, Metall, Kunststoff und Ton. Erläutere Gründe für die Werkstoffauswahl.

Pinnwand

WERKSTOFFE IM GEBRAUCH

Glas, ein zerbrechlicher Werkstoff

Zur Herstellung von Glas ist eine Temperatur von bis zu 1600 °C erforderlich, bei der die Ausgangsstoffe Kalk, Sand und Soda geschmolzen werden. Besonders kunstvolle Gläser werden auch heute noch im Mundblasverfahren herstellt. Ein Glasbläser entnimmt mit seiner Glasbläserpfeife einen großen Glastropfen aus dem Ofen. Dieser wird zu einem Glasballon aufgeblasen und in einer Metallform ausgeformt oder von Hand frei geformt.

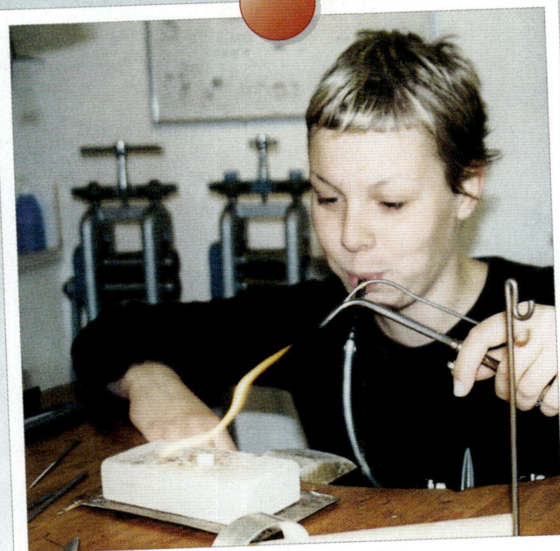

Gold, ein ungewöhnliches Metall

Gold zeichnet sich durch seine Seltenheit und Schönheit aus. Es ist unglaublich verformbar. So lassen sich zum Beispiel 10 g Gold zu einem hauchdünnen Blatt von 3,5 m^2 oder zu einem extrem dünnen Draht von etwa 25000 m Länge verarbeiten. In der Natur ist das Gold meistens in Gestein sehr fein verteilt. Seltener findet sich Gold in Form von Goldsand und Goldklümpchen (Nuggets). Nach dieser Art Gold schürften früher mit ihren primitiven Waschpfannen die Goldsucher. Heute wird Gold mit modernsten Bergwerkstechniken gewonnen. Um 10 g Gold zu gewinnen, müssen mehr als 1000 kg Gestein gefördert und weiterverarbeitet werden.

Kunststoff, ein leichter Werkstoff

Ein Auto besteht im Durchschnitt aus 5000 Teilen. Fast 1500 Teile sind aus Kunststoff. Durch den vermehrten Einsatz dieses leichten Werkstoffes wiegen kleinere Autos statt früher 1000 kg heute zwischen 760 kg und 800 kg.

1 Nenne Vor- und Nachteile von Getränkeflaschen aus Glas beziehungsweise aus Kunststoff.

2 Nenne Vorteile der Gewichtsersparnis durch den Einsatz von Kunststoffen im Auto.

3 Gold eignet sich in besonderem Maße zur Schmuckherstellung. Begründe.

Projekt

Steckbriefe von Stoffen

Ein *Steckbrief* ist ein Plakat, mit dem Personen gesucht werden. Darauf sind die Personen nach ihrem Aussehen und ihren Eigenschaften beschrieben. In diesem Projekt sollt ihr **Steckbriefe von Stoffen** erstellen. Diese Steckbriefe sind Beschreibungen, an denen jeder den Stoff wieder erkennen kann. Einen ersten Eindruck über den Stoff, den ihr bestimmen sollt, erhaltet ihr über eure **Sinne.** Bei der Beschreibung wählt ihr am besten einen Vergleichsstoff, zum Beispiel *klebrig wie Honig, farblos wie Wasser, härter als Glas.*
Neben den eigenen Sinnen werden in der Chemie **physikalische und chemische Methoden** gewählt, um einen Stoff zu untersuchen und zu beschreiben. Einige Untersuchungsmöglichkeiten habt ihr schon beim Arbeiten mit diesem Buch kennen gelernt. Dazu gehören das Bestimmen der Schmelz- und Siedetemperatur, der elektrischen Leitfähigkeit, der Löslichkeit, der Dichte und der Magnetisierbarkeit. Von festen Stoffen lässt sich zusätzlich noch die Härte bestimmen. Falls ihr Stoffe untersuchen wollt, die mit einem Gefahrensymbol gekennzeichnet sind, müsst ihr dessen Bedeutung unbedingt beachten. Teilt die Klasse in Gruppen ein. Jede Gruppe erstellt zu jedem untersuchten Stoff einen Steckbrief und stellt ihn dann vor.

Gruppe 1: Steckbriefe von Metallen

Aussehen
Zur Beschreibung können Wörter wie glatt, rau, eben, uneben, matt, glänzend, mit Riefen durchzogen dienen.

Schmelztemperatur
Die Bestimmung der Schmelztemperatur wird nur für wenige gewählte Stoffe gelingen, weil euer Thermometer vermutlich nicht weit über 100 °C hinausreicht. Sucht für Stoffe mit einer höheren Schmelztemperatur den entsprechenden Wert aus Tabellen heraus.

Härte
Durch Ritzen lässt sich feststellen, welcher von zwei Körpern der härtere ist. Der härtere Gegenstand ritzt dabei immer den weicheren. Es bleibt ein Kratzer auf der Oberfläche zurück. Versucht durch wechselseitiges Ritzen der Körper herauszufinden, welcher der jeweils härtere ist. Erstellt eine Liste, beginnt mit dem weichsten Körper. Bei Gegenständen aus Gold und Silber solltet ihr auf die Härteprüfung verzichten.

Magnetisierbarkeit
Nähert dem Körper einen Magneten und überprüft, ob er magnetisch ist.

4 Metalle

Leitfähigkeit
Spannt die Körper als Probekörper zwischen Krokodilklemmen. Achtet darauf, dass die Prüfstrecke nicht zu lang ist. Benutzt als Anzeigegerät eine Glühlampe oder eine Diode und als Stromversorgungsgerät eine 4,5 V-Batterie.

Dichte
Zur Dichtebestimmung müsst ihr Masse und Volumen des Körpers messen.
Die Masse wird auf einer Waage bestimmt und in g angegeben. Das Volumen kann bei quaderförmigen Körpern errechnet werden, wenn ihr Länge, Breite und Höhe gemessen habt.
Bei unregelmäßig geformten Körpern wird es mit der Differenz- oder Überlaufmethode bestimmt. Es wird in cm^3 angegeben.

Steckbrief:

Aussehen: grau-silbrig
Schmelztemperatur: 1537 °C
Härte: weicher als Stahl, härter als Kupfer
Magnetisierbarkeit: magnetisierbar
Leitfähigkeit: leitet den elektrischen Strom
Dichte: 7,5 $\frac{g}{cm^3}$

Stoff: Eisen

Gruppe 2: Steckbriefe von Nichtmetallen

Aussehen
Zur Beschreibung können Wörter wie glatt, rau, eben, uneben, matt, glänzend, wachsartig, durchsichtig, Kristalle, Pulver dienen.

Schmelztemperatur
Die Bestimmung der Schmelztemperatur wird nur für einige gewählte Stoffe gelingen, weil euer Thermometer vermutlich nicht weit über 100 °C hinausreicht. Sucht für Stoffe mit einer höheren Schmelztemperatur den entsprechenden Wert aus Tabellen heraus. Für Gemische kann keine feste Schmelztemperatur angegeben werden.

Geruch
Zur Beschreibung könnten folgende Angaben dienen: süßlich, stechend, fruchtig, wie Parfüm, säuerlich.

Härte
Durch Ritzen lässt sich feststellen, welcher von zwei Körpern der härtere ist. Der härtere Gegenstand ritzt dabei immer den weicheren. Es bleibt ein Kratzer auf der Oberfläche zurück. Versucht durch wechselseitiges Ritzen der Körper herauszufinden, welcher jeweils der härtere ist. Erstellt eine Liste, beginnt mit dem weichsten Körper. Bei einem Pulver lässt sich die Härte natürlich nicht untersuchen.

Leitfähigkeit
Spannt die Körper als Probekörper zwischen Krokodilklemmen. Achtet darauf, dass die Prüfstrecke nicht zu lang ist. Benutzt als Anzeigegerät eine Glühlampe oder eine Leuchtdiode und als Stromversorgungsgerät eine 4,5 V-Batterie.

5 Nichtmetalle

Verformbarkeit
Versucht vorsichtig die Körper zu verbiegen oder zusammenzudrücken. Achtet auf das Verhalten der Körper, wenn ihr sie wieder loslasst. Wenn der Körper seine ursprüngliche Form wieder einnimmt, ist er elastisch. Behält er aber die neue Form, ist er plastisch. Ein Pulver lässt sich nicht auf Verformbarkeit untersuchen.

Dichte
Zur Dichtebestimmung müsst ihr Masse und Volumen des Körpers messen. Die Masse wird auf einer Waage bestimmt und in g angegeben. Bei quaderförmigen Körpern kann das Volumen errechnet werden, wenn ihr Länge, Breite und Höhe gemessen habt. Bei unregelmäßig geformten Körpern wird es mit der Differenz- oder Überlaufmethode bestimmt. Es wird in cm^3 angegeben. Das Volumen von einem Pulver lässt sich annähernd genau mit einem Messzylinder bestimmen.

Löslichkeit
Verwendet als Lösungsmittel Wasser. Die Löslichkeit vieler Stoffe hängt auch von der Temperatur des Lösungsmittels ab. Deshalb sollte das Wasser erwärmt werden, wenn sich ein Stoff kaum oder gar nicht löst. Gebt also bei der Löslichkeit auch die Temperatur des Wassers an.

Steckbrief:

Aussehen: gelb, glatt
Schmelztemperatur: 65 °C
Geruch: süßlich
Härte: mit Fingernagel ritzbar
Leitfähigkeit: leitet den elektrischen Strom nicht
Verformbarkeit: plastisch
Dichte: 0,95 $\frac{g}{cm^3}$
Löslichkeit: nicht löslich

Stoff: Bienenwachs

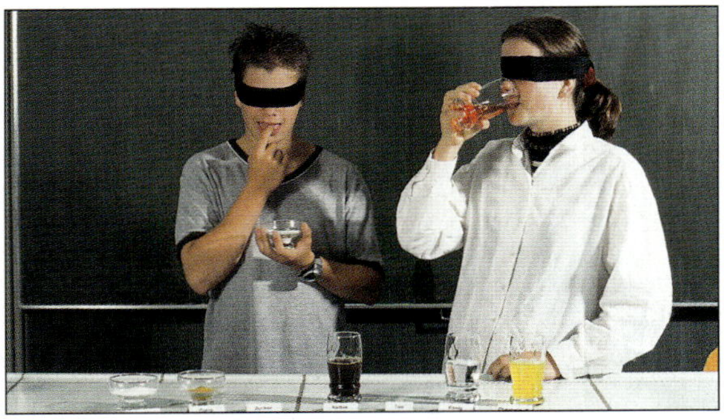

1 Geschmacksproben bei Lebensmitteln

V 1 Versuche mit verbundenen Augen verschiedene Lebensmittel wie Zucker, Salz, Essig, Orangensaft, Curry, Kaffee und Tee zu bestimmen. Wie gehst du vor? *Achtung:* Verwende keine verunreinigten Lebensmittel und nur für Lebensmittel geeignete Gefäße!

A 2 Notiere Lebensmittel, die du an ihrem typischen Geruch erkennen kannst.

2 Brausepulver und Zucker unter der Lupe

V 3 Betrachte Streuzucker und Brausepulver mit einer Lupe. Was stellst du fest?

Rezept für Brausepulver (10 Personen):

5 Esslöffel Zucker
3 Esslöffel Zitronensäure
2 Esslöffel Natron
1 Päckchen Vanillinzucker
1–2 Tropfen Fruchtaroma (z.B. Himbeere)

Mische alle Zutaten in einer trockenen, sauberen Schüssel, die nur für Lebensmittel benutzt wird.
Wenn alles gleichmäßig verrührt ist, kannst du das Brausepulver an deine Mitschülerinnen und Mitschüler verteilen oder damit Brause herstellen.

4 Stoffgemische und ihre Trennung

4.1 Reinstoffe und Stoffgemische

„Hast du schon Essig in der Salatsoße?" fragte Mutter. Tina wusste es nicht genau, doch es war kein Problem für sie. Erst schnupperte sie, und als sie sich dann noch nicht ganz sicher war, schmeckte sie die Soße vorsichtig ab.
Viele Stoffe, vor allem aus Küche und Haushalt, lassen sich mit den Augen, der Nase und der Zunge leicht erkennen. Manche Stoffe, wie Salz und Zucker, lassen sich allerdings allein mit den Augen nur schlecht auseinander halten. Mit einer Geschmacksprobe wirst du diese beiden Stoffe jedoch leicht unterscheiden können.

Zucker gibt es in verschiedenen Formen, als feinen Puderzucker, groben Streuzucker, als Zuckerwürfel oder weißen Kandiszucker. Fein zermahlen schmeckt jede Zuckerart gleichmäßig süß. Zucker ist ein **Reinstoff.** Reinstoffe sind einheitlich aufgebaut und haben an allen Stellen die gleichen Eigenschaften.

Beim Brausepulver ist das anders. Im Unterschied zum Zucker schmeckt Brausepulver nicht an allen Stellen gleich. Es schmeckt teils süß, teils sauer, und es schäumt sogar auf der Zunge.
Betrachtest du Brausepulver mit einer Lupe, dann siehst du, dass es aus verschiedenen Bestandteilen zusammengesetzt ist, die auch unterschiedlich schmecken. Brausepulver ist also ein **Stoffgemisch.** Es besteht aus mehreren Reinstoffen: Zucker, Weinsäure oder Zitronensäure, Natron und Farbstoff.

Stoffgemische begegnen dir täglich, zum Beispiel als Kräutersalz, Waschmittel oder Backmischungen. Manche Stoffgemische lassen sich durch einfache Trennverfahren auch wieder in Reinstoffe zerlegen.

Reinstoffe sind einheitlich aufgebaut. Sie haben an allen Stellen die gleichen Eigenschaften.
Stoffgemische bestehen aus mehreren Reinstoffen.

1 a) Ordne die folgenden Stoffe nach Reinstoffen und Stoffgemischen: Vogelfutter, Schwefel, Limonade, Müsli, Kupfer, Kochsalz, Tinte, Kandiszucker, Kräuterbutter, Curry.
b) Begründe, warum du die einzelne Stoffe jeweils als Reinstoffe oder Stoffgemische eingeordnet hast.

→ Stoffe bestehen aus kleinsten Teilchen, Seite 52
→ Vom Steinsalz zum Kochsalz, Seite 54

Pinnwand

TRENNVERFAHREN IM ALLTAG

Sortieren

V 1 Sortiere Studentenfutter in seine einzelnen Bestandteile. Wie gehst du vor?

Dekantieren

V 4 Presse eine frische Orange oder Zitrone aus. Du möchtest den Saft möglichst ohne Fruchtfleisch trinken und kein weiteres Küchengerät beschmutzen. Wie gehst du vor?

Sieben

V 2 Betrachte Vollkornmehl mit der Lupe. Siebe es und betrachte es danach noch einmal. Was stellst du fest?

Filtrieren

V 5 Der Boden der Kaffeetasse ist mit Kaffeesatz bedeckt. Wie kannst du den Kaffee vom Satz befreien?

Sedimentieren

V 3 Rühre in ein Trinkglas mit Milch drei Teelöffel kakaohaltiges Getränkepulver. Lass das Glas einige Zeit ruhig stehen und beobachte. Trinke ohne noch einmal umzurühren das Glas leer. Betrachte danach den Boden des Glases.

1 Beim Trennen von Nudeln oder Klößen vom Kochwasser werden meistens Siebe benutzt. Suche ein anderes Trennverfahren.

2 Ein Maurer siebt den Sand, bevor er den Mörtel anrührt. Erkläre warum.

3 Der Teebeutel in der Teekanne ist zerrissen. Wie bekommst du nun den Tee ohne Teeblätter in deine Tasse?

4 Jana möchte nur rote Gummibärchen auf ihrem Geburtstagskuchen. Welches Trennverfahren wendet sie an?

→ Müll sortieren, Seite 294

1 Zucker wird zerkleinert.

A 1 Welche Zuckersorten gibt es? Wodurch unterscheiden sie sich?

V 2 Nimm ein Stück Kandiszucker und betrachte es unter der Lupe. Zerkleinere es in einem Mörser so fein wie möglich. Betrachte zwischendurch die Zuckerteilchen mit der Lupe. Beschreibe deine Beobachtungen.

V 3 Gib ein Stück Kandiszucker in ein Becherglas mit Wasser. Notiere deine Beobachtungen.

V 4 Gib einige Kaliumpermanganatkristalle in ein Becherglas mit Wasser. Was passiert mit den Kristallen und mit dem Wasser?

A 5 Beschreibe den Lösungsvorgang von Zucker in Wasser mit Bild 2.

4.2 Stoffe bestehen aus kleinsten Teilchen

Zucker gibt es in verschiedenen Formen. Es gibt groben und feinen Zucker, Würfelzucker, Kandiszucker und Puderzucker. Was passiert zum Beispiel mit dem Kandiszucker, wenn er in einem Mörser immer weiter zerkleinert wird?
Du kannst beim Zerreiben feststellen, dass die Zuckerstücke immer kleiner werden. Bald sind sie so klein, dass du sie auch mit einer Lupe nicht mehr als einzelne Kristalle erkennen kannst. Dies gelingt aber mit Hilfe eines Mikroskops. Damit lassen sich Form und Größe der Zuckerteilchen noch gut erkennen.

Wird Zucker in Wasser gegeben, so löst er sich nach und nach auf. Nach einiger Zeit ist er völlig verschwunden. Der süße Geschmack der Lösung zeigt aber, dass der Zucker noch vorhanden ist.
Auch Kaliumpermanganatkristalle lösen sich im Wasser auf. Im Gegensatz zum Zucker sind diese Kristalle jedoch farbig. So kannst du den Auflösungsvorgang an der immer dunkleren Färbung des Wassers verfolgen.

Das Teilchenmodell

Um das Auflösen des Zuckers im Wasser zu erklären, greifen Naturwissenschaftler auf eine Modellvorstellung zurück. In dieser Vorstellung sind alle Stoffe aus kleinsten, kugelförmigen Teilchen aufgebaut, deswegen nennt man sie auch **Teilchenmodell.**
Die Teilchen sind extrem klein. Selbst mit dem stärksten Mikroskop kann man sie nicht sichtbar machen. Im Zuckerkristall liegen sie dicht nebeneinander und sind an ihre Plätze gebunden (Bild 2 A). Die Wasserteilchen dagegen bewegen sich frei. Nach und nach drängen sie sich zwischen die Zuckerteilchen und lösen sie aus dem Zuckerkristall heraus (Bild 2 B). Ist der Kandiszucker vollständig aufgelöst, sind die Zuckerteilchen zwischen den Wasserteilchen gleichmäßig verteilt (Bild 2 C).

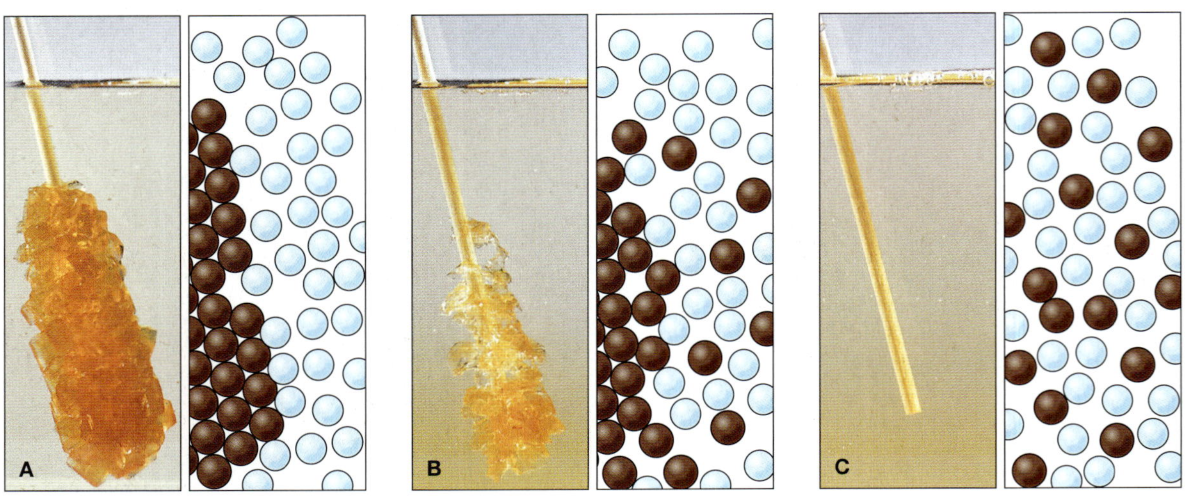

2 Zucker löst sich in Wasser. ***A*** *Vor dem Lösen;* ***B*** *ein Teil ist gelöst;* ***C*** *alles ist aufgelöst*

→ Praktikum: Nachweis von Nährstoffen in Nahrungsmitteln, Seite 202
→ Unsere Nahrung enthält lebenswichtige Stoffe, Seite 200

Die Teilchen bewegen sich

Eine weitere wichtige Eigenschaft der Teilchen kann in der Abbildung 2 leider nicht dargestellt werden: Bewegung. Die Wasserteilchen bewegen sich ungeordnet und sehr schnell durcheinander. Du kannst diese Behauptung überprüfen, indem du den Versuch nachstellst: Auch ohne Umrühren löst sich der Zucker auf – es dauert nur etwas länger.

Die Teilchen sind verschieden groß

Wenn du 50 ml Wasser mit 50 ml Brennspiritus vermischst, so erwartest du als Ergebnis natürlich 100 ml Gesamtvolumen. Tatsächlich erhältst du aber ein geringeres Volumen. Wie ist das möglich?
Mit Hilfe eines Modellversuchs lässt sich die Volumenverringerung erklären. Dabei dienen Erbsen und Senfkörner als Modelle für die kleinsten Teilchen von Spiritus und Wasser. Mischst du 50 ml Erbsen mit 50ml Senfkörnern, so erhältst du ebenfalls ein geringeres Volumen als die erwarteten 100 ml. Das liegt daran, dass es zwischen den dicht gepackten Erbsen noch kleine Hohlräume gibt. Werden die Senfkörner dazugegeben, dann füllt ein Teil von ihnen diese Hohlräume aus.
Auch beim Mischen von Spiritus und Wasser füllen die kleineren Wasserteilchen zum Teil die Hohlräume zwischen den größeren Spiritusteilchen aus.

Anwendung des Teilchenmodells

Mit dem Teilchenmodell lassen sich auch Trennverfahren wie die Filtration erklären.
In einer Suspension aus Ton und Wasser bewegen sich die Wasserteilchen wieder wild durcheinander. Die Tonteilchen sind viel größer. Außerdem hängen immer viele Tonteilchen zusammen und bilden dicke Brocken. Diese sind im Vergleich zu den Wasserteilchen riesig. Wird die Suspension durch ein Filterpapier gegossen, bleiben die Brocken der Tonteilchen vor den Filterporen hängen. Die kleinen Wasserteilchen können hingegen ungehindert durch die Filterporen hindurch.

Das Teilchenmodell sagt aus, dass alle Stoffe aus kleinen, kugelförmigen Teilchen bestehen. Die Teilchen bewegen sich.

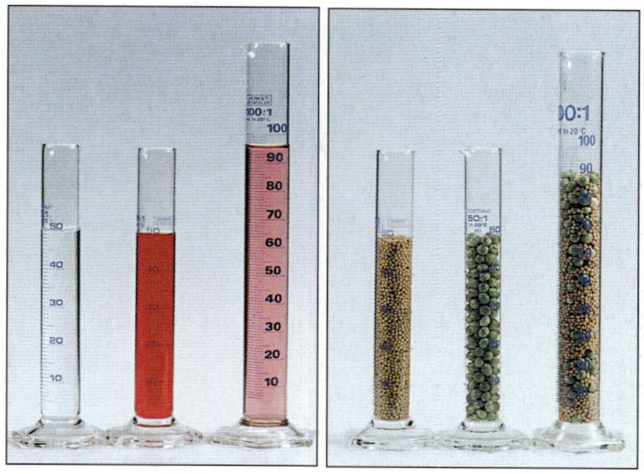

3 Mischversuche

V6 Stelle in einem Becherglas eine Suspension aus Ton und Wasser her. Gieße sie durch einen Papierfilter in ein zweites Becherglas. Beschreibe den Rückstand und das Filtrat.

A7 Beschreibe die Suspension und den Vorgang des Filtrierens mit Hilfe des Teilchenmodells.

A8 Der Versuch aus V6 soll mit einem Modellversuch erklärt werden. Dazu stehen ein Becherglas mit Senfkörnern, einige Dutzend Erbsen, ein sehr grobes Sieb und eine Tube Kleber zur Verfügung.
a) Wofür stehen die Senfkörner und die Erbsen?
b) Wozu braucht man den Kleber?
c) Beschreibe, wie man mit diesen Materialien den Modellversuch durchführt.

4 Suspension und Filtrieren im Teilchenmodell

→ Wasser im Teilchenmodell, Seite 63
→ Reinstoffe und Stoffgemische, Seite 50

1 Steinsalz ist ein Gemisch.

4.3 Vom Steinsalz zum Kochsalz

Salz ist in unserer Küche unentbehrlich. Wir brauchen es zum Würzen von Kartoffeln, Nudeln, Reis und vielen anderen Speisen.
Ein Teil unseres Kochsalzes wird als Steinsalz in Bergwerken gewonnen. Doch dieses Rohsalz ist zunächst nicht zum Kochen geeignet.

Ein Steinsalzbrocken aus einem Salzbergwerk enthält Verunreinigungen. Untersuchst du ihn genauer, wirst du feststellen, dass Steinsalz ein Gemisch aus weißem Kochsalz und teilweise farbigem Gestein ist. Um reines Kochsalz zu erhalten, muss dieses Gemisch getrennt werden.

2 Gewinnung von Kochsalz.
A *Zerkleinern von Rohsalz,* ***B*** *Sieben,* ***C*** *Lösen und Aufschlämmen,* ***D*** *Sedimentieren,* ***E*** *Suspension dekantieren,* ***F*** *Suspension filtrieren,* ***G*** *Eindampfen der Salzlösung,* ***H*** *Salz nach dem Eindampfen*

A1 Beschreibe einen Steinsalzbrocken
V2 Zerkleinere einen Steinsalzbrocken mit einem Pistill in einem Mörser. Siebe das Gemisch mit einem grobmaschigen Sieb über einem großen Becherglas. Betrachte den Rest im Sieb und das Gemisch im Becherglas. Berichte.
V3 Gib zu dem zerkleinerten, gesiebten Steinsalz etwas Wasser und rühre mit einem Glasstab um. Beschreibe deine Beobachtung.
V4 Lass die in V3 hergestellte Mischung einige Zeit ruhig stehen. Gieße dann die über dem Bodensatz stehende Flüssigkeit in ein Becherglas. Betrachte und beschreibe die Flüssigkeit.

Reinigung von Steinsalz

Zunächst wird das Steinsalz mithilfe eines Mörsers möglichst fein zerrieben. Größere Steine kannst du durch **Sieben** entfernen.
Dann gibst du das zerkleinerte Steinsalz in Wasser. Es entsteht eine schmutzig trübe Flüssigkeit, die *Aufschlämmung* oder **Suspension** heißt. Die Salzteilchen **lösen** sich im *Lösungsmittel* Wasser, nicht jedoch die groben Verunreinigungen. Sie sinken nach einiger Zeit zu Boden und setzen sich dort ab, sie **sedimentieren.**

Lässt du die Suspension stehen, kannst du nach einiger Zeit die über dem Bodensatz stehende Flüssigkeit, die Kochsalzlösung, abgießen. Dieser Vorgang heißt **Dekantieren.**

→ Pinnwand: Salzgewinnung, Seite 56

Wenn du die abgegossene Flüssigkeit genau betrachtest, siehst du, dass sie noch verunreinigt ist. Sie enthält zwar keine großen Schmutzteilchen mehr, sie sieht aber immer noch trüb aus. Du kannst also durch Dekantieren nur die größeren Teilchen einer Suspension von der Flüssigkeit trennen.

Kleinere Teilchen können nur mit einem Filter abgetrennt werden. Dieser Vorgang heißt **Filtrieren.** Der Filter hat kleine Löcher, die Filterporen. Feste Teilchen, die größer sind als die Filterporen, bleiben im Filter zurück. Sie bilden den **Rückstand.** Die Flüssigkeit, die hindurchgelaufen ist, heißt **Filtrat.** Es ist eine klare Lösung von Kochsalz in Wasser. Eine solche Salzlösung heißt auch *Sole.*

Aus der Sole kannst du das reine Kochsalz gewinnen, indem du sie bis zum Sieden erhitzt. Durch die Wärmezufuhr **verdampft** das Wasser recht schnell. Die Sole wird vollständig eingedampft. Am Ende bleibt eine Schicht aus weißen Salzkristallen übrig.

V 5 Gieße die Flüssigkeit aus V 4 durch einen Laborfilter. Falte dazu aus einem Rundfilter eine Filtertüte nach der Anweisung in Bild 3. Betrachte und beschreibe den Rückstand im Filter sowie das Filtrat.

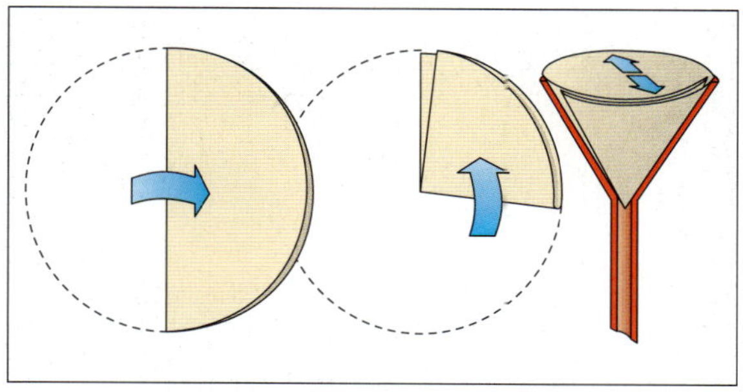

3 So wird ein Filter gefaltet.

V 6 Fülle eine Abdampfschale etwa 1 cm hoch mit der in V 5 gewonnenen reinen Kochsalzlösung. Erhitze die Salzlösung mit der klein eingestellten, blauen Brennerflamme. *Vorsicht,* beim Erwärmen kann Salz herausspritzen. Stelle den Brenner ab, bevor das letzte Wasser verdampft ist. Was beobachtest du? Betrachte das Ergebnis und beschreibe.

Steinsalz kann durch Sieben, Aufschlämmen, Lösen und Sedimentieren von groben Verschmutzungen gereinigt werden. Durch Dekantieren, Filtrieren und anschließendes Eindampfen können aus einer Suspension die Verunreinigungen und das Wasser abgetrennt werden.

A 7 Betrachte die Salzkristalle mit einer Lupe. Vergleiche sie mit den Kristallen von Speisesalz.

V 8 Stelle eine gesättigte Salzlösung her und gib sie in eine Glasschale. Lass sie einige Tage stehen und beobachte. Notiere die Veränderungen und beschreibe das Ergebnis.

1 Wie fein darf der Kaffee gemahlen werden, wenn er über einen Filter aufgegossen werden soll?

2 Nenne Beispiele aus dem Alltag, wo ein Sieb zum Trennen von Gemischen eingesetzt wird.

3 Warum sollen manche Fruchtsäfte vor dem Öffnen der Flasche geschüttelt werden?

4 Woher kommt der Name Kochsalz?

Pinnwand

SALZGEWINNUNG

Salz! Salz – soweit das Auge reicht. Wo aber kommt das Salz her? Salzbauern legen am Strand flache Becken an, in die das Meerwasser hineinfließt. Sobald die Becken voll sind, werden sie zum Meer hin verschlossen. Jetzt müssen die Salzbauern nur noch warten. Durch die Wärme der Sonne verdunstet nach und nach das Wasser. Das **Meersalz** bleibt zurück. Es wird vollständig getrocknet, abgepackt und in alle Welt verkauft.

A 1 Warum gibt es an der Nordsee keine Salzgewinnung?

Salz kann auch aus unterirdischen Salzlagerstätten gewonnen werden. Mithilfe großer Spezialmaschinen wird das **Steinsalz** aus den in Jahrmillionen entstandenen Lagerstätten abgetragen. Dabei entstehen riesige unterirdische Höhlen. Übertage wird das Steinsalz einer umfangreichen Reinigung unterzogen. Durch Lösen, Filtrieren und Eindampfen wird es gereinigt. Jetzt erst kann das Salz verwendet werden.

A 2 Warum muss Steinsalz gereinigt werden?

1 Vergleiche beide Verfahren zur Salzgewinnung. Nenne Vor- und Nachteile.
2 Nenne fünf Städte, deren Ortsnamen auf Salzgewinnung hinweisen.

Kristalle züchten

Praktikum

Die Kristalle aus der Erde sind in sehr langen Zeiträumen entstanden. Aus *gesättigten Salzlösungen* kannst du schneller schöne Kristalle züchten.

Materialien:
Glasgefäße; Holzstäbe; Wollfaden, mit einem kleinen Metallstück beschwert; Zwirnsfaden; Pappdeckel;
Kochsalz; Alaun (Kaliumaluminiumsulfat), destilliertes Wasser.

V 1 Kristalle am Wollfaden

Gieße eine Lösung aus 35 g Kochsalz und 100 ml Wasser in ein Glasgefäß. Befestige den Wollfaden am Holzstab und hänge ihn in das Glas (Bild 1A).
Beobachte einige Tage.

V 2 So wächst ein Alaun-Kristall

Löse Alaun in destilliertem Wasser von 50 °C (16 g pro 100 ml). Filtriere die Lösung und gieße einen Teil davon in eine flache Schale, den Rest in ein Vorratsgefäß.

Beim Abkühlen kristallisieren am Boden der Schale Alaun-Kristalle aus. Binde einen dünnen Faden um den schönsten Kristall.
Gieße nun Alaunlösung in ein Becherglas und hänge den Kristall in die Lösung.

Stelle das Gefäß an einen Platz mit gleichbleibender Temperatur.

Beobachte das Wachsen des Kristalls über einige Wochen. Entferne zwischendurch die kleinen Kristalle, die sich am Faden bilden (Bild 1 B). Gieße bei Bedarf Alaunlösung von gleicher Temperatur nach.

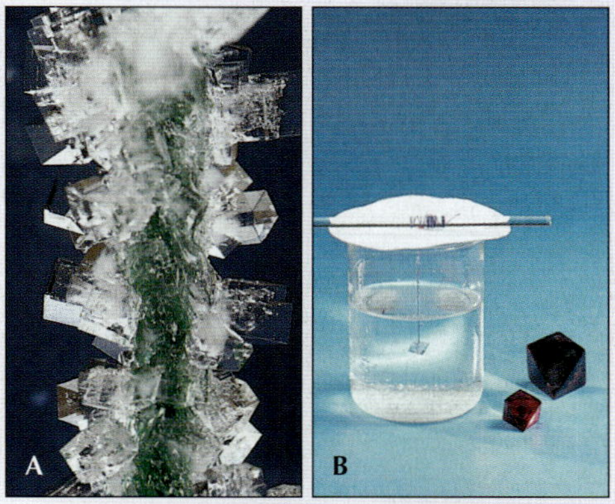

1 Kristalle am Wollfaden (A); Alaunkristalle (B)

Einkristalle aus Silicium

Streifzug durch die Technik

2 Siliciumstab

Kristalle werden auch für anspruchsvolle technische Anwendungen gezüchtet, zur Herstellung von Computerchips und Solarzellen.

Der Ausgangsstoff ist reinstes Silicium, das aus Quarzsand gewonnen wurde. Es wird bei 1440 °C geschmolzen. Ein Silicium-Impfkristall wird in die Schmelze getaucht und unter Drehen langsam herausgezogen. Es entsteht ein sehr großer Kristall aus reinstem Silicium.

Aus dem so entstandenen Siliciumstab werden 1 mm dicke Scheiben gesägt, die Wafer.
Aus jeder Siliciumscheibe können über 100 Computerchips hergestellt werden.

3 Siliciumscheiben

5 Trennverfahren für schwierige Fälle

5.1 Die Papierchromatographie

Schwarze Stifte schreiben unterschiedlich. Durch ein Trennverfahren, die **Papierchromatographie,** kannst du herausfinden, woran das liegt.
Dabei wird ein Farbfleck auf Filterpapier mithilfe einer Flüssigkeit in seine Bestandteile getrennt. Du erkennst danach deutlich, dass sich der schwarze Farbstoff aus verschiedenen anderen Farbstoffen zusammensetzt.
Die Trennung beruht darauf, dass sich einige Farbstoffe gut in Wasser lösen. Sie wandern mit dem Wasser als *Fließmittel* schnell und weit. Andere Farbstoffe haften besser am Papier und sind deshalb langsamer. Das so entstandene Bild heißt **Chromatogramm**.

Bei der Papierchromatographie werden Farbstoffgemische mithilfe eines Fließmittels getrennt.

V1 a) Male mit einem schwarzen wasserlöslichen Filzstift einen dicken Punkt in die Mitte eines runden Filterpapiers. Teile ein weiteres Filterpapier in vier Teile. Drehe aus einem der Viertel einen Docht und stecke ihn durch die Mitte des schwarzen Punktes. Lege dann den Rundfilter auf den Rand einer halb mit Wasser gefüllten Petrischale. Achte darauf, dass nur der Docht ins Wasser taucht. Beobachte, was geschieht.
Beende den Versuch, wenn das Wasser kurz vor dem Rand des Rundfilters angekommen ist.
b) Vergleiche deinen Rundfilter mit anderen. Was stellst du fest?

V2 Wiederhole V 1 mit anderen Farbstiften.

V3 Wiederhole V 1 mit schwarzer und blauer Tinte. Was stellst du fest?

V4 Vergleiche die Chromatogramme verschiedener Filzstiftfarben. Welche Farben sind Reinstoffe?

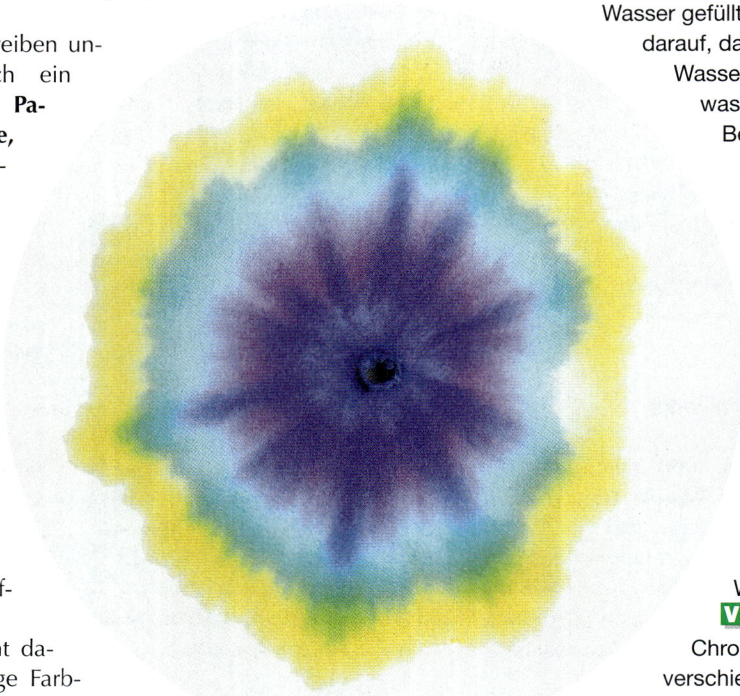

1 Chromatogramm einer schwarzen Farbe

1 Mit welcher Art von Farbstiften lassen sich Chromatogramme mit dem Fließmittel Wasser herstellen?

2 Wie lässt sich ein Chromatogramm von den Farben eines „Permanent“-Filzstiftes herstellen?

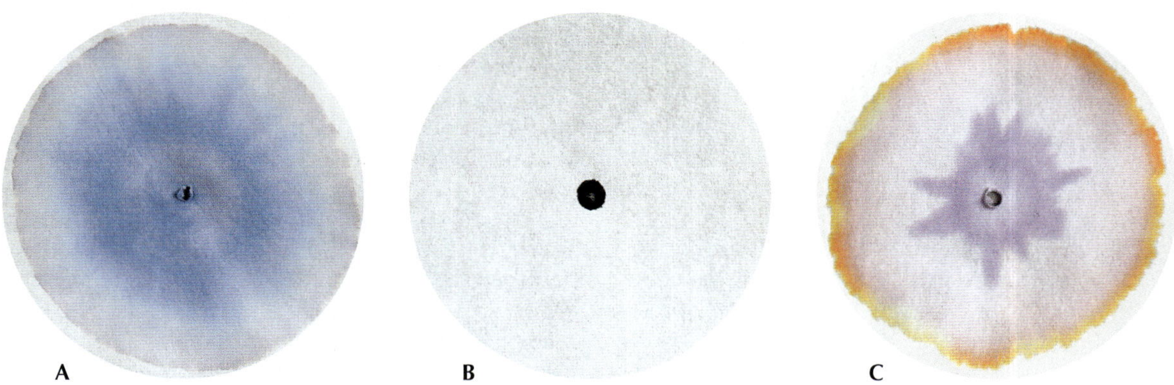

A B C

2 Weitere Chromatogramme: *Tinte (A); schwarze Farbe „permanent“ (B); braune Farbe (C)*

Praktikum

Chromatographie von Lebensmittelfarben

1 Das Material

1. Vorbereitung

Besorge folgende Lebensmittel, die mit einer gefärbten Zuckerglasur überzogen sind:
- Schokolinsen,
- Erdnüsse,
- Lakritze.

Sortiere die Süßigkeiten nach Farben.

2. Ablösen des Farbstoffes

Gib in ein kleines Glasgefäß vier Schokolinsen gleicher Farbe. Füge nur so viel Wasser hinzu, dass sie gerade bedeckt sind.
Bewege das Glas leicht hin und her, damit der Farbstoff mithilfe des Wassers ausgewaschen wird. Nimm die Schokolinsen mit einem Löffel sofort aus dem Gefäß, wenn eine weiße Schicht erkennbar ist.

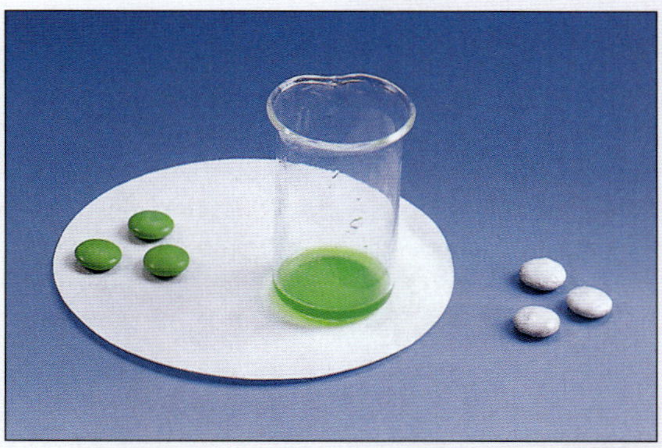

2 Herstellung der Farblösung

E-Nummern für Lebensmittelfarben:

E 104 Chinolingelb	E 110 Gelborange S
E 120 Echtes Karmin	E 122 Azorubin
E 133 Brillantblau FCF	E 124 Cochenillerot A

3. Chromatogramm anfertigen

Hänge dann einen etwa 2 cm breiten und 10 cm langen Filterpapierstreifen so in das Glasgefäß hinein, dass nur die Spitze des Papiers in die Flüssigkeit taucht. Beobachte.
Nimm den Streifen wieder heraus, wenn er fast bis zum Rand mit Flüssigkeit vollgesogen ist. Wiederhole den Vorgang mit anderen Farbstoffen.

3 Herstellung des Chromatogramms

4. Vergleich verschiedener Chromatogramme

Betrachte die Filterpapierstreifen mit den Chromatogrammen der verschiedenen Lebensmittelfarbstoffe. Vergleiche sie.
Suche auf den Verpackungen die Angaben der Inhaltsstoffe. Zähle die Anzahl der Farbstoffe (E-Nummern), die angegeben sind. Vergleiche sie mit der Anzahl der Farben, die du gefunden hast.

1 Heißes Wasser tropft auf Eis.

6 Stoffe zeigen verschiedene Zustandsformen

6.1 Wasser begegnet uns in drei Aggregatzuständen

Heißes Wasser tropft auf einen Eisblock und höhlt ihn aus. Wasser fließt heraus und Wasserdampf steigt auf. Den kannst du nicht sehen, denn Wasserdampf ist unsichtbar. Du siehst nur den feinen Nebel, der daraus entsteht.
Hier zeigt sich Wasser in drei verschiedenen Zustandsformen: **fest, flüssig** und **gasförmig.** Diese drei Zustandsformen sind die **Aggregatzustände** des Wassers.

Ob ein Stoff fest, flüssig oder gasförmig ist, hängt von der Temperatur ab, die er gerade hat. Du weißt, dass Wasser bei Temperaturen *unter* 0 °C festes Eis bildet. Beim Erwärmen schmilzt es bei 0 °C. Es wird flüssig. 0 °C ist die **Schmelztemperatur** von Wasser. Bei dieser Temperatur geht Wasser vom festen in den flüssigen Aggregatzustand über.

Beim weiteren Erwärmen siedet das Wasser bei 100 °C und verdampft. 100 °C ist die **Siedetemperatur** von Wasser. Bei dieser Temperatur geht es vom flüssigen in den gasförmigen Aggregatzustand über.

Wenn du einen Eiswürfel in einem kleinen Becherglas erhitzt, kannst du diese drei Aggregatzustände zur gleichen Zeit beobachten. Es kommt vor, dass ein Teil des Wassers bereits siedet, während noch festes Eis im Wasser schwimmt. Es dauert nämlich einige Zeit, bis ein dicker Eiswürfel vollständig geschmolzen ist.

Ein Stoff kann fest, flüssig oder gasförmig sein. Diese Zustandsformen heißen Aggregatzustände. Bei der Schmelztemperatur wird ein fester Stoff flüssig. Diese Temperatur beträgt bei Wasser 0 °C. Bei der Siedetemperatur wird ein flüssiger Stoff gasförmig. Diese Temperatur beträgt bei Wasser 100 °C.

V1 Gib einen Eiswürfel in ein 100 ml-Becherglas. Stelle das Becherglas auf eine Ceranplatte oder ein Keramik-Drahtnetz und den Gasbrenner darunter. Erhitze mit kleiner blauer Flamme, bis der Eiswürfel geschmolzen ist.
Beobachte alle Veränderungen. Notiere sie.

A2 Woran erkennst du, dass bei diesem Versuch auch Wasserdampf entsteht? Bedenke: Wasserdampf ist unsichtbar!

1 Flüssiges Wasser hat andere Eigenschaften als festes Wasser. Nenne die Unterschiede.

2 Bei einem Unwetter kannst du bisweilen Wasser in allen drei Aggregatzuständen beobachten. Beschreibe ein Beispiel.

3 Wo wird Wasser in seinen verschiedenen Aggregatzuständen genutzt? Nenne Beispiele aus dem Alltag.

4 Zähle Nahrungsmittel auf, die mit siedendem Wasser zubereitet werden.

5 Nenne weitere Stoffe, die du schon in zwei Aggregatzuständen gesehen hast. Wo werden diese Stoffe in ihrem jeweiligen Zustand eingesetzt? Fertige eine Tabelle an.

6.2 Schmelzen und Erstarren

„Temperaturen um 0 °C – Glatteisgefahr." Bei dieser Meldung im Verkehrsfunk weiß jeder Fußgänger, Radfahrer und Autofahrer, was ihn auf der Straße erwartet. Manche bleiben dann lieber gleich zu Hause.

Du weißt, dass Wasser bei 0 °C zu Eis erstarrt. 0 °C ist die **Erstarrungstemperatur** von Wasser. Sie ist *gleich* der Schmelztemperatur, die ja beim Wasser ebenfalls 0 °C beträgt.
Beim Wasser sprechen wir meistens vom *Gefrieren* statt vom Erstarren. Wir nennen deshalb die Temperatur 0 °C den *Gefrierpunkt* des Wassers.

Schmelz- und Erstarrungsvorgänge kannst du nicht nur beim Wasser beobachten. In der Küche wird Fett in der Fritteuse geschmolzen. Es erstarrt wieder beim Abkühlen. Aus geschmolzener Schokolade kannst du eine schöne Tortenglasur oder mit kleinen Förmchen sogar Pralinen gießen. Beim Basteln kannst du mit Lötzinn oder mit Schmelzkleber feste Verbindungen herstellen.

1 Aus flüssiger Schokolade werden Pralinen.

Die Schmelz- oder Erstarrungstemperaturen lassen sich für viele Stoffe sehr genau messen. Solche Messwerte werden benutzt, um Stoffe von anderen unterscheiden zu können.

> Jeder Stoff hat seine eigene Schmelztemperatur.
> Sie ist eine wichtige messbare Stoffeigenschaft.
> Die Schmelztemperatur eines Stoffes ist gleich seiner Erstarrungstemperatur.

1 In einer Metallgießerei werden aus geschmolzenem Metall Gegenstände hergestellt. Nenne Beispiele für solche Gießereiprodukte.
2 Elektrische Anschlüsse werden häufig gelötet. Nenne Vorteile solcher Lötverbindungen.

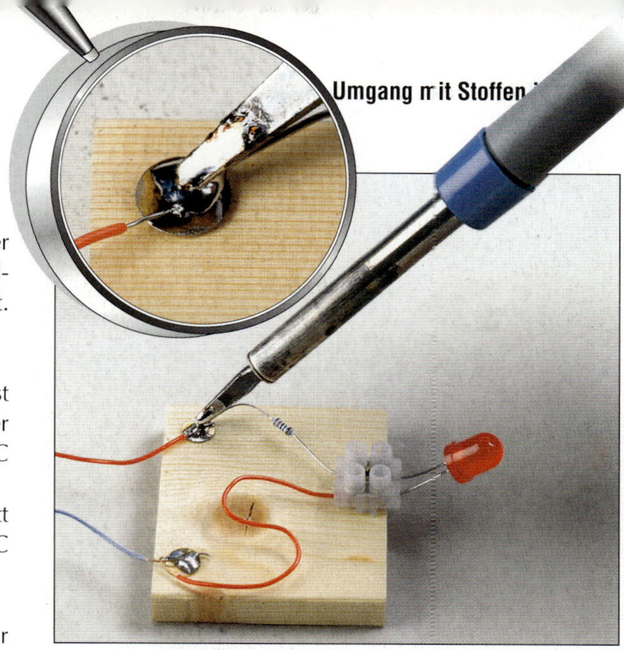

2 An der Lötstelle erstarrt geschmolzenes Lötzinn.

V1 Fülle ein Reagenzglas zur Hälfte mit klein geschnittenem Kerzenwachs (Paraffin oder Stearin). Stelle das Reagenzglas in ein Becherglas mit etwa 60 °C warmem Wasser. Miss mehrmals die Temperatur des schmelzenden Wachses, solange noch größere Anteile des festen Kerzenwachses vorhanden sind (Bild 3A). Notiere die Messwerte.
V2 Nimm das Reagenzglas mit dem vollständig geschmolzenen Wachs aus dem Wasserbad und lass es an der Luft abkühlen. Miss mehrmals die Temperatur des erstarrenden Kerzenwachses. Rühre dabei mit dem Thermometer vorsichtig um, damit es nicht im Wachs festklebt (Bild 3B).
Notiere die Messwerte und vergleiche sie mit den Ergebnissen von V1. Erkläre deine Beobachtungen.

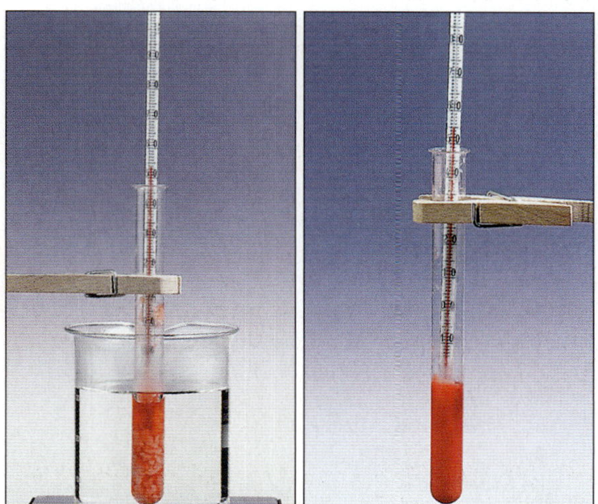

3 Kerzenwachs. *So werden* **A** *Schmelztemperatur und* **B** *Erstarrungstemperatur bestimmt.*

1 Wasser siedet und kondensiert wieder.

V1 Gib Wasser und ein Siedesteinchen in ein Becherglas. Erhitze bis zum Sieden.
a) Beobachte alle Veränderungen im Wasser.
b) Miss die Temperatur des Wassers während des Siedens einige Male.
Was stellst du fest?

V2 Gib 100 ml Wasser und ein Siedesteinchen in einen Erlenmeyerkolben. Verschließe den Erlenmeyerkolben mit einem durchbohrten Stopfen, in dem ein etwa 40 cm langes Glasrohr steckt (Bild 2). Bringe das Wasser im Kolben zum Sieden und beobachte die Vorgänge im Glasrohr.

V3 Erhitze Wasser in einem Becherglas auf etwa 85 °C. Lösche die Brennerflamme. Stelle ein Reagenzglas hinein, das zu einem Viertel mit Spiritus gefüllt ist und gib ein Siedesteinchen in das Reagenzglas (Bild 3). Miss die Temperatur vom Spiritus während des Siedens einige Minuten lang. Was fällt dir auf?

2 Verdampfen und Kondensieren von Wasser

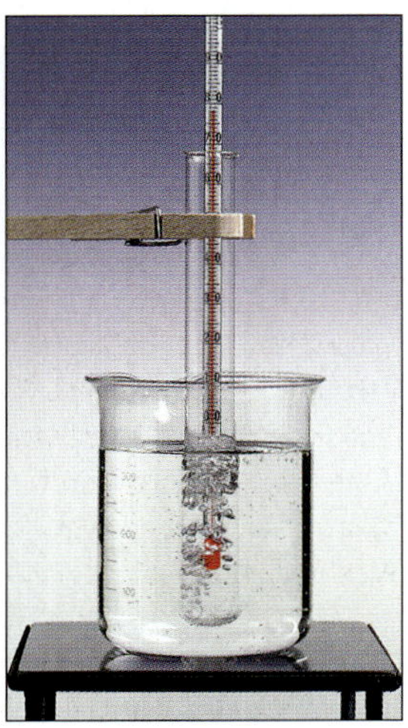

3 Bestimmung der Siedetemperatur von Spiritus

6.3 Verdampfen und Kondensieren

Wenn du auf dem Küchenherd Wasser erhitzt, kannst du leicht feststellen, ob es siedet. Das Wasser bewegt sich dann heftig und der Wasserdampf steigt in großen Blasen an die Oberfläche. Das Wasser ist **verdampft.**

Hältst du ein kaltes Becherglas in den Wasserdampf, so bilden sich darin schnell Wassertropfen. Der Wasserdampf wird im Glas abgekühlt und dabei zu flüssigem Wasser, er **kondensiert.** Doch Vorsicht! Das Becherglas wird sehr heiß, denn Wasser kondensiert bei 100 °C. Die **Kondensationstemperatur** des Wassers ist *gleich* der Siedetemperatur, die ja ebenfalls 100 °C beträgt.
Das ist bei jedem Stoff so, jedoch haben unterschiedliche Stoffe auch unterschiedliche Kondensations- und Siedetemperaturen. Spiritus zum Beispiel siedet oder kondensiert bei 78 °C, Eisen aber erst bei 2730 °C.

Jeder Stoff hat seine eigene Siedetemperatur. Sie ist eine wichtige messbare Stoffeigenschaft.
Die Kondensationstemperatur eines Stoffes ist gleich seiner Siedetemperatur.

1 „Chef, das Wasser kocht – oder soll's noch heißer werden?" Was sollte der Küchenchef auf diese Frage des neuen Küchengehilfen antworten?

2 In der Tabelle 4 sind die Schmelz- und Siedetemperaturen einiger Stoffe zusammengestellt. Nenne den Aggregatzustand, den diese Stoffe bei Raumtemperatur (20 °C) besitzen.

3 Gib für jeden Stoff aus der Tabelle an, zwischen welchen Temperaturen er flüssig ist.

4 Warum werden die Glühfäden in Glühlampen aus dem Metall Wolfram hergestellt?

Stoff	Schmelztemperatur	Siedetemperatur
Sauerstoff	–218 °C	–183 °C
Methan (Erdgas)	–182 °C	–161 °C
Alkohol (Spiritus)	–114 °C	78 °C
Wasser	0 °C	100 °C
Schwefel	119 °C	444 °C
Kochsalz	801 °C	1440 °C
Quecksilber	–39 °C	357 °C
Zinn	232 °C	2270 °C
Gold	1064 °C	3080 °C
Eisen	1537 °C	2730 °C
Wolfram	3400 °C	5900 °C

4 Schmelz- und Siedetemperaturen einiger Stoffe

6.4 Wasser im Teilchenmodell

Wie alle Stoffe besteht auch das Wasser aus kleinsten Teilchen. Sie heißen *Wassermoleküle*. Die wichtigsten Eigenschaften dieser kleinsten Teilchen sind:

– *Sie ziehen sich gegenseitig an.*

Weil die Wassermoleküle sich gegenseitig anziehen, können sich Wassertropfen bilden. Die Wassermoleküle der Oberfläche werden nach innen gezogen, das erklärt die Oberflächenspannung.

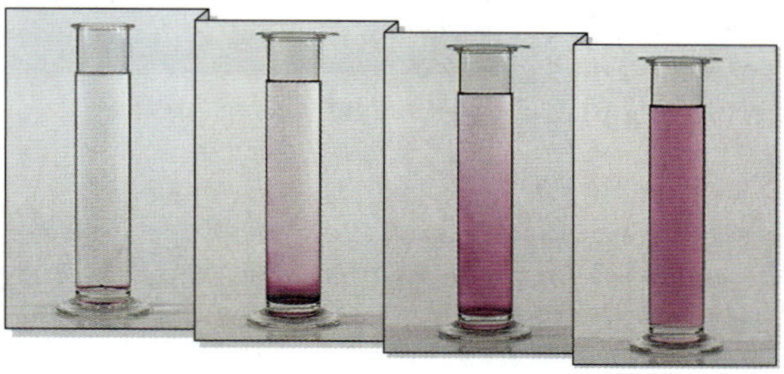

1 Farbstofflösung verteilt sich im Wasser.

– *Die Teilchen sind in ständiger Bewegung.*

Diese Teilchenbewegung erkennst du beispielsweise daran, dass ein Tropfen einer Farbstofflösung das Wasser ohne Umrühren nach einiger Zeit gleichmäßig anfärbt. Die sich bewegenden Wassermoleküle haben die Farbstoffteilchen gleichmäßig verteilt.

Die Teilchenbewegung hängt von der Temperatur ab. Je höher sie ist, desto schneller bewegen sich die Teilchen. Damit lassen sich die *Aggregatzustände* und ihre Übergänge erklären. Im *festen Wasser,* also Eis nehmen die Wassermoleküle feste Plätze ein und bewegen sich nur auf der Stelle. Bei 0 °C wird die Bewegung so stark, dass die Moleküle ihre Plätze verlassen können. Die feste Verbindung bricht auf, das Eis *schmilzt.* Im *flüssigen Wasser* sind die Wassermoleküle noch eng benachbart. Sie können sich jedoch frei bewegen und passen sich so der Form jedes Gefäßes an. Bei weiterer Erwärmung verlassen immer mehr der schneller werdenden Wassermoleküle die Flüssigkeit an der Oberfläche. Bei 100 °C überwinden alle Wassermoleküle die wechselseitige Anziehung. Das Wasser *siedet,* es entsteht *Wasserdampf.* Alle Wassermoleküle bewegen sich unabhängig voneinander mit großem Abstand. Dabei werden aus 1 ml flüssigem Wasser mehr als 1500 ml Wasserdampf.

Wasser besteht aus kleinsten Teilchen, den Wassermolekülen. Die Eigenschaften der Wassermoleküle erklären die Eigenschaften des Wassers

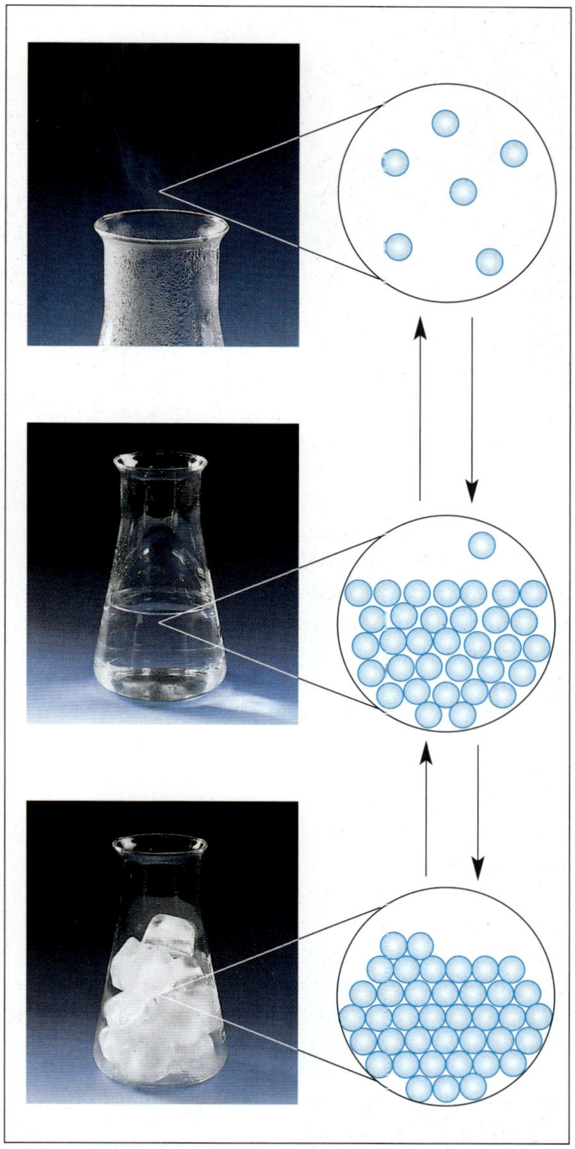

2 Aggregatzustände und ihre Übergänge

A 1 Der Übergang vom festen direkt in den gasförmigen Zustand heißt Sublimieren, der umgekehrte Vorgang Resublimieren. Nenne Beispiele für die Resublimation von Wasserdampf, die du
a) im Winter in der Natur,
b) an einem Hauhaltsgerät beobachten kannst.
Was fällt an dem dabei entstandenen Eis auf?

1 In einem Gefäß befindet sich Wasserdampf. Was geschieht mit den Wassermolekülen, wenn die Temperatur immer niedriger wird?

1 Eistee

6.5 Wasser verhält sich anders

Zur Erfrischung an einem heißen Sommertag ist ein Eistee genau das Richtige. Zur Zubereitung nimmst du ein Glas kalten Tee und gibst eine Hand voll Eiswürfel hinein. Jetzt musst du nur noch umrühren, damit alles schön kalt wird, denn die Eiswürfel schwimmen ja oben. Eis schwimmt immer oben auf dem Wasser. Ist das denn etwas Besonderes?

2 Festes und flüssiges Wachs

A 1 Wurde der Tee in Bild 1 auf die Eiswürfel oder wurden die Eiswürfel in den Tee gegeben?

V 2 Bringe Kerzenwachs in einer Teelichthülle zum Schmelzen. Gib dann ein kleines Stück festes Wachs hinein. Was passiert?

V 3 Nimm zwei Teelichthüllen und fülle die eine randvoll mit Wasser, die andere gleich hoch mit flüssigem Wachs. Stelle dann beide Gefäße ins Gefrierfach. Nimm sie nach einiger Zeit wieder heraus. Erkläre das unterschiedliche Aussehen beider Oberflächen.

V 4 Fülle ein hohes Glasgefäß zur Hälfte mit kaltem Wasser und gib Eis hinzu. Miss ohne umzurühren nach etwa 20 Minuten die Temperaturen in verschiedenen Tiefen. Erkläre deine Beobachtung.

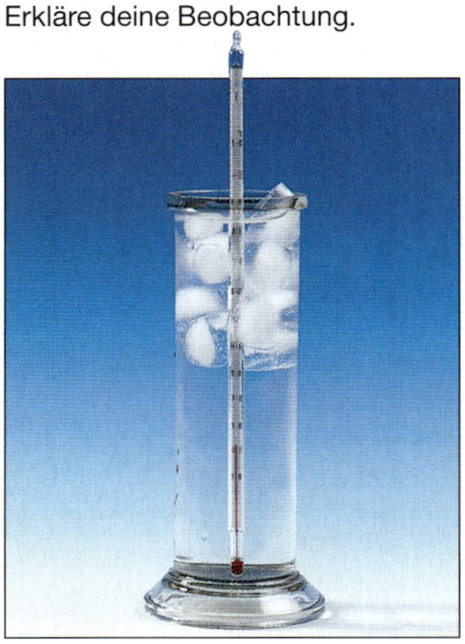

4 Temperaturen in Eiswasser

Bei *allen anderen* Stoffen ist es genau umgekehrt. Hier versinkt der feste Körper in der Flüssigkeit. Wenn du zum Beispiel ein Stück festes Frittierfett in das bereits geschmolzene Fett in der Fritteuse gibst, dann geht es unter. Festes Wachs versinkt in flüssigem Wachs (Bild 2), ebenso versinkt festes Zinn in flüssigem Zinn. Nur Wasser macht eine Ausnahme. Hier schwimmt der feste Stoff, das Eis, auf der Flüssigkeit.

Wasser dehnt sich nämlich beim Erstarren im Gegensatz zu allen anderen Flüssigkeiten aus (Bild 3). Aus 1 l Wasser wird 1,1 l Eis.
Das Eis schwimmt also an der Wasseroberfläche, weil es leichter ist als das flüssige Wasser. Ein Stück Eis nimmt mehr Raum ein als die gleiche Menge Wasser. Eis hat eine geringere Dichte als Wasser.

In der Nähe der Eiswürfel hat das Wasser eine Temperatur von etwa 0 °C. Der Versuch 4 zeigt nun, dass das Wasser am Boden des Gefäßes eine Temperatur von 4 °C hat. Bei allen anderen Stoffen würdest du unten eine tiefere Temperatur messen als oben. Also bildet Wasser auch hierbei eine Ausnahme. Wasser von 4 °C ist schwerer als die gleiche Menge Wasser von 0 °C und sinkt deshalb nach unten.
Eine bestimmte Menge nimmt bei 4 °C und nicht bei 0 °C den geringsten Raum ein. Diese Abweichung zum Verhalten anderer Stoffe heißt **Anomalie.**

3 Wachs und Wasser sind erstarrt.

Wasser nimmt bei 4 °C den geringsten Raum ein. Es dehnt sich beim Erstarren aus. Diese Besonderheiten gegenüber allen anderen Stoffen werden als Anomalie des Wassers bezeichnet.

1 Warum frieren Seen von oben nach unten zu?

2 Erkläre, warum Eisberge schwimmen.

Pinnwand

AUSWIRKUNGEN DER ANOMALIE

Wasser von 4 °C ist am schwersten und sinkt nach unten.

A 1 Wie wirkt sich die Anomalie des Wassers in einem See im Winter aus?

Frostaufbrüche: Wasser dringt in alle Ritzen im Asphalt ein und gefriert dort. Da Eis mehr Raum benötigt als Wasser, wird der Straßenbelag aufgesprengt.

Feld im Herbst

Dasselbe Feld im Frühjahr

A 2 Beschreibe anhand der Fotos, wie die Folgen der Anomalie des Wassers in der Landwirtschaft ausgenutzt werden.

Die Gesteinsabtragung durch Wasser, Eis und Wind wird Erosion genannt. Als Folge davon bilden sich vor steilen Gebirgswänden Geröllkegel.

A 3 Erkläre ihre Entstehung.

1 Was würde mit den Fischen passieren, wenn Seen von unten nach oben zufrieren würden?

2 Warum wird der Scheibenwaschanlage im Auto während des Winters ein Frostschutzmittel zugefügt?

3 Warum darfst du eine volle Mineralwasserflasche nicht zum Kühlen in das Gefrierfach eines Kühlschrankes legen?

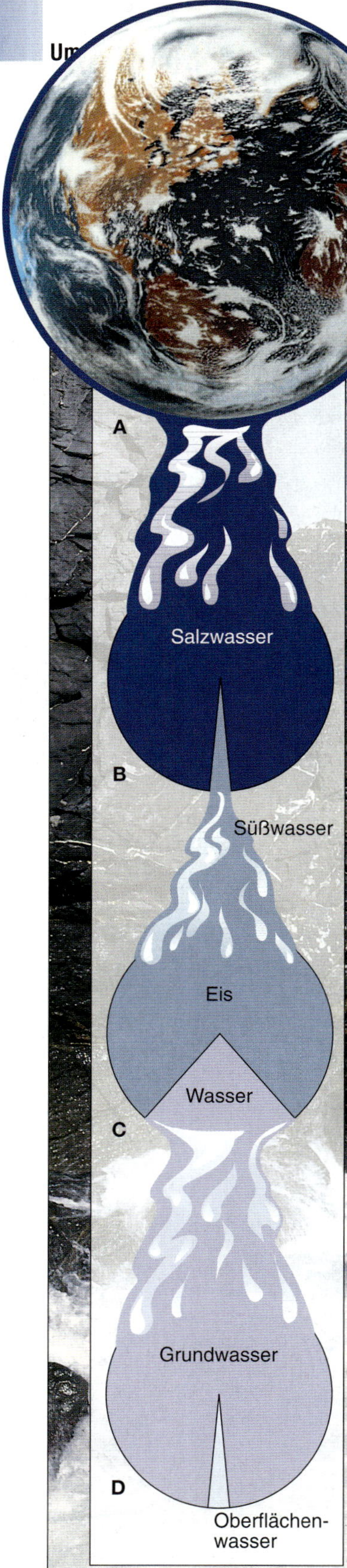

1 Verteilung des Wassers auf der Erde

7 Die Bedeutung von Wasser

A Etwas mehr als ein Viertel der Erdoberfläche ist Land, aber fast drei Viertel sind von Wasser bedeckt.

B Der größte Teil des Wassers auf der Erde ist Salzwasser. Es füllt die Meere und Ozeane. Nur ein sehr kleiner Rest ist *Süßwasser*.

C Der größte Teil des Süßwassers ist gefroren. Dieses Eis liegt am Nordpol, am Südpol und in den Gletschern der Gebirge.

D Sehr viel Wasser ist im Boden versickert und bildet das *Grundwasser*. Ein weiterer Teil des Wassers füllt Seen, Flüsse und Bäche. Es ist das *Oberflächenwasser*. Ein sehr kleiner Teil des Wassers bildet die Wolken und ist in der Luft enthalten.

Trinkwasser wird aus Grundwasser und Oberflächenwasser gewonnen.

7.1 Ohne Wasser kein Leben

Alle Pflanzen und Tiere und natürlich auch wir Menschen brauchen zum Leben Wasser. Es ist für uns alle ein **Lebensmittel,** das durch nichts ersetzt werden kann.

Manche Lebewesen können mit Wasser verschwenderisch umgehen, weil es in ihrer Lebenswelt reichlich vorhanden ist. Andere, die in trockenen Gegenden zu Hause sind, müssen sparsam sein. Einige, wie der Wüstenkuckuck oder die Wüstenspringmaus, kommen sogar mit dem wenigen Wasser aus, das in ihrer festen Nahrung enthalten ist.

Manche Pflanzen, etwa die Kakteen, können sehr lange ohne Wasser auskommen. Sie nehmen bei den seltenen Regenfällen mit ihrem ausgedehnten Wurzelwerk schnell sehr viel Wasser auf und können es lange speichern. Das reicht dann bis zum nächsten Regenguss, der oft Monate oder Jahre auf sich warten lässt. Doch dort, wo es niemals regnet, können nicht einmal Kakteen leben.

Nicht alle Menschen auf der Erde werden wie wir ausreichend und bequem mit Wasser versorgt. Oft müssen sie ihr **Trinkwasser** aus Seen, Flüssen, Quellen oder Brunnen holen und kilometerweit zu ihren Häusern tragen. An anderen Orten wird Regenwasser gesammelt und als Trinkwasser verwendet.

Es gibt Gegenden, in denen die Menschen **Wassermangel** selbst verursacht haben. Ein Beispiel dafür ist der Aralsee zwischen Kasachstan und Usbekistan in Asien. Er war vor 50 Jahren der viertgrößte See der Erde, so groß etwa wie die Länder Niedersachsen und Rheinland-Pfalz zusammen. Damals war der Aralsee reich an Fischen. Zwei große Flüsse, der Syr-Darja und der Amu-Darja, brachten ihm reichlich Wasser vom Gebirge. Inzwischen wird diesen Flüssen an ihrem Oberlauf sehr viel Wasser für die Bewässerung von riesigen Baumwollfeldern entnommen. Auch für Großstädte und Industrieanlagen wird Wasser abgezweigt. Deshalb fließt heute nur noch ganz wenig Wasser in den Aralsee. Sein Wasserspiegel ist bereits um 16 m gesunken und seine Fläche ist nur noch halb so groß wie vorher. Bei einer weiteren Wasserentnahme ist er zum Austrocknen verurteilt. Diese Umweltkatastrophe zwingt viele Menschen, die an seinem Ufer leben, ihre Heimat zu verlassen.

Wasser ist ein wichtiges Lebensmittel. Alle Lebewesen – Menschen, Tiere und Pflanzen – brauchen Wasser zum Leben.

1 Warum können Kakteen lange ohne Regen auskommen?
2 Was kann passieren, wenn Menschen Wassermangel selbst verursachen?
3 Wodurch könnte Wassermangel in der Natur ausgelöst werden?

***1 Umweltkatastrophe: A** Der riesige Aralsee trocknet immer mehr aus; **B** Wo einst Fischkutter fuhren, trotten heute Kamele durch den Wüstensand.*

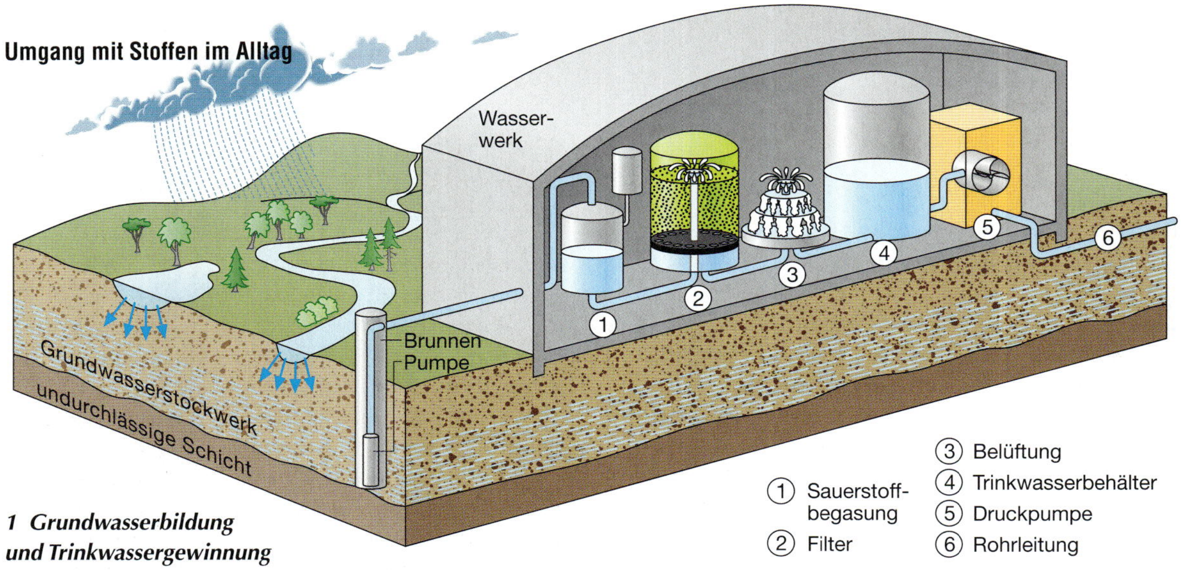

1 Grundwasserbildung und Trinkwassergewinnung

8 Trinkwasser und Abwasser

8.1 Trinkwassergewinnung

Wir drehen einfach den Wasserhahn auf und haben meistens Wasser von guter Qualität. Wo kommt es her und wie wird die Qualität gesichert? Unser **Trinkwasser** wird größtenteils aus Grundwasser oder Talsperren gewonnen. **Grundwasser** bildet sich aus Regenwasser oder Flusswasser, das als Uferfiltrat im Erdreich versickert. Dabei bilden die Bodenschichten einen natürlichen Filter und reinigen das Wasser. Wenn es auf eine wasserundurchlässige Schicht stößt, staut es sich darüber. In dieses *Grundwasserstockwerk* bohrt man tiefe Brunnen. Das Grundwasser wird hochgepumpt und im Wasserwerk aufbereitet. Dabei wird es mit Sauerstoff angereichert, um unerwünschte Stoffe auszuflocken. Wirkungsvolle Filter halten die Verunreinigungen zurück. Nach dem Belüften wird das Trinkwasser mit Hochdruckpumpen ins Rohrleitungsnetz abgegeben. Von dort gelangt es in unsere Häuser. Manchmal wird dem Trinkwasser auch Chlor zugesetzt, um Krankheitskeime zu beseitigen.

Bevor das Trinkwasser das Wasserwerk verlässt, wird es streng kontrolliert. Es muss hygienisch einwandfrei, klar, farb- und geruchlos sein. Für Schadstoffe sind Grenzwerte festgelegt. Damit wir auch in Zukunft einwandfreies Trinkwasser haben, muss die Verschmutzung des Grundwassers verhindert werden. Bisher sind schon einige Brunnen geschlossen worden, weil die Filterwirkung des Bodens erschöpft war und Gefahrstoffe wie Öl, Pflanzenschutz- und Düngemittel ins Grundwasser sickerten. Die Einrichtung von **Wasserschutzgebieten** um Trinkwasserbrunnen herum sowie ein sparsamer Verbrauch helfen, die Zukunft unserer Trinkwasserversorgung zu sichern.

Unser Trinkwasser wird hauptsächlich aus Grundwasser gewonnen.
Das Grundwasser muss vor Verunreinigungen geschützt werden.

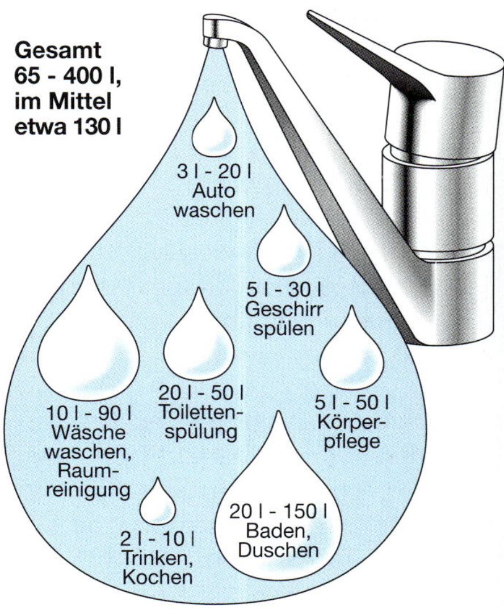

2 Wassernutzung im Haushalt pro Kopf und Tag

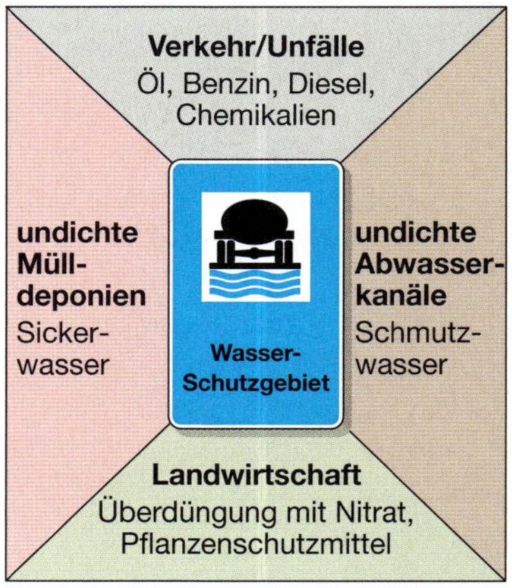

3 Gefahren für das Trinkwasser

1 Beschreibe die Trinkwassergewinnung anhand der Abbildung 1.
2 Nenne Gefahren für das Grundwasser.

Der Kreislauf des Wassers

Streifzug

Wasservorräte der Erde

Fast drei Viertel der Erdoberfläche sind von Wasser bedeckt. Nur etwa ein Viertel ist Land. Der größte Teil des Wassers auf der Erde befindet sich in den Ozeanen. Es ist *Salzwasser.* Nur ein sehr kleiner Anteil ist *Süßwasser.* Davon befindet sich wiederum der größte Teil in gefrorenem Zustand in den Polkappen von Nord- und Südpol und in den Gletschern der Gebirge. Ein weiterer Teil ist in Flüssen und Seen gespeichert. Auch im Boden ist Wasser versickert. Es bildet das Grundwasser. Der wohl geringste Anteil ist als unsichtbarer Wasserdampf in der Luft enthalten.

Die Sonne als Motor des Kreislaufes

Das Wasser der Erde ist ständig in Bewegung. Für seinen Antrieb ist eine gewaltige Menge an Energie notwendig. Sie kommt ausschließlich von der Sonne. Etwa ein Drittel der Strahlungsenergie, die die Erde erreicht, wird vom Wasser in den Meeren, Seen, Flüssen und auf dem Land aufgenommen. Es verdunstet und steigt als Wasserdampf in die Atmosphäre auf. Dort kondensiert es zu Wolken. Die Wolken bestehen aus Wassertröpfchen, die so klein sind, dass sie schweben. Diese werden durch Luftbewegung fortbewegt. Unter bestimmten Voraussetzungen formieren sie sich zu großen Wassertropfen und fallen als Niederschlag in Form von Regen oder Schnee auf die Erde zurück. Davon erreicht nur ein Zehntel die Landflächen. Dieser Kreislauf des Wassers macht Leben auf der Erde erst möglich.

Die von Menschen verursachte globale Verschmutzung der Atmosphäre durch Treibhausgase greift in diesen Kreislauf ein. Es gibt Hinweise darauf, dass er aus dem Gleichgewicht geraten könnte.

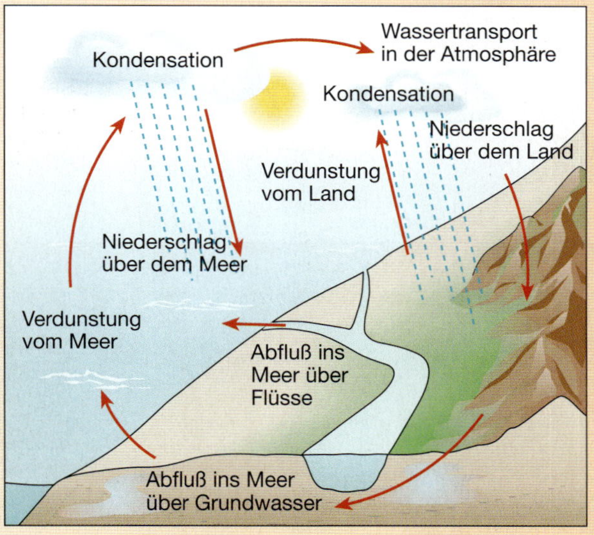

Wasser als Lebensmittel

Der wichtigste Stoff für unsere Ernährung ist Wasser. Es wird vom Körper für alle Funktionen benötigt. Der richtige Wassergehalt sorgt für den Transport von Nährstoffen, chemischen Botenstoffen und Hormonen zu allen Organen. Das Wasser, das wir trinken, sichert die Funktion der Körperzellen. Wenn Wasser fehlt, ist die Zellfunktion beeinträchtigt, und es kommt zu Krankheitserscheinungen. Der Körper eines Erwachsenen enthält etwa 40 bis 50 Liter Wasser. Davon verliert er pro Tag etwa zweieinhalb Liter. Diese müssen durch Trinken wieder aufgefüllt werden. Zur Not kann der Mensch einige Wochen ohne Nahrung auskommen, ohne Wasser überlebt er nur wenige Tage.

Trinkwasser – Brauchwasser

Wasser, das wir trinken, und das für die Zubereitung von Speisen verwendet wird, ist *Trinkwasser.* Wir erhalten es aus der Wasserleitung oder abgefüllt in Flaschen. Trinkwasser muss sehr sauber sein. Es wird aus Brunnen oder Stauseen gewonnen. Wasserwerke bringen es in die Versorgungsleitungen zu den Haushalten. Häufig müssen sie das Trinkwasser noch aufbereiten. Dabei werden unerwünschte Bestandteile entfernt. Durchschnittlich verbrauchen wir täglich etwa 140 Liter Trinkwasser. Davon werden aber nur 3 Liter zum Trinken und für die Nahrungszubereitung benötigt. Der Rest wird zum Duschen, Wäschewaschen und für die Toilettenspülung verwendet.

Wasser für die Landwirtschaft, für die Bewässerung von Gärtnereien und für die Reinigung in Industriebetrieben muss nicht die hohe Qualität wie Trinkwasser haben. Es ist *Brauchwasser,* für das auf eine aufwendige Aufbereitung verzichtet werden kann.

8.2 Kläranlage – verschmutztes Wasser wird gereinigt

Abwasser ist verschmutztes Wasser, das aus Haushalten und Betrieben zur Kläranlage kommt. In mehreren Reinigungsstufen wird es dort so weit gereinigt, dass es wieder in einen Fluss eingeleitet werden kann.

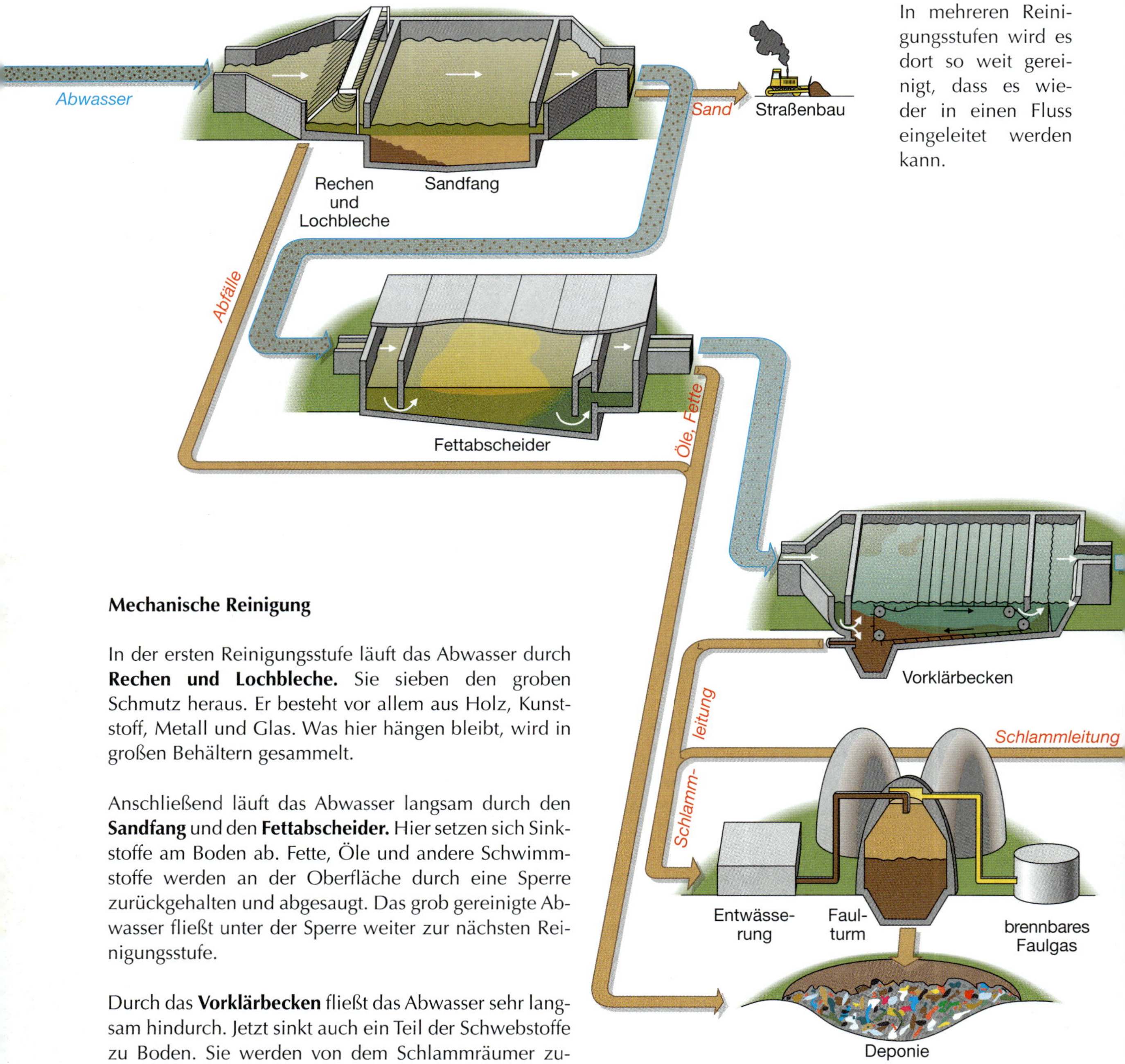

Mechanische Reinigung

In der ersten Reinigungsstufe läuft das Abwasser durch **Rechen und Lochbleche.** Sie sieben den groben Schmutz heraus. Er besteht vor allem aus Holz, Kunststoff, Metall und Glas. Was hier hängen bleibt, wird in großen Behältern gesammelt.

Anschließend läuft das Abwasser langsam durch den **Sandfang** und den **Fettabscheider.** Hier setzen sich Sinkstoffe am Boden ab. Fette, Öle und andere Schwimmstoffe werden an der Oberfläche durch eine Sperre zurückgehalten und abgesaugt. Das grob gereinigte Abwasser fließt unter der Sperre weiter zur nächsten Reinigungsstufe.

Durch das **Vorklärbecken** fließt das Abwasser sehr langsam hindurch. Jetzt sinkt auch ein Teil der Schwebstoffe zu Boden. Sie werden von dem Schlammräumer zusammengeschoben und dann entfernt. Dieses Becken heißt auch *Absetzbecken.*

Abwässer aus Industriebetrieben müssen manchmal noch mit Chemikalien behandelt werden, wenn sie Stoffe enthalten, die sich anders nicht entfernen lassen.

Der Schlamm aus den Klärbecken verfault in **Faultürmen.** Dabei entsteht brennbares Gas. Ist der Schlamm ausgefault, wird er auf einer Deponie gelagert oder verbrannt. Falls er keine schädlichen Stoffe enthält, kann er zur Verbesserung des Ackerbodens eingepflügt werden.

Biologische Reinigung

Das Abwasser wird im **Belebungsbecken** durch Kleinstlebewesen, zum Beispiel Bakterien, weiter gereinigt. Die im Abwasser immer noch reichlich vorhandenen Schwebstoffe und gelösten Stoffe dienen den Bakterien als Nahrung.
Im Belebungsbecken bleibt das Abwasser viele Stunden lang stehen. Dabei wird es ständig von unten belüftet und bewegt. So erhalten die Kleinstlebewesen den lebensnotwendigen Sauerstoff. Bei diesen idealen Bedingungen vermehren sie sich ständig und bilden einen flockigen **Belebtschlamm.**

Aus dem Belebungsbecken wird ständig ein Teil des Belebtschlamms in ein **Nachklärbecken** gepumpt. Dort wird er nicht mehr belüftet und nicht mehr bewegt. Die Kleinstlebewesen sinken nach unten, viele sterben ab, denn es fehlen ihnen Sauerstoff und Nährstoffe. Am Boden des Beckens setzt sich der Schlamm ab. Er wird mit einem Schieber in die vertiefte Mitte des Beckens geschoben. Ein Teil davon wird in das Belebungsbecken zurückgepumpt, der andere Teil kommt in den Faulturm.

Das geklärte Abwasser läuft dann über den gezackten Rand des Nachklärbeckens in eine Rinne.
Jetzt darf es in einen Fluss eingeleitet werden. Das aufnehmende Gewässer heißt **Vorfluter.**

Wohin mit dem Schmutz aus dem Abwasser?

Die von den Rechen und Lochblechen zurückgehaltenen Abfälle werden auf einer Deponie gelagert oder verbrannt.
Der Sand aus dem Sandfang kann im Straßenbau benutzt werden.
Öl, Fett und andere Schwimmstoffe aus dem Fettabscheider werden entweder in einen Faulturm gegeben oder auf einer Deponie gelagert.
Der Schlamm aus den Vor- und Nachklärbecken wird entwässert und in Faultürme gebracht.

In Kläranlagen wird Abwasser aus Haushalten und Betrieben in mehreren Stufen so weit gereinigt, dass es wieder in einen Fluss eingeleitet werden kann.

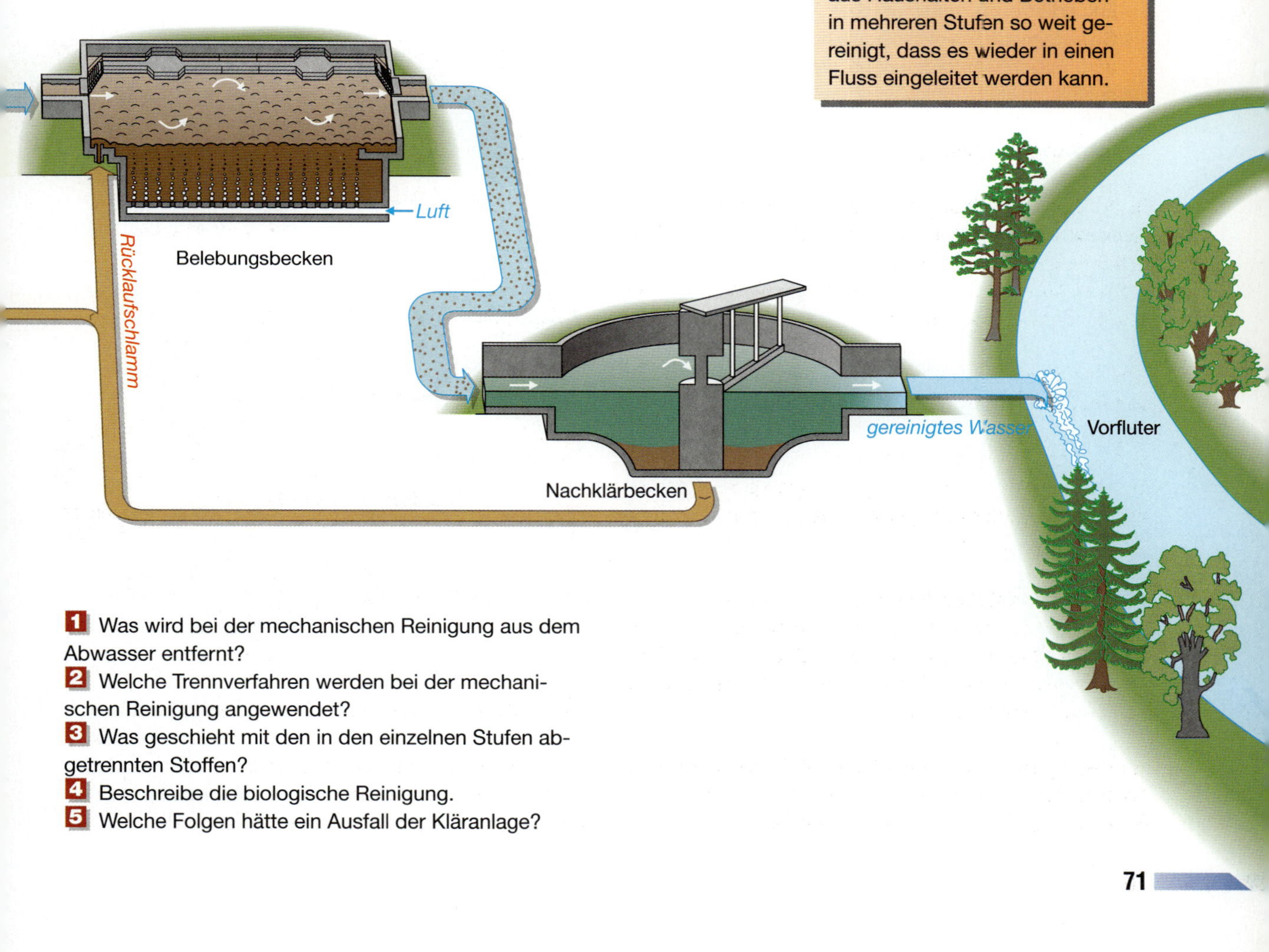

1 Was wird bei der mechanischen Reinigung aus dem Abwasser entfernt?
2 Welche Trennverfahren werden bei der mechanischen Reinigung angewendet?
3 Was geschieht mit den in den einzelnen Stufen abgetrennten Stoffen?
4 Beschreibe die biologische Reinigung.
5 Welche Folgen hätte ein Ausfall der Kläranlage?

Projekt

Trinkwassergewinnung

In Deutschland wird der größte Teil des Trinkwassers aus Quell- und Grundwasser gewonnen. Diese Vorräte reichen aber häufig nicht aus. Deshalb muss zusätzlich Wasser aus Flüssen entnommen werden.
Nun lässt sich aber das Wasser aus Flüssen oder Bächen nicht ohne weitere Aufbereitung trinken. Viele Gewässer sind zum Beispiel durch die Einleitung von Abwässern aus Haushalten und Fabriken verschmutzt. Das Wasser muss also gereinigt und aufbereitet werden, bevor es als Trinkwasser verwendet werden darf.
In diesem Projekt könnt ihr erfahren, wie der Zustand der Gewässer in eurer Umgebung ist und wie sich aus Flusswasser Trinkwasser gewinnen lässt.

Gruppe 1: Zustand der Gewässer

Stellt anhand von Landkarten aus eurer Umgebung fest, welche Arten von Gewässern bei euch zu finden sind. Informiert euch auch mithilfe von aktuellen Gewässergütekarten über den Zustand dieser Gewässer. Die Karten erhaltet ihr bei den Stadtwerken.
Ihr könnt den Zustand der Gewässer auch selbst überprüfen. Sammelt dazu *Zeigerorganismen,* bestimmt sie und bewertet mit ihrer Hilfe die Wasserqualität.

Erkundigt euch, unter welchen Voraussetzungen ein Gewässer zur Trinkwassergewinnung genutzt werden darf. Welche Anforderungen werden an ein Gebiet gestellt, in dem Trinkwasser gewonnen werden soll? Befragt dazu auch Fachleute aus Wasserversorgungsbetrieben, Mitglieder aus Umweltverbänden oder aus eurer Gemeindeverwaltung.
Welche Gebiete in eurer Umgebung werden zur Gewinnung von Trinkwasser genutzt?

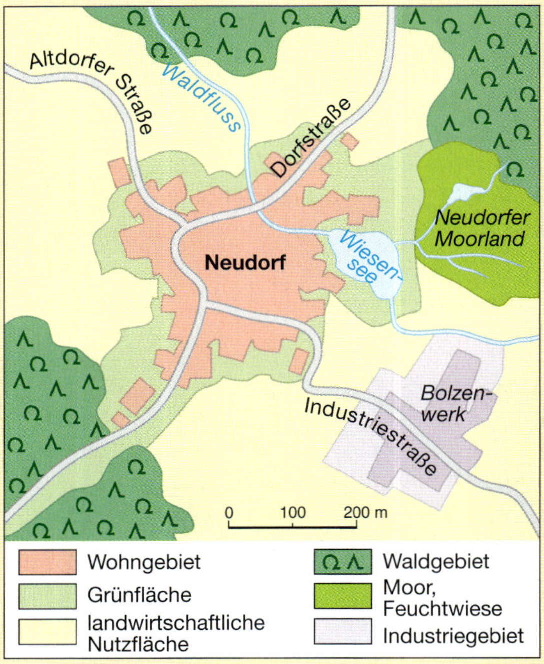

1 Landkarte

2 Stausee als Trinkwasserspeicher

Gruppe 2: Trinkwasser

Trinkwasser wird in Deutschland auf verschiedene Weise gewonnen und scheint unbegrenzt zur Verfügung zu stehen. Damit das Wasser nicht plötzlich knapp wird, werden gewaltige Mengen Wasser in Stauseen und unterirdischen Wasserbecken gespeichert. Erkundigt euch bei eurem Wasserwerk, woher ihr euer Trinkwasser bezieht, wie es gewonnen und aufbereitet wird.

Die Vorräte an Trinkwasser sind aber auch bei uns nicht unerschöpflich. Findet heraus, wie viel Wasser ihr täglich verbraucht. Nennt Möglichkeiten, wo und wie ihr sparsamer mit Trinkwasser umgehen könnt.

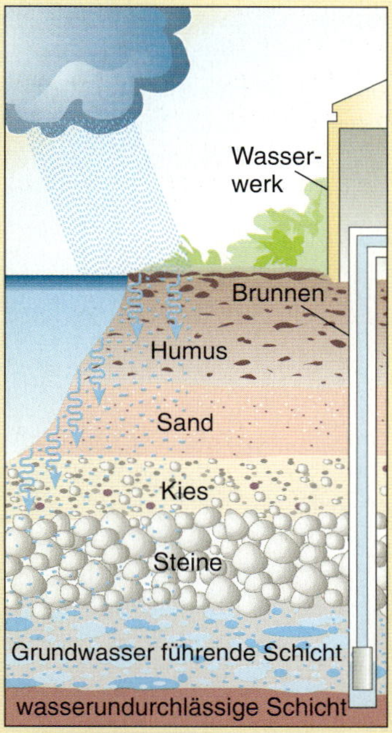

3 Uferfiltration in der Natur

Gruppe 3: Uferfiltration

Um aus Flusswasser trinkbares Wasser zu gewinnen, muss das Wasser gereinigt werden. Dazu werden die verschiedenen Bodenschichten unterhalb des Flusses und an den Ufern ausgenutzt.
Betrachtet Bild 3 und erklärt daran die Uferfiltration in der Natur.

Schichtet anschließend wie in Bild 4 vorgeschlagen verschiedene Materialien in einer durchsichtigen Tennisballröhre übereinander. Erklärt daran das Modell der Uferfiltration. Vorher müsst ihr mit einem Nagel viele kleine Löcher in den Boden der Röhre bohren. Schüttet dann von oben mit Lehm, Humus, Sägemehl und ein paar Tropfen Speiseöl vermischtes „Schmutzwasser" hinein.

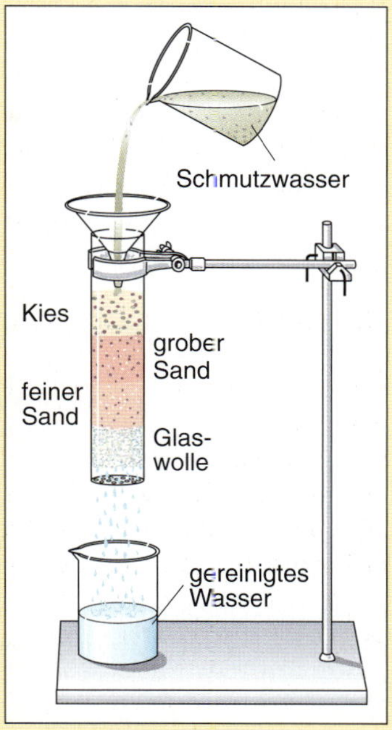

4 Uferfiltration im Labor

Gruppe 4: Wasserkreisläufe

Untersucht in eurer Gruppe den *natürlichen* und den vom Menschen geschaffenen *künstlichen* Wasserkreislauf. Beschreibt dazu den Weg des Wassers in beiden Kreisläufen und vergleicht die Wege miteinander. Nennt Gemeinsamkeiten und Unterschiede der Kreisläufe. Welche Vorgänge tragen zur Reinigung des Wassers bei?

5 Der natürliche Wasserkreislauf

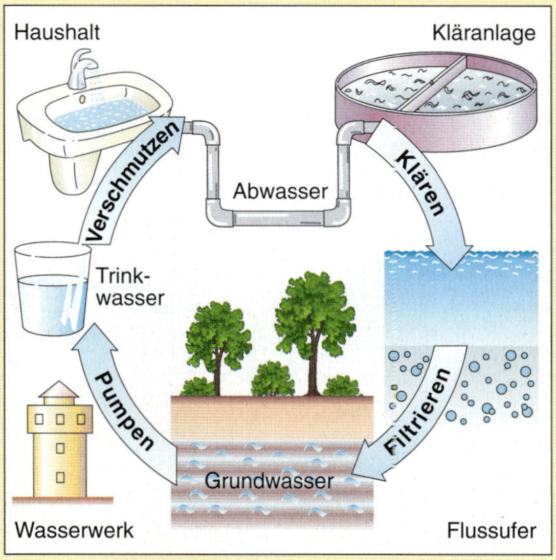

6 Der künstliche Wasserkreislauf

Projekt

Reinigung von Wasser

Wasser für den alltäglichen Gebrauch muss meistens erst gereinigt werden, damit es die vorgeschriebene Trinkwasserqualität erreicht.
Das Wasser, das die Haushalte nach dem Gebrauch in die Kanalisation einleiten, ist mit vielen Stoffen verschmutzt. Dieses Abwasser muss in Kläranlagen gereinigt werden.
In diesem Projekt sollt ihr die Trinkwasserversorgung eures Wohnortes erkunden und erarbeiten, wie Trinkwasser eingespart werden kann. Außerdem sollt ihr herausfinden, wie eine Kläranlage aufgebaut ist, aus welchen einzelnen Teilen sie besteht und wie das Abwasser in der Kläranlage gereinigt wird.

Gruppe 1: Trinkwasserversorgung

Trinkwasser scheint in Deutschland unbegrenzt zur Verfügung zu stehen. Es wird auf verschiedene Weise gewonnen. Damit das Wasser nicht plötzlich knapp wird, werden gewaltige Mengen in Stauseen und unterirdischen Wasserbecken gespeichert.

Erkundigt euch bei eurem Wasserwerk, woher ihr euer Trinkwasser bezieht, wie es gewonnen und wie es gereinigt wird.

Füllt etwas von eurem Leitungswasser in eine Abdampfschale aus Glas und dampft es ein. Was bleibt in der Schale zurück?

Führt diesen Versuch auch mit verschiedenen Mineralwässern durch. Vergleicht die Ergebnisse.

1 Bodensee

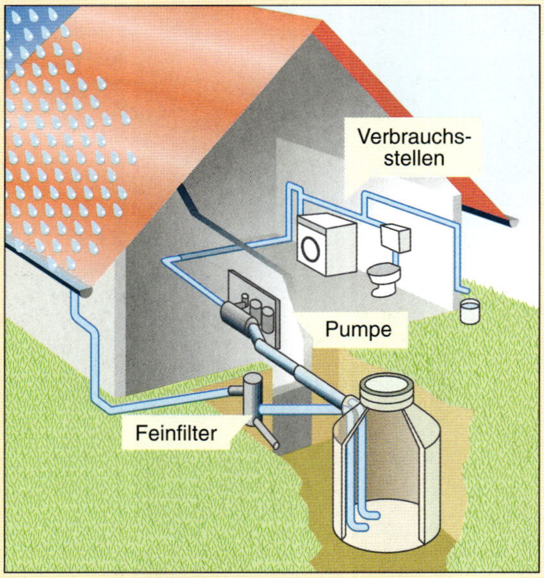

2 Anlage zur Nutzung von Regenwasser

Gruppe 2: Regenwassernutzung

Um Trinkwasser zu sparen, kann für viele Zwecke gereinigtes Regenwasser verwendet werden.

Erstellt eine Liste, aus der hervorgeht, für welche Zwecke im Haushalt Regenwasser verwendet werden kann und für welche Zwecke unbedingt Trinkwasser gebraucht wird. Findet heraus, wie viel Wasser eine vierköpfige Familie durchschnittlich für jeden Zweck täglich benötigt.

Regenwasser enthält Verunreinigungen, die für die Anwendungen im Haus entfernt werden müssen. Diese schwimmenden, schwebenden und absinkenden Verunreinigungen werden von einer Filteranlage entfernt.

Konstruiert ein Versuchsmodell zur Reinigung von Regenwasser. Beachtet, dass ein Papierfilter allein sehr schnell verstopft. Testet eure Modellanlage mit Wasser, das mit Sand und Sägemehl verschmutzt ist.

3 *Mini-Kläranlage*

Gruppe 3: Mini-Kläranlage

Um aus leicht verschmutztem Wasser trinkbares Wasser zu gewinnen, müssen die Verschmutzungen abgetrennt werden. In der Natur geschieht dies mithilfe der Filtration des Wassers durch die verschiedenen Erdschichten, bis sauberes Grundwasser entstanden ist. Eure Aufgabe ist es, in Anlehnung an die natürliche Wasserreinigung eine Mini-Kläranlage wie in Bild 3 zu bauen. Füllt dazu einen Blumentopf mit groben Steinen, einen mit Feinkies und den dritten mit Sand. In den vierten Topf legt ihr einen Filter mit etwas Aktivkohle.

Stellt euch nun etwas Schmutzwasser her. Gut geeignet ist abgestandenes Blumenwasser, ihr könnt es auch noch mit Erde und Sägemehl mischen.

Testet die Leistung eurer Kläranlage.

Geruchs- und Geschmacksstoffe im Wasser können gut mit **Aktivkohle** entfernt werden. Wegen ihrer vielen Hohlräume besitzen die Kohlekörnchen eine riesige Oberfläche. Dort werden diese Stoffe angelagert. Sie werden **adsorbiert.**

4 *Aktivkohle*

Gruppe 4: Die örtliche Kläranlage

Erkundet in eurer Gruppe die örtliche Kläranlage. Befragt Fachleute, die in der Kläranlage arbeiten und besorgt euch Informationsmaterial. Findet heraus, aus welchen Wohngebieten das Abwasser stammt, das dort gereinigt wird. Welche Schwierigkeiten treten bei der Reinigung auf? Wie sauber ist das gereinigte Wasser und wohin wird es geleitet?

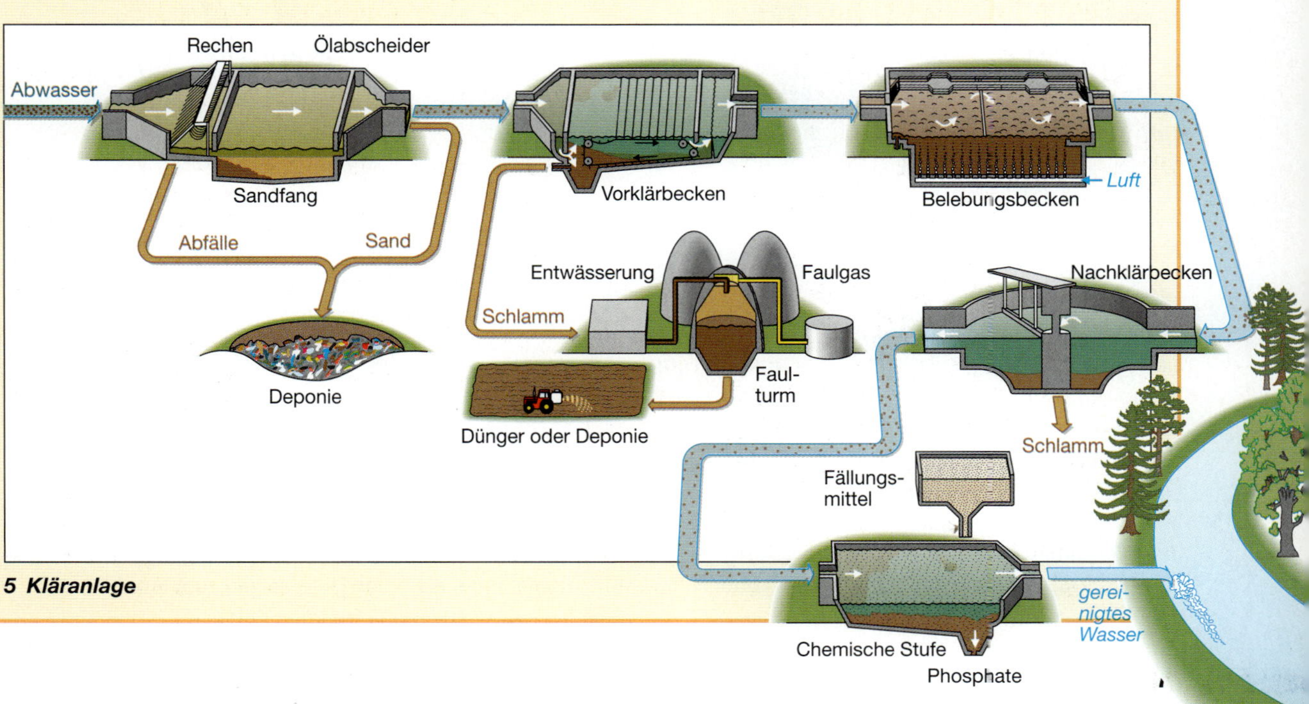

5 *Kläranlage*

9 Müll trennen und verwerten

9.1 Müll sortieren

Müll ist nicht gleich Müll. Wenn du dein Zimmer aufräumst, entscheidest du, in welchen Müllbehälter du deine leeren Tintenpatronen, das zerknüllte Papier, den farbigen Karton oder den kaputten Bleistiftanspitzer wirfst. Vieles wandert in die Wertstofftonne oder den gelben Sack. Du sortierst deinen Müll vor. Damit trennst du die Wertstoffe von anderen Abfällen.

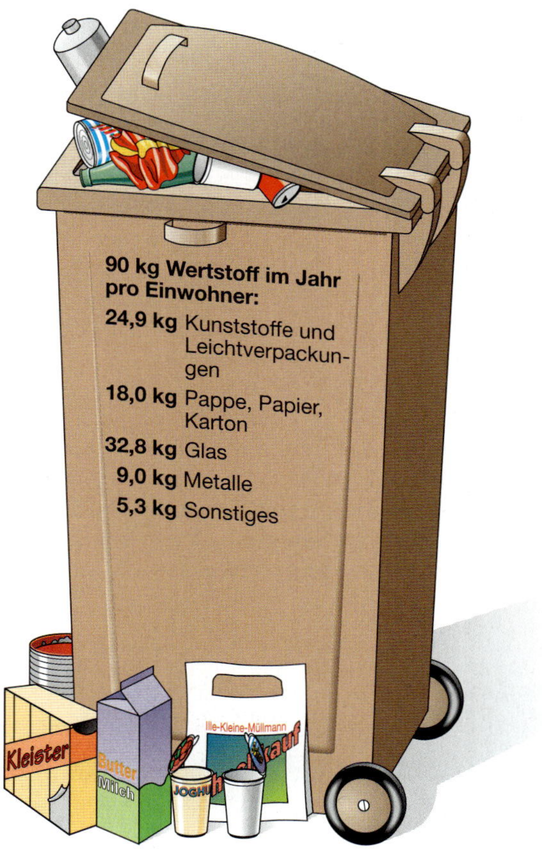

1 Die Wertstofftonne

Die Wertstoffe, die du sammelst, werden in **Müllsortieranlagen** gebracht. Dort werden die Wertstoffe in ihre Bestandteile getrennt. Aus diesen können dann wieder neue Dinge hergestellt werden. Deshalb ist es wichtig, dass du den wertvollen Müll vom Restmüll trennst. Das schont unsere Umwelt.
Wertstoffe sind unter anderem Papiere und Kartons, Folien, Plastikflaschen, Kunststoffbecher, Dosen, Deckel, Kunststofftaschen und Aluminiumschalen oder Aluminiumfolie.

V1 Stelle eine Probepackung mit gereinigtem Müll zusammen. Sammele dazu alle Abfälle, die du auch in die Wertstofftonne oder den gelben Sack geben würdest. Deine Probepackung sollte verschiedene Papierabfälle, Kartons, unterschiedliche Kunststoffe und Metalle enthalten.

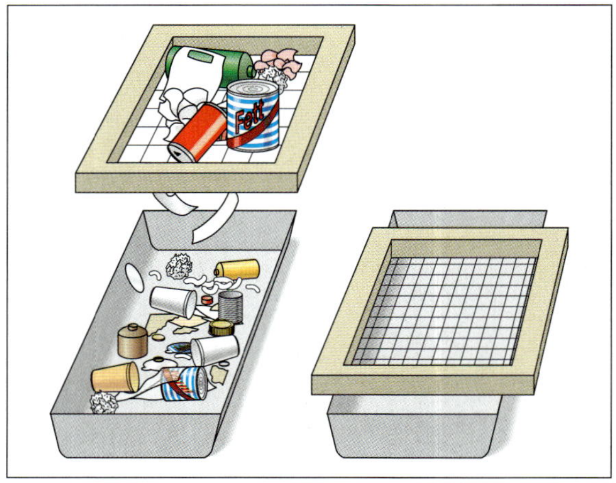

2 Trennen mit Sieben

V2 Baue zwei Siebe aus Draht mit Maschenweiten von 10 cm und 15 cm wie in Bild 2. Nimm drei Auffangbehälter und siebe deinen Müll. Beginne dabei mit dem grobmaschigen Sieb.
Betrachte und beschreibe die Ergebnisse.

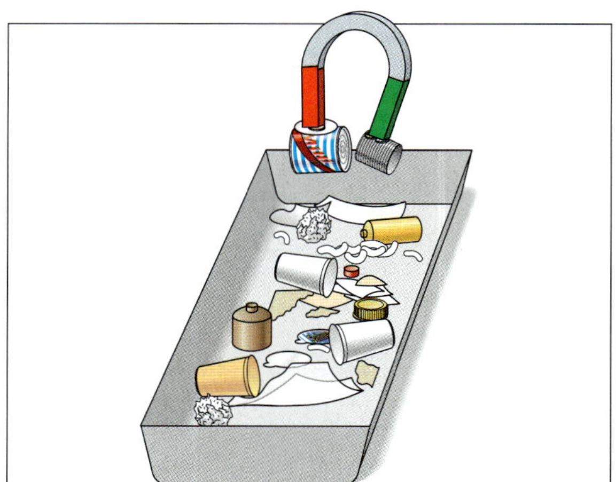

3 Trennen mit dem Dauer- oder Elektromagneten

V3 Halte einen Dauermagneten an den Müll. Welche Stoffe werden vom Magneten angezogen?
V4 Wiederhole V3 mit einem Elektromagneten. Berichte und erkläre den Unterschied zum Ergebnis des Versuches mit dem Dauermagneten.

→ Reinstoffe und Stoffgemische, Seite 50
→ Pinnwand: Trennverfahren im Alltag, Seite 51

V 5 Baue einen Windsichter wie in Bild 4. Besorge dazu einen Föhn, dessen kalten Luftstrom du regulieren kannst. Außerdem benötigst du eine Röhre aus Pappe oder Kunststoff. Der Föhn wird dabei so an der Röhre angebracht, dass die Luft durch die schräg nach oben gestellte Röhre gepustet wird.

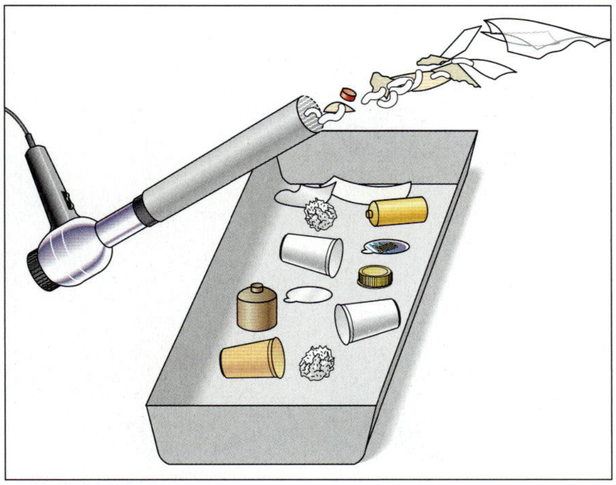

4 Trennen im Windsichter

V 6 Gib in die schräg gestellte Röhre deines Windsichters verschiedene Materialien deiner Probepackung Müll. Was stellst du fest?

V 7 Ändere in V 6 die Einstellungen des Luftstroms. Was geschieht? Beschreibe deine Beobachtungen.

5 Trennen aufgrund der Dichte

V 8 Wähle verschiedene Kunststoffe aus deiner Müllsammlung aus. Zerkleinere sie mit einer Schere. Gib die etwa gleich großen Stücke nacheinander in Wasser wie in Bild 5. Notiere, welche Unterschiede du feststellen kannst.

Was passiert in der Müllsortieranlage?

Die Wertstoffe, die du in der Schule oder zu Hause sammelst, werden von Müllwagen eingesammelt. Diese fahren zu einer Müllsortieranlage. Dort kommt der Müll auf ein langes Förderband.

Zuerst werden Wertstoffe nach ihrer *Größe* getrennt. Durch ein **Sieb,** das ständig bewegt wird, fallen die kleinen Teile hindurch und werden so von den größeren Teilen getrennt. Größere Verpackungen aus Aluminium, Kunststoff und Verbundstoffen werden dann aussortiert. Dieses **Auslesen** geschieht meistens per Hand.

Danach wird mit **Windsichtern** nach der *Masse* sortiert. Windsichter sind starke Gebläse. Sie blasen die leichten Plastikverpackungen, Papier und Pappe vom Fließband weg.

Nun werden alle Teile aus den *Metallen* Eisen, Nickel und Cobalt mit **Elektromagneten** herausgeholt. Mit den abschaltbaren Elektromagneten lassen sich die Metallteile in die richtigen Behälter sortieren.

Der Wertstoffhaufen ist jetzt schon viel kleiner geworden und enthält fast nur noch Kunststoffe und Aluminium. Die Kunststoffreste werden in gleich große Teile zerkleinert und aufgrund der unterschiedlichen *Dichte* der Stoffe getrennt. Im **Wasser** oder in einer **Salzlösung** schwimmen die Stoffe oder sie sinken auf den Boden und können so zurückgewonnen werden.

Recycling von Wertstoffen

Zum Schluss sind die verschiedenen Wertstoffe nach Sorten getrennt. Sie werden **Müllfraktionen** genannt. Es sind Kunststoffe, Metalle, Aluminium, Verbundstoffe, Papiere. Jede Fraktion wird zusammengepresst. Aus den Wertstoffen stellen Firmen wieder etwas Neues her. Diese Wiederverwertung wird **Recycling** genannt.
Die verschiedenen Metalle werden eingeschmolzen. Das Papier und die Pappe nutzt die Papierindustrie als Rohstoff. Die Kunststoffe werden nochmals in die einzelnen Sorten getrennt. Dann können sie von der Kunststoffindustrie weiterverarbeitet werden.

Der Inhalt der gelben Säcke oder Tonnen wird in Fraktionen getrennt. Jede Fraktion ist ein Wertstoff.

1 Nenne die Gegenstände, die in den einzelnen Fraktionen anfallen.

9.2 Was bedeutet der grüne Punkt?

A 1 Schau in den Küchenschrank und notiere verschiedene Produkte, die den grünen Punkt tragen.

A 2 Wie werden die Verpackungen der Produkte entsorgt?

Auch du kennst den **grünen Punkt** aus dem Alltag. Betrachtest du verschiedene Produkte, wirst du feststellen, dass er fast überall aufgedruckt ist: auf Jogurtbechern, auf Shampooflaschen, auf Milch- und Plastiktüten sowie auf Getränke- und Konservendosen. Doch was bedeutet er genau?

Zunächst musst du wissen, dass nur die Produkte den grünen Punkt tragen dürfen, deren Verpackungsmaterial zur Wiederverwertung genutzt werden kann. Dazu zählen Papier, Glas, Metall, Kunststoff und Verbundmaterialien. Aber nicht jeder Artikel mit diesen Verpackungen darf den grünen Punkt tragen. Der grüne Punkt ist ein Zeichen, dass Firmen, zum Beispiel Verpackungshersteller, mit der Firma Duales System Deutschland AG einen Vertrag geschlossen haben. Mit diesem Vertrag versprechen diese Unternehmen Geld zu zahlen, damit die gebrauchten Verpackungen gesammelt, sortiert und wieder verwertet werden. Gleichzeitig verpflichtet sich das Duale System, den Müll mit dem grünen Punkt einzusammeln und zu verwerten.

Schon in den Kaufhäusern findest du Möglichkeiten, den Verpackungsmüll in Wertstofftonnen oder -säcken zu entsorgen. In den Haushalten wird ebenfalls eifrig gesammelt und sortiert. Die öffentliche Müllabfuhr oder private Entsorgungsunternehmen übernehmen den Abtransport der Wertstoffe.

Metalle, Verbundstoffe, Kunststoffe

Glas, nach Farben sortiert

Papier, Pappe, Karton

1 Verpackungen im Kreislauf

Der grüne Punkt wird nur auf die Verpackungen und Behälter aufgedruckt, die aus Wertstoffen wie Papier, Glas, Verbundstoffen, Kunststoffen oder Metall hergestellt sind. Die Hersteller dieser Produkte müssen einen Vertrag mit dem Dualen System geschlossen haben.

1 Wozu dienen Verpackungen?

1 Müllfahrzeuge holen unseren Müll ab.

9.3 Der Restmüll – wohin damit?

Staubsaugerbeutel, Porzellan, stark verschmutztes Papier, Windeln, Asche, gebrauchte Papiertaschentücher oder Hygienepapiere und vieles mehr werfen wir täglich in die Restmülltonne. Jeder von uns produziert im Jahr ungefähr 200 kg Abfälle, die nicht wieder verwertet werden können. Viele Müllautos transportieren täglich diese großen Mengen Müll zu den **Mülldeponien.** Dort warten schwere Müllwalzen, um die neue Müllschicht zusammenzudrücken. Der Müll wird *verdichtet,* weil der *Deponieraum* in Deutschland knapp ist. Eine neue Deponie anzulegen ist teuer, denn das Grundwasser, der Boden und die Luft müssen geschützt werden. Das muss sorgfältig geplant werden und kostet sehr viel Geld.
Ein Viertel des Restmülls in Deutschland wird in **Müllverbrennungsanlagen** verbrannt. Hier muss darauf geachtet werden, dass beim Verbrennen die Luft nicht übermäßig verschmutzt wird. Daher werden mithilfe von aufwändigen Reinigungsanlagen die Schadstoffe weitgehend entfernt.

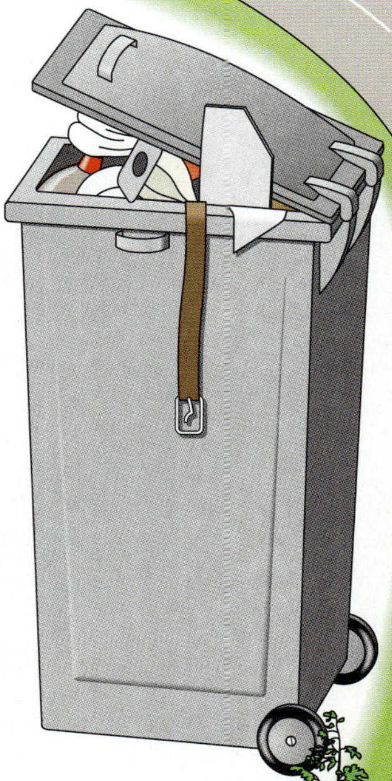

2 Restmülltonne

Nicht verwertbare Abfälle sind Restmüll. Er wird deponiert oder verbrannt.

1 Erkundige dich, wo euer Restmüll deponiert oder verbrannt wird.

3 Müllfahrzeuge bringen unseren Müll zur Hausmülldeponie.

9.4 Endlich getrennt – Müll als Rohstoff

Viele Abfälle und Reste sind wertvolle Rohstoffe und können mehrfach wieder verwendet werden. Dazu gehören Papier, Glas und der Inhalt der gelben Säcke oder Tonnen. Durch besondere Sammlungen können gut erhaltene Bekleidung und Schuhe Bedürftigen zur Verfügung gestellt werden. Des Weiteren können Textilien auch zerkleinert werden und als wertvoller Rohstoff bei der Papierherstellung dienen.
Auch nach der Sperrmüllabfuhr werden noch verwendbare Dinge auf Recyclinghöfen aussortiert, bevor die Reste zur Mülldeponie gebracht werden.

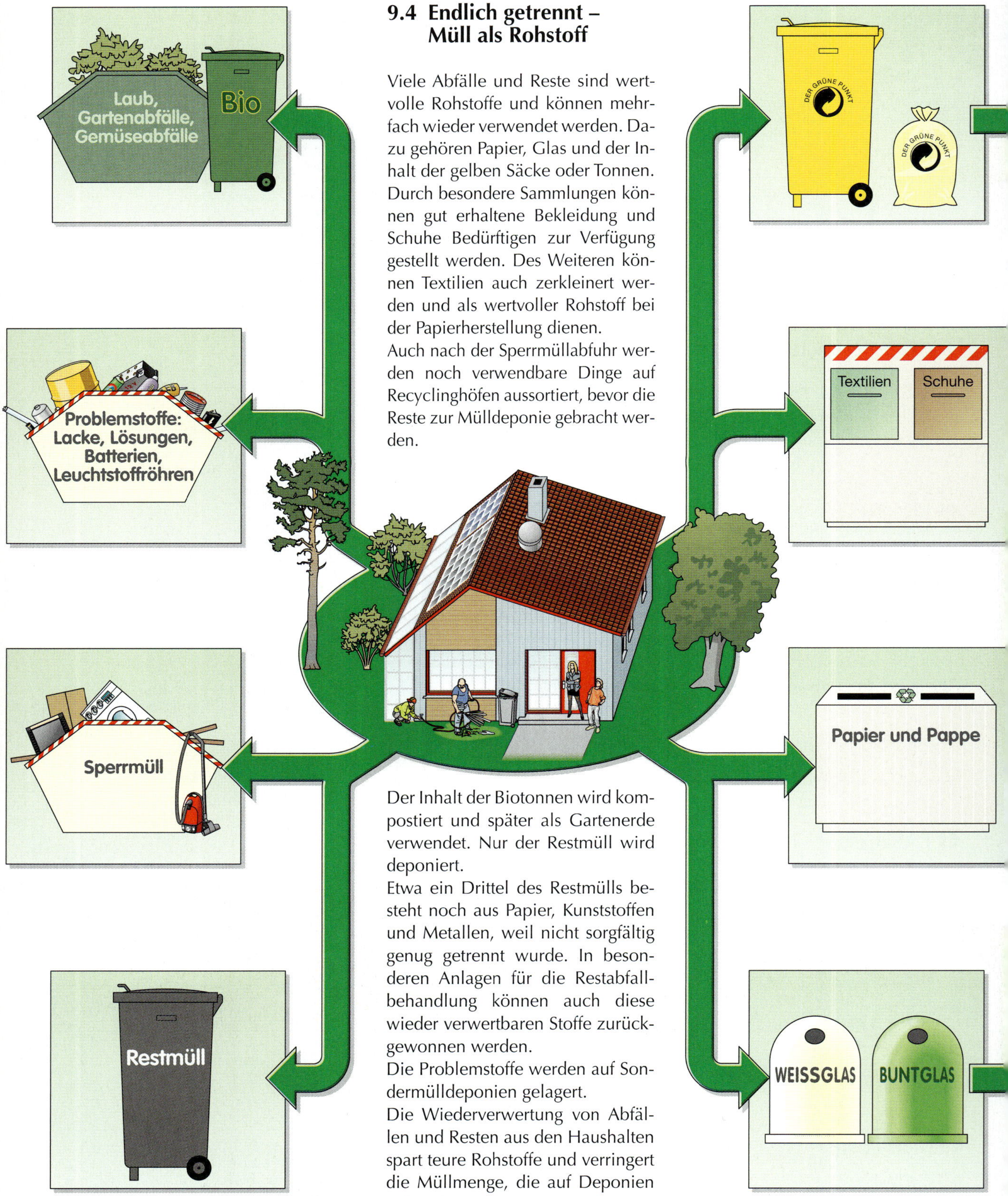

1 Mülltrennung in Deutschland

Der Inhalt der Biotonnen wird kompostiert und später als Gartenerde verwendet. Nur der Restmüll wird deponiert.
Etwa ein Drittel des Restmülls besteht noch aus Papier, Kunststoffen und Metallen, weil nicht sorgfältig genug getrennt wurde. In besonderen Anlagen für die Restabfallbehandlung können auch diese wieder verwertbaren Stoffe zurückgewonnen werden.
Die Problemstoffe werden auf Sondermülldeponien gelagert.
Die Wiederverwertung von Abfällen und Resten aus den Haushalten spart teure Rohstoffe und verringert die Müllmenge, die auf Deponien gelagert werden muss.

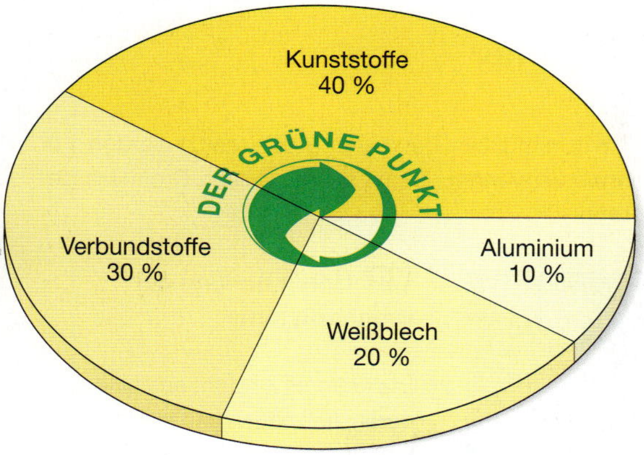

2 Inhalt der gelben Säcke oder Tonnen

Der Inhalt der gelben Säcke oder der gelben Tonnen besteht überwiegend aus **Kunststoffen** aller Art. Reine Kunststoffsorten können erneut zu Kunststoffgegenständen verarbeitet werden. Vermischte Kunststoffsorten können zum Beispiel als Erdölersatz in Hochöfen verbrannt werden.

Getränkekartons sind **Verbundverpackungen,** die aus Papier, Kunststoff und Aluminium bestehen. Das Papier wird abgetrennt und wieder verwertet. Der Rest wird bei der Zementherstellung verwendet.

Fast alle Konservendosen bestehen aus **Stahlblech.** Es kann zu neuem Stahl eingeschmolzen werden.

Auch das **Aluminium** der Getränkedosen und anderer Verpackungen wird wieder verwendet. Es wird geschmolzen und zu neuen Produkten verarbeitet.

3 Papierrecycling

Altpapier und Kartons werden zerkleinert. Danach werden Fremdstoffe wie Metalle abgeschieden. Der Papierbrei wird entfärbt und zu Recyclingpapier verarbeitet. Daraus werden Briefumschläge, Zeitungspapier, Toilettenpapier und Kartons hergestellt.

Das Altglas, das nach Farben getrennt gesammelt wurde, wird zerkleinert. Metalle und Papierreste werden automatisch aussortiert. Dann wird das Glas geschmolzen und dient als Zusatz zur Herstellung neuer Flaschen und Gläser.

4 Glasrecycling

Getrennte Müllsammlungen sind die Voraussetzung für eine Wiederverwertung von teuren Rohstoffen. Sie sorgen dafür, dass nicht noch mehr Mülldeponien entstehen müssen.

1 In welche Müllsorten kann unser Abfall bereits zu Hause getrennt werden?

2 Wie ist das Sammeln von Biomüll, Altpapier, Altglas, Textilien und Sperrmüll in deiner Gemeinde organisiert?

→ Projekt: Papierherstellung, Seite 90/91

Praktikum

Führerschein für den Gasbrenner

Im naturwissenschaftlichen Unterricht wirst du häufig Versuche durchführen, bei denen Stoffe erhitzt werden. Für diese Versuche werden Gasbrenner für Erdgas oder Propangas verwendet. Damit du mit diesen Brennern gefahrlos umgehen kannst, musst du bestimmte Regeln beachten:

Vorbereitung

1. Stelle den Gasbrenner kippsicher auf eine feuerfeste Unterlage.
2. Schließe den Gasschlauch des Brenners an die Gaszuleitung des Tisches an.
3. Schließe die Gas- und Luftzufuhr des Brenners.

Achtung: Binde lange Haare zusammen und trage immer eine Schutzbrille.

Inbetriebnahme

4. Öffne zuerst die Gaszufuhr am Brenner und dann das Ventil an der Gaszuleitung. Entzünde das ausströmende Gas. Arbeite dabei zügig, aber ohne Hektik!
5. Verändere die Höhe der Gasflamme mit der Gasregulierschraube am Brenner.
6. Öffne dann die Luftzufuhr, bis du eine blaue Flamme erhältst.

Einstellung des Brenners

Die Höhe der Brennerflamme soll der Breite deiner Hand entsprechen.
Arbeite nur mit der blauen, aber noch nicht rauschenden Brennerflamme.

Achtung: Der Gasbrenner darf während der Arbeit nicht unbeaufsichtigt bleiben.

1 Der Gasbrenner für Erdgas oder Propangas

V 1 Untersuchung der Brennerflamme

Die Flamme besteht aus einem inneren, hellblauen und einem äußeren, dunkelblauen Kegel. Untersuche mithilfe eines Magnesiastäbchens die beiden Flammenkegel. Halte das Stäbchen zunächst einige Zeit ruhig in den inneren Kegel. Ziehe es dann langsam von unten nach oben durch die Flamme. Beschreibe jeweils, was mit dem Magnesiastäbchen passiert. Wo ist die heißeste Zone der Flamme? Achte besonders auf die Ränder der Flamme und auf den Übergang vom inneren zum äußeren Flammenkegel.

V 2 Schmelzen von Glas

Halte ein 30 cm langes Glasrohr an beiden Enden fest und erhitze die Mitte oberhalb des inneren Flammenkegels. Drehe dabei ständig das Glasrohr. Sobald das Glas anfängt weich zu werden, ziehe beide Enden außerhalb der Flamme zügig auseinander.

Schmelze ein weiteres Glasrohr an einem Ende zu. Drehe es dabei und erhitze das Ende so lange, bis das Glas rot glühend ist. Nimm es dann aus der Flamme, blase in das andere Ende hinein und versuche so eine Glaskugel herzustellen.

Achtung: Stelle das Gas nach Beendigung der Arbeit an der Gaszuleitung ab.

Der Kartuschenbrenner

Ein anderer Gasbrenner, der sehr oft Verwendung findet, ist der Kartuschenbrenner. Er wird mit Butangas betrieben, das in einem Metallbehälter, der Kartusche, flüssig ist und als Gas austritt.

2 Der Kartuschenbrenner für Butangas

Beim Kartuschenbrenner muss besonders gut darauf geachtet werden, dass er senkrecht und kippsicher auf einer feuerfesten Unterlage steht.
Vor dem Anzünden des Gases wird beim Kartuschenbrenner die Luftzufuhr leicht geöffnet. Erst danach wird das Gasventil geöffnet. Das ausströmende Gas-Luft-Gemisch muss sofort entzündet werden.
Auch hier gilt: Arbeite zügig, aber ohne Hektik!
Butangas ist schwerer als Luft und fließt deshalb beim Ausströmen nach unten. Wird das Gas nicht sofort entzündet, sammelt sich das schwere Butangas auf der Tischplatte. Beim Anzünden des Gases kann es dann zu einer Stichflamme kommen.

A 3 Regeln für das Erhitzen von Stoffen im Reagenzglas

1. Fülle das Reagenzglas immer nur zu einem Drittel.
2. Gib bei Flüssigkeiten ein Siedesteinchen hinein.
3. Halte das Reagenzglas mit einer Klammer an seinem oberen Ende fest und halte es immer schräg in die klein eingestellte Flamme.
4. Beginne immer mit dem Erhitzen in Höhe des Flüssigkeitsspiegels. Schüttle dabei das Reagenzglas leicht, damit der Inhalt gleichmäßig erwärmt wird.
5. Richte die Reagenzglasöffnung niemals auf dich oder andere Personen.

V 4 Schmelzen von Kerzenwachs

Fülle ein Reagenzglas 5 cm hoch mit Kerzenwachs. Halte das Reagenzglas schräg in die Flamme und erhitze zunächst den oberen Teil des Wachses so lange, bis es geschmolzen ist. Ist dies geschehen, erwärme den restlichen Teil des Wachses. Beende den Vorgang, sobald alles Wachs flüssig geworden ist.

V 5 Erhitzen von Wasser

Fülle ein Reagenzglas zu einem Drittel mit Wasser. Gib ein Siedesteinchen hinein. Beginne mit dem Erhitzen in Höhe des Flüssigkeitsspiegels. Halte das Reagenzglas schräg in die Flamme und schüttle es dabei leicht hin und her. Beende den Versuch, sobald alles Wasser siedet.

3 Richtiger Umgang mit Brenner und Reagenzglas

Denke daran: Alle Geräte werden nach dem Experimentieren gereinigt. Der Arbeitsplatz wird sauber und aufgeräumt verlassen.

1 Erhitzen verschiedener Stoffe

10 Stoffe verändern sich beim Erhitzen

In der Asche eines Lagerfeuers lassen sich manchmal Eisennägel finden. Von Holz und Papier bleibt dagegen nicht mehr viel übrig. Holz und Papier entzünden sich in der Flamme und *verbrennen.* Sie gehören zu den brennbaren Stoffen. Der Eisennagel verändert im Feuer seine Farbe, seine Form bleibt aber gleich.
Es gibt aber auch Stoffe, die beim Erhitzen *unverändert* bleiben. Hältst du ein Magnesiastäbchen in eine Flamme, beginnt es sehr schnell zu glühen. Nach dem Abkühlen sieht es aber genauso aus wie vor dem Erhitzen. Drehst du dagegen ein Glasrohr in der Brennerflamme, wird das Glas heiß und weich. Du kannst es biegen oder auseinander ziehen. Glas kannst du durch Erhitzen *schmelzen* und *verformen.* Auch Zucker oder Salz reagieren beim Erhitzen unterschiedlich. Das Salz bleibt unverändert. Der Zucker wird zuerst braun, dann schwarz. Er verkohlt.

V1 Halte mithilfe der Tiegelzange nacheinander Holz, Kupferblech, Alufolie, Papier und einen Eisennagel in die Brennerflamme. Notiere deine Bebachtungen und vergleiche sie. Was stellst du fest?
V2 Erhitze nacheinander ein Magnesiastäbchen und ein Streichholz in der Brennerflamme. Beobachte und berichte.
V3 Drehe die Mitte eines Glasrohres wie in Bild 3 in der nicht leuchtenden Brennerflamme, bis es weich wird. Biege es außerhalb der Brennerflamme zu einem Winkelrohr. *Vorsicht:* Glas bleibt lange heiß. Lege es auf einer feuerfesten Unterlage ab.
V4 Führe V 3 noch einmal durch. Ziehst du das weiche Glasrohr außerhalb der Flamme kräftig auseinander, dann erhältst du eine Spitze. Eine zu lange Spitze kannst du kürzen, indem du sie vorsichtig mit einem Glasschneider anritzt und abbrichst.
V5 Fülle in je ein Reagenzglas 1 cm hoch Zucker und Salz. Halte das Reagenzglas mit einer Holzklammer am oberen Rand fest. Erhitze die Stoffe nacheinander in der Brennerflamme. Beobachte und vergleiche. Notiere dein Ergebnis.

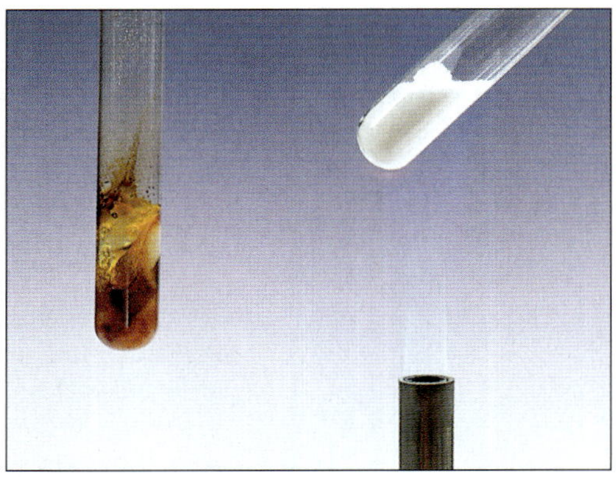
2 Erhitzen von Zucker und Salz

1 Suche Beispiele für Körper, die beim Erhitzen
a) verbrennen,
b) schmelzen,
c) gleich bleiben.

Beim Erhitzen können Stoffe verbrennen, schmelzen oder unverändert bleiben.

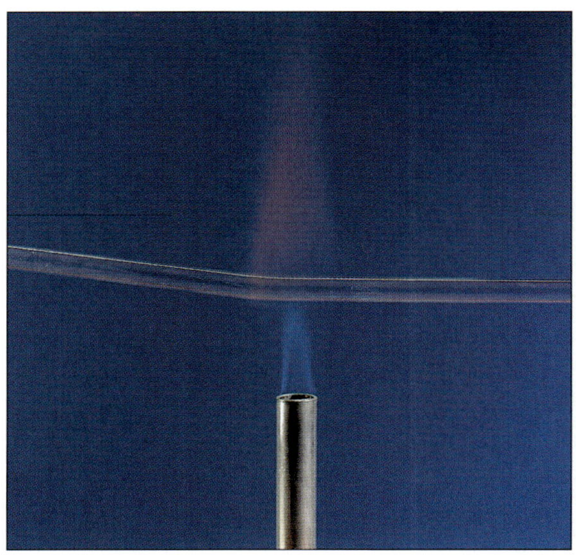
3 Erhitzen von Glas

Praktikum

Die Kerzenflamme

Sicher hast du schon oft eine Kerze angezündet und die Kerzenflamme beobachtet. Hast du dir aber schon einmal überlegt, was in der Flamme passiert?

Zum Anzünden der Kerze benötigst du ein Streichholz. Es liefert die notwendige Wärme. Du hältst die Streichholzflamme natürlich an den Docht. Wenn du sie an den Kerzenrand hältst, schmilzt zwar das Wachs, aber es entzündet sich nicht.
Wenn du den Docht anbrennst, wird durch die Wärme das Wachs im Docht flüssig und verdampft. Dieser Wachsdampf lässt sich leicht entzünden und es entsteht eine Flamme. Die Kerzenflamme lässt weiteres Wachs auf der Oberfläche der Kerze schmelzen. Dadurch entsteht um den Docht herum ein See aus flüssigem Wachs. Der äußere Rand bleibt fest, weil dort das Wachs von der Luft gekühlt wird. Das flüssige Wachs steigt im Docht hoch, verdampft und verbrennt. So lange festes Wachs vorhanden ist, wiederholt sich dieser Vorgang ständig und die Kerze geht nicht aus.

Wenn du die Flamme vorsichtig ausbläst, siehst du, wie weißer Rauch vom Docht aufsteigt. Diesen Rauch kannst du kurz über dem Docht mit einem Streichholz entzünden und die Kerze beginnt wieder zu brennen. Der Rauch besteht aus ganz kleinen, schon wieder festen Wachsteilchen. Sie lassen sich im Unterschied zum festen Wachs des Kerzenstumpfes leicht anzünden.

Warum leuchten rote, grüne oder blaue Kerzen alle mit der gleichen gelben Flamme?
Betrachte einmal eine Kerzenflamme genau. Um den Docht herum siehst du einen dunklen Bereich. Hier befindet sich Wachsdampf, der aber noch nicht brennt, da dort kein Sauerstoff hineingelangt. Darüber befindet sich die sichtbare Flamme. Hier verbrennt der Dampf. Dabei entstehen gleichzeitig Rußteilchen, die wegen der großen Hitze gelb leuchten. Diese Rußteilchen gibt es bei allen brennenden Kerzen, gleichgültig welche Farbe sie haben. Deshalb leuchten alle Kerzen mit einer gelben Flamme. Du kannst die Rußteilchen nachweisen, wenn du eine Porzellanschale in die Kerzenflamme hältst.

Das Verbrennen des Kerzenwachses in der Flamme ist ein Beispiel für Oxidation. Dabei entstehen Licht und Wärme. Es entsteht sogar mehr Wärme, als am Anfang zum Entzünden nötig war.

V1 Die Kerzenflamme

Entzünde eine Kerze und beobachte Flamme, Docht und Kerzenwachs. Zeichne die Kerzenflamme. Blase die Flamme aus und notiere deine Beobachtungen.

V2 Der Docht

Fülle in eine Porzellanschale etwas Speiseöl. Halte einen dicken Baumwolldocht mit den Fingern in das Öl. Was stellst du nach einiger Zeit fest?
Halte den Docht jetzt mit der Tiegelzange fest und führe ein brennendes Streichholz an sein oberes Ende. Welche Aufgabe hat der Docht?

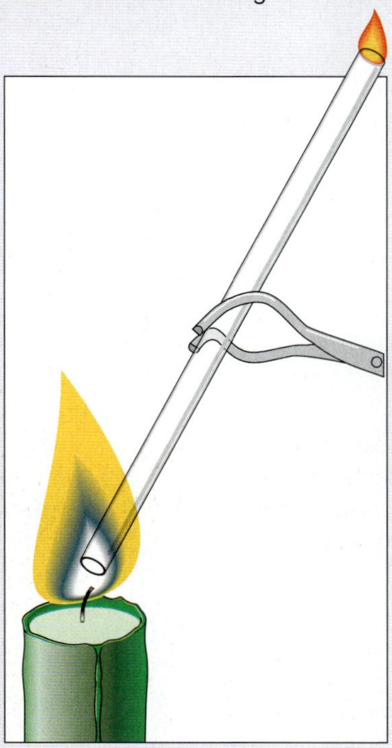

1 Kerze mit Tochterflamme

V3 Der Brennstoff

a) Entzünde die Kerze erneut. Lass sie einige Minuten brennen. Blase dann die Flamme aus und halte sofort ein brennendes Streichholz 2 cm über dem Docht in den Rauch. Was kannst du beobachten?
b) Halte mit einer Tiegelzange eine Porzellanschale schräg in die Flamme. Was siehst du?
c) Halte mit einer Tiegelzange ein etwa 5 cm langes Glasrohr schräg in den dunklen Bereich der Kerzenflamme. Halte dann ein brennendes Streichholz an das andere Ende des Glasrohres. Was ist der Brennstoff der Kerze? Die entstandene Flamme heißt „Tochterflamme“.

1 Wärmequellen: *Wärme durch Reibung (A); Wärme durch Elektrizität (B/C)*

11 Wärme ist Energie

11.1 Wärmequellen

Wärme kann auf unterschiedliche Weise entstehen. Wenn deine Hände kalt sind, reibst du sie gegeneinander. Schon werden sie warm. Beim Schleifen von Werkzeugen springen rot glühende Funken davon. Beim Reiben eines Stabes in einer Holzschale kann Heu entzündet werden. Alle diese Beispiele zeigen, dass bei **Reibungsvorgängen** mechanisch Wärme erzeugt wird.

Eine andere Möglichkeit Wärme zu erhalten, findest du beim Tauchsieder und beim Heißluftgebläse. Beide werden mit Elektrizität betrieben. Der Tauchsieder kann Wasser erhitzen. Das Heißluftgebläse erwärmt Kunststoff, damit er verformbar wird. Wärme lässt sich also auch mit **Elektrizität** erzeugen.

Am Lagerfeuer spürst du die Wärme schon auf große Entfernung. Auch eine brennende Kerze gibt Wärme ab. Jede Verbrennung ist ein **chemischer Vorgang,** bei dem Wärme entsteht.

Jeder Körper, der Wärme an seine Umgebung abgibt, heißt **Wärmequelle.** Wärmequellen können Wärme mechanisch mit Reibung erzeugen. Elektrische Wärmequellen erzeugen die Wärme mithilfe des elektrischen Stromes. Chemisch wird Wärme bei Verbrennungsvorgängen erzeugt.

Die wichtigste Wärmequelle ist unsere Sonne. In ihrem Inneren laufen Vorgänge ab, bei denen Atome miteinander verschmolzen werden. Hier wird Wärme **atomar** erzeugt.

A1 Beschreibe, wie in den Geräten auf den Bildern 1 A bis C Wärme entsteht.

V2 Drehe einen Holzstab mehrfach in einer Holzschale, die klein zerrissenes Heu enthält. Benutze dazu die Schnur eines Bogens wie in Bild 2. Was beobachtest du?

V3 Hänge einen Tauchsieder in ein Becherglas mit Wasser. Lass ihn einige Minuten angeschaltet. Fasse anschließend das Becherglas an. Berichte.

A4 Nenne Beispiele, bei denen durch Verbrennung Wärme entsteht.

2 Reibung erzeugt Wärme.

3 Verbrennung erzeugt Wärme.

Wärmequellen sind Energiewandler

Alle Wärmequellen können nur dann Wärme erzeugen und abgeben, wenn sie **Energie** erhalten. Bei einem Feuer steckt die Energie im Brennstoff. Einem Heißluftgebläse muss die Energie als Elektrizität zugeführt werden.

Energie gibt es in verschiedenen *Energieformen.* Beim Reiben eines Holzstabes wandelt sich *mechanische Energie* in Wärme um, der Tauchsieder wandelt *elektrische Energie* in Wärme um. Das Feuer verwandelt *chemische Energie* in Wärme, in der Sonne wird aus *atomarer Energie* Wärme. Bild 4 zeigt den Zusammenhang zwischen den verschiedenen Energieformen und Wärme.

Jede Wärmequelle ist also ein **Energiewandler.** Wenn du einen Tauchsieder anschaltest, führst du ihm elektrische Energie zu. Der Tauchsieder wandelt sie in Wärme um, und gibt sie an das Wasser ab. Beim Bremsen wandelt eine Bremse mechanische Energie in Wärme um.

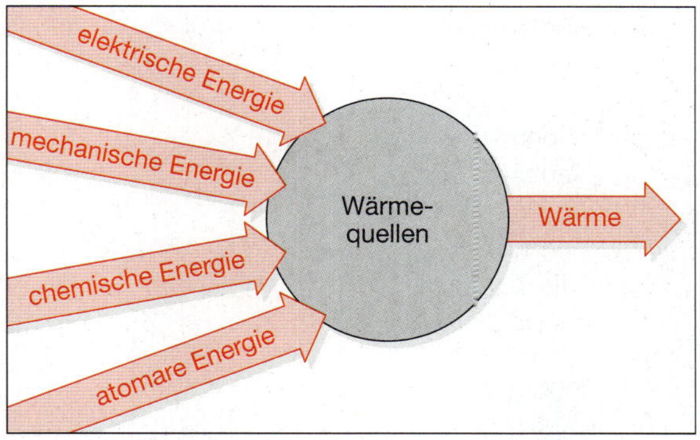

4 Wärmequellen wandeln Energie.

A5 Betrachte Bild 4. Schreibe Wärmequellen auf, die die eingesetzte Energie jeweils in Wärme umwandeln.

Erwärmen und Abkühlen

Um Wasser wie in Bild 5 zu **erwärmen,** musst du ihm Energie zuführen. In der Brennerflamme wird die chemische Energie des Heizgases in Wärme umgewandelt. Die Flamme gibt diese Energie an das Wasser weiter. Dabei steigt die Wassertemperatur. Eine **Temperaturerhöhung** des Wassers ergibt sich also immer dann, wenn *Wärme zugeführt* wird.

Um warmes Wasser **abzukühlen,** kannst du Eis hinein geben. Das Eis schmilzt dann. Dazu braucht es Energie in Form von Wärme. Diese Energie entzieht das Eis dem Wasser. Dadurch sinkt die Temperatur des Wassers im Becherglas. **Temperaturerniedrigung** bedeutet also, dem Wasser *Wärme zu entziehen.*

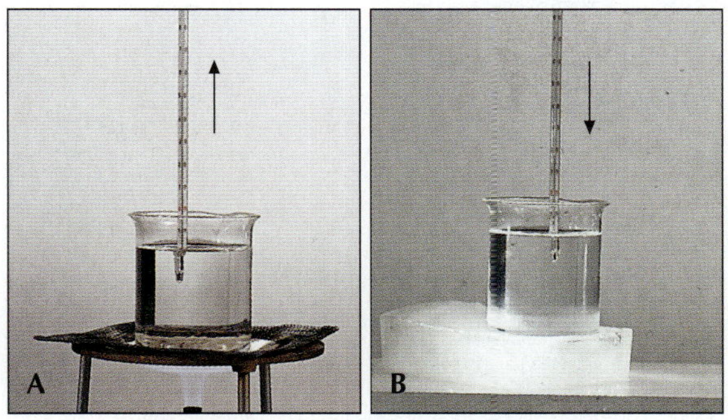

5 Wärme wird zugeführt (A) und entzogen (B).

V6 Erwärme Wasser im Becherglas mit einer Brennerflamme. Beschreibe, wie sich die Temperatur des Wassers ändert. Nenne den Grund dafür.

V7 Setze das Glas mit Wasser aus V6 in gestoßenes Eis. Beobachte das Thermometer. Erkläre den Vorgang.

> Wärmequellen sind Energiewandler. Sie wandeln mechanische, elektrische, chemische oder atomare Energie in Wärme um. Erwärmen bedeutet, Energie in Form von Wärme zuführen. Abkühlen heißt, Energie als Wärme entziehen.

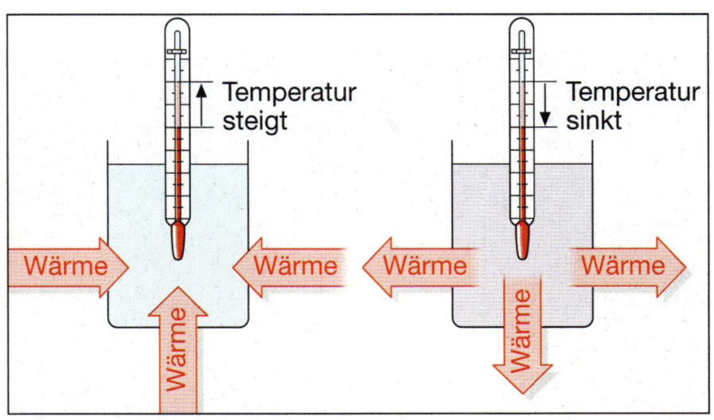

6 Wärme geht in zwei Richtungen.

1 Welche Energieformen treten auf, wenn du einen Topf Wasser über einem Holzfeuer erwärmst?

2 Beschreibe den Vorgang, der stattfindet, wenn du einen Topf mit Wasser auf einer Elektro-Herdplatte heiß machst. Benutze dabei die Begriffe Wärme und Temperatur.

A8 Beschreibe anhand von Bild 6, was geschieht, wenn die Temperatur eines Körpers steigt oder sinkt.

Projekt

Vom Rohstoff zum Produkt

In der Natur findet der Mensch viele Stoffe, die er weiter verarbeiten kann. Allerdings müssen die meisten dieser Stoffe erst aus den Naturprodukten isoliert werden. So werden aus Lavendelblüten oder aus den Blütenblättern der Rose Duftstoffe für die Parfümindustrie gewonnen. Aus dem Milchsaft des Kautschukbaums wird Gummi für Autoreifen, aus Kalkstein wird Mörtel für die Bauindustrie. Lebenswichtig ist die Herstellung von Nahrungsmitteln aus einer Vielzahl verschiedener Pflanzen.
Bei den folgenden Projekten könnt ihr an einigen Beispielen herausfinden, wie der Mensch mithilfe unterschiedlicher Verfahren Produkte aus Rohstoffen gewinnt.

Gewinnung eines Duftstoffes

Projekt

Düfte beeinflussen unser Leben. Sie sind Reize, denen wir ständig ausgesetzt sind. Sie können anregend oder beruhigend, verführerisch, aber auch abstoßend sein. Von morgens bis abends, in jeder Situation und an jedem Ort spielen Duft- und Aromastoffe eine wichtige Rolle.

In diesem Projekt sollt ihr die Gewinnung natürlicher Duft- und Aromastoffe kennen lernen.

Schon beim Zerreiben von Blättern zwischen den Fingern, zum Beispiel von Blütenblättern der Rose, wird ein charakteristischer Duft frei. So wie hier zwischen den Fingern werden durch Auspressen Duftstoffe gewonnen.

Es gibt eine ganze Reihe weiterer Verfahren zur Gewinnung. Sie heißen zum Beispiel: Enfleurage, Extraktion und Expression. Erkundet, wie sie funktionieren.

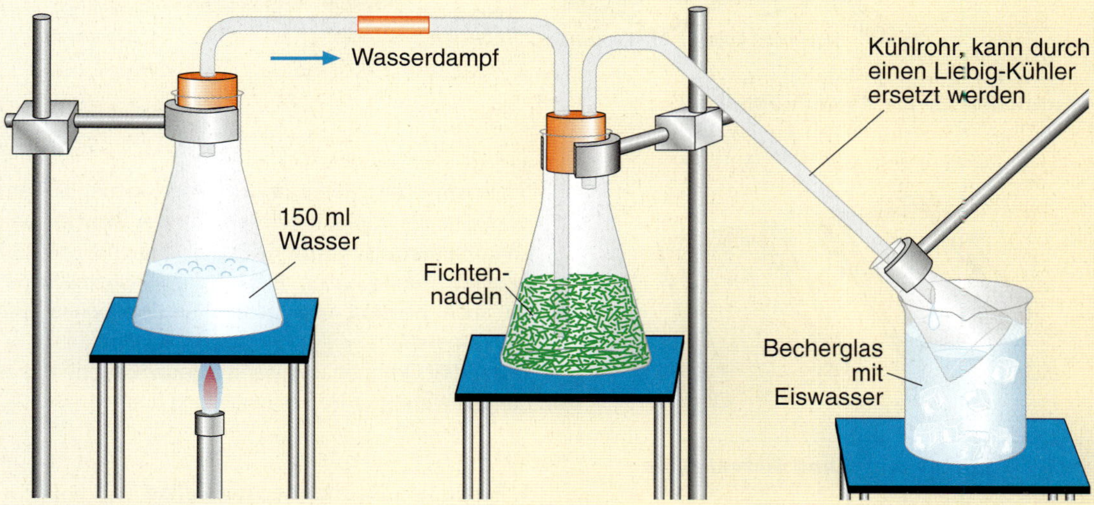

1 Wasserdampfdestillation

Bei der hier abgebildeten Wasserdampf-Destillation nimmt der heiße Wasserdampf Duft- und Aromastoffe aus den Fichtennadeln auf. Beim Abkühlen trennen sich Wasserdampf und aufgenommene Stoffe. Der gewonnene Duftstoff lässt sich aus der gekühlten Vorlage abschöpfen.

Je eine Gruppe soll sich mit der Gewinnung von Duftstoffen aus unterschiedlichen Pflanzenteilen befassen. Solche Pflanzenteile sind:

Blüten (Rosen, Nelken, Jasmin)
Blätter und Stängel (Eucalyptus, Thymian)
Früchte und Samen (Pfeffer, Anis, Gewürznelken)
Hölzer und Rinden (Sandelbaum, Zimt, Birke)
Fruchtschalen (Zitrone, Apfel, Orange)
Wurzeln, Zweige, Nadeln
Moose und Gräser

Projekt

Papierherstellung

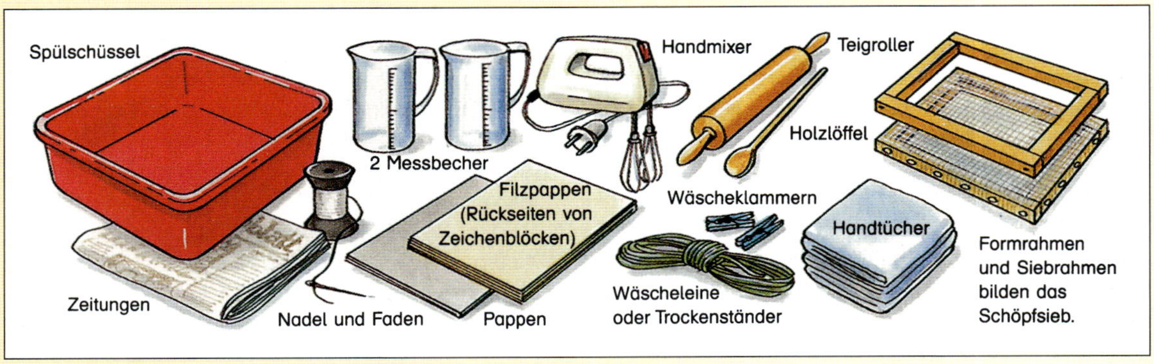

1 Materialien für die Papierherstellung

2 Herstellung des Form- und Siebrahmens

3 Papierbrei herstellen – Schritt 1

4 Papierbrei herstellen – Schritt 2

In diesem Projekt könnt ihr aus verschiedenen Sorten Altpapier neues Papier herstellen. Zur Herstellung von solchem **selbstgeschöpftem Papier** eignen sich alte Zeitungen, Pappe oder Eierkartons. Außerdem könnt ihr auch Zellstoff und bereits beschriebenes weißes Papier nehmen.
Bildet fünf Gruppen und wählt in jeder Gruppe das Ausgangsmaterial zur Papierherstellung aus.

1. Form- und Siebrahmen herstellen

Materialien und Werkzeuge: Lange, glatte Holzleisten aus Fichte oder Kiefer (Stärke: 25 mm x 20 mm)
Nägel, Schrauben und Winkel, Reißnägel oder Heftklammern. Diese Materialien dürfen nicht rosten.
Wasserfester Leim, Bootslack, Fliegengitter,
Hammer, Schraubendreher, Metermaß, Bleistift.

Ausführung: Zuerst baut ihr den *Formrahmen.* Sägt dazu je 2 Holzleisten mit einer Länge von 21 cm und 2 Leisten mit einer Länge von 35 cm ab. Legt die Holzleis-ten zu einem Rechteck zusammen. Bestreicht die Berührungsstellen mit Holzleim. Mit Nägeln, Schrauben und Winkeln wird der Rahmen fest zusammengebaut. Anschließend streicht ihr ihn mit Bootslack, damit er wasserfest wird.

Baut jetzt ebenso den *Siebrahmen* zusammen und streicht ihn ebenfalls mit Bootslack. Danach wird das Fliegengitter auf dem Siebrahmen fest aufgespannt und an den Außenkanten mithilfe der Reißnägel oder Heftklammern befestigt.

2. Papierbrei herstellen

Material: Altpapier, 2 Messbecher (ca. 1,5 Liter), Wanne oder Schüssel (etwas größer als die Schöpfform), Holzlöffel, Mixer

Ausführung: Bereitet den Papierbrei bereits einen Tag vor der Papierherstellung. Zerreißt dazu das Altpapier in kleine Stücke und verteilt es auf die mit 1 Liter Wasser gefüllten Messbecher. Es wird so viel Papier oder Pappe zugegeben, bis ein dicker Brei entstanden ist.
Rührt gut um und lasst alles über Nacht stehen. Am nächsten Tag wird der Brei mit dem Mixer gut durchgerührt. Zum Schöpfen wird der Brei in die Wanne gegeben. Gießt anschließend 9 Liter Wasser hinzu. Rührt alles noch einmal durch, damit sich die Fasern im Wasser gut verteilen.

3. Papier schöpfen

Material: Form- und Siebrahmen, altes Handtuch oder alte Zeitungen

Ausführung: Beim Schöpfen werden Form- und Siebrahmen aufeinandergelegt und fest zusammengehalten. Taucht die Schöpfform in den Faserbrei ein und hebt sie langsam aus der Wanne heraus. Lasst das Wasser abtropfen. Setzt die Form dann auf dem Handtuch oder den alten Zeitungen ab.

4. Entwässern und Trocknen

Material: zwei Filzplatten oder Pappe in der Größe der Schöpfform, Teigroller, Wäscheleine

Ausführung: Entfernt vorsichtig den Formrahmen. Legt eine Filzplatte oder eine Pappe auf das geschöpfte Blatt. Dreht den Siebrahmen mit dem Blatt und dem Filz herum und trocknet das Blatt von der Rückseite her mit dem Handtuch. Entfernt vorsichtig den Siebrahmen. Legt eine zweite Filzplatte oder Pappe auf das geschöpfte Papier. Presst mit dem Teigroller das restliche Wasser aus dem Papier heraus. Hängt es zum Trocknen auf die Wäscheleine. Ihr könnt es auch zwischen zwei Löschblätter legen und mit einem Bügeleisen trocken bügeln.

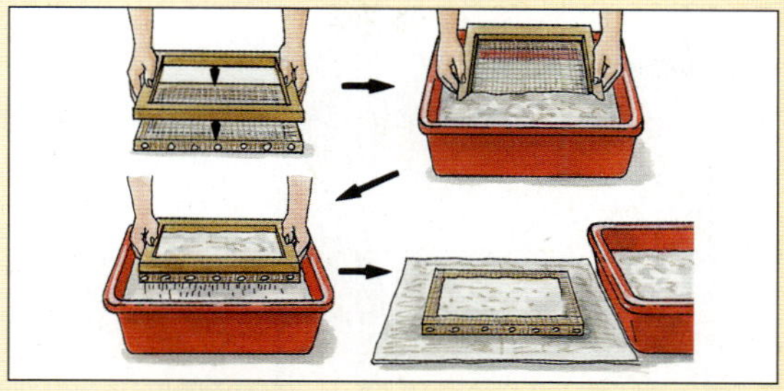

5 Papier schöpfen

6 Papier pressen

7 Papier trocknen

Tipps und Tricks

Wasserzeichen – zum Beispiel die Anfangsbuchstaben eurer Namen – erhaltet ihr, wenn ihr vor dem Schöpfen die Buchstaben mit sehr dünnem Kupferdraht formt und dann mit dünnem Nähgarn auf das Sieb bindet.
Tintenfestes Papier erhaltet ihr, wenn dem Faserbrei angerührter Tapetenkleister oder 100 ml Weißleim zugesetzt wird.
Farbiges Papier bekommt ihr, wenn ihr schon während des Einweichens stark färbende Papiere wie Seiden- oder Krepppapier dazugebt. Auch durch die Zugabe von Tee, Kaffee, Rote-Beete-Saft oder Naturfarbstoffen wird euer selbst geschöpftes Papier gefärbt.

Pinnwand

GEFÄHRDUNG DURCH STOFFE

Kinder vergiften sich mit Goldregen

SSV. Hannover. Auf einem Spielplatz im Stadtteil Döhren haben sich fünf Kinder im Alter von 4 bis 7 Jahren mit Goldregen vergiftet. Nach dem Auftreten der ersten Vergiftungserscheinungen wurden sie mit Blaulicht in die nahe gelegene Kinderklinik gebracht. Alle Kinder sind seit gestern Abend außer Lebensgefahr.

Die Kinder hatten die giftigen Früchte der neben dem Spielplatz wachsenden Goldregenbäume für Erbsen gehalten und gegessen. Als die Kinder die ersten Anzeichen einer Vergiftung zeigten, handelte eine vorbei gehende Passantin sofort. Sie alarmierte per Handy die Notrufzentrale. So verging nicht viel Zeit bis die Kinder im Kinderkrankenhaus behandelt und gerettet werden konnten.

1 Besorgt euch Pflanzenbücher. Schaut darin nach giftigen Pflanzenarten.

2 Schaut in eurem Stadtteil nach giftigen Pflanzen.

Pfaffenhütchen
giftig

Schneeball
giftig

Maiglöckchen
giftig

Efeu
giftig

Liguster
giftig

Riesenbärenklau
Nicht berühren! Die Haut wird rot und bekommt Blasen!

Pinnwand

Kind trinkt Benzin

SSV. Berlin. Ein schrecklicher Unfall ereignete sich am gestrigen Nachmittag in Moabit. Ein 8-jähriger Junge trank irrtümlich Benzin und musste mit einer lebensgefährlichen Vergiftung in eine Klinik gebracht werden. Sein Zustand ist immer noch kritsch.

Der Junge befand sich nach der Schule allein in der Wohnung der Eltern. Als er Durst bekam, trank er aus einer auf dem Küchentisch stehenden Mineralwasserflasche. Er hatte der Flüssigkeit nicht angesehen, dass sich um Benzin handelte. Erst beim ersten kräftigen Schluck bemerkte er, dass kein Wasser in der Flasche war.

Der Junge konnte einen Teil des Benzin noch ausspucken. Seine Schmerzensschreie machten eine Nachbarin aufmerksam, die umgehend einen Notarzt rief. Die inzwischen heimgekehrte Mutter macht sich große Vorwürfe, dass sie Waschbenzin in die Mineralwasserflasche abgefüllt hatte.

Auch in diesem Fall wurden zwei Grundregeln nicht beachtet: Nie Flüssigkeiten in Getränkeflaschen füllen! Nie aus der Flasche, sondern immer aus einem Glas trinken!

1 Schau gemeinsam mit deinen Eltern zuhause nach, ob gefährliche Stoffe und Flüssigkeiten richtig verpackt sind und sicher aufbewahrt werden. Notiere einige Beispiele.

Gift – auf die Dosis kommt es an

Pinnwand

Das tödliche Gift der Tollkirsche, das Atropin, kann Herzkranken das Leben retten, wenn es in ganz geringer Menge eingenommen wird. Das war schon dem Arzt Paracelsus vor 450 Jahren aufgefallen. Man kann ihn wohl als den ersten Giftforscher (Toxikologen) der Welt bezeichnen. Von ihm stammt der Satz: „Allein die Dosis macht, daß ein Ding kein Gift ist". Das bedeutet, daß jeder chemische Stoff von einer *bestimmten* Menge an, giftig ist.

Giftstoff	Vorkommen	tödliche Dosis in Millionstel Gramm pro Kilogramm Körpergewicht
Botulinus-Toxin-A	verdorbene Konserven	0,000 03
Tetanus-Toxin	Bakterien im Boden	0,0001
Diphtherie-Toxin	Bakterien	0,3
Seveso-Dioxin	chemisches Nebenprodukt	1
Aflatoxin B_1	Schimmel	10
Nikotin	Tabak	1 000
Arsenoxid	Chemikalie	3 000
Blausäure	Chemikalie	10 000
E605	Pestizid	100 000

Das stärkste bisher bekannte Gift ist das Botulinus-Toxin. Zwei Milliardstel Gramm davon können einen Erwachsenen töten.

Sonne – Wetter – Jahreszeiten

Eisbären sind gut an einen Lebensraum mit extremem Wetter angepasst.
Es herrscht dort große Kälte, das Meer gefriert, Stürme brausen.
Wie passen sich Tiere an Kälte und Wärme an?

→ **Seite 142/143**

Warum ist es auf der Erde unterschiedlich warm?
Warum gibt es Jahreszeiten?
→ **Seite 97/98**

Wie entsteht Wetter?
→ **Seite 118/119**

Der Winter geht, das Frühjahr kommt. Die ersten Blumen blühen.

Luftdruckunterschiede verursachen Sturm. Konnte der Sturm vorausgesagt werden?

1 *Die Erde aus dem Weltraum gesehen*

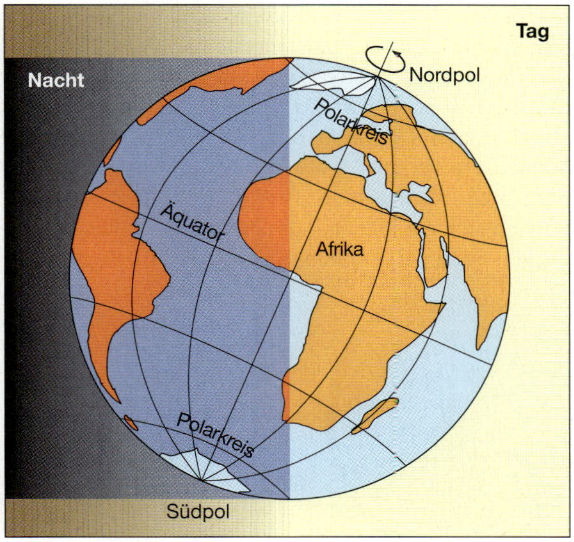

2 *Tag und Nacht*

1 Jahreszeiten

1.1 Warum gibt es Jahreszeiten?

„Im Osten geht die Sonne auf, im Süden steigt sie hoch hinauf, im Westen wird sie untergehen, im Norden ist sie nie zu sehen." Dieser bekannte Merkvers weckt die Vorstellung, dass sich die Sonne um die Erde dreht. In Wirklichkeit *bewegt sich die Erde um die Sonne.*

Außerdem dreht sich die Erde um ihre eigene Achse. Die Zeit, die die Erde für eine solche Drehung um sich selbst braucht, nennen wir einen **Tag.** Er dauert 24 Stunden. Dabei wird nur die Hälfte der Erde von der Sonne beschienen. Auf ihr ist es dann hell, es ist also **Tag.** Die andere Hälfte der Erde liegt im Schatten, dort ist es deshalb dunkel, es ist also **Nacht.**

Viele tausend Jahre lang haben die Menschen angenommen, dass die Erde der Mittelpunkt des Weltalls sei, um den sich die Sonne und die Sterne drehen. Erst

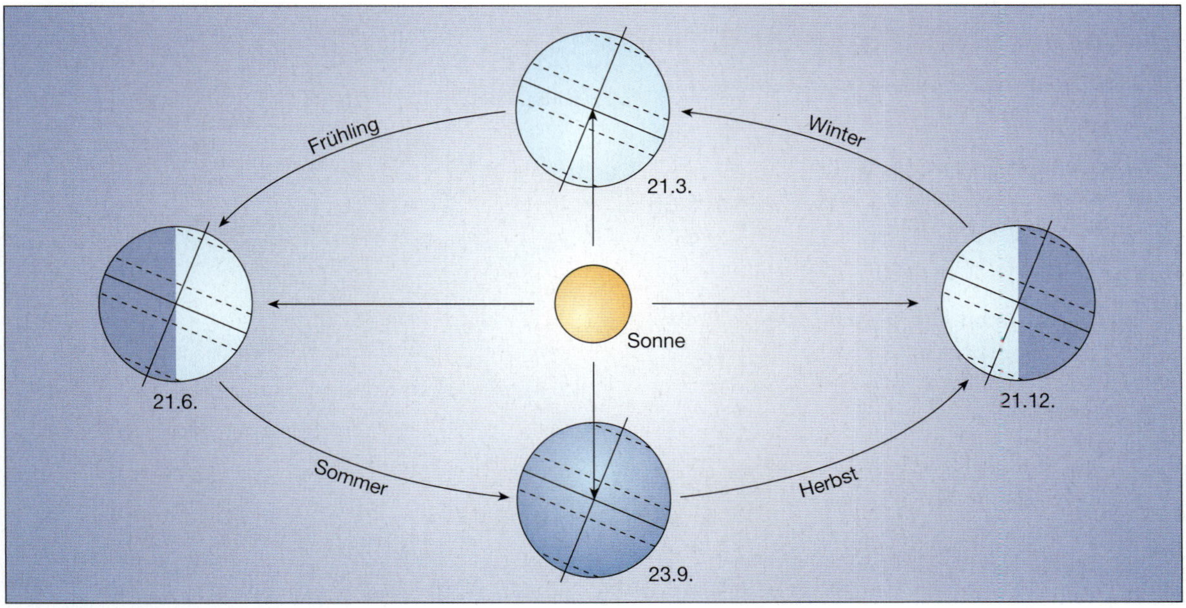

3 *Die Entstehung der Jahreszeiten*

→ Praktikum: Entstehung der Jahreszeiten, Seite 99

seit etwa 500 Jahren weiß man, dass die Sonne den Mittelpunkt unseres Planetensystems bildet. Die Erde und die anderen Planeten wie Mars, Venus und Jupiter bewegen sich auf fast kreisförmigen Bahnen um die Sonne herum. Dass die Sonne im Mittelpunkt unseres Sonnensystems steht, erkannte der deutsche Astronom NIKOLAUS KOPERNIKUS (1473–1543). Auf welchen Bahnen sich die Planeten um die Sonne bewegen, entdeckte etwa 100 Jahre später JOHANNES KEPLER (1571–1630).

4 Globus

Wie es zum Tag-Nacht-Rhythmus kommt, ist nun klar. Wie aber entstehen die verschiedenen **Jahreszeiten?**

Die Zeit, die die Erde braucht, um einmal um die Sonne zu wandern, nennen wir ein **Jahr.** Es dauert etwas mehr als 365 Tage. Dabei steht die Erdachse aber nicht *senkrecht* zur Umlaufbahn, sondern sie ist *leicht geneigt.* Diese schräge Lage der Erdachse wird auch bei einem Globus deutlich.

Die Neigung der Achse hat zur Folge, dass im Laufe des Jahres nicht alle Teile der Erde gleich viel Licht und Wärme von der Sonne erhalten.

Eine Zeit lang ist die *nördliche Halbkugel,* da wo wir leben, mehr der Sonne zugeneigt. Dann ist **Sommer.** Bei uns sind dann die Tage länger als die Nächte. Auf der *Südhalbkugel* ist zur selben Zeit **Winter** (lange Nächte, kurze Tage). Auf dem Weg der Erde um die Sonne ändert sich dies aber allmählich. Ein halbes Jahr später ist auf der Südhalbkugel Sommer und bei uns im Norden Winter. Im Frühling und Herbst werden Nord- und Südhalbkugel etwa gleich stark von der Sonne beschienen.

Zu dieser Zeit sind Tag und Nacht gleich lang. Eine Besonderheit gibt es in Polargebieten, die durch die Polarkreise begrenzt werden. In diesen Zonen der Erde geht die Sonne im Sommer für eine gewisse Zeit nicht unter. Man spricht dann vom **Polartag** oder der **Mitternachtssonne.** Im Winter geht die Sonne dort für einige Wochen oder Monate überhaupt nicht auf. In dieser Zeit der **Polarnacht** bleibt es dunkel.

Die Erde dreht sich in 24 Stunden einmal um ihre Achse. So entstehen Tag und Nacht. Wegen der Schrägstellung der Erdachse kommt es innerhalb eines Jahres zur Entstehung der Jahreszeiten.

1 a) Wie lang sind auf der Abbildung 2 die Äquatorstrecken auf der Tagseite, wie lang auf der Nachtseite? Miss die Strecken in Millimeter.
b) Miss dann die Länge der Strecke auf der Tag- bzw. Nachtseite bei einem nördlichen und südlichen Breitengrad.
c) Was kannst du aus den Unterschieden schließen?

2 Erläutere anhand von Abbildung 3 die Entstehung der Jahreszeiten auf der Nordhalbkugel.

Streifzug durch die Erdkunde

Warum ist es auf der Erde unterschiedlich warm?

Wegen der Kugelform der Erde verteilt sich die Strahlung der Sonne auf unterschiedlich große Flächen auf der Erde.

Am *Äquator* fallen die Sonnenstrahlen sehr *steil* auf die Erde, die getroffene Fläche ist *klein: hohe* Temperaturen.

Zu den Polen hin fallen die Sonnenstrahlen *flach* ein. Das führt zu einer *größeren* Fläche und daher *niedrigeren* Temperaturen.

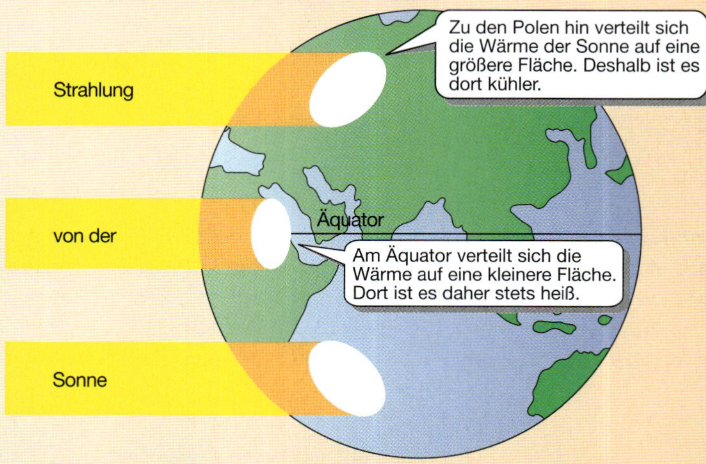

5 Einstrahlung der Sonne in verschiedenen Gebieten der Erde

→ Praktikum: Tageslänge und Jahreszeiten, Seite 100
→ Praktikum: Sonne und Temperatur in den Jahreszeiten, Seite 130/131

Entstehung der Jahreszeiten

Praktikum

V 1 **Wir bauen ein Modell Sonne-Erde**

Material: 1 Styropor-Kugel (∅ ca. 20 cm); 4 Styroporkugeln (∅ ca. 10 cm); 4 Holzspieße (ca. 20 cm lang); 2 dünne Holzstäbe (∅ ca. 5 mm, Länge ca. 1 m); Wasserfarben; Pinsel.

Durchführung: Male die große Kugel als Sonne mit Wasserfarben gelb an. Male die vier kleineren Kugeln hellblau an: Sie sollen die Erde darstellen. Stecke durch jede der kleinen Kugeln einen Holzspieß als Erdachse. Markiere auf jeder dieser Kugeln mit Klebeband den „Äquator“. Zeichne jeweils auf eine Halbkugel ein „N“ für Nordhalbkugel und auf die andere Hälfte ein „S“ für Südhalbkugel.

Durch die „Sonne“ steckst du kreuzweise die beiden längeren Stäbe.

Befestige nun die vier „Erdkugeln“ auf den freien Enden der längeren Holzstäbe. Achte darauf, dass die „Erdachsen“ (Holzspieße) stets in dieselbe Richtung zeigen.

Nun hast du ein Modell, das dir zeigt, wie die Erde in den vier Jahreszeiten zur Sonne steht.

Aufgaben: a) Wir leben auf der Nordhalbkugel. In welcher Stellung in unserem Modell wird die Nordhalbkugel am stärksten beschienen? Welche Jahreszeit herrscht dann bei uns?

b) Welche Jahreszeit herrscht bei uns zu den anderen drei Positionen, die die Erdkugel im Modell einnimmt? (Die Erde dreht sich gegen den Uhrzeigersinn um die Sonne.) Schreibe die Jahreszeiten an kleine Papierfähnchen, die du jeweils an der „Erdachse“ befestigst.

c) Betrachte nun noch einmal Abbildung 2 auf Seite 316. Welche Jahreszeit herrscht gerade in Deutschland?

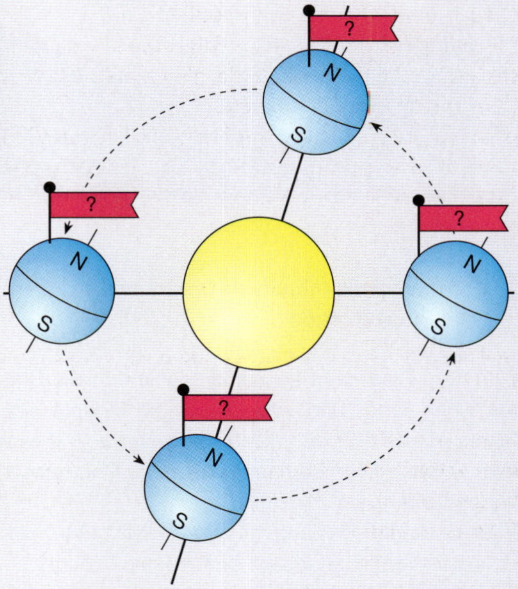

Anmerkung: Die Größenverhältnisse unseres Modells stimmen nicht mit der Wirklichkeit überein. Wenn wir als Sonne eine Kugel mit 20 cm Durchmesser wählen, dann dürfte der Durchmesser der Erde in unserem Modell noch nicht einmal 2 mm betragen. Auch der Abstand zwischen Sonne und Erde ist in unserem Modell viel zu gering. In unserem Modell müsste die Erde in einem Abstand von über 200 m um die Sonne kreisen. Bei einer solchen Verkleinerung wäre allerdings nicht mehr viel zu erkennen.

Praktikum

Tageslänge und Jahreszeiten

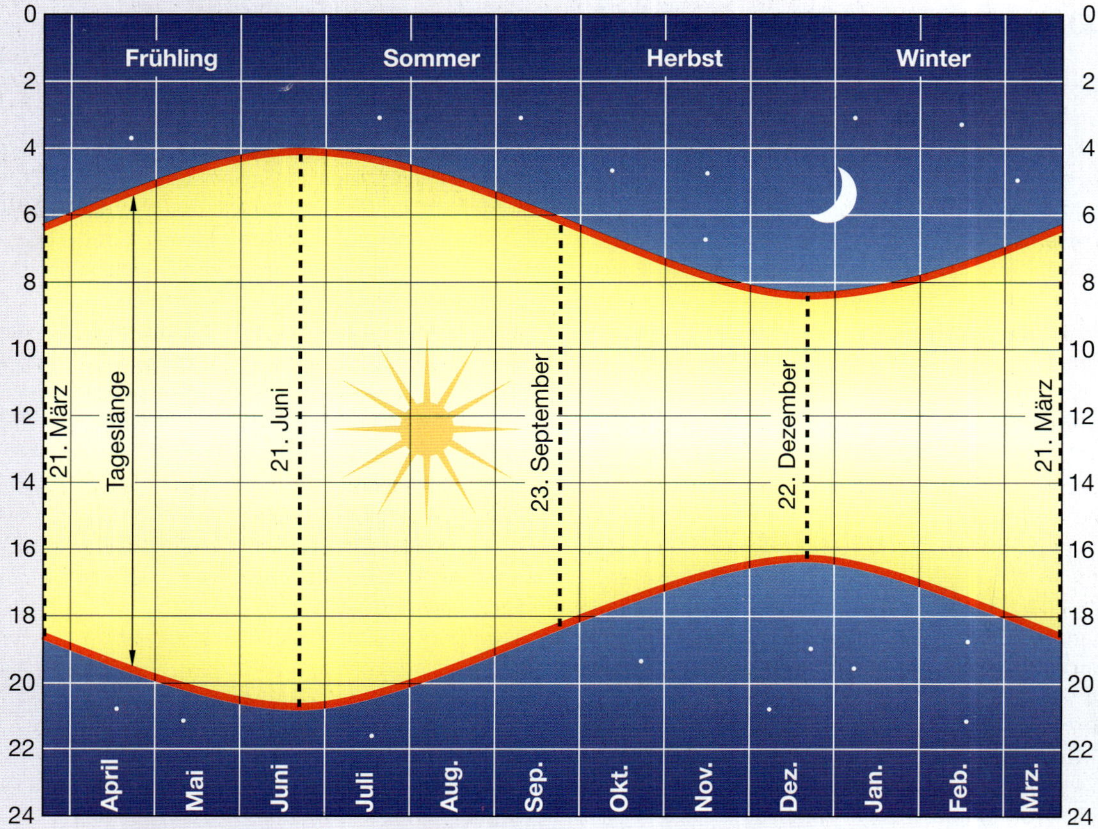

A 1 Wir arbeiten mit einem Diagramm der Tageslängen

a) In dem Diagramm kannst du senkrecht die Stunden eines Tages und waagerecht die Monate eines Jahres ablesen. Es zeigt also die gesamte Zeit eines Jahres. Was stellen demnach das gelbe Feld bzw. die blauen Felder dar?

b) Das Diagramm beginnt und endet mit dem 21. März. Warum ist das ein besonderes Datum?

c) Lies den Beginn von allen vier Jahreszeiten ab.

d) Wie ändert sich die Tageslänge in den Jahreszeiten jeweils?

e) Wann ist der längste Tag? Zu welcher Zeit geht dann jeweils die Sonne auf bzw. unter?
Lies die Stunden zwischen Sonnenaufgang und Sonnenuntergang ab.
Bestimme dasselbe für den kürzesten Tag.

f) Was haben Frühlingsanfang und Herbstanfang gemeinsam?

g) Wie viele Stunden ist es an einem Tag in den Sommerferien hell (z. B. Anfang August), wie viele in den Weihnachtsferien (z. B. Anfang Januar)?
Hinweis: Die Angaben beziehen sich auf die Stadt Kassel ohne Berücksichtigung der Sommerzeit.

h) Der wärmste Monat des Jahres ist meist der Juli, der kälteste der Januar. Erläutere.

j) Bestimme mithilfe des Diagramms und eines Jahreskalenders die Länge der einzelnen Jahreszeiten in Tagen. Was fällt dir auf? Hast du eine Erklärung?

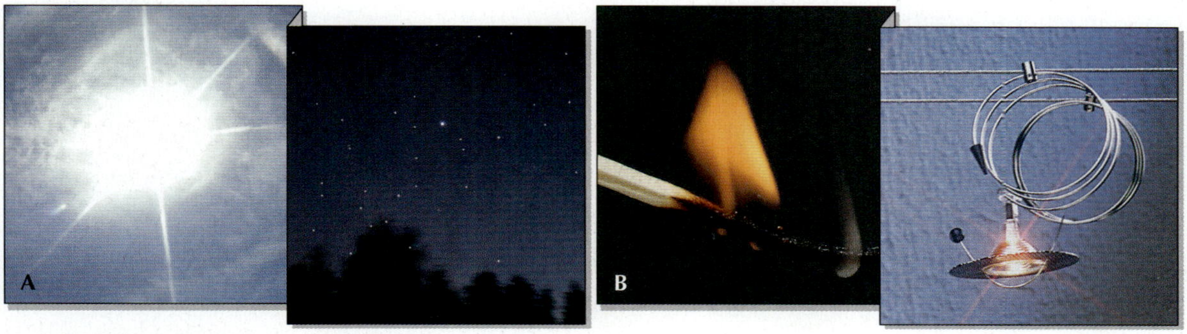

1 ***Lichtquellen:*** *natürliche (A); künstliche (B)*

2 Lichtquellen

2.1 Natürliche – künstliche Lichtquellen

Die Sonne, die Sterne und ein Blitz leuchten von alleine. Sie senden Licht ohne dein Zutun aus. Du kannst sie weder ein- noch ausschalten. Es sind **natürliche Lichtquellen** (Bild 1A).
Lichtquellen, die von Menschen erfunden wurden, um die Umgebung zu beleuchten, heißen **künstliche Lichtquellen** (Bild 1B). Lange bevor es die Glühlampe gab, haben die Menschen mithilfe von Feuer Licht erzeugt. Natürliche und künstliche Lichtquellen kannst du sehen, weil sie Licht aussenden. Es sind **selbstleuchtende Körper** (Bild 2A). Auch dein Buch, deinen Bleistift oder deinen Schal kannst du sehen, obwohl diese Gegenstände keine Lichtquellen sind. Sie müssen von einer Lichtquelle angestrahlt werden, um sichtbar zu werden. Solche Gegenstände heißen **fremdleuchtende Körper** (Bild 2B). Zu den fremdleuchtenden Körpern gehört auch der Mond. Er wird von der Sonne angestrahlt und ist deshalb sichtbar.

Lichtquellen senden Licht aus. Natürliche Lichtquellen tun dies ohne Zutun der Menschen. Künstliche Lichtquellen sind Leuchtmittel, die von Menschen hergestellt wurden. Es gibt selbstleuchtende und fremdleuchtende Körper.

A 1 Welche Möglichkeiten der Beleuchtung gab es früher, welche gibt es heute?

A 2 a) Im Bild 1 sind verschiedene Lichtquellen zu sehen. Notiere ihre Namen und ergänze deine Liste durch weitere Lichtquellen.
b) Im Bild 2 sind selbstleuchtende und fremdleuchtende Körper zu sehen. Suche weitere Beispiele und trage die Namen in eine Tabelle ein. Markiere die natürlichen Lichtquellen mit N und die künstlichen Lichtquellen mit K.

A 3 Beschreibe, wodurch sich selbstleuchtende von fremdleuchtenden Körpern unterscheiden.

1 Zu welcher Art von Lichtquelle gehören eine brennende Fackel, eine Taschenlampe, ein Blitz, ein Feuerwerk?

2 Beschreibe Situationen, in denen Lichtquellen die Aufgabe haben, dich vor Gefahren zu warnen.

3 Welche Lichtquellen müssen an deinem Fahrrad unbedingt vorhanden sein?

2 ***Körper:*** *selbstleuchtende (A); fremdleuchtende (B)*

A 1 Es hat gerade aufgehört zu regnen und die Sonne bricht wieder durch die Wolken. Jetzt erscheinen die Farben eines Regenbogens. Wie musst du zur Sonne stehen, damit du den Regenbogen sehen kannst?

V 2 Stelle verschiedene geschliffene Glasfiguren in das Sonnenlicht. Beschreibe deine Beobachtungen.

V 3 **Lehrerversuch:** Mit einem ausgeglühten Magnesiastäbchen werden nacheinander einige angefeuchtete Kristalle der Salze Lithiumchlorid, Natriumchlorid, Kaliumchlorid und Calciumchlorid in die rauschende Brennerflamme gehalten (Bild 1).

V 4 Notiere deine Beobachtungen in V3.

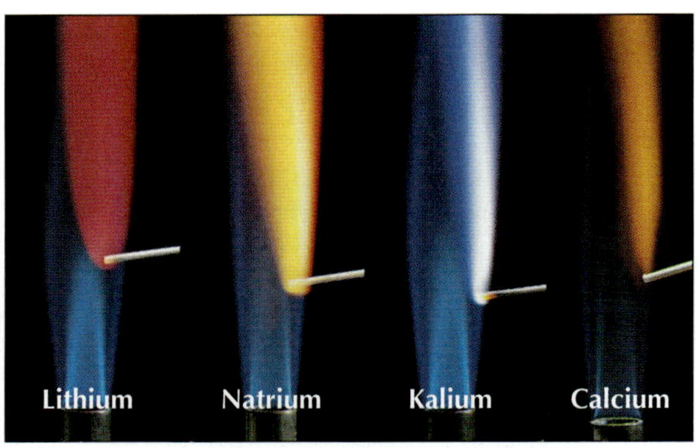

1 Flammenfärbung durch verschiedene Stoffe

V 5 Rühre zunächst nach dem folgenden Rezept eine Seifenlösung an. Tauche dann einen kleinen Plastikring ein, ziehe ihn langsam wieder heraus und puste vorsichtig dagegen. Beobachte die Oberfläche der Seifenblasen.

Rezept für Seifenblasen
60 ml Pustefix – Konzentrat
150 ml destilliertes Wasser
40 ml Glycerin

2.2 Farbiges Licht

Manchmal kannst du Farben beobachten, die direkt aus dem Sonnenlicht entstehen. Du entdeckst die Farben des Regenbogens zum Beispiel bei einem Springbrunnen, bei einer geschliffenen Kristallfigur oder besonders schön bei einem geschliffenen Diamanten. Auch auf einer mit Benzin oder Öl verschmutzten Wasserpfütze funkeln viele Farben. Auf einer Seifenblase verändern sich die Farben ständig.

Beim Sonnenaufgang oder Sonnenuntergang siehst du die Sonne und die Wolken, die von ihr beschienen werden, oft rot bis violett. Tagsüber erscheint uns das Licht der Sonne weiß. Die Sterne am nächtlichen Himmel senden ebenfalls weißes Licht aus. Auch die Glühlampen, die du zur Beleuchtung verwendest, spenden weißes Licht.

Chemische Lichtquellen

Das Licht des Lagerfeuers ist gelb. Auch das Licht einer Kerzenflamme und die Flamme der Petroleumlampe erscheinen leuchtend gelb. Spiritus dagegen verbrennt mit einer kaum sichtbaren, bläulichen Flamme. Geraten Kunststoffe oder Metalle in eine Flamme, so verfärbt sie sich kurzzeitig grün oder blau. Die Farbe der Flamme hängt also davon ab, was verbrennt. Lichtquellen, deren Licht durch Verbrennen eines Stoffes entsteht, heißen **chemische Lichtquellen**. Dazu gehören auch die Gartenfackeln und die Raketen für ein Feuerwerk. Die dabei entstehenden Farben werden durch das Verbrennen verschiedener Salze erzeugt.

2.3 Ein Prisma erzeugt Farben

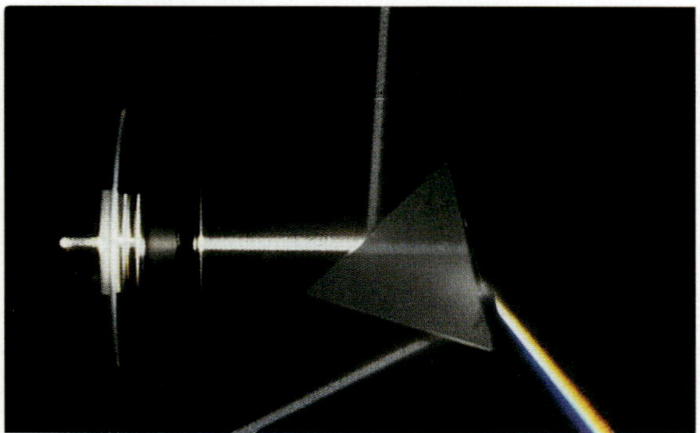

1 Ein Prisma verändert das Licht.

A 1 Das Prisma in Bild 1 wurde mit weißem Licht angestrahlt. Wie könnten die Farben entstanden sein?
A 2 Wo hast du ähnliche farbige Lichter wie in Bild 1 schon gesehen?

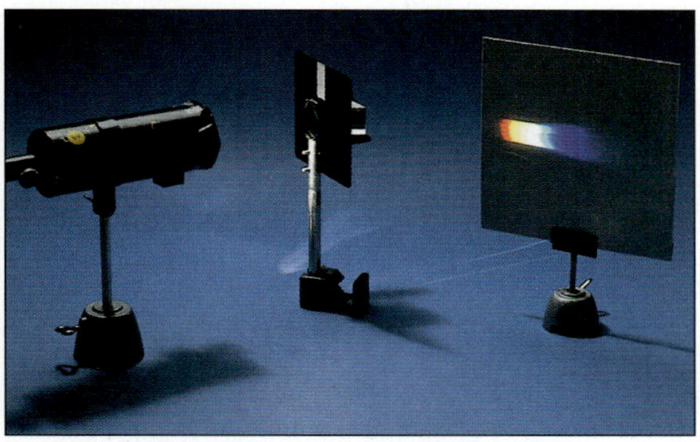

2 Ein Prisma wird mit weißem Licht beleuchtet.

V 3 Baue den Versuch nach Bild 2 auf. Verschiebe den Schirm, bis du Licht auffangen kannst. Betrachte das Farbband und nenne die Farben.
A 4 Vergleiche die farbigen Lichter aus V3 mit einem Regenbogen. Berichte.

1 Nenne weitere Gelegenheiten, bei denen du schon Spektralfarben beobachtet hast.
2 Zeichne das Spektrum. Trage auch IR und UV ein.

Hinter geschliffenen Glasfiguren siehst du oft farbiges Licht. Wie die Farben zustande kommen, lässt sich mit einem **Prisma** untersuchen. Das ist ein Glaskörper mit einer dreieckigen Grundfläche und ebenen Seitenflächen.

Wenn weißes Licht auf eine Seitenfläche des Prismas fällt, wird es gebrochen und dabei in farbiges Licht zerlegt. Hinter dem Prisma lässt sich das farbigeLicht als Farbband auffangen. Dieses Farbband heißt **Spektrum.** Es besteht aus den Farben *Rot, Orange, Gelb, Grün, Blau* und *Violett.* Dies sind die Spektralfarben.

Der Regenbogen

Du kennst die Spektralfarben auch als Regenbogen-Farben. Ein Regenbogen kommt zustande, wenn es vor dir regnet und hinter dir die Sonne scheint. Das Sonnenlicht wird von jedem Regentropfen wie von einem Prisma gebrochen und in farbiges Licht zerlegt. Die Tropfen reflektieren das farbige Licht im Inneren zweimal und lenken es so in deine Richtung.

Unsichtbares Licht

Neben dem Rot und dem Violett eines Spektrums gibt es noch Licht, das wir nicht sehen können. Es liegt außerhalb des Farbbandes. Das unsichtbare Licht neben dem Rot heißt **Infrarot (IR),** das neben dem Violett heißt **Ultraviolett (UV).** Das Infrarotlicht ist nichts anderes als Wärmestrahlung. Sie lässt sich mit einem Thermometer nachweisen. Das ultraviolette Licht lässt im Dunkeln zum Beispiel einen Zinksulfidschirm aufleuchten.

Weißes Licht wird durch ein Prisma in die Spektralfarben Rot, Orange, Gelb, Grün, Blau, Violett zerlegt. Außerhalb des Spektrums liegen die für uns unsichtbaren Farben Infrarot und Ultraviolett.

3 Das Spektrum

2.4 Was geschieht in Lichtquellen?

Eine Lampe kann nur dann Licht aussenden, wenn ihr irgendetwas aus der Batterie zugeführt wird. Dieses „Etwas“ wird **Energie** genannt. Die Glühlampe wandelt **elektrische Energie** in Licht um. Sie ist ein **Energiewandler**. Wenn du schon einmal eine leuchtende Lampe berührt hast, weißt du, dass bei dem Vorgang der Energieumwandlung auch Wärme frei wird. Jetzt wird dir klar, woher der Name Glühlampe kommt.

1 Glühlampe

Wie erzeugt eine Kerze Licht? Kerzen bestehen aus Bienenwachs, Paraffin oder Stearin. Durch das brennende Streichholz wird das Stearin flüssig, steigt im Docht auf und verdampft. Dabei verbrennt der Stearindampf und es entstehen Licht und Wärme. Das Stearin führt der Flamme auch ein „Etwas“ zu, das in Licht und Wärme umgewandelt wird. Dieses „Etwas“ ist die **chemische Energie**, die im Stearin steckt. Die Kerze ist ein *Energiewandler,* der die chemische Energie des Stearins in Licht und Wärme umwandelt. Dabei entsteht die leuchtende Kerzenflamme.

2 Kerze

Das Leben auf der Erde ist von der Sonne abhängig. Sie ist die wichtigste Lichtquelle. Welches „Etwas“ wird von ihr in Licht umgewandelt?
In der Sonne läuft ein Vorgang ab, bei dem kleinste Teilchen, die *Atome,* miteinander verschmolzen werden. Die Energie, die dabei frei wird, heißt **atomare Energie**. In der Sonne wird diese Energie in Licht und Wärme umgewandelt.

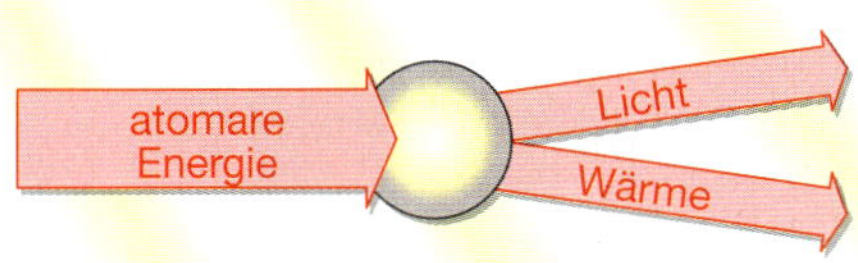

Elektrische, chemische und atomare Energie sowie Licht und Wärme sind verschiedene **Energieformen**.

Lichtquellen wandeln elektrische, chemische und atomare Energie in Licht um. Dabei entsteht zusätzlich Wärme.

V 1 a) Entzünde ein Gasfeuerzeug. Beobachte.
b) In welcher Form ist die Energie vor dem Zünden im Feuerzeug gespeichert? In welche Form wird sie danach umgewandelt?

1 Nenne Energiewandler, die elektrische Energie in Licht umwandeln.
2 Welche Energie wird von einer Öllampe in Licht umgewandelt?
3 Überlege, was geschehen würde, wenn in der Sonne keine atomare Energie mehr vorhanden wäre.
4 Erkläre den Begriff Glühlampe. Nenne dabei alle Energieformen, die bei der Lampe eine Rolle spielen.

2.5 Aus Licht wird Energie anderer Form

Die Lichtmühle

In Bild 1 siehst du eine Lichtmühle. Sie besteht aus einem Glaskolben, in dem sich ein vierteiliges Flügelrad befindet. Jeder Flügel besitzt eine schwarze und eine silberne Seite. Aus dem Kolben ist ein Teil der Luft herausgepumpt worden.

Trifft *Licht* auf die schwarze Seite der Flügel, wird es in *Wärme* umgewandelt. Die Mühle beginnt sich zu drehen. Das Licht wird also durch die Mühle in *Bewegungsenergie* umgewandelt.

Der Parkscheinautomat

An öffentlichen Parkplätzen hast du sicher schon einmal Parkscheinautomaten gesehen, die mit Solarzellen betrieben werden (Bild 2). Diese sind nach Süden zur Sonne hin ausgerichtet. Wenn sie von der Sonne beschienen werden, entsteht in ihrem Inneren *elektrische Energie* für die Arbeit des Parkscheinautomaten. Die Solarzelle wandelt Licht in elektrische Energie um.

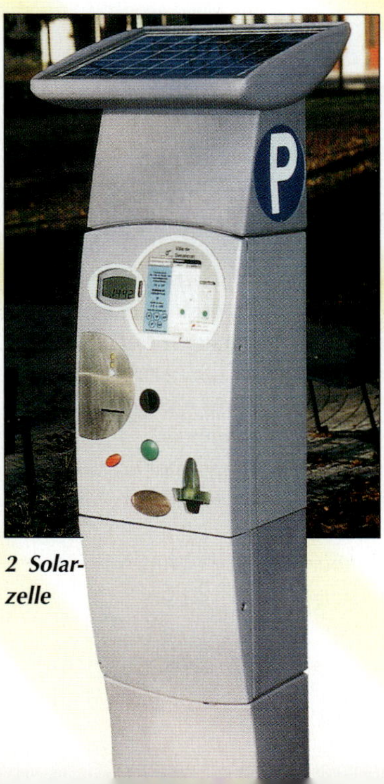

2 Solarzelle

1 Lichtmühle

1 a) Wer ist der Energiewandler, wenn du ein Stück Zucker isst?
b) Aus welcher Form wird dabei Energie in eine andere Form umgewandelt? Ergänze die folgende Darstellung.

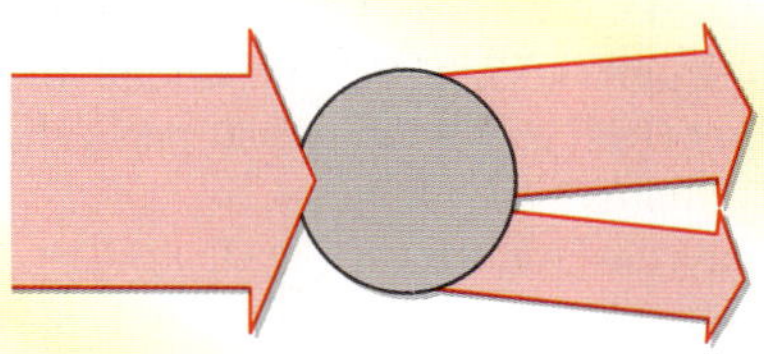

2 a) Woher stammt die Energie, die du als chemische Energie zu dir nimmst, wenn du grünen Salat isst?
b) Zeichne dazu eine Darstellung wie in Aufgabe 1b).

3 Zähle Gegenstände auf, die mit einer Solarzelle betrieben werden. In welche Formen von Energie wird das Licht umgewandelt?

4 Begründe, dass die Solarzelle keine Lichtquelle ist.

5 Besorge dir Prospekte zum Thema Sonnenkollektoren und finde heraus, in welche Formen von Energie diese Licht und Wärme der Sonne umwandeln.

Die Fotosynthese

Neben Wasser und Mineralsalzen brauchen Pflanzen das Gas Kohlenstoffdioxid aus der Luft und Licht, um zu wachsen. Werden sie von der Sonne beschienen, wird mithilfe des grünen Blattfarbstoffes aus Wasser und Kohlenstoffdioxid Zucker. In diesem ist die Energie des Sonnenlichtes gespeichert. Die Pflanzen wandeln Licht in *chemische Energie* um. Dieser Vorgang heißt **Fotosynthese**. Die Pflanzen sind Nahrungsmittel für Tiere und Menschen und liefern an diese die gespeicherte Energie weiter.

3 Pflanze, die Licht aufnimmt

Lichtmühlen, Solarzellen und Pflanzen sind Energiewandler. Sie wandeln Licht in Bewegungsenergie, elektrische Energie oder chemische Energie um. Bei diesem Vorgang wird Wärme frei.

1 Unter dem Sonnenschirm ist es kühler

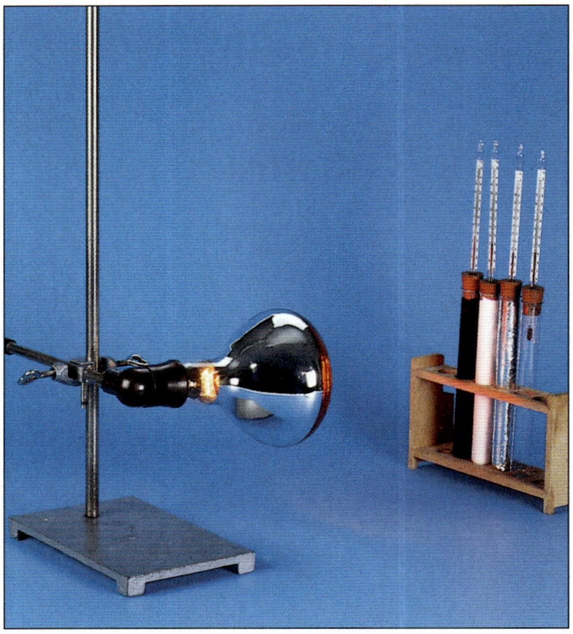

2 Auswirkung der Wärmestrahlung

3 Wärme

3.1 Wie kommt die Sonnenwärme zur Erde?

Die Sonne ist ein riesengroßer, sehr heißer Gasball. Ihre Oberfläche hat etwa 6000 °C, ihr Inneres etwa 20 Millionen Grad! Durch ihre Strahlung gibt die Sonne ständig Wärme und Energie in anderer Form an den Weltraum ab.
Dennoch ist es nicht selbstverständlich, dass die Erde von dieser gewaltigen Wärmemenge etwas abbekommt. Denn die Sonne ist weit von uns weg, rund 150 Millionen Kilometer. Zwischen Erde und Sonne liegt aber kalter Weltraum! Wie kommt ihre Wärme zu uns?

Tatsächlich muss man nicht unbedingt eine Wärmequelle berühren, um sie zu spüren. Von einem heißen Körper geht unsichtbare **Wärmestrahlung** aus, die sich erst bemerkbar macht, wenn sie auf einen Gegenstand trifft. Man nennt sie auch **Infrarotstrahlung.** Sie verhält sich ebenso wie das Licht: Sie ist genauso schnell, sie geht fast ungehindert durch Luft und Glas und ebenso durch den kalten Weltraum. Wärme kann also durch Strahlung ohne übertragendes Material transportiert werden.

Die Wärmestrahlung wird von Körpern aufgenommen. Helle und glänzende Oberflächen werfen einen Großteil der Strahlung zurück, matte und dunkle Oberflächen nehmen die Strahlung weitgehend auf und erwärmen sich dabei.

> Die Sonne versorgt durch ihre Strahlung die Erde mit Licht und Wärme. Die Wärmestrahlung macht sich erst bemerkbar, wenn sie von einem Körper aufgenommen wird.

1 a) Verbinde einem Mitschüler die Augen. Halte eine Glühlampe (100 W) in die Nähe der Handrücken oder der Wangen. Wie kann er wissen, wann die Lampe eingeschaltet ist?

2 Schwärze ein Reagenzglas mit Farbe oder Ruß, bemale ein zweites mit weißer Farbe und umwickle ein drittes mit Alu-Folie. Das vierte Reagenzglas bleibt unverändert.
Verschließe jedes Reagenzglas mit einem durchbohrten Stopfen, durch den ein Thermometer gesteckt ist. Stelle die Reagenzgläser an ein sonniges Fenster oder vor einen Infrarotstrahler. Miss die Temperaturen sofort und dann alle zwei Minuten (etwa zehn Minuten lang) und berichte über dein Versuchsergebnis.

3 Begründe, warum man die Temperatur an einem heißen Tag unter einem Sonnenschirm angenehmer empfindet.

4 Welche Funktion haben, physikalisch betrachtet, Sonnenschirme und Jalousien?

Projekt

Wir bauen einen Sonnenkollektor

Max und Stefan spielen im Garten Fußball. „Ich könnte jetzt eine Erfrischung gebrauchen!“, meint Max. „Da liegt der Gartenschlauch. Komm wir nehmen eine Dusche!“, antwortet Stefan. Sie drehen den Wasserhahn auf. „Aber das Wasser ist ja ganz warm!“, ruft Max erstaunt.
Tatsächlich, eine Zeit lang fließt warmes Wasser aus dem Schlauch, erst nach einer Weile kommt erfrischend kühles Wasser.

Diese Tatsache macht man sich in **Solaranlagen** zunutze. Dazu werden zum Beispiel auf dem Dach eines Hauses **Sonnenkollektoren** montiert, durch die Wasser gepumpt wird.

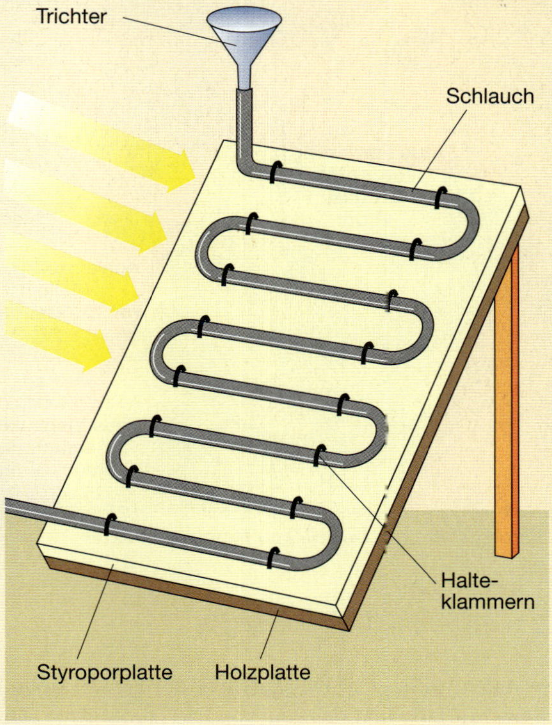

Bau eines Sonnenkollektors

Material: 1 Holzplatte (ca. 50 cm breit, 1 m lang und 1 cm dick); 1 Styroporplatte gleicher Größe; 5–7 m langer Schlauch (möglichst biegsam und schwarz, zum Beispiel Leerrohr aus dem Baumarkt); ca. 15 Halteklammern; Hammer; Schrauben; Schraubenzieher; Trichter; Thermometer.

Durchführung: Lege die Styroporplatte auf die Holzplatte. Lege den Schlauch in Schlangenlinien darauf. Befestige den Schlauch mithilfe der Halteklammern, die du durch das Styropor in der Holzplatte festschraubst. Achte darauf, dass an jedem Ende ein Schlauchstück (mindestens 50 cm lang) frei bleibt.
Bringe den Sonnenkollektor an einen sonnigen Platz. Halte die beiden Schlauchenden hoch oder binde sie an zwei Holzpfählen oder Ähnlichem fest. Fülle nun Leitungswasser, dessen Temperatur du vorher gemessen hast, mithilfe des Trichters in den Schlauch.
Aufgaben: a) Lass das Wasser im Kollektor eine halbe Stunde in der Sonne stehen. Fülle es dann in einen isolierten Vorratsbehälter und miss erneut die Temperatur. Vergleiche die Werte.
b) Welchen Zweck hat die Styroporplatte?
c) Nach welcher Himmelsrichtung sollten Sonnenkollektoren ausgerichtet werden?

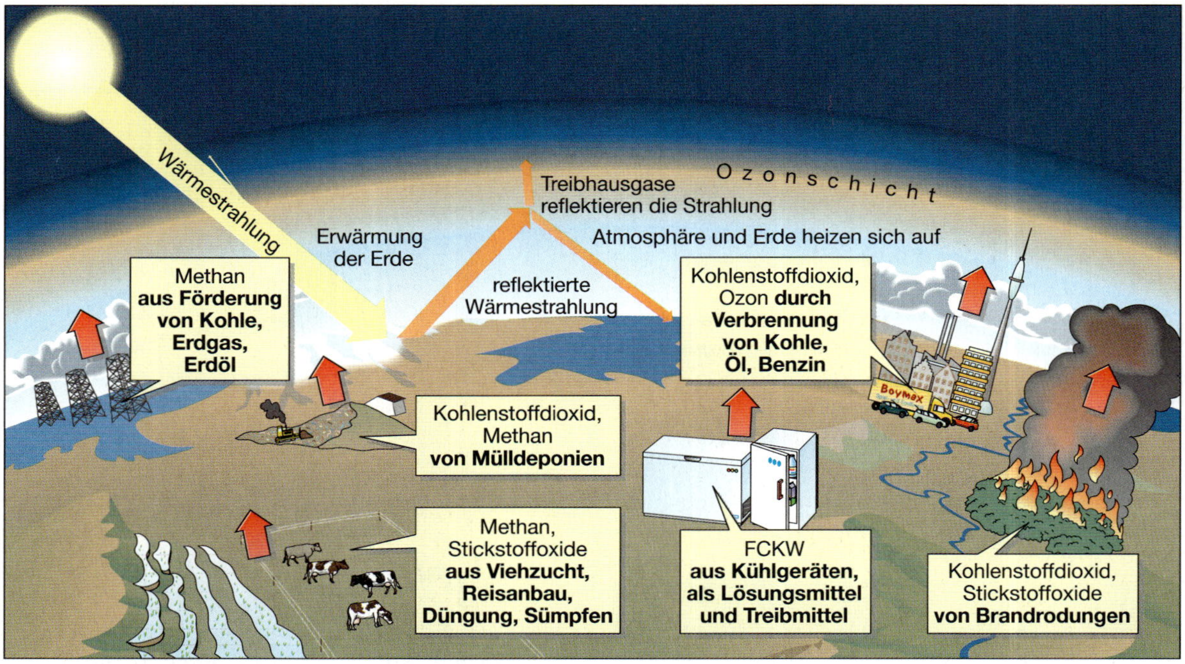

1 Verursacher des zusätzlichen Treibhauseffektes

3.2 Die Sonne liefert Energie

Seit vielen Millionen Jahren scheint die Sonne, strahlt Wärme zur Erde und erwärmt sie. Die Erde müsste daher eigentlich immer heißer werden. Doch es hat sich eine Durchschnittstemperatur von 15 °C eingestellt. Allerdings schwankt die Temperatur innerhalb eines Tages und innerhalb der Jahreszeiten.
Die von der Sonne auf die Erde kommende Wärmestrahlung erwärmt Boden, Seen und Flüsse, lässt Wasser verdunsten und Wolken bilden. Dies ist für das Leben auf der Erde sehr wichtig. Nachts geben Wasser, Boden und Luft die tagsüber aufgenommene Wärme als Wärmestrahlung in Richtung Weltraum ab. Ein Teil dieser Strahlung wird an den Wolken und an den Gasen der Lufthülle, vor allem Kohlenstoffdioxid und Wasserdampf, wieder zur Erde reflektiert. Dadurch entsteht der **natürliche Treibhauseffekt**. Ohne ihn würde die Durchschnittstemperatur der Erde auf –18 °C absinken.
Seit einiger Zeit wird ein leichtes Ansteigen der Durchschnittstemperatur der Erde beobachtet. Ursache dafür ist das vermehrte Auftreten von bestimmten Gasen in der Lufthülle, die in ihrer Gesamtheit **Treibhausgase** genannt werden. Zu diesen Gasen gehören vor allem *Kohlenstoffdioxid, Stickstoffoxide, Methan* und *Fluor-Chlor-Kohlenwasserstoffe (FCKW)*.

Bild 1 zeigt die Haupterzeuger dieser Gase. Die Gase sammeln sich in den oberen Schichten der Atmosphäre und vermindern so die Wärmeabstrahlung in den Weltraum. Dadurch steigt die Durchschnittstemperatur auf der Erde. Es entsteht ein **zusätzlicher Treibhauseffekt**, der vom Menschen verursacht wird.
Durch das Ansteigen der Durchschnittstemperatur auf der Erde könnten verstärkt Orkane und Unwetter entstehen, das Eis der Antarktis oder auf Grönland könnte teilweise abschmelzen und gewaltige Überschwemmungen verursachen. Viele Pflanzen und Tiere könnten in der dann immer wärmer werdenden Umgebung nicht mehr existieren.

Durch den Treibhauseffekt wird ein Teil der von der Erde abgestrahlten Wärme reflektiert. Der zusätzliche Treibhauseffekt bewirkt eine Erhöhung der Durchschnittstemperatur auf der Erde.

1 Nenne weitere mögliche Folgen der Klimaveränderung.
2 Welche Maßnahmen werden ergriffen, um den Ausstoß von Kohlenstoffdioxid zu verringern?
3 Erkläre den Unterschied zwischen dem natürlichen und dem zusätzlichen Treibhauseffekt.
4 Welche Einrichtung eines Treibhauses entspricht den Gasen der Lufthülle der Erde?

Pinnwand

UV-STRAHLUNG UND TREIBHAUSEFFEKT

Die Sonnenstrahlung besteht nicht nur aus Wärme und wahrnehmbarem Licht. Sie enthält auch ultraviolettes Licht, das du mit dem Auge nicht wahrnehmen kannst. Dieses Licht kennst du als UV-Strahlung.

Ozonschicht in der Lufthülle

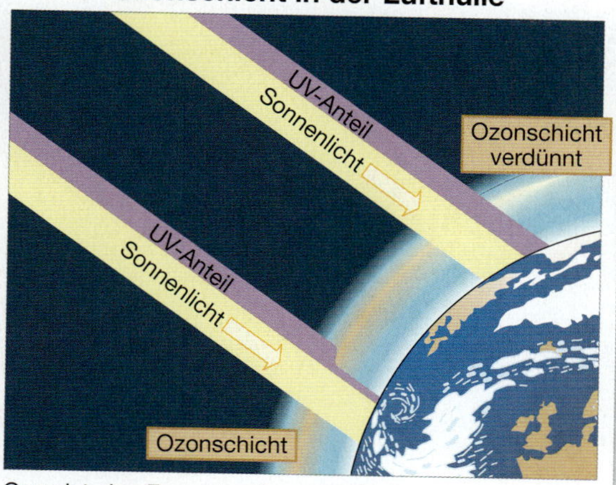

Ozon ist eine Form des Sauerstoffs. Ozon bildet sich in der Atmosphäre in großer Höhe und absorbiert dort die gefährliche UV-Strahlung der Sonne. Schadstoffe in der Luft, vor allem die FCKW, schädigen diese Schicht. Die dadurch stärker auf die Erde einfallende UV-Strahlung kann Ursache für die Entstehung von Hautkrebs sein.

A 1 Über welchen Ländern ist die Ozonschicht besonders stark geschädigt? Atlas und Internet helfen dir bei der Beantwortung dieser Frage.

Sonnenschutz

Sonnenschutzmittel schützen deine Haut vor gefährlicher UV-Strahlung. Der Lichtschutzfaktor gibt die Stärke des Schutzes an. Mit Lichtschutzfaktor 4 geschützt kannst du vier Mal länger in der Sonne bleiben als ungeschützt. Je höher der Lichtschutzfaktor ist, desto besser bist du geschützt.

A 2 Nenne andere Möglichkeiten, dich vor gefährlicher UV-Strahlung zu schützen.

A 3 Informiere dich über Hautkrebs.

V 4 Kleide zwei gleiche Schuhkartons mit Styropor® aus und bringe je ein Thermometer an. Decke den zweiten Karton mit einer Glasplatte ab.

a) Bestrahle den offenen Karton 10 Minuten lang mit einer 100 W-Glühlampe. Lies die Innentemperatur ab.

b) Verfahre beim Karton mit der Glasplatte wie bei a).

c) Erkläre die Temperaturunterschiede.

A 5 Wo wird das Ergebnis von V3 genutzt?

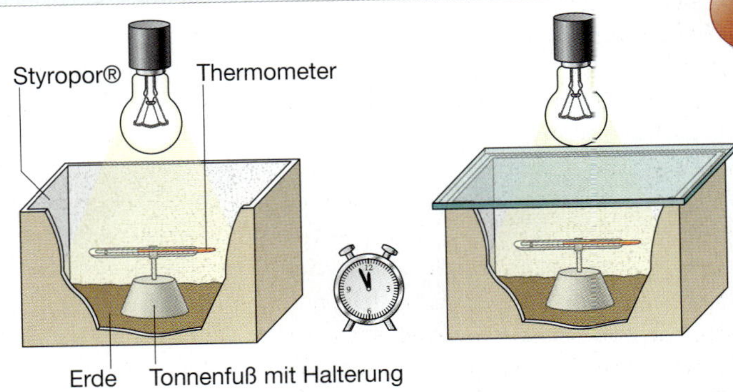

V 6 Nehmt ein weißes Tuch, das schon etwas grau geworden ist. Feuchtet es an und legt es einen Tag draußen in die Sonne.

4 Luft ist lebensnotwendig

Aus dem Weltraum berichten die Astronautinnen und Astronauten immer wieder begeistert vom Anblick der Erde. Aus einigen Hundert Kilometern Höhe sehen sie die Lufthülle als zartblaue Schicht über der Erdoberfläche. Diese dünne Luftschicht und die Wasservorräte der Erde ermöglichen hier alles Leben.
Menschen und Tiere können nur dort überleben, wo genügend Luft zum Atmen vorhanden ist. In einer Höhe von 7 bis 8 km ist die Luft bereits sehr dünn. Menschen können sich dort nicht längere Zeit aufhalten.

Wenn keine Luft zum Atmen vorhanden ist, muss sie mitgenommen werden. Die Astronauten nehmen ihren Luftvorrat im Raumschiff mit. Taucher transportieren ihre Atemluft in einer Stahlflasche. Die Wasserspinne baut sich in einem Netz zwischen Wasserpflanzen eine Luftglocke aus Luftbläschen, die sie von der Wasseroberfläche holt.
Auch alle Lebewesen im Boden, von den Maulwürfen bis zu den Bakterien, aber auch Pflanzen mit ihren Wurzeln, benötigen Luft. Deshalb muss ein fruchtbarer Boden locker, luft- und wasserdurchlässig sein.

4.1 Die Luft als Körper

Wasser in einen Trichter zu gießen ist ganz einfach – oder doch nicht?
Wenn du versuchst, Wasser durch einen Trichter in einen Erlenmeyerkolben zu gießen, der mit einem durchbohrten Gummistopfen verschlossen ist, wird dir das nicht gelingen. Bis auf wenige Tropfen wird das Wasser im Trichter stehen bleiben. Wie ist das zu erklären?

V1 a) Fülle Wasser in einen Erlenmeyerkolben, in dem ein Trichter in einem durchbohrten Stopfen steckt (Bild 1A). Was stellst du fest? Begründe.
b) Stecke den Trichter in einen doppelt durchbohrten Stopfen, in dessen zweiter Öffnung ein gewinkeltes Glasrohr mit einem Schlauch steckt (Bild 1B). Der Schlauch endet in einem Becherglas mit Wasser. Gieße Wasser in den Trichter. Beobachte und erkläre.
c) Schließe an das gewinkelte Glasrohr einen Kolbenprober an (Bild 1C). Gieße 50 ml Wasser in den Trichter. Welches Volumen zeigt der Kolbenprober?

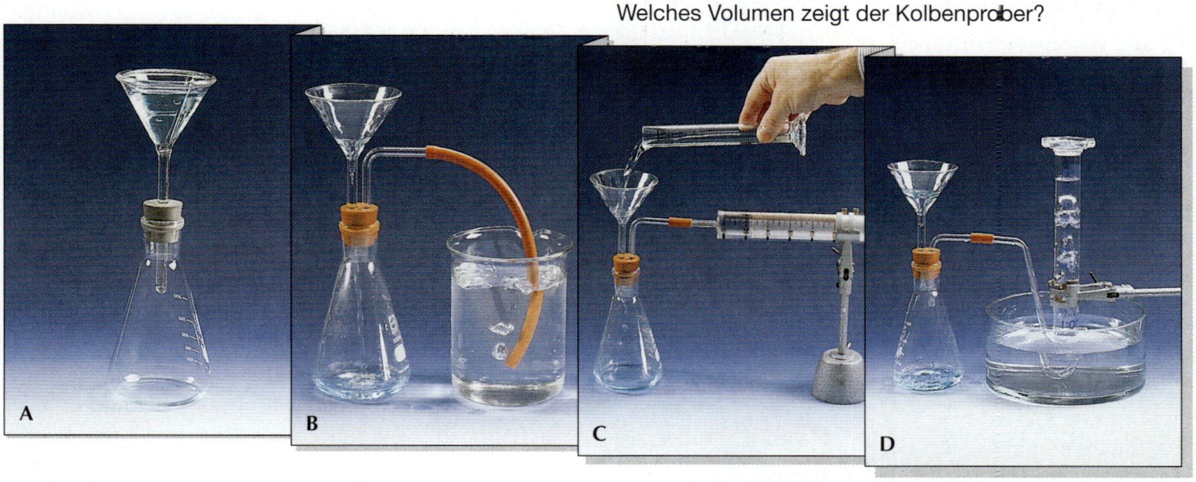

1 Wo ein Körper ist, kann kein anderer sein.

Die Luft im Kolben ist ein gasförmiger Körper. Sie nimmt einen bestimmten Raum ein. Wo Luft ist, kann also kein anderer Körper sein.
Wenn die Luft aber durch eine zweite Öffnung ausströmen kann (Bild 1 B), fließt Wasser in den Erlenmeyerkolben. Es verdrängt dabei die Luft.

Wie lässt sich das Volumen der verdrängten Luft messen? Die Luft muss dazu in ein geeignetes Messgefäß, zum Beispiel einen *Kolbenprober,* eingeschlossen werden (Bild 1 C).
Recht einfach lassen sich Luft und andere Gase mit einer *pneumatischen Wanne* (Bild 1 D) auffangen und abmessen. Hier verdrängt die Luft das Wasser aus einem mit Wasser voll gefüllten Messzylinder, der umgekehrt in einer Wanne steht. Am Wasserstand lässt sich das verdrängte Volumen leicht ablesen.

Luft ist ein gasförmiger Körper und nimmt ein bestimmtes Volumen ein.

1 In einer Getränkeabfüllanlage sollen Flaschen mit enger Öffnung rasch befüllt werden. Wofür muss dabei gesorgt werden?
2 Beim Einsteigen in ein Auto lässt sich die Tür manchmal schwer schließen. Erkläre, wie es leichter geht.

V2 Fange die verdrängte Luft wie in Bild 1D mit einer pneumatischen Wanne auf. Beobachte und erkläre.
V3 Versuche einen Ballon aufzublasen, der im Inneren eines Glaskolbens steckt (Bild 2). Was stellst du fest? Erkläre deine Beobachtung.

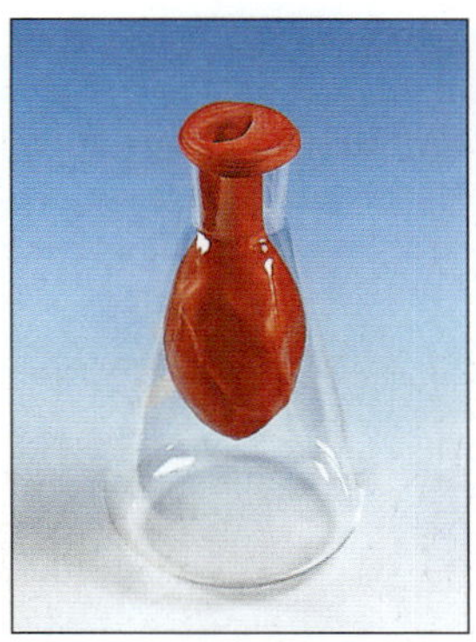

2 Schwierig aufzublasen

3 Unter Wasser, aber trocken

V4 Eine Papierserviette lässt sich vollständig unter Wasser tauchen, ohne dass sie nass wird. Überlege dir eine Möglichkeit und führe sie durch (Bild 3).

1 Mehr Luft hinein – wird der Ball schwerer?

V1 Lege einen nicht vollständig aufgepumpten Ball auf eine Waage und bestimme seine Masse. Pumpe dann den Ball so weit wie möglich auf und bestimme erneut die Masse. Was stellst du fest?

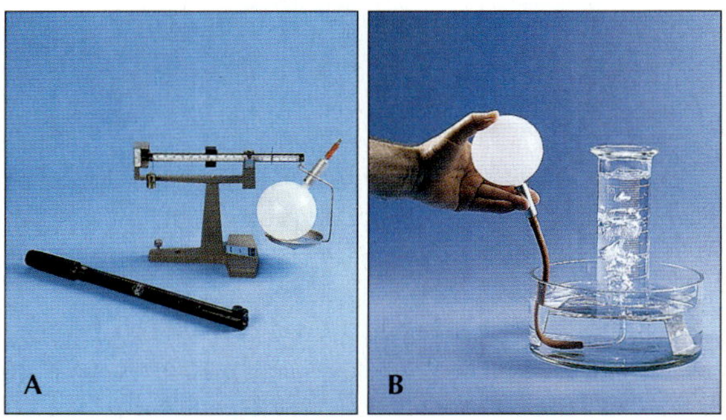

2 Die Masse von Luft wird bestimmt.

V2 a) Pumpe in die Kunststoff-Hohlkugel mindestens 10 Stöße Luft mit einer Luftpumpe. Bestimme die Masse der Kugel mit der zusätzlichen Luft.
b) Lass die Luft über einen Schlauch in den Messzylinder der pneumatischen Wanne strömen. Miss möglichst 500 ml Luft ab.
c) Wäge die Kugel erneut und bestimme die Masse der ausgeströmten Luft.

A3 Berechne die Masse von 1 l und von 1 m^3 Luft.

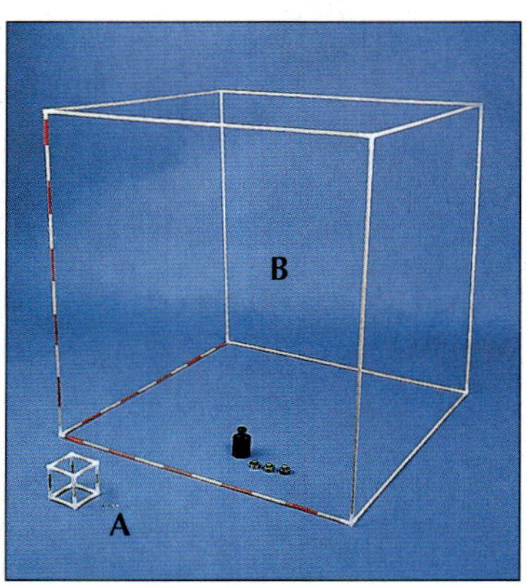

3 Luft: 1 dm^3 (A), 1 m^3 (B)

4.2 Luft hat Masse

Niemand käme wohl auf die Idee, einen Ball nur deshalb nicht ordentlich aufzupumpen, weil er dann zu schwer würde. Ob er wirklich merkbar schwerer wird, lässt sich überprüfen.
Du wägst einen schlaffen Ball, pumpst ihn danach kräftig auf und wägst ihn erneut. Es stellt sich heraus, dass er tatsächlich ein wenig schwerer geworden ist. Seine Masse hat um 2 g bis 3 g zugenommen, je nachdem, wie viel Luft hineinging. Das war zu erwarten, denn die Luft im Ball ist ja ein Körper mit einer bestimmten Masse.

Nun sind 2 g bis 3 g Luft im Ball nicht sehr viel. Doch welche Masse wird beispielsweise die Luft in deinem Klassenraum haben – 100 g, 10 kg? Könntest du diese Luft tragen?
Den Klassenraum kannst du schlecht auf die Waage legen. Einen Teil der Luft kannst du aber in ein Gefäß einschließen und dann die Masse bestimmen.

Wenn du beispielsweise die Masse von 1 l Luft kennst, kannst du die Masse der Luft im Klassenraum berechnen. Ähnlich wie beim Versuch mit dem Ball wird zusätzlich Luft in eine Kugel gepumpt. Dies ist möglich, da sich die Luft ja zusammenpressen lässt. Die Kugel wird jetzt gewogen. Dann wird eine bestimmte Luftmenge durch einen Schlauch in den Messzylinder der pneumatischen Wanne abgelassen. Nun kannst du das Volumen der herausgeströmten Luft direkt ablesen. Danach wird die Kugel erneut gewogen. Der Massenunterschied, den du mit beiden Wägungen festgestellt hast, entspricht der Masse der Luft im Messzylinder. Für 1 l Luft ergibt das eine Masse von 1,3 g. Dieser Zahlenwert gilt für Luft, die wie die Luft im Klassenraum nicht zusammengepresst ist.

Nun lässt sich die Masse der Luft in deinem Klassenraum leicht berechnen:
Ein Raum mit den Maßen 7 m · 10 m · 3 m enthält 210 m^3 Luft. 1 m^3 (= 1000 l) Luft wiegt 1,3 kg. Die Luft in deinem Klassenraum hat also eine Masse von 273 kg.

1 m^3 Luft hat die Masse von 1,3 kg.

1 In eine Pressluftflasche wurden 2400 l Luft hineingepumpt. Um welchen Wert nahm die Masse der Flasche zu?

2 In einem Stahlbehälter sind 13 kg Pressluft. Welches Volumen hätte die Luft, wenn sie nicht zusammengepresst wäre?

4.3 Die Dichte von Luft

Aus der Messung mit der pneumatischen Wanne hast du das Volumen einer bestimmten Luftmenge erhalten. Mit einer Waage hast du ihre Masse bestimmt. Damit kennst du die beiden Messwerte, mit denen du die Dichte von Luft berechnen kannst. Aus den Messungen ergab sich, dass 1 l Luft 1,3 g wiegt. Mit der Formel $\rho = \frac{m}{V}$ erhältst du die Dichte für Luft:
$\rho = 1{,}3\ \frac{\text{g}}{\text{l}}$ oder $\rho = 1{,}3\ \frac{\text{kg}}{\text{m}^3}$.

Bei der Angabe der Dichte musst du beachten, dass sich Luft zusammenpressen lässt, wie du es beim Einpumpen der Luft in die Kunststoff-Hohlkugel getan hast. Der Wert $1{,}3\ \frac{\text{g}}{\text{l}}$ gilt nur dann, wenn sich die Luft im „Normalzustand“ befindet wie in deinem Klassenraum.

Wenn du mehr Luft in die Kunststoff-Hohlkugel pumpst, wird die Masse der Luft in der Kugel größer, das Volumen bleibt gleich, da sich die Kugel nicht ausdehnen kann. Damit ergibt sich ein größerer Zahlenwert für die Dichte der Luft in der Hohlkugel.
Wenn du Luft aus der Kugel herausziehst, wird die Masse der Luft in der Kugel kleiner, das Volumen bleibt wieder gleich. Nun wird der Zahlenwert für die Dichte der Luft in der Kugel kleiner.

Die Dichte von Luft im Normalzustand beträgt $1{,}3\ \frac{\text{g}}{\text{l}}$.

1 Warum wird die Dichte von Luft in $\frac{\text{g}}{\text{l}}$ und nicht wie bei festen und flüssigen Stoffen in $\frac{\text{g}}{\text{cm}^3}$ angegeben?

2 Ein Kolbenprober ist mit 50 ml Luft im Normalzustand gefüllt. Welche Dichte hat die Luft, wenn der Kolben
a) auf 100 ml herausgezogen,
b) auf 25 ml hineingedrückt wird?

Praktikum

Bestimmung des Lungenvolumens

Dein Lungenvolumen kannst du bestimmen, wenn du tief einatmest und die gesamte Luft in das Messgefäß einer pneumatischen Wanne ausatmest.

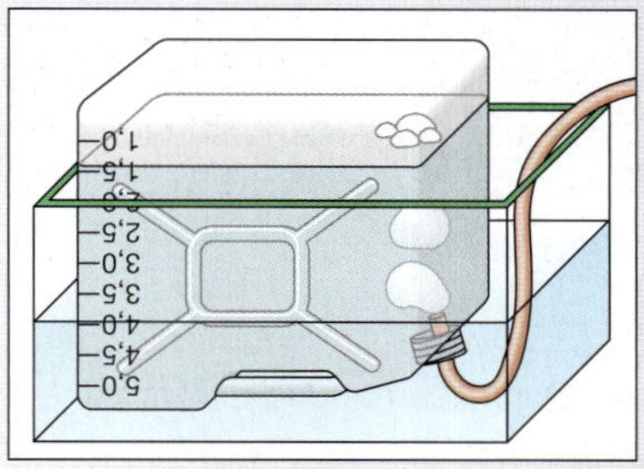

a) Verwende als Messgefäß einen 5 l-Kunststoffkanister. Stelle ihn waagerecht auf und fülle in Halb-Liter-Portionen Wasser hinein. Markiere dabei den Wasserstand, damit eine Skala entsteht.

b) Fülle den Kanister randvoll mit Wasser und verschließe ihn mit dem Deckel. Stelle ihn dann umgekehrt in eine zur Hälfte mit Wasser gefüllte Wanne und öffne ihn unter Wasser.

c) Atme tief ein und blase so viel Luft wie möglich durch einen Schlauch in den Kanister. Lies das Volumen der ausgeatmeten Luft ab.

Streifzug

Auch Fische brauchen Luft zum Atmen

Alle Säugetiere brauchen Luft zum Atmen. Wale und Delfine, die ständig im Wasser leben, müssen zum Atmen immer wieder an die Wasseroberfläche.

Fische ersticken jedoch außerhalb des Wassers. Sie „atmen“ die im Wasser gelöste Luft.
Ein einfacher Versuch zeigt, dass Luft im Wasser gelöst ist. Wenn du ein Becherglas mit kaltem Wasser in die Sonne oder auf die Heizung stellst, kannst du nach kurzer Zeit Luftblasen am Rand des Glases beobachten. In warmem Wasser löst sich deutlich weniger Luft als in kaltem. Die Luft tritt aus dem Wasser heraus.

Wenn sich Seen und Teiche im Sommer zu stark erwärmen, ist zu wenig Luft im Wasser gelöst. Es kann dann sogar zum Fischsterben kommen.
Aquarien, die in geheizten Räumen stehen, müssen deshalb ständig belüftet werden.

1 Petroleumleuchte und Stövchen

A 1 Betrachte die Petroleumleuchte und das Stövchen. Wo kann Luft einströmen und an die Flamme gelangen?

V 2 a) Stelle ein Teelicht auf eine feuerfeste Unterlage und entzünde es. Stülpe einen Glaszylinder über das Teelicht (Bild 2 A).
b) Verschließe den Glaszylinder mit einer Glasplatte (Bild 2 B).
c) Entzünde das Teelicht erneut, stülpe den Glaszylinder darüber und halte ein schwelendes Räucherstäbchen an den oberen Zylinderrand.
d) Stelle den Glaszylinder auf zwei Bleistifte (Bild 2 C). Halte das schwelende Räucherstäbchen sowohl an den oberen Rand als auch an den unteren Rand des Glaszylinders.
e) Verschließe den Glaszylinder mit der Glasplatte (Bild 2 D). Halte das schwelende Räucherstäbchen an den unteren Rand.
f) Beobachte jeweils die Flamme und den Rauch des Räucherstäbchens. Beschreibe und erkläre deine Beobachtungen aus den Versuchen a) bis e).

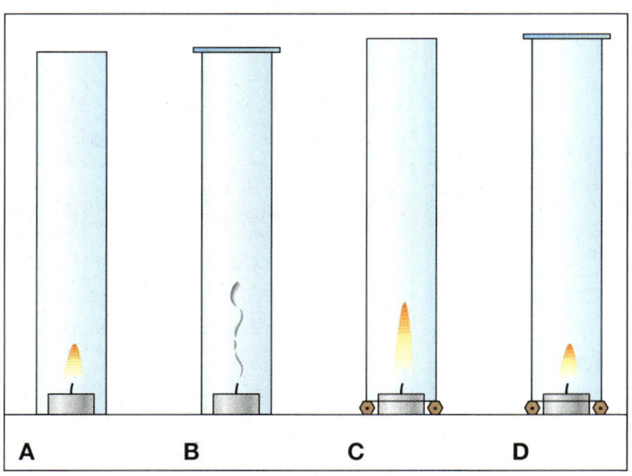

2 Luft zum Brennen

5 Luft und Verbrennung

5.1 Ohne Luft keine Verbrennung

Die Flammen in der Petroleumleuchte und im Stövchen benötigen Luft. Die Luft kann durch Öffnungen an die Flammen gelangen. Aber nur ein ständiger Luftstrom unterstützt die Verbrennung besonders gut.

Wird bei einer Verbrennung die Luftzufuhr unterbunden, so wie bei der Kerzenflamme in Bild 2 B, dann erstickt die Flamme sehr schnell, obwohl im Zylinder noch Luft ist. Die Luft besteht nämlich aus verschiedenen Gasen. Der Anteil der Luft, der das Brennen unterstützt, heißt **Sauerstoff.** Der Anteil der Luft, der die Flamme erstickt, heißt **Stickstoff.**

In der Chemie gibt es für die Bezeichnung der Stoffe Abkürzungen. Diese **chemischen Symbole** werden weltweit verstanden. Das chemische Symbol für Sauerstoff ist **O,** für Stickstoff **N.**

Der Schornstein-Effekt

Wenn Luft und damit Sauerstoff nur von oben an die Flamme kommen können, brennt sie nur schwach. Die warme Luft steigt im Zylinder nach oben, so kann nur wenig frische Luft nachströmen (Bild 2 A).

Wenn die Luftzufuhr von unten gesichert ist und die Verbrennungsgase zusammen mit dem Stickstoff leicht entweichen können, brennt das Feuer besonders gut. Dabei entsteht im Schornstein ein Luftzug von unten nach oben. Die Verbrennungsgase können nach oben entweichen und frische Luft kann von unten nachströmen (Bild 2 C). Dies wird als **Schornstein-Effekt** bezeichnet. Sobald der Schornstein abgedeckt wird, können die Verbrennungsgase nur schlecht entweichen und die Flamme brennt nicht so groß und hell (Bild 2 D).

Bei jeder Verbrennung wird Luft benötigt. Je besser Luft an ein Feuer gelangt, desto heller und heftiger brennt es. Ohne Frischluft-Zufuhr erlischt das Feuer. Luft besteht hauptsächlich aus den Gasen Sauerstoff (O) und Stickstoff (N).

1 Erkunde an verschiedenen Feuerstellen, wie jeweils eine gute Luftzufuhr erreicht wird.

2 Erkunde, wie die Luftzufuhr beim Gasbrenner geregelt wird.

5.2 Luft besteht aus verschiedenen Gasen

Stickstoff
- Der Hauptanteil der Luft ist Stickstoff.
- Stickstoff ist ein farb- und geruchloses Gas.
- In reinem Stickstoff würden Lebewesen ersticken.
- Obst, Gemüse und andere Lebensmittel werden in Stickstoff gelagert. Sie verderben dadurch nicht so schnell wie in Luft.
- In Stickstoff kann auch nichts verbrennen. Eine Kerzenflamme erstickt darin.

Zusammensetzung der Luft
1 l (= 1000 ml) Luft enthält:
781,0 ml Stickstoff
209,3 ml Sauerstoff
9,3 ml Edelgase
0,3 ml Kohlenstoffdioxid
0,1 ml sonstige Gase

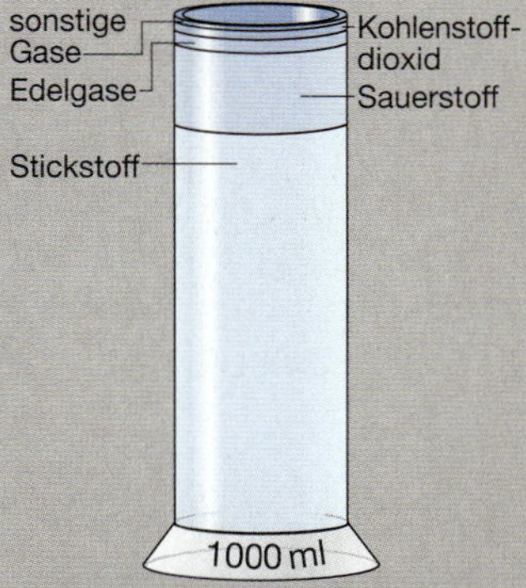

Luft ist ein Gemisch aus verschiedenen Gasen. Die Hauptbestandteile sind Stickstoff und Sauerstoff.

1 Nenne die Eigenschaften der Hauptbestandteile der Luft.
2 Nenne Beispiele für die Verwendung von Edelgasen.
3 Erkläre, warum in vielen Lebensmittelverpackungen die Luft durch Stickstoff ersetzt wurde.

Sauerstoff
- Sauerstoff ist für Menschen und Tiere der wichtigste Bestandteil der Luft. Sie brauchen ihn zum Atmen. Ohne Sauerstoff gäbe es kein Leben auf der Erde.
- Sauerstoff ist ein farb- und geruchloses Gas.
- Ohne Sauerstoff ist keine Verbrennung möglich.

Edelgase
- Edelgase sind Argon, Helium, Krypton, Neon, Radon, Xenon.
- Sie sind farb- und geruchlos.
- Helium ist leichter als Luft und wird als Füllgas für Ballons und Luftschiffe verwendet.
- Argon und Krypton werden in Glühlampen eingesetzt.
- In Leuchtstoffröhren ergeben Argon, Krypton und Neon farbiges Licht.

1 Ein luftgefüllter Stehkolben wird erwärmt.

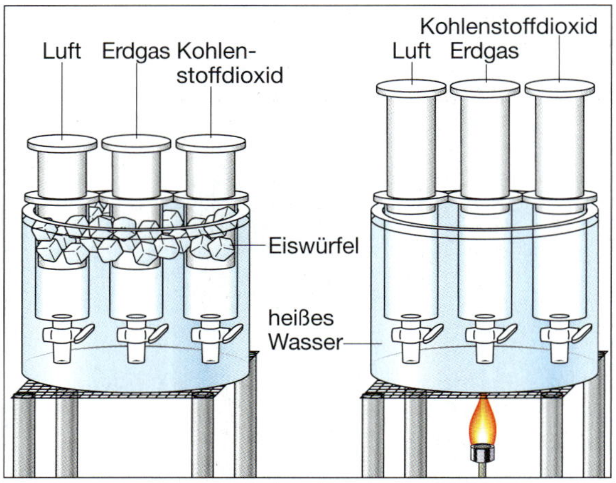

2 Hier werden verschiedene Gase erwärmt.

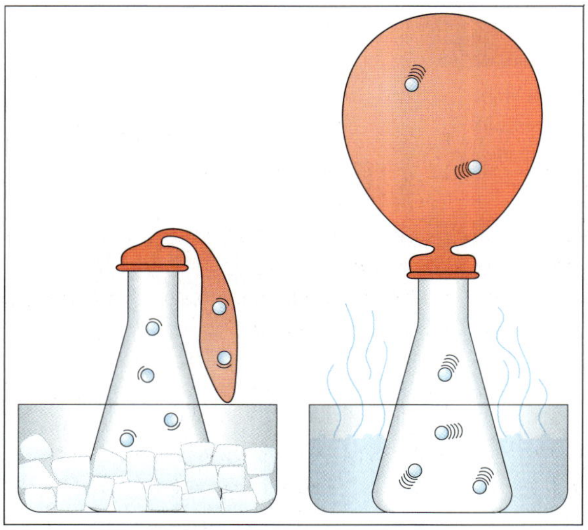

3 Erwärmen von Luft im Teilchenmodell

6 Volumenänderung bei Gasen

6.1 Ausdehnung beim Erwärmen

Dehnen sich auch Gase beim Erwärmen aus? Das kannst du an dem Gas untersuchen, das uns alle umgibt, der Luft. Doch das ist nicht so einfach, denn Luft ist unsichtbar. Du siehst also nicht, was beim Erwärmen der Luft, zum Beispiel in einem Erlenmeyerkolben, passiert. Hältst du aber den Luft gefüllten Kolben mit dem Glasrohr ins Wasser und erwärmst ihn, siehst du Luftblasen aufsteigen (Versuch 1). Die Luft kann nur aus dem erwärmten Kolben entwichen sein. Daraus kannst du schließen, dass sich Luft beim Erwärmen ausdehnt, ebenso wie Flüssigkeiten und feste Gegenstände. Umgekehrt zieht sich auch Luft beim Abkühlen zusammen. Ein Vergleich von Wasser und Luft zeigt, dass sich Luft bei gleicher Erwärmung etwa zehnmal so stark ausdehnt wie Wasser.
Untersuchst du die Ausdehnung beim Erwärmen verschiedener Gase, zeigt sich, dass sich alle Gase bei gleicher Erwärmung gleich stark ausdehnen (Bild 2).

6.2 Erwärmen von Gasen im Teilchenmodell

Wie alle Stoffe bestehen Gase aus kleinsten Teilchen. Sie heißen Moleküle. Die wichtigsten Eigenschaften der Gasmoleküle sind: *Sie sind frei beweglich und ziehen sich nicht wechselseitig an. Die Teilchen sind in ständiger Bewegung.*

Der nebenstehende Versuch erläutert, wie Gase auf Erwärmen reagieren.
In einem Gefäß befindet sich Luft, ein Gasgemisch. Das Gefäß ist mit einem über die Öffnung gezogenen Luftballon verschlossen worden. Solange das Gefäß im kalten Wasser steht, ist die Bewegung der Gasmoleküle gering. Die Kraft, die sie durch Anstoßen gegen die Gefäßwand und die Haut des Luftballons ausüben, ist gering.
Durch das Erwärmen wird die Bewegung der Moleküle stark beschleunigt. Die Kraft, die sie durch häufigeres und stärkeres Anstoßen gegen die Gefäßwand und die Haut des Luftballons ausüben, ist wesentlich größer – das Gasgemisch und somit der Ballon dehnt sich aus.

Gase dehnen sich beim Erwärmen aus, etwa zehnmal so stark wie Wasser. Alle Gase dehnen sich gleich stark aus.

Fahren mit erwärmter Luft

Praktikum

Ein **Heißluftballon** besteht aus einem Korb und einer Hülle aus luftundurchlässigem Material. Diese Hülle ist unten offen. Darunter befindet sich ein großer Gasbrenner. Wenn die Pilotin oder der Pilot den Gasbrenner zündet, wird die Luft in der Hülle erwärmt. Sie dehnt sich aus. Was zu viel ist, kann durch die Öffnung entweichen. Da die Hülle nicht dehnbar ist, bleibt das Volumen des Ballons immer gleich.
Nun überlege: Das Volumen des Ballons ist nach dem Heizen gleich geblieben, in der Hülle ist aber weniger Luft als vorher. Folglich ist die in der Hülle verbliebene heiße Luft leichter als die kühle Luft der Umgebung. Sie steigt nach oben. Ballon, Hülle und Korb werden von der aufsteigenden heißen Luft mitgenommen. Beim Fahren kann die Pilotin oder der Pilot durch Zünden des Gasbrenners die Luft im Inneren der Hülle immer wieder erwärmen. Wird der Brenner ausgestellt, kühlt sich die Luft wieder ab. Auf diese Weise kann ein Heißluftballon steigen oder sinken. Vorwärts getrieben wird er aber nur vom Wind.

V 1 Bau eines Heißluftballons

Wenn du den Angaben auf dem Bauplan genau folgst, wirst du bald deinen eigenen Heißluftballon steigen lassen können. Besorge dir zunächst 6 Bögen Seidenpapier (70 cm x 30 cm). Wenn dein Ballon bunt werden soll, brauchst du entsprechend buntes Seidenpapier.

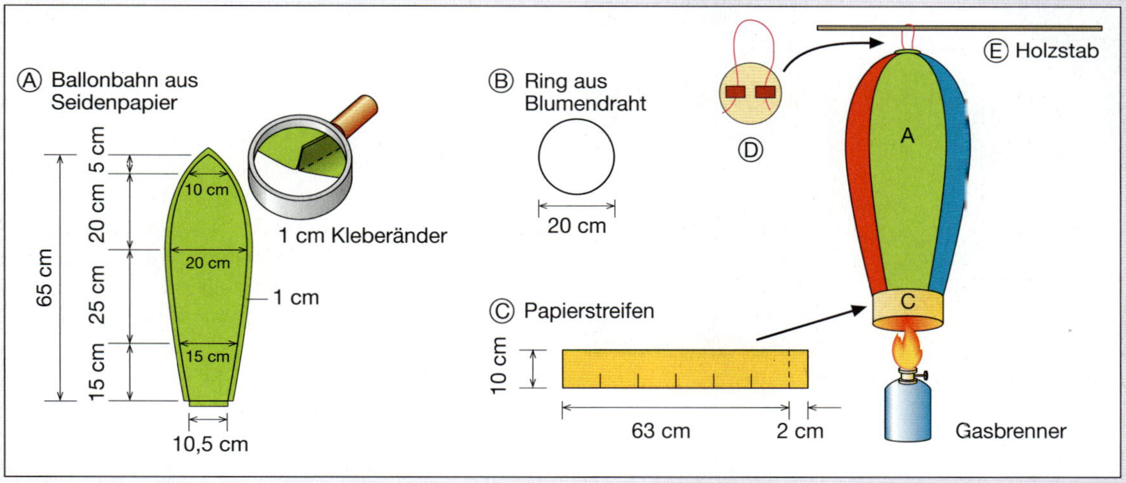

Bauplan:
(A) Zeichne dir mit Schneiderkreide auf das Papier die Umrisse einer Bahn. Schneide dann die Bahn aus und lege sie auf den nächsten Bogen. So kannst du leicht 6 Bahnen ausschneiden. Klebe die Bahnen an den 1 cm breiten Rändern zusammen. Die Kleberänder müssen im Balloninneren sein.
(B) Jetzt brauchst du einen 62,8 cm langen, dünnen Blumendraht. Forme den Draht zu einem Ring und löte die Enden zusammen, ohne sie übereinander zu legen. Klebe den Ring unten in den Ballon ein.
(C) Schneide aus farbiger Pappe den angegebenen Streifen aus und klebe ihn so zusammen, dass der 2 cm breite Klebestreifen innen ist. Klebe diesen Ring nun auf die unteren Laschen der Ballonbahnen.
(D) Der Ballon muss oben noch zugeklebt werden. Schneide dazu aus Papier einen Kreis mit mindestens 10 cm Durchmesser aus. Klebe zunächst eine Schlaufe aus dünnem Bindfaden darauf und klebe dann die Papierscheibe oben auf den Ballon.
(E) Hänge den Ballon an einen Holzstab. Entzünde einen Gasbrenner und erwärme vorsichtig die Luft im Inneren des Ballons. Wenn er zu tanzen beginnt, stelle den Brenner ab und ziehe die Schlaufe vom Holzstab.
GUTE FAHRT!

1 Die Erde ist von einer Lufthülle umgeben

2 Der Mond hat keine Lufthülle

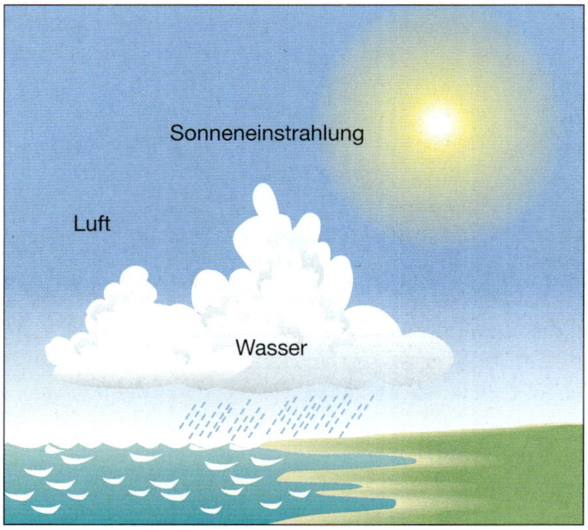

3 Die drei „Zutaten" für das Wetter

7 Das Wetter

7.1 Wie entsteht das Wetter?

In den Jahren zwischen 1969 und 1972 landeten Astronauten auf dem Mond. Sie trugen dicke Schutzanzüge, in denen sie das Wichtigste mit sich führten: Luft. Der Mond hat nämlich keine Lufthülle wie die Erde. Es gibt auf ihm auch kein flüssiges Wasser.
Das bedeutet, dass es auf dem Mond kein **Wetter** geben kann: keinen Wind, keine Wolken, keinen Regen. Nur Sonnenstrahlung bekommt er genug. Aber das reicht nicht, um Wettererscheinungen entstehen zu lassen.

Wenn die Sonne senkrecht auf die Mondoberfläche scheint, heizt diese sich auf über 120 °C auf. Das ist fast doppelt so heiß wie in der Wüste Sahara unter gleichen Bedingungen. Auf der sonnenabgewandten Mondseite kühlt sich seine Oberfläche auf etwa –150 °C ab. Das ist viel kälter als an der eisigsten Stelle auf der Erde, der Antarktis. In der Sahara sinkt nachts die Temperatur nur auf einige Grad unter null.

Auf der Erde mildern Luft und Wasser die Temperaturunterschiede ab. Wind kühlt den Boden und trägt die Hitze fort. Regenschauer können unterschiedliche Temperaturen noch besser ausgleichen. Das merkt man bei uns gut nach einem Gewitter. Dieser Ausgleich zwischen heiß und kalt ist also eine wichtige Aufgabe des Wetters.

Wie wir jetzt wissen, gibt es nur dann Wettererscheinungen, wenn drei Dinge zusammenwirken: **Sonneneinstrahlung, Luft** und **Wasser.**

Wie das Wetter im Einzelnen wird, hängt von weiteren Gegebenheiten ab: der geografischen Lage auf der Erdkugel, der Landschaftsform wie Gebirgen, Tiefebenen oder Hochebenen, ferner von der Nachbarschaft zum Meer, der Nähe von großen Seen oder Wäldern.

Zur Entstehung des Wetters tragen die Sonneneinstrahlung, die Lufthülle der Erde sowie das Wasser bei.

1 Vergleiche anhand der Abbildungen 1 und 2 die Ansicht von Erde und Mond aus dem Weltraum.
2 Begründe, warum vom Weltraum aus auf der Mondoberfläche mehr Einzelheiten zu erkennen sind als auf der Erde.
3 Welche Aggregatzustände des Wassers sind in Abbildung 3 berücksichtigt?

→ Praktikum: Wetterbeobachtung, Seite 132

7.2 Wie wird das Wetter morgen?

Seit Jahrtausenden beobachten die Menschen das Wetter. Besonders für die Bauern ist das Wettergeschehen wichtig, schließlich hängt die Ernte sehr vom Wetter ab. Ihre langjährigen Erfahrungen sind in zahlreichen Bauernregeln überliefert, etwa: „Ist der Mai kühl und nass, füllt's dem Bauern Scheun' und Fass."

Heute gibt es ein dichtes Netz von **Wetterstationen** auf der ganzen Welt, sowohl auf dem Boden als auch in der Luft und auf dem Wasser. Sie alle tragen mit ihren Beobachtungen und Messungen zu einer möglichst zutreffenden Wettervorhersage bei.

Bei den Wetterstationen fällt besonders die weiß gestrichene Hütte auf zwei Meter hohen Stelzen auf. Sie hat schräge Lamellen. Dadurch ist es im Innern schattig, aber dennoch gut durchlüftet. Dort sind Messgeräte untergebracht: Ein **Thermometer** zur Messung der Lufttemperatur, ein **Hygrometer** mit dem man die Luftfeuchtigkeit bestimmen kann, ein **Barometer** zur Luftdruckmessung sowie verschiedene Geräte, die diese Messwerte über einen längeren Zeitraum aufzeichnen. Im Freien sind **Wind-** und **Regenmesser** sowie weitere Messgeräte aufgestellt. Gemessen wird weltweit immer jeweils um 7, um 14 und um 21 Uhr.

Um auch Wetterdaten aus der Höhe zu erhalten, lässt man Messsonden mit Ballons über 20 Kilometer hoch aufsteigen. Kleine Funksender übertragen dann die Messergebnisse an die Bodenstationen. Beobachtungen aus Flugzeugen und Satellitenfotos ergänzen diese Informationen. Auch der Computer ist zu einem wichtigen Hilfsmittel bei der Wetterforschung geworden. In Deutschland werden alle Messdaten an die Zentrale des Deutschen Wetterdienstes in Offenbach übermittelt. Großrechner erstellen aus diesen Daten die Wetterkarten und Wettervorhersagen.

Der Deutsche Wetterdienst gibt seine Vorhersagen nicht nur an Rundfunk, Fernsehen und Presse weiter. Er versorgt auch die Schifffahrt und Flugzeugpiloten, Landwirte und Ärzte mit Wetter-Informationen, die für sie besonders wichtig sind.

Zur Beobachtung des Wetters benötigt man Messinstrumente. Die wichtigsten sind Thermometer, Hygrometer, Barometer, Wind- und Regenmesser.

1 Vergleiche eine Woche lang den Wetterbericht mit dem tatsächlichen Wetter.

***1 Wetterstation mit verschiedenen Messgeräten. A** Wetterhütte mit verschiedenen Thermometern und Schreiber für Temperatur und Luftfeuchtigkeit; **B** Windmesser; **C** Regenmesser*

→ Praktikum: Sonne und Temperatur in den Jahreszeiten, Seite 130
→ Praktikum: Wetterbeobachtung, Seite 132
→ Wetterkarten, Seite 126

7.3 Luftfeuchtigkeit

„Heute bin ich zu faul zum Abtrocknen", denkt Timo und lässt das Geschirr einfach im Abtropfgestell stehen. Nach einiger Zeit ist das Geschirr getrocknet.

Lässt man Wasser in offenen Gefäßen längere Zeit stehen, so verdunstet es. Das geht umso schneller, je größer die Oberfläche und je wärmer die Umgebung ist. Bei der **Verdunstung** entweichen Wasserteilchen in die Luft. Sie sind dann gasförmig in der Luft gespeichert. Man spricht von **Wasserdampf.** Der Gehalt von Wasserdampf in der Luft heißt **Luftfeuchtigkeit.** Den Wasserdampf kann man ebenso wenig sehen wie die Luft selbst.

Was aber geschieht, wenn sich die mit Wasserdampf gesättigte Luft abkühlt? Dann bilden sich Wassertröpfchen, die so fein sind, dass sie in der Luft schweben. Aber sie sind viel größer als die Wasserteilchen! Daher sehen wir plötzlich die Luftfeuchtigkeit als Schwaden oder Nebel. Diese Nebelbildung heißt **Kondensation.**

Aus dem Meer, aus Seen, Bächen und Flüssen verdunstet bei warmem Wetter besonders viel Wasser. Auch Pflanzen geben Wasser an die Luft ab. Eine große Buche kann täglich bis zu 500 Liter Wasser verdunsten.

Mit der Einstrahlung der Sonne auf die Erdoberfläche erwärmt sich auch die Luft. Sie steigt dadurch auf und kommt in kältere Luftschichten. Die in ihr gespeicherte Luftfeuchtigkeit kondensiert teilweise. Nun sehen wir sie in Form von **Wolken.**
Wolken sind also nichts anderes als hoch gelegene Nebelfelder. Die Wolkenschicht kann bis zu 10 km mächtig sein.
Wolken bilden sich besonders rasch, wenn in der Luft winzige Staubkörner sind. Je mehr feuchte Luft aufsteigt, umso mehr Wasserdampf kann kondensieren. Die Nebeltröpfchen werden immer größer und schwerer. Bald kann sie die Luft nicht mehr in der Schwebe halten. Dann fallen sie als Regen auf die Erde.

1 Wasserdampf kondensiert.

Durch Verdunstung gelangt Wasserdampf in die Luft. Durch Kondensation in den kälteren Luftschichten kommt es zur Bildung von Wolken.

1 Gieße in drei breite Bechergläser mit gleichem Durchmesser je 20 ml Wasser (Hinweis: 20 ml entsprechen der Füllmenge eines Normreagenzglases).
Erhitze das erste einige Minuten mit dem Brenner.
Stelle das zweite an einen warmen Ort, zum Beispiel über einen Heizkörper oder auf eine sonnige Fensterbank. Stelle das dritte an einen kühlen Ort. Was beobachtest du nach fünf Minuten, nach einem Tag, nach drei Tagen? Erkläre deine Beobachtungen.

2 Erhitze Wasser in einem Wasserkessel bis zum Sieden. Beobachte die Ausgussöffnung des Wasserkessels genau. Was siehst du direkt über der Öffnung, was eini-ge Zentimeter darüber?

3 Nach einer heißen Dusche sind Spiegel- und Fensterflächen beschlagen. Erkläre dies.

*2 **Wolken. A** Federwolken; **B** Haufenwolken; **B** Regenwolken*

→ Wasser begegnet uns in drei Aggregatzuständen, Seite 60

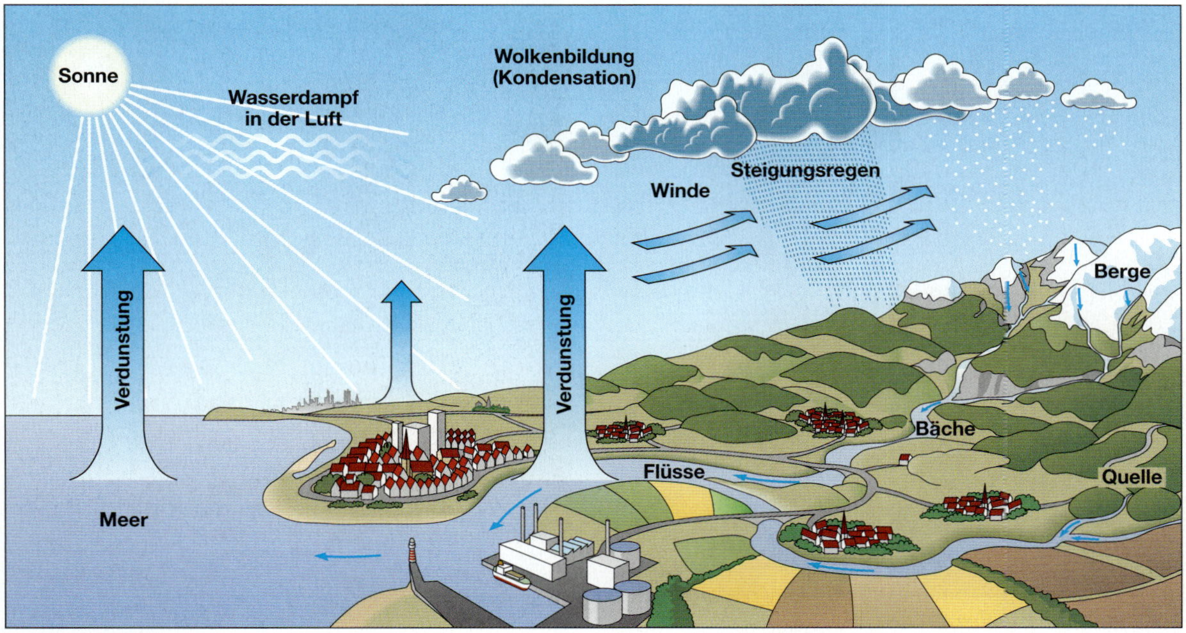

3 Wasser in der Luft

Schnee, Hagel, Reif

Streifzug durch die Physik

Ist es wärmer als −10 °C, bestehen die Wolken aus Wassertröpfchen, man spricht dann von „Wasserwolken". Weil es in großer Höhe aber meist sehr viel kälter ist, bestehen die Wolken dort aus Eiskristallen. Fallen diese durch Wasserwolken, können sie zu **Schneeflocken** anwachsen. Je nach der Temperatur in den unteren Luftschichten erreichen die Schneeflocken den Erdboden oder tauen vorher schon auf und kommen als Regen unten an.

Hagel entsteht, wenn bereits gebildete Regentropfen gefrieren. Durch ihr Gewicht fallen die Hagelkörner so schnell zur Erde, dass sie keine Zeit zum Schmelzen haben.

In kalten wolkenlosen Winternächten kühlt die Luft in Bodennähe stark ab. Der in ihr enthaltene Wasserdampf gefriert an Gräsern, Ästen, Zäunen und Autos, es bildet sich Reif.

1 Kann Sabrina zaubern?

2 Luftdruck, so „stark" wie drei Elefanten!

7.4 Luftdruck und Fronten

Sabrina füllt ein Glas bis zum Rand mit Wasser und hält die Öffnung mit einer Postkarte zu. Dann dreht sie das Glas um und lässt die Karte los. Kann Sabrina zaubern? Das Wasser läuft nicht aus und Sabrina bleibt bei dem Experiment trocken. Wie ist das möglich?

Wir leben am Grund eines „Meeres" aus Luft. Weil die Luft ein Gewicht hat, drückt sie auf alle Dinge, Pflanzen, Tiere und Menschen. Sie drückt auch gegen die Postkarte in Sabrinas Experiment, sodass das Wasser nicht herauslaufen kann. Dieser **Luftdruck** ist viel stärker als der Druck, den das Gewicht des Wassers verursacht.

Auf einen Fingernagel von dir drückt die Luft so stark wie eine volle 1-Liter-Flasche Wasser. Das entspricht auf deinen ganzen Körper umgerechnet dem Gewicht von etwa drei Elefanten. Warum spürst du das nicht? Die Luft drückt eben von allen Seiten, also auch von unten und von innen gegen den Körper.

Die Luft über einem Gebiet ist nicht überall gleich warm. Nun ist warme Luft aber leichter als kalte. Sie steigt auf, wenn sie von kälterer Luft umgeben ist. Daher übt sie einen etwas niedrigeren Druck aus. So entsteht ein „Tiefdruckgebiet", das man auch einfach **Tief** nennt. Umgekehrt ist ein Bereich mit hohem Luftdruck ein „Hochdruckgebiet" oder kurz ein **Hoch.**

Die Luft in Hoch- und Tiefdruckgebieten führt immer eine Drehbewegung aus. Tiefs drehen sich auf der Nordhalbkugel entgegen dem Uhrzeigersinn, Hochs im Uhrzeigersinn.
Ein Tief bringt meist Wolken und Niederschläge mit sich, weil beim Aufsteigen Luftfeuchtigkeit kondensiert. Wir empfinden es als ein Schlecht-Wetter-Gebiet. Im Hoch lösen sich die Wolken auf, weil die Luft absteigt. Die Sonnenstrahlen können ungehindert auf die Erde fallen. Es gibt sonniges Wetter. Im Sommer wird es dann angenehm warm. Im Winter kann sich der Erdboden in der Nacht bei klarem Himmel im Bereich eines Hochs stark abkühlen. Dann gibt es strengen Frost.

Tiefdruckgebiete ziehen meist von West nach Ost über Deutschland hinweg. Dabei überqueren uns meist unterschiedlich warme Luftmassen. Das Grenzgebiet, an dem sich die Lufttemperatur ändert, nennt man eine **Front.** Beim Durchzug eines Tiefs erreicht uns zunächst die **Warmfront.** Sie kündigt sich meist durch Federwolken an. Die Warmfront bringt in der Regel diesiges Wetter mit Regenwolken, aus denen Landregen fällt. Hinter der Warmfront folgt die Kaltfront mit Schauern, Gewittern und klarer Luft. Schauer fallen aus hoch reichenden Haufenwolken.

Luft hat ein Gewicht, das den Luftdruck verursacht. Der Luftdruck ist nicht überall gleich. Man unterscheidet Hoch- und Tiefdruckgebiete. Grenzen zwischen unterschiedlich erwärmten Luftmassen heißen Fronten.

1 Nimm ein dünnes Holzbrettchen (wenige Millimeter dick, ca. 30 cm lang, kein Sperrholz, Abfallholz vom Schreiner) lege es auf eine Tischkante, sodass es 10 cm übersteht. Schlage mit der Handkante kräftig auf den überstehenden Teil. Was passiert?
Wiederhole den Versuch, breite aber vorher fünf Seiten einer Tageszeitung flach auf dem Tisch aus, sodass sie über dem Brett liegen. Was passiert jetzt?

2 Lege ein Dosenbarometer in eine durchsichtige Plastiktüte. Blase die Tüte auf, halte sie mit einer Hand zu und drücke mit der anderen Hand auf die Tüte. Wie verändert sich die Zeigerstellung des Barometers?

3 Erläutere die Luftbewegung in einem Tief und in einem Hoch (Abbildung 3).

4 Erkläre den Aufbau und die Funktion eines Barometers (Abbildung 4).

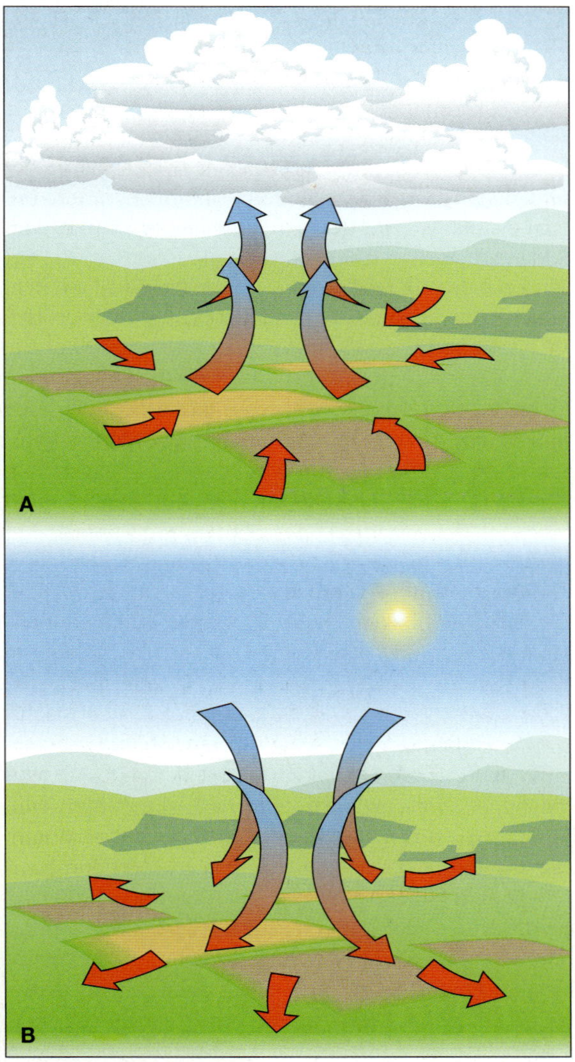

3 ***Luftdruck. A*** *Tief;* ***B*** *Hoch*

Streifzug durch die Technik

Den Luftdruck kann man messen

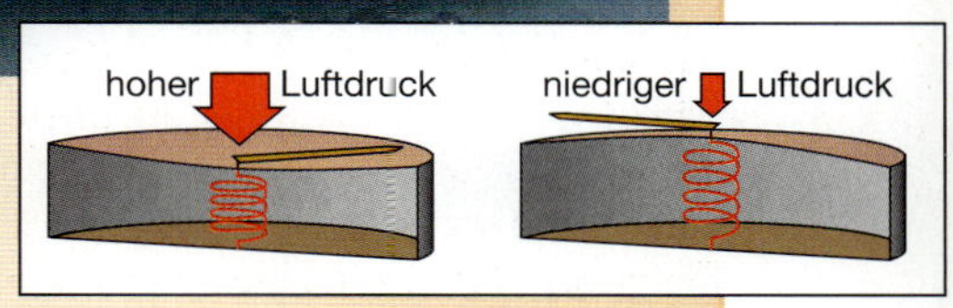

4 Barometer

Schwankungen des Luftdrucks kann man mit einem **Barometer** messen. Ein Metallbarometer enthält eine luftleere Metalldose. Eine Stahlfeder verhindert, dass der Luftdruck die Dose ganz zusammendrückt. Bei hohem Luftdruck wird der Deckel stärker nach innen gedrückt, die Feder wird mehr beansprucht. Bei niedrigem Luftdruck wird der Deckel weniger stark nach innen gedrückt. Diese Änderung wird mit einem Zeiger am Ende der Feder sichtbar gemacht.

Die Skala des Barometers zeigt den Luftdruck in *Hektopascal* (hPA) an. Der Durchschnittswert des Luftdrucks in Meereshöhe beträgt 1013 hPa. Auf einem Berg ist der Luftdruck geringer als im Tal. Die Luftsäule über dem Berg ist schließlich nicht so hoch wie im Tal. Das Dosenbarometer wird immer so eingestellt, dass es den Luftdruck auf Meereshöhe anzeigt. Ist der Luftdruck höher als 1020 hPa, spricht man von einem Hoch, liegt der Druck dagegen unter 1000 hPa, handelt es sich um ein Tief.

→ Wetterkarten, Seite 126

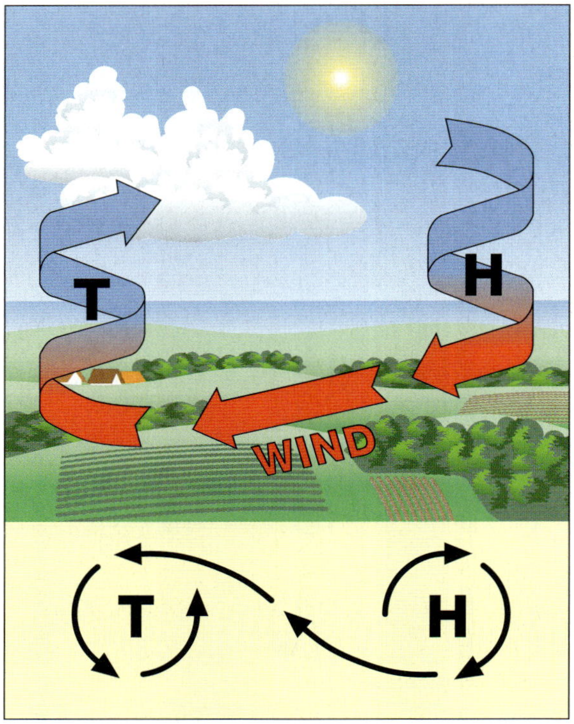

1 Bodenwind vom Hoch ins Tief

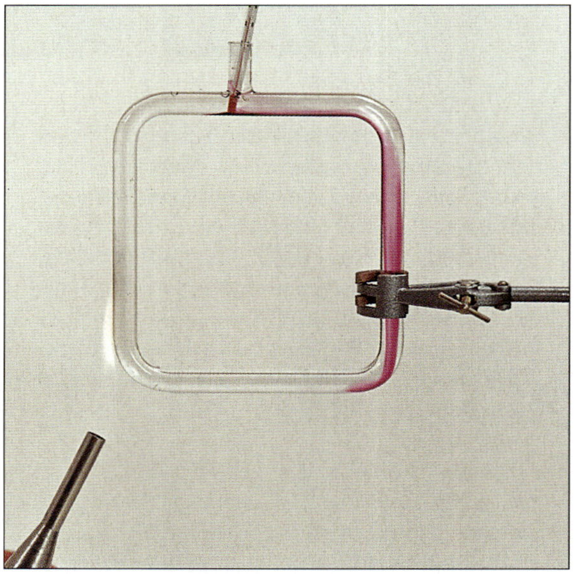

2 Wärmeströmung im Rechteckrohr

Zwischen Hoch- und Tiefdruckgebieten kommt es zu einem Druckausgleich, den wir als Wind wahrnehmen. Im Bereich eines Tiefs entstehen dabei großräumige Wolkenspiralen.

7.5 Wind und Wetter

Wenn die Sonne den Erdboden bestrahlt, erwärmt sich auch bald die Luft darüber. Sie steigt auf und, wie du inzwischen weißt, kann dann ein Tief entstehen.
Wenn die Luft einmal aufgestiegen ist, muss sie irgendwo bleiben. Sie schiebt sich in großer Höhe über andere Luftmassen und bildet gewissermaßen einen „Luftberg". Dort erhöht sich der Druck. Es entsteht ein Hoch.
Am Boden drängt die Hochdruckluft dort hin, wo das Tief entstanden ist. Denn da ist ja „dünnere" Luft. Also strömt Luft vom Hoch ins Tief. Das ist die Ursache für den Wind, den wir spüren.
Die Luft steigt im Tief durch Erwärmung auf, zieht oben zum Hoch, steigt hier ab und weht in Bodennähe zum Tief zurück.

Winde kommen also immer auf, wenn zwischen zwei Gebieten Luftdruckunterschiede bestehen.

Weil die Sonneneinstrahlung am Äquator besonders stark ist, enstehen dort häufig Tiefdruckgebiete.
Aber nicht immer muss sich ein Tief an demselben Ort bilden, wo die Sonnenstrahlen auftreffen. Im Nordatlantik gibt es warme Meeresströmungen, die aus dem Süden kommen. Sie sind bekannt als „Golfstrom". Dieser kann die Luft erwärmen. So entstehen über dem Nordatlantik immer wieder Tiefdruckzonen. Oft ziehen sie zu uns nach Mitteleuropa.

Sicher hast du schon beobachtet, dass Wasser aus der Badewanne immer im Kreis durch den Abfluss verschwindet.
Ebenso kann die Luft nicht auf direktem Weg aus dem Hoch ins Tief „wandern". Sie zieht im Kreis um das Tief herum. Ursache dafür ist die Erddrehung. Solche links drehenden Wirbel kann man sehr schön im Wetterbericht sehen, wenn mehrere Satellitenbilder hintereinander gezeigt werden.

Über tropischen Meeren kann besonders viel feuchtwarme Luft aufsteigen. Das geschieht sehr schnell. Die Luftmassen geraten in heftige Drehung. Es entsteht eine mächtige Wolkenspirale, die viel Luft ringsherum ansaugt. So kommt es zu gefährlichen Wirbelstürmen mit Windgeschwindigkeiten von bis zu 300 Kilometern pro Stunde. Solche Wirbelstürme entstehen beispielsweise an der Westküste von Afrika. Von dort wandern sie auf die Karibik und den Süden der USA zu. Man nennt sie dort **Hurrikan.** Im Westen des Pazifischen Ozeans treten ähnliche Wirbelstürme auf. Sie heißen dort **Taifune.** Durch Wirbelstürme werden jährlich Schäden in Millionenhöhe verursacht.

1 Gib kleine Papierschnipsel in einen Rundkolben (500 ml oder größer) und fülle ihn zur Hälfte mit Wasser. Erhitze den Kolben von unten mit kleiner Flamme (Abbildung 3). Wie bewegen sich die Schnipsel? Warum tun sie das?

2 Wenn es in deinem Klassenzimmer wärmer ist als auf dem Flur, kannst du das folgende Experiment machen. Entzünde eine Kerze. Öffne die Tür zum Flur einen Spalt und halte die Kerze einmal in Bodennähe vor den Türspalt und dann möglichst weit oben vor den Spalt. Wie verhält sich die Flamme? Du kannst es auch vor einem Fensterspalt versuchen.

3 Du brauchst ein rechteckiges gebogenes Glasrohr, das oben eine Einfüllöffnung hat. Fülle es mit Wasser und spanne es in ein Stativ. Gib dann eine Spatelspitze eines Farbpulvers (z. B. Kaliumpermanganat) durch die Öffnung auf den oberen Boden und setze einen Stopfen auf. Erhitze dann das Rechteckrohr mit kleiner Flamme an der linken unteren Biegung (Abbildung 2).

4 Erläutere die Luftbewegung vom Hoch zum Tief.

5 In der Nacht kehrt sich die Windrichtung am Meer häufig vom See- zum Landwind um. Erkläre diese Erscheinung.

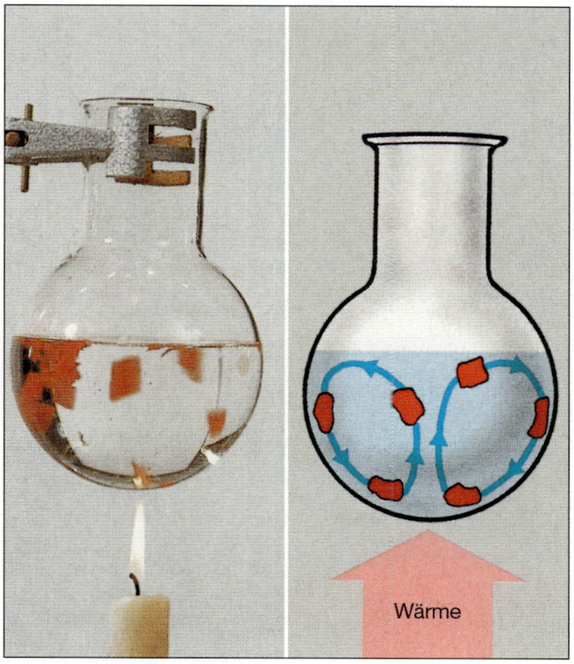

3 Erwärmungsversuch

Besondere Winde

Streifzug durch die Erdkunde

Wenn du schon einmal am Meer Urlaub gemacht hast, weißt du, dass tagsüber fast immer ein Wind von der Seeseite her weht. Er bläst oft auch dann, wenn man sich mitten im schönsten Hoch befindet.

Die Ursache für diesen **Seewind** liegt darin, dass sich die Landflächen von der Sonne viel schneller aufheizen lassen als die Wassermassen. Die wärmere Luft über dem Land steigt auf. Von See her strömt kühlere Luft nach.

Etwas Ähnliches gibt es im Gebirge. Da die Sonne die Südseite einer Bergkette stärker bescheint als die Nordseite, steigt die Luft dort auf. Durch das Tal strömt Luft nach. Es entsteht ein **Talwind.**

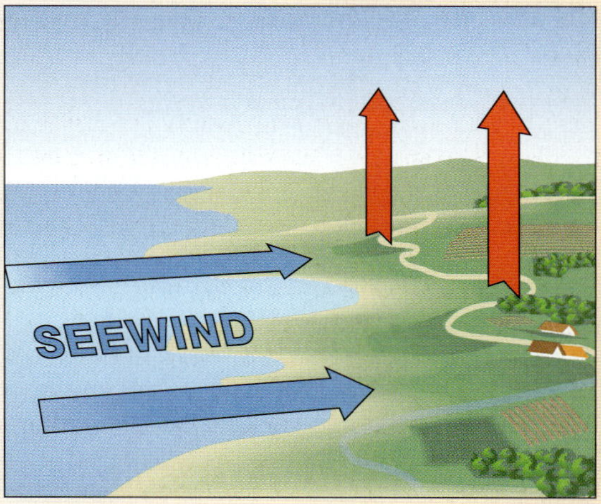

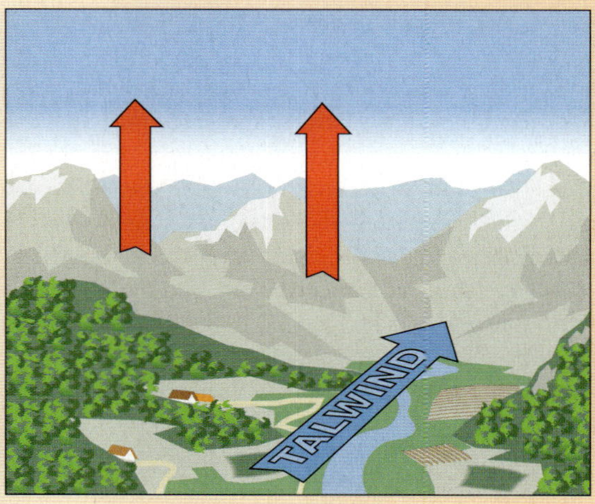

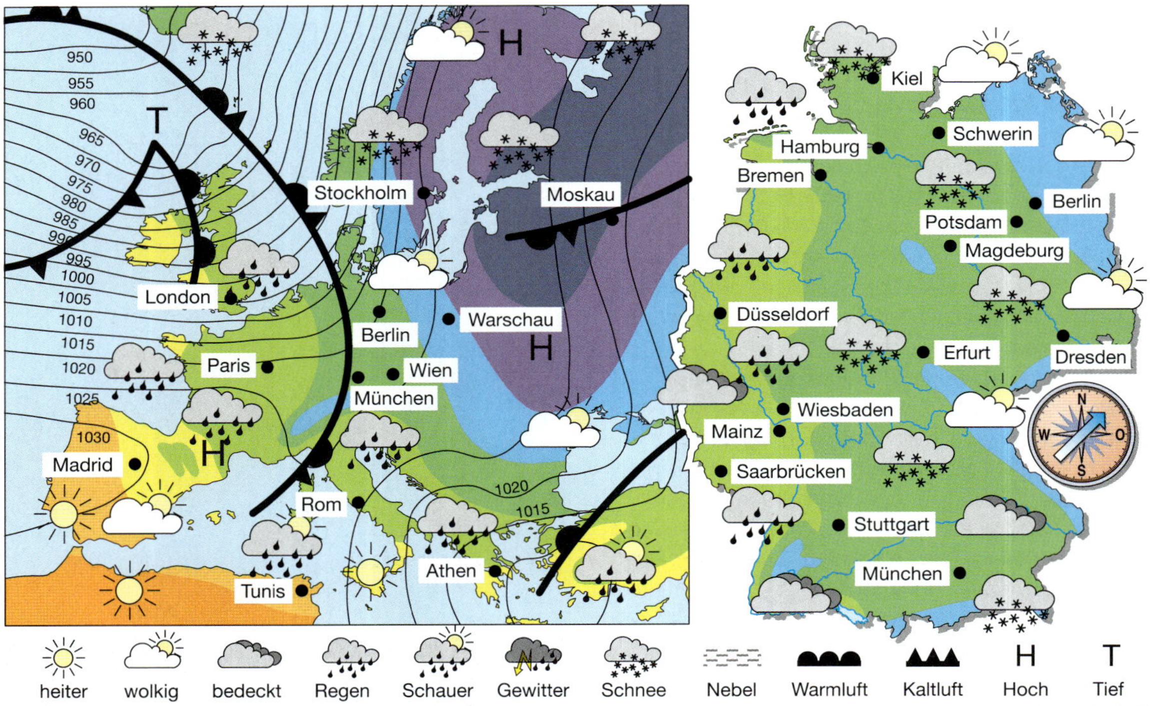

Temperaturen in °C	-20 bis -15	-15 bis -10	-10 bis -5	-5 bis 0	0 bis 5	5 bis 10	10 bis 15	15 bis 20	20 bis 25	25 bis 30	30 bis 35	35 bis 40

1 ***Vereinfachte Wetterkarte aus einer Tageszeitung.*** *Europa: Ein Sturmtief lenkt milde Luft nach Mitteleuropa. An der Grenze zu der trocken-kalten Luft im Osten fällt von den Alpen bis an die Ostsee anfangs Schnee, später Regen. Regnerisch ist es auch auf den Britischen Inseln und in Frankreich. Auf der Iberischen Halbinsel wechseln sich Sonne und Wolken ab.*

7.6 Wetterkarten

„Eine Wetterkarte, das ist für mich ein Buch mit sieben Siegeln", stellt Max ratlos fest. Das muss aber nicht so sein. Wenn man die Symbole und Linien auf der Karte richtig lesen und deuten kann, lassen sich daraus auch Schlüsse ziehen, wie das Wetter in den nächsten Tagen voraussichtlich werden wird.

Das Zentrum eines **Hochdruckgebietes** wird mit einem **H,** das Zentrum eines **Tiefdruckgebietes** mit einem **T** gekennzeichnet. Drumherum verlaufen in immer größeren Abständen geschlossene Linien, die **Isobaren.** Diese Linien verbinden die Orte, an denen *gleicher Luftdruck* herrscht (umgerechnet auf Meereshöhe). Die stärker gezeichneten Linien zeigen uns **Fronten** und **Luftströmungen.** Rückt kalte Luft mit einer Kaltfront heran, so werden diese Linien mit kleinen Dreiecken gekennzeichnet. Warme Luftmassen an einer Warmfront erkennt man an halbkreisförmigen Zeichen.
Neben den **Temperaturen** werden auch Symbole für **Bewölkung, Windrichtung** und **Niederschläge** in die Wetterkarten eingetragen.

Im Westen auf der Wetterkarte (Atlantik, Nordsee) laufen die Isobaren dicht nebeneinander her. Das zeigt große Unterschiede beim Luftdruck an. Dadurch entsteht starker Wind, ein **Sturmtief.**
Im Norden und Osten liegen die Isobaren weit auseinander. Dort liegt ruhige, kalte Luft im Hoch.
Über den Britischen Inseln und der Türkei trifft warme Luft auf kalte und führt zu Regen.

In einer Wetterkarte sind die wichtigsten Wetterelemente wie Luftdruck, Fronten, Winde, Temperatur und Niederschläge zusammengestellt. Daraus entsteht die Wettervorhersage.

1 Beschreibe die Wetterlage für Europa in Abbildung 1.
2 Erläutere die Wettervorhersage für Deutschland. Berücksichtige dabei insbesondere das Gebiet deines Schulortes.
3 Begründe, aus welcher Jahreszeit die Wetterkarte stammt.

→ Praktikum: Wetterbeobachtung, Seite 132
→ Wie wird das Wetter morgen?, Seite 119

8 Wärmeausbreitung

8.1 Die Arten des Wärmetransportes

Meeresströmungen entstehen durch das Zusammenwirken von Wind und Wärme. Die bei uns bekannteste Meeresströmung ist der *Golfstrom* (Abbildung 1). Er nimmt Wärme in den Gewässern vor dem Golf von Mexiko auf und gibt sie auf dem Weg nach Norden nach und nach wieder ab. Diese Art von Wärmetransport wird **Wärmemitführung** genannt.
Europa hat durch den Golfstrom milde Winter. Auf der Karte siehst du, dass er auch an den Küsten Englands vorbeiführt. Dies hat zur Folge, dass an der Südküste Englands sogar Palmen wachsen.

Beim Erwärmen eines Ceranfeldes wie in Abbildung 2 wird die Wärme auf eine andere Art transportiert. Zwischen Heizspirale und Kochfeld besteht ein Abstand, in dem sich Luft befindet, die nicht nach oben aufsteigen kann. Dadurch ist die Erwärmung des Ceranfeldes durch Mitführung nicht möglich. Die Wärme wird von den Heizspiralen durch *Strahlung* zum Glaskeramikkochfeld transportiert. Benötigt die Wärme für ihre Weitergabe keinen Stoff, so wird diese Form von Energietransport **Wärmestrahlung** genannt.

Auf dem Kochfeld steht ein Topf, der erwärmt werden soll. Das heiße Kochfeld gibt die Wärme an den Topfboden weiter. Von dort gelangt sie dann zum Wasser mit dem Gemüse im Kochtopf. Berühren sich alle Körper, wird die Energie vom Ceranfeld an den Topfboden und vom Topfboden an das Wasser weitergegeben. Diese Form des Wärmetransportes wird **Wärmeleitung** genannt.

Wärme kann durch Wärmemitführung, Wärmestrahlung und Wärmeleitung transportiert werden.

1 Nenne für die drei verschiedenen Arten des Wärmetransportes je ein weiteres Beispiel.
2 Beschreibe, wie die Luft oberhalb des Wassers im Kochtopf erwärmt wird.
3 Wie wird der Deckel auf einem Topf erwärmt?
4 Beschreibe den Weg des Wärmetransportes mithilfe des Wassers im Golfstrom. Benutze dazu einen Atlas.
5 Wie kommt die Wärme von der Heizspirale zum Kochfeld?
6 Beschreibe, wie die Wärme vom Ceranfeld zum Gemüse im Kochtopf gelangt.
7 Ist Wärmetransport auch mithilfe von Luft möglich? Begründe deine Antwort. Nenne Beispiele.

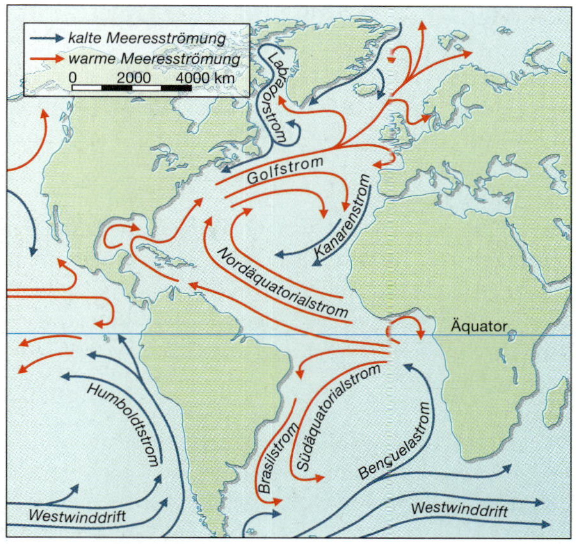

1 ***Meeresströmungen***

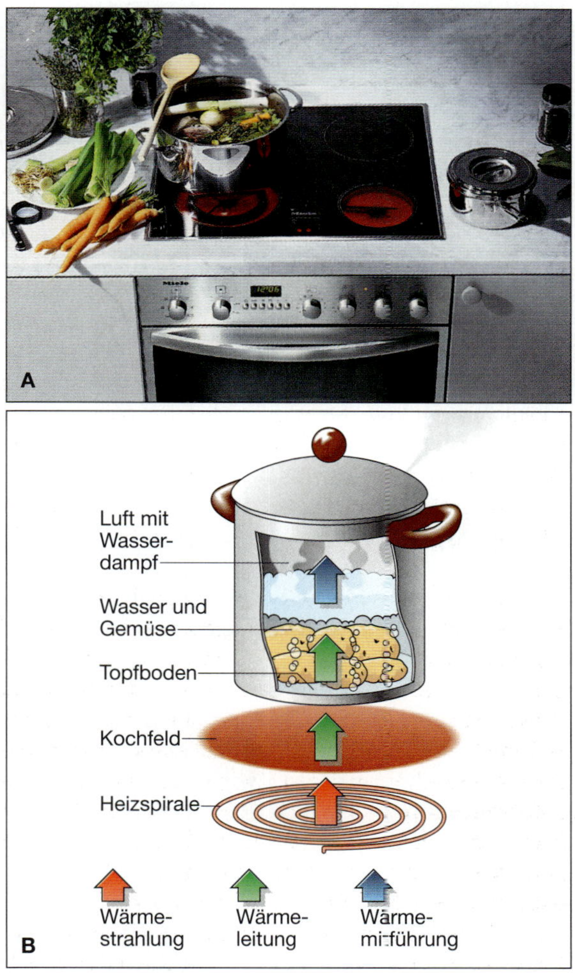

2 ***Wärmetransport. A*** *beim Kochen;* ***B*** *Schnittbild*

8.2 Menschen frieren und schwitzen

Draußen ist es bitterkalt. Heute musst du unbedingt die dicke Jacke aus dem Schrank holen, damit du nicht frierst. Gut, dass im Haus die Heizung für angenehme Temperaturen sorgt.

Viele Tiere müssen den ganzen Winter über draußen verbringen. Auch sie schützen sich bei niedrigen Temperaturen. Ein dickes Winterfell hilft ebenso wie das aufgeplusterte Federkleid des Vogels in Abbildung 2. Andere Tiere graben sich ein oder verschlafen den Winter in einer Höhle.

Bei vielen Lebewesen wird die Körpertemperatur durch Verbrennung von Nährstoffen so geregelt, dass sie fast gleich bleibt. Beim Menschen beträgt diese Temperatur etwa 37 °C.
Ist es deinem Körper zu heiß, beginnst du zu schwitzen. Dadurch kühlt sich dein Körper ab. Durch Ablegen von Kleidungsstücken oder einen Besuch im Schwimmbad kannst du dich weiter abkühlen.
Tiere leiden im Sommer ebenfalls unter zu hohen Temperaturen. Sie nehmen ein Bad oder legen sich in den Schatten.
Gegen das Frieren musst du dich mit Kleidung schützen. Dies kannst du mit der Wärmedämmung von Häusern vergleichen.

Unser Körper gibt ständig Wärme ab. Das merkst du daran, dass sich euer Klassenraum recht schnell erwärmt, ohne dass die Heizung höher gedreht wird. Jeder von euch gibt etwa so viel Wärme ab wie eine 60W-Glühlampe. Im Iglu wird dies noch deutlicher. Trotz Außentemperaturen von –20 °C bis –30 °C herrscht im Iglu eine Temperatur von etwa 10 °C.

1 Frieren und schwitzen

Der Mensch reguliert seine Körpertemperatur bei hohen Außentemperaturen durch Schwitzen, bei niedrigen Temperaturen durch Kleidung.

1 Warum ist ein Haus denkbar, in dem ohne Heizung dennoch eine Innentemperatur von 20 °C herrscht?
2 Warum frieren Menschen im Winter? Nenne verschiedene Gründe.
3 a) Was tun Menschen und Tiere bei niedrigen Temperaturen? Zähle mehrere Beispiele auf.
b) Was tun sie bei hohen Temperaturen?
4 Wenn du morgens in deinen Klassenraum kommst, ist er häufig noch kühl. Nach der ersten Stunde ist es jedoch so warm, dass du gerne das Fenster öffnen möchtest. Der Hausmeister hat die Heizung aber nicht höher gestellt. Erkläre die Temperaturzunahme.
5 Wie hält der menschliche Körper seine Temperatur auf 37 °C?

2 So behelfen sich Lebewesen bei Kälte oder Hitze

→ Tiere sind an Kälte und Wärme angepasst, Seite 142

Pinnwand

SCHUTZ DURCH KLEIDUNG

Schutz gegen Hitze

1 Worauf beruht der Hitzeschutz beim Anzug des Feuerwehrmannes?

Schutz gegen Nässe

2 Kläre, zum Beispiel mit Hilfe des Internets, den Begriff Mikrofaser und beschreibe, wie Wasserdichtigkeit und Atmungsaktivität erreicht werden.

Schutz gegen Kälte

3 Weshalb wärmen Daunen?

Schutz vor Sonne

4 Wodurch schützen sich diese Personen gegen die Wärme der Sonne?

5 Schildere, wie sich die Menschen in früherer Zeit vor Wärmeverlust bei niedrigen Temperaturen geschützt haben.

6 Nenne weitere Beispiele, wie du dich vor zu viel Wärme oder Wärmeverlust bei hohen und niedrigen Temperaturen oder vor Nässe schützen kannst.

→ Säugetiere im Winter, Seite 146

Praktikum

Sonne und Temperatur in den Jahreszeiten

Wie „Wetterfrösche" messen. In den Wetterstationen der Wetterämter wird die Temperatur dreimal am Tag gemessen: um 7 Uhr, um 14 Uhr und um 21 Uhr. Aus diesen drei Messungen wird täglich die Durchschnittstemperatur errechnet. Dabei wird der Wert von 21 Uhr doppelt gerechnet. Man macht das heute noch so wie im 18. Jahrhundert. Damals wollte man sich das Aufstehen mitten in der Nacht sparen. Heute weiß man, dass diese Messmethode so genau ist, dass man weiter so verfahren kann.

V 1 Wir messen die Tagestemperatur

Material: Außenthermometer; Notizkalender.
Durchführung: Hänge das Thermometer in Augenhöhe im Freien zum Beispiel an einem Baum oder an einem Pfosten auf. Achte darauf, dass das Thermometer stets im Schatten hängt.

Aufgaben: a) Lies nun einen Monat lang die Temperatur dreimal am Tag ab, möglichst um 7 Uhr, um 14 Uhr und um 21 Uhr. Falls du einmal die Temperatur nicht selbst ablesen kannst, bitte einen Erwachsenen darum. Notiere die Werte zum Beispiel in einen kleinen Taschenkalender.

b) Schreibe auch auf, ob die Sonne scheint oder ob es regnet, ob der Himmel klar oder bewölkt ist. Du kannst dazu sehr gut die Symbole der Wetterkarte aus der Tageszeitung verwenden:

c) Führe die Temperaturmessungen und Beobachtungen zu jeder Jahreszeit einen Monat lang durch, zum Beispiel im Oktober, im Januar, im April und im Juli.

A 2 Wir notieren unsere Ergebnisse in einer Tabelle

Deine Messergebnisse und Beobachtungen kannst du in einer Tabelle übersichtlich notieren. Das Beispiel unten zeigt dir, wie eine solche Tabelle aussehen kann.

Name: *Martina Meier*			
Monat: *Oktober*	*1.10.*	*2.10.*	*3.10.*
Temperatur um 7 Uhr	*5 °C*	*3 °C*	*7 °C*
um 14 Uhr	*9 °C*	*8 °C*	*14 °C*
um 21 Uhr	*7 °C*	*4 °C*	*8 °C*
Wetterlage vormittags			
nachmittags			

A3 Wir berechnen die Tagesdurchschnittstemperatur

Aus den drei Messergebnissen für die Tagestemperaturen kannst du nun die Durchschnittstemperaturen errechnen. Beachte: Der Abendwert wird doppelt gerechnet. Das ist eine internationale Vereinbarung.

Beispiel: 1. Oktober

7 Uhr:	5 °C	Tagesdurchschnitt:
14 Uhr:	9 °C	28 °C : 4 = 7 °C
21 Uhr:	7 °C	
21 Uhr:	7 °C	
Summe:	28 °C	

Achtung: Bleibt beim Dividieren ein Rest von 1, so runde ab, bleibt ein Rest von 2 oder 3, so runde auf.

Beispiele: 37 : 4 = 9 Rest 1, also 9 °C
−36
1

19 : 4 = 4 Rest 3, also 5 °C
16
3

A4 Messkurve für einen Monat

Stelle die Tagesdurchschnittstemperaturen für einen Monat in einer Messkurve dar.

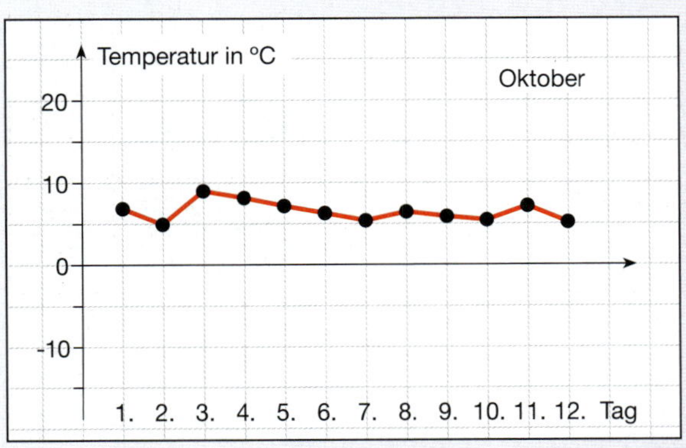

A5 Wie lange ist es hell?

Sicher hast du schon beobachtet, dass es im Sommer abends länger hell ist als im Winter.

In Kalendern oder Tageszeitungen werden die genauen Uhrzeiten für den Sonnenauf- und -untergang angegeben. Damit kann man ausrechnen, wie lange die Sonne an diesem Tag zu sehen ist, wenn man davon ausgeht, dass keine Wolken am Himmel sind.

Beispiel: 1. Oktober
Sonnenaufgang: 6.22 Uhr
Sonnenuntergang: 18.01 Uhr

Rechnung:

6.22 Uhr bis 7.00 Uhr:	38 min
7.00 Uhr bis 18.00 Uhr:	11 Std.
18.00 Uhr bis 18.01 Uhr:	1 min
Dauer der Helligkeit:	11 Std. 39 min

Wähle nun in jedem Monat einen bestimmten Tag, zum Beispiel den ersten Tag des Monats, und berechne die Dauer der Helligkeit. Schreibe deine Ergebnisse in eine Tabelle. Was fällt dir auf?

Praktikum

Wetterbeobachtung

V 1 Wetter – selbst beobachtet

Material: Thermometer; Regenmesser; Windrichtungsanzeiger; falls vorhanden: Windstärkemesser, Barometer, Luftfeuchtigkeitsmesser; 1 Wetterbeobachtungsbogen; 1 Stück Karton; Klebstoff; Klarsichthülle.

Durchführung: Führe über einen längeren Zeitraum hinweg Wetterbeobachtungen durch. Miss dazu die *Lufttemperatur,* falls möglich auch *Luftdruck* und *Luftfeuchtigkeit.* Ermittle die Windrichtung und die Windstärke. Die *Windrichtung* wird immer nach der Richtung bezeichnet, aus der er weht. Bei Westwind notiert man daher ein W. Die *Windstärke* kannst du entweder mithilfe der Tabelle rechts bestimmen oder mit Worten beschreiben (windstill, leicht, kräftig, Sturm).

Berichte über die *Niederschlagsmenge* und die *Art der Niederschläge* (Regen, Graupel, Hagel, Schnee).

Die *Bewölkung* kannst du in vier Stufen festhalten:

○ wolkenlos ◔ heiter
◐ wolkig ● bedeckt.

Aufgaben: a) Notiere deine Beobachtungen auf einem Beobachtungsbogen (Beispiel unten). Klebe den Bogen auf Karton und schiebe ihn in eine Klarsichthülle.

b) Vergleiche deine eigenen Beobachtungen mit dem regionalen Wetterbericht in der Tageszeitung.

Windstärke	Bezeichnung	Auswirkung	Windgeschw. in km/h
0	still	Rauch steigt gerade empor	0–1
2	leichte Brise	Windfahne bewegt sich, Blätter säuseln	6–11
4	mäßige Brise	bewegt Zweige, dünne Äste, bewegt Staub und loses Papier	20–28
6	starker Wind	bewegt starke Äste, Telefonleitungen pfeifen, Regenschirme schwer zu benutzen	39–49
8	stürmischer Wind	bricht Zweige und kleine Äste, erschwert Gehen erheblich	62–74
9	Sturm	bewirkt kleinere Schäden an Häusern, bricht große Äste	75–88
10	schwerer Sturm	entwurzelt und bricht Bäume, bewirkt große Schäden an Häusern	89–102
11	orkanartiger Sturm	verbreitete Sturmschäden, im Binnenland sehr selten	103–117
12	Orkan	schwerste Verwüstungen, im Binnenland fast nie	über 117

4 Windstärke-Tabelle

Name: Tobias Barth	**Monat:** Juni		
Klasse: 6a	1.6.	2.6.	3.6.
Temperatur 7 Uhr 14 Uhr 21 Uhr	10 °C 24 °C 18 °C	12 °C 26 °C 19 °C	10 °C 27 °C 18 °C
Niederschlagsart		Regen	
Niederschlagsmenge		5 mm	
Windrichtung	W	SW	W
Windstärke	2	4	1
Bewölkung	◔	●	○

5 Beobachtungsbogen

→ Wie entsteht das Wetter?, Seite 118
→ Wetterkarten, Seite 126

8.3 Auswirkungen des Wetters auf den Menschen

„Wie wird das Wetter morgen? Wir haben doch Wandertag und wollen zum Bergsee wandern."
Lisa wartet gespannt auf den Wetterbericht. Sie überlegt, was sie anziehen wird. Genügen Jeans, T-Shirt und Jacke oder muss sie auch Regenmantel und Mütze bereitlegen?

An diesen Fragen erkennst du, wie sehr wir alle in unseren Unternehmungen und unserem Verhalten vom Wetter abhängig sind. Menschen, die ihren Beruf überwiegend im Freien ausüben, wie zum Beispiel in der Landwirtschaft, im Straßenbau oder auch als Kraftfahrer, sind davon besonders betroffen.

Bei vielen Menschen beeinflusst das Wetter die Stimmungslage. Schönes Sonnenwetter ruft gute Laune und Unternehmungslust hervor. Bei neblig-trübem, nasskalten Wetter dagegen fühlen sich viele müde und schlapp.

Manche Krankheiten treten zu bestimmten Jahreszeiten gehäuft auf. Im Winter und im Frühjahr kommt es verstärkt zu Erkältungskrankheiten. Der Körper ist dann oft geschwächt, weil er sich unterkühlt hat oder weil wir mit der Nahrung nicht mehr so viele Vitamine aufnehmen. Der Vitamingehalt der Früchte nimmt bekanntlich bei längerem Lagern ab. Krankheitserreger, die ja immer vorhanden sind, haben also leichteres Spiel.
Meist ist eine „Erkältung" harmlos und geht bald vorüber. Anders ist es bei der „echten Grippe", die mit hohem Fieber auftritt. Sie wird durch gefährliche Influenza-Viren hervorgerufen. Vor ihnen kann man sich durch eine vorbeugende Impfung schützen.

Ein gesunder Körper kann auf die verschiedenen Witterungseinflüsse reagieren und sich auf unterschiedliche Temperaturen einstellen. Man kann das unterstützen durch Sport, Bewegung in frischer Luft oder Saunabesuche.

Vor Urlaubsreisen ist es sehr wichtig, sich auf die zu erwartende Witterung im Urlaubsgebiet vorzubereiten. Bei Reisen in trocken-heiße Gebiete sollte leichte Baumwollkleidung mitgenommen werden, die Schweiß aufnehmen kann. In heißen Gebieten muss man viel trinken – am besten Mineralwasser oder Kräutertees – um gesund zu bleiben. Für den Urlaub in Wintersportgebieten muss warme, Wind abweisende Kleidung ins Gepäck. Bei allen Urlaubszielen, in denen mit viel Sonne zu rechnen ist, dürfen Sonnenschutzmittel nicht vergessen werden.

1 Wetter und Wohlbefinden

Das Wetter beeinflusst die Menschen in vielen Berufen und in den Möglichkeiten der Freizeitgestaltung. Bei manchen Wetterlagen treten bestimmte Krankheiten besonders häufig auf, beispielsweise Erkältungen. Wenn man sich auf eine Urlaubsreise vorbereitet, muss das Wetter im Zielgebiet berücksichtig werden.

1 Manche Menschen haben bei bestimmten Wetterlagen oder bei Wetterwechsel gesundheitliche Probleme. Erkundige dich in deinem Bekanntenkreis danach. Erstelle eine Liste über die genannten Beschwerden.

2 In welchen Berufen sind die Menschen besonders vom Wetter abhängig? Beschreibe die Auswirkungen des Wetters auf den Tagesablauf dieser Menschen.

3 In bestimmten Jahreszeiten treten manche Krankheiten ziemlich häufig auf.
Nenne Beispiele. Informiere dich auch beim Arzt oder Apotheker.

4 Gärtner und Obstbauern beachten besonders die Zeit der „Eisheiligen". Dazu zählen die Tage vom 11. bis 15. Mai. Was kann da passieren?

5 Was kannst du vorbeugend tun, um Erkältungen zu vermeiden?

6 Manche Flüsse führen von Zeit zu Zeit gefährliches Hochwasser. Wie kommt es zu Flusshochwasser? Wie können sich die Menschen vor den Gefahren schützen?

7 Nenne Wettereinflüsse, die für Autofahrer besonders gefährlich werden können.

1 Laubwald mit Buschwindröschen

2 Krokus

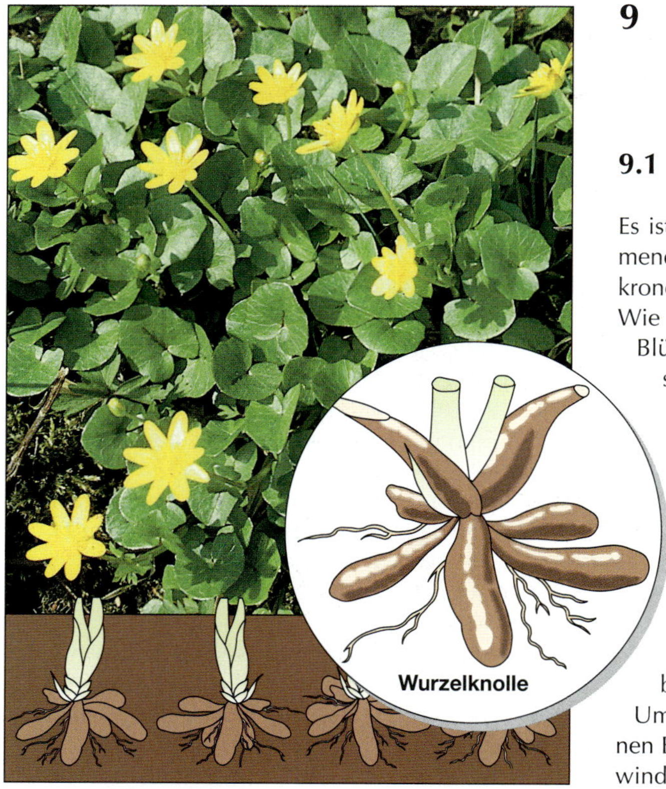

3 Scharbockskraut

9 Pflanzen und Tiere im Jahreszyklus

9.1 Pflanzen im Frühjahr

Es ist Frühling: Der Schnee ist geschmolzen. Die wärmende Sonne dringt durch die noch laubfreien Baumkronen im Buchenwald und erhellt den Waldboden. Wie von einem Teppich ist er mit verschiedenen Blütenpflanzen bedeckt. An manchen Stellen erscheint er völlig weiß durch die Blüten der Buschwindröschen. An anderen Stellen bildet das Scharbockskraut durch seine Blüten gelbe Flecken. Es ist leicht an den glänzenden rundlichen Blättern zu erkennen. Pflanzen wie Schneeglöckchen, Buschwindröschen, Scharbockskraut, Krokus und Tulpe blühen als Erste im Frühjahr. Solche Pflanzen heißen **Frühblüher.** Wieso können sie unmittelbar nach der kalten Jahreszeit des Winters wachsen und blühen?

Um hierauf eine Antwort zu erhalten, müssen wir einen Blick unter die Erdoberfläche werfen. Beim Buschwindröschen erkennen wir verdickte Sprosse, die waagerecht unter der Oberfläche liegen.

→ Die Rosskastanie im Jahresverlauf, Seite 140
→ Pinnwand: Der Aronstab im Jahresverlauf, Seite 141

Solche **Erdsprosse** enthalten Nährstoffe, die in der Wachstumszeit des Vorjahres gebildet wurden. Mit den Erdsprossen überdauert das Buschwindröschen die kalte Jahreszeit. An ihrem vorderen Ende werden im Frühjahr Blütenstängel und Blätter gebildet, während das hintere Ende im Laufe der Zeit abstirbt. Sind die unteren Abschnitte des Sprosses verdickt wie beim Krokus, spricht man von **Sprossknollen.** Auch Wurzelabschnitte können durch die eingelagerten Nährstoffe verdickt sein. Solche **Wurzelknollen** findet man beim Scharbockskraut. Manche von ihnen sind weich und dunkler gefärbt. Es sind die im Vorjahr angelegten Wurzelknollen, deren Nährstoffe in diesem Frühjahr aufgebraucht wurden. Die neuen Vorratsspeicher hingegen sind hell und hart.

Ganz anders hat die Tulpe ihre Nährstoffe gespeichert. Ihre **Zwiebel** kannst du dir als Pflanze vorstellen, deren Stängel wie eine „Radioantenne" zusammengeschoben wurde. Unten findest du ganz normale Wurzeln. Es folgt eine stark verkürzte Sprossachse, an der seitlich dickfleischige, nährstoffreiche Blätter sitzen, wie du sie von der Küchenzwiebel kennst. An der Spitze befindet sich die Sprossknospe für die Ausbildung der grünen Laubblätter und der Blüte.

Wachsen im Frühjahr Laubblätter und Blüte der Tulpe in kurzer Zeit heran, werden die Vorräte aus den dickfleischigen Zwiebelblättern verbraucht. Die entfalteten grünen Laubblätter liefern dann neue Nährstoffe zum Aufbau einer **Ersatzzwiebel,** die den Nährstoffvorrat für das nächste Frühjahr speichert. Außerdem werden **Brutzwiebeln** gebildet, die der Vermehrung der Tulpe dienen.

Im Sommer finden wir keine Buschwindröschen. Wenn die Bäume ab April ein dichtes Blätterdach ausbilden, erreicht nur noch wenig Sonnenlicht den Waldboden. Die oberirdischen Teile der meisten Frühblüher verwelken jetzt, sodass du sie schon wenige Wochen später nicht mehr findest. Im tiefen Schatten des sommerlichen Waldbodens sind nur noch wenige krautige Pflanzen in der Lage, ausreichend Licht zu gewinnen.

> Als Frühblüher bezeichnet man Pflanzen, die im zeitigen Frühjahr schnell heranwachsen und blühen. Die dazu notwendigen Nährstoffe beziehen sie aus Erdsprossen, Sprossknollen, Wurzelknollen oder Zwiebeln.

1 Beschreibe die Umweltbedingungen, denen Pflanzen im Winter und Vorfrühling im Wald ausgesetzt sind. Berücksichtige bei deinen Überlegungen Lichtverhältnisse und Temperatur.

2 Wie sind die Frühblüher, zum Beispiel das Scharbockskraut, in dieser Zeit den Umweltbedingungen angepasst? Beschreibe anhand der Abbildungen auf Seite 340 und 341, wie sie den Winter überdauern.
Woher nehmen die Frühblüher die Kraft, so früh im Jahr auszutreiben und zu blühen?

3 Beschreibe den Ausschnitt aus dem Laubwald in der Abbildung 1.
Was wird sich in den nächsten Wochen verändern? Weshalb wachsen und blühen die Frühblüher im Frühling und nicht im Sommer?

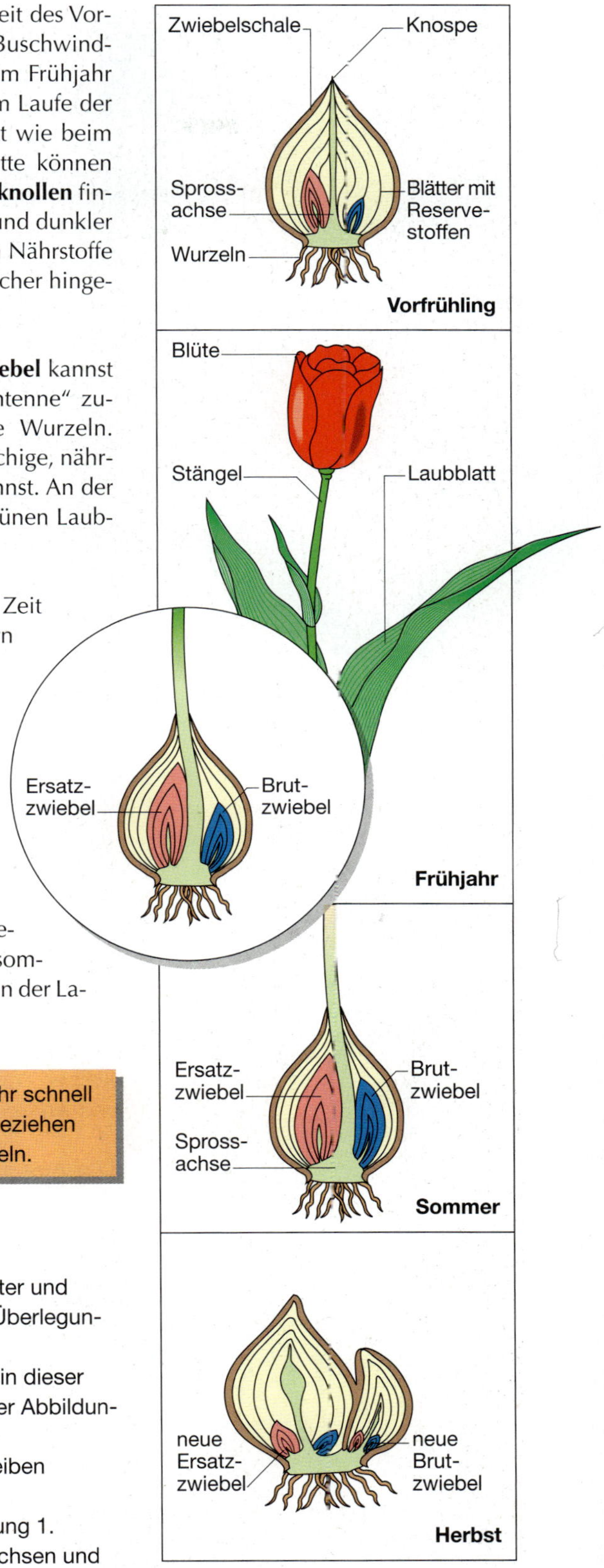

4 Tulpe mit Zwiebel

1 Wiese im Sommer

9.2 Pflanzen im Sommer

Die Wiese steht in voller Blüte. An einigen Stellen leuchten die gelben Blüten des Hahnenfußes. An anderen wiederum bilden die blassvioletten Blüten der Kuckuckslichtnelke Farbtupfer in dem satten Grün der Gräser. Insekten werden angelockt und fliegen von Blüte zu Blüte. Hanno und Lena sind fasziniert von dem Treiben auf der Wiese. Sie legen sich auf den Bauch. Sieht die Wiese nicht aus wie ein kleiner Wald mit mehreren Stockwerken?

Das Aussehen der Oberschicht ist geprägt durch die Blüten, das der Mittelschicht durch Stängel und Blätter und das der Unterschicht durch Ausläufer und Blattrosetten.

Der Bauer nutzt die Wiese als Futterquelle für seine Tiere. Mehrmals im Jahr mäht er die Wiesenpflanzen und verarbeitet sie zu Heu. Für die Pflanzen bedeutet der Schnitt einen erheblichen Eingriff. Einjährige Pflanzen und Gehölze vertragen dies nicht und kommen deshalb in der Wiese kaum vor. Andere, wie der Kriechende Günsel oder der Weiß-Klee, sind an das Mähen angepasst. Der Weiß-Klee besitzt kräftige, am Boden liegende Stängel, die an den Knoten Wurzeln bilden. Lediglich die lang gestielten Blätter und Blütenköpfchen, die aus den Knoten nach oben wachsen, werden abgeschnitten. Durch die gleichzeitige Entfernung der höheren Kräuter erhält der Weiß-Klee nun wesentlich mehr Licht und wächst schnell nach. Viele Doldenblütler wie der Wiesen-Kerbel können besonders dann in der Wiese überleben, wenn sie in den Mährhythmus eingepasst sind und schnell wachsen. Diese Pflanzen wachsen erst nach dem ersten Schnitt im Juni zu größeren Pflanzen heran.
Die Zusammensetzung der Pflanzengemeinschaft auf einer Wiese hängt besonders von der Bodenart und dem Wassergehalt ab. *Feuchtwiesen* findet man auf nährsalzreicheren Flächen in Tälern und in der Nähe von Flüssen. *Trockenrasen* kommen auf trockenen, nährsalzärmeren Böden oft in Hanglage vor und sind sehr artenreich.

Im Sommer finden wir auf Wiesen vielfältige Pflanzen, die an Standortfaktoren wie Licht, Wasser, Boden und Mahd in diesem Lebensraum angepasst sind.

1 Begründe, weshalb die auf der Pinnwand Seite 137 abgebildeten Pflanzen eine Mahd im Juni gut vertragen.

2 Weiß-Klee

Pinnwand

SOMMERBLÜHER AUF WIESEN

Name: ***Kuckuckslichtnelke***
Blütezeit: Mai bis August
Vorkommen: feuchte bis nasse Wiesen
Besonderheit: aufragende Pflanze mit Halbrosette am Boden

Name: ***Scharfer Hahnenfuß***
Blütezeit: Mai bis Oktober
Vorkommen: Wiesen
Besonderheit: pro Blüte (A) entstehen zahlreiche Nüsschen (B,C); wächst schnell

Wiesen

Wiesen gehören zu den von Menschen geschaffenen Lebensräumen. Sie entstehen dort, wo der Wald gerodet und die krautigen Pflanzen regelmäßig gemäht werden. Sowohl auf besonders nassen als auch auf sehr trockenen Böden, also überall dort wo Ackerbau mit Schwierigkeiten verbunden ist, werden landwirtschaftliche Flächen seit Jahrhunderten als Wiesen genutzt.

Feuchtwiesen findet man in Tälern und Niederungsgebieten mit hohem Grundwasserstand. Kriechender Hahnenfuß, Kuckuckslichtnelke und Wiesenschaumkraut gehören hier zu den typischen Pflanzenarten.

Trockenrasen sind Grasfluren auf trockenen Standorten, oft in Hanglage. Viele dieser Böden sind arm an Nährsalzen, was besonders das Vorkommen zahlreicher Orchideenarten begünstigt.

Name: ***Wiesen-Margerite***
Blütezeit: Mai bis Oktober
Vorkommen: Wiesen
Besonderheit: oft im Bereich von Wiesen-Neusaaten

Name: ***Wiesen-Kerbel***
Blütezeit: April bis August
Vorkommen: Wiesen, Weg- und Gewässerränder
Besonderheit: Döldchen (A) mit weißen Blüten (B); Frucht (C); Halbrosettenpflanze

Name: ***Breitblättriges Knabenkraut***
Blütezeit: Mai bis Juni
Vorkommen: feuchte bis nasse Wiesen
Besonderheit: gefährdete Art, geschützt

Name: ***Wiesen-Rotklee***
Blütezeit: Mai bis September
Vorkommen: Wiesen und Felder
Besonderheit: ertragreiche und daher wichtige Futterpflanze; kräftiger Erdspross

1 Mischwald im Herbst

2 Herbstlaub

9.3 Pflanzen im Herbst

Es ist Herbst. Der Laubwald ist prächtig rot und gelb gefärbt. Anja und Christian sammeln bunte Blätter für den Kunstunterricht. Sie sollen die Blätter zu „Blättertieren" zusammenkleben. Wieso verfärben sich die **Laubblätter** eigentlich im Herbst? Die grünen Laubblätter versorgten die Pflanze im Frühjahr und vor allem im Sommer mit Nährstoffen. Hierzu benötigten sie neben **Chlorophyll** noch Sonnenlicht, Wasser und Kohlenstoffdioxid. Überschüssiges Wasser verdunsteten sie über die Spaltöffnungen in den Blättern.

Im Herbst werden die Tage kürzer und die ersten Nachtfröste setzen ein. Ein gefrorener Boden gibt jedoch kein Wasser mehr her. Die Pflanzen würden kein Wasser aus dem Boden nachsaugen können: Sie würden vertrocknen, wenn sie ihre Blätter behalten. Um die kalte Jahreszeit im Winter zu überstehen, müssen die Pflanzen ihre Blätter abwerfen.

Bevor dies geschieht, werden zunächst Nährstoffe und das Chlorophyll abgebaut und in Stamm und Wurzel transportiert. Im Blatt bleiben gelbe und rote Farbstoffe zurück. Sie sind die Ursache für die prächtige *Laubfärbung* im Herbst. Jetzt werden an den Abbruchstellen des Blattstiels eine frische Zellschicht und Korkstoff gebildet; hierdurch fällt das Blatt ab. Die entstehenden Blattnarben werden verschlossen. In jeder Blattachsel ruht jedoch bereits die Knospe für einen neuen Seitenspross.

Der Waldboden bedeckt sich nun mit herabfallendem Laub. Die dichte Laubdecke bildet einen Kälteschutz für Pflanzen und Tiere des Waldbodens. Im Laufe der nächsten Monate werden die Blätter von Kleinlebewesen zerfressen und zu **Humus** umgewandelt.

Viele Pflanzen werfen im Herbst ihre Blätter ab. Sie schützen sich dadurch vor dem Vertrocknen im Winter.

1 Betrachte die Pinnwand. Nenne weitere Bäume und Sträucher mit auffälligen Früchten.

→ Der Wald im Jahresverlauf, Seite 322/323
→ Leben in der Laubstreu und im Waldboden, Seite 329

Pinnwand

SAMEN UND FRÜCHTE AN HECKE UND WALDRAND

Name: ***Heckenrose***
Frucht: kugelige bis längliche *Sammelnussfrucht* (A); wird Hagebutte genannt
Besonderheit: Verarbeitung zu Hagebuttentee; reich an Vitamin C; Winternahrung für Vögel

Name: ***Haselnuss***
Frucht: braune, hartschalige *Nuss* (A) mit wohlschmeckendem, ölhaltigen Kern
Besonderheit: wird von manchen Säugetieren als Wintervorrat vergraben

Name: ***Schwarzer Holunder***
Frucht: schwarze, kugelige *Steinfrucht* (A) mit 3 bis 6 Steinkernen
Besonderheit: Frucht hat gute Heilwirkung bei Erkältungskrankheiten; reich an Vitamin C

Name: ***Zweigriffliger Weißdorn***
Frucht: rote *Scheinfrucht*, am Scheitel kraterförmig vertieft mit zwei Griffeln (A)
Besonderheit: Winternahrung für Vögel

Name: ***Eberesche / Vogelbeere***
Frucht: anfangs gelbe, später rote *Scheinfrucht* (A)
Besonderheit: Frucht wird vor allem nach dem ersten Frost von Vögeln gefressen

Name: ***Schlehe***
Frucht: dunkelblaue, etwa kirschgroße *Steinfrucht* (A) mit runzeligem Kern und saurem Fleisch
Besonderheit: Nahrung für Vögel; Herstellung von Marmelade und Likör

Name: ***Pfaffenhütchen***
Frucht: mehrfächerige, karminrote *Kapsel* (A) mit vier eiförmigen, von einem orangefarbigen Samenmantel umgebenem Samen
Besonderheit: giftig

Name: ***Stachelbeere***
Frucht: rötliche, rundlich-eiförmige, borstige *Beere* (A); Kultursorten auch gelb und grün
Besonderheit: Herstellung von Marmelade und Kompott

→ Von der Bestäubung zur Frucht, Seite 306
→ Pinnwand: Früchte und Samen, Seite 307

Knospen

Am winterlichen Zweig sind über den Blattnarben Seitenknospen und die besonders dicke Endknospe zu erkennen.

Blüten

Die Einzelblüten bestehen aus fünfzipfligem Kelch, vier bis fünf ungleichen Kronblättern, Staubblättern und/oder Stempel.

Blätter

Die Blätter sind handförmig gefingert mit fünf bis sieben keilförmigen, gesägten Blättchen. Die Herbstfärbung ist meist gelb und braun.

Früchte

Die Kapselfrüchte sind grün, kugelig, und oft durch kurze, scharfe, biegsame Stacheln igelartig; innen sitzen ein bis drei braune, glänzende Samen, die „Kastanien".

1 Rosskastanie im Jahresverlauf

9.4 Die Rosskastanie im Jahresverlauf

Von November bis April hat die **Rosskastanie** keine Laubblätter. Mit ihren kahlen Zweigen wirkt sie im Winter wie abgestorben. Lediglich die hufeisenförmigen Blattnarben erinnern an die Blätter des vergangenen Jahres. Die übereinander liegenden, schuppenförmigen Hüllblätter der **Knospen** schützen die darunter verborgenen zarten Sprossenden sowie Blatt- und Blütenanlagen vor Nässe, Austrocknung und Frost. Die Knospen scheiden eine unangenehm schmeckende harzige Masse aus. Hierdurch werden die Knospenschuppen wasserdicht verklebt und die jungen Blätter vor Tierfraß geschützt.

Im **Frühjahr** schwellen die Knospen an. Sobald die Wurzeln den Baum wieder mit ausreichend Wasser versorgen, entfalten sich ab April erst die **Blätter** und dann die **Blüten.** Die Seiten- und Endknospen entwickeln sich zu vier handförmig gefingerten Laubblättern. Die Endknospen bringen außerdem den Blütenstand hervor. Die Bestäubung erfolgt durch Hummeln und Bienen. Nach der Befruchtung der Eizellen in den Samenanlagen entwickeln sich stachelige Kapselfrüchte, die bis zum Oktober einen Durchmesser von etwa sechs Zentimetern erreichen.

Im **Herbst** platzt die Frucht beim Aufschlagen auf den Boden an den Verwachsungsnähten ihrer Fruchtblätter auf und gibt bis zu drei braunrot gefärbte **Samen** frei.

Knospen, Blüten, Blätter und Früchte kennzeichnen das Bild der Rosskastanie in den vier Jahreszeiten.

1 Ordne die Zettel 1 bis 5 vom Aronstab auf der Pinnwand Seite 347 in eine zeitliche Reihenfolge.

→ Der Wald im Jahresverlauf, Seite 322/323

DER ARONSTAB IM JAHRESVERLAUF

Pinnwand

feuchter Laubwald – Lebensraum des Aronstabs

Steckbrief:

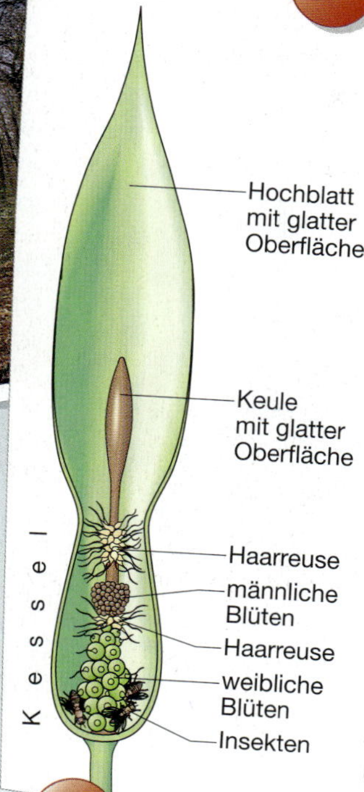

Aronstab

Blütezeit: April bis Mai

Vorkommen: krautreiche Buchen-, Laubmisch- und Auenwälder, Hecken, auf mehr oder weniger feuchten, nährsalzreichen Lehm- und Tonböden

Überwinterung: mit einer Sprossknolle im Boden

Fortpflanzung: Die Blühdauer des Aronstabs beträgt etwa einen Tag. Nachdem sich das Hochblatt meistens in den Nachmittagsstunden geöffnet hat, werden Aasfliegen und andere Insekten durch Wärme und kotartigen Geruch angelockt. Sie rutschen von der glatten Oberfläche der Keule oder des Hochblattes in den Kessel und übertragen an ihren Haaren klebende Pollenkörner auf die weiblichen Blüten. Die Haarreuse verhindert für einige Stunden das Entweichen der Insekten aus dem Kessel. Am nächsten Tag reifen die männlichen Blüten, und die Insekten bepudern sich erneut mit Pollenkörnern. Sind die Reusenhaare eingetrocknet, verlassen die Insekten den Kessel und fliegen zum nächsten Aronstab.

4 Blätter

1 Beeren

5 Kessel mit Blüten

3 Blütenstand

2 grüne Beeren

1 ***Eisbär. A*** *im Lebensraum,*
B *Sonnenstrahlen werden auf die schwarze Haut geleitet*

9.5 Tiere sind an Kälte oder Wärme angepasst

Einige Tierarten sind in der Lage, in Gebieten mit extremer Kälte oder Hitze zu überleben. Dies ist ihnen nur möglich, weil sie sich in ihrem Körperbau und ihrer Lebensweise an diese Lebensräume angepasst haben.

Eisbären – Überleben in der Arktis

Eisbären sind über den gesamten Pack- und Treibeisbereich des Nordpols verbreitet. In dieser Region leben auch besonders viele Robben, von denen sich Eisbären hauptsächlich ernähren.
Die bis zu 600 Kilogramm schweren Jäger sind an das Leben in Eis und Schnee hervorragend angepasst. Eine gut zehn Zentimeter dicke *Fettschicht* und das dichte *Fell* isolieren die Tiere so gut gegen Kälte, dass sie selbst bei minus 50 °C noch aktiv sind.
Die Haare des Eisbärfells sind hohl, wärmedämmend und durch eine Ölschicht zusätzlich wasserabweisend. Ein weiterer Vorteil der hohlen Haare ist, dass auftreffende Sonnenstrahlen bis zur schwarzen Haut gelangen. Dort werden sie in Wärme umgewandelt. Das spart Energie.
Außerdem sind Eisbären mit ihrem hellen Fell in ihrem Lebensraum gut getarnt. Die kleinen Ohren und stark behaarten Fußsohlen sind ebenso wichtige Anpassungen an die arktische Kälte.

Eisbären verfügen über einen sehr guten Geruchssinn. So können sie selbst über große Entfernungen Beutetiere oder Artgenossen wahrnehmen. Das ist für ihr Überleben entscheidend.

Pinguine – Überleben in der Antarktis

Auch Pinguine leben dort, wo wir nicht überleben könnten: in der Antarktis. Mit Temperaturen von minus 70 °C und heftigen Schneestürmen ist die Region am Südpol extrem lebensfeindlich. Selbst im Sommer wird es selten wärmer als 10 Grad.
Pinguine sind wie Eisbären durch ihren Körperbau vor einem zu hohen Wärmeverlust geschützt. Die kurzen, schuppenartigen Federn liegen dicht und dachziegelartig übereinander. Sie verhindern, dass Wasser an die Haut kommt. Zusammen mit einer dicken Fettschicht unter der Haut bilden sie einen hervorragenden Kälteschutz.
Kaiserpinguine schaffen es sogar, bei dieser Kälte ihre Jungen großzuziehen. Dabei hilft ihnen folgende Verhaltensweise: Während die Weibchen nach der Eiablage zurück ins Meer gehen, übernehmen die Männchen das Brutgeschäft. Sie schieben das große Ei mit dem Schnabel auf ihre nackten Füße und stülpen ihre wärmende Bauchfalte über das Ei. Über 60 Tage lang bebrüten die Männchen so stehend das Ei, ohne dabei Nahrung aufzunehmen. Sie stellen sich in großen Gruppen dicht nebeneinander und wärmen sich gegenseitig. Obwohl sie mit nackten Füßen auf dem Eis stehen, frieren Pinguine nicht. Durch einen speziellen Aufbau des Blutgefäßsystems liegt die Temperatur ihrer Füße nur bei 1 Grad. So verringern sie die Wärmeabgabe an die kalte Umgebung.

2 Pinguinkolonie

→ Menschen frieren und schwitzen, Seite 128
→ Pinnwand: Schutz durch Kleidung, Seite 129

3 Dromedar

Kamele – Spezialisten in der Wüste

Wüsten sind Landschaften mit außergewöhnlichen Lebensbedingungen. Extreme Hitze am Tag und Minusgrade in der Nacht sowie Sandstürme, Trockenheit und Futtermangel stellen besondere Anforderungen an die Lebewesen dieser Gebiete.

Beide Kamelarten, **Dromedare** wie **Trampeltiere,** sind hervorragend an das Leben in der Wüste angepasst. Das dichte, zottige *Fell* auf dem Rücken hält tagsüber die Sonnenstrahlen vom Körper ab. Nachts dagegen schützt es vor den niedrigen Temperaturen. Die Körpertemperatur der Tiere kann in der Mittagshitze auf 41 Grad steigen. So verringern Kamele den Wasserverlust durch Schwitzen. Die Beschaffenheit ihres Blutes erlaubt sogar einen Wasserverlust bis zu einem Viertel ihres Körpergewichts, ohne dass die Leistungsfähigkeit nachlässt.
Der Fettvorrat in den Höckern dient nicht nur als Nahrungs- und Flüssigkeitsreserve. Da Fett ein schlechter Wärmeleiter ist, schützen die Höcker auch vor Hitze und Kälte. Darm, Blase und Nieren der Tiere sind so gebaut, dass sie das Wasser lange im Körper halten. Dadurch ist ihr Urin sehr konzentriert und der Kot auffallend trocken. Kamele können Wasserstellen schon kilometerweit wittern. In nur zehn Minuten trinken durstige Tiere dann bis zu 120 Liter Wasser.
Zum Schutz vor Flugsand haben sie an den Augenlidern lange *Wimpern.* Außerdem sind ihre *Ohren* klein und behaart. Die *Nasenöffnungen* lassen sich verschließen. Beim Laufen spreizen sich die beiden *Zehen* der Füße. Das verhindert ein tiefes Einsinken im Sand. An Füßen, Knien, Ellbogen und Brust schützen dicke *Schwielen* vor Hitze und Verletzungen.

Dornteufel – Meister der Wasserversorgung

Dornteufel leben in den heißesten Gegenden der australischen Wüste. Die ungewöhnlich aussehenden Echsen schützen sich mit einer Panzerung aus Schuppen und langen Dornen gegen Feinde. Zudem bietet die unebene Körperhülle der Sonne kaum Angriffsflächen. Der Körper heizt sich so nur wenig auf. Dornteufel laufen auf langen Beinen über den heißen Sand, ohne dass ihr Körper mit ihm in Berührung kommt.

Auch das Trinkverhalten dieser Tiere ist ungewöhnlich: Ihre Haut ist von kleinen Röhrchen durchzogen, mit denen sie sogar die Bodenfeuchtigkeit aufnehmen können. Wie durch Trinkhalme wird das Wasser hochgezogen und zum Mund befördert. Auf die gleiche Weise wird Morgentau aufgenommen, der an ihrem stacheligen Körper haften bleibt. Mit der Zunge lecken sie hauptsächlich Mineralien vom Boden ab.

Tiere, die in Gebieten extremer Kälte oder Hitze leben, sind in ihrem Körperbau und ihrer Lebensweise an ihren jeweiligen Lebensraum angepasst.

1 Nenne die Besonderheiten des Eisbärfells.
2 Informiere dich, wie Eisbären Robben fangen. Berichte.
3 Erkläre, wie Pinguine das Auskühlen ihres Körpers verhindern.
4 Weshalb können Eisbären keine Pinguine jagen? Erkläre.
5 Beschreibe, wie Kamele an das Leben in der Wüste angepasst sind.
6 Nenne die Anpassungen des Dornteufels.

4 Dornteufel

9.6 Viele Vögel ziehen im Winter in den Süden

Im Herbst kannst du beobachten, wie sich Vögel sammeln, um in den Süden zu ziehen. Ihre Winterquartiere liegen in Südeuropa oder Afrika. Vögel, die nur im Frühling und Sommer bei uns sind, um zu brüten, werden **Zugvögel** genannt. Mehr als die Hälfte unserer einheimischen Vogelarten flieht so vor Kälte und Nahrungsknappheit. Störche ziehen sogar tausende von Kilometern bis in den Süden Afrikas.

Lange Zeit war es rätselhaft, wie die Zugvögel den Abflugtermin und den richtigen Weg bestimmen können. Wissenschaftler fanden heraus, dass die Vögel unterschiedliche Möglichkeiten nutzen. Sie verfügen über eine Art innere Uhr, die ihnen den Abflugszeitpunkt anzeigt. Auch der zunehmende Nahrungsmangel und die abnehmende Tageslänge sind Hinweise für die Vögel.
Zur Orientierung nutzen einige Zugvögel das Magnetfeld der Erde oder die Sterne. Tagzieher wie Störche richten sich dagegen nach der Sonne. Zudem können erfahrene Tiere auffällige Landmarken wie Küsten, Flüsse oder Gebirge nutzen.
Zugvögel sind auf ihrem Weg ins Winterquartier vielen Gefahren ausgesetzt. Manchmal treiben sie starke Winde ab. Sie verfehlen so ihr Zugziel. Oder sie fallen Vogelfängern zum Opfer.

A Storch mit Sender

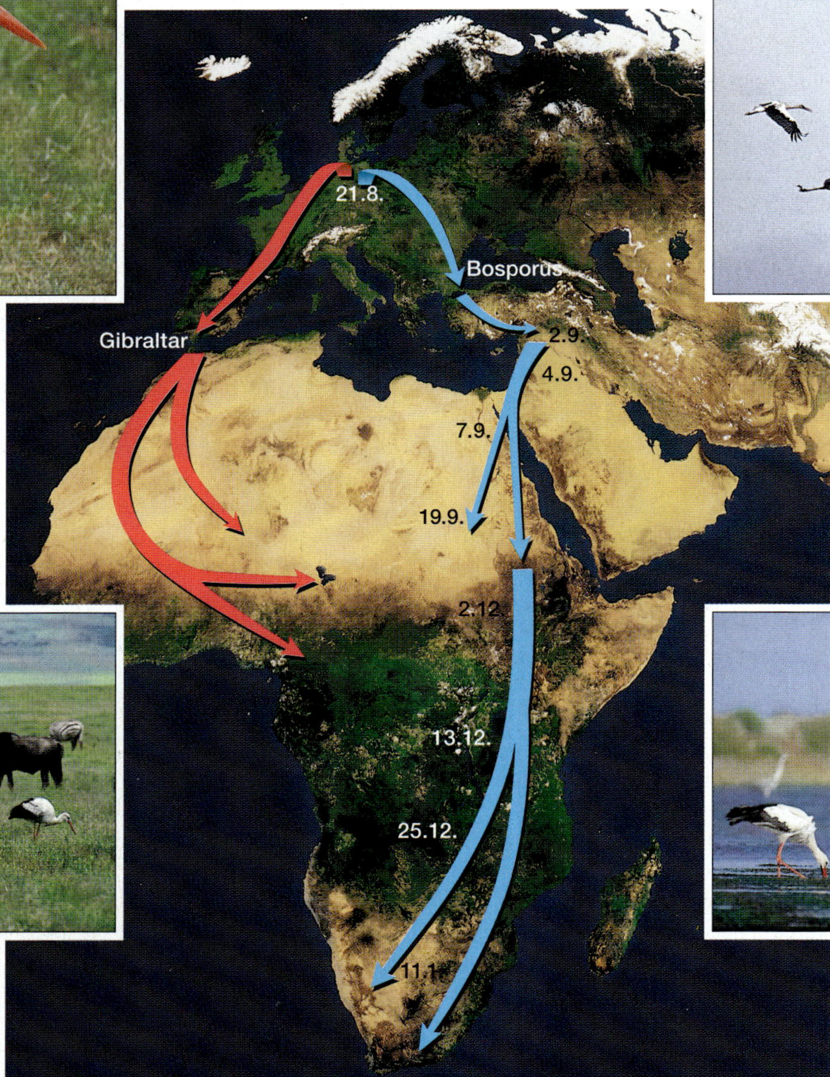

B ziehende Störche

D im Überwinterungsgebiet

C Rast unterwegs

1 Zug der Weißstörche in ihre Überwinterungsgebiete

→ Wie Vögel fliegen, Seite 270

Überwinterung von Standvögeln

Meisen, Drosseln, Finken, Sperlinge und Rotkehlchen sind auch in den Wintermonaten bei uns anzutreffen. Solche Vögel, die das ganze Jahr über in ihrem Brutgebiet bleiben, nennt man **Standvögel** oder *Jahresvögel.*

Viele dieser Standvögel ernähren sich im Winter von den Samen stehen gebliebener Stauden und den Früchten von Sträuchern. Meisen, die im Sommer von Insekten und Würmern leben, stellen sich im Winter um. Sie werden zu Samen- und Körnerfressern. Amseln bevorzugen Früchte. Rotkehlchen suchen auch nach kleinen Samen. Einzelne Insektenfresser wie der Zaunkönig und das Wintergoldhähnchen finden im Laub oder an Zweigen auch im Winter Insektennahrung.

Fichtenkreuzschnäbel haben sich auf die noch verschlossenen Zapfen der Fichten spezialisiert. Ihre Schnabelhälften sind an der Spitze gebogen und überkreuzen sich. Mit diesem „Spezialwerkzeug" spreizen sie die Schuppen der Kiefernzapfen auseinander und gelangen mit der Zunge an die Samen. So finden sie selbst bei Frost und Schnee genug Nahrung. Aufgrund des guten Nahrungsangebots können sie sogar im Winter brüten und ziehen in dieser Zeit ihre Jungen groß.

Teilzieher oder Strichvögel

Neben den Zug- und Standvögeln gibt es Vogelarten, die den ungünstigen Lebensbedingungen nur kurzzeitig ausweichen. Auf der Suche nach Futter streichen sie umher, ohne dabei weit fortzuziehen. Zu diesen **Teilziehern** oder *Strichvögeln* gehören Kohlmeise, Amsel und Saatkrähe.

Zugvögel ziehen im Spätsommer in ihr Winterquartier im Süden. Sie orientieren sich dabei an den Sternen oder der Sonne. Standvögel und Teilzieher bleiben das ganze Jahr über in ihrem Brutgebiet. Sie finden dort auch im Winter meist ausreichend Nahrung.

1 Erkläre die Begriffe Teilzieher, Zugvogel und Standvogel.

2 Stelle in einer Tabelle Beispiele einheimischer Teilzieher, Zugvögel und Standvögel zusammen. Nimm ein Bestimmungsbuch zu Hilfe.

3 Wie orientieren sich Zugvögel? Erkläre.

4 Beschreibe die Flugwege von Weißstörchen. Nimm Abbildung 1 und einen Atlas zu Hilfe.

5 Erkläre, weshalb der Fichtenkreuzschnabel im Winter seine Jungen aufziehen kann.

2 ***Standvögel. A*** *Buchfink,* ***B*** *Rotkehlchen,* ***C*** *Wasseramsel,* ***D*** *Fichtenkreuzschnabel am Nest*

2 Pferde im Winterfell

1 Freilandhaltung auch im Winter

9.7 Säugetiere im Winter

Wenn wir im Winter nach draußen gehen, ziehen wir uns warm an, um nicht zu frieren. Wie aber schützen sich die Tiere vor Kälte? Sehen wir uns frei laufende Pferde einmal aus der Nähe an. Sie besitzen ein Fell aus dicht beieinander stehenden Haaren. Es hält ihren Körper warm so wie uns Winterkleidung vor Kälte schützt. Zum Frühjahr hin verlieren die Pferde einen Teil ihres wärmenden „Unterkleides“. Dann sehen sie zum Teil struppig aus.

Der **Haarwechsel** zum Winter und zum Frühjahr wird besonders beim *Hermelin* deutlich. Im Sommer trägt dieser Marder auf dem Rücken ein braunes *Sommerfell.* Zum Winter hin verliert er sein braunes Haarkleid. An dessen Stelle tritt ein dichtes weißes *Winterfell.* Nur die Schwanzspitze bleibt dunkel gefärbt. Der Haarwechsel vom Sommer zum Winter und umgekehrt ist eine Angepasstheit an die jahreszeitlich unterschiedlichen Temperaturen. Das Winterfell dient dem Tier als Kälteschutz. Zugleich ist es auch eine Tarnfärbung in der weißen Winterlandschaft. Es schützt das Hermelin vor möglichen Fressfeinden wie Greifvögeln und Eulen.

Auch *Rehe, Hirsche* und *Füchse* haben sich ein dichtes „Unterkleid“ aus *Wollhaaren* zugelegt. In den kleinen Zwischenräumen der Haare wird die Luft festgehalten. Luft leitet Kälte und Wärme schlecht. Solch ein lufthaltiges Winterhaar wirkt wie eine Isolierschicht und verhindert einen zu starken Wärmeverlust. *Grannenhaare* weisen zusätzlich Feuchtigkeit ab. Die Tiere gehen den Winter über auf Nahrungssuche. Es sind **winteraktive Tiere.**

3 Hermelin im Sommerfell

4 Hermelin im Winterfell

→ Pinnwand: Schutz durch Kleidung, Seite 129

Eichhörnchen, denen du im Sommer gelegentlich begegnest, wirst du im Winter kaum antreffen. Sie „verschlafen" die kalte Jahreszeit in ihrem kugelförmigen Nest, dem *Kobel,* das sie sich in einem Baum angelegt haben. Es ist mit Pflanzenteilen ausgepolstert und schützt das Tier zusätzlich zu seinem Winterkleid vor Auskühlung. Für den Winter legt sich das Eichhörnchen Verstecke mit Nahrungsvorräten an: Eicheln, Nüsse, Bucheckern und Zapfen von Nadelbäumen. Diese vergräbt es oder versteckt sie in Baumhöhlen. Von Zeit zu Zeit erwacht das Eichhörnchen aus seinem *Ruheschlaf* und frisst von seinen Vorräten. Eichhörnchen sind **Winterruher.**

Ganz anders verhält sich der *Igel* in der kalten Jahreszeit. Bis zum Herbst hat er sich ein Fettpolster angefressen. Es dient ihm im Winter als Nahrungsreserve. Der Igel baut sich unter Laub- oder Reisighaufen aus Heu, Moos und Laub ein Nest, in das er sich verkriecht, wenn die Außentemperatur längerfristig sinkt. Er hält dort eingerollt einen tiefen **Winterschlaf.** Seine Körpertemperatur fällt von 35 °C auf etwa 6 °C, das Herz schlägt statt 180-mal nur noch 20-mal in der Minute. So kann der Igel viele Wochen lang regungslos in seinem Nest schlafen. – Bleibt die Außentemperatur längere Zeit unter 6 °C oder herrscht sogar Dauerfrost, kann der Igel erfrieren. Die Kälte wirkt auf den Igel als *Weckreiz.* Er wacht auf. Dabei steigt seine Körpertemperatur innerhalb kurzer Zeit wieder auf 35 °C. Danach fällt er erneut in Winterschlaf.

Winterschlaf halten auch *Fledermäuse.* Sie ziehen sich in frostsichere Baum- und Felshöhlen oder Felsspalten zurück. Dafür müssen sie oft Hunderte von Kilometern weit fliegen.

Haarwechsel, Winterruhe und Winterschlaf sind eine Angepasstheit der Säugetiere an die Lebensbedingungen im Winter.

1 Unterscheide die Tiere der Seiten 146/147 nach Winteraktiven, Winterruhern und Winterschläfern.

6 ***Eichhörnchen. A*** *Kobel im Baumwipfel;* ***B*** *auf Nahrungssuche im Winter*

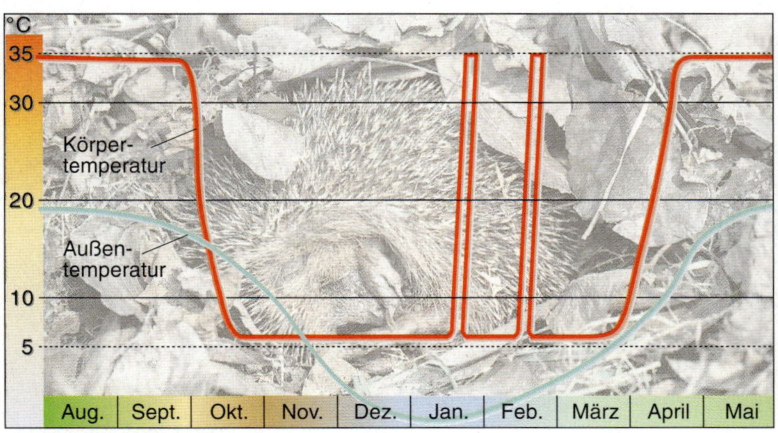

5 Der Igel – ein Winterschläfer

7 Fledermäuse im Winterschlaf

Welt des Großen – Welt des Kleinen

Kann man anhand eines Haares oder eines Fingerabdruckes wirklich den Täter finden?

→ **Seite 152f**

Die Leute von der Spurensicherung tragen spezielle Anzüge, um die Spuren nicht zu verfälschen. Würde z. B. einer der Männer ein Haar am Tatort verlieren, könnte man es fälschlich für eine Spur des Täters halten.
Spuren wie z. B. Fingerabdrücke oder Haare werden gesammelt. Später werden sie mit bekannten Fingerabdrücken oder Haarproben und mit Proben der Verdächtigen verglichen.

Wie erreicht man stärkere Vergrößerungen als mit einer Lupe?

→ **Seite 151, 154**

In den modernen Elektronenmikroskopen wird das Bild elektronisch abgetastet. So sind sehr starke Vergrößerungen möglich und winzige Details werden sichtbar. Welche Entdeckungen sind mit solchen Geräten möglich? Kann man beliebig weiter vergrößern?

Das Atomium in Brüssel ist ein Gebäude, das den Aufbau von Eisen aus Atomen zeigen soll. Jede Kugel steht für ein 150 Millionen Mal vergrößertes Eisenatom. Wie muss man sich die Atome vorstellen? Wo nutzt man Wissen über Atome?

Umgang mit Lupe und Stereolupe

Methode

Nicht immer ist es möglich, mit dem bloßen Auge Strukturen von Gegenständen genau zu erkennen. Um beispielsweise die Zacken einer Briefmarke gut sehen zu können, benötigst du ein Vergrößerungsglas, eine **Lupe.** Auch kleine Teile von Steinen, Pflanzen und Tieren lassen sich mit einer Lupe besser erkennen. Mit einer guten Lupe kannst du bis zu 10fach vergrößern.

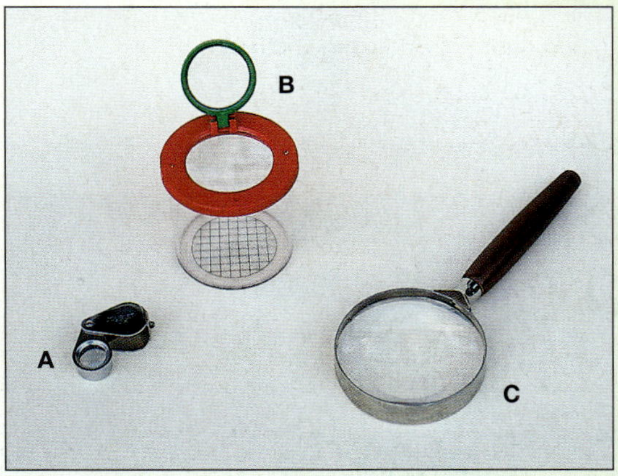

***1 Lupentypen. A** Einschlaglupe; **B** Becherlupe; **C** Stiellupe*

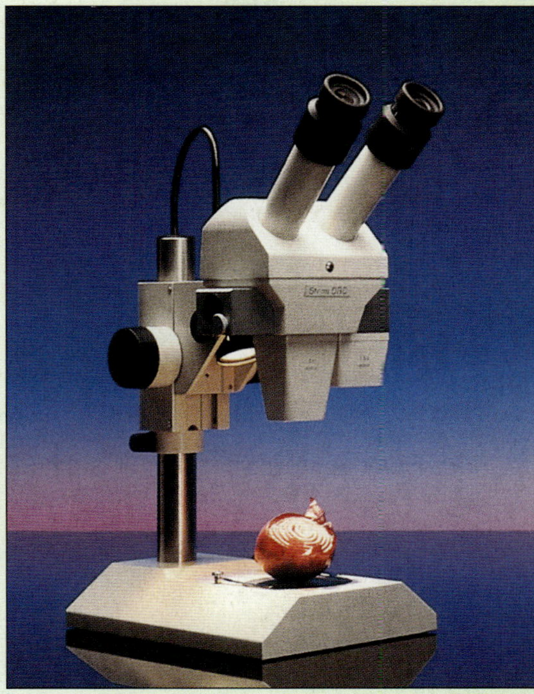

2 Stereolupe

Regeln für den Umgang mit der Lupe:
1. Halte die Lupe zwischen ein Auge und das Objekt, das du betrachtest.
2. Schließe beim Betrachten des Objektes das andere Auge und sieh mit dem offenen Auge durch die Lupe hindurch.
3. Verändere langsam den Abstand zwischen Lupe und Objekt, bis du das Objekt gut erkennen kannst.

Zur stärkeren Vergrößerung eines Objektes kannst du eine **Stereolupe** benutzen. Mit diesem Gerät lässt sich ein Objekt gleichzeitig mit beiden Augen betrachten. So entsteht ein räumliches Bild, das noch feinere Strukturen sichtbar macht. Stereolupen werden auch als Stereomikroskope bezeichnet und weisen meist eine Gesamtvergrößerung von 20fach bis 40fach auf.

Willst du Objekte noch stärker vergrößert betrachten, so verwendest du dazu das **Mikroskop.** Ein Mikroskop vermittelt jedoch im Gegensatz zu einer Stereolupe kein räumliches Bild.

Regeln für die Arbeit mit der Stereolupe:
1. Lege das Objekt, das du betrachten willst, in eine kleine Glasschale, zum Beispiel in eine Petrischale.
2. Passe den Abstand der beiden Okulare deinem Augenabstand an.
3. Drehe am Triebrad zunächst so weit nach unten, bis das Objektiv etwa einen Zentimeter über dem Objekt ist.
4. Blicke nun durch beide Okulare. Drehe während des Betrachtens das Objektiv langsam nach oben, bis du das Objekt scharf siehst.

1 Betrachte Sand, Laubblätter, kleine Blüten, Getreidekörner, Wurzeln, tote Insekten oder ähnliche Dinge mit der Lupe und mit der Stereolupe. Vergleiche deine jeweiligen Bildeindrücke. Berichte.

Praktikum

Erproben von Lupe und Stereolupe

V 1 Vergleich von Lupe und Stereolupe

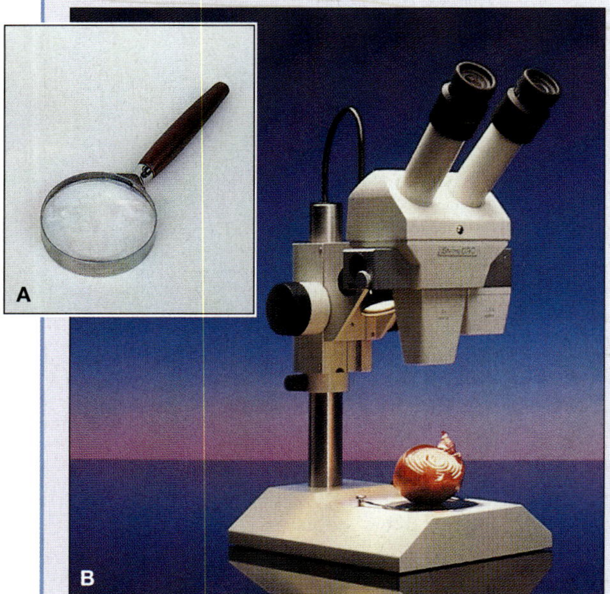
A
B

Einführung: Lupen und Stereolupen sind sich zwar in vielen Punkten ähnlich, es gibt aber auch Unterschiede. So sind Stereolupen z. B. mit einem Standfuß, einem Stativ (Ständer) und einer Beleuchtung ausgestattet. Das macht sie zwar praktisch, aber auch schwer und sehr teuer. (Die oben abgebildete Stereolupe kostet fast 900 €uro!)
Einfache Lupen sind hingegen viel billiger und meist so klein, dass man sie einfach überall mit hinnehmen kann.
Material: Lupe; Stereolupe; verschiedene kleine Gegenstände z.B. Insektenflügel, Blüten, kleine Schrauben, Kugelschreiber
Durchführung: Untersuche die Gegenstände jeweils mit der Lupe und der Stereolupe. Fertige mindestens eine Zeichnung an.
Aufgabe: Erstelle eine Tabelle, in der du Vor- und Nachteile von Lupe und Stereolupe einträgst. Verwende dazu die Informationen aus dem Text und deine Erfahrungen aus dem Versuch!

	Lupe	Stereolupe
Vorteile		
Nachteile		

V 2 „Falsche“ Fotos

Material: Lupe oder Stereolupe; Postkarte mit Fotomotiv; „echtes“ Foto (Fotoabzug – kein Digitalausdruck!)
Durchführung: Untersuche die Postkarte und das Foto mit der Lupe oder Stereolupe.
Aufgaben: a) Zeichne einen Ausschnitt von dem, was du siehst.
b) Beschreibe den Unterschied zwischen der Postkarte und dem Foto in einem kurzen Text.

V 3 Dem Täter auf der Spur

Einführung: Die Polizei setzt Vergrößerungen ein, um Spuren vom Tatort zu untersuchen. So werden oft kleinste Details dem Täter zum Verhängnis. Mit dem folgenden Versuch kannst du einen solchen Fall nachstellen.
Material: Stereolupe oder Mikroskop; drei verschiedene Stoffstücke mit derselben Farbe; vier Karteikarten, Hefter
Durchführung: Beschrifte die Stoffe und drei der Karten mit „Verdächtiger 1“, „Verdächtiger 2“ und „Verdächtiger 3“. Trenne von jedem Stoffstück einen kleinen Fetzen ab und Hefte ihn auf die entsprechende Karte. Beschrifte die vierte Karte mit „Probe vom Tatort“ und bitte einen Mitschüler, ein Stück von einem der drei Stoffe darauf zu heften. Nur er darf wissen, von welcher Stoffprobe das „Tatort“-Stück kommt.
Vergleiche nun die Stofffetzen mit Hilfe der Lupe, der Stereolupe und des Mikroskops (kleinste Vergrößerung; vgl. S. 38). Kannst du den Täter finden?
Aufgabe: Beschreibe, wie du vorgegangen bist, um den Täter zu finden. War deine Lösung richtig?

V4 Wie dick ist ein Haar?

Vergrößerung

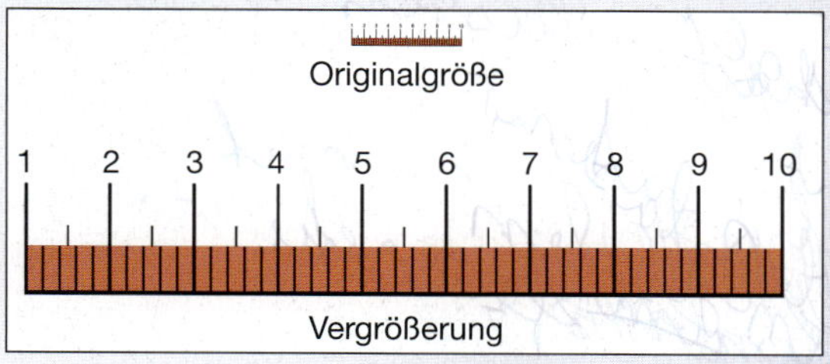

Material: Stereolupe oder Mikroskoplupe; flache Glasschale (Petrischale), Haar; Maßband-Kopie der oberen Skala; Tesafilm

Durchführung: Schneide die Skala von der Kopie aus und klebe sie mit Tesafilm in die Mitte auf eine umgedrehte Glasschale. Klebe dann ein Haar mit Tesafilm darüber. Das Haar soll im rechten Winkel zur Skala verlaufen. Untersuche nun mit der Stereolupe oder der Mikroskoplupe (Hinweise zum Umgang mit dem Mikroskop s. S. 36).

Hinweis: Die Skala ist insgesamt einen Zentimeter lang. Die Zahlen bezeichnen also Millimeterschritte. Jeder Millimeter ist noch einmal in zehn Teile unterteilt.

Aufgabe: a) Schätze anhand deiner Beobachtung die Dicke eine Haares – wie viele Haare müsste man nebeneinander legen, um eine Gesamtdicke von einem Millimeter zu erhalten?

b) Finde mit Hilfe des Internets oder eines Lexikons heraus, wie dick ein Haar wirklich ist. Vergleiche mit deinen Beobachtungen.

c) Vergleiche Kopfhaare von verschiedenen Personen. Welche Unterschiede kannst du unter der Stereolupe bzw. dem Lupenmikroskop entdecken? Wie könnte man damit einen Kriminalfall lösen?

V5 Das Zell-Modell ist manchmal unscharf

Material: durchsichtige Plastikbehälter (Zellwand); Styroporkugel (Zellkern); Folienstift; ein Tageslichtprojektor

Durchführung: Schreibe mit dem Folienstift die Worte „Zell" auf den Deckel und „Modell" auf den Boden des Plastikbehälters. Lege die Kugel in den Behälter. Stelle das Ganze, das Zell-Modell, auf den Tageslichtprojektor und versuche es scharf auf die Leinwand zu projizieren.

Aufgaben: a) Beschreibe den Versuchsaufbau in deinem Heft und fertige eine Skizze an. Beschreibe auch deine Beobachtungen beim Verstellen der Schärfe.

b) Was ist bei dem Versuch mit dem Projektor ähnlich wie beim Mikroskop und was ist anders?

c) Formuliere eine Regel, welcher Bereich jeweils scharf zu sehen ist (Es ist immer der Bereich scharf zu sehen, der... .). Wie wird diese Regel beim Mikroskopieren angewendet?

d) Stell dir vor, man würde auf und neben das Zell-Modell noch mehrere weitere Zellmodelle stellen. Wie würde sich dann das Bild auf der Leinwand verändern?

e) Stelle unter Berücksichtigung deiner Antwort aus Aufgabenteil d) eine begründete Vermutung auf, warum beim Mikroskopieren immer mit sehr dünnen Präparaten gearbeitet wird.

Methode

Umgang mit dem Mikroskop

Bevor du mit dem Mikroskopieren beginnst, solltest du dich mit dem Bau des Mikroskops vertraut machen. Betrachte dazu die Abbildung. Denke daran, dass es sich um ein wertvolles optisches Gerät handelt, mit dem du sorgfältig umgehen musst. Fasse nie mit den Fingern auf die Linsen der Objektive oder des Okulars. Achte darauf, dass beim Einstellen der Bildschärfe das Objektiv das Deckglas des Präparates nicht berührt.

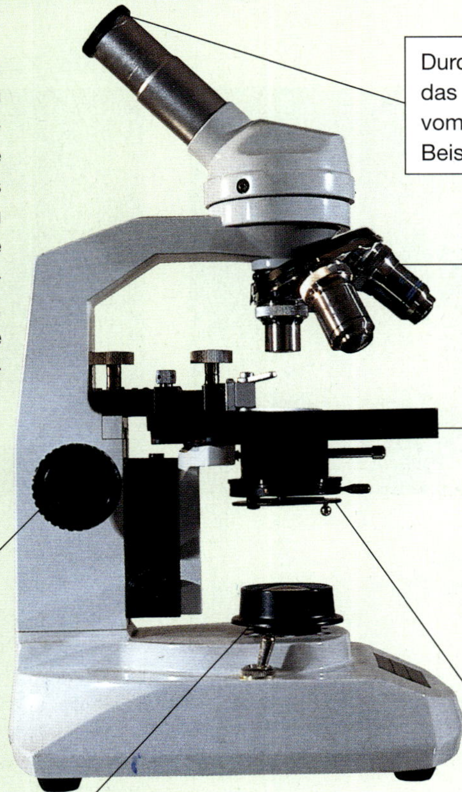

Durch das **Okular** blickst du in das Mikroskop. Es vergrößert das vom Objektiv erzeugte Bild, zum Beispiel 10-mal.

Durch Drehen am **Objektivrevolver** schaltest du Objektive mit verschiedenen Vergrößerungen ein.

Auf den **Objekttisch** legst du den Objektträger ① mit dem Präparat ②.

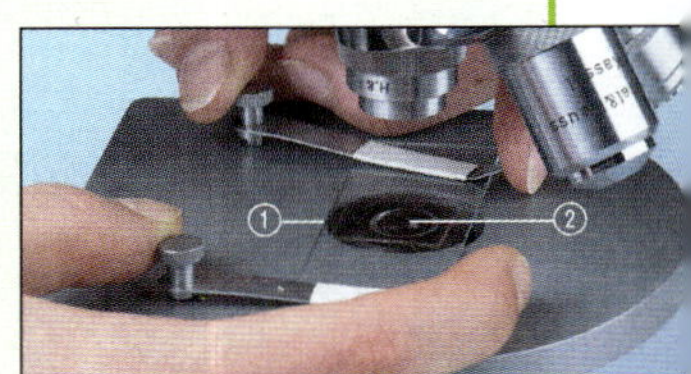

Durch Drehen am **Triebrad** veränderst du den Abstand zwischen Objektiv und Präparat. Manche Mikroskope haben zum genaueren Einstellen einen Feintrieb.

Zu Beginn des Mikroskopierens schaltest du die **Beleuchtung** ein, am Ende wieder aus. Ihre Helligkeit kann an einem Drehknopf geregelt werden.

Mit der **Blende** regelst du den Kontrast des Bil-

Vergrößerung des Mikroskops
Steht zum Beispiel auf einem Objektiv die Aufschrift ×40, so vergrößert es das Bild des Objekts vierzigfach. Wird dieses Bild mit einem Okular mit der Aufschrift ×10 betrachtet, so wird das bereits vierzigfach vergrößerte Bild noch einmal zehnfach vergrößert. Die Gesamtvergrößerung ist in diesem Fall 400.

Um ein Präparat zu mikroskopieren, gehst du so vor:

1. Stelle die kleinste mikroskopische Vergrößerung ein. Sie entspricht dem kleinsten Objektiv.
2. Lege den Objektträger mit dem Präparat über die Lichtöffnung des Objekttisches.
3. Schalte die Beleuchtung ein. Schaue durch das Okular und regle die Helligkeit.
4. Drehe am Triebrad, bis du das Objekt scharf siehst. Regle den Bildkontrast mit Hilfe der Blende. Suche durch Verschieben des Objektträgers auf dem Objekttisch einen geeigneten Bildausschnitt. Klemme den Objektträger in dieser Stellung auf dem Objekttisch fest.
5. Stelle durch Drehen am Objektivrevolver die nächst stärkere Vergrößerung ein. Regle falls nötig mit dem Triebrad vorsichtig die Bildschärfe. Bei stärkerer Vergrößerung solltest du auch die Beleuchtung etwas heller einstellen.
6. Schalte nach Beendigung deiner Beobachtung die Beleuchtung aus, drehe den Revolver auf die schwächste Vergrößerung und entferne das Präparat.

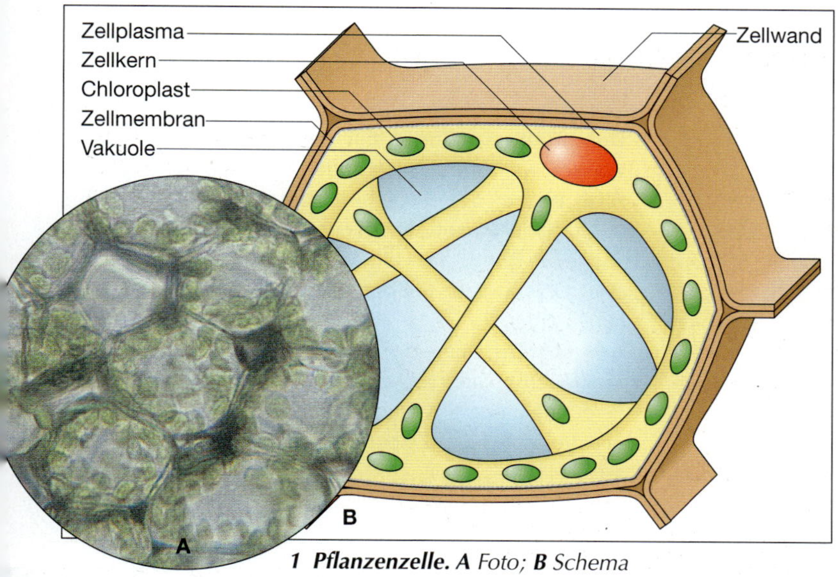

*1 **Pflanzenzelle.** **A** Foto; **B** Schema*

1 Der Aufbau von Zellen

Untersucht man Pflanzen mit dem Mikroskop, so sieht man, dass sie aus gleichartigen Bausteinen bestehen, den **Zellen.** Sie sind die *kleinsten Bausteine* der Pflanzen und aller anderen Lebewesen.

Bei Pflanzen ist jede Zelle von einer **Zellwand** umgeben. Diese gibt der Zelle Festigkeit und eine bestimmte Gestalt. Die Zellwand besteht aus dem Faserstoff *Zellulose.* Das Zellinnere ist vom zähflüssigen **Zellplasma** ausgefüllt. Es setzt sich hauptsächlich aus *Eiweißstoffen* zusammen und enthält viel Wasser. Ein dünnes Häutchen, die **Zellmembran,** umgibt das Zellplasma. Den meist kugelförmigen **Zellkern** kann man im Plasma gut erkennen. Er ist die „Zentrale" der lebenden Zelle. Von hier aus werden alle Lebensvorgänge in der Zelle gesteuert. Das Zellplasma junger Zellen füllt das Zellinnere fast vollständig aus. Bei älteren Zellen bilden sich Blasen mit Zellsaft, die man **Vakuolen** nennt. Im Zellsaft können zum Beispiel Zuckerstoffe oder Salze gelöst sein. Die grüne Farbe der Pflanzen wird durch kleine linsenförmige Zellbestandteile verursacht. Diese *Blattgrünkörner,* auch **Chloroplasten** genannt, enthalten den grünen Farbstoff *Chlorophyll.* Hier findet die Fotosynthese statt.

Nicht nur Pflanzen, sondern auch Tiere und Menschen sind aus Zellen aufgebaut. Diese sind meist etwas kleiner als pflanzliche Zellen. Sie haben keine Zellwand und sind deshalb weich und verformbar. Außerdem findet man bei ihnen keine Chloroplasten und sie bilden auch keine Vakuole. Die übrigen Bestandteile jedoch entsprechen denen der pflanzlichen Zelle. Auch ihr Plasma wird von einer elastischen *Zellmembran* umgeben. Im *Zellplasma* können Fetttröpfchen, tierische Stärke (Glykogen) oder Drüsenflüssigkeiten gespeichert sein. Die Grundsubstanz besteht wie bei den Pflanzen aus Eiweißstoffen. Im Zellplasma liegt der *Zellkern,* der – ebenfalls wie bei den Planzenzellen – die Aufgabe hat, alle Lebensvorgänge in den Zellen zu steuern.

Zellen sind die kleinsten Bausteine aller Lebewesen. Sie bestehen aus einer Zellmembran, die das Zellplasma umgibt, worin der Zellkern liegt. Pflanzliche Zellen sind zusätzlich von einer Zellwand umgeben, enthalten Chloroplasten und bilden Vakuolen.

1 Erstelle eine Tabelle, in der du die Bestandteile der pflanzlichen Zelle und der tierischen Zelle und ihre Funktionen miteinander vergleichst.

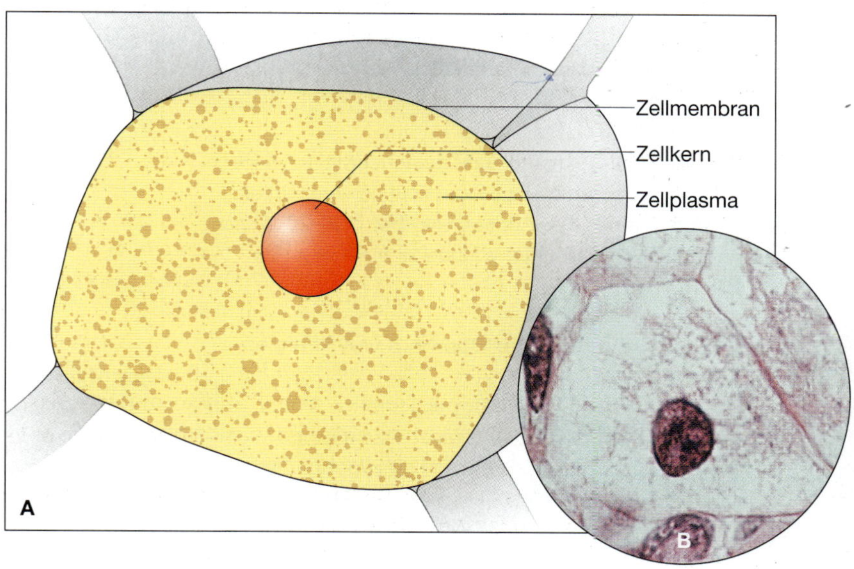

Praktikum

Mikroskopieren

V1 Untersuchung von Blattzellen der Wasserpest

Material: Wasserpest aus dem Aquarium; Pinzette; Becherglas mit Wasser; Objektträger; Deckgläschen; Lichtmikroskop; Pipette; Filtrierpapier; Zeichenmaterial
Durchführung: Zupfe ein Blättchen der Wasserpest von dem Stängel ab und bringe es auf einen Objektträger. Gib mit der Pipette einen Tropfen Wasser hinzu. Gehe weiter vor wie unten abgebildet.

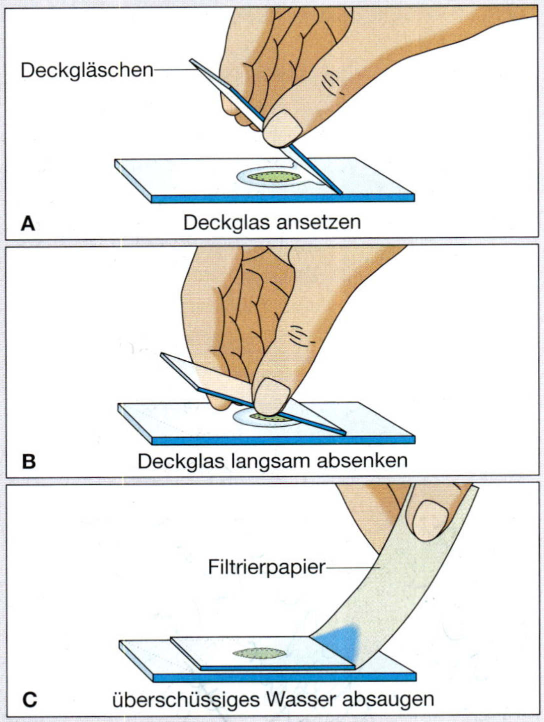

Aufgaben: a) Mikroskopiere zunächst mit der Lupenvergrößerung, um dir eine Übersicht zu verschaffen.
b) Untersuche die Abrissstelle bei 150–200facher Vergrößerung. Berichte, was du siehst.

V2 Untersuchung der Oberhaut von Pflanzen

Material: Stängel von Ampelpflanzen; Blätter von Holunder oder Schwertlilien; Rasierklinge (eine Schneide wird durch Isolierband abgeklebt); Pinzette; Objektträger; Deckgläschen; Pipette; Becherglas mit Wasser; Lichtmikroskop; Zeichenmaterial

Durchführung: Bringe mit der Pipette einen Tropfen Wasser auf einen Objektträger. Ritze den Stängel der Pflanze bzw. das Blatt mit der Rasierklinge ein. Ziehe dann mit der Pinzette ein dünnes Häutchen von der Oberfläche ab. Bringe das Häutchen in den Wassertropfen auf dem Objektträger und lege anschließend ein Deckgläschen auf.
Aufgabe: Betrachte dein Präparat zunächst mit geringer Vergrößerung und suche dir am Rand des Häutchens eine dünne Zellschicht aus. Mikroskopiere mit etwa 200facher Vergrößerung. Zeichne 3–4 Zellen und beschrifte wie auf S. 41 dargestellt.

V3 Untersuchung von Zwiebelzellen

Material: Küchenzwiebel; Eosin; Messer oder Skalpell; Rasierklinge (eine Schneide wird durch Isolierband abgeklebt); Pinzette; Pipette; Becherglas mit Wasser; Objektträger; Deckgläschen; Filtrierpapier; Lichtmikroskop; Zeichenmaterial

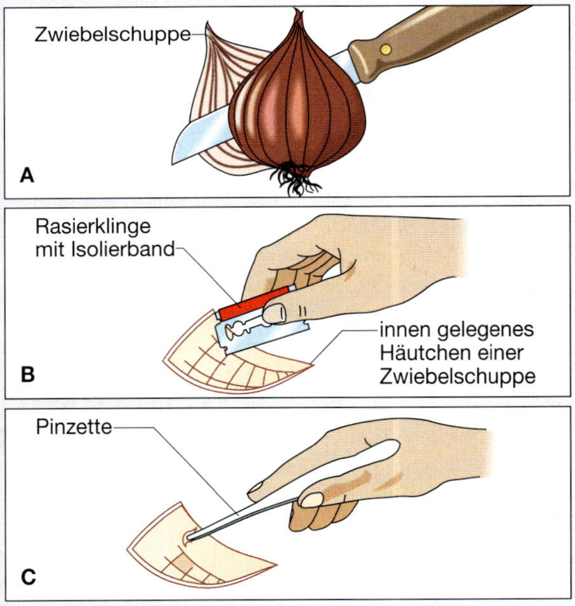

Durchführung: Präpariere eine Zwiebel so, wie es die Abbildung darstellt. Zupfe ein Häutchen mit der Pinzette ab. Bringe es in den Wassertropfen auf dem Objektträger und lege anschließend ein Deckgläschen auf. Tropfe etwas Eosin an den Rand des Deckgläschens. Sauge dann mit dem Filtrierpapier die Lösung durch das Präparat.

→ Methode: Umgang mit dem Mikroskop, Seite 154

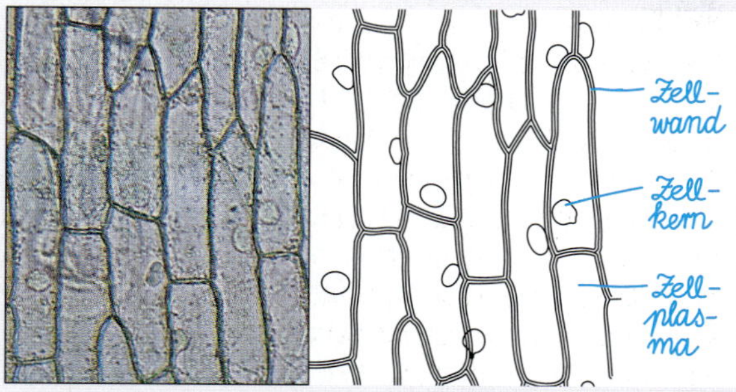

Aufgabe: Vergrößere einen Ausschnitt dann stärker (etwa 200fach). Zeichne 3–4 Zellen und beschrifte wie oben.

V4 Herstellung eines mikroskopischen Schnittpräparates

Material: Stängelabschnitte einer Ampelpflanze (oder Begonie); Möhre (oder Styropor); Küchenmesser; einseitig abgeklebte Rasierklinge; Haarpinsel; Pipette; Objektträger; Deckgläschen; Lichtmikroskop; Wasser; Filtrierpapier; Zeichenmaterial

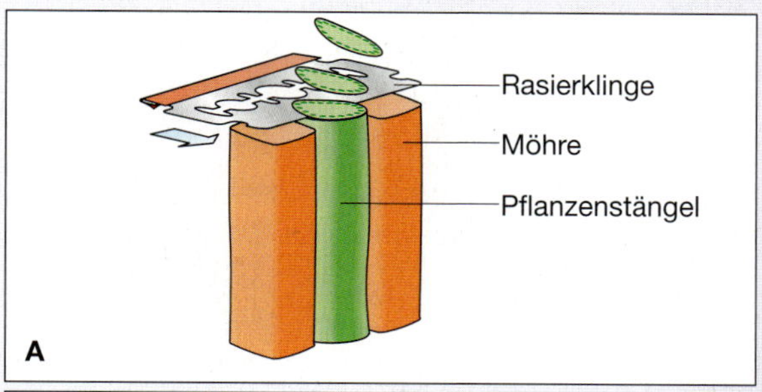

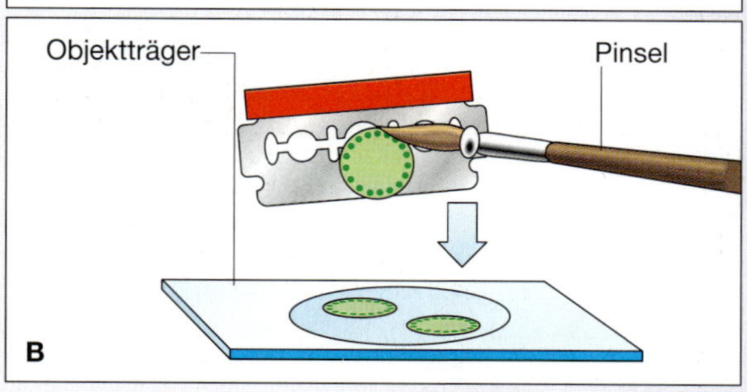

Durchführung: Zunächst musst du dir eine Haltevorrichtung zum Schneiden des Objektes herstellen. Schneide dazu bei einer Möhre die Enden ab. Fertige aus dem Mittelteil durch senkrechte Schnitte zwei etwa 8 cm lange, rechteckige Säulen. Du kannst solche Säulen auch aus Styropor herstellen.

Schneide danach ein etwa 4 cm langes Stück aus dem Spross der Pflanze heraus. Klemme den Sprossabschnitt zwischen die beiden Möhrenstückchen. Er soll etwa 2 mm über die Enden der Halterung herausragen (Abbildung A).

Feuchte das Objekt und die Rasierklinge an. Lege dann die Klinge auf den einen Möhrenabschnitt und schneide waagerecht mehrere hauchdünne Scheiben vom Stängel ab. Wiederhole die Schnitte, bis du mehrere brauchbare, dünne Scheiben erhältst. Tupfe mit einem Pinsel auf die Scheibchen, übertrage sie auf den Objektträger und lege ein Deckgläschen auf (Abbildung B).

Aufgaben: a) Mikroskopiere zunächst bei kleiner Vergrößerung. Untersuche das dünnste Präparat. Verwende dann eine stärkere Vergrößerung und betrachte durch vorsichtiges Verschieben des Objektträgers verschiedene Bereiche des Stängelquerschnitts.

b) Fertige eine Zeichnung vom Rand des Stängelquerschnitts an (etwa 10 Zellen). Beschrifte.

V5 Untersuchung von Mundschleimhaut

Material: Mundschleimhaut; Teelöffel; Iod-Lösung; Pipette; Filtrierpapier; Objektträger; Deckgläschen; Lichtmikroskop; Becherglas; Zeichenmaterial

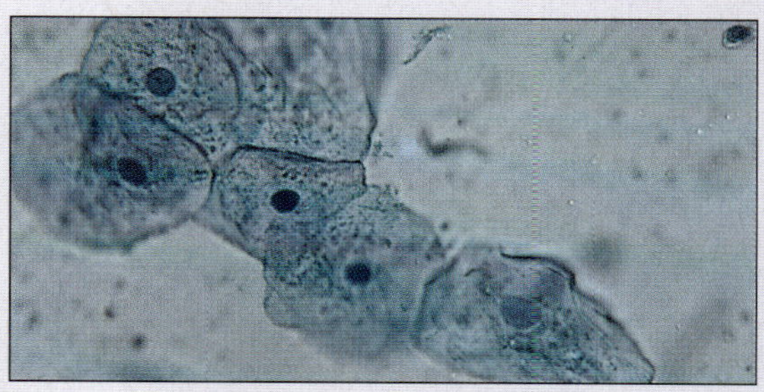

Durchführung: Schabe vorsichtig mit dem Stiel eines gereinigten Teelöffels etwas Schleimhaut von den Innenseiten deiner Wangen ab. Bringe die Probe auf einen Objektträger und füge etwas Wasser hinzu. Lege dann das Deckgläschen auf. Tropfe an den Rand des Deckgläschens mit einer Pipette einen Tropfen Iod-Lösung auf. Sauge mit dem Filtrierpapier die Lösung durch das Präparat.

Aufgabe: a) Mikroskopiere bei ca. 200facher Vergrößerung.

b) Zeichne 3–4 Zellen und beschreibe ihr Aussehen.

Streifzug durch die Geschichte

Gesehen, aber nicht verstanden – 300 Jahre Zellforschung

Die ersten Mikroskope wurden von holländischen Optikern bereits 1590 gebaut. Sie waren schon so leistungsfähig, dass man mit ihnen Zellen hätte erkennen können – wenn man das Gesehene auch hätte deuten können! Doch niemand verstand, was er im Mikroskop sah. Mikroskope dienten zu dieser Zeit zur Belustigung anstelle wissenschaftlicher Untersuchungen. Der 30-jährige Krieg (1618–1648) unterbrach dann zunächst die Entwicklung der Mikroskope in weiten Teilen Europas.

1 LEEUWENHOEK erkennt Mikroorganismen

Einer der Ersten, die die Welt des Unsichtbaren systematisch untersuchten, war LEEUWENHOEK (1632–1723). Der gelernte holländische Tuchhändler und Hobby-Optiker baute Mikroskope, die aus einer einfachen Metallplatte bestanden. Darin war eine Linse aus Diamant oder Bergkristall eingelassen. Hiermit konnte er eine bis zu 270-fache Vergrößerung erzielen. So entdeckte und beschrieb er rote Blutkörperchen sowie Bakterien. Er bestimmte Einzeller und andere Mikroorganismen. Die Entdeckung weiterer Zellen und vor allem der Zellbestandteile konnte nur durch die Entwicklung wesentlich leistungsfähigerer Mikroskope erreicht werden.

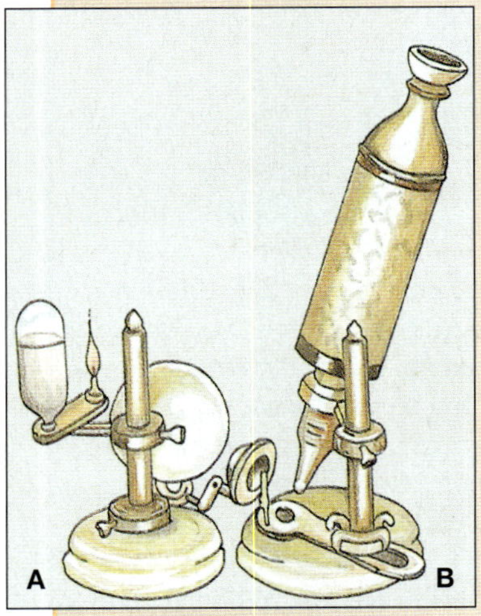

*2 Mikroskop von HOOKE. **A** Lampe; **B** Mikroskop*

Ein Zeitgenosse von LEEUWENHOEK war HOOKE (1635–1702). Er verfügte bereits über ein Mikroskop mit mehreren Linsen. Bei der Untersuchung von Schnitten der Rinde von Korkeichen entdeckte er ein Muster von hohlen Kämmerchen. Weil sie ihn an die Zellen von Bienenwaben erinnerten, prägte er den Begriff **Zelle**. In den folgenden Jahrzehnten wurden die Mikroskope durch die Herstellung verzerrungsfreier Linsen ständig verbessert. So entdeckten SCHLEIDEN und SCHWANN um 1840, dass alle Lebewesen aus Zellen aufgebaut sind (Zelltheorie).
Der deutsche Arzt VIRCHOW beobachtete um 1855 erstmalig, wie sich Zellen teilen. So erkannte er, dass sich Zellen durch Teilung vermehren und dann wachsen, bis sie ihre volle Größe erreicht haben.

1590: erste **Mikroskope**, noch keine wissenschaftlichen **Untersuchungen**

1667: HOOK
Entdeckung von Zellen in Kork

1675: LEEUWENHOEK
Untersuchung von Mikroorganismen

1840: SCHLEIDEN und SCHWANN
Zellen – Grundbausteine des Lebens

1855: VIRCHOW
Zellen entstehen aus Zellen

1931: KNOLL und RUSKA
Feinbau der Zelle (Elektronenmikrosk

3 Meilensteine der Zellforschung

In den nächsten Jahrzehnten wurden neben dem Zellkern immer mehr Zellbestandteile entdeckt. Doch erst mit dem 1931 von KNOLL und RUSKA gebauten Elektronenmikroskop war es möglich, auch den Feinbau von Zellen zu erforschen.

1 Welcher grundsätzliche Unterschied besteht zwischen der Beleuchtungseinrichtung von HOOKES Mikroskop und der moderner Mikroskope? Nimm auch S. 7 zu Hilfe.

Streifzug durch die Physik

Wie vergrößern Linsen?

Wir können einen Gegenstand sehen, weil **Lichtstrahlen** von ihm zu unseren Augen gelangen. Treffen diese unter einem bestimmten Winkel zum Beispiel auf Glas, werden sie abgelenkt. Man nennt diesen Vorgang **Lichtbrechung.**

Wie kann man diesen Vorgang nutzen, um etwas zu vergrößern? Wir betrachten dazu zunächst den Vorgang des Sehens mit dem „unbewaffneten" Auge: Im Auge sitzt vorn eine Linse, die ähnlich wirkt wie eine Glaslinse. Sie sammelt die Lichtstrahlen, die von dem angeschauten Gegenstand kommen. Nachdem diese an der Linse gebrochen werden, gelangen sie durch den Augapfel auf die lichtempfindliche Netzhaut (Abbildung 1 A). Dort entsteht ein umgekehrtes und seitenverkehrtes Bild, das das Gehirn wieder in die richtige Position „umdreht".

Durch eine nach außen gekrümmte **Sammellinse** (zum Beispiel eine *Lupe*) zwischen Gegenstand und Auge werden die vom Gegenstand ausgehenden Lichtstrahlen schon vor der Augenlinse zum ersten Mal gebrochen (Abbildung 1 B). Die Lichtstrahlen treffen nun unter einem anderen Winkel auf die Augenlinse. Nach der zweiten Brechung in der Augenlinse wird der Gegenstand jetzt „größer" auf der Netzhaut abgebildet.

Stärker gewölbte Linsen haben eine größere *Brechkraft* als schwächer gewölbte und vergrößern daher auch stärker.

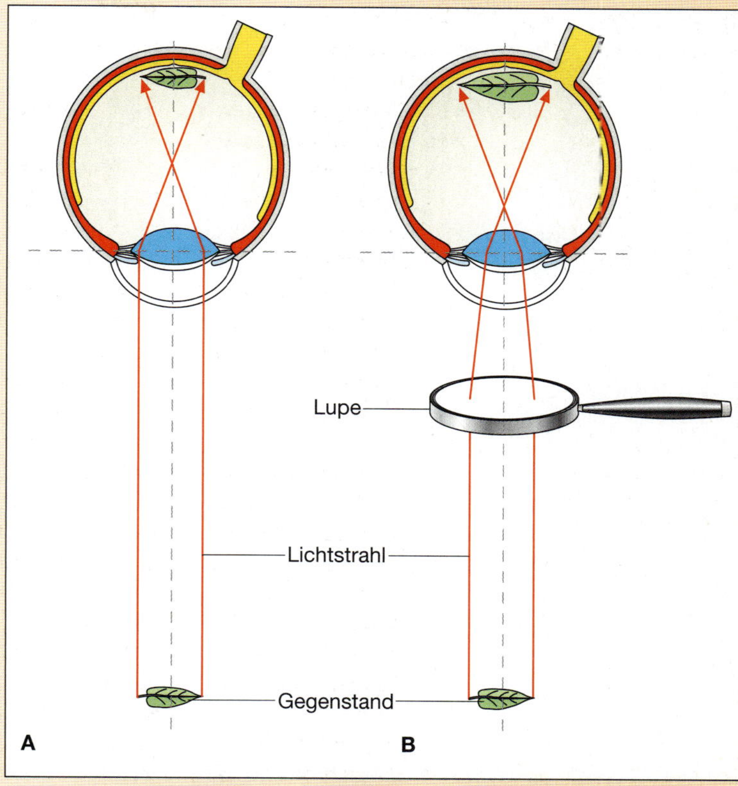

1 Gang der Lichtstrahlen durchs Auge. A *durch die Augenlinse;* ***B*** *durch Lupe und Augenlinse*

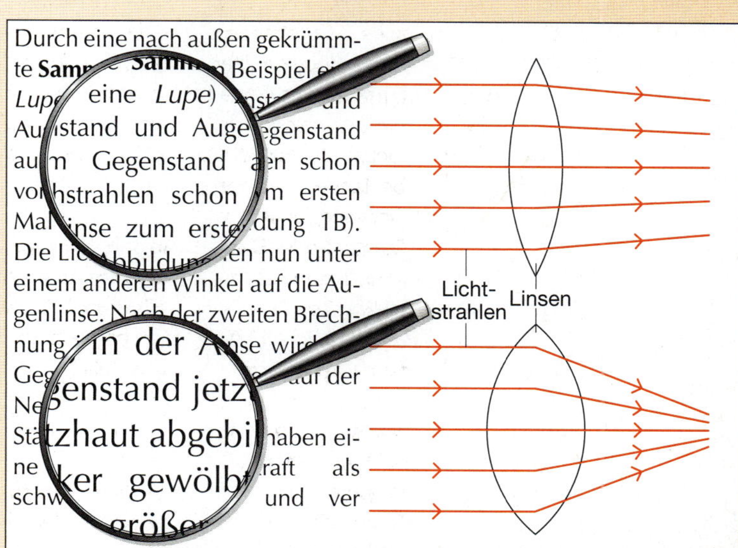

2 Linsenform und Vergrößerung

1 Betrachte die Zahlen 1, 2, 3 auf deinem Geo-Dreieck mit der Lupenvergrößerung des Mikroskopes. Was fällt dir auf?

Praktikum

Bau eines Mikroskops

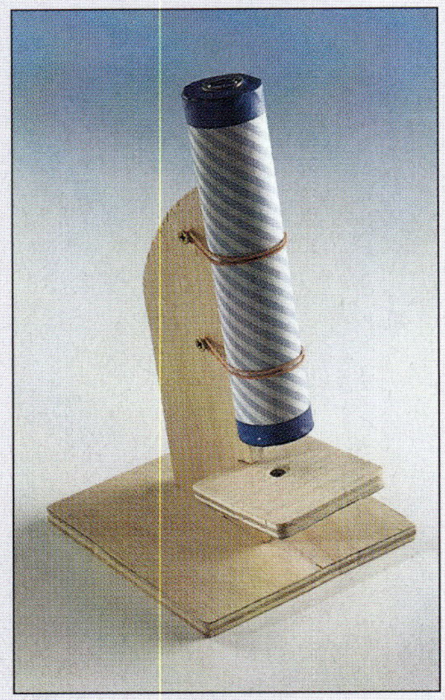

1 Mikroskop – selbst gebaut

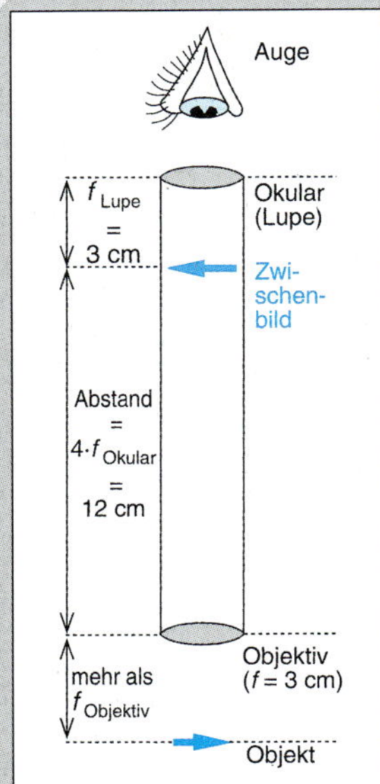

Materialliste

1 Papprohr, 3 cm Durchmesser, 15 cm lang
schwarzes Tonpapier, 15 cm mal 10 cm
Sperrholz, 8 mm dick, 3 cm mal 15 cm
2 Linsen, Brennweite 30 cm, Durchmesser 15 mm
5 kleine Spaxschrauben
2 Spaxschrauben, 2 mal 25 mm
2 Gummibänder
Heißkleber
zur Verschönerung buntes Papier für das Papprohr, 15 cm mal 10 cm

Hinweis: Die Linsen sind beim Optiker erhältlich.

Bauanleitung

Rolle das Papprohr auf dem schwarzen Tonpapier einmal ab. Schneide die Fläche aus, rolle sie und klebe damit das Papprohr innen aus. Durch die schwarze Farbe vermeidest du Streulicht im Inneren.

Schneide für die beiden Linsen aus dicker Pappe je eine kreisrunde Scheibe, die genau in das Rohr passt. Damit sie nicht in das Rohr hineinrutschen, klebe vor dem Einsetzen an beiden Enden des Rohres einen schmalen Pappstreifen knapp unter dem Rand innen in das Rohr.
Schneide in die Mitte der Pappscheiben je ein kreisrundes Loch, das genauso groß ist, dass die Linsen hineinpassen und mit Heißkleber eingeklebt werden können. Klebe die Linsen in die Pappscheiben und diese an je einem Rohrende in das Rohr. Der Tubus des Mikroskops ist damit fertig.
Zur Verschönerung kannst du das Papprohr mit buntem Schmuckpapier bekleben.

Andere Sammellinsen mit Brennweiten zwischen $f = 5$ cm und $f = 2$ cm sind ebenfalls brauchbar. Du musst dann die Rohrweite entsprechend dem Durchmesser der Linse wählen. Die Rohrlänge wird entsprechend der gewünschten Vergrößerung und der Brennweite berechnet.

Bau des Holzgestells

Kopiere diese Buchseite und schneide die Schablone aus. Säge danach die Mikroskophalterung aus. Miss die Platten für den Fuß und den Tisch ab und schneide sie ebenfalls aus. Klebe das Holzgestell nach Bild 1 zusammen.
Maße des Fußes: 11,5 cm mal 11,5 cm
Maße des Tisches: 5,8 cm mal 5,8 cm

Bildweite b	Vergrößerung V durch Objektiv	
$2 \cdot f_{Objektiv}$	1fach	
$3 \cdot f_{Objektiv}$	2fach	$V = \frac{\text{Bildweite } b}{f_{Objektiv}} - 1$
$4 \cdot f_{Objektiv}$	3fach	
$5 \cdot f_{Objektiv}$	4fach	

2 Objektivvergrößerung

f_{Okular}	Vergrößerung V durch Okular	
5 cm	4fach	
4 cm	5fach	$V = \frac{20\text{ cm}}{f_{Okular}}$
3 cm	ca. 7fach	
	(20 cm ist die deutliche Sehweite)	

3 Okularvergrößerung

1 Sonnenlicht im Wald

A1 Beschreibe Bild 1.

V2 Stich in ein Stück Alufolie viele kleine Löcher. Decke damit eine leuchtende Taschenlampe ab. Halte ein Papier vor die Lampe. Verfolge die Lichtausbreitung. Beschreibe deine Beobachtungen.

V3 a) Stelle 6 Pappscheiben mit runden Löchern in der Mitte als Lochblenden her. Die Löcher müssen unterschiedliche Größen haben.
b) Beleuchte einen Schirm mit einer Taschenlampe. Stelle nacheinander alle Lochblenden in einer Reihe zwischen Lampe und Schirm wie in Bild 2 auf. Dabei soll die Lochgröße von der Lampe aus abnehmen.

2 Licht macht Dinge sichtbar

2.1 Lichtausbreitung

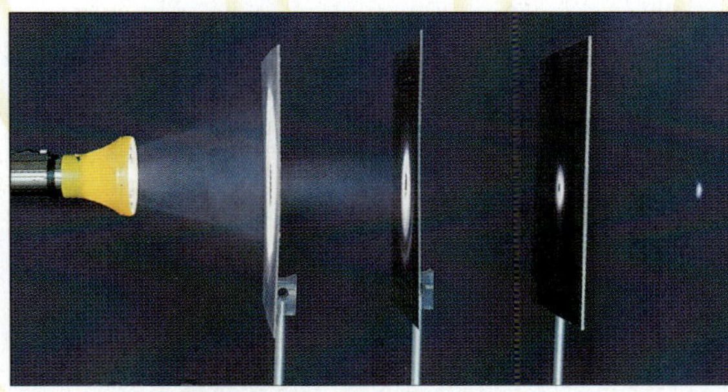

2 Blenden engen das Licht ein.

An einem schönen Sommertag dringt das Licht der Sonne durch die Bäume bis auf den Waldboden. Dabei kannst du deutlich sehen, welchen Weg es nimmt. Wie ein Fächer weiten sich die Lichtbündel nach unten auf. Jedes einzelne Lichtbündel ist **geradlinig** begrenzt.

Befindet sich eine Lampe unter einer Abdeckung mit vielen Löchern, so kannst du über jedem dieser Löcher solch ein Lichtbündel sehen. Das Licht geht durch jede der Öffnungen hindurch, es breitet sich nach **allen Seiten** aus.

V4 Vergleiche die Ergebnisse von V2 und V3 mit Bild 1. Was kannst du über die Ausbreitung von Licht aussagen?

Was sind Lichtstrahlen?

Wird ein Lichtbündel durch Lochblenden mit kleiner werdenden Löchern immer weiter eingeengt, so wird es immer schmaler. Wenn du dir vorstellst, dass vor einer Lampe unendlich viele solcher Lochblenden stehen, dann hättest du hinter der letzten Blende ein Lichtbündel, das keinen Durchmesser mehr hätte. Ein solches gedachtes Lichtbündel heißt **Lichtstrahl.** In Wirklichkeit ist dies nicht zu erreichen. Es bleibt immer ein Lichtbündel mit einem geringen Durchmesser übrig. Der Lichtstrahl ohne Durchmesser ist also ein *physikalisches Modell.*

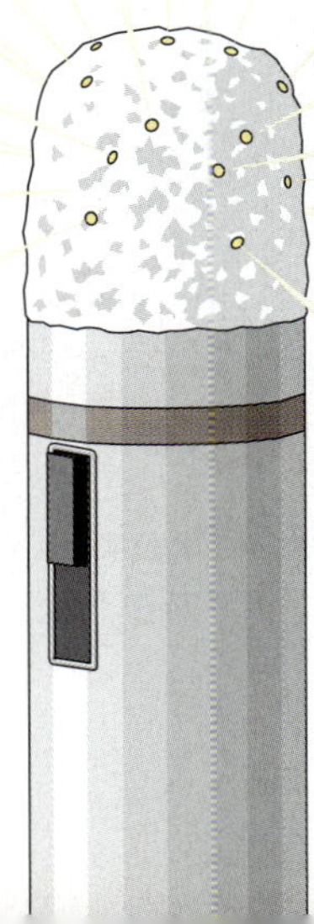

Licht breitet sich nach allen Seiten geradlinig aus. Ein Lichtstrahl existiert nicht wirklich. Er ist ein physikalisches Modell.

1 Warum kannst du mit einem Scheinwerfer eine Kurve nicht vollständig ausleuchten?

2 Warum breitet sich Licht nicht bei allen Lampen allseitig aus?

1 Schattenspiel

A 1 Wie entstehen die Tierbilder in Bild 1?

V 2 a) Stelle einen Holzklotz zwischen eine Kerze und einen Schirm. Beschreibe den Schatten des Klotzes auf dem Schirm.
b) Verändere den Abstand zwischen Klotz und Schirm. Beschreibe, wie sich der Schatten verändert.

2 Schattenraum hinter einem Hindernis

V 3 a) Beleuchte einen Klotz mit zwei Kerzen und beschreibe den Schatten.
b) Verändere den Abstand der beiden Kerzen voneinander. Wie verändert sich der Schatten?
c) Verändere den Abstand zwischen dem Klotz und den Kerzen. Wie verändert sich der Schatten?

3 Kernschatten und Halbschatten

2.2 Licht und Schatten

Auf der Wand versucht der Hund einen Hasen zu fangen. Die Bilder der Tiere entstehen als **Schatten.** Die Finger werden von einer Lampe beleuchtet. Durch eine bestimmte Haltung der Finger sieht deren Schatten wie Hund und Hase aus.
Die Hände des Schattenspielers befinden sich also zwischen der Lichtquelle und der Wand. Sie lassen das Licht nicht durch. Auf der Wand sehen dann die Umrisse der Hände wie die Bilder von Tieren aus. Der Bereich zwischen einer Hand und der Wand wird **Schattenraum** genannt, das Bild auf der Wand ist der *Schatten.* Die Wand außerhalb des Schattens ist hell, denn sie wird beleuchtet.

Schattengröße

Hältst du statt deiner Hände einen Holzklotz zwischen die Lichtquelle und den Schirm und bewegst den Klotz hin und her, so kannst du eine Veränderung der Größe des Schattens beobachten. Je näher du mit dem Holzklotz an die Lichtquelle herankommst, desto größer wird der Schatten. Wenn du den Klotz von der Lichtquelle entfernst, wird der Schatten kleiner. Da sich das Licht geradlinig ausbreitet, ist der Schattenraum auch immer geradlinig begrenzt.

Fällt das Licht von zwei Lichtquellen auf den Holzklotz, so bilden sich hinter ihm zwei Schattenräume (Bild 3). Beide Lichtquellen erzeugen je einen Schatten des Gegenstandes auf dem Schirm. In der Mitte überschneiden sich die beiden Schatten. Dorthin kommt also kein Licht. Es entsteht ein **Kernschatten.** Dieser ist immer dunkel. Daneben liegen zwei **Halbschatten.** Ein Halbschatten entsteht, wenn von der einen Lampe kein Licht dort hinfällt, die andere Lampe aber diese Stelle beleuchtet. Daher sind diese Schattenbereiche aufgehellt. Das Licht beider Lichtquellen beleuchtet den Rest des Schirmes, der daher außerhalb der Schatten hell ist.

Hinter einem lichtundurchlässigen beleuchteten Gegenstand entsteht ein dunkler Bereich, der geradlinig begrenzte Schattenraum.

1 Fertige eine Zeichnung zu Versuch 2 an. Dabei soll ein größerer Schatten als in Versuch 2 entstehen.

2 a) Fertige eine Zeichnung zu Versuch 3 an, sodass es keinen Kernschatten gibt.
b) Wie verändert sich die Schattengröße, wenn der Schirm von Lampe und Klotz weit entfernt ist?

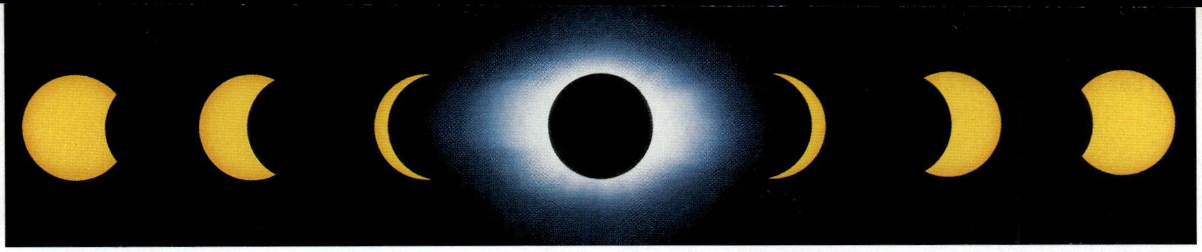

Sonne und Mond

Der Mond sieht immer anders aus

Wenn du im Verlauf eines Monats den Mond betrachtest, so kannst du eine scheinbare Veränderung seiner Gestalt beobachten. Etwas mehr als 12-mal im Jahr wechselt sie von Neumond über Vollmond wieder zu Neumond. Diese unterschiedlichen Erscheinungsbilder heißen **Mondphasen.** Die Ursache ist die Bahn, auf der der Mond in 29,5 Tagen die Erde umkreist. Schon früh nutzten die Menschen den Wechsel der Mondphasen für die Einteilung eines Jahres. Noch heute hat zum Beispiel der islamische Kalender 12 Monate, die immer mit dem Neumond beginnen. Die Jahreslänge beträgt daher nur 354 Tage. Im Gegensatz zu unserem Kalender wandert also der Jahresanfang im Laufe der Jahre langsam durch die Jahreszeiten.

Der Mond selbst ist kein leuchtender Körper, sondern er wird von der Sonne beleuchtet. Von der Erde aus ist immer nur der Teil des Mondes zu sehen, auf den das Sonnenlicht trifft und der der Erde zugewandt ist.
In Bild 1 siehst du die Mondphasen während eines Umlaufs. Bei Vollmond fällt das Licht der Sonne an der Erde vorbei auf den Mond, weil Sonne, Mond und Erde meistens nicht auf einer Linie liegen.

Finsternisse

Manchmal liegen bei Vollmond oder Neumond Sonne, Erde und Mond für einige Stunden aber doch genau auf einer Linie.

Steht der Mond zwischen Sonne und Erde, so verdeckt er die Sonne. Es entsteht eine **totale Sonnenfinsternis,** wie auf dem Bild oben zu sehen ist. Zuletzt war ein solches Ereignis im Süden von Deutschland am 11. August 1999 zu beobachten.
Allerdings ist der Mond zu klein, um große Flächen auf der Erde mit seinem Schatten zu bedecken. Daher ist eine totale Sonnenfinsternis immer nur an wenigen Orten der Erde zu beobachten.

Eine **totale Mondfinsternis** entsteht, wenn sich die Erde zwischen Sonne und Mond befindet. Sie kann von allen Orten auf der Nachtseite der Erde gleichzeitig beobachtet werden. Dabei bedeckt der Erdschatten den Mond vollständig.

Bei einer **partiellen Finsternis** liegen Mond oder Erde jeweils im Halbschatten, sodass noch ein Teil vom Mond oder von der Sonne zu sehen ist.

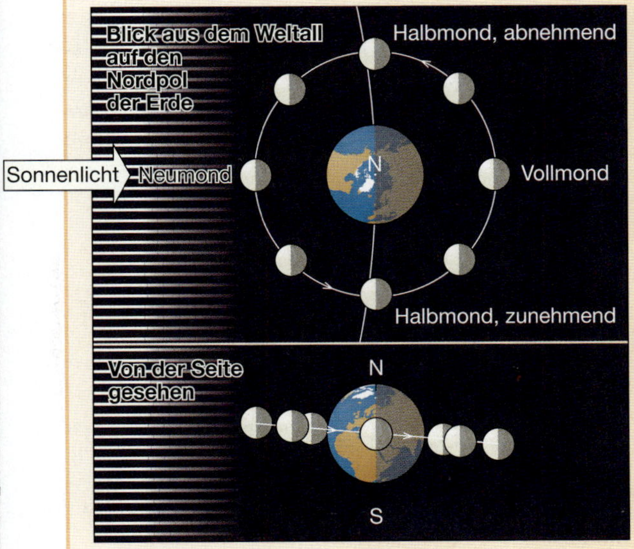

1 Entstehung der Mondphasen

2 Entstehung der totalen Mondfinsternis

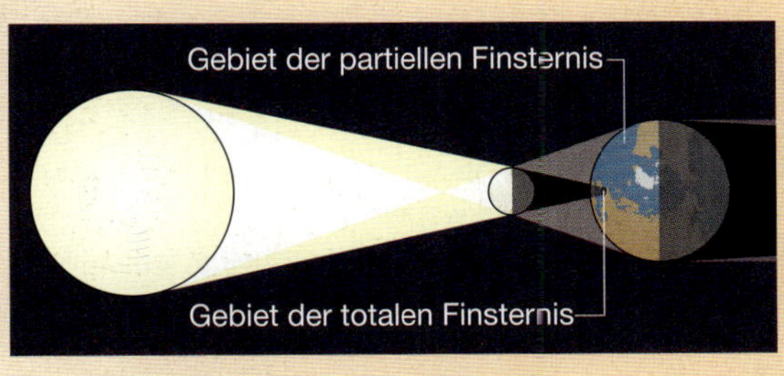

3 Entstehung einer Sonnenfinsternis

1 Licht ist nicht sichtbar.

A1 Erkläre Bild 1. Wo ist das Licht im Kasten?
V2 a) Beleuchte in einem verdunkelten Raum die Wand mit einer Taschenlampe. Was siehst du in dem Raum zwischen Lampe und Wand?
b) Bewege ein Stück Papier in dem Raum zwischen Lampe und Wand. Beschreibe deine Beobachtung.
V3 Lege Pappstreifen verschiedener Farbe und einen kleinen Taschenspiegel wie in Bild 2 vor eine aufrecht stehende weiße Pappscheibe. Beleuchte die Flächen schräg von oben. Was siehst du auf der Pappscheibe? Was schließt du daraus?

2 Verschiedene Materialien werden beleuchtet.

A4 Zähle Gegenstände auf, die das Licht nur in eine Richtung zurückwerfen.
A5 Zähle Gegenstände auf, die das Licht in verschiedene Richtungen zurückwerfen.
V6 Stelle nacheinander eine Pappscheibe, eine Milchglasscheibe und eine Glasscheibe zwischen dich und eine brennende Kerze. Beschreibe deine Beobachtung.
A7 Nenne Einsatzmöglichkeiten für Milchglasscheiben oder andere nicht durchsichtige Glasscheiben.

3 Licht kommt vom Wege ab

3.1 Reflexion und Streuung

Im Dunkeln kannst du nichts sehen. Erst wenn Licht im Raum ist, werden Gegenstände sichtbar. Sie werden beleuchtet und werfen Licht in dein Auge. Zwischen der Lampe und einem Gegenstand siehst du nichts. Das Licht selbst ist unsichtbar.

Beleuchtest du einen Spiegel, siehst du entweder die Lichtquelle darin oder einen Lichtfleck an der Wand. Spiegel und andere Gegenstände mit glatter, heller Oberfläche werfen das Licht in einer bestimmten Richtung zurück, sie **reflektieren** es.
Körper mit rauen, hellen Oberflächen werfen das Licht ebenfalls zurück. Anders als bei einem Spiegel wird das Licht aber in viele verschiedene Richtungen zurückgelenkt. Diese Körper **streuen** das Licht.

Gegenstände mit schwarzer Oberfläche kannst du in einem dunklen Raum nicht sehen, auch wenn du sie beleuchtest. Sie verschlucken das Licht und werfen nichts zurück. Das Licht wird **absorbiert.** Es erwärmt dadurch den Körper. Darum sind schwarze Autos im Sommer innen und außen wesentlich wärmer als weiße Autos.
Ein Gegenstand mit grauer Oberfläche absorbiert einen Teil des auffallenden Lichts, den anderen Teil streut er zurück. Ein Gegenstand ist umso besser zu sehen, je heller er ist.

Durchsichtig – undurchsichtig

Durch Fensterscheiben kannst du ungehindert hindurchsehen, sie sind **durchsichtig.** Die Eingangstür einer Wohnung ist meistens aus Holz. Dieses Material ist **undurchsichtig.** Durch das Milchglas einer Haustür kannst du oft nicht hindurchsehen, es lässt aber Licht in das Haus fallen. Ein solches Material ist **durchscheinend.**

Gegenstände sind nur sichtbar, wenn das von ihnen ausgehende oder zurückgeworfene Licht ins Auge fällt. Gegenstände können Licht reflektieren, streuen oder absorbieren. Sie können durchsichtig, undurchsichtig oder durchscheinend sein.

1 Warum sollte im Sommer helle Kleidung getragen werden?
2 Beschreibe den Unterschied zwischen durchsichtig, undurchsichtig und durchscheinend.

3.2 Licht wird reflektiert

Die Überschrift über diesem Kapitel kannst du nur gut lesen, wenn du einen Spiegel geschickt daneben hältst. Sicher ist dir im Straßenverkehr schon einmal aufgefallen, dass viele Krankenwagen vorn so beschriftet sind, dass der Schriftzug nur im Spiegel zu lesen ist. Autofahrer beobachten ja den Verkehr hinter sich im Rückspiegel. Sie erkennen dann die Aufschrift am Krankenwagen schneller. Spiegel erzeugen **seitenverkehrte Bilder.**

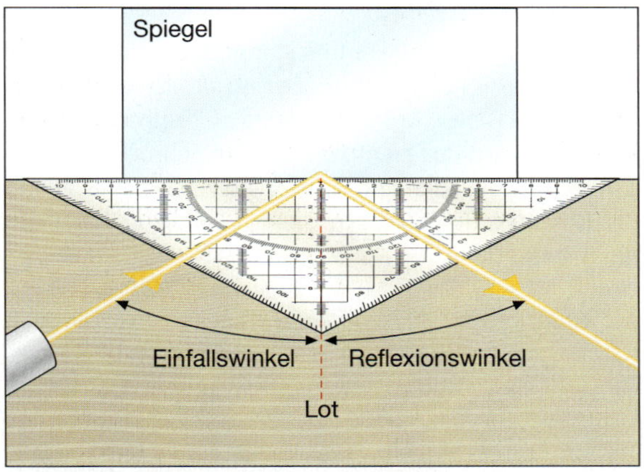

1 Das Dreieck hilft bei der Winkelmessung.

Reflexionsgesetz

Ein schmales Lichtbündel fällt in einem bestimmten Winkel auf einen Spiegel. In Bild 1 zeigt das Dreieck die Richtung an, in der das Licht reflektiert wird. Die Mittellinie steht senkrecht auf dem Spiegel, sie bildet das **Lot.** Der einfallende und der reflektierte Strahl gehen auf beiden Seiten des Lotes durch dieselbe Winkelzahl. Der Winkel zwischen dem Lot und dem einfallenden Strahl ist der **Einfallswinkel.** Der Winkel zwischen dem Lot und dem reflektierten Strahl ist der **Reflexionswinkel.** Für alle Einfallsrichtungen gilt: Der Einfallswinkel ist gleich dem Reflexionswinkel. Dieser Zusammenhang ist das **Reflexionsgesetz.**

An einem Spiegel entstehen seitenverkehrte Bilder. Das Reflexionsgesetz lautet: Einfallswinkel ist gleich Reflexionswinkel.

1 Nenne Anwendungsbeispiele für Spiegel.

A 1 Nimm einen Spiegel und lies die Kapitelüberschrift.

V 2 Lege dein Zeichendreieck wie in Bild 1 an einen Spiegel. Lass dann schmale Lichtbündel aus verschiedenen Richtungen auf den Spiegel fallen. Beschreibe und erkläre deine Beobachtung.

A 3 Vergleiche in Bild 2 den Teddy vor dem Spiegel mit dem Teddy im Spiegel. Warum erscheint das Spiegelbild seitenverkehrt?

2 Der Spiegel bildet seitenverkehrt ab.

V 4 Stelle dich vor einen senkrecht aufgehängten, großen Spiegel. Vergleiche deine Größe mit der Größe deines Spiegelbildes, indem du einen Zollstock neben dich stellst.

V 5 Stelle eine brennende Kerze vor eine Glasscheibe. Stelle eine gleich große Kerze in ein mit Wasser gefülltes Becherglas hinter die Glasscheibe. Verschiebe nun die brennende Kerze so lange, bis auch die Kerze unter Wasser zu brennen scheint (Bild 3).
Stelle fest, wie weit die beiden Kerzen von der Scheibe entfernt sind und formuliere ein Ergebnis.

3 Wo befindet sich das Spiegelbild?

V 6 a) Baue 2 Spiegel so auf, dass du damit von unten über einen Tisch sehen kannst. Zeichne diesen Aufbau und erkläre ihn.
b) Wo werden solche Geräte eingesetzt?

1 Trifft die Stange den Gegenstand?

V1 Baue den Versuch aus Bild 1 auf. Peile die Münze auf dem Boden durch das Rohr an. Schraube das Rohr am Stativ fest und lass einen dünnen Stab durch das Rohr gleiten. Beschreibe das Ergebnis.

V2 a) Lass ein schmales Lichtbündel wie in Bild 2 etwas schräg auf die Wasseroberfläche fallen. Beschreibe den Verlauf des Lichtes.
b) Ändere den Einfallswinkel und bestimme jeweils den Winkel zwischen dem Lot und dem Lichtbündel im Wasser. Formuliere das Ergebnis in einem Je-desto-Satz.

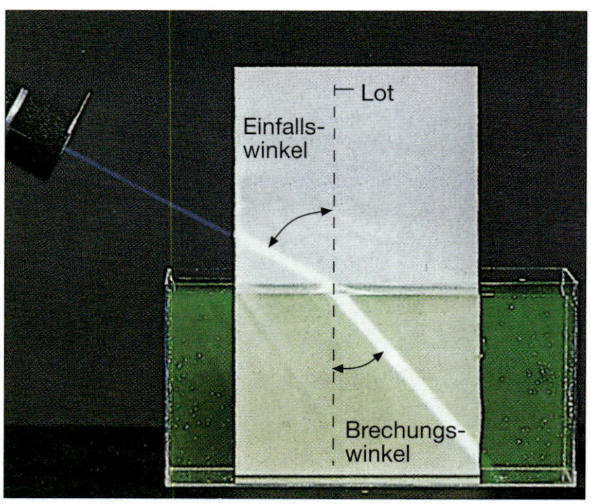

2 Licht wird beim Übergang in Wasser abgelenkt.

V3 Baue den Versuch aus Bild 3 mit einem Halbzylinder aus Glas auf. Verändere den Einfallswinkel des Lichtbündels. Beschreibe deine Beobachtung. Vergleiche sie mit dem Ergebnis aus V2.

3.3 Licht wird gebrochen

Max peilt durch ein Rohr die Münze auf dem Boden des Aquariums an. Er will sie unbedingt treffen, denn dann darf er sie behalten. Aber als er einen Stab durch das Rohr gleiten lässt, trifft er daneben. Er ist sehr verwundert. Max ist davon ausgegangen, dass er die Münze nur sehen kann, wenn das Licht von der Münze geradlinig in sein Auge fällt. Was passiert also mit dem Licht?

Fällt Licht wie in Bild 2 schräg auf das Wasser, so kannst du sehen, dass das Lichtbündel an der Wasseroberfläche abknickt. Das Abknicken wird umso stärker, je flacher das Licht auftrifft. Dies wird als **Brechung** des Lichtes bezeichnet.

In Bild 2 ist das Lot gekennzeichnet. Du erkennst, dass der Einfallswinkel in Luft größer ist als der **Brechungswinkel** im Wasser. Beim Übergang des Lichtes von Luft in Wasser wird das Licht *zum Lot hin* gebrochen.
Fällt das Licht senkrecht in das Wasser, so hat es genau die Richtung des Lotes. In diesem Fall wird das Licht nicht gebrochen.

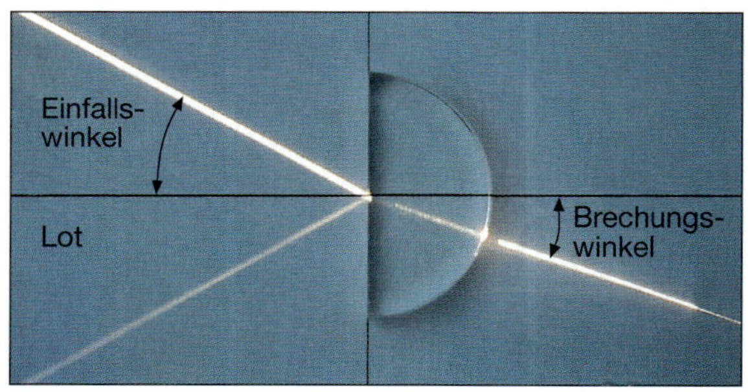

3 Licht geht von Luft in Glas.

Fällt ein Lichtbündel wie in Bild 3 auf die ebene Fläche eines Halbzylinders aus Glas, so kannst du ebenfalls eine Brechung beobachten. Die Brechung ist umso stärker, je flacher das Lichtbündel einfällt. Die Brechung erfolgt auch beim Übergang von Luft in Glas zum Lot hin.

Licht wird beim Übergang von Luft in Wasser oder Luft in Glas zum Lot hin gebrochen. Je flacher das Licht auftrifft, desto stärker ist die Brechung.

1 Nenne Gegenstände, an denen Licht gebrochen wird.

2 Siehst du einen Gegenstand im Wasser höher oder tiefer, als er tatsächlich liegt? Begründe.

3.4 Der umgekehrte Übergang

Max wusste, dass ein Gegenstand nur dann sichtbar ist, wenn das vom Gegenstand ausgehende Licht in sein Auge trifft. Er traf daneben, obwohl er die Münze genau angepeilt hatte. Was passiert mit dem Licht beim Übergang von Wasser in Luft?

In Bild 2 kannst du sehen, dass das Licht sowohl beim Übergang von Luft in Wasser als auch beim Übergang von Wasser in Luft an der Wasseroberfläche gebrochen wird.
Da im Bild 2 das Lot markiert ist, kannst du auch die Winkel vergleichen. Beim Übergang von Wasser in Luft erfolgt die Brechung *vom Lot weg.* Der Brechungswinkel in Luft ist größer als der Einfallswinkel im Wasser. Auch hier wächst der Brechungswinkel, wenn der Einfallswinkel zunimmt.

Fällt ein Lichtbündel wie in Bild 1 senkrecht auf die runde Seite eines Halbzylinders aus Glas, so kannst du an der ebenen Seite beim Austritt des Lichtes von Glas in Luft ebenfalls eine Brechung beobachten.

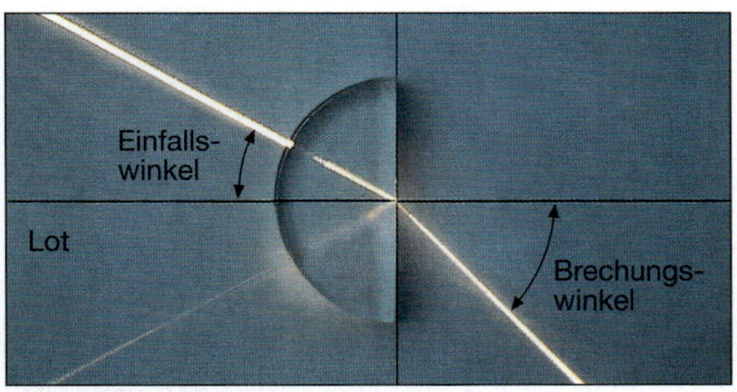

1 Licht geht von Glas in Luft.

Durch die Drehung des Halbzylinders kannst du den Einfallswinkel des Lichtes im Glas verändern. Die Brechung beim Übergang von Glas in Luft ist umso stärker, je flacher das Lichtbündel einfällt. Die Brechung des Lichtes erfolgt wie beim Übergang vom Wasser in Luft vom Lot weg.

Licht wird beim Übergang von Wasser in Luft oder Glas in Luft vom Lot weg gebrochen. Je flacher das Licht einfällt, desto stärker ist die Brechung.

A 1 Lege eine Münze auf den Boden einer Tasse. Halte die Tasse so, dass du die Münze gerade eben nicht sehen kannst. Fülle dann Wasser in die Tasse. Beschreibe und erkläre deine Beobachtung.

V 1 a) Lege einen Spiegel auf den Boden des Aquariums. Lass dann ein Lichtbündel so auf die Wasseroberfläche auftreffen, dass der gebrochene Strahl den Spiegel trifft (Bild 2). Unter welchem Winkel tritt der reflektierte Strahl aus dem Wasser aus?
b) Verändere den Einfallswinkel im Wasser. Wie verändert sich der Brechungswinkel? Formuliere das Ergebnis in einem Je-desto-Satz.

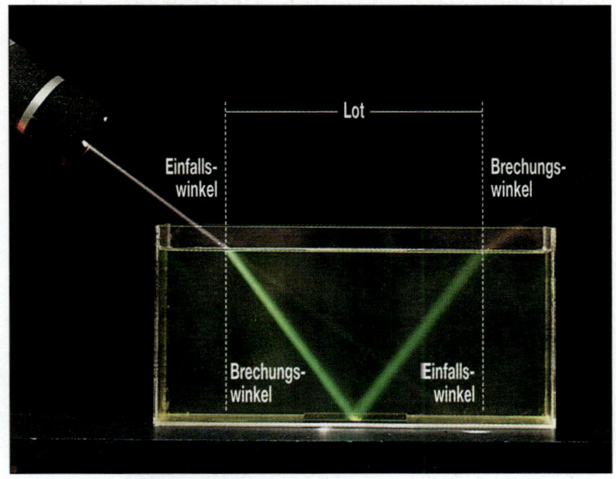

2 Licht wird zweimal gebrochen.

V 2 Führe den Versuch aus Bild 1 mit einem Halbzylinder aus Glas durch. Verändere dabei den Einfallswinkel. Beschreibe deine Beobachtung und vergleiche sie mit dem Ergebnis aus V 1.

A 3 Beschreibe, wie ein eingetauchtes Paddel aussieht. Erkläre die Beobachtung.

A 4 In Bild 3 siehst du die Brechungen an einem Glasquader. Beschreibe die Brechungen an den Übergängen Luft-Glas und Glas-Luft. Vergleiche den Weg des einfallenden Lichtbündels mit dem Weg des zweimal gebrochenen Lichtbündels. Was fällt dir auf?

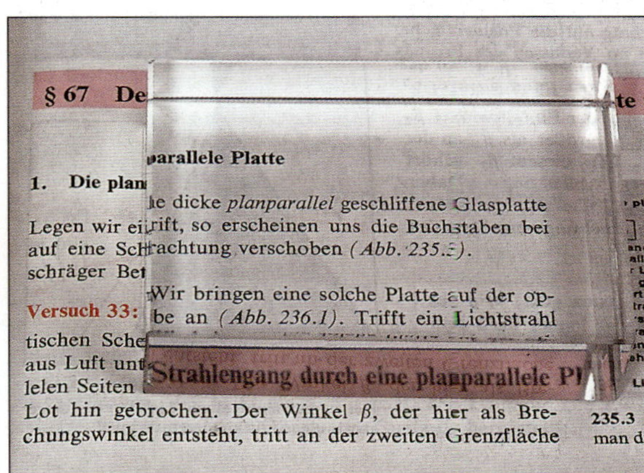

3 Zweifache Brechung

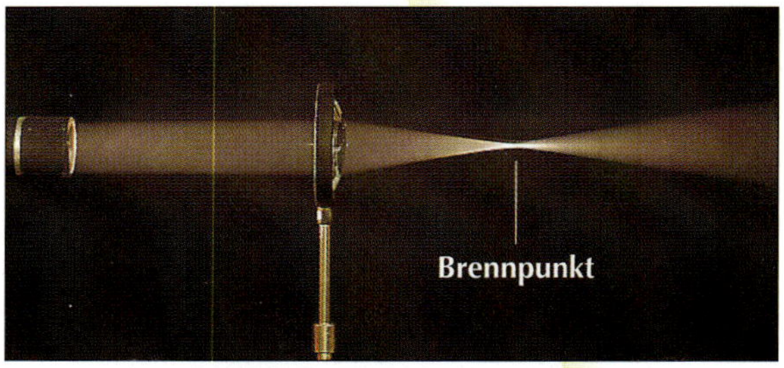

1 Licht wird gebündelt.

4 Licht brechendes Glas mit verschiedenen Formen

4.1 Das Brennglas

Mithilfe des Sonnenlichts kannst du Papier anzünden. Dazu brauchst du ein **Brennglas.** Das ist ein gewölbter Glaskörper, der in der Mitte dicker ist als am Rand. Er sammelt das Licht von der Sonne auf einen sehr kleinen Lichtfleck. Deshalb heißt der Glaskörper **Sammellinse.**

Eine solche Sammellinse siehst du in Bild 1. Dieses Bild zeigt auch den Verlauf des Lichts, wenn die Sonne die Lichtquelle ist. Von der Experimentierleuchte fällt paralleles Licht auf die Sammellinse und wird hinter der Linse auf einen Punkt, den **Brennpunkt,** gesammelt. Der Abstand von der Mitte der Linse bis zum Brennpunkt ist die **Brennweite *f*.** Sie wird in Millimeter oder Zentimeter angegeben.
Die Brennweite hängt von der Krümmung der Linse ab. Bild 3 zeigt den Zusammenhang. Je weniger die Linse gekrümmt ist, desto größer ist die Brennweite.

V 1 Halte wie in Bild 2 eine Lupe ins Sonnenlicht. Versuche das Papier zu entzünden. Beschreibe wie du vorgegangen bist.

V 2 Lass wie in Bild 1 paralleles Licht auf eine Linse fallen. Den Lichtweg kannst du mit Wasserdampf sichtbar machen.
a) Was passiert mit dem Licht an der Linse?
b) Vergleiche den Verlauf des Lichtes mit dem aus Bild 2.

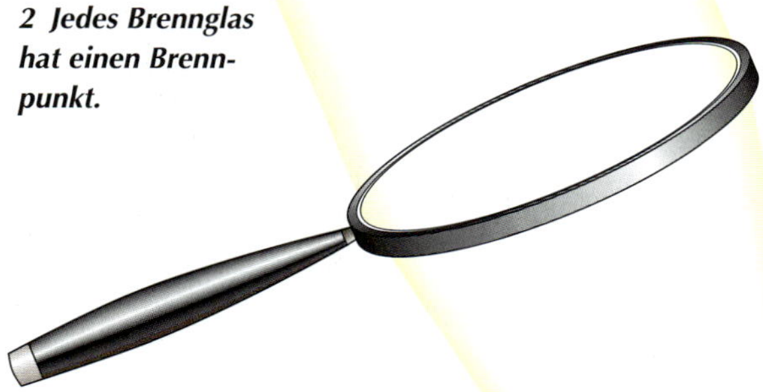

2 Jedes Brennglas hat einen Brennpunkt.

A 3 Begründe den Begriff Brennpunkt in Bild 1.

A 4 Welcher Abstand von der Linse heißt Brennweite?

V 5 a) Lege eine linsenförmig gekrümmte Glasscheibe wie in Bild 3 auf ein weißes Blatt Papier. Lass am Papier entlang paralleles Licht auf die Linse fallen. Miss die Brennweite.
b) Wiederhole den Versuch mit einer Linse mit anderer Krümmung. Vergleiche die Brennweiten miteinander.

A 6 Zeichne Linsen und Lichtbündel aus V 5 auf dem Papier nach. Formuliere in einem Satz den Zusammenhang zwischen Linsenkrümmung und Brennweite.

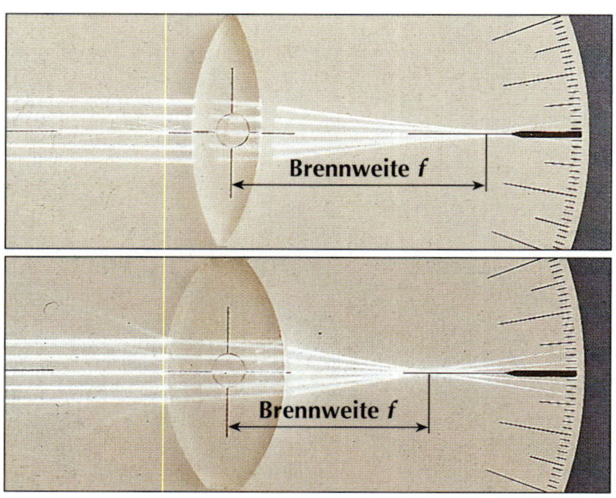

3 Linsenkrümmung und Brennweite

> Eine Linse, die in der Mitte dicker ist als am Rand, heißt Sammellinse. Sie sammelt parallel einfallendes Licht im Brennpunkt. Der Abstand von der Linse zum Brennpunkt ist die Brennweite *f*.

1 Beschreibe eine Sammellinse und begründe ihren Namen.

2 Wie kannst du die Brennweite einer Sammellinse mithilfe des Sonnenlichtes bestimmen?

So bekommst du paralleles Licht:

1. Richte das Licht einer Taschenlampe mit einstellbarem Reflektor auf eine Wand. Drehe den Kopf der Lampe so lange, bis der Lichtfleck auf der Wand möglichst klein ist.
2. Bei einer Experimentierleuchte benutzt du eine Vorsatzlinse, einen **Kondensor.** Verschiebe die Lampe im Gehäuse, bis du auf einer weit entfernten Wand das Bild der Wendel siehst.

1 Eine Sammellinse erzeugt Bilder.

4.2 Linsen erzeugen Bilder

Mit einer Sammellinse kannst du wie mit einer Lochblende das Bild einer leuchtenden Kerze auf einem Schirm erzeugen. Die Kerze sendet Licht auf die Sammellinse. Von dieser werden die Lichtbündel gebrochen, das Licht fällt wie in Bild 1 auf den Schirm. Dabei werden oben und unten, rechts und links vertauscht. So entsteht bei einem bestimmten Abstand zwischen Linse und Schirm ein umgekehrtes und seitenverkehrtes scharfes Bild. Dieser Abstand heißt **Bildweite.** Ob es sich dabei um ein verkleinertes oder vergrößertes Bild handelt, hängt von der **Gegenstandsweite** ab. Das ist der Abstand zwischen Kerze und Linse (Bild 3).

Der Tageslichtprojektor

Mit einem Tageslichtprojektor kannst du Bilder auf Folien vergrößert an eine Wand projizieren. Die einzelnen Teile des Projektors erkennst du in Bild 2. Die Folie wird von unten beleuchtet. Das Licht, das durch die Folie hindurchgeht, trifft auf den Projektionskopf. Darin befinden sich eine Sammellinse und darüber ein Spiegel, mit dem das Licht zur Wand umgelenkt wird.
Damit bei einer bestimmten Bildweite ein scharfes Bild entsteht, musst du durch Verstellen des Projektionskopfes die Gegenstandsweite anpassen.

> Sammellinsen erzeugen von Gegenständen umgekehrte und seitenverkehrte Bilder. Deren Größe hängt von der Gegenstandsweite und von der Bildweite ab.

1 Nenne Geräte, die wie der Tageslichtprojektor Bilder auf eine Wand projizieren.

V 1 Baue den Versuch aus Bild 1 auf. Verschiebe die Linse zwischen Kerze und Schirm, bis du ein scharfes Bild auf dem Schirm erhältst. Beschreibe das Bild.

V 2 Verschiebe in V 1
a) die Kerze
b) den Schirm.
Wie verändert sich jeweils das Bild?

A 3 Erkläre die Begriffe Gegenstandsweite, Bildweite, Bildgröße und Gegenstandsgröße mit Bild 3.

A 4 Beschreibe den Aufbau eines Tageslichtprojektors. Benenne dabei die für die Abbildung nötigen Bauteile.

V 5 Verändere bei einem Tageslichtprojektor die Stellung des Spiegels. Beschreibe, welche Funktion er hat. Wo würde das Bild ohne Spiegel entstehen?

V 6 Verändere bei einem Tageslichtprojektor die Höhe des Projektionskopfes. Beschreibe, wie sich das Bild verändert.

V 7 Verschiebe den Tageslichtprojektor. Stelle das Bild jeweils scharf.
a) Welche für die Abbildung wichtigen Größen werden verändert?
b) Beschreibe den Zusammenhang zwischen den Größen in einem Je-desto-Satz.

A 8 Welche beiden physikalischen Vorgänge werden bei der Erzeugung des Bildes ausgenutzt?

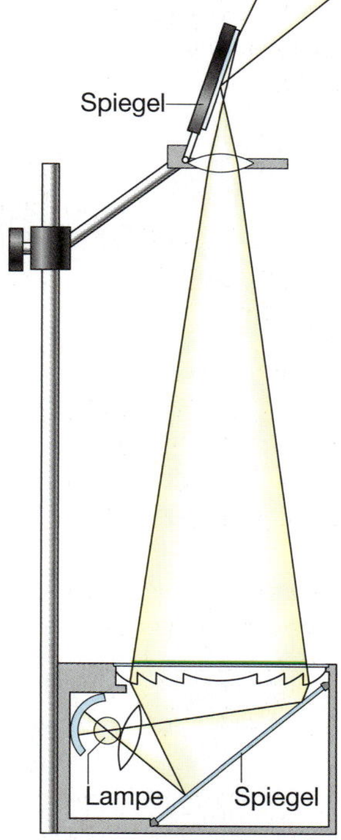

2 Tageslichtprojektor

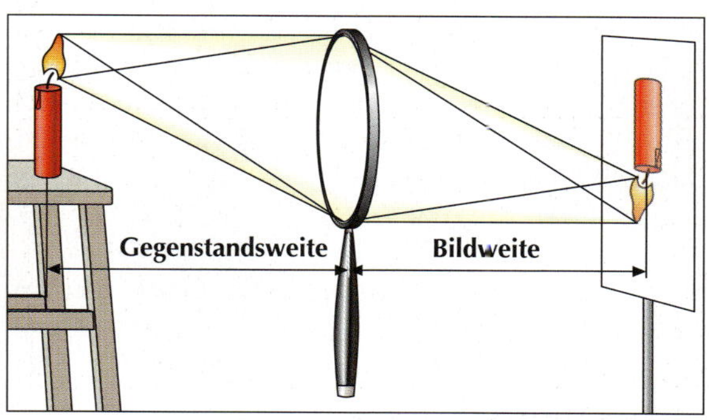

3 Bildentstehung an der Linse

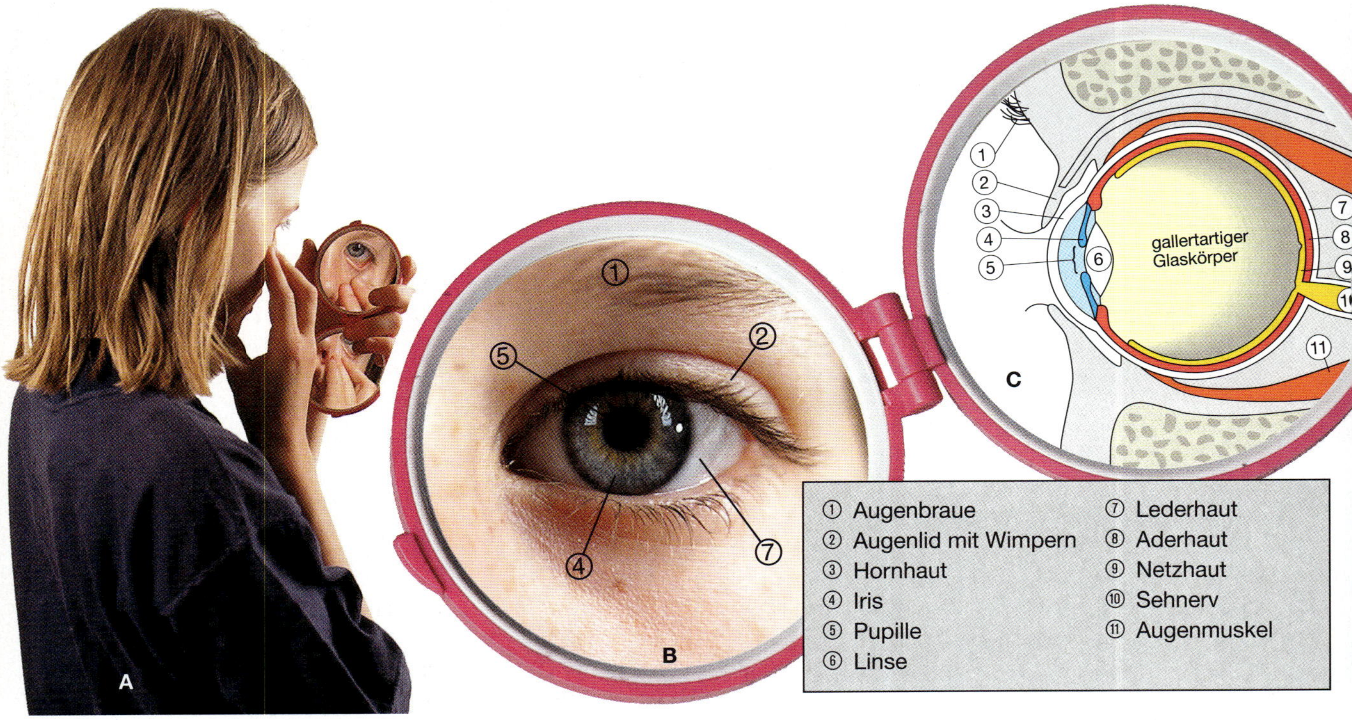

1 ***Der Bau des Auges. A*** *Betrachtung im Spiegel;* ***B*** *äußerlich sichtbare Teile des Auges;* ***C*** *Aufbau (Längsschnitt)*

5 Das Auge – Fenster zur Außenwelt

Sandra hat ein Staubkorn im Auge. Ihr Auge hat schon angefangen zu tränen. Mit Hilfe eines Papiertaschentuches versucht sie das Staubkorn zu entfernen. Dabei betrachtet sie ihr Auge im Spiegel.

Wenn du dein Auge im Spiegel betrachtest, siehst du als erstes die **Schutzeinrichtungen,** die dafür sorgen, dass die Augen stets leistungsfähig bleiben: Die *Augenbrauen* und die *Wimpern* verhindern, dass Regen- oder Schweißtropfen in die Augen gelangen. Das *Augenlid* schützt vor zu grellem Licht und verhindert, dass Fremdkörper das Auge verletzen. Der feuchte Film, der das Auge überzieht, besteht aus *Tränenflüssigkeit.* Sie wird durch den Lidschlag gleichmäßig auf den Augen verteilt, hält das Auge feucht und spült Staub und Krankheitserreger weg. Verbrauchte Tränenflüssigkeit fließt durch den *Tränenkanal* in die Nase ab. Der Ausgang des Tränenkanals befindet sich im unteren Augenlid nahe dem Augenwinkel.

Wenn du das Auge selbst betrachtest, siehst du den Augapfel mit einem farbigen Ring auf weißem Hintergrund. In seiner Mitte befindet sich ein dunkler runder Kreis. Der farbige Ring ist die *Iris* oder *Regenbogenhaut.* Wenn man von blauen, grünen oder braunen Augen spricht, so meint man die Farbe der Iris. Der dunkle runde Kreis ist ein Loch, die *Pupille.* Das Weiße des Auges wird von der *Lederhaut* gebildet. Im Bereich der Iris und der Pupille ist die Lederhaut durchsichtig und wird hier als *Hornhaut* bezeichnet. Alle weiteren Teile des Auges kannst du von außen nicht sehen.

Sehen wir uns deshalb den Längsschnitt des Auges an: Gleich hinter der Pupille befindet sich die *Linse.* Das Innere des Auges wird vom geleeartigen *Glaskörper* ausgefüllt. Er erhält die Form des Auges von innen. Der Glaskörper ist von drei Schichten umgeben. Die äußere Schicht ist die stabile weiße *Lederhaut.* Sie ist eine schützende Kapsel, die dem Auge von außen seine Form gibt. Die mittlere Schicht heißt *Aderhaut.* Sie versorgt das Auge mit Sauerstoff und Nährstoffen. Die innerste Schicht ist die *Netzhaut.* Sie besteht aus lichtempfindlichen Sinneszellen. Mit den *Augenmuskeln* wird der Augapfel in alle Richtungen bewegt.

Was passiert nun beim **Sehvorgang?** Von beleuchteten Gegenständen gehen Lichtstrahlen aus. Durch die Hornhaut und die Pupille fallen diese Strahlen in das Auge. Die Iris regelt dabei den Lichteinfall. Ist viel Licht vorhanden, wird die Pupille eng. Bei wenig Licht wird sie weit.

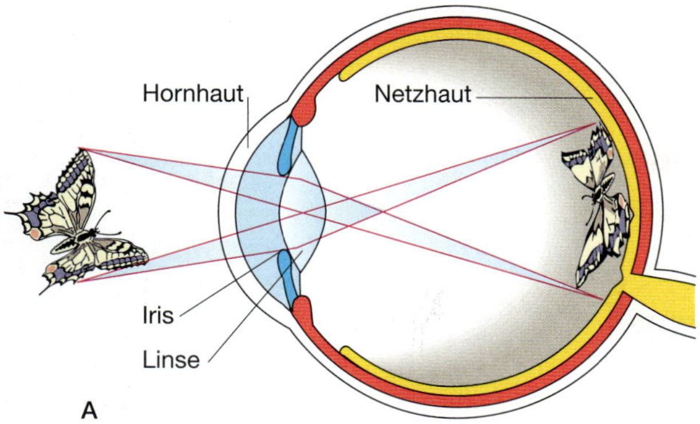

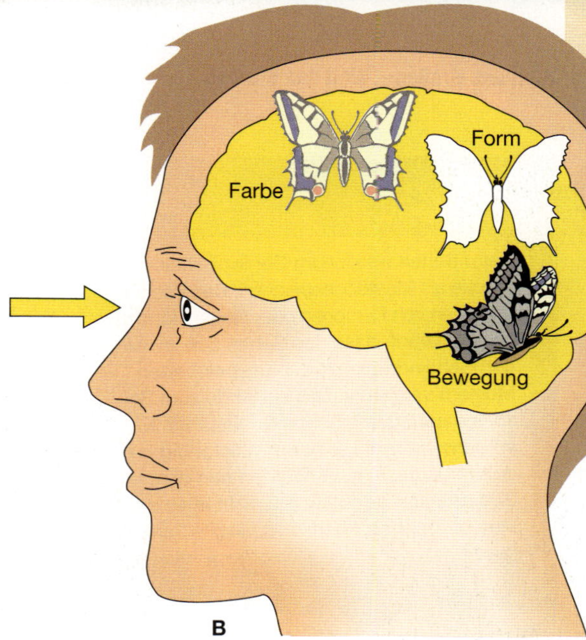

2 ***Sehvorgang. A*** *im Auge;* ***B*** *im Gehirn*

Im Auge treffen die Lichtstrahlen als Erstes auf die Linse. Die Augenlinse sorgt dafür, dass auf der Netzhaut ein scharfes Bild entsteht. Von der Linse werden die Lichtstrahlen durch den Glaskörper auf die Netzhaut gelenkt. Auf der Netzhaut entsteht wie auf dem Film in einer Kamera ein Bild, das auf dem Kopf steht. Das Bild wird von lichtempfindlichen Sinneszellen der Netzhaut in Nervenimpulse umgewandelt und über den Sehnerv zum Gehirn geleitet. Das Gehirn wertet alle ankommenden Informationen aus. Es erfasst die Gestalt und Form eines Gegenstands ebenso wie dessen Farben oder Bewegungen. Es sorgt dafür, dass die Kopf stehenden Bilder aufrecht stehend wahrgenommen werden.

Schutzeinrichtungen sorgen dafür, dass die Augen stets leistungsfähig bleiben. Durch die verschiedenen Teile des Auges gelangen Lichtstrahlen auf die Netzhaut. Lichtempfindliche Zellen in der Netzhaut wandeln die Lichtreize zu Nervenimpulsen um. Diese gelangen über den Sehnerv zum Gehirn.

1 Beschreibe den Sehvorgang mithilfe der Abbildung 2A.

2 Die Iris regelt wie eine Blende den Lichteinfall ins Auge. Betrachte die Abbildung 3. Welches der beiden Teilbilder zeigt ein Auge bei Dunkelheit? Begründe.

3 Bitte deinen Banknachbarn oder deine Banknachbarin die Augen zu schließen und sie dazu noch mit den Händen abzudecken. Dann soll er oder sie zum Fenster hinsehen und die Augen plötzlich öffnen. Was beobachtest du am Auge? Erkläre.

4 Schaue in den Spiegel. Ziehe vorsichtig ein unteres Augenlid vom Auge ab. Auf dem Lidrand zur Nase hin siehst du eine kleine einstichartige Öffnung. Worum handelt es sich dabei? Erläutere die Aufgabe dieser Öffnung.

5 Stelle in einer Liste die Schutzeinrichtungen des Auges zusammen. Welche Aufgaben haben die einzelnen Einrichtungen?

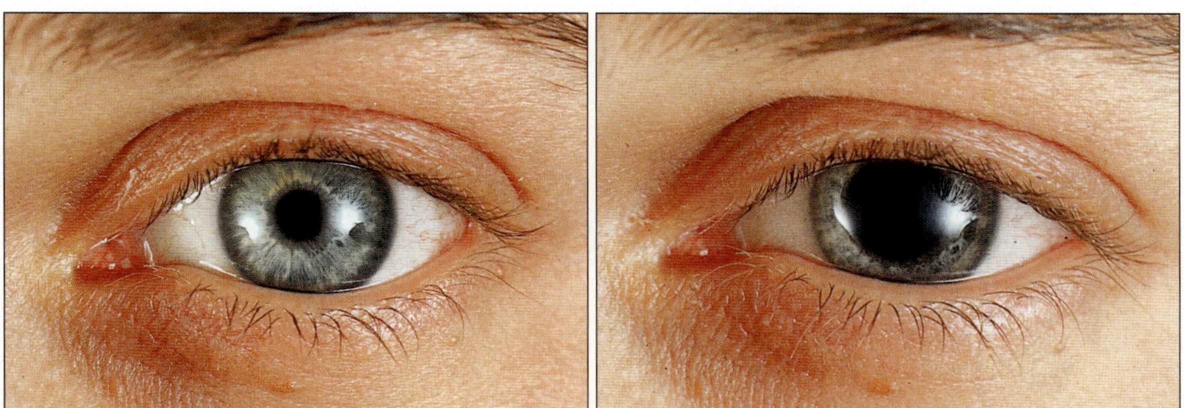

3 Die Iris regelt den Lichteinfall ins Auge

→ Linsen erzeugen Bilder, Seite 169

nwand

OPTISCHE TÄUSCHUNGEN

Beim Sehen werden im Gehirn Seheindrücke als Muster gespeichert. Das Wiedererkennen von Personen oder Gegenständen beruht darauf, dass das Gehirn den jeweiligen Seheindruck mit den gespeicherten Mustern vergleicht. Das siehst du zum Beispiel daran, dass du den Buchstaben E erkennst, obwohl er nur unvollständig gedruckt dargestellt ist. Werden nun dem Gehirn Bilder geboten, die nicht in einem Muster vorliegen, können oft falsche Schlüsse gezogen werden. Dann entstehen **optische Täuschungen.**

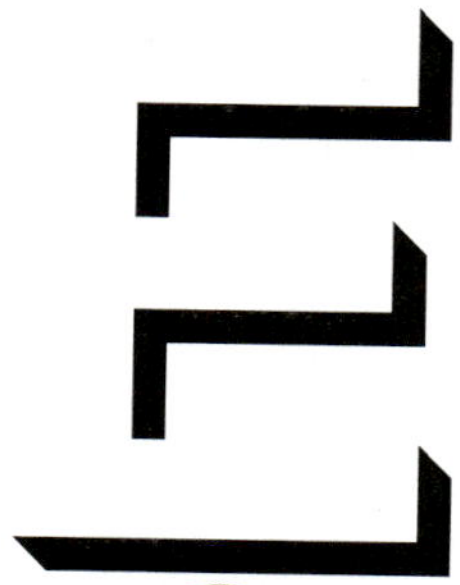

Du kannst dich durch eigene Zeichnungen davon überzeugen. Wenn du zum Beispiel zwei gleich große Figuren in eine perspektivische Darstellung zeichnest, sehen sie beim Betrachten unterschiedlich groß aus. Bei optischen Täuschungen stimmt also der Seheindruck mit den wirklichen Gegebenheiten nicht überein.

Täuschung durch perspektivische Darstellung: Beide Figuren sind gleich groß, obwohl die hintere Figur größer erscheint.

Umspringbild: Je nachdem, ob du dich für schwarze Flächen oben oder unten entscheidest, siehst du 6 oder 7 Würfel.

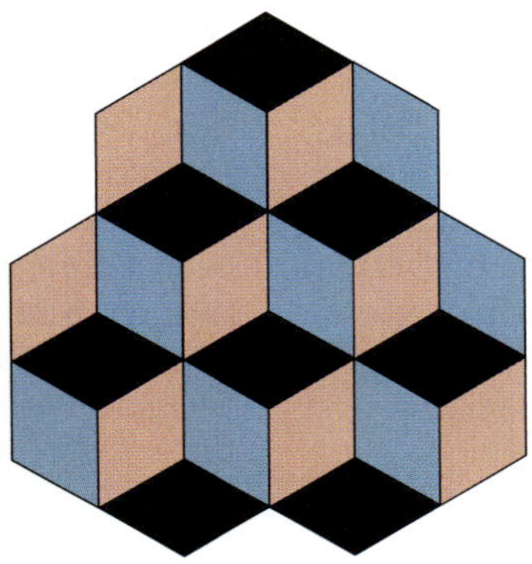

Täuschung durch die Umgebung: Die äußeren Kreise lassen das innen liegende Quadrat wie ein Kissen erscheinen.

Täuschung durch Größenvergleich: Die beiden inneren Kreise sind gleich groß. Die verschieden große Umgebung ergibt die Täuschung.

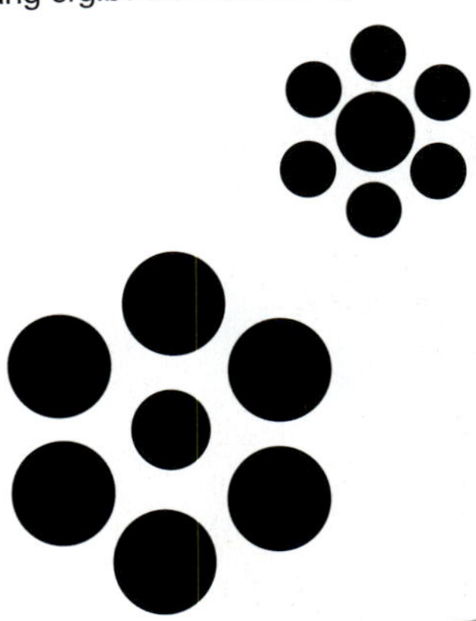

Täuschung durch Farben der Umgebung: Die gelben Rechtecke wurden in derselben Farbe gedruckt, trotzdem erscheinen die Farben unterschiedlich.

Täuschung durch die Umgebung: Die Kreise lassen das Quadrat wie ein eingezogenes Kissen erscheinen.

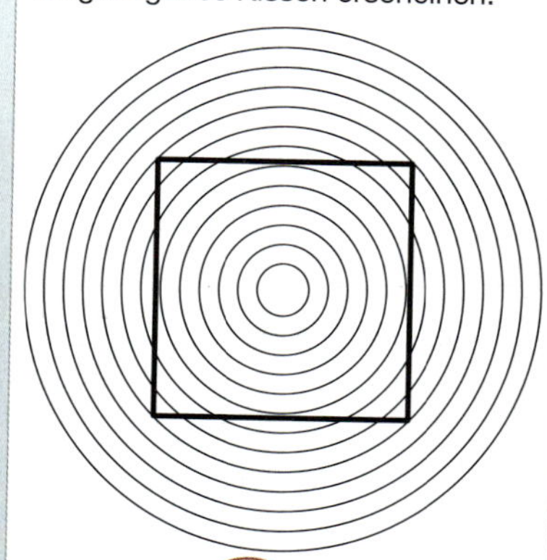

1 Suche weitere Beispiele für optische Täuschungen.

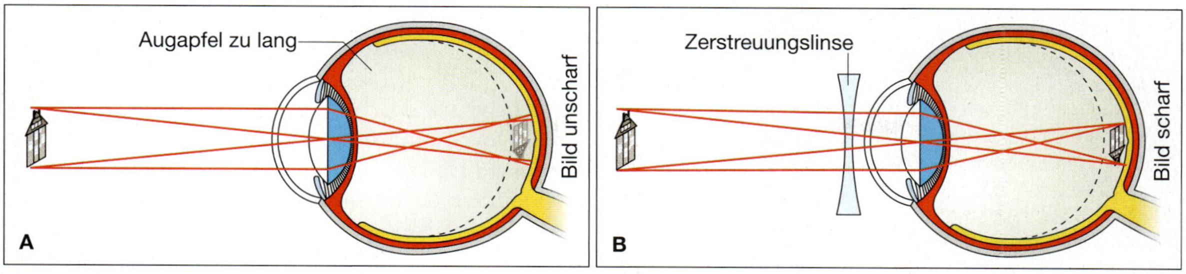

1 ***Kurzsichtigkeit.*** ***A*** *Ursache;* ***B*** *Korrektur*

5.1 Sehfehler und ihre Korrektur

Menschen mit gesunden Augen können alles, was sich in der Nähe oder Ferne befindet, scharf sehen. Andere müssen dazu Brillen oder Kontaktlinsen tragen.

Der häufigste *Sehfehler* ist die **Kurzsichtigkeit.** Wie bereits der Name sagt, sieht man nur auf kurze Entfernungen scharf. Gegenstände in der Ferne jedoch werden nur unscharf erfasst. Ursache dafür ist eine zu stark gewölbte Augenlinse oder ein zu langer Augapfel. In beiden Fällen würde ein scharfes Bild einige Millimeter *vor* der Netzhaut entstehen. Zur Korrektur der Kurzsichtigkeit muss die Brennweite der Augenlinse vergrößert und dadurch der Strahlengang verlängert werden. Das geschieht durch eine Brille mit *Zerstreuungslinsen.* Durch die Verlängerung des Strahlengangs entsteht das scharfe Bild bei Fernsicht nun auf der Netzhaut.

Manchmal müssen Menschen beim Lesen das Buch weit von sich weg halten, denn sie können nur weit entfernte Gegenstände sehen. Bei dieser **Weitsichtigkeit** ist meist der Augapfel zu kurz. Bei Nahsicht würde das scharfe Bild *hinter* der Netzhaut entstehen. Auf der Netzhaut dagegen entsteht ein unscharfes Bild. Um ein scharfes Bild zu erhalten, muss der Strahlengang verkürzt werden. Für diese Korrektur wird eine Brille mit *Sammellinsen* verordnet.

Auch normalsichtige Augen verlieren mit zunehmendem Alter die Fähigkeit der Akkommodation auf nahe Gegenstände. Die Augenlinse verliert bei älteren Menschen an Elastizität und kann sich bei Nahsicht nicht mehr genügend wölben. Die Wirkung ist dabei die Gleiche wie bei Weitsichtigkeit. Dieser Sehfehler wird als **Alterssichtigkeit** bezeichnet. Wie auch bei Weitsichtigkeit wird zur Korrektur eine *Lesebrille* verordnet.
Brillengläser korrigieren den jeweiligen Sehfehler, in manchen Fällen jedoch beeinträchtigen sie den Bereich, in dem der Betroffene ohne Brille gut sehen kann. Moderne, computerberechnete *Gleitsichtgläser* beheben diesen Nachteil. Ihre Brennweite ist im oberen Bereich anders als im unteren. Häufig verwendet man auch *Kontaktlinsen,* die direkt auf die Hornhaut gesetzt werden. Manche Menschen vertragen diese Art von Sehhilfen jedoch nicht.

Bei Kurz- und Weitsichtigkeit entstehen unscharfe Bilder auf der Netzhaut. Kurzsichtigkeit wird mit einer Zerstreuungslinse, Weitsichtigkeit wird mit einer Sammellinse korrigiert.

1 Wie äußert sich Kurzsichtigkeit und wie kann man sie korrigieren?
2 Wieso können junge Kurzsichtige auch mit der Fernbrille gut lesen, ältere hingegen nicht?

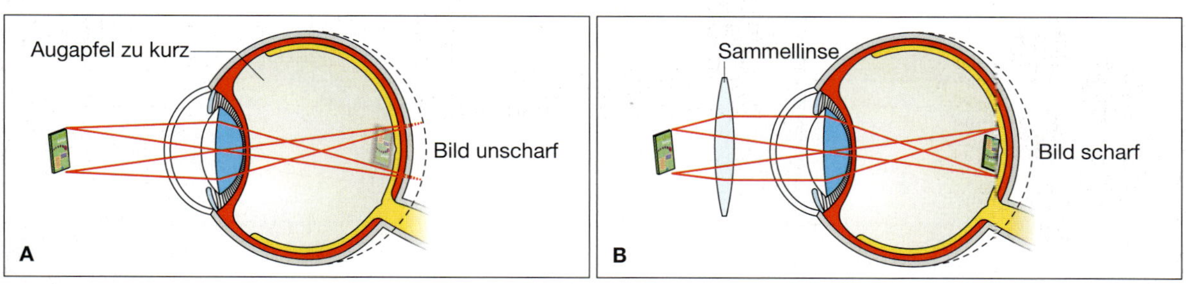

2 ***Weitsichtigkeit.*** ***A*** *Ursache;* ***B*** *Korrektur*

6 Fernrohre

1 Ein selbst gebautes Fernrohr

Um Gegenstände, die weit von dir entfernt sind, besser erkennen zu können, benutzt du ein **Fernrohr.** Ob es ein Schiff am Horizont oder ein Stern am Nachthimmel ist, du möchtest die Gegenstände vergrößert sehen.
In einem Fernrohr erzeugt eine Sammellinse mit großer Brennweite das Bild eines weit entfernten Gegenstandes. Das Bild ist sehr klein. Mit einer Lupe siehst du das Bild größer. Die Anordnung findest du in Bild 1. Dieses **astronomische Fernrohr** hat den Nachteil, dass du das Schiff auf dem Kopf fahren siehst. Die erste Linse, das *Objektiv*, verdreht rechts und links, oben und unten.

Die zweite Linse, das *Okular*, benutzt du als Lupe. Sie vergrößert das Bild. Zur Beobachtung auf der Erde eignet sich ein Fernrohr, bei dem du statt der Lupe eine Zerstreuungslinse benutzt. Die Zerstreuungslinse wird so gewählt, dass sie die Wirkung der Augenlinse aufhebt. Das vom Objektiv erzeugte Bild entsteht also gleich auf der Netzhaut. Es ist größer, als wenn du das Schiff mit bloßem Auge betrachten würdest. Ein solches Fernrohr heißt **galileisches Fernrohr,** benannt nach dem italienischen Astronomen Galileo GALILEI (1564–1642).

2 Fernrohr

V1 a) Baue ein Fernrohr wie in Bild 1 auf. Benutze als vordere Linse eine Sammellinse mit f = 40 cm. Bilde einen weit entfernten Gegenstand auf der Mattscheibe ab. Betrachte dieses Zwischenbild mit einer Sammellinse mit f = 10 cm oder f = 5 cm als Lupe.

b) Entferne nach der Scharfeinstellung des Bildes die Mattscheibe. Vergleiche die Zwischenbilder mit und ohne Mattscheibe.

A2 Schätze ab, wievielmal größer dir ein Gegenstand mit Fernrohr erscheint als ohne.

V3 a) Ersetze beim Fernrohr aus V1 die Lupe durch eine Zerstreuungslinse mit f = –20 cm oder f = –10 cm. Betrachte wieder den Gegenstand aus V1.
b) Was hat sich am Bild gegenüber V1 geändert?

> Fernrohre dienen dazu, entfernte Gegenstände vergrößert abzubilden. Das astronomische Fernrohr eignet sich für Himmelsbetrachtungen, das galileische Fernrohr auch für Beobachtungen auf der Erde.

1 Welche Aufgaben haben Objektiv und Okular beim astronomischen Fernrohr?

2 Bei welchem Fernrohr ist das Netzhautbild größer als bei der Beobachtung ohne Fernrohr?

3 Wodurch unterscheiden sich astronomisches und galileisches Fernrohr?

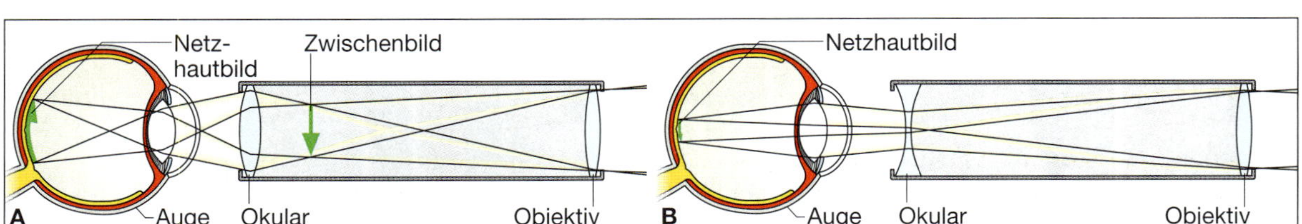

*3 **Verlauf der Lichtbündel.** **A** im astronomischen Fernrohr; **B** im galileischen Fernrohr*

Bau eines Fernrohrs

Praktikum

1 Fernrohr – selbst gebaut

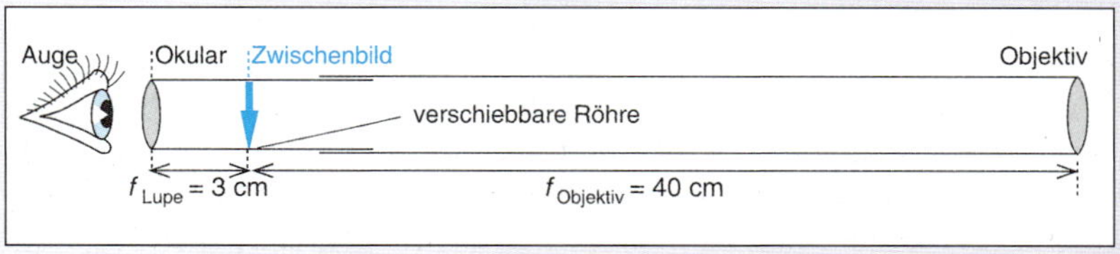

Materialliste

1 Papprohr, 45 mm Durchmesser, 36 cm lang
1 Papprohr, 45,5 mm Durchmesser, 10 cm lang
Das kürzere Papprohr muss sich gut über das längere schieben lassen.
1 Linse, Brennweite 36 cm als Objektiv
1 Linse, Brennweite 30 cm als Okular
1 Bogen schwarzes Tonpapier
1 Heißkleber
Textilklebeband
1 Bogen farbiges Tonpapier oder Geschenkpapier

Hinweis: Die Linsen sind beim Optiker erhältlich.

Bauanleitung

Rolle die beiden Papprohre auf dem schwarzen Tonpapier einmal ab. Schneide die Flächen aus, rolle sie und klebe sie in die beiden Papprohre. Damit vermeidest du Streulicht in den Papprohren.

Klebe an ein Ende des langen Rohres die große Linse mit $f = 36$ cm. Dazu eignet sich Kleber aus der Heißklebepistole sehr gut.
Schneide für die kleine Linse mit $f = 3$ cm aus dicker Pappe eine kreisrunde Scheibe, die genau in ein Ende des kurzen Rohres passt. Damit sie nicht in das Rohr hineinrutscht, klebe vor dem Einsetzen einen schmalen Pappstreifen knapp unter dem Rand innen in das Rohr.

Schneide in die Mitte der Pappscheibe ein kreisrundes Loch, das genauso groß ist, dass die kleine Linse hineinpasst und mit Heißkleber eingeklebt werden kann.

Klebe die Pappscheibe mit der kleinen Linse in das kurze Rohr. Jetzt lässt sich das kurze Rohr an dem offenen Ende über das lange Rohr schieben – das Fernrohr ist fertig.
Der Zwischenraum zwischen den Papprohren könnte zu groß sein. Dann lassen sich die Rohre zu leicht verschieben. Klebe dann dort, wo das kurze Rohr hin und her geschoben wird, Streifen aus Textilklebeband rund um das lange Rohr.
Zur Verschönerung kannst du die Rohre mit buntem Papier bekleben.

Hinweis: Als Objektiv kannst du Linsen mit Brennweiten $f = 20$ cm, $f = 30$ cm oder $f = 40$ cm wählen.

Die Brennweite der Objektivlinse bestimmt die Länge des Fernrohres. Bei einer Brennweite von 10 cm wird das Rohr 10 cm lang, bei $f = 20$ cm wird es 20 cm lang.

Bedenke, dass die Vergrößerung V bei fester Okularbrennweite von der Brennweite des Objektivs abhängt. Es gilt: $V = \frac{f_{Objektiv}}{f_{Okular}}$

$f_{Objektiv}$	Vergrößerung V
$1 \cdot f_{Okular}$	1fach
$2 \cdot f_{Okular}$	2fach
:	:
$10 \cdot f_{Okular}$	10fach

2 Vergrößerung beim Fernrohr

7 Blick in den Makrokosmos

7.1 Aufbau unseres Sonnensystems

Wenn du in einer wolkenlosen Nacht zum Himmel blickst, siehst du häufig den Mond und viele helle Lichtpunkte, die *Sterne* und *Planeten*. Sie sind weit von unserer Erde entfernt. Obwohl sie sich auf diese weite Entfernung sehr ähneln, unterscheiden sich Sterne und Planeten stark voneinander.

Sterne sind selbstleuchtende Körper. Da sie dem Augenschein nach ihren Ort am Himmel beibehalten, wurden sie früher *Fixsterne* genannt. Obwohl Edmund HALLEY 1710 nachweisen konnte, dass sich Fixsterne bewegen, werden Sterne auch heute noch oft als Fixsterne bezeichnet. Der uns am nächsten stehende Stern ist unsere *Sonne*. Sie ist eine Gaskugel und besteht größtenteils aus Wasserstoff und Helium. Die Sonne sendet sehr viel Wärme und Licht aus. Sie wird von neun Planeten umkreist. Der Stern, der der Sonne am nächsten ist, heißt Proxima Centauri. Er ist etwa 40 Billionen Kilometer von der Sonne entfernt.

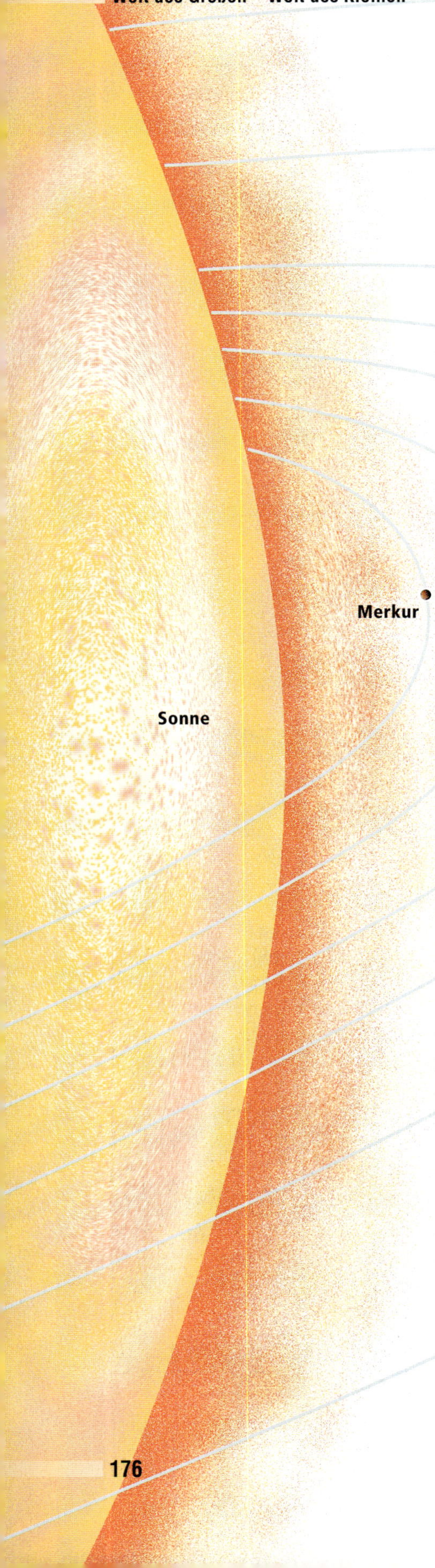

Im Gegensatz zu den Sternen leuchten die **Planeten** nicht selber. Wir können sie nur deshalb sehen, weil sie das Licht anderer Sterne in unsere Augen reflektieren. Planeten sind also Fremdleuchter.
Der sonnennächste Planet ist der *Merkur*, gefolgt von der *Venus*, die fast doppelt so weit von der Sonne entfernt ist. Daran anschließend folgen die *Erde*, der *Mars*, der *Jupiter*, der *Saturn*, der *Uranus* und der *Neptun*. Der *Pluto* ist der kleinste Planet, der zudem den größten Abstand zur Sonne besitzt.
Manche Planeten werden ihrerseits von meist kugelförmigen, fremdleuchtenden Himmelskörpern umkreist. Diese heißen *Trabanten* oder *Monde*. So umkreist der Mond als einziger natürlicher Trabant die Erde. Diese bewegt sich ihrerseits wiederum als Planet um die Sonne. Auch andere Planeten werden von Trabanten umkreist. So entdeckten die Astronomen bis zum Jahre 2003 beispielsweise 58 Monde beim Jupiter.

A1 „Mein Vater erklärt mir jeden Sonntag unsere neun Planeten." Dieser Satz soll dir als Eselsbrücke helfen, dir die Namen der Planeten unseres Sonnensystems und deren Reihenfolge von der Sonne aus zu behalten. Erkläre.

A2 Überlege dir selbst eine Eselsbrücke, die dir hilft, Namen und Reihenfolge der neun Planeten zu behalten.

A3 Die Planeten unseres Sonnensystems sind auf dieser Seite in einem bestimmten Maßstab gezeichnet.
a) Bestimme den Maßstab. Bedenke dabei, dass der wahre Durchmesser der Erde 12 742 km beträgt.
b) Berechne mithilfe des Maßstabes die Durchmesser der restlichen acht Planeten.

Die Planeten mit ihren Monden bewegen sich wie in Bild 1 auf kreisähnlichen Bahnen um die Sonne. Diese Bahnen werden *Ellipsen* genannt.
Die Ellipsenbahnen der neun Planeten haben alle sehr unterschiedliche Ausmaße und verlaufen alle nahezu in einer Ebene. Nur die Bahn des Pluto weicht etwas davon ab. Zudem umlaufen die Planeten die Sonne in gleicher Richtung. Sieben Planeten drehen sich dabei ihrerseits in die gleiche Richtung um die eigene Achse. Nur Venus und Uranus drehen sich entgegengesetzt.

Neben den Planeten wird die Sonne auch von *Asteroiden* umkreist. Dies sind kleine Planeten mit unregelmäßiger Gestalt. Sie ähneln häufig riesigen Felsblöcken. Eisige Himmelskörper, die wie in Bild 2 mit einer Gashülle umgeben sind und ebenso wie Asteroiden auf ellipsenförmigen Bahnen um die Sonne kreisen, heißen *Kometen*. Im Gegensatz zu den Asteroiden sind die Bahnen der Kometen sehr lang gestreckt. *Meteore* sind kleine Himmelskörper. Sie verglühen meist beim Eindringen in die Erdatmosphäre. Diese Sternschnuppen bieten uns am Nachthimmel manchmal beeindruckende Leuchteffekte.

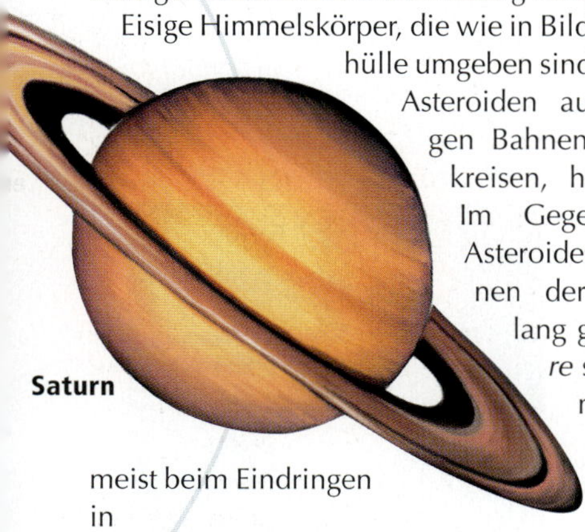
Saturn

Pluto

Obwohl der Raum zwischen der Sonne und den Himmelskörpern völlig leer erscheint, sind dort Staub und Gas vorhanden. Der Staub setzt sich aus mikroskopisch kleinen festen Teilchen zusammen. Das Gas besteht unter anderem aus elektrisch geladenen Teilchen, die von der Sonne ausgestoßen werden. Sie werden auch als Sonnenwind bezeichnet.

Neptun

Die Sonne und alle Körper, die sich um sie bewegen, bilden das **Sonnensystem**.
Unser gesamtes Sonnensystem und alle nahe gelegenen Sterne umkreisen ihrerseits den Mittelpunkt unserer *Milchstraße*. Das ist eine **Galaxie**, die aus mehr als 100 Milliarden Sternen besteht.

Unser Sonnensystem besteht aus neun Planeten, aus Monden, Asteroiden, Kometen und Meteoren. Die Himmelskörper bewegen sich auf ellipsenförmigen Bahnen um die Sonne, die sich im Zentrum des Sonnensystems befindet. Unser Sonnensystem ist ein Teil einer Galaxie, der Milchstraße.

Uranus

1 Recherchiere beispielsweise im Internet, wie die nächstgelegene Galaxie heißt.

1 Die Planetenbahnen verlaufen in einer Ebene.

2 Ein Komet

Projekt

Die Planeten unseres Sonnensystems

In diesem Projekt sollt ihr die Sonne und ihre neun Planeten genauer kennen lernen. Jede Gruppe erstellt einen Steckbrief über die von ihr ausgewählten Himmelskörper. Damit ihr diese am Schluss des Projektes besser vergleichen könnt, soll jede Gruppe folgende Daten für ihre Himmelskörper recherchieren:
Masse, Äquatordurchmesser, Bahngeschwindigkeit, Umlaufzeit um die Sonne, Dauer einer Umdrehung um die eigene Achse, Dichte, Temperaturen auf der Oberfläche und Entfernung zur Sonne.

Klärt zudem in jeder Gruppe folgende Fragen:
- Woraus bestehen die Sonne und jeder der Planeten und wie sind sie aufgebaut?
- Woraus bestehen ihre Atmosphären?
- Wie viele Monde besitzen die Planeten?

Neben diesen Daten gibt es noch weitaus mehr Wissenswertes über die einzelnen Himmelskörper. Ihr könnt die jeweiligen Gruppenaufträge nach Belieben erweitern.
Neben Büchern und Informationsbroschüren ist das Internet eine hilfreiche Informationsquelle.

Gruppe 1: Sonne

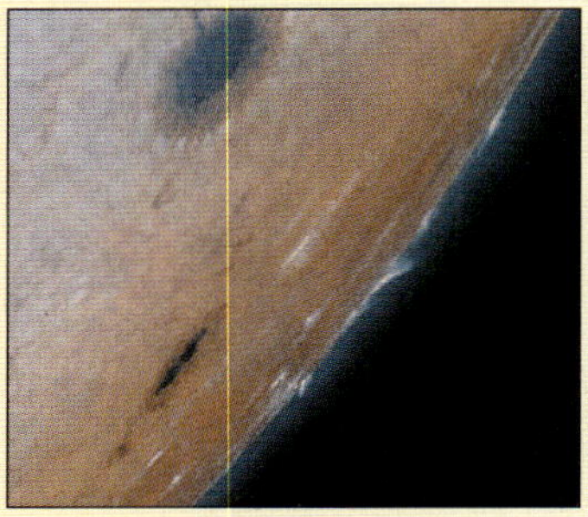

Informiert euch über die erforderlichen Daten der Sonne. Klärt zudem folgende Fragen:
- Wie erzeugt die Sonne Licht und Wärme?
- Wie beeinflusst sie das Leben auf unserer Erde?

Gruppe 2: Merkur und Venus

Informiert euch über die erforderlichen Daten von Merkur und Venus.

Gruppe 3: Erde und Mond

Informiert euch über die erforderlichen Daten von Erde und Mond. Klärt zudem, wie der Mond das Leben auf unserer Erde beeinflusst.

Gruppe 4: Mars und Jupiter

Informiert euch über die erforderlichen Daten von Mars und Jupiter.

Gruppe 5: Saturn und Uranus

Informiert euch über die erforderlichen Daten von Saturn und Uranus.

Gruppe 6: Neptun und Pluto

Informiert euch über die erforderlichen Daten von Neptun und Pluto.

Orientierung am Himmel

Streifzug

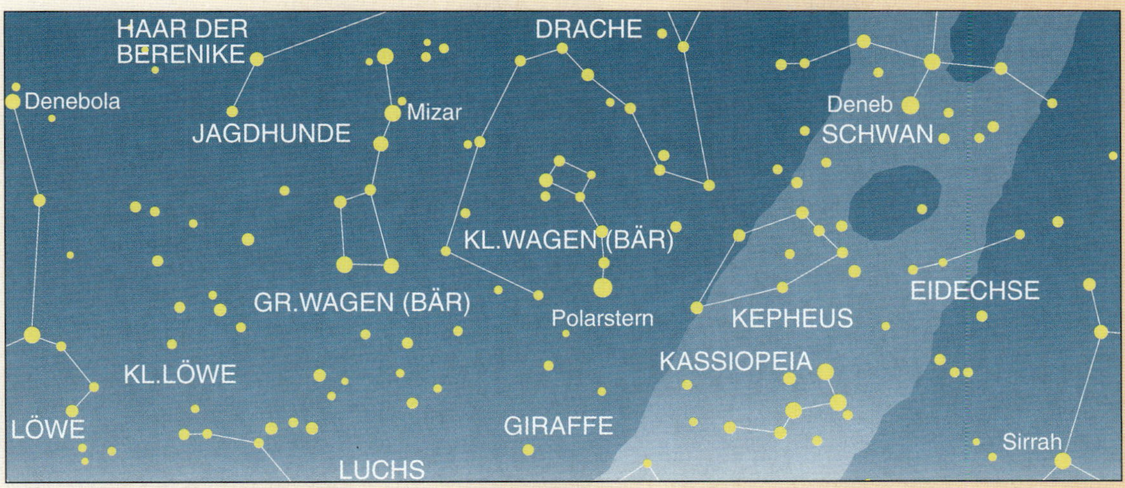

1 Ausschnitt aus der Himmelskugel im Januar gegen 22 Uhr

Bereits im Altertum erkannten die Menschen in den Sternen bestimmte Figuren, die in immer gleichen Bahnen über den nächtlichen Himmel wandern. Sie wurden zu *Sternbildern* zusammengefasst, die sich auf der Himmelskugel um uns bewegen (Bild 1).

Um die Sternbilder am Sternenhimmel zu finden und sie zur Orientierung zu benutzen, benötigst du genau wie auf der Erde eine Karte. Auf dieser *Sternkarte* sind im Gegensatz zu einer Landkarte links Osten und rechts Westen. Da sich die Erde stets um ihre eigene Achse dreht, bewegen sich die Sterne genau wie die Sonne von Ost nach West.
Auch die Jahreszeiten kannst du durch die unterschiedlichen Sternbilder am Himmel erkennen, weil sich der sichtbare Ausschnitt der Himmelskugel wegen der Erddrehung um die Sonne im Laufe des Jahres ändert.

Auf dem Rand einer drehbaren Sternkarte befinden sich Datum und Uhrzeit. Um mithilfe der Sternkarte die Sternbilder auf der Himmelskugel bestimmen zu können, musst du die Sternkarte so lange drehen, bis sich die Uhrzeit und das Datum zum Beobachtungszeitpunkt decken. Erst dann zeigt ein Ausschnitt der Karte den für die Jahres- und Uhrzeit zutreffenden Sternhimmel.

Im Januar findest du beispielsweise wie in Bild 1 im Norden das Sternbild *Großer Bär*. Er wird auch *Großer Wagen* genannt. Verlängerst du die hintere Linie des Großen Wagens etwa fünf Mal, so gelangst du zum *Polarstern*. Der Polarstern ist ein heller Fixstern, der immer fast genau in nördlicher Richtung steht. Er diente den Seefahrern zur Orientierung. Du kannst dich auch heute noch in der Nacht mithilfe des Polarsterns orientieren.

Der Polarstern ist die Spitze der Achse des *Kleinen Wagens*, der auch als *Kleiner Bär* bezeichnet wird. Ein weiteres bekanntes Sternbild ist die *Kassiopeia*. Sie findest du, wenn du dir die hintere Linie des Großen Wagens über den Polarstern hinaus fortgesetzt denkst. Sie ist wegen ihrer W- oder M-Form ebenfalls gut zu erkennen. Die Kassiopeia liegt mitten in unserer *Milchstraße*, die du in klaren Nächten als nebelartiges, helles Band sehen kannst.

Insgesamt gibt es 88 Sternbilder an der Himmelskugel, deren Namen zum Teil aus griechischen und babylonischen Göttersagen stammen. Sie sind im Laufe der Geschichte völlig willkürlich zusammengestellt worden. Es gibt kein Gesetz, nachdem die Sterne zu Sternbildern kombiniert wurden.

1 Informiere dich, wie der Sternhimmel auf der Nordhalbkugel im Frühling, im Sommer, im Herbst und im Winter aussieht.

Körper – Gesundheit – Entwicklung

Überlege, was du wahrnehmen könntest, wenn die Läufer an dir vorbei laufen würden.

→ **Seite 183ff**

Während des Marathonlaufes benötigt der Körper Wasser und Nährstoffe. Die Läufer müssen in regelmäßigen Zeitabständen trinken und essen.

→ **Seite 200ff**

Bei körperlicher Anstrengung, schlägt das Herz häufiger und der Puls st deshalb höher. Wir atmen tiefer und häufiger ein. Welche Funktionen haben Herz, Lunge und Blut in unserem Körper?

→ **Seite 210**
→ **Seite 218**
→ **Seite 220**

Lecker! Richtig fruchtig sehen die Puddinge aus. Wer würde da schon erwarten, dass sie alle gleich schmecken? Sinneswahrnehmungen und Erwartungen beeinflussen gegenseitig: Testpersonen erhalten verschiedenfarbige aber gleich schmeckende Puddinge. Die meisten Testpersonen „schmeckten“ verschiedene Geschmacksrichtungen heraus.

Mit den Händen „sehen“! Manchmal fallen Sinnesorgane vorübergehend oder dauerhaft aus. Dann können viele ihrer Aufgaben von anderen Sinnen erfüllt werden. Verschiedene Münzen kann man z. B. mit etwas Übung leicht durch Tasten unterscheiden.

1 ***Sinneseindrücke.*** ***A*** *Hören;* ***B*** *Sehen;* ***C*** *Fühlen;* ***D*** *Schmecken;* ***E*** *Riechen*

1 Sinne und Sinnesorgane

Jan *hört* Geräusche aus der Küche. Sein Vater bereitet das Mittagessen zu. „Darf ich heute Pudding als Nachtisch kochen?" fragt Jan. Sein Vater ist einverstanden. Jan holt ein Päckchen Puddingpulver und Milch aus dem Schrank. Zur Sicherheit *sieht* er sich das Rezept auf der Puddingpackung noch einmal an. Bevor er den Topf mit der Milch auf die Herdplatte stellt, prüft er vorsichtig mit der Hand, ob er auch die richtige Platte eingeschaltet hat. Er kann die Wärme *fühlen*. Dann rührt er das Pulver in die Milch ein. Aber halt, er hat ja den Zucker vergessen. Er holt die Zuckerdose aus dem Schrank und prüft mit einem kleinen Löffel, ob sich auch wirklich Zucker in der Dose befindet. Auf der Zunge *schmeckt* er den süßen Geschmack. Er fügt den Zucker hinzu und lässt das Ganze kochen. „Hmmm, das *riecht* gut", ruft er seinem Vater zu.

Die ganze Zeit über haben bestimmte **Reize** auf Jan eingewirkt. Das Klappern der Teller, die Schrift des Rezepts, die Wärme der Herdplatte, der Geschmack des Zuckers und der Geruch des Puddings sind solche Reize. Jan hat diese Reize über seine **Sinnesorgane** wahrgenommen: mit den Ohren, den Augen, der Haut, der Zunge und der Nase. Jedes Sinnesorgan spricht nur auf bestimmte Reize an.

Mit Hilfe der Sinnesorgane orientieren wir uns in unserer Umwelt. Wenn es hell genug ist, verlassen wir uns auf unseren **Sehsinn,** im Dunkeln hilft uns unser **Tastsinn.** Geräusche nehmen wir mit dem **Hörsinn** wahr, Gerüche mit dem **Geruchssinn.** Auf der Zunge befindet sich der **Geschmackssinn.**

Die Sinnesorgane nehmen die Reize auf. Diese werden in Nervenimpulse umgewandelt und über die Nervenbahnen an das Gehirn weitergeleitet. Dort werden die Informationen verarbeitet. Daraufhin erfolgt eine **Reaktion** des Körpers. So schließen wir beispielsweise die Augen, wenn wir plötzlich von sehr hellem Licht geblendet werden.

Mit den Sinnesorganen nehmen wir Reize auf und orientieren uns so in unserer Umwelt.
Die Informationen werden über Nervenbahnen zum Gehirn geleitet und dort verarbeitet.

1 Stelle in einer Liste alle genannten Sinnesorgane zusammen. Welche Reize können mit ihnen wahrgenommen werden? Nimm Abbildung 1 zu Hilfe.

2 Ordne folgende Reize den entsprechenden Sinnesorganen zu: Geruchsstoffe, Temperatur, Schmerz, Geschmacksstoffe, Lichtstrahlen, Druck, Berührung, Schallwellen.

→ Praktikum: Schmecken – Riechen – Tasten, Seite 185
→ Stoffe mit den Sinnen erkennen, Seite 36

1 Riechprobe

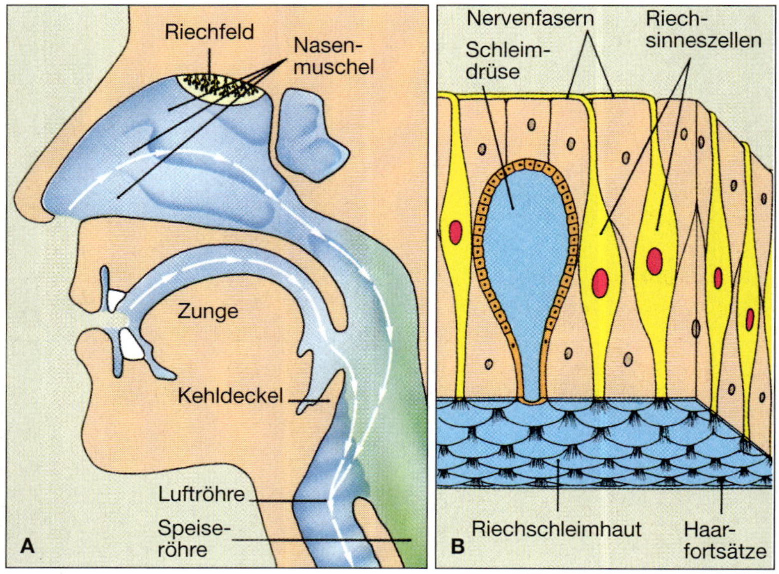

*2 **A** Lage des Geruchssinnes; **B** Feinbau des Riechfeldes*

2 Riechen und Schmecken

Ein Stück Pfefferminzschokolade schmeckt bei zugehaltender Nase nicht nach Schokolade und auch nicht nach Pfefferminze, nur süß. Doch woran liegt das?

Schmecken kann man nur mit der **Zunge.** Wenn du sie genau im Spiegel betrachtest, fallen dir sicherlich kleine warzenartige Gebilde auf. Es sind **Geschmackspapillen,** die auf der ganzen Zunge verteilt sind. Jede Papille ist von einer grabenartigen Vertiefung umgeben. In den seitlichen Wänden **befinden sich Geschmacksknospen.** Sie enthalten die Sinneszellen, die von den Geschmacksstoffen erregt werden und über Nervenzellen dem Gehirn z. B. melden: Suppe versalzen! Damit sie immer neue Geschmacksreize aufnehmen können, werden sie ständig von einer Flüssigkeit freigespült, die von besonderen Drüsen ausgeschieden wird. Erstaunlicherweise ist die Zunge aber nur in der Lage, wenige wichtige Geschmacksrichtungen auseinanderzuhalten, zum Beispiel: süß, sauer, salzig und bitter.

Das Interessante an der Pfefferminzschokolade ist ja nicht nur der süße Geschmack. Es sind auch die **Gerüche,** die über die **Nase** wahrgenommen werden: Pfefferminz- und Schokoladengeruch. Vieles, was du zu schmecken glaubst, riechst du also in Wirklichkeit. Beim Kauen gelangen nämlich Aromastoffe der Speisen über den Rachenraum zum Riechfeld der Nase. Bei zugehaltener Nase oder auch bei Schnupfen ist dies natürlich nicht mehr möglich – und man hat Schwierigkeiten, die Speisen zu erkennen.

Tief in der Nase ist ein Teil der **Nasenschleimhaut** als **Riechfeld** ausgebildet. Die gesamte Riechfläche ist etwa 6 cm^2 groß. Sie enthält zahlreiche Riechsinneszellen mit feinen haarartigen Fortsätzen. Diese ragen in eine Schleimschicht, mit der die Riechschleimhaut überzogen ist. Wenn man beim Essen durch die Nase einatmet, werden gasförmige Riechstoffe bis zur Riechschleimhaut gewirbelt. Sie lösen sich in der Schleimschicht und gelangen an die Riechhärchen der Riechsinneszellen. Die Riechsinneszellen geben die Meldung über eine Nervenfaser bis an das Gehirn weiter. Das Gehirn stellt dann z. B. fest: Es ist Pfefferminzaroma.

Unser Sinnesorgan für das Schmecken ist die Zunge. Gerüche werden über das Riechfeld der Nase wahrgenommen.

Schmecken – Riechen – Tasten

Praktikum

V 1 Wir schmecken mit der Zunge

Material: Zucker; Kochsalz; Essig; Bittersalz; Wasser; Kunststoff- oder Glasschälchen; Wattestäbchen

Durchführung: Gib in ein Schälchen etwas Zucker und Wasser. Tauche ein Wattestäbchen in die Lösung und tupfe dann an verschiedenen Stellen auf deine Zunge. Spüle nach jedem Versuch deinen Mund mit etwas Wasser. Wiederhole das Experiment mit Kochsalz, Essig und Bittersalz.

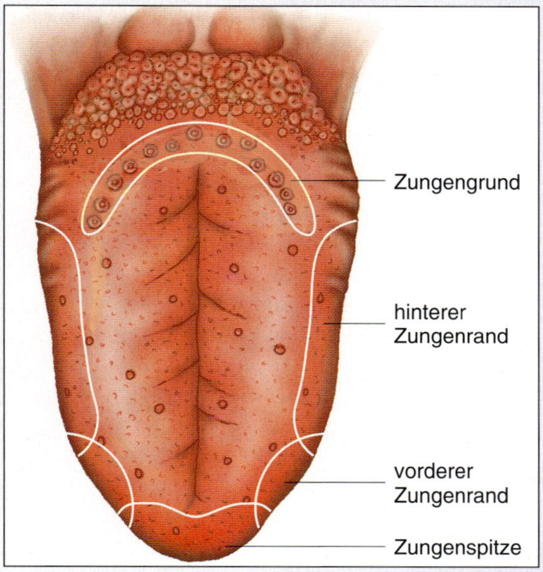

Aufgaben: a) In der Abbildung sind verschiedene Bereiche der Zunge eingezeichnet. Bestimme, in welchen Bereichen süß, salzig, sauer und bitter empfunden werden.

b) Nenne einige Lebensmittel, die süß, sauer, salzig oder bitter schmecken.

c) Viele Menschen, vor allem Kinder, essen sehr gerne „Süßigkeiten". Auf welchen Nährstoff weist der süße Geschmack hin?

A 2 Verdorbene Speisen riechen eklig

Verdorbene Butter, faule Eier und verwesendes Fleisch stinken abscheulich. Der Geruch kann so ekelerregend sein, dass ein Brechreiz entsteht. Erläutere die Bedeutung dieses Sachverhalts.

V 3 Wie schmecken Apfel und Zwiebel?

Material: Küchenzwiebel; Apfel; Küchenmesser; Tuch zum Augenverbinden

Durchführung: Am besten führt man den Versuch zu zweit und abwechselnd durch. Schneide mit dem Messer Zwiebel und Apfel in kleine Stücke. Verbinde deinem Versuchspartner die Augen. Dieser soll sich nun die Nase zuhalten und erkennen, ob du ihm ein Zwiebel- oder Apfelstück auf die Zunge legst.

Aufgabe: Erläutere das Versuchsergebnis.

V 4 Tastempfindungen können verschieden sein

Material: Büroklammer; Lineal

Durchführung: Biege eine Büroklammer so auf, dass beide Spitzen dicht nebeneinander liegen. Miss den Abstand der Spitzen. Drücke mit den Spitzen auf Fingerkuppe, Handrücken, Unterarm und Zungenspitze. Vergrößere und verkleinere den Abstand der Spitzen und wiederhole die Versuche.

Aufgabe: Stelle fest, ob du den Abstand der beiden Spitzen überall als gleich empfindest. Erläutere.

A 5 Riechschleimhaut der Nase

Der Innenraum der Nase ist durch feine Knochenwände unterteilt. Diese Knochen sind von einer Schleimhaut überzogen, in der die Geruchssinneszellen sitzen (Abb. 2 auf Seite 224). Die Schleimhaut nennt man *Riechschleimhaut*. Mit den Sinneszellen können wir Hunderte von unterschiedlichen Gerüchen wahrnehmen. Die Geruchsstoffe werden mit der Atemluft durch die Nase gezogen und gelangen so an die Riechschleimhaut.

a) Wenn wir einen Geruch intensiv wahrnehmen wollen, atmen wir die Luft stoßartig durch die Nase ein. Erläutere.

b) Begründe, weshalb wir bei einem Schnupfen nichts riechen können.

c) Wiederhole den Versuch V3, jedoch ohne dass sich der Partner die Nase zuhält. Vergleiche das Ergebnis beider Versuche und erläutere.

1 Aufgaben der Haut. A *Hitzeempfinden, Kühlung durch Schweiß und Schutz vor Sonnenstrahlen durch Bräunung;* ***B, C*** *Kälteempfinden und Berührungsempfinden mit Gänsehaut;* ***D*** *Schmerzempfinden*

3 Die Haut hat viele Aufgaben

Markus schwitzt. Schweißtropfen treten aus der Hautoberfläche aus. Nadine und Tanja frieren. Sie haben eine Gänsehaut. Auch Petra hat eine Gänsehaut. Sie friert allerdings nicht, sondern wird von ihrer Freundin am Rücken gestreichelt.
Hitze, Kälte und Berührungen nehmen wir über die Haut wahr. Die Haut kann allerdings noch mehr. Sie wirkt als Schutzmantel gegen Sonnenstrahlen, Wasser und viele Krankheitserreger. Schmerzempfindungen signalisieren uns, dass wir uns vorsichtiger verhalten müssen, um uns nicht ernsthaft zu verletzen. Auch bei der Regelung der Körpertemperatur spielt unsere Haut eine wichtige Rolle. Um zu verstehen, wie die Haut dies alles leisten kann, müssen wir ihren Aufbau kennen lernen.

Untersuchen wir die Haut zunächst von außen. Wenn du deine Haut betrachtest, siehst du die *Hornschicht* der **Oberhaut.** Sie schützt die Haut vor Verletzungen und vor dem Austrocknen. Solange die Haut unverletzt ist, können auch keine Krankheitserreger eindringen. Fetthaltige Stoffe aus den *Talgdrüsen* halten die Oberfläche geschmeidig. Die Hornschicht besteht aus abgestorbenen Zellen, die sich im Lauf der Zeit als weiße Schuppen ablösen. Von der darunter liegenden *Keimschicht* werden jedoch ständig neue Hautzellen gebildet, die abgestorbene oder verletzte Hautzellen ersetzen. Ein richtiger Sonnenbrand kann nämlich sehr schmerzhaft sein und die Haut auf Dauer schädigen.
Bei Sonnenbestrahlung bildet sich ebenfalls in der Keimschicht ein brauner Farbstoff, der den Körper vor Verbrennungen schützt. Auch Zehen- und Fingernägel werden von der Keimschicht gebildet.

→ Menschen frieren und schwitzen, Seite 128

Wenn man schwitzt, werden die Schweißdrüsen aktiv. Durch Poren in der Oberhaut wird dann Schweiß, eine Mischung aus Wasser, Salzen und anderen Stoffen, ausgeschieden. Er verdunstet auf der Haut und entzieht dabei dem Körper Wärme. Dadurch wird eine Überhitzung verhindert. Auf diese Weise ist die Haut an der Regulation der Körpertemperatur beteiligt.

In der gut durchbluteten **Lederhaut** befinden sich die meisten Sinneskörperchen. Dies sind mikroskopisch kleine „Fühler", mit denen wir verschiedene Reize wahrnehmen. Über die *Tastkörperchen* spüren wir Berührungsreize. Sie sind in der Haut unterschiedlich dicht verteilt. In den Fingerspitzen liegen sie sehr dicht zusammen. Blinde können mit den Fingerspitzen die Buchstaben der Blindenschrift ertasten. Die *freien Nervenendigungen* melden uns Schmerzen sowie die Reize „kalt" oder „heiß".

In der Lederhaut liegen auch die „Wurzeln" der Körperhaare. An jedem Haar sitzt ein *Haarmuskel*. Dieser Muskel kann sich zusammenziehen und das Haar aufrecht stellen. So entsteht eine *Gänsehaut*.

In der **Unterhaut** befinden sich *Blutgefäße* und *Fetteinlagerungen*. Sie wirken wie Polster und schützen die darunter liegenden Körperteile. Alle Reize werden von den Sinneskörperchen in Nervenimpulse umgewandelt und über Nerven an das Gehirn weitergeleitet. Dort werden sie verarbeitet.

3 Blindenschrift

Die Haut besteht aus drei Schichten: Oberhaut, Lederhaut und Unterhaut. Mit Sinneskörperchen nehmen wir Temperaturen, Berührungen, Druck oder Schmerzen wahr.

1 Nenne die Aufgaben der Haut. Nimm Abb. 1 zu Hilfe.
2 Beschreibe den Aufbau der Haut. Nimm Abb. 2 zu Hilfe.
3 Wie versucht die Haut, den Körper vor Verbrennungen durch Sonnenstrahlen zu schützen?
4 Was kannst du tun, um deinen Körper vor Verbrennungen durch Sonnenstrahlen zu schützen?
5 Beschreibe, wie Blinde lesen. Nimm Abb. 3 zu Hilfe.

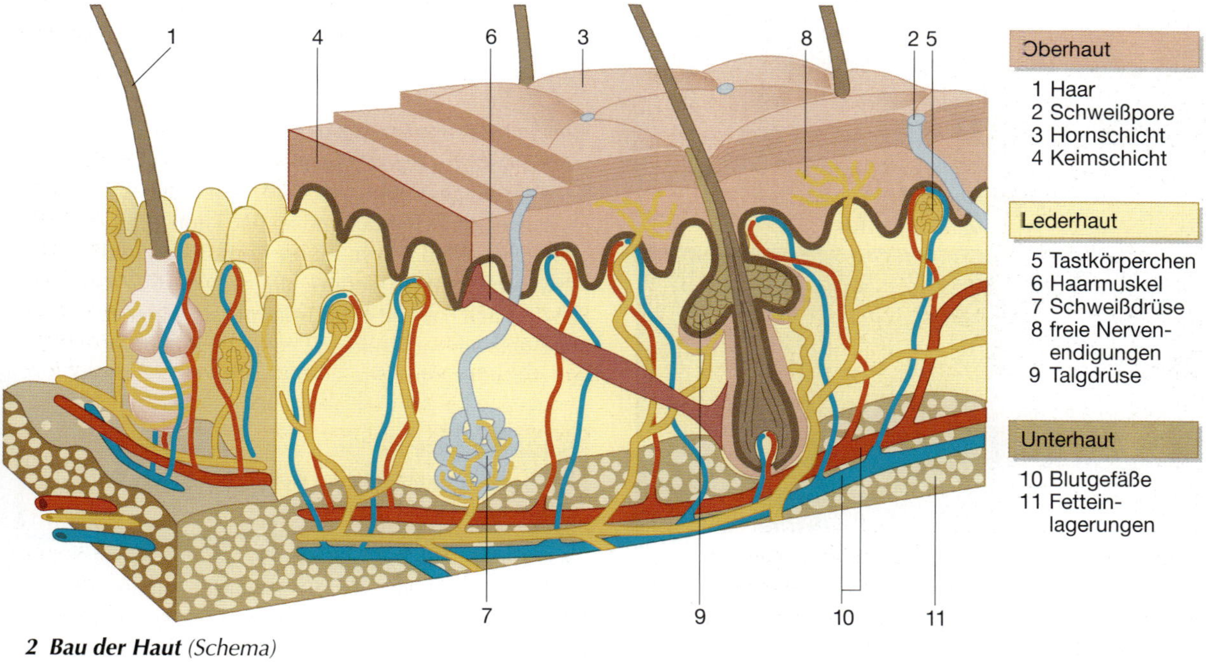

***2 Bau der Haut** (Schema)*

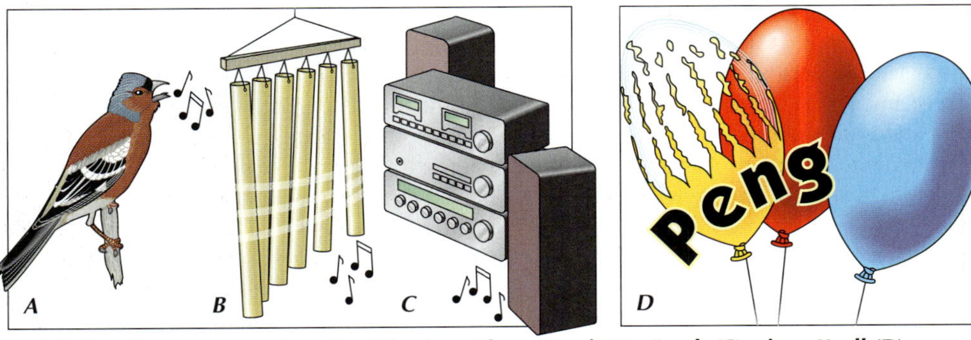

1 Schallquellen erzeugen einen Ton (A), einen Klang (B), ein Geräusch (C), einen Knall (D).

A 1 Schreibe je ein weiteres Beispiel für Schallquellen auf, die zu den Bildern 1 A bis D passen.

V 2 Spanne einen 30 cm langen Draht an beiden Enden fest ein und zupfe daran. Beschreibe, was du siehst und was du hörst.

V 3 Spanne ein langes Lineal an einem Ende fest an einer Tischkante ein, sodass es frei im Raum hängt. Drücke sein freies Ende kurz nach unten. Beschreibe, was du siehst und was du hörst.

V 4 Schlage eine Stimmgabel an und halte ihre Zinken in Wasser. Beschreibe deine Beobachtung und begründe sie.

V 5 Bestreue die Fläche einer Trommel wie in Bild 3 mit Schaumstoffkügelchen. Schlage auf das Trommelfell. Beschreibe, was du siehst und hörst.

V 6 Alle Geräte in V 2 bis V 5 sind Schallquellen. Was ist ihnen allen gemeinsam?

3 Eine Trommel ist eine Schallquelle.

2 Die Saite schwingt und tönt.

4 Schall

4.1 Was ist Schall?

Wenn du mit anderen Menschen sprichst, möchtest du dich verständigen. Du kannst aber auch durch Pfeifen oder Trommeln Informationen weitergeben. Alles was wir mit unseren Ohren hören können, ist **Schall**. Alles, was Schall erzeugt, ist eine **Schallquelle**.

Ein singender Vogel erzeugt in seiner Kehle einen Ton. Er bleibt solange erhalten, wie er erzeugt wird. Ein Windspiel erzeugt bei Wind mehrere Töne, die wir gleichzeitig hören. Diese Überlagerung von Tönen ist ein **Klang**.

Dagegen ist das Rauschen eines Senders im Radio ein **Geräusch**. Beim Hören eines Geräusches lassen sich einzelne Töne nicht unterscheiden. Wenn ein Luftballon zerplatzt, entsteht ein **Knall**. Ein Knall ist kurz und heftig.

Schall entsteht durch Schwingungen

Die Gitarrensaite erzeugt einen Ton, wenn sie angezupft wird. Sie schwingt hin und her (Bild 2). Wenn du das Ende eines eingespannten Lineals nach unten biegst und loslässt, schwingt es auf und ab. Du kannst das Schwingen sehen und hörst einen Ton. Eine Stimmgabel schwingt, wenn du sie anschlägst. Dann hörst du den Schall. Auch das Fell einer Trommel schwingt, wenn sie angeschlagen wird (Bild 3). Die springenden Kugeln zeigen die Schwingungen.

Schall ist hörbar als Ton, Klang, Geräusch oder Knall. Schall entsteht zum Beispiel, wenn Saiten, Stäbe oder Flächen schwingen.

1 Zähle mindestens fünf Schallquellen auf und nenne die Art des Schalls. Erkläre, wie der Schall jeweils entsteht.

→ Über das Ohr nehmen wir Geräusche wahr, Seite 197

4.2 Ein Ton kann hoch und laut sein

Eine Spieluhr hat Zungen, die verschieden lang sind. Drehst du an der Spieluhr, werden sie nacheinander zum Schwingen gebracht. Jede Zunge ergibt einen bestimmten Ton. Die Höhe des jeweiligen Tones hängt von der Länge der Zunge ab. Das kannst du am besten an einem eingespannten Lineal überprüfen. Je kürzer das Lineal ist, desto schneller schwingt es und desto höher ist der erzeugte Ton.

Ein Maß für die Schwingung ist die **Frequenz.** Sie wird in Hertz (Hz) angegeben. Wenn dein langes Lineal in einer Sekunde fünfzigmal schwingt, hat der Ton eine Frequenz von 50 Hz. Eine Schwingung in einer Sekunde ergibt die Frequenz 1 Hz. Die Einheit Hz wurde zu Ehren des deutschen Physikers HEINRICH HERTZ (1857–1894) gewählt.
Je *größer* die Frequenz ist, desto *höher* ist der durch die Schwingung erzeugte Ton.

Die Lautstärke

Der Ton, den ein Lineal erzeugt, kann laut oder leise sein. Der Ton wird laut, wenn du am Linealende kräftig zupfst. Dabei änderst du die *Schwingungsweite.* Du wählst einen größeren Abstand von der Ruhelage des Lineals bis zum weitesten Ausschlag. Diese Entfernung heißt **Amplitude.**
Je *größer* die Amplitude einer Schwingung ist, desto *lauter* ist der Ton. Das Gleiche kannst du auch an der Monochordsaite beobachten (Bild 4).

> Die Tonhöhe hängt von der Anzahl der Schwingungen je Sekunde, der Frequenz, ab. Je größer die Schwingungsweite, also die Amplitude einer Schwingung ist, desto lauter ist der Ton.

1 Wie kannst du die Tonhöhe eines Stabes ändern, wie die Lautstärke seines Tones?
2 Aus gleichen Flaschen kannst du ein „Flaschenxylophon“ bauen, indem du verschiedene Wasserhöhen wählst. Fülle die Flaschen so, dass du eine Melodie spielen kannst.
3 Ein Monochord ist ein „Ein-Saiten-Instrument“. Du kannst es als „Gitarre“ benutzen. Was musst du tun?

4 Ein Monochord

V1 Drehe eine Spieluhr. Wie entstehen bei ihr die Töne?
V2 Spanne ein langes Lineal an einer Tischkante so lang wie möglich ein. Zupfe daran. Verkürze das überhängende Stück jeweils um 3 cm und zupfe wieder. Vergleiche die entstandenen Töne miteinander. Berichte.

1 Eine Spieluhr erzeugt Töne.

V3 Schlage nacheinander die Metallstäbe eines Windspiels an. Vergleiche die Töne miteinander. Wie hängt die Tonhöhe mit der Stablänge zusammen?

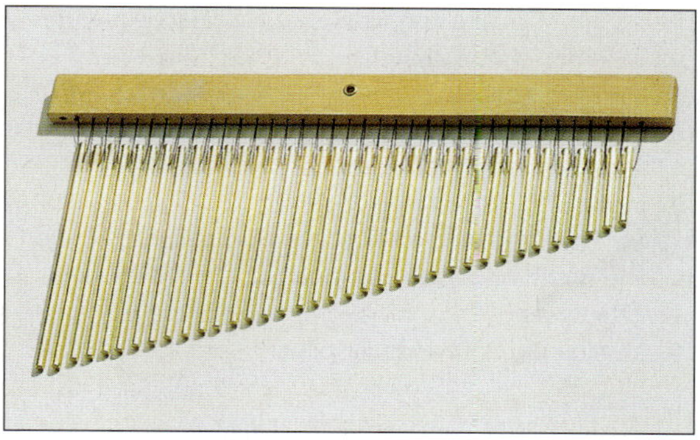

2 Ein Windspiel mit verschiedenen Tönen

V4 Zupfe die Saite eines Monochords an (Bild 4). Verändere die schwingende Länge der Saite durch den Steg und vergleiche Länge und Tonhöhe mit den Ergebnissen aus V 2 und V 3. Berichte.
V5 Wähle eine bestimmte Saitenlänge am Monochord und zupfe die Saite verschieden stark an. Wie ändert sich der Ton?
V6 Hänge eine Flasche an einem Stativ auf. Fülle sie voll Wasser. Schlage sie mit einem kleinen Hammer an. Gieße etwas Wasser aus und schlage die Flasche erneut an. Fahre fort, bis die Flasche leer ist. Wovon hängt die Höhe der einzelnen Töne ab?

3 Eine Flasche hat verschiedene Töne.

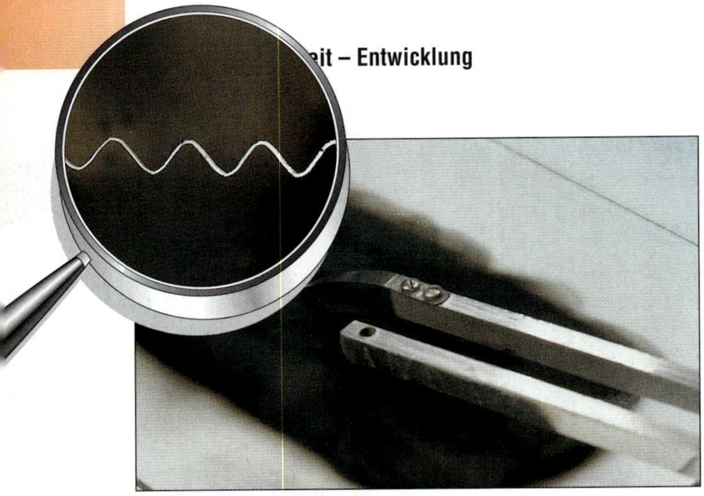

1 Die Schreibstimmgabel schreibt Töne auf.

V1 Berуße eine Glasplatte und ziehe gleichmäßig die angeschlagene Schreibstimmgabel darüber. Betrachte die Tonspur.

V2 Betrachte auf dem Bildschirm eines Oszilloskops, das an ein Mikrofon angeschlossen ist, nacheinander die Tonaufzeichnungen von
a) zwei Stimmgabeln mit verschiedenen Tönen,
b) Zerknüllen von Papier,
c) Platzen eines aufgeblasenen Luftballons,
d) Singen und Pfeifen,
e) zwei Stimmgabeln mit gleicher Frequenz, von denen du eine durch Ankleben von Wachs oder Knetmasse verstimmt hast.
Beschreibe die Schwingungsbilder.

1 Klavierstimmer benutzen gelegentlich ein Oszilloskop zum Stimmen der Saiten. Woran erkennen sie den jeweils richtigen Ton?

4.3 Schall – sichtbar gemacht

Schall kannst du nicht nur hören, du kannst seine Schwingungen sogar sichtbar machen. Bild 1 zeigt dazu eine Möglichkeit. An einer Stimmgabel ist eine Schreibfeder befestigt. Sie *schwingt* hin und her und zeichnet in eine Rußschicht die Spur des Tones der Stimmgabel. Du siehst eine gleichmäßig geschwungene Wellenlinie, sie wird *Sinuskurve* genannt.
Dasselbe Bild erhältst du, wenn du einen Ton über ein Mikrofon auf ein Oszilloskop gibst. Dieses Gerät kann auf einem Bildschirm Schwingungen sichtbar machen. Bild 2 zeigt in der Mitte die Versuchsanordnung. Daneben siehst du auch die verschiedenen Schwingungsbilder von Ton, Knall und Geräusch.

Ein anderes Bild auf dem Oszilloskop erhältst du durch eine **Schwebung**. Dazu benötigst du zwei Stimmgabeln mit gleicher Frequenz, wobei eine davon etwas verstimmt ist. Das Verstimmen gelingt dir, indem du an einen Schenkel der Stimmgabel Wachs klebst. Dadurch hast du deren Frequenz gegenüber der zweiten Stimmgabel leicht verändert.
Wenn du beide Stimmgabeln gleichzeitig anschlägst, ergibt jede für sich eine Schwingung, die auf dem Oszilloskop eine Sinuskurve darstellt. Diese beiden Schwingungen überlagern sich und du hörst einen einzigen Ton, der aber abwechselnd ein wenig lauter und leiser wird.

Das Schwingungsbild eines Tones ist eine Sinuskurve. Zwei fast gleich hohe Töne überlagern sich zu einer Schwebung.

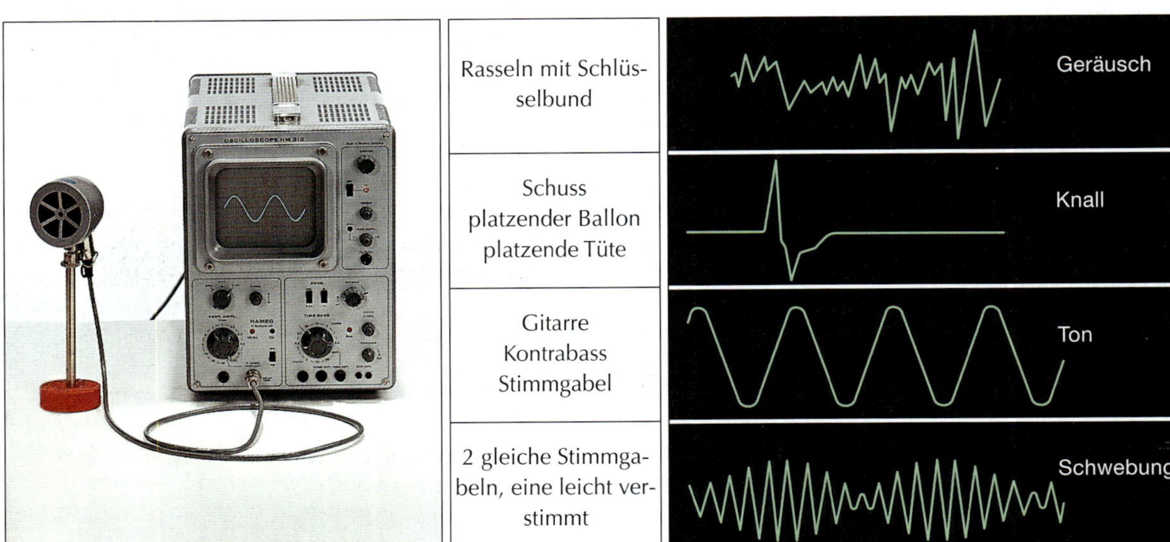

2 Schwingungen werden mithilfe des Oszilloskops sichtbar gemacht.

ULTRASCHALL IN DER ANWENDUNG

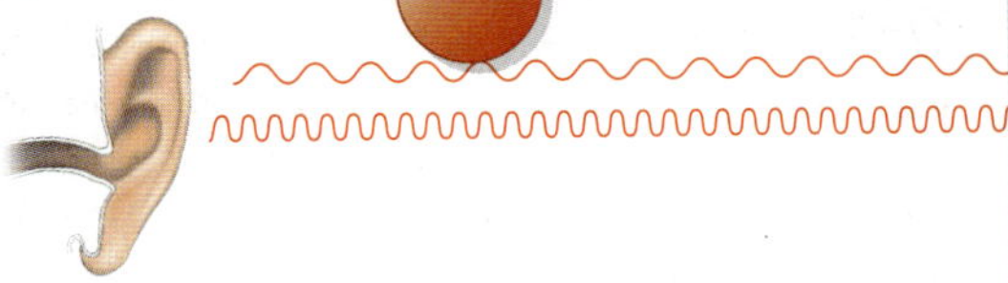

Wenn ein Körper mit mehr als 20 kHz schwingt, entsteht Ultraschall. Diesen Schall kann das menschliche Ohr nicht mehr wahrnehmen. Schwingungen mit diesen Frequenzen können zum Beispiel mit einer Hundepfeife erzeugt werden. In der Technik wird als Schallquelle ein Quarzkristall benutzt, der elektrisch zum Schwingen angeregt wird. Dabei können Schwingungen mit mehr als 1 000 000 Hz erreicht werden.

A 1 Überlege, warum zum Erzeugen von Ultraschall nicht Stäbe oder Saiten verwendet werden können.

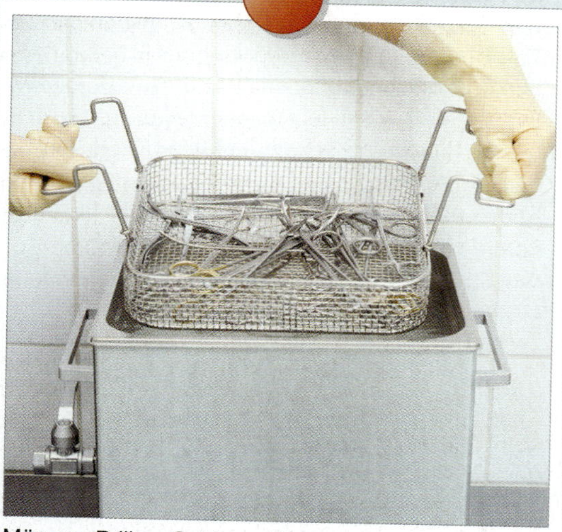

Münzen, Brillen, Gebisse, Uhren und Platinen mit gedruckten Schaltungen werden in ein Reinigungsbad gegeben. Dann werden sie mit Ultraschall zwischen 25 kHz und 40 kHz beschallt. So werden die Schmutzteilchen von der Oberfläche der Gegenstände abgesprengt.

A 2 Welchen Vorteil bietet das Reinigen von Gegenständen mit Ultraschall?

1 Es gibt mehr Töne als wir Menschen hören können. Erkläre.

2 Ein Arzt kann mit Ultraschall in den menschlichen Körper „hineinsehen". Beschreibe den Vorgang.

3 Die Reinigung von gedruckten Schaltungen gelingt mit Ultraschall am besten. Erkläre.

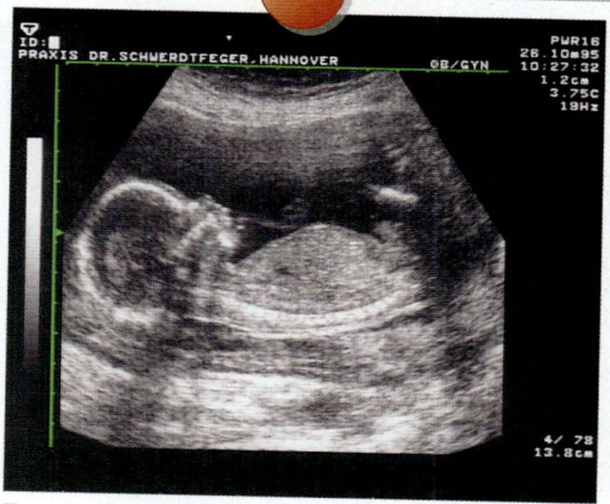

Zur Untersuchung von Schwangeren wird Ultraschall durch die Bauchhaut der Mutter geschickt. Die Schwingungen werden von den verschiedenen Gewebeschichten der Mutter und des Babys unterschiedlich reflektiert. Ein Mikrofon wandelt die Schallschwingungen in elektrische Ströme um. Diese werden von einem Computer in ein Bild umgesetzt.

A 3 Ultraschall-Untersuchungen waren vor Erfindung des Bildschirms nicht möglich. Erkläre warum.

Fledermäuse senden beim Fliegen Ultraschall aus. Der wird an den Beutetieren wie Insekten, Fliegen oder an anderen Gegenständen reflektiert. Daran, wie die Ultraschalltöne zurückkommen, erkennen die Fledermäuse ihre Umgebung und ihre Beute.

A 4 Was könnte passieren, wenn alle Fledermäuse die gleichen Töne aussenden würden?

A 1 Auf dem Mond können sich Astronauten nur mithilfe eines Mikrofons unterhalten, in einer Raumstation kann die Besatzung normal reden. Wie kommt das?

V 2 Hänge eine elektrische Klingel in ein Glasgefäß, schalte sie an und pumpe die Luft aus dem Gefäß heraus. Achte auf die Geräusche der Klingel. Was stellst du fest? Lass langsam wieder Luft einströmen. Was passiert dabei?

1 Aus einem Glasgefäß wird Luft herausgepumpt.

V 3 Bestimme mit einer zweiten Person die Schallgeschwindigkeit wie in Bild 2. Lege eine Strecke von 100 m fest. Drücke auf die Stoppuhr, wenn du siehst, dass die Klappe zugeschlagen wird. Stoppe die Uhr, sobald du den Knall hörst. Rechne dann aus, wie weit der Schall in einer Sekunde gekommen wäre.

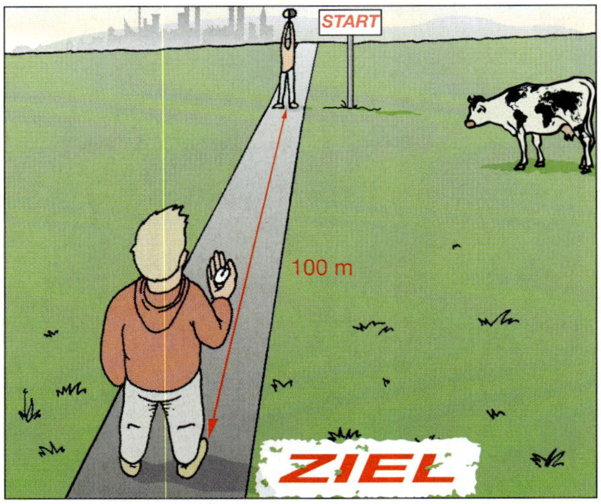

2 So wird die Schallgeschwindigkeit bestimmt.

4.4 Schallausbreitung in der Luft

Eine eingeschaltete elektrische Klingel ist im Klassenraum laut und deutlich zu hören. Du hörst sie auch dann noch gut, wenn sie in einem geschlossenen Glasgefäß hängt. Wenn du aber aus diesem Glasgefäß die Luft herauspumpst, wird die Klingel immer leiser. Schließlich hörst du sie gar nicht mehr, obwohl du siehst, dass sie immer noch klingelt.

Zum Hören der Klingel ist offensichtlich Luft nötig. Die Schallschwingungen können sich nur in einem Stoff, dem **Schallleiter,** ausbreiten. Für uns ist Luft der wichtigste Schallleiter. Da das Glasgefäß in Bild 1 nach dem Auspumpen keine Luft mehr enthält, kannst du die Klingel nicht mehr hören.

Schall braucht Zeit

Die Entfernung eines Gewitters kannst du „auszählen". Wenn zwischen Blitz und Donner 3 Sekunden vergehen, ist das Gewitter noch etwa einen Kilometer von dir entfernt. Der Schall legt in einer Sekunde 340 m zurück. Dieser Wert heißt **Schallgeschwindigkeit.** Du hast erst den Blitz gesehen und dann den Donner gehört. Die Schallgeschwindigkeit ist also sehr viel kleiner als die Geschwindigkeit des Lichtes.
Aus dem Wert für die Schallgeschwindigkeit kannst du ausrechnen, dass ein Gewitter 1020 m entfernt ist, wenn zwischen Blitz und Donner 3 Sekunden vergehen.

Luft ist unser wichtigster Schallleiter.

1 Warum hörst du nichts, wenn eine Klingel in einem luftleeren Glasgefäß läutet?
2 Warum ist eine Explosion im Weltall nicht zu hören?

Schall ist Luftverdichtung und Luftverdünnung

Schall breitet sich in Luft aus. Was geschieht dabei?
Wenn du auf ein Tamburin schlägst, wölbt sich seine Fläche ein wenig. Dabei verdrängt sie die anliegenden Luftteilchen. Diese schieben sich zwischen die davor liegenden Luftteilchen, es entsteht eine **Luftverdichtung.**
Danach wird die Tamburinfläche wieder gerade. An dieser Stelle sind jetzt weniger Luftteilchen, es herrscht eine **Luftverdünnung.** Die Tamburinfläche wölbt sich erneut, es gibt wieder eine Luftverdichtung. Luftverdünnung und Luftverdichtung wandern von der Schallquelle in den Raum. Schallausbreitung in Luft ist also eine Aufeinanderfolge von Luftverdichtungen und Luftverdünnungen.

4.5 Wasser und feste Stoffe leiten Schall

Wale und Delfine können sich im Wasser gut verständigen. Forscher haben festgestellt, dass ihre Töne im Meer über Hunderte von Kilometern zu hören sind. Wasser muss den Schall also besonders gut leiten.
Nicht nur Wasser ist ein guter Schallleiter. Auch das Holz einer Tischplatte oder eine Glasscheibe geben den Schall weiter. In Jugendherbergen ist es ein beliebtes Spiel, an die Heizungsrohre zu klopfen und sich mit den Bewohnern in Nachbarzimmern zu verständigen. Indianer haben ihr Ohr auf den Boden gedrückt, um das Herannahen einer Büffelherde hören zu können.
Die Schallgeschwindigkeit ist in verschiedenen Stoffen unterschiedlich. Das kannst du aus Tabelle 2 entnehmen.

Schall kann gedämmt werden

Du kannst die Ausbreitung von Schall auch behindern. Dazu brauchst du feste Stoffe, die viel Luft in sich haben wie Gardinen oder Teppiche. Auch Schaumstoffe schlucken Schall oder leiten ihn sehr schlecht. Das wird bei der **Schalldämmung** ausgenutzt. Um den Trittschall zu dämmen, werden in Wohnhäusern beim Bauen unter die Fußböden Schall schluckende Matten gelegt. In Schlössern hängen oft Teppiche an den Wänden. Dadurch wird auch hier unerwünschter Schall verschluckt.

Flüssigkeiten und harte, feste Stoffe sind gute Schallleiter. Weiche und poröse Stoffe dämmen den Schall.

1 Können Schwimmer in einem Fluss herannahende Schiffe besser über oder unter Wasser hören? Begründe deine Antwort.

2 Rundfunkstudios haben Schall schluckende Wände. Wie würdest du diese Wände bauen?

3 Leere Wohnungen haben einen besonderen Klang. Wie kommt das?

V1 Stelle einen lauten Wecker in einem Glasgefäß in eine mit Wasser gefüllte Glaswanne. Presse dein Ohr von außen an eine Wand der Wanne. Beschreibe die Geräusche, die du hörst.

V2 Stelle einen lauten Wecker auf eine Tischplatte und presse dein Ohr auf den Tisch. Was hörst du?

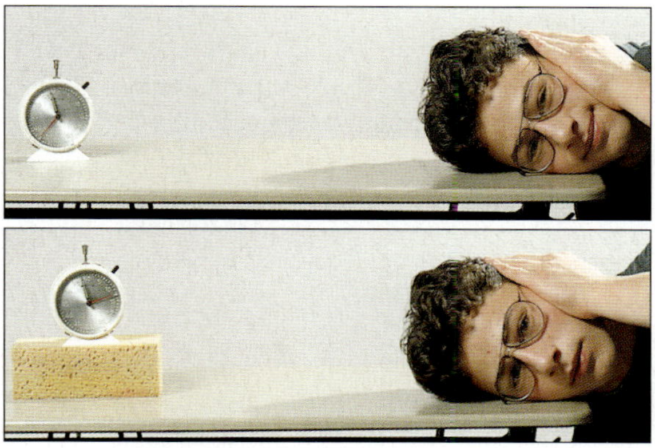

1 Guter Schallleiter und Schalldämmung

V3 Lege unter den Wecker aus V2 Platten aus verschiedenen Stoffen wie Gummi oder Schaumstoff. Bei welchem Stoff hörst du den Wecker gut, bei welchem nicht gut oder gar nicht?

Stoff	in 1 Sekunde zurückgelegter Weg
Luft	340 m
Wasser	1480 m
Stahl	5100 m
Glas	5300 m
Holz	5500 m

2 Schallgeschwindigkeit in verschiedenen Stoffen

V4 In welchem Stoff ist der Schall am schnellsten?

V5 Beschreibe, wie in Wohnhäusern Trittschall vermieden werden kann.

3 Wale und Delfine hören kilometerweit.

4.6 Schall lässt Wände wackeln

Messung der Lautstärke

„Deine Musik ist wieder zu laut!“ – „Das ist gar nicht laut!“ Wer hat Recht?

Was laut oder leise ist, empfindet jeder Mensch anders. Für eine objektive Messung brauchst du ein **Lautstärke-Messgerät** (Bild 1). Das Gerät enthält ein Mikrofon für die Aufnahme des Schalls. Eine elektronische Einrichtung setzt die Lautstärke in die Bewegung eines Zeigers oder in Zahlen um. Gemessen wird die Lautstärke in **Dezibel (dB)**.

Es ist aber nicht nur wichtig zu entscheiden, ob eine Schallquelle laut oder leise ist. Vielmehr musst du dich vor Lärm schützen, denn Lärm beeinträchtigt deine Stimmung und deine Gesundheit.

Bild 2 zeigt eine Möglichkeit. Die Lautstärke nimmt mit der Entfernung von der Schallquelle ab. Bei doppelter Entfernung ist der Wert der Lautstärke auf ein Viertel gefallen. Eine zweite Möglichkeit für **Lärmschutz** nutzt du, wenn du dein Gehör mit Schall dämmendem Material schützt.

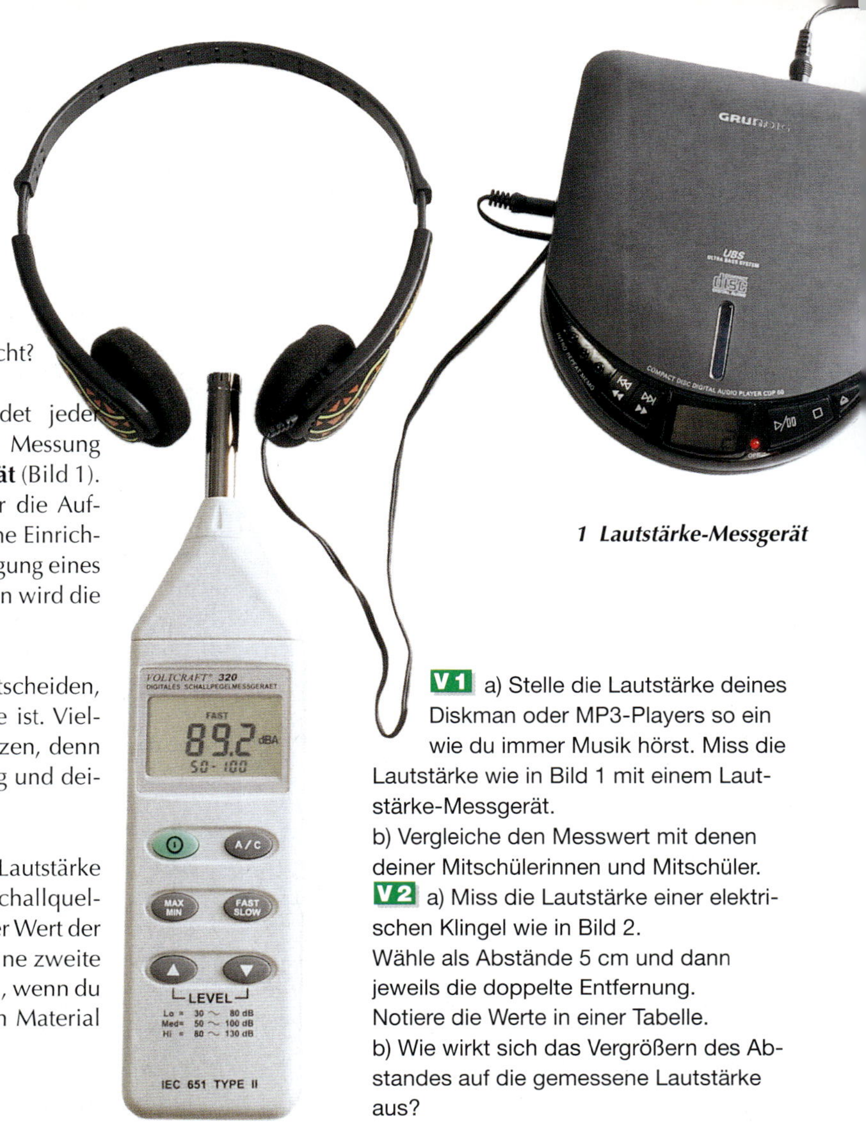

1 Lautstärke-Messgerät

V 1 a) Stelle die Lautstärke deines Diskman oder MP3-Players so ein wie du immer Musik hörst. Miss die Lautstärke wie in Bild 1 mit einem Lautstärke-Messgerät.
b) Vergleiche den Messwert mit denen deiner Mitschülerinnen und Mitschüler.

V 2 a) Miss die Lautstärke einer elektrischen Klingel wie in Bild 2.
Wähle als Abstände 5 cm und dann jeweils die doppelte Entfernung.
Notiere die Werte in einer Tabelle.
b) Wie wirkt sich das Vergrößern des Abstandes auf die gemessene Lautstärke aus?

Die Lautstärke wird in Dezibel (dB) gemessen. Durch Entfernen von der Schallquelle oder mithilfe von Schall dämmendem Material können die Ohren vor Lärm geschützt werden.

1 Warum packt mancher Langschläfer seinen Wecker unter ein Kissen?
2 Welche Stoffe eignen sich dazu, das Gehör vor Lärm zu schützen?

Die Angabe der Lautstärke
Das in Bild 1 gezeigte Lautstärke-Messgerät kann die Lautstärke so angeben wie das menschliche Ohr sie wahrnimmt. Unser Ohr ist nämlich nicht für alle Frequenzen gleich empfindlich. Tiefe und hohe Töne scheinen uns bei gleich starker Schallquelle nicht so laut wie mittel hohe Töne. Dann steht der Schalter des Gerätes auf der Angabe dB (A).

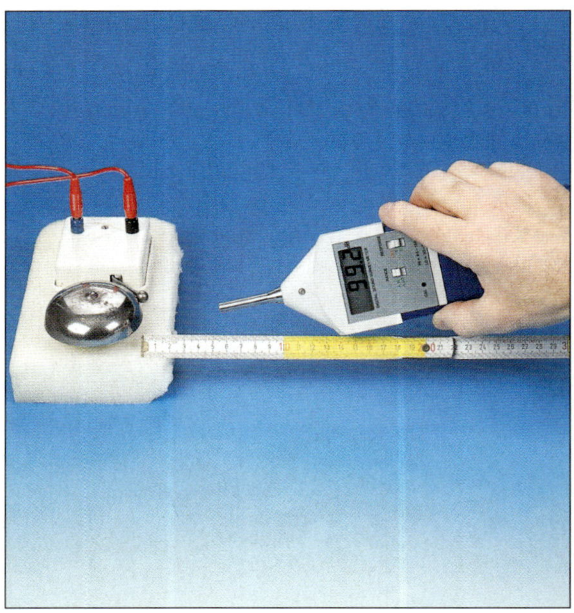

2 Die Lautstärke nimmt mit der Entfernung ab.

Pinnwand

VOR SCHALL SCHÜTZEN

Ein Handwerker, der bei großem Lärm arbeiten muss, trägt einen Ohrenschutz. Das Bild zeigt eine **Gehörschutzkapsel,** die gegen Lärm schützt. Die breiten Ränder sind aus weichem Gummi. Dann folgen Schaumstoff und eine Schicht aus Gehörschutzwolle.

Lärmschutzwände schützen an Autostraßen und Eisenbahnlinien vor Verkehrslärm. Der Schall wird daran reflektiert oder darüber hinweg geleitet, sodass er die Häuser dahinter nicht direkt trifft.

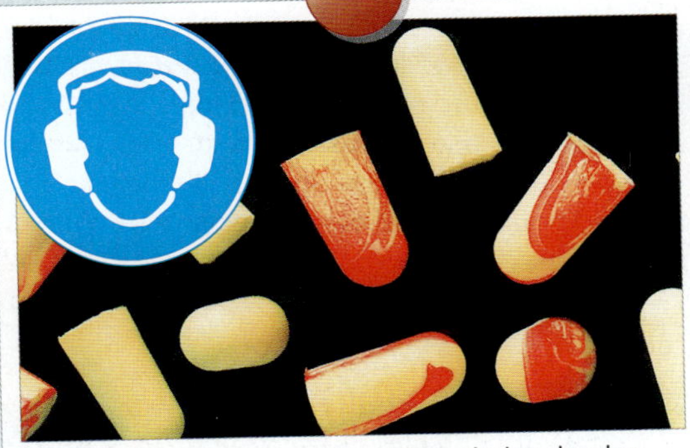

Das Schild warnt vor großem Lärm. Jeder, der den Raum betreten will, kann sich mit Gehörschutzkapseln oder **Gehörschutzstöpseln** vor dem Lärm schützen. Gehörschutzstöpsel sind aus einem umweltfreundlichen Schaumstoff hergestellt und werden in das Ohr gesteckt.

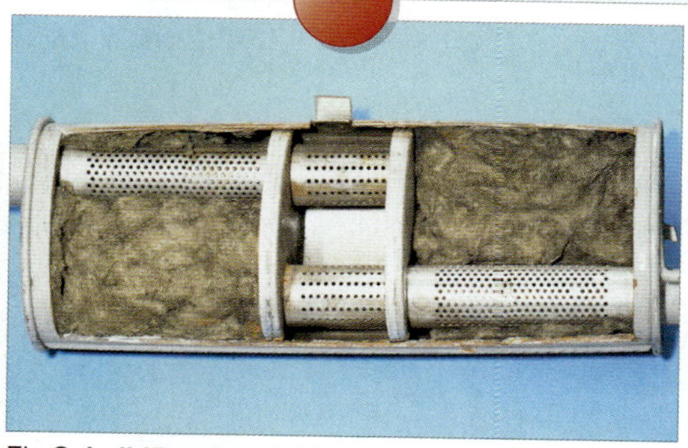

Ein **Schalldämpfer** wird in den Auspuff eines Autos oder Mofas eingebaut. Er enthält mehrere Kammern, in denen der Schall hin und her geworfen wird. Oft ist Glas- oder Stahlwolle eingebracht. Im Schalldämpfer wird der Schall weitgehend in Wärme umgewandelt.

1 Zähle handwerkliche Tätigkeiten auf, bei denen unbedingt Ohrenschutz getragen werden sollte.

2 Welche Folgen für das Ohr können auftreten, wenn ein Mensch in lauten Räumen keinen Schallschutz trägt?

3 Schallschutzwände sind keine glatten Betonwände. Sie sind rau und uneben. Erkläre den Vorteil dieser Bauweise.

4 Lies auf der Tabelle ab, bei welcher Lautstärke du dich nicht mehr wohlfühlst. Bei welcher Lautstärke treten Hörschäden auf, bei welcher wirst du Schmerzen empfinden?

Lautstärke in dB *)	Beispiele und Auswirkungen
150	Zerstörung des Innenohrs
135	**Schmerzgrenze**
130	Startendes Düsenflugzeug
120	Heavy Metal-Rock, Flugzeuglärm
100	Motorrad ohne Schalldämpfer, Disko, Presslufthammer
90	**Hörschäden**
80	Moped, Eisenbahn, Stereoanlage, Straßenlärm
70	**Nervliche Beeinträchtigungen**
60	Schreibmaschine, Pkw
50	Radio auf Zimmerlautstärke
40	normale Unterhaltung
20	Flüstern, Blätterrascheln
0	Hörschwelle

*) jeweils in unmittelbarer Nähe der Schallquelle gemessen

→ Über das Ohr nehmen wir Geräusche wahr, Seite 197

Streifzug durch die Musik

Schall beeinflusst den Menschen

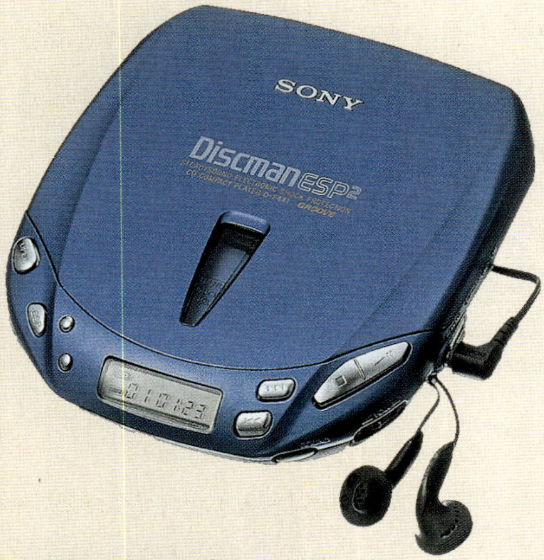

1 Der Discman als Schallquelle

Unsere Ohren nehmen den ankommenden Schall auf und geben ihn in Form elektrischer Ströme an unser Gehirn weiter. Dort werden sie verarbeitet. Das eigentliche Hören findet also im Gehirn statt.
Das Hören ist einer unserer fünf Sinne. Es ist eine Hilfe, um uns mit Anderen zu verständigen. Damit ist die Schallwirkung aber nicht erschöpft. Schall kann viel mehr.

Schall kann schaden und zerstören

Viele Jugendliche stellen ihren Walkman oder Discman so laut ein, dass trotz Kopfhörer andere die Musik mithören können. Solche „Lauthörer" werden nicht sehr lange Freude an der Musik ihrer Lieblingsband haben. Nach einer gewissen Zeit muss der „Lauthörer" die Lautstärke immer höher einstellen. Was ist passiert?
Das Gehör leidet unter zu großer Lautstärke. Die Gehörknöchelchen Hammer, Amboss und Steigbügel geben den Schall nur noch schlecht vom Trommelfell an das Innenohr weiter.
Viel schlimmer aber ist, dass sich die feinen Härchen in der Schnecke versteifen und plötzlich abknicken (Bild 2). Dieser Schaden lässt sich nicht mehr beheben. Der Mensch wird schwerhörig und muss ein Hörgerät tragen. So haben in Deutschland bereits 30 % aller Jugendlichen bis zum Alter von 20 Jahren erste Hörprobleme.

Musik kann auch wie eine Droge wirken. Das kannst du in Diskotheken oder bei einem Livekonzert oft beobachten. Dann sind die Zuhörer so sehr von der Musik eingenommen, dass sie um sich herum nichts anderes mehr wahrnehmen.

Schall kann beruhigen und erfreuen

In vielen Zahnarztpraxen wird leise Musik gespielt, damit du dich entspannen kannst. Du empfindest bei der Behandlung weniger Schmerzen oder Unwohlsein. Die Musik wirkt unbewusst auf dich.
Oft wird auch bei Operationen in Krankenhäusern Musik gespielt. Hierbei dient die Musik der Beruhigung und Entspannung des Patienten.

Du hast sicher schon oft das Radio eingeschaltet oder eine CD eingelegt, wenn du etwas Schönes hören wolltest. Du machst dir also mit der Musik eine Freude. Für viele ist es ein Genuss, dem Konzert einer Band zu lauschen oder in einer Diskothek nach Musik zu tanzen. Aber auch ein Instrument zu spielen, macht viel Spaß. Du kannst auch eine Band gründen. Dann habt nicht nur ihr selbst die Freude, sondern begeistert auch eure Zuhörer.

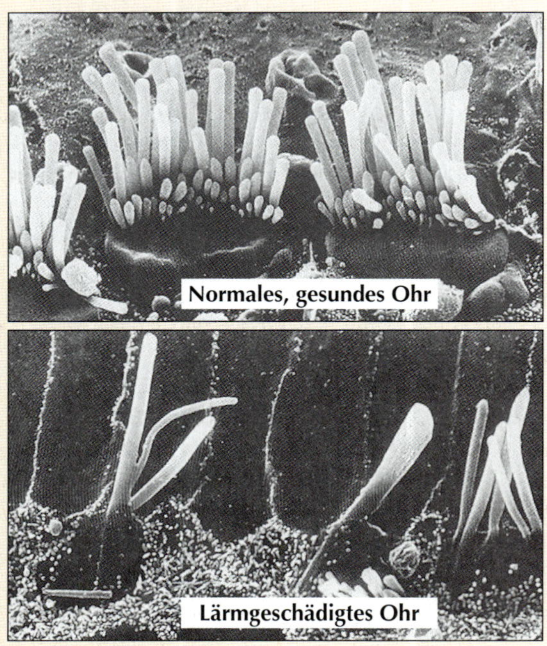

2 Die Härchen im Innenohr sind gefährdet.

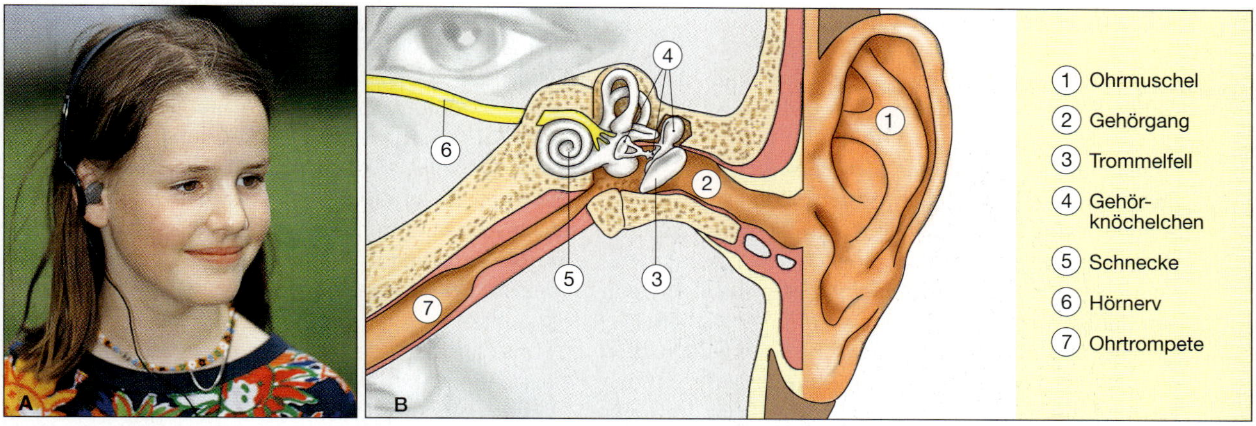

1 ***Das menschliche Ohr. A*** *beim Musikhören;* ***B*** *Bau des Ohres (Schema)*

5 Das Gehör

5.1 Über das Ohr nehmen wir Geräusche wahr

Bestimmt hast du schon oft über die Ohrhörer deines Walkmans Musik gehört, wenn du andere nicht stören wolltest. Was passiert beim Hören?
Geräusche aus unserer Umgebung werden normalerweise von unseren *Ohrmuscheln* aufgefangen und weitergeleitet. Doch wenn du deinen Walkman benutzt, wird der Ohrhörer direkt in den *Gehörgang* eingestöpselt. Der Ohrhörer versetzt die Luft in Schwingungen, die man Schallwellen nennt. Durch den Gehörgang werden sie zum Trommelfell geleitet. Das *Trommelfell* ist eine dünne Haut, die das **Außenohr** abschließt. Es wird durch die Schallwellen hin und her bewegt.
Diese Bewegungen werden auf drei winzige Gehörknöchelchen, die man als *Hammer, Amboss und Steigbügel* bezeichnet, übertragen. Die Gehörknöchelchen liegen in einem kleinen Hohlraum, dem **Mittelohr.** Über die *Ohrtrompete* ist das Mittelohr mit dem Rachen verbunden.
Die Gehörknöchelchen ihrerseits übertragen den Schall auf die *Schnecke.* Sie liegt im **Innenohr** und ist das eigentliche Hörorgan. Sie ist mit Flüssigkeit gefüllt, die durch die Bewegung der Gehörknöchelchen in Schwingungen versetzt wird. Dadurch werden *Sinneszellen* gereizt. Diese melden die Nervenimpulse über den *Hörnerv* an das *Gehirn* weiter. Dort werden sie als Töne erkannt. Neben der Art und der Höhe verschiedener Töne können wir auch noch die Richtung erkennen, aus der sie kommen. Wenn Schallwellen an einer Seite des Kopfes ankommen, erreichen sie ein Ohr für Sekundenbruchteile früher als das andere. Dieser Zeitunterschied genügt um zu erkennen, aus welcher Richtung ein Geräusch kommt.
Wenn du Musik über Ohrhörer hörst, musst du besonders auf die Lautstärke achten. Lauter Schall und besonders hohe Töne schädigen die Sinneszellen und können so zu Hörschäden führen.

Das Ohr nimmt Schallwellen auf. In den Sinneszellen der Schnecke werden die Nervenimpulse weitergeleitet. Über den Hörnerv gelangen sie in das Gehirn und werden dort verarbeitet.

1 Was bedeutet dieses Zeichen?

2 Nenne Tätigkeiten, die deiner Meinung nach den Gehör schädigen können.

3 Beschreibe den Hörvorgang. Nimm dazu Abbildung 1 B zu Hilfe.

4 a) Bilde mit deinen Mitschülerinnen und Mitschülern einen Kreis. In der Mitte steht ein Junge oder ein Mädchen mit verbundenen Augen. Beide Ohren sollten dabei frei bleiben. Nun schnippen die Jungen und Mädchen, die im Kreis stehen, in beliebiger Reihenfolge mit den Fingern. Die Versuchsperson zeigt mit der Hand dorthin, wo sie die Schallquelle vermutet. In welchem Kreisabschnitt treffen die Vermutungen am häufigsten zu? Erkläre.
b) Der Versuchsperson wird nun ein Ohr verschlossen. Der Versuch wird dann wiederholt. Beobachte das Verhalten der Versuchsperson. Erkläre.

→ Pinnwand: Vor Schall schützen, Seite 195

5.2 Ein Leben ohne Gehör

Marion ist zwölf Jahre alt und seit ihrer Geburt ohne Gehör. Sie besucht eine Schule für Gehörlose.

Früher lernten gehörlose Menschen das Sprechen nicht, da man sich das Sprechen durch Nachahmen gehörter Laute aneignet. Man nannte sie deshalb taubstumm. Heute gibt es aber Möglichkeiten, dass auch Menschen mit dieser Behinderung das Sprechen lernen. Einige werden zusätzlich auch in der Gebärdensprache, eine Art von Zeichensprache, unterwiesen. Bei einer Unterhaltung mit anderen Menschen ist Marion ganz auf ihre Augen angewiesen. Sie liest von den Lippen ab oder deutet die Gebärden ihres Gesprächspartners. Daher ist es im Umgang mit Gehörlosen immer wichtig, dass man dem Betroffenen gegenübersteht. Spricht man einen Gehörlosen von hinten an, wird er nicht reagieren. Man muss ihm durch Berührung zu verstehen geben, dass man ihm etwas mitteilen will.
Marion hat noch nie ihre eigene Stimme, noch nie Musik und noch nie Straßenlärm gehört. Sie spürt zwar den Donner, aber hören kann sie ihn nicht. Radfahren kann für sie sehr gefährlich sein, da sie Gefahren, z. B. einen sich nähernden LKW, mit ihrem Gehör nicht wahrnehmen kann. Es ist auch fraglich, ob sie je den Führerschein machen kann. Das Fernsehen bereitet ihr keinen Spaß und die Begeisterung für die Stars der Hitparaden kann sie auch nicht mit ihren Freundinnen teilen. Aber Marion hat sich auf ihre Behinderung eingestellt und führt ein fast normales Leben.

Wissenschaftler arbeiten daran, im Ohr einen Kontakt zwischen Elektronik und lebenden Zellen herzustellen. Elektrische Ströme eines kleinen Mikrofons sollen auf die Nervenzellen im Kopf von Gehörlosen übertragen werden. So können sie vielleicht in Zukunft wieder etwas hören.

Ältere Menschen leiden häufig an Schwerhörigkeit. Dies liegt meist daran, dass die Beweglichkeit der Gehörknöchelchen des Mittelohrs nachlässt. Hörgeräte verstärken den ankommenden Ton elektronisch und verbessern dadurch die Hörfähigkeit.

Gehörlose Menschen leben in einer Welt ohne Schall. Sie müssen in einem besonderen Unterricht das Sprechen erlernen. Zur Verständigung kann auch die Gebärdensprache dienen.

1 Beschreibe die Zeichen der Gebärdensprache in Abbildung 1.

1 Einige Begriffe in der Gebärdensprache

Komponist ohne Gehör

Streifzug durch die Musik

LUDWIG VAN BEETHOVEN (1770–1827) ist einer der größten deutschen Komponisten. Auch heute noch gehören seine Werke zu den erfolgreichsten der Musikwelt. Viele seiner großen Werke wie z. B. die 9. Symphonie, hörte der Komponist selbst niemals.
LUDWIG VAN BEETHOVEN war die letzten 20 Jahre seines Lebens hörgeschädigt und davon 8 Jahre völlig taub. Beethoven war über diesen Zustand sehr verbittert, was viele seiner Aufzeichnungen belegen. Da er nicht mehr hören konnte, verständigte er sich mit den Menschen schriftlich mit so genannten Konversationsheften. Diese Hefte wurden aufbewahrt. Wir wissen deshalb heute noch sehr viel über seine Gespräche, da man sie nachlesen kann. Seine Musik konnte er zwar nicht mehr mit seinem Gehör wahrnehmen, dennoch wusste er, wie die Melodien, die er komponierte, klangen. Er konnte sich seine Musik im Kopf vorstellen, wie wir aus seinen Notizen wissen.

2 Ludwig van Beethoven

Was Gehörlose lernen können

Streifzug durch die Pädagogik

Kinder, die hören können, lernen die Sprache in den ersten Lebensjahren durch Nachahmen von Lauten, die ihr Gehör wahrgenommen hat. Für gehörlose Menschen ist es ungleich schwieriger, das Sprechen zu lernen. Gehörlose Kinder ahmen zum einen Bewegungen des Mundes und der Zunge nach, die ihnen speziell ausgebildete Lehrer vormachen. Zusätzlich können sie erzeugte Laute spüren, indem sie mit den Fingern ihren Hals berühren. Entspricht der erzeugte Laut den Vorstellungen des Lehrers, so wird der Schüler bestätigt und er muss diesen Laut nun so oft üben, bis er ihn sicher beherrscht. Auf diese Art und Weise lernen die Kinder Buchstabe für Buchstabe. Werden diese Buchstaben zu Worten verbunden, hört sich das für unser Empfinden etwas ungewohnt an. Gleichzeitig lernen die gehörlosen Kinder, von den Lippen der Mitmenschen abzulesen. Schwerpunkt des gesamten Unterrichts ist, die Gehörlosen auf das Leben unter Hörenden vorzubereiten. Einige Gehörlose lernen auch, mit der Gebärdensprache umzugehen. Eine besondere Bedeutung kommt dem Erlernen der Sprache in schriftlicher Form zu. Lesen und Schreiben sind ganz wesentliche Möglichkeiten sich mitzuteilen.
Viele gehörlose Jugendliche tanzen auch gerne. Wie ist das möglich? Nun, Schall kann man nicht nur hören, sondern auch spüren – jedenfalls dann, wenn die Töne laut genug sind. Vor allem Rhythmusinstrumente kann man spüren, wenn man die Musik mit einer entsprechenden Lautstärke spielt.

3 Laute kann man spüren

1 Im Supermarkt

6 Was wir essen und trinken

6.1 Unsere Nahrung enthält lebenswichtige Stoffe

Vera und Lukas kaufen im Supermarkt ein. Während Lukas Produkte aus dem Kühlregal aussucht, liest Vera die Verpackungsaufschriften auf den Lebensmitteln. Dabei entdeckt sie, dass Lebensmittel ganz unterschiedlich zusammengesetzt sein können. Eine Gemeinsamkeit der meisten Lebensmittel jedoch sind **Kohlenhydrate, Fette** und **Eiweißstoffe.** Allerdings kommen sie in den Lebensmitteln in verschiedenen Mengen vor. Wozu braucht unser Körper diese Stoffe?

Kohlenhydrate liefern Energie

Brot, Nudeln, Kartoffeln und Süßigkeiten enthalten große Mengen *Stärke* und *Zucker*. Stärke und Zucker sind Kohlenhydrate. In den Kohlenhydraten ist **Energie** gespeichert. Du brauchst diese Energie für alle Lebensvorgänge, z. B. zur Bewegung oder zum Lernen.

Fette sind Energiebomben

Auch Fett ist ein wichtiger Energielieferant. Lebensmittel wie Wurst und Butter, aber auch Margarine, Öle und Nüsse sind sehr fettreich.
Fette sind viel energiereicher als Kohlenhydrate. Wenn du zu viel Fette isst, nimmst du mehr Energie auf, als dein Körper nutzen kann. Der Körper speichert sie in Form von Fettpolstern.

Eiweißstoffe bauen dich auf

Dein Körper braucht aber nicht nur *Energielieferanten*, sondern auch *Baustoffe*, die zur Bildung von Muskeln, Organen und Blut erforderlich sind. Solche Baustoffe sind die **Eiweißstoffe.** Sie helfen deinem Körper auch bei

2 ***Nahrungsmittel. A*** *kohlenhydratreich,* ***B*** *fettreich,* ***C*** *eiweißreich*

3 Vitamin- und mineralstoffreiche Nahrungsmittel

4 Mineralwasser

der Heilung einer Wunde oder der Erneuerung der Haut nach einem Sonnenbrand. Fleisch, Fisch und Milchprodukte, aber auch Pflanzen wie Erbsen und Bohnen enthalten größere Mengen an Eiweißstoffen.

Mineralstoffe und Vitamine halten dich gesund

Kohlenhydrate, Fette und Eiweiße sind **Nährstoffe.** Zusätzlich benötigt dein Körper noch kleine Mengen verschiedener Salze, die man **Mineralstoffe** nennt. So sind zum Beispiel Calciumsalze für den Knochenaufbau, Eisensalze für die Blutbildung und Fluoridsalze zum Schutz der Zähne wichtig. Ebenso brauchst du verschiedene **Vitamine,** die dich vor Krankheiten schützen. Vor allem frisches Obst und Gemüse enthalten viele Mineralstoffe und Vitamine. Auch **Wasser** ist lebenswichtig. Der menschliche Körper scheidet täglich etwa zwei Liter durch Schweiß und Urin aus. Dieser Verlust muss ersetzt werden.

Frische Pflanzenprodukte enthalten neben Wasser auch **Ballaststoffe,** die für die Verdauung notwendig sind.

> Kohlenhydrate und Fette liefern unserem Körper Energie. Eiweißstoffe dienen dem Aufbau des Körpers. Mineralstoffe, Vitamine, Ballaststoffe und Wasser sind für uns Menschen lebensnotwendig.

1 Nenne Nahrungsmittel, die einen hohen Gehalt an Kohlenhydraten, Fetten oder Eiweißstoffen haben.

2 Nenne vitamin- und mineralstoffreiche Lebensmittel.

3 Eiweißstoffe sind für Jugendliche sehr wichtig. Begründe.

● hoher Gehalt
○ mittlerer Gehalt

	Brot/ Getreideprodukte	Kartoffeln	Milch	Milchprodukte/ Käse	Butter	Fleisch	Wurstwaren	Fisch	Eier	Obst	Gemüse
Kohlenhydrate	●	●	○							○	○
Fette				○	●	○	○	○	○		
Eiweißstoffe	●	○	○	●		●	○	●	○		
Vitamine	○	○	○	○	○	○	○	○	○	●	●
Mineralstoffe	○	○	●	●		○	○	○	○	●	●

5 Nahrungsmittel und ihre Zusammensetzung

Praktikum

Nachweis von Nährstoffen in Nahrungsmitteln

Durch Versuche kannst du Kohlenhydrate, Fette und Eiweißstoffe in Lebensmitteln nachweisen. Stelle für die Versuche Wasser, Kartoffeln, Fruchtsaft, Butter und Milch bereit. Außerdem kannst du auch noch Nahrungsmittel wie Mehl, Haferflocken, Weißbrot, Eiklar, Bananen, Weintrauben, Margarine und Nüsse untersuchen. Überprüfe bei den Nahrungsmitteln, welche Nährstoffe sie hauptsächlich enthalten.

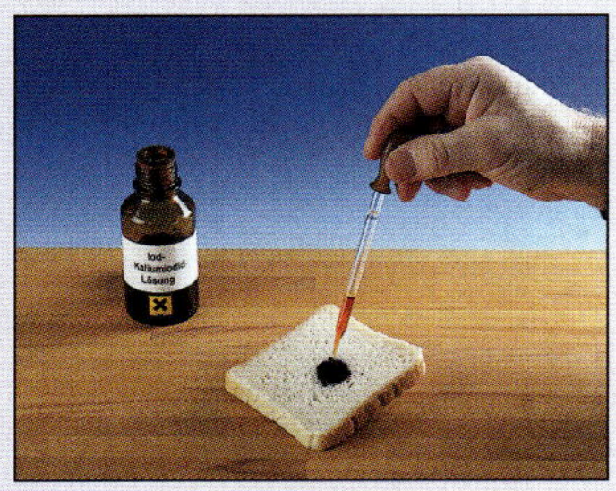

V1 Nachweis von Stärke durch die Jodprobe

Jodlösung färbt Stärke dunkelblau bis violett.
Material: Toastbrot, Butter, Jodlösung
Durchführung: Gib auf das Toastbrot und ein Stück Butter jeweils zwei Tropfen Jodlösung.
Aufgabe: Notiere deine Beobachtung. Erkläre.

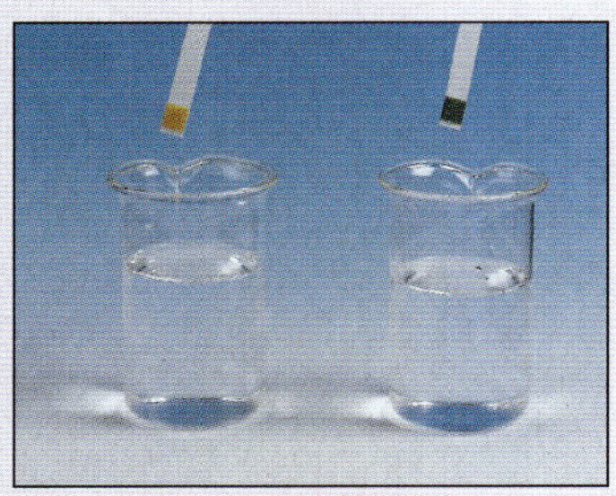

V2 Nachweis von Fruchtzucker durch Teststreifen

Der Zucker färbt den Teststreifen grün.
Material: Wasser, Fruchtsaft, Zucker-Teststreifen, zwei Gläser
Durchführung: Gib in ein Glas Fruchtsaft und in das andere Wasser. Tauche in jedes Glas jeweils kurz einen Teststreifen ein.
Aufgabe: Notiere deine Beobachtung. Erkläre.

V3 Nachweis von Fetten durch die Fettfleckprobe

Fett hinterlässt auf Papier einen dauerhaften durchsichtigen Fleck.
Material: Wasser, Butter, Filterpapier, Bleistift
Durchführung: Gib etwas Butter und einen Tropfen Wasser nebeneinander auf ein Filterpapier. Umkreise beide Stellen mit Bleistift. Trockne das Papier und halte es dann gegen eine Lampe.
Aufgabe: Notiere deine Beobachtung. Erkläre.

V4 Nachweis von Eiweißstoffen durch Essigsäure

Essigsäure lässt Eiweiß gerinnen.
Material: Wasser, Milch, Essigsäure, zwei Gläser, Holzstäbchen
Durchführung: Fülle in ein Glas Wasser, in das andere Glas Milch. Gib in jedes Glas einige Tropfen Essigsäure und rühre mit einem Holzstäbchen um.
Aufgabe: Notiere deine Beobachtung. Erkläre.

6.2 Wie ernähren wir uns richtig?

„Nach dieser anstrengenden Sportstunde brauch' ich erst mal Pommes mit Majo und 'ne Cola", sagt Jan. „Ich esse zu Hause lieber ein Putenschnitzel mit Kartoffeln und einen knackigen Salat", antwortet Linda. „Geschmacksache", erwidert Jan. Aber ist es wirklich nur „Geschmacksache", wie man sich ernährt?

Damit du in der Schule rechnen, eine Arbeit schreiben oder im Sportunterricht Leistung bringen kannst, muss dein Körper ständig mit Energie versorgt werden. Jan erneuert die beim Sport verbrauchte Energie mit Lebensmitteln, die sehr viel Fett enthalten. Fettreiche Nahrung liefert aber meist mehr Energie, als dein Körper tatsächlich braucht. Diese überflüssige Energie wird in Form von „Fettpolstern" gespeichert, die man nur sehr schwer wieder los wird. Auch große Mengen Kohlenhydrate können zu Übergewicht führen. Typische „Dickmacher" sind Pommes frites, zuckerhaltige Getränke und Süßigkeiten.

Allzu viel ist ungesund

Es kommt also nicht nur auf die Menge an. Entscheidend ist, was du isst. Unsere Lebensmittel enthalten die lebensnotwendigen Stoffe in unterschiedlichen Mengen. Deshalb solltest du abwechslungsreich essen und nicht zu viele Energielieferanten zu dir nehmen. Der „Ernährungskreis" kann dir dabei helfen. Du ernährst dich gesund, wenn du täglich aus allen sieben Bereichen etwas isst. Dabei solltest du auf die im Lebensmittelkreis dargestellten Anteile achten. Neben der festen Nahrung ist es wichtig, dass dein Körper auch genug Flüssigkeit erhält. Deshalb solltest du täglich mindestens zwei Liter ungesüßte Getränke zu dir nehmen.

Auch die Verteilung der Mahlzeiten ist wichtig. Ein zweites Frühstück in der Schule und ein Imbiss am Nachmittag halten dich den ganzen Tag leistungsfähig. Als Zwischenmahlzeiten eignen sich frisches Obst, Salate und Milch- oder Vollkornprodukte.

Eine abwechslungsreiche, vielseitige Kost sichert eine gesunde Ernährung. Viel pflanzliche Nahrung liefert genügend Vitamine, Mineral- und Ballaststoffe.

1 Beurteile die verschiedenen Mahlzeiten in Abb. 1.

2 Notiere die Nahrungsmittel, die du an einem Tag isst und vergleiche sie mit Abb. 1 B.

3 Stelle einen Tagesplan für eine gesunde Ernährung zusammen. Nutze dabei Abb. 1 B.

1 ***Ernährung. A, C*** *unterschiedliche Mahlzeiten,* ***B*** *Ernährungskreis*

→ Der Weg der Nahrung im Körper, Seite 208/209

Pinnwand

GESUNDE PAUSENSNACKS

MAC SNACK

Bestreiche die Brötchenhälften dünn mit Butter. Belege die untere Hälfte mit einem Salatblatt, einer Scheibe Käse, Gurkenscheiben und Paprikastreifen. Klappe dann die obere Hälfte darüber.

FRUCHTIGER MILCHSHAKE

Wasche bzw. schäle Obst (z. B. Banane, Heidelbeeren). Gib 100 g Obst, 100 g Jogurt, einen Löffel Honig und 1/4 Liter Milch in eine hohe Schüssel. Zerkleinere und vermische alles mit einem Pürierstab.

MAC KNÄCK

Bestreiche eine Scheibe Vollkornbrot dünn mit Butter. Belege sie anschließend mit Camembert und Tomatenscheiben. Lege dann die Scheibe Knäckebrot auf und garniere mit Paprikastreifen.

UMWELTTIPP

Benutze für dein Pausenbrot eine Frischhaltebox. Verzichte auf Verpackungen wie Alu- oder Frischhaltefolie. So vermeidest du Müll.

MAC DOPPELDECK

Bestreiche zwei Scheiben Vollkornbrot mit wenig Butter. Belege die eine Scheibe mit einem Salatblatt, einer Scheibe Kochschinken und einer Scheibe Käse. Lege danach einige Radieschenscheiben und die zweite Scheibe Vollkornbrot darüber.

1 Probiere die Rezepte aus und mache eigene Vorschläge für gesunde Pausensnacks.

2 Plant mit eurer Klasse ein gemeinsames Schulfrühstück. Besorgt die dafür notwendigen Lebensmittel und vergesst das nötige Zubehör wie Teller, Tassen und Bestecke nicht.

3 Bedenkt bei der Planung, dass nicht alle Lebensmittel von ausländischen Mitschülern verzehrt werden können. Nennt Beispiele solcher Lebensmittel.

Der Traum vom Schlaraffenland

Streifzug durch die Kunst

1 *P. Brueghel d. Ä.: Das Schlaraffenland (1567)*

2 *Mahlzeit eines Bauern im 16. Jahrhundert*

In vielen Fabeln und Märchen spielen Essen und Trinken eine große Rolle. Eines der bekanntesten Märchen ist das vom Schlaraffenland, in dem es Nahrung im Überfluss gibt. Um dorthin zu gelangen, muss man sich zuerst durch einen Berg von Brei fressen. Im Schlaraffenland bestehen die Zäune aus Würsten, die Gänse fliegen gebraten durch die Luft und in den Flüssen fließt Wein.

Dieses Märchen hat der Künstler Pieter Brueghel auf seinem Bild „Das Schlaraffenland" vor über 400 Jahren dargestellt. Man sieht einen Bauern, einen Ritter und einen Gelehrten, die so viel gegessen haben, dass sie nun mit vollem Bauch unter einem Baum liegen und schlafen. Nur der Knappe des Ritters wartet noch da-rauf, dass ihm etwas Essbares in den Mund fliegt. Der Grund für die Darstellung solcher Traumbilder war die große Sehnsucht der Menschen, genug zu essen zu haben.

Nur Könige und reiche Leute konnten zu Brueghels Zeit ausreichend und gut essen. Das Leben der Bürger, Handwerker und Bauern sah dagegen ganz anders aus. Sie aßen mit ihren Familien meist Getreidebrei mit etwas Gemüse aus einer gemeinsamen Schüssel. Außerdem mussten sie nach schlechten Ernten häufig hungern. Viele Menschen starben an den ständig wiederkehrenden Hungersnöten. Ausreichend Essen gab es für einfache Leute ohnehin nur zu Hochzeiten oder an Feiertagen.

Auch heute noch gibt es viele Menschen, die unter einer mangelnden Versorgung mit Lebensmitteln leiden. Besonders in Ländern der Dritten Welt sterben viele Menschen an Unterernährung.
Aufgrund moderner Anbaumethoden und Technik hat ein kleiner Teil der Menschheit heute Nahrung in guter Qualität und Auswahl im Überfluss. Wir gehören zu diesen bevorzugten Menschen.

1 Suche Märchen, in denen das Essen eine Rolle spielt. Erzähle es deinen Mitschülern in der nächsten Stunde.

2 Nenne Ursachen, die zu Hungersnöten führten.

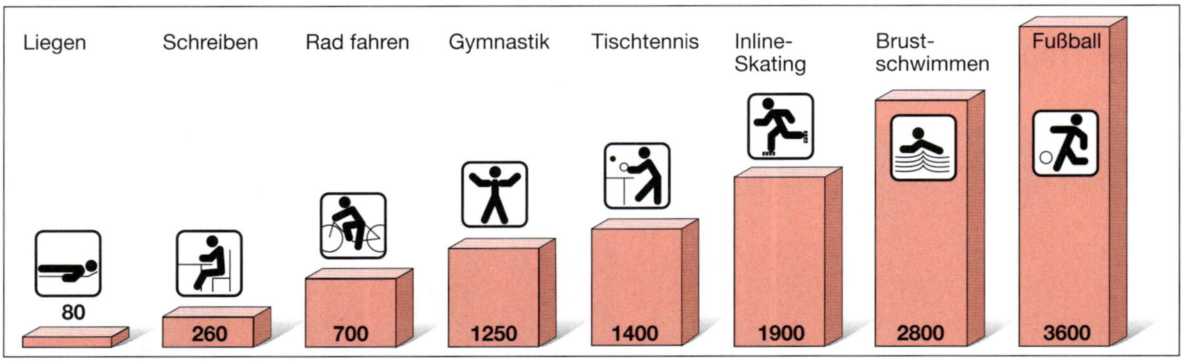

*1 **Energieaufwand für verschiedene Tätigkeiten in kJ pro Stunde** (Durchschnittswerte)*

6.3 Nahrung spendet Energie

Viele Menschen freuen sich am Wochenende auf ein ausgedehntes Frühstück. Wieso hat man eigentlich Hunger, obwohl man doch viele Stunden nur geschlafen hat?
Auch wenn der Mensch ruht, müssen Atmung, Herzschlag und Verdauung im Körper aufrechterhalten bleiben. Dafür wird Energie verbraucht. Die Energiemenge, die der Organismus innerhalb von 24 Stunden für solche Aufgaben benötigt, bezeichnet man als **Grundumsatz.** Die Maßeinheit für die Nahrungsenergie heißt *Kilojoule (kJ).* Eine vereinfachte Regel sagt, dass man sein Körpergewicht in kg mit 100 multiplizieren muss, um den ungefähren Grundumsatz in kJ zu berechnen.
Nun liegen wir jedoch, wenn wir gesund sind, nicht den ganzen Tag im Bett, sondern sind in Bewegung und lernen z. B. in der Schule. Solche körperlichen und geistigen Aktivitäten verbrauchen zusätzliche Energien, die man **Leistungsumsatz** nennt. Etwa 30 % des Grundumsatzes können wir bei normaler Tätigkeit als Leistungsumsatz dem Grundumsatz hinzurechnen. So ergibt sich der **Gesamtumsatz.**
Welchen Sport wir treiben und wie viele Stunden wir vor dem Fernseher verbringen, alles das beeinflusst den Gesamtumsatz erheblich.

Die Energiemengen, die wir täglich brauchen, sind in unserer Nahrung enthalten. Aus einem Gramm Kohlenhydrat und einem Gramm Protein gewinnen wir jeweils 17 kJ. Fett liefert doppelt so viel Energie: 38 kJ pro Gramm. Das bedeutet zum Beispiel, dass allein die Buttermenge, die man auf ein Brötchen streicht, die gleiche Energiemenge enthalten kann wie das ganze Brötchen.

Nahrungsmittel liefern durch ihre Nährstoffe die nötigen Energiemengen, die der Körper als Grund- und Leistungsumsatz täglich verbraucht.

1 a) Berechne deinen ungefähren Grundumsatz.
b) Ermittle mithilfe dieses Werts deinen ungefähren Gesamtumsatz.

2 Wenn man die Energiemenge einer bestimmten Nahrung durch eine sportliche Tätigkeit „abbauen“ wollte, was müsste man für die einzelnen Nahrungsmittel in Abb. 2 tun? Siehe dazu Abb. 1.
(Beispiel: Für eine Tafel Schokolade müsste man ca. 2 Stunden Gymnastik machen.)

*2 **Energiegehalt verschiedener Nahrungsmittel in kJ pro 100 g***

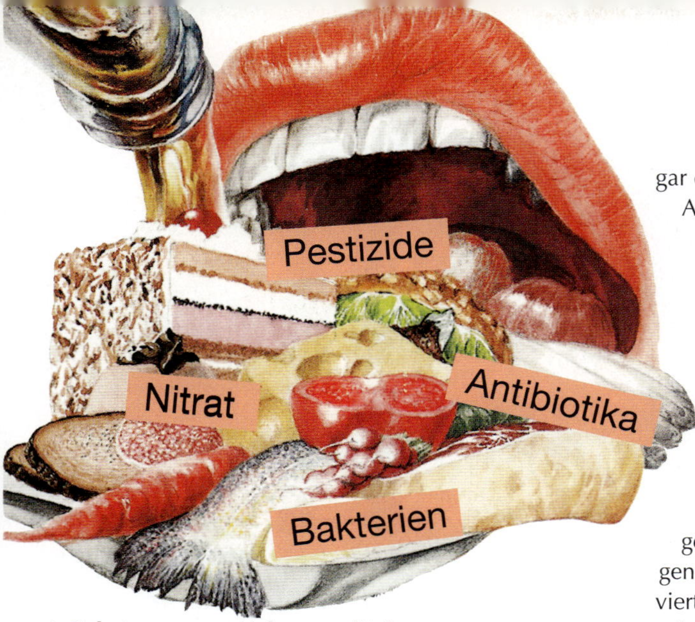

1 Belastungen von Nahrungsmitteln

6.4 Belastungen und Zusatzstoffe

„Hormone im Kalbfleisch" – „Salmonellen in Eiern" – solche Zeitungsmeldungen schrecken uns immer wieder auf. Was kann alles in unserer Nahrung enthalten sein, ohne dass wir es sehen oder schmecken können? Es gibt einige Substanzen, die als *Zusatzstoffe* im Bereich der europäischen Gemeinschaft erlaubt sind. Sie müssen auf jedem Lebensmittel in Form einer Kennzahl mit einem „E" davor vermerkt werden. Farbstoffe und Konservierungsstoffe, die so aufgelistet werden, gelten allgemein als nicht gesundheitsschädlich, können jedoch bei einigen Menschen allergische Reaktionen auslösen.

Gelegentlich werden jedoch Substanzen in Nahrungsmitteln nachgewiesen, die gesundheitlich bedenklich sind. So sind im Kalbfleisch wachstumsfördernde *Hormone* gefunden worden. Gibt man Säuglingen solches Fleisch, kann es zu Gesundheitsstörungen kommen. Auch Reste von *Antibiotika* gehören zu den Stoffen, die im Fleisch nichts zu suchen haben. Tiere in Massentierhaltungen werden manchmal mit Antibiotika behandelt, damit sie gesund bleiben. Der Verzehr von Fleisch mit Antibiotikaresten kann dazu führen, dass Bakterien im menschlichen Körper resistent gegen das jeweilige Antibiotikum werden. Bei einer späteren Behandlung mit einem ähnlichen Präparat kann es geschehen, dass die Wirkung ausbleibt und es dadurch zu gesundheitlichen Problemen kommt.

Bei Eierspeisen und Hähnchenfleisch sollte man immer darauf achten, dass die Speisen frisch sind und das Fleisch gut durchgegart ist. Andernfalls vermehren sich eventuell vorhandene *Salmonellen* sehr schnell. Beim Menschen führen die mit diesen Bakterien infizierten Nahrungsmittel zu Erbrechen und starkem Durchfall. Bei Säuglingen oder geschwächten Menschen kann sogar der Tod eintreten.

Angeschimmeltes Brot gehört in den Abfalleimer. Der giftige *Schimmelpilz* kann sich auch an anderen Stellen bereits ausgebreitet haben, ohne dass wir ihn entdecken. Bei Gemüse und Kartoffeln kann es vorkommen, dass sie Rückstände von *Schädlingsbekämpfungsmitteln* enthalten oder zu stark gedüngt worden sind. Sie enthalten dann zu viel *Nitrat,* was bei Säuglingen schon in geringen Konzentrationen Vergiftungserscheinungen und Atemstörungen auslösen kann.

Einige Lebensmittel werden aus großen Entfernungen frisch bei uns angeliefert. Sie überstehen den langen Transport nur, weil sie unreif geerntet oder konserviert worden sind. Die Schale von Südfrüchten zum Beispiel wird dazu mit dem Pilzmittel Tiabendazol gewachst und darf nicht bei der Zubereitung von Nahrungsmitteln verwendet werden.

Unsere Nahrungsmittel können mit verschiedenen Stoffen belastet sein, die beim Verzehr gesundheitliche Schäden zur Folge haben können.

1 Schaue auf die Inhaltsliste einer Fertigsuppe.
a) Welche Zusatzstoffe sind darauf vermerkt?
b) Vergleiche mit anderen Produkten.

E-Nummer	Art des Zusatzes und Name	Zu finden in
E 150	Farbstoff Zuckercouleur (Braunfärbung)	Bonbons, Brot, Soßenpulver
E 160	Farbstoff Betacarotin (Gelbfärbung)	Butter, Bonbons, Limonaden
E 200	Konservierungsstoff Sorbinsäure	Kartoffelsalat Fischsalat
E 220	Konservierungsstoff Schwefeldioxid	Trockenobst, Bananenchips
E 236	Konservierungsstoff Ameisensäure	Fertigsalate aller Art
E 300	Antioxidationsmittel Ascorbinsäure	Limonaden, Fertigsuppen, Fruchtjogurt
E 322	Antioxidationsmittel Lecithin	Fertigsuppen, Soßenpulver
E 412	Emulgator Guarkernmehl	Fertigsuppen Spagettisoßen
E 472 d	Säuerungsmittel Weinsäure	Bonbons, Brausepulver

2 Zusatzstoffe in Lebensmitteln

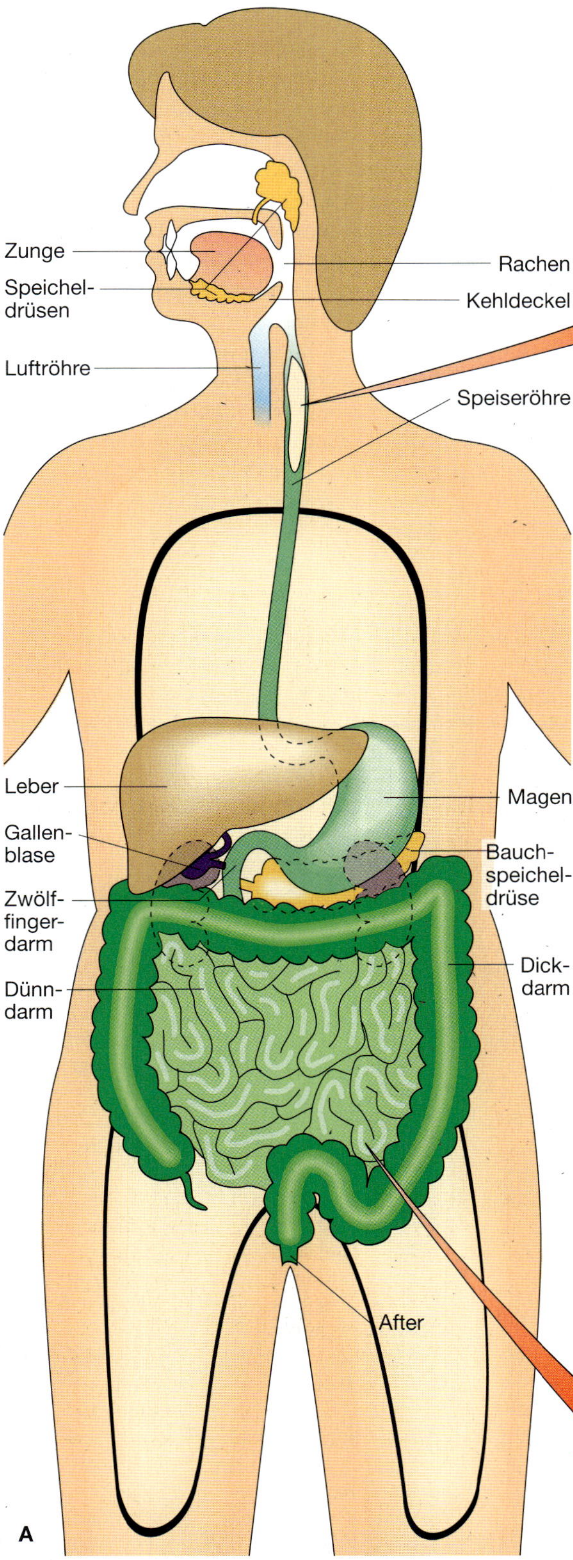

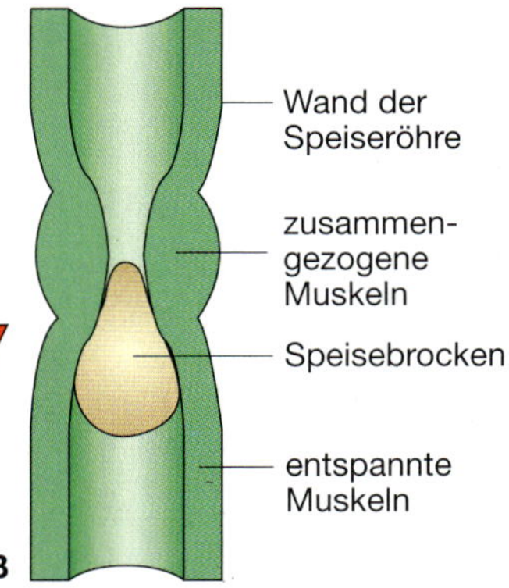

6.5 Der Weg der Nahrung im Körper

Du hast ein Stück von einem Käsebrot abgebissen und gut gekaut. Es enthält wichtige Nährstoffe: das Kohlenhydrat Stärke, Fette und Eiweißstoffe. Was geschieht mit diesem Bissen in deinem Körper?

Die Verdauung beginnt im Mund

Die **Speicheldrüsen** im Ober- und Unterkiefer sondern Speichel ab. Die Nahrung wird beim Kauen mit Speichel vermischt. Sie wird dadurch breiig und gleitfähig. Der Speichel bewirkt auch, dass die Stärke aus dem Brot in ihre Bausteine, nämlich in Traubenzuckerteilchen, zerlegt wird. Den Vorgang des Kauens und Zerlegens nennt man **Verdauung.** Beim Schlucken rutscht der Bissen in die **Speiseröhre.** Die Muskeln der Speiseröhre ziehen sich hinter dem Nahrungsbrocken zusammen und drücken ihn so schubweise in den Magen.

Die Aufgaben des Magens

Im **Magen** wird die Nahrung gesammelt, mit Magensaft vermischt und durchgeknetet. Dazu befinden sich in der Magenwand Drüsen, die Magensaft abgeben und kräftige Muskeln. Der Magensaft enthält verdünnte Salzsäure. Sie tötet Bakterien und Keime ab, die mit der Nahrung aufgenommen werden. Zusammen mit anderen Wirkstoffen des Magensaftes hilft die Säure dabei, Eiweißstoffe z. B. aus dem Käse in kleinere Bausteine zu zerteilen.

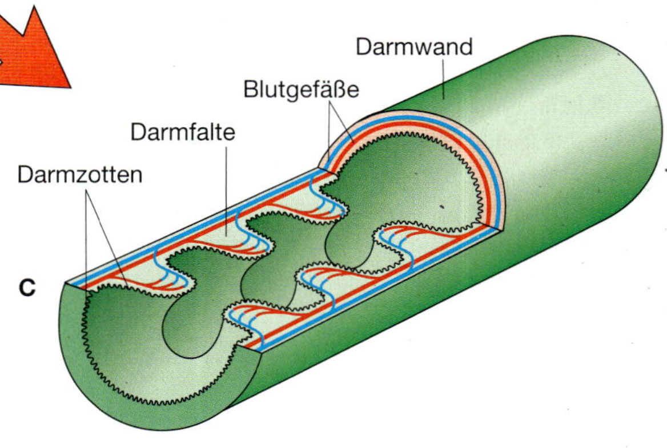

1 ***Verdauung. A*** *Verdauungsorgane,* ***B*** *Schluckvorgang,* ***C*** *Dünndarm mit Zotten*

Die Vorgänge im Darm

Der Magen presst den Speisebrei in kleinen Portionen in den **Dünndarm.**

Der erste Abschnitt des Dünndarms heißt **Zwölffingerdarm,** weil er so lang ist, wie 12 Finger breit sind. Drüsen in der Dünndarmwand, wie die **Bauchspeicheldrüse,** geben ebenso wie die **Gallenblase** ihre Verdauungsflüssigkeiten in den Dünndarm ab. Diese Flüssigkeiten sorgen dafür, dass Kohlenhydrate, Eiweißstoffe und Fette in ihre kleinsten Bausteine zerlegt werden. Die Gallenflüssigkeit unterstützt die Verdauung der Fette.

Die Innenwand des Dünndarms hat viele Falten, auf denen kleine Ausstülpungen, die **Dünndarmzotten,** sitzen. Auf einem Darmstück, das so groß ist wie eine Briefmarke, befinden sich 12 000 Zotten. Durch die dünne Wand dieser Dünndarmzotten wandern die Nährstoffbausteine ins Blut. Der Blutkreislauf transportiert sie zu allen Körperzellen.

Die Muskeln der Darmwand ziehen sich zusammen und schieben den Verdauungsbrei in den **Dickdarm.** Dort werden dem flüssigen Brei Wasser und Mineralstoffe entzogen. Die unverdaulichen Reste werden durch den **After** als Kot ausgeschieden.

Bei der Verdauung werden die Nährstoffe in der Nahrung schrittweise in ihre kleinsten Bausteine zerlegt. Durch die dünne Wand der Dünndarmzotten gelangen diese Bausteine ins Blut.

1 Ein Schüler macht mit Hilfe der Lehrkraft einen Handstand. Mit einem dünnen Plastikschlauch soll er aus einem Pappbecher trinken. Wie ist es möglich, dass das Getränk in den Magen gelangt?

2 Nimm einen durchsichtigen Plastikschlauch und eine Kugel, die so dick ist, dass sie in den Schlauch passt, aber nicht von alleine hindurchrutscht. Befördere die Kugel durch den Schlauch.
a) Welchen Vorgang hast du hier im Modell dargestellt?
b) Was entspricht der Kugel und was dem Schlauch?
c) Vergleiche in einer Tabelle den Modellvorgang mit dem Vorgang im menschlichen Körper.

3 Beschreibe den Schluckvorgang mit Hilfe von Aufgabe 1 und Abbildung 1 B.

4 Beschreibe den Weg eines Nahrungsbissens durch den Körper mit Hilfe der Abbildung 1 A und des Textes.

5 Nenne die Aufgaben aller im Text fett gedruckten Organe.

6 Nenne die Verdauungsflüssigkeiten, die die Nährstoffe Kohlenhydrate, Eiweißstoffe und Fette in ihre Bausteine zerlegen.

Verdauung

Praktikum

V1 Die Wirkung von Speichel

Material: Stärke, Wasser, Becherglas mit Maßeinteilung, Wärmequelle, Rührstab, Thermometer, 2 Reagenzgläser mit Stopfen, Speichel, Jodlösung

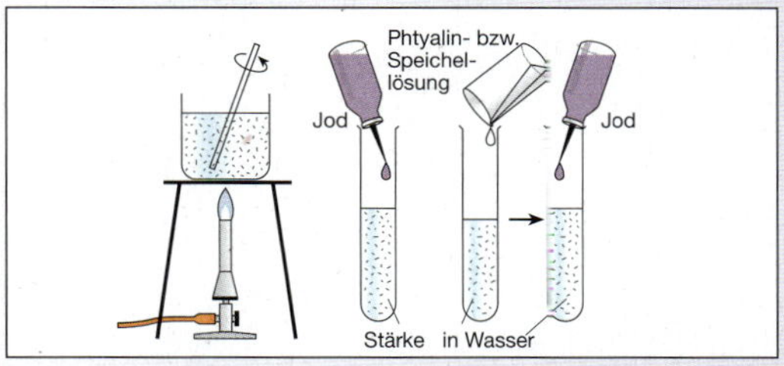

Durchführung: Gib eine Messerspitze Stärke in ein Becherglas. Fülle mit 100 ml Wasser auf. Rühre gut um. Koche die Aufschwemmung auf und lasse sie dann auf ca. 37 °C abkühlen. Sammle etwas Speichel in einem Glas und verdünne mit wenig Wasser. Gieße 2 Reagenzgläser mit der Stärkeaufschwemmung halbvoll. Füge *einem* Reagenzglas etwas verdünnten Speichel hinzu. Gib in beide Reagenzgläser je 3 Tropfen Jodlösung, verschließe sie und schüttle um.

Aufgaben: a) Beobachte und vergleiche die Reagenzgläser 30 Minuten lang.
b) Erkläre deine Beobachtungsergebnisse.

V2 Die Wirkung von Gallenflüssigkeit

Material: 2 Reagenzgläser mit Stopfen, 1 Pipette, 10 ml Messglas, Wasser, Speiseöl, Gallenflüssigkeit vom Schlachthof oder Ochsengalle aus der Apotheke

Durchführung: Fülle in das erste Reagenzglas 10 ml Wasser und 10 Tropfen Öl. Fülle in das zweite Reagenzglas 5 ml Wasser, 10 Tropfen Öl und 5 ml Gallenflüssigkeit. Verschließe beide Gläser, schüttle kräftig um und stelle sie nebeneinander.

Aufgaben: a) Beobachte die Flüssigkeiten in den Reagenzgläsern. Beschreibe das Versuchsergebnis.
b) Wie unterstützt die Gallenflüssigkeit die Verdauung der Öle und Fette? Beschreibe.
c) Viele Fleckenentferner enthalten Galle. Beschreibe, wie sie wirken.

1 *Taucherin an einem Korallenriff*

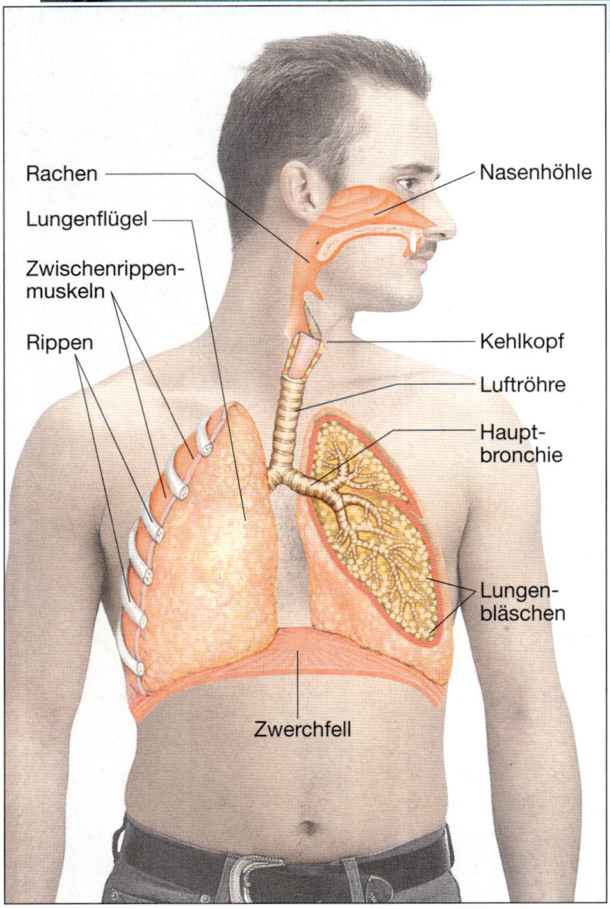

2 *Atmungsorgane*

7 Atmen ist mehr als Luftholen

7.1 Wie wir atmen

Ein Taucher betrachtet die farbige Schönheit eines Korallenriffes. Ohne die Luft, die er in der Flasche auf seinem Rücken mit sich führt, könnte er nur wenige Minuten unter Wasser bleiben. Der Mensch braucht ständig Luft zum Leben.

Der Weg der Atemluft

Beim Einatmen strömt die Luft durch die beiden Nasenlöcher in die **Nasenhöhle.** Die Wände der Nasenhöhle sind mit einer Schleimhaut überzogen. Diese Schleimhaut erwärmt die eingeatmete Luft und befeuchtet sie. Außerdem sorgt sie dafür, dass Staub und Krankheitserreger am Schleim haften bleiben. Größere Verunreinigungen werden von den Haaren im Nasenraum abgefangen.

Atmet man durch den Mund ein, kommen die Mandeln und der Kehlkopf direkt mit der ungereinigten, oft kalten Luft in Berührung. So können Erkältungskrankheiten entstehen.

→ Fische atmen unter Wasser, Seite 288

Durch den **Rachen,** wo sich Nasen- und Mundraum vereinigen, gelangt die Luft zum **Kehlkopf.** Hier trennen sich Luftröhre und **Speiseröhre.** Die eingeatmete Luft strömt weiter in die **Luftröhre.** Sie ist ein etwa zwölf Zentimeter langer Schlauch, der durch *Knorpelspangen* ständig offen gehalten wird. Beim Schlucken wird die Luftröhre durch den *Kehldeckel* verschlossen, damit keine Speiseteile eindringen können. Geschieht dies trotzdem einmal, so haben wir uns „verschluckt". Dann wird der Fremdkörper durch heftiges Husten wieder aus der Luftröhre entfernt. Kleinere Verunreinigungen, die sich in der Atemluft befinden, werden durch die Schleimhaut der Luftröhre festgehalten. Die feinen *Flimmerhärchen* dort befördern die eingedrungenen Teilchen wie auf einem Fließband wieder nach außen.

Im Brustraum teilt sich die Luftröhre in zwei **Bronchien.** Diese führen zu den beiden Teilen der **Lunge,** den *Lungenflügeln.* In der Lunge verzweigen sich die Bronchien in immer kleinere Kanäle. Diese feinen Bronchienäste enden in den kugelförmigen **Lungenbläschen**. In der Lunge befinden sich etwa 500 Millionen Lungenbläschen. Sie bilden die Endstation für die eingeatmete Luft. Von hier aus wird sie auf demselben Wege wieder ausgeatmet.

Der Brustraum arbeitet wie ein Blasebalg

Die Luft bewegt sich nicht von selbst durch die verzweigten Atemwege im Körper. Sie muss abwechselnd eingesogen und ausgestoßen werden. Beide Vorgänge kannst du gut an einem Blasebalg beobachten, den man beispielsweise beim Aufpumpen von Luftmatratzen benutzt. Auf gleiche Weise wirken die Vergrößerung und Verkleinerung des Brustraumes. Sie werden vor allem durch das **Zwerchfell** bewirkt, eine dünne Muskelhaut, die unterhalb der Lunge quer durch den Bauchraum gespannt ist. Zum Einatmen zieht sich das gewölbte Zwerchfell nach unten. Der Brustraum vergrößert sich und mit ihm weiten sich die Lungenflügel. Nun wird Luft in die Lunge gesogen. Erschlafft die Zwerchfellmuskulatur, wölbt sich das Zwerchfell wieder nach oben. Die Lunge wird zusammengedrückt und presst die Atemluft nach außen. Wir atmen aus. Durch die Bewegung des Zwerchfelles wird auch die Bauchdecke leicht nach außen gedrückt. Man spricht deshalb von der **Bauchatmung.**

Bei tieferen Atembewegungen wird die Bauchatmung von der **Brustatmung** unterstützt. Dabei bewegen die *Zwischenrippenmuskeln* die Rippen schräg nach oben. Brustraum und Lunge erweitern sich und die Luft wird eingesogen. Kehren die Rippen wieder in ihre Ausgangsstellung zurück, wird die Luft zum Ausatmen wieder herausgepresst.

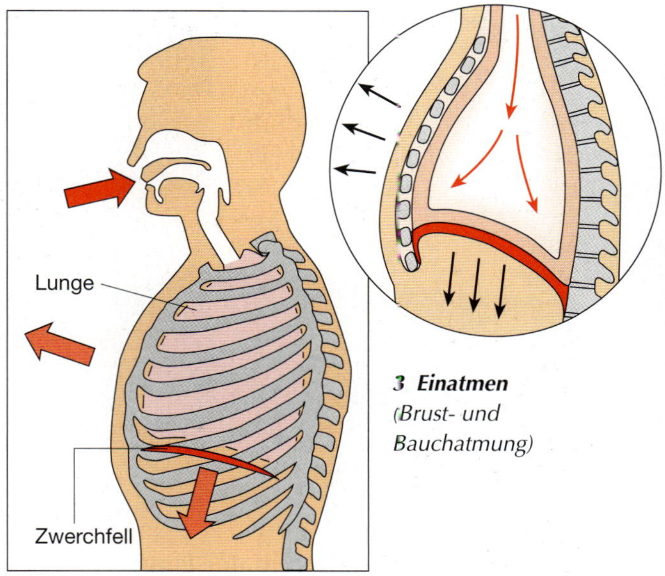

***3* Einatmen**
(Brust- und Bauchatmung)

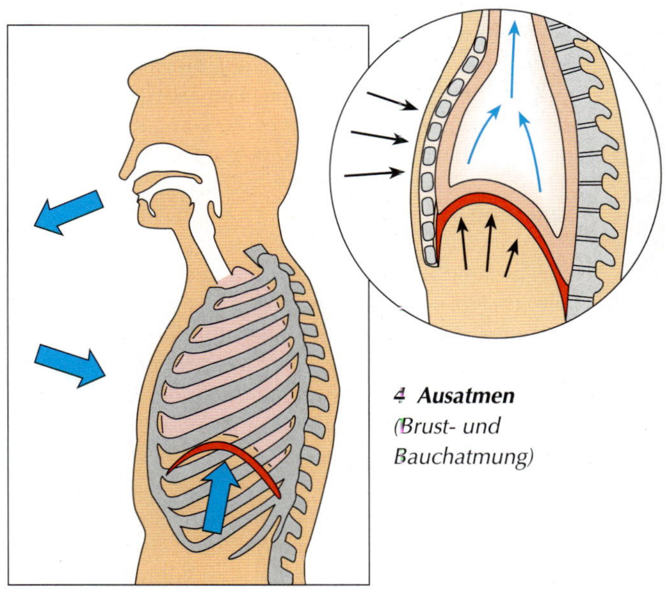

***4* Ausatmen**
(Brust- und Bauchatmung)

Die Atemluft gelangt durch Nase, Rachen, Kehlkopf und Bronchien in die Lunge. Zwerchfell und Zwischenrippenmuskeln bewirken durch eine Vergrößerung und Verkleinerung von Brustraum und Lunge die Strömung der Atemluft.

1 Beschreibe den Weg der Atemluft. Abbildung 2 hilft dir dabei.

2 Begründe, warum man durch die Nase und nicht durch den Mund einatmen sollte.

3 Erkläre den Unterschied zwischen Brustatmung und Bauchatmung mithilfe von Abbildung 3 und 4.

Benötigte Luftmenge pro Stunde:	
Schlafen	280 l
Liegen	400 l
Stehen	450 l
Gehen	1000 l
Radfahren	1400 l
Schwimmen	2600 l
Bergsteigen	3100 l
Rudern	3600 l

1 Wettkampfschwimmerin

7.2 Der Gasaustausch in der Lunge

Eine Wettkampfschwimmerin reißt während des Schwimmens ihren Mund weit auf. Sie versucht so viel Luft wie möglich einzuatmen. Die Tabelle links oben zeigt, dass man bei größerer körperlicher Belastung mehr Luft benötigt. Wozu braucht unser Körper Luft?

Sauerstoff sorgt für Energie

Luft besteht aus einem Gemisch verschiedener Gase. Die Luft, die wir einatmen, enthält 21 Prozent **Sauerstoff** und weniger als 1 Prozent **Kohlenstoffdioxid.** In der ausgeatmeten Luft sind nur 17 Prozent Sauerstoff vorhanden, aber knapp 5 Prozent Kohlenstoffdioxid. Unser Körper nimmt also Sauerstoff auf und gibt dafür Kohlenstoffdioxid ab. Diesen Vorgang nennt man **Gasaustausch.**
Mithilfe des aufgenommenen Sauerstoffes gewinnen wir aus den Nährstoffen **Energie** für alle Lebensvorgänge. Als Abbauprodukt entsteht dabei Kohlenstoffdioxid. Dies geschieht in allen Zellen des Körpers, vor allem in den Muskel- und Gehirnzellen. Dort ist der Energiebedarf am größten. Je stärker die Muskeln beansprucht werden, desto mehr Sauerstoff benötigen sie. Wir atmen dann schneller und tiefer, um dem Körper mehr Sauerstoff aus der Luft zuzuführen.

Die Funktion der Lungenbläschen

Der Weg der Atemluft in unserem Körper endet in der Lunge. Wie aber gelangt Sauerstoff in alle Körperzellen und Kohlenstoffdioxid wieder heraus? Dieser Gasaustausch findet in den Lungenbläschen statt. Die Lungenbläschen sind mit einem Netz von feinsten Blutgefäßen, den **Haargefäßen,** überzogen. Die Wände der Lungenbläschen und der Haargefäße sind so dünn, dass die Sauerstoffteilchen durch sie hindurch gelangen und ins Blut übertreten. Vom Blut werden sie dann in alle Zellen des Körpers transportiert.
Auf die gleiche Weise gelangen die Kohlenstoffdioxidteilchen aus den Körperzellen zur Lunge. Sie verlassen die Blutgefäße im Innenraum der Lungenbläschen und werden mit der Atemluft ausgeatmet.

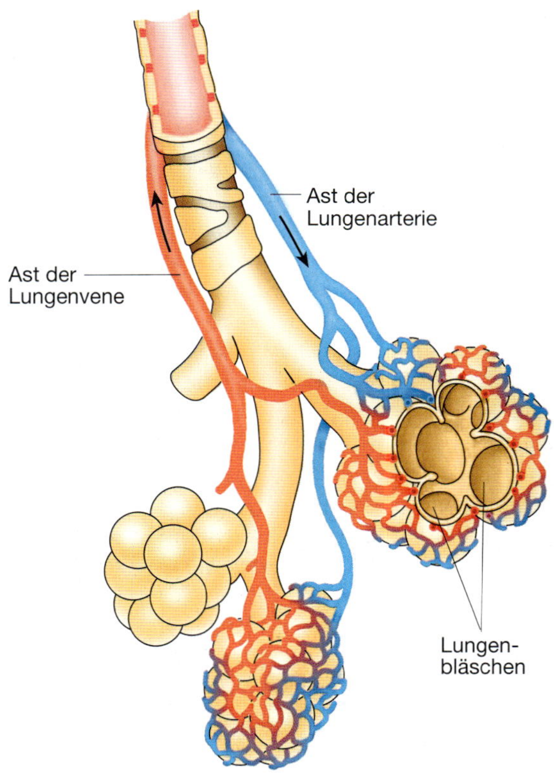

2 Bronchie mit Lungenbläschen

→ Praktikum: Atmung, Seite 214
→ Blutgefäße durchziehen unseren Körper, Seite 222

Eine Atemspende kann Leben retten

Der Mensch kann nur eine kurze Zeit ohne Sauerstoffzufuhr überleben. Schon nach wenigen Minuten ohne Sauerstoff entstehen schwere Schäden im Gehirn. Hat beispielsweise bei einem Ertrinkenden die Atmung ausgesetzt, so versucht man, mit einer Beatmung durch die Nase dessen Leben zu retten. Bei normaler Atmung wird nur etwa ein Viertel des eingeatmeten Sauerstoffes vom Körper aufgenommen. Die ausgeatmete Luft enthält deshalb noch ausreichend Sauerstoff, um einen anderen Menschen damit zu versorgen.

Entscheidend für den Erfolg der Mund-Nase-Beatmung ist, dass man rasch und gezielt die richtigen Maßnahmen ergreift. Dies lernt man in Erste-Hilfe-Kursen, die für jeden Führerscheinanwärter Pflicht sind.

Der Sauerstoff der Luft gelangt durch die Wände der Lungenbläschen ins Blut und wird in die Körperzellen transportiert. In den Zellen bildet sich Kohlenstoffdioxid, das vom Blut in die Lunge transportiert und dann ausgeatmet wird.

1 Wie viel Prozent Sauerstoff enthält Frischluft? Wie viel davon werden beim Atmen ins Blut aufgenommen?
2 Beschreibe mithilfe der Abbildung 3, wie der Gasaustausch in den Lungenbläschen erfolgt.
3 Bei einer Lungenentzündung füllen sich die Lungenbläschen mit einem zähen Schleim. Erläutere, weshalb diese Krankheit lebensgefährlich ist.

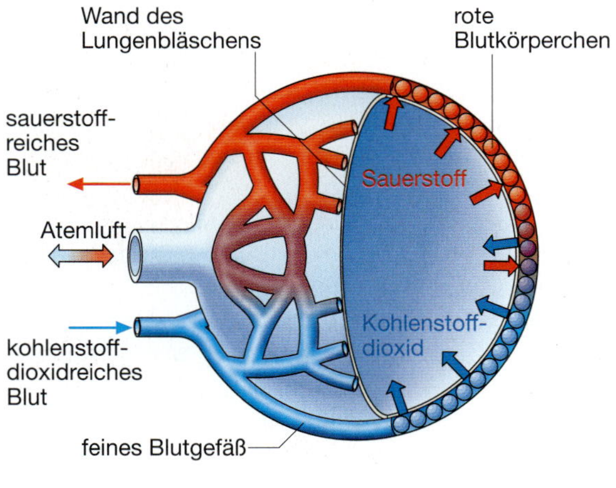

3 Gasaustausch in einem Lungenbläschen (Schema)

→ Das Blut hat viele Aufgaben, Seite 218

Streifzug durch die Chemie

Sauerstoff und Kohlenstoffdioxid

Jede Verbrennung benötigt Sauerstoff. Diesen Sauerstoff erhält die Flamme aus der Luft, die zu etwa einem Fünftel aus Sauerstoff besteht. Durch die Verbrennung wird Energie in Form von Licht und Wärme frei.

Wird der Sauerstoff von dem Brandherd fern gehalten – zum Beispiel durch eine Löschdecke –, erstickt die Flamme. Deshalb muss man bei allen Brennvorgängen immer für eine ausreichende Luftzufuhr sorgen.

Bei jedem Brand entstehen Verbrennungsgase. Eines davon ist das Kohlenstoffdioxid. Die Verbrennungsgase müssen abgeleitet werden, weil sie den Sauerstoff verdrängen und den Brand ersticken.

Praktikum

Atmung

V1 Eigenschaften der Ausatmungsluft

Material: Handspiegel · Thermometer

Durchführung: 1. Halte den Handspiegel vor den Mund und hauche deine Ausatmungsluft dagegen.

2. Bilde mit deinen Händen einen Hohlraum, indem das Thermometer steckt. Puste deine Ausatmungsluft hinein.

Aufgaben: a) Was beobachtest du am Handspiegel? Fahre mit dem Finger darüber.

b) Vergleiche die vom Thermometer angezeigte Temperatur vor und nach dem Versuch. Begründe den Unterschied.

V2 Wie viel Luft atmest du aus?

Material: Kanister aus durchscheinendem Kunststoff · große Wanne · Gummischlauch · wasserfester Filzstift · Litermaß

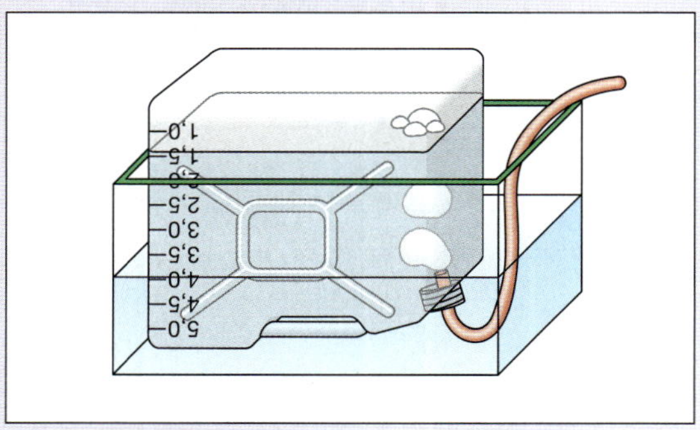

Durchführung: Fülle den Kanister zunächst mit Halb-Liter-Portionen Wasser. Markiere jedes Mal mit dem wasserfesten Stift den Wasserstand, damit eine Skala entsteht. Verschließe den randvoll gefüllten Kanister mit dem Deckel. Stelle ihn dann umgekehrt in eine zur Hälfte mit Wasser gefüllte Wanne und öffne ihn unter Wasser. Blase deine Ausatmungsluft durch den Schlauch in den Kanister.

Aufgaben: a) Hole tief Luft und atme dann so tief wie möglich durch den Schlauch aus. Bestimme mithilfe der Skala die Menge der ausgeatmeten Luft.

b) Wiederhole den Versuch, blase aber nur so viel Luft in den Kanister, wie du beispielsweise beim Sitzen gewöhnlich ausatmest. Vergleiche mit dem Ergebnis des vorhergehenden Versuches.

c) Vergleiche deine Messung mit den Ergebnissen deiner Mitschülerinnen und Mitschüler. Bitte auch einen Erwachsenen, den Versuch durchzuführen. Versuche Erklärungen für die Unterschiede zu finden.

d) Wie viel Luft kann die Lunge fassen, wenn nach dem vollständigen Ausatmen noch 1,5 Liter Restluft in der Lunge verbleiben?

V3 Nachweis von Kohlenstoffdioxid

Material: Flasche Mineralwasser mit „Kohlensäure" · Becherglas · Stopfen · Glasröhrchen · Gummischlauch · Reagenzglas · Schutzbrille · Kalkwasser

Hinweis: Das Kohlenstoffdioxid des Mineralwassers trübt Kalkwasser milchig.

A

B

Achtung: Schutzbrille tragen! Kalkwasser wirkt ätzend. Nicht trinken!

Durchführung: 1. Leite das aus dem Mineralwasser aufsteigende Gas wie in der Abbildung A durch klares Kalkwasser. Schüttle die Flasche vorsichtig, wenn die Gasentwicklung nachlässt.

2. Blase mithilfe eines Gummischlauches deine Ausatmungsluft vorsichtig durch klares Kalkwasser in einem Reagenzglas.

Aufgaben: a) Was passiert, wenn du deine Ausatmungsluft durch Kalkwasser leitest? Vergleiche mit dem ersten Versuch und erkläre.

b) Wenn Kalkwasser längere Zeit in einem offenen Gefäß steht, wird es trüb. Nenne die Ursache dafür.

Pinnwand

GESUNDERHALTUNG DER ATMUNGSORGANE

Ein Medizinmann: Atem spüren

Ein Medizinmann zeigt dir, wie du deinen Atem so spüren kannst, dass du dich wohler fühlst.

Setze dich bequem hin.
Halte deine Hand vor die Nase, atme tief durch die Nase ein und durch die Nase aus (2 x wiederholen).
Halte deine Hand vor deinen Mund und atme tief durch die Nase ein und durch den Mund aus (2 x wiederholen).
Atme ganz schnell ein und aus …
Lege beide Hände auf deinen Bauch, atme durch die Nase tief ein und aus und spüre, wie sich der Bauch hebt und senkt (2 x wiederholen).
Atme jetzt ganz schnell ein und aus und spüre, wie sich dein Bauch ganz schnell hebt und senkt.
Atme jetzt ganz langsam ein und aus und spüre, wie langsam sich dein Bauch hebt und senkt.

Leserbriefe

Mein Sohn hat Pseudo-Krupp. Vor einigen Monaten hörte ich aus dem Kinderzimmer plötzlich ein Keuchen und bellendes Husten. Mein 2-jähriger Sohn Mario lag in seinem Bett und rang nach Luft. Es sah bedrohlich aus! Ich fuhr mit ihm sofort ins Krankenhaus. Dort erklärte man mir, dass Mario an Pseudo-Krupp leide. Ich erfuhr von der behandelnden Ärztin, dass Viren und Schadstoffe der Luft diese Krankheit vorwiegend bei Kleinkindern auslösen. Sie verursachen in den engen Rachenwegen der Kinder Schwellungen, die zu Atemnot und Erstickungsanfällen, ja sogar zum Tod führen können. Besondere Gefahr besteht bei Smog. Dank guter Medikamente können wir Mario bei einem Pseudo-Krupp-Anfall nun schnell helfen.
Iliane K., Düsseldorf

Tägliches Kurzprogramm für Herz und Lunge

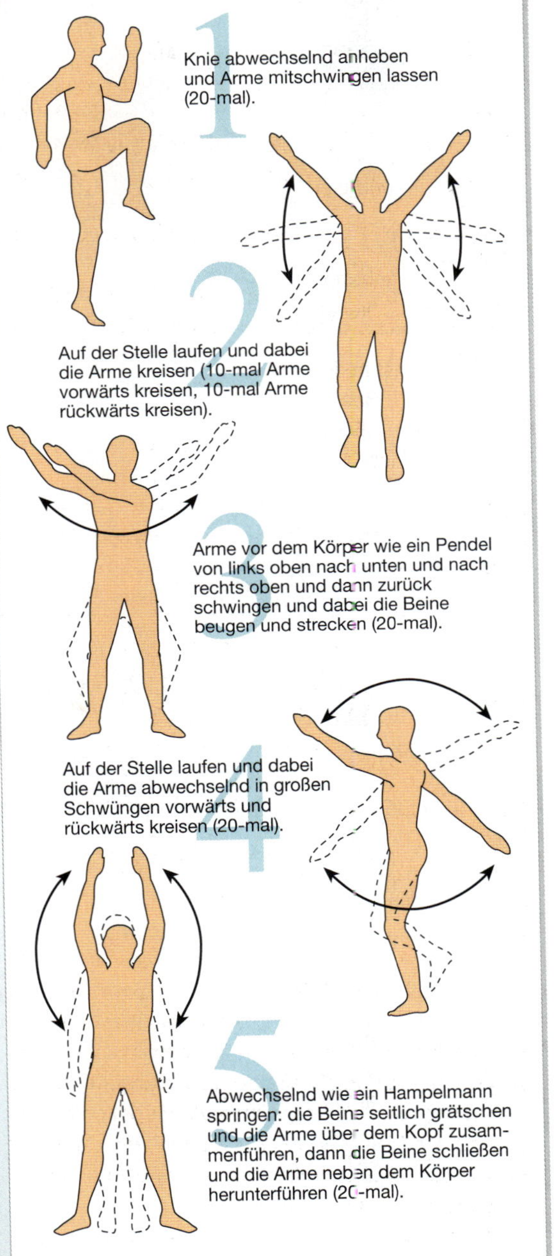

1 Knie abwechselnd anheben und Arme mitschwingen lassen (20-mal).

2 Auf der Stelle laufen und dabei die Arme kreisen (10-mal Arme vorwärts kreisen, 10-mal Arme rückwärts kreisen).

3 Arme vor dem Körper wie ein Pendel von links oben nach unten und nach rechts oben und dann zurück schwingen und dabei die Beine beugen und strecken (20-mal).

4 Auf der Stelle laufen und dabei die Arme abwechselnd in großen Schwüngen vorwärts und rückwärts kreisen (20-mal).

5 Abwechselnd wie ein Hampelmann springen: die Beine seitlich grätschen und die Arme über dem Kopf zusammenführen, dann die Beine schließen und die Arme neben dem Körper herunterführen (20-mal).

1 Führe die Atemübungen des Medizinmannes mit einem Partner oder einer Partnerin durch.

2 Was sollte man bei einer Ozonwarnung beachten? Schau dazu im Internet. Benutze eine Suchmaschine, z.B. Google.

1 **Rauchen.** ***A*** *Zigarettenwerbung,* ***B*** *Party*

7.3 Rauchen – ein zweifelhafter Genuss

Wenn man durch die Straßen einer Stadt geht, sieht man häufig Werbung für Zigaretten. Immer strahlen junge und aktive Menschen von den Werbewänden. Sie sehen gesund und glücklich aus. Andererseits weiß jeder, dass Rauchen schädlich ist. Warum rauchen Menschen trotzdem?

Viele Jugendliche greifen bei Feiern oder geselligem Beisammensein zur Zigarette. Sie rauchen, weil es „in" ist oder weil andere aus der Clique auch rauchen. Sie wollen dazugehören. Dieser *Gruppenzwang,* aber auch *Neugier,* sind die häufigsten Gründe dafür mit dem Rauchen zu beginnen. Viele Jugendliche begründen den Griff zur Zigarette auch damit, dass sie erwachsen sein und sich nichts mehr vorschreiben lassen möchten.

Gefahren des Rauchens

Der Zigarettenrauch enthält viele verschiedene Stoffe. Einige davon sind giftig. Sie verursachen unterschiedliche Reaktionen im Körper.

Nikotin lässt den Blutdruck steigen und das Herz schneller schlagen. Es bewirkt, dass sich feine Blutgefäße verengen.

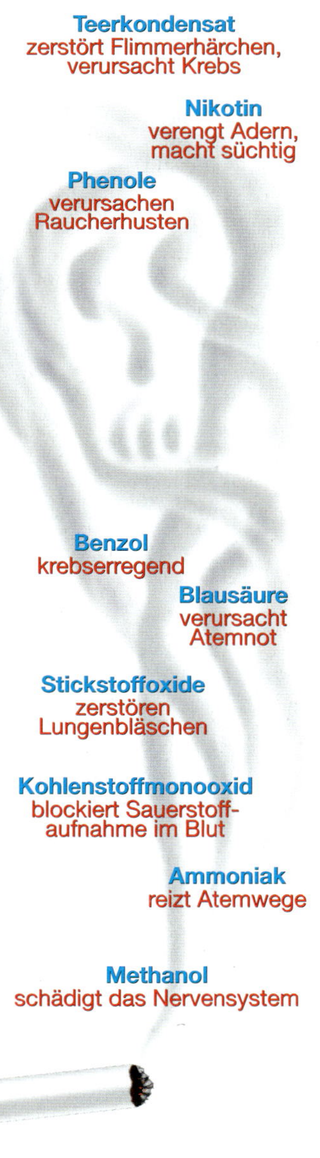

Dadurch wird beispielsweise die Haut weniger durchblutet. Sie erscheint grau und blass.
Kohlenstoffmonooxid verhindert, dass das Blut Sauerstoff aufnehmen und transportieren kann. Deshalb wird manchen Rauchern bei den ersten Lungenzügen schwindelig oder übel.
Flimmerhärchen in der Lunge, die für die Reinigung der Atemwege zuständig sind, werden von *Teerbestandteilen* verklebt. Die Bronchien neigen dann zu Verschleimungen und Entzündungen.
Viele Inhaltsstoffe einer Zigarette gehören zu den *Krebs erzeugenden Stoffen.*
Durch jahrelanges Rauchen kann *Arterienverkalkung* entstehen, die schließlich zu *Herzinfarkt* und *Schlaganfall* führt.

Passivrauchen

Unter *Passivrauchen* versteht man das Einatmen von Zigarettenrauch durch Nichtraucher in geschlossenen Räumen. Passivrauchen ist gesundheitsschädlich. Besonders Kleinkinder sind dadurch gefährdet. Daher ist in vielen öffentlichen Gebäuden und Räumen das Rauchen verboten.

> Beim Rauchen atmet der Mensch zahlreiche schädliche Stoffe ein. Sie verursachen häufig ernste Erkrankungen. Auch Passivrauchen ist gefährlich für die Gesundheit.

1 Gib Gründe an, warum es vielen Rauchern schwer fällt, mit dem Rauchen aufzuhören.
2 In Amerika werden an Jugendliche keine Tabakwaren verkauft. Wie beurteilst du diese Maßnahme?

Gefahr des Rauchens

Praktikum

A 1 Berechnungen zum Zigarettenkonsum

Auf jeder Zigarettenschachtel findest du Mengenangaben für Nikotin (N) und Teerkondensat (K), die in einer Zigarette enthalten sind.

a) Berechne von einer Marke, wie viel Milligramm Teer und Nikotin in den Zigaretten einer Packung enthalten sind.

b) Wie viel Gramm Teer gelangt in die Lunge, wenn ein Raucher 20 Jahre lang täglich eine Packung dieser Zigaretten verbraucht?

c) Vergleiche unterschiedliche Marken miteinander.

d) Wie viel Geld gibt ein Raucher aus, der täglich eine Packung Zigaretten raucht – im Monat, im Jahr, in 20 Jahren? Was würdest du dir als Nichtraucher von diesem Geld kaufen?

A 2 Forscher schlagen Alarm: Nikotinspuren im Kinderblut

Forscher in New York untersuchten das Blut von gesunden Kindern, deren Mütter oder Väter ca. 10 Zigaretten täglich in Anwesenheit ihrer Kinder rauchten. Man fand im Kinderblut hohe Konzentrationen von Stoffwechselprodukten des Nikotins und des Teerkondensats. Diese Stoffe gelten als Krebserreger und fördern die Entstehung von Asthma. Seit langem ist bekannt, dass Neugeborene von Raucherinnen ein geringeres Geburtsgewicht haben und später unter Entwicklungsstörungen leiden.

a) Wie sollten sich Raucher und Raucherinnen deiner Meinung nach verhalten, damit sich Kinder gesund entwickeln können? Begründe.

b) Wie kannst du dich vor dem Passivrauchen schützen? Erkläre.

A 3 Zigarettenwerbung

Ich gehe meilenweit für ...

Frohen Herzens genießen!

Der Geschmack von Freiheit und Abenteuer!

NATURREIN – VOLLER WÜRZE!

Schlank – rassig – zart!

Ich rauche gern!

a) Was soll der Leser mit den abgebildeten Werbeaussagen verbinden? Erkläre.

b) In der Zigarettenwerbung werden oft junge, gesunde Menschen bei sportlicher Betätigung abgebildet. Zeige Widersprüche zwischen solchen Bildern und den Werbeaussagen und den tatsächlichen Folgen des Rauchens auf.

A 4 Argumente gegen das Rauchen

Schüler haben eine Antiraucherollage angefertigt. Vervollständige die Aussage „Ich rauche nicht, weil...“ mit möglichst vielen Argumenten. Fertigt selbst eine Collage an.

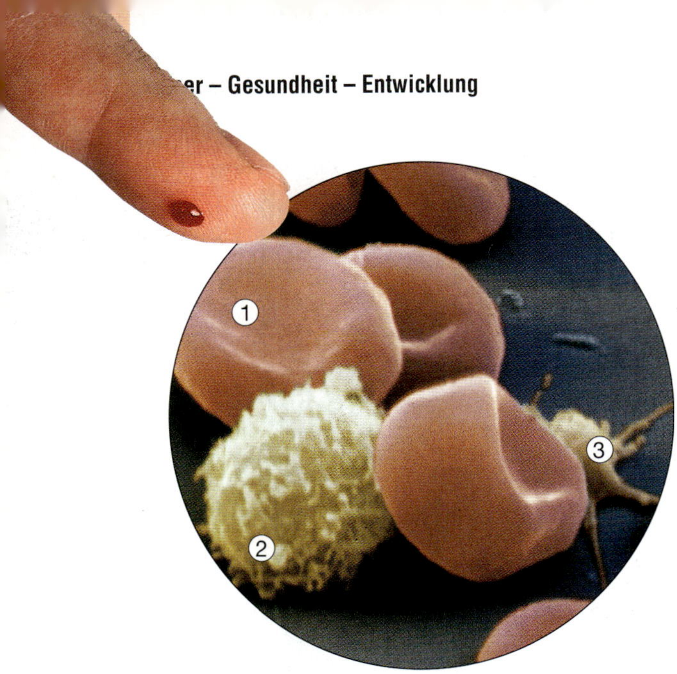

1 ***Blutbestandteile.*** *① rote Blutkörperchen, ② weißes Blutkörperchen, ③ Blutplättchen*

8 Das Blut

8.1 Blut hat viele Aufgaben

Nico hat sich beim Basteln in den Finger gestochen. Aus der Wunde quillt ein Blutstropfen. Nico beobachtet, dass die rote „Flüssigkeit" bereits nach kurzer Zeit verkrustet. Blut besteht also aus flüssigen und festen Bestandteilen, den *Blutzellen.*

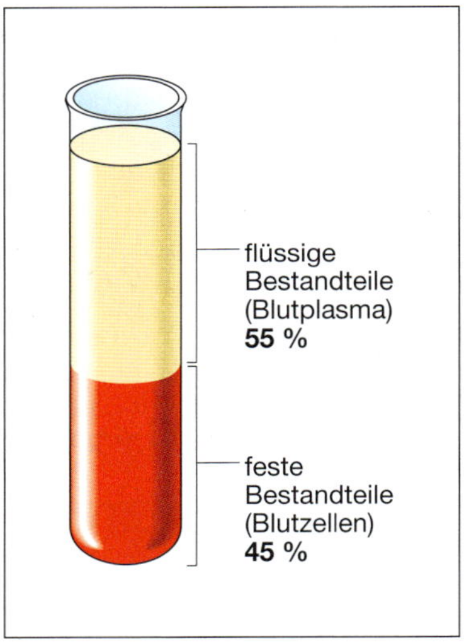

2 Zusammensetzung des Blutes

Blutplasma und Blutzellen

Lässt man frisches Blut in einem Glaszylinder eine Weile stehen und verhindert durch ein zugefügtes Mittel die Gerinnung, sinken die Blutzellen nach unten. Sie bilden eine rote undurchsichtige Masse, den *Blutkuchen.* Die Flüssigkeit über dem Blutkuchen ist hellgelb und durchsichtig. Sie heißt **Blutplasma** und besteht zum größten Teil aus Wasser. Das Blutplasma ist das wichtigste Transportsystem unseres Körpers. In ihm schwimmen die Blutzellen. Es befördert Nährstoffe, Abbaustoffe und Botenstoffe des Körpers, die *Hormone.* Gleichzeitig verteilt es die Körperwärme über alle Körperteile, ähnlich dem heißen Wasser einer Zentralheizung.
Unter dem Mikroskop werden die festen Bestandteile des Blutes sichtbar. Man erkennt eine große Anzahl scheibenförmiger, leicht eingedellter Zellen. Es sind die **roten Blutkörperchen.** Sie enthalten den roten Blutfarbstoff *Hämoglobin.* Ihre Aufgabe besteht im Transport von Sauerstoff aus den Lungenbläschen in alle Zellen des Körpers.

In weitaus geringerer Anzahl entdeckt man im Blutbild farblose, unregelmäßig geformte Zellen, die **weißen Blutkörperchen.** Sie bekämpfen Krankheitserreger und Gifte, die durch Wunden in die Blutbahn eingedrungen sind. Man bezeichnet sie deshalb auch als die „Polizei" des Körpers. Auf der Jagd nach Krankheitserregern gelangen sie durch die Poren der kleinsten Blutgefäße in das umgebende Gewebe.

Die dritte Gruppe der festen Blutbestandteile bilden die **Blutplättchen.** Sie lösen die Blutgerinnung aus. Ist eine blutende Wunde entstanden, zerfallen die Blutplättchen und sorgen dafür, dass sich in der Wunde ein Geflecht aus festen Eiweißfäden bildet, das *Fibrinnetz.* Darin bleiben Blutzellen hängen und es entsteht eine Blutkruste.

Blut besteht aus Blutplasma, roten Blutkörperchen, weißen Blutkörperchen und Blutplättchen. Es transportiert Atemgase, Nähr- und Abbaustoffe, wehrt Krankheitserreger ab und verteilt die Körperwärme.

1 Nenne die Bestandteile des Blutes und ihre Aufgaben. Lege dazu eine Tabelle an.

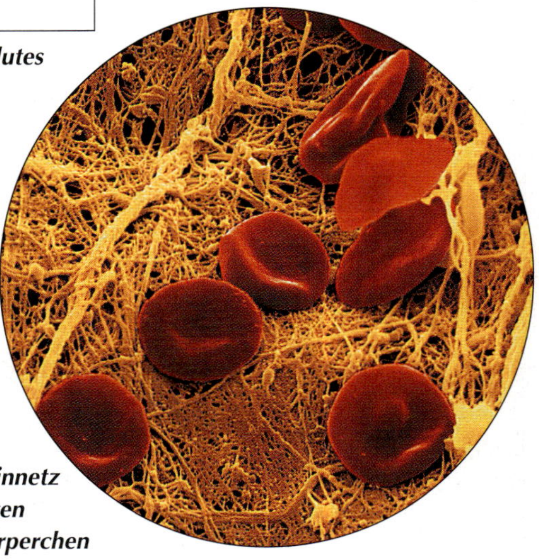

3 Fibrinnetz mit roten Blutkörperchen

Pinnwand

BLUT

Weiße Blutkörperchen

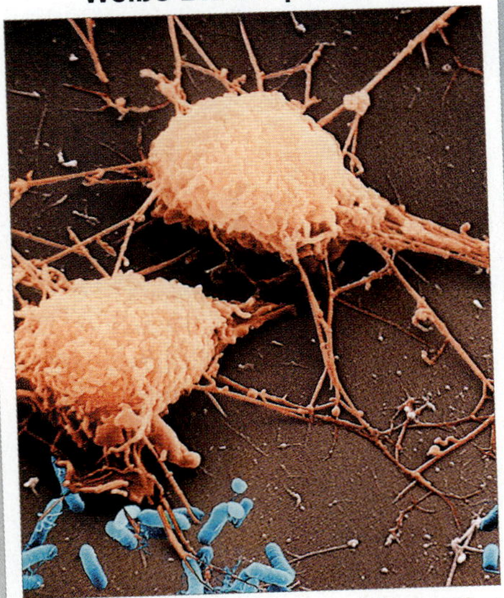

Weiße Blutkörperchen sind in den Blutgefäßen ständig auf der Jagd nach Eindringlingen. Treffen sie auf Krankheitserreger (blau), werden diese eingefangen, umschlungen und verdaut.

Blutbestandteile

Rote Blutkörperchen

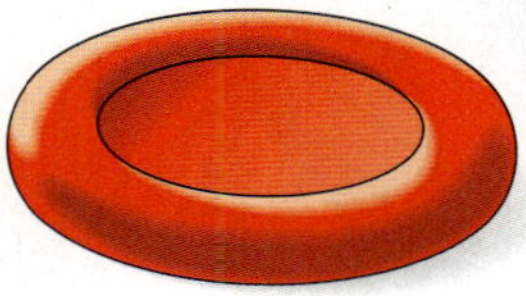

Aussehen:	runde, flache Scheiben, in der Mitte eingedellt
Herkunft:	rotes Knochenmark
Aufgabe:	Transport von Sauerstoff und Kohlenstoffdioxid, enthalten den roten Blutfarbstoff Hämoglobin
Lebensdauer:	ca. 120 Tage

Weiße Blutkörperchen

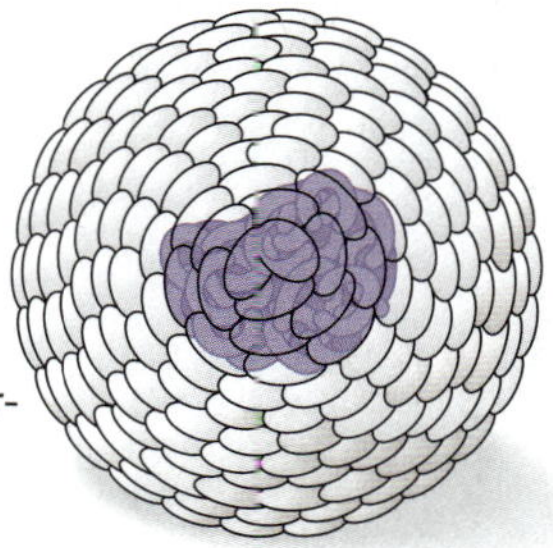

Aussehen:	kugelförmig bis unregelmäßig
Herkunft:	rotes Knochenmark, Lymphknoten, Milz
Aufgabe:	vernichten Krankheitserreger
Lebensdauer:	wenige Tage bis Jahre

Blutplättchen

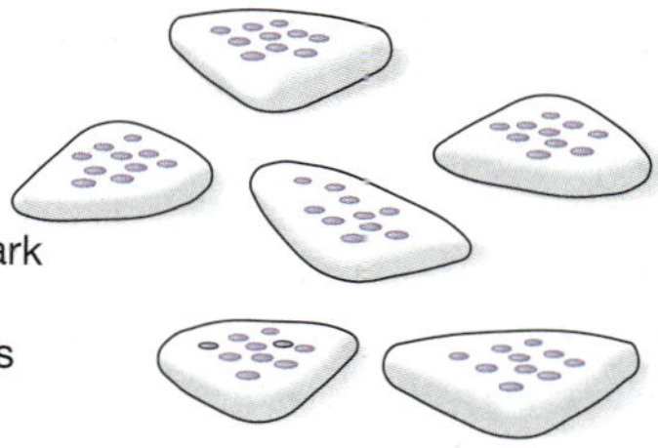

Aussehen:	unregelmäßig geformt
Herkunft:	rotes Knochenmark
Aufgabe:	lösen Blutgerinnung aus
Lebensdauer:	7 Tage

Blut in Zahlen

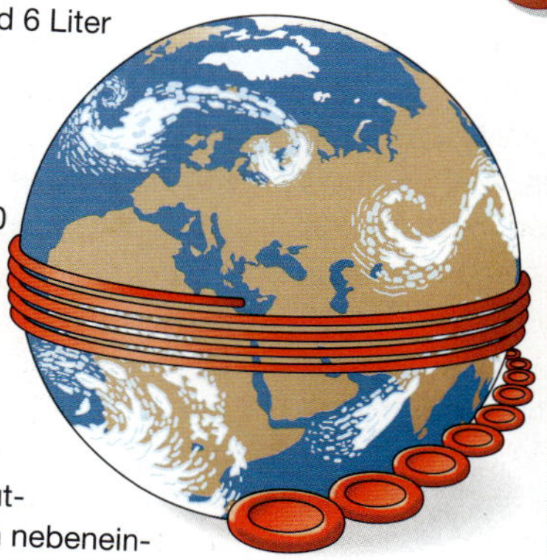

- Ein Erwachsener hat zwischen 4 und 6 Liter Blut.
- Anzahl der Zellen pro mm^3 Blut:
  rote Blutkörperchen: 5 Mio.
  Blutplättchen: 300 000
  weiße Blutkörperchen: 5000 - 10 000
- Pro Sekunde bildet das Knochenmark über 2 Mio. rote Blutkörperchen.
- Jedes rote Blutkörperchen transportiert etwa 75 000 Mal Sauerstoff zu den Zellen.
- Würde man die 30 Billionen roten Blutkörperchen eines einzigen Menschen nebeneinander legen, ergäbe das eine Kette, die fünf Mal um die Erde reichte.

1 Beschreibe, wie weiße Blutkörperchen Krankheitserreger bekämpfen.

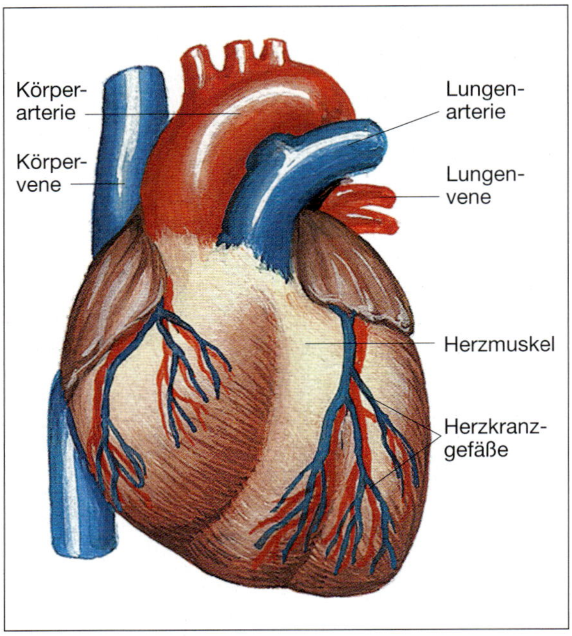

1 ***Herz des Menschen*** *(Aufsicht)*

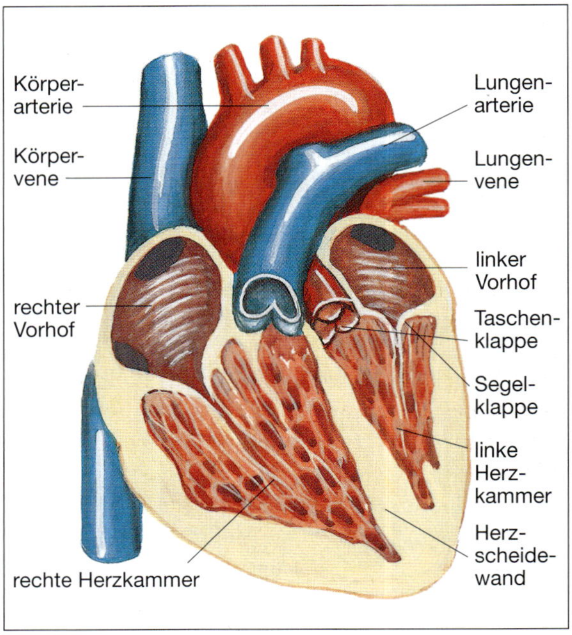

2 ***Herz des Menschen*** *(Längsschnitt)*

8.2 Das Herz – eine Saug- und Druckpumpe

Ein Mountain-Biker fährt einen steilen Berg hinauf. Oben angekommen geht seine Atmung hastig und sein Herz klopft schnell und heftig. Wenn er jetzt seinen Puls misst, kommt er auf über 130 Herzschläge pro Minute. Erst allmählich beruhigen sich Atmung und Herzschlag wieder. Im Ruhezustand schlägt das Herz eines Jugendlichen zwischen 80 und 90 Mal pro Minute.

Bei Anstrengung benötigen die Muskeln und andere Organe mehr Sauerstoff und Nährstoffe. Diese Stoffe werden vom Blut transportiert. Das Herz pumpt das Blut durch den Körper. Es muss daher bei körperlicher Belastung wesentlich schneller arbeiten als in Ruhephasen.

Das Herz ist ein Hohlmuskel

Das menschliche Herz ist ein faustgroßer kräftiger Hohlmuskel. Es liegt geschützt im Brustkorb etwas links von der Körpermitte und weist mit der Spitze nach links unten. Der Herzmuskel arbeitet ohne Unterbrechung ein Leben lang. Er muss selbst mit Blut versorgt werden. Dies geschieht durch die außen verlaufenden *Herzkranzgefäße.*

Große Blutgefäße setzen am Herzen an. Es sind die **Arterien** oder *Schlagadern,* die das Blut vom Herzen wegführen, und die **Venen,** die das Blut zum Herzen hinführen.

Das Herz besteht aus zwei Hälften

Das Herz wird im Inneren durch die *Herzscheidewand* in zwei Hälften getrennt. Dadurch kann sich das *sauerstoffreiche* Blut nicht mit dem *kohlenstoffdioxidreichen* Blut vermischen. Sauerstoffreiches Blut ist hellrot, kohlenstoffdioxidreiches Blut dunkler. In allen Abbildungen werden daher die Bereiche mit sauerstoffreichem Blut rot und die mit kohlenstoffdioxidreichem Blut blau gekennzeichnet. Man erkennt, dass die Herzscheidewand das sauerstoffreiche Blut in der linken Herzhälfte vom kohlenstoffdioxidreichen Blut in der rechten Herzhälfte trennt.

Die Pumpleistung

Beide Herzhälften bestehen aus je einem **Vorhof** und einer **Herzkammer.** Diese arbeiten bei der Pumpwirkung des Herzens zusammen. Zunächst ist der Herzmuskel erschlafft, die Vorhöfe erweitern sich. Dadurch *saugen* sie aus den Venen Blut an. Nun ziehen sich die Vorhöfe zusammen und *drücken* das Blut in die Herzkammern. Im nächsten Schritt zieht sich die Muskulatur der Herzkammern zusammen und presst das Blut in die Arterien. Danach erschlafft der Herzmuskel für eine kurze Pause, die zur Erholung ausreicht. So ruht das Herz im Laufe eines Lebens etwa ein Drittel der Zeit und bewahrt sich seine Leistungsfähigkeit. In der Erschlaffungsphase weiten sich die Vorhöfe wieder. Der Pumpvorgang beginnt von vorn.

→ Praktikum: Blut und Blutkreislauf, Seite 223

Herzklappen wirken wie Ventile

Zwei unterschiedliche Typen von Herzklappen sorgen dafür, dass das Blut vom Herzen aus nur in eine Richtung, aber nicht zurückfließen kann.
Zwischen den Vorhöfen und den Herzkammern liegen die **Segelklappen.** Sie öffnen sich, wenn das Blut aus den Vorhöfen in die Herzkammern fließt. In der umgekehrten Strömungsrichtung werden sie zusammengedrückt und verschließen die Öffnung wie die Tore einer Schleuse.

Diese Ventilwirkung zeigen auch die **Taschenklappen** am Ausgang der Herzkammern. Sie verhindern, dass das in die Arterien gepumpte Blut wieder zurück ins Herz strömt.

Das Herz ist ein Hohlmuskel. Es besteht aus zwei Hälften. Jede Hälfte ist in einen Vorhof und eine Herzkammer unterteilt. Das Herz pumpt das Blut durch den Körper. Herzklappen bewirken, dass das Blut nur in eine Richtung fließt.

1 Beschreibe mithilfe der Abbildung 3 die Arbeitsweise des Herzens.
2 Durch Infektionserkrankungen kann ein Herzklappenfehler entstehen, bei dem die Herzklappen nicht mehr richtig schließen. Erläutere die Folgen.
3 Beschreibe die Aufgaben der Herzkranzgefäße.
4 In den Abbildungen vom Herzen ist immer rechts und links vertauscht. Erkläre.

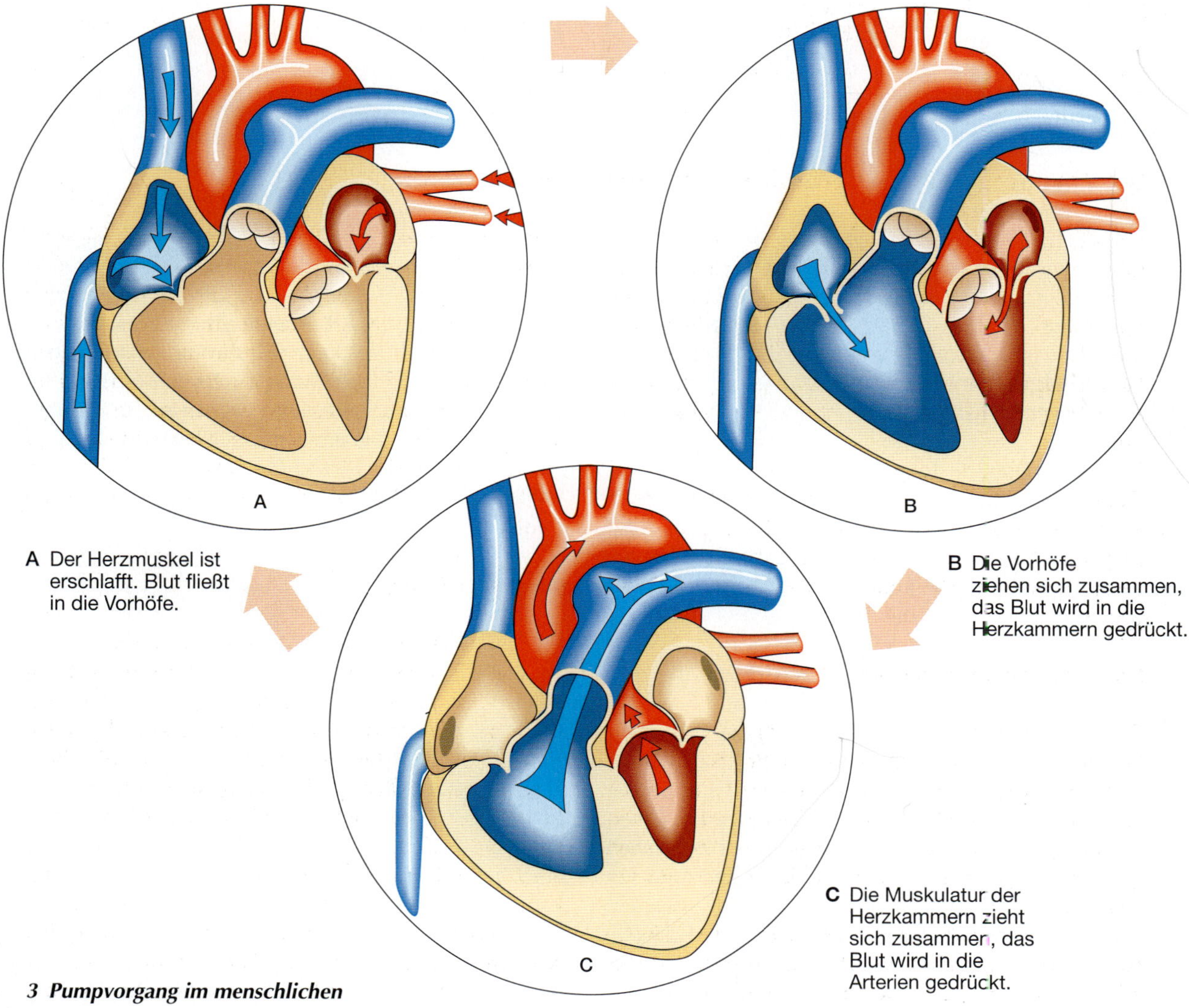

A Der Herzmuskel ist erschlafft. Blut fließt in die Vorhöfe.

B Die Vorhöfe ziehen sich zusammen, das Blut wird in die Herzkammern gedrückt.

C Die Muskulatur der Herzkammern zieht sich zusammen, das Blut wird in die Arterien gedrückt.

3 Pumpvorgang im menschlichen Herzen

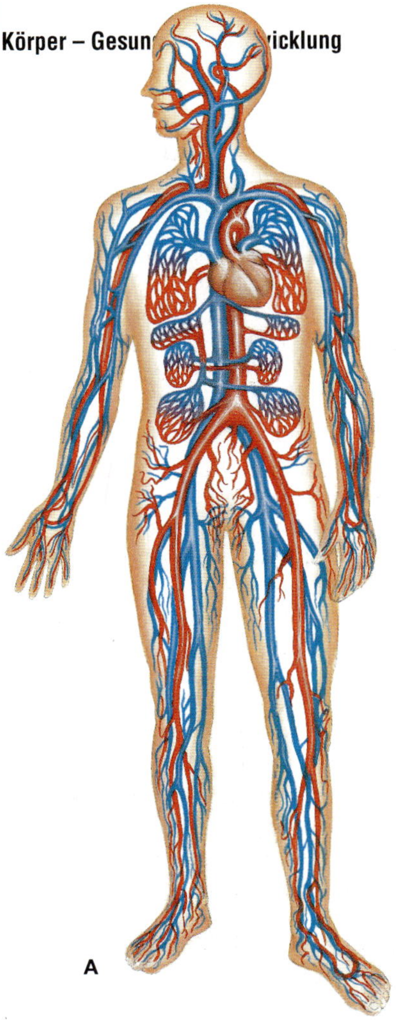

A

8.3 Blutgefäße durchziehen unseren Körper

Das Blut muss alle Teile des Körpers erreichen. Dies ist wichtig, damit der gesamte Organismus mit lebenswichtigen Stoffen versorgt wird. Das Blut fließt in Blutbahnen, die wir *Adern* oder **Blutgefäße** nennen. Diese durchziehen den ganzen Körper in einem dichten Netz, das eine Gesamtlänge von etwa 1400 Kilometer hat.

Zwei Kreisläufe

Verfolgen wir den Weg des Blutes genauer. Bei jedem Herzschlag wird sauerstoffreiches Blut aus der linken Herzkammer in die größte Körperarterie, die *Aorta,* gepresst. **Arterien** besitzen elastische Wände, die den Druck des Blutes auffangen. Man kann die Druckwelle des Blutes als Pulsschlag fühlen. Die Arterien verzweigen sich bis in ein Netz von kleinsten Röhren, den *Haargefäßen* oder **Kapillaren.**

Durch ihre dünnen Wände hindurch gibt das Blut Sauerstoff und Nährstoffe in die benachbarten Zellen ab und nimmt Kohlenstoffdioxid und andere Abbaustoffe auf.
Auf dem Rückweg zum Herzen vereinigen sich die Kapillaren wieder zu größeren Gefäßen, den **Venen.** In den Venen wirkt der Druck des Herzens nicht mehr. Deshalb muss das Blut durch die Bewegung der Muskeln und der benachbarten Arterien vorwärts getrieben werden. *Venenklappen* verhindern das Zurückströmen. Durch die Körpervenen gelangt das kohlenstoffdioxidreiche Blut zurück zur rechten Herzhälfte. Damit ist ein erster Kreislauf des Blutes, der **Körperkreislauf,** beendet.

Es schließt sich ein zweiter Kreislauf an, der **Lungenkreislauf.** Das kohlenstoffdioxidreiche Blut wird von der rechten Herzkammer durch die Lungenarterie in die Lunge gepumpt. Dort erfolgt der Austausch von Kohlenstoffdioxid und Sauerstoff. Über die Lungenvene gelangt das Blut zur rechten Herzhälfte zurück.

Das Blut wird vom Herz durch den Körper- und Lungenkreislauf gepumpt. Es fließt durch die Arterien in die Kapillaren und kehrt durch die Venen zum Herzen zurück.

1 Beschreibe mithilfe der Abbildung 1 B schrittweise den Weg des Blutes durch den Körper.

2 Arterien werden auch Schlagadern genannt. Nenne den Grund.

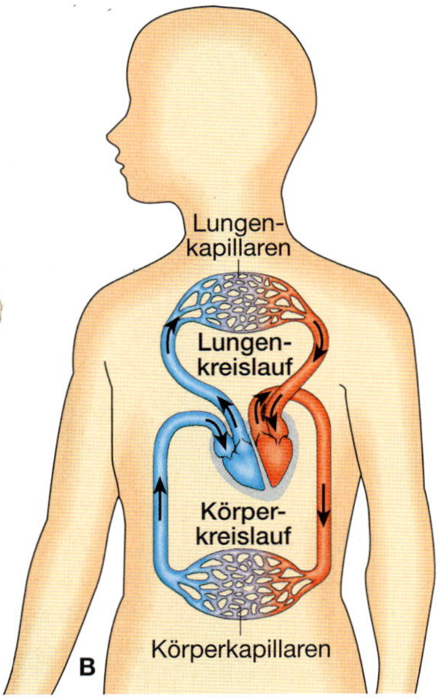

B

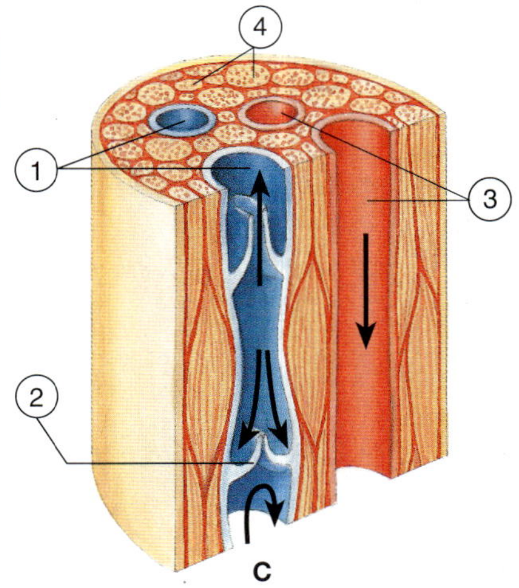

C

***1 Blutkreislauf. A** Blutgefäßsystem des Menschen, **B** Blutkreislauf (Schema), **C** Transport von Blut in Arterien und Venen.* ① *Venen,* ② *Venenklappen,* ③ *Arterien,* ④ *Muskeln*

Blut und Blutkreislauf

Praktikum

V1 Puls fühlen und messen

Material: Uhr mit Sekundenzeiger
Durchführung: Fühle am Hals oder am Handgelenk den Puls wie in den Abbildungen gezeigt.
Zähle die Pulsschläge 30 Sekunden lang und verdoppele die Zahl. Dies ergibt den Puls pro Minute.

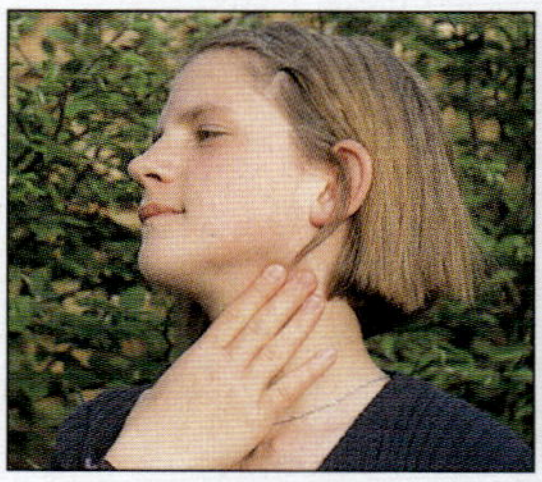

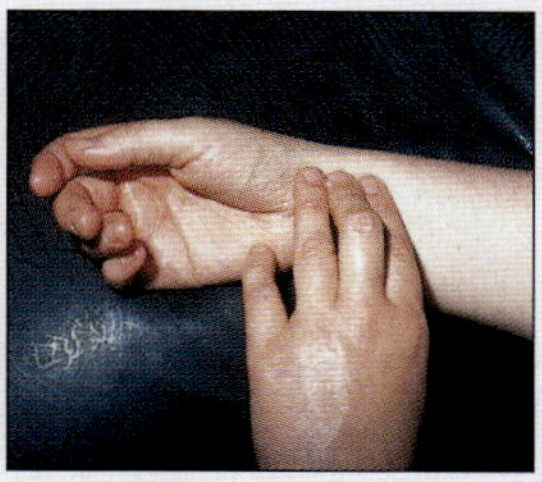

Aufgaben: a) Zähle deine Pulsschläge, wenn du ruhig auf einem Stuhl sitzt.
b) Mache nun 20 Kniebeugen und miss deinen Puls erneut. Vergleiche deine Ergebnisse mit den Angaben im Kapitel „Das Herz, eine Saug- und Druckpumpe" und erläutere.
c) Bei jedem Schlag bewegt das Herz etwa 70 Milliliter Blut. Berechne mit den in a) und b) gemessenen Werten die Blutmenge, die das Herz in einer Minute, in einer Stunde und an einem Tag durch den Körper pumpt.

V2 Blut mikroskopieren

Material: präpariertes Blut · Mikroskop · zwei Objektträger · ein Deckgläschen · Glasstab · Zeichenmaterial

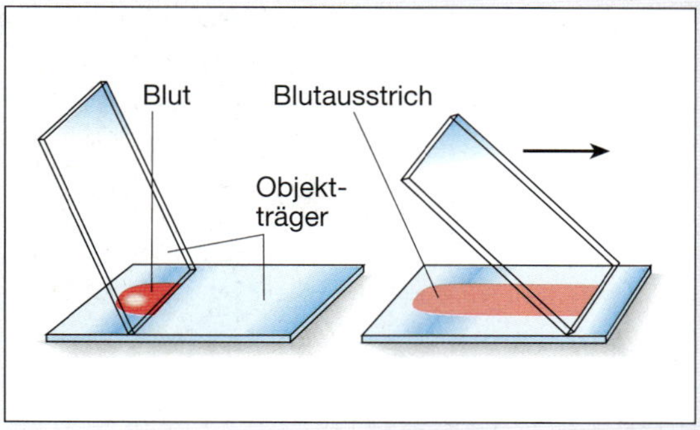

Durchführung: Gib mit dem Glasstab einen Tropfen Blut auf die linke Seite des Objektträgers. Stelle den zweiten Objektträger so wie in der Abbildung an den Blutstropfen. Ziehe nun das Blut auseinander, indem du den Objektträger nach rechts schiebst. Bedecke den *Blutausstrich* mit einem Deckgläschen.
Aufgaben: a) Lege den Blutausstrich unter ein Mikroskop. Erkennst du einzelne Blutzellen? Um welche handelt es sich?
b) Zeichne das mikroskopische Blutbild bei der stärksten Vergrößerung.

V3 Schweineherz untersuchen

Material: frisches Schweineherz vom Schlachthof oder Metzger · größere Glasschale · Skalpell oder scharfes Messer
Durchführung: Lege das Schweineherz in die Glasschale und betrachte es von außen.
Schneide das Herz in der Längsrichtung wie in der Abbildung durch. Die Vorhöfe und Herzkammern sollen offen sein.
Aufgaben: a) Zeige die Herzkranzgefäße.
b) Suche die Herzklappen und beschreibe ihre Funktion.
c) Die Segelklappen sind mit Sehnenfäden an der Innenwand des Herzmuskels befestigt. Erläutere, warum.
d) Benenne in der folgenden Abbildung die Teile des Herzens.

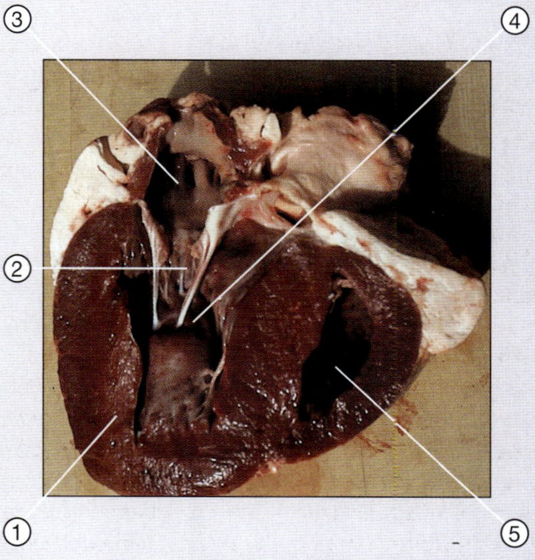

1 Jungen und Mädchen – ein problemloses Verhältnis?

9 Fortpflanzung und Entwicklung des Menschen

9.1 Auf dem Weg zum Erwachsenwerden

Sebastian wird 12 Jahre alt. Eigentlich hätte er die beiden Mädchen aus dem Nachbarhaus gern zu seiner Geburtstagsfete eingeladen, doch das war auf einmal nicht mehr so einfach. Letztes Jahr noch feierte er gemeinsam mit Lisa und Jenny. Dieses Jahr traute er sich nicht so recht, sie wieder einzuladen. Jan, sein bester Freund, spielte sich in Gegenwart von Mädchen immer so „obercool" auf. Und überhaupt: Was würden wohl die andern sagen, wenn er Mädchen einladen würde? Außerdem war er sich auch nicht sicher, ob Lisa und Jenny überhaupt kommen würden. Neulich, als er sie in der Fußgängerzone mit ihren Freundinnen getroffen hatte, hatten sie ihn ziemlich hochnäsig behandelt. Alle waren plötzlich so komisch. Was war in der letzten Zeit mit ihnen geschehen?

Zwischen dem 10. und dem 14. Lebensjahr verändern sich Mädchen und Jungen. Der Umgang mit dem anderen Geschlecht wird schwieriger. Gleichaltrige Mädchen und Jungen finden sich in dieser Zeit meist gegenseitig ziemlich albern. Die Mädchen sind am liebsten mit anderen Mädchen zusammen, Jungen fühlen sich häufig in Jungengruppen am wohlsten. Man kann dort über die anderen reden, herumalbern, lachen oder Probleme diskutieren. Die Meinungen der Freunde oder Freundinnen werden sehr wichtig. Man möchte dazugehören, in der Clique die gleichen Dinge tun, manchmal sogar die gleiche Kleidung tragen. Solche Verhaltensweisen sind in die-

> Stichwort
> **Hormone**
> Hormone sind Stoffe, die im Körper erzeugt und mit dem Blut verteilt werden. Sie steuern Körpervorgänge.

→ Dein Körper gehört dir!, Seite 236
→ Praktikum: Mein Körper gehört mir, Seite 237

ser Entwicklungsphase häufig zu beobachten. Es kann aber auch vorkommen, dass die Clique etwas vorhat, was man nicht mitmachen möchte. In einer solchen Situation sollte man zur eigenen Meinung stehen. Gute Freundinnen und Freunde erkennen auch andere Ansichten an.
Erwachsenen gegenüber werden Jungen und Mädchen in diesem Alter zunehmend kritischer. Sie wollen die Verhaltensweisen und Ansichten der Eltern oder Lehrer nicht mehr einfach übernehmen, sondern stärker selbst entscheiden. Äußerlich zeigt sich dies häufig an der Kleidung oder in der Gestaltung der Frisur.
Umgekehrt ist allerdings auch für Erwachsene der Umgang mit Mädchen und Jungen dieses Alters schwieriger geworden. Ihre Ansichten und Stimmungen können sich jetzt sehr schnell ändern. Manchmal sind sie „gut drauf" und dann wieder „total daneben". Ein solches Verhalten ist für Erwachsene nur noch schwer einzuschätzen und erfordert eine Menge Geduld und Einfühlungsvermögen. Alle diese Veränderungen können in dieser Zeit zu viel Ärger zu Hause und in der Schule führen. Auch Eltern sowie Lehrerinnen und Lehrer müssen sich erst daran gewöhnen, dass „ihre" Kinder langsam erwachsen werden.
Man nennt diese Entwicklungsphase, in der Mädchen zu Frauen und Jungen zu Männern werden, **Pubertät.** Der Grund für die Veränderungen ist die vermehrte Bildung von *Geschlechtshormonen* im Körper. Der Zeitpunkt, wann bei einzelnen Mädchen und Jungen die Pubertät beginnt, ist ganz verschieden. Bei den meisten Mädchen beginnt die Produktion von Geschlechtshormonen schon vor dem 10. Geburtstag. Die ersten Veränderungen sind ziemlich bald danach zu beobachten. Bei Jungen beginnen die Veränderungen meistens etwas später. Der Entwicklungsunterschied gleicht sich aber nach einigen Jahren wieder aus.

2 Immer wieder gibt es Streit

3 „Mutprobe" – ein gutes Gefühl?

Die Entwicklung vom Kind zum Erwachsenen nennt man Pubertät. Der Beginn der Pubertät ist für jedes Kind verschieden. Während der Körper heranreift, verändern sich auch Gefühle und Einstellungen. Mädchen und Jungen werden kritischer gegenüber Erwachsenen. Gleichaltrige Freundinnen und Freunde gewinnen zunehmend an Bedeutung.

1 Beschreibe die Situation auf den Bildern 1A und 1B. Vergleiche das Verhalten der Jungen und Mädchen.

2 Gibt es Themen, über die du mit deinem Vater oder deiner Mutter immer wieder streitest? Fertige eine Liste an.
Stellt in eurer Klasse zusammen, welche Themen besonders häufig genannt werden.

3 „Ich bin gerne ein Mädchen/ein Junge, weil ..."
Überlegt euch Gründe, warum ihr gerne ein Mädchen oder ein Junge seid. Schreibt dann eure Überlegungen auf kleine Zettel. Jede Aussage beginnt mit „... weil". Auf jedem Zettel soll nur eine Aussage stehen. Ihr könnt aber mehrere Zettel beschriften. Sammelt anschließend alle Zettel ein und mischt sie gut durch. Lest dann alle Aussagen vor. Welche Aussagen lassen sich eindeutig einem bestimmten Geschlecht zuordnen, welche treffen für beide zu? Sprecht über die verschiedenen Aussagen.

9.2 Jungen entwickeln sich zu Männern

Das männliche Erscheinungsbild

Wenn man kleine Kinder beim Spielen beobachtet, kann man häufig nur vermuten, ob es sich um einen Jungen oder ein Mädchen handelt. Allerdings wird es dir bestimmt nicht schwer fallen, das Geschlecht von nackten Menschen zu erkennen. Die Geschlechtsorgane sind ein unverwechselbares Merkmal. Da dieses Merkmal von der Geburt an vorhanden ist, bezeichnet man es als **primäres Geschlechtsmerkmal.** Erst später unterscheiden sich Mann und Frau auch durch andere Merkmale.

Im Verlauf der Pubertät verändert sich der Körper des Jungen unter dem Einfluss von Hormonen. Betrachtest du die Abbildungen, dann fällt dir auf, dass sich die *Körperform* ändert. Die Schultern werden breiter, das Becken bleibt schmal. Die *Muskulatur* wird kräftiger. Ein weiteres Merkmal ist die zunehmende *Körperbehaarung*. Oberhalb des Glieds zeigen sich die ersten Schamhaare und etwas später wachsen die ersten Haare in den Achselhöhlen. Schließlich erscheint ein dünner Bartflaum auf der Oberlippe. Außerdem kann es bei manchen Jungen zu einer Behaarung von Brust, Rücken oder Bauch kommen.

Während der Wachstumsphase vergrößert sich auch der Kehlkopf. Er wird als „Adamsapfel" sichtbar. Auch die Stimmbänder werden länger. Dies führt zum *Stimmbruch*. Während einiger Monate schlägt die hohe Kinderstimme immer wieder in eine tiefere Männerstimme um. So bildet sich die männliche Stimme heraus.

Diese Merkmale prägen das männliche Erscheinungsbild. Weil sie sich erst im Verlauf der Pubertät entwickeln, spricht man von **sekundären Geschlechtsmerkmalen.** Es ist vollkommen normal, dass sich diese Merkmale auch unter Gleichaltrigen zu verschiedenen Zeitpunkten entwickeln.

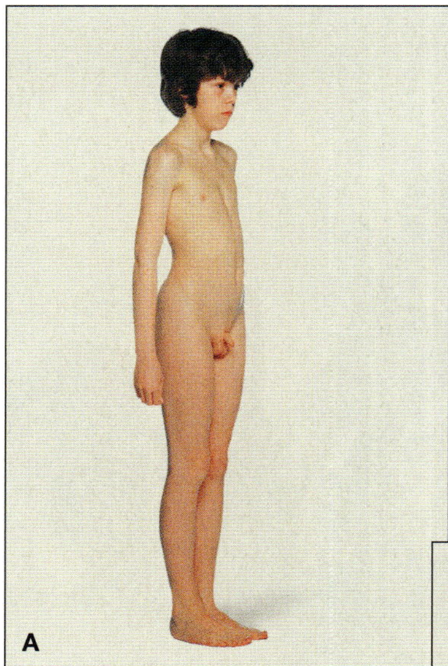

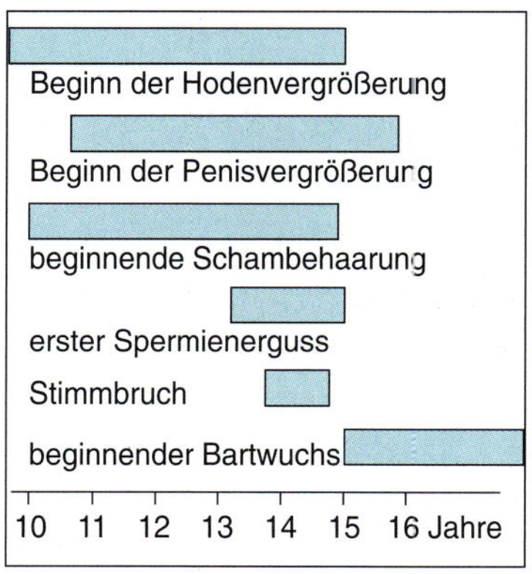

1 Entwicklung der Geschlechts-

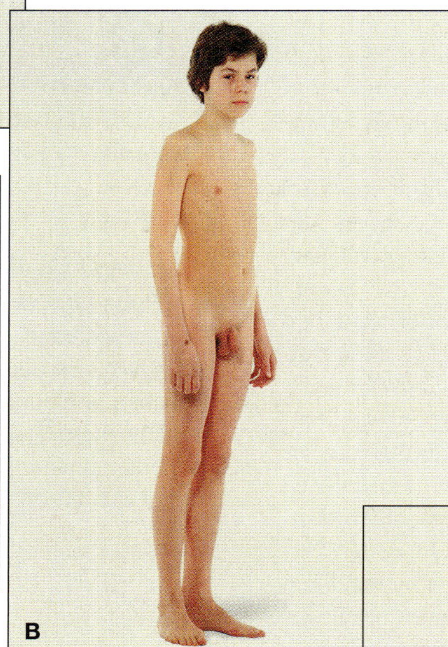

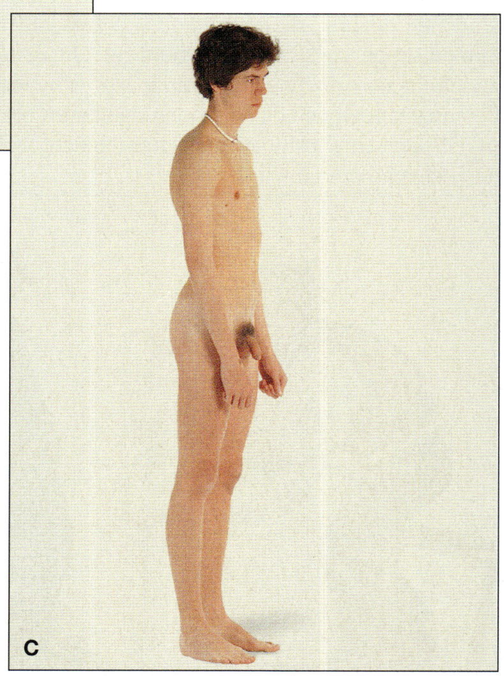

2 Entwicklung eines Jungen zum Mann.
***A** 11 Jahre; **B** 13 Jahre; **C** 16 Jahre*

Das männliche Erscheinungsbild wird durch kräftige Muskulatur, Körperbehaarung und Bartwuchs, die breiteren Schultern und die tiefere Stimme geprägt. Diese sekundären Geschlechtsmerkmale entwickeln sich während der Pubertät.

Die männlichen Geschlechtsorgane

Während der Pubertät vergrößern sich die männlichen Geschlechtsorgane. Jungen bemerken, dass ihr **Penis** länger und der *Hodensack* größer wird. Im Hodensack befinden sich zwei **Hoden.** In ihnen werden täglich mehrere Millionen männliche Geschlechtszellen, die **Spermien,** gebildet. In den *Nebenhoden* werden sie gespeichert. Sind diese gefüllt, kann es zu einem Spermienerguss kommen. Dabei werden die Spermien zusammen mit Flüssigkeiten aus *Bläschendrüse* und *Vorsteherdrüse* in die Spermienleiter abgegeben. Diese münden in die Harn-Spermien-Röhre, durch die die Spermien ausgestoßen werden. Der erste Spermienerguss zeigt, dass ein Junge geschlechtsreif geworden ist. Er könnte jetzt ein Kind zeugen. Vorn am Penis befindet sich die *Eichel*. Sie reagiert sehr empfindlich auf Berührungen und ist deshalb durch die *Vorhaut* geschützt. Bei manchen Jungen wird die Vorhaut aus religiösen Gründen entfernt. Diesen Vorgang nennt man Beschneidung.

Im Normalzustand ist der Penis weich. Vor allem mit Beginn der Pubertät wird er häufiger steif. Das liegt daran, dass sich die Blutgefäße der *Schwellkörper* mit Blut füllen. Der Penis wird dicker und länger und richtet sich auf. Eine solche Gliedversteifung bezeichnet man als *Erektion*.

In der Pubertät kann es vorkommen, dass Jungen im Schlaf eine Erektion haben, die mit einem Spermienerguss verbunden sein kann. Auch durch Berührung der Geschlechtsorgane kann sich das Glied versteifen. Dies sind alles natürliche Vorgänge. Hierfür braucht sich niemand zu schämen.

Während der Pubertät vergrößern sich die männlichen Geschlechtsorgane. Durch den Einfluss von Hormonen bilden sich in den Hoden Spermien.

4 Hinweise zur Körperpflege. *Dusche dich täglich. Besonders die Achselhöhlen und die Füße solltest du dabei mit Seife reinigen. Ziehe beim Waschen der Geschlechtsorgane die Vorhaut vorsichtig über die Eichel zurück. Wasche die talgähnlichen Ablagerungen ab, damit dort keine Entzündungen entstehen können.*

1 Beschreibe den Weg der Spermien von den Hoden bis zum Spermienerguss.

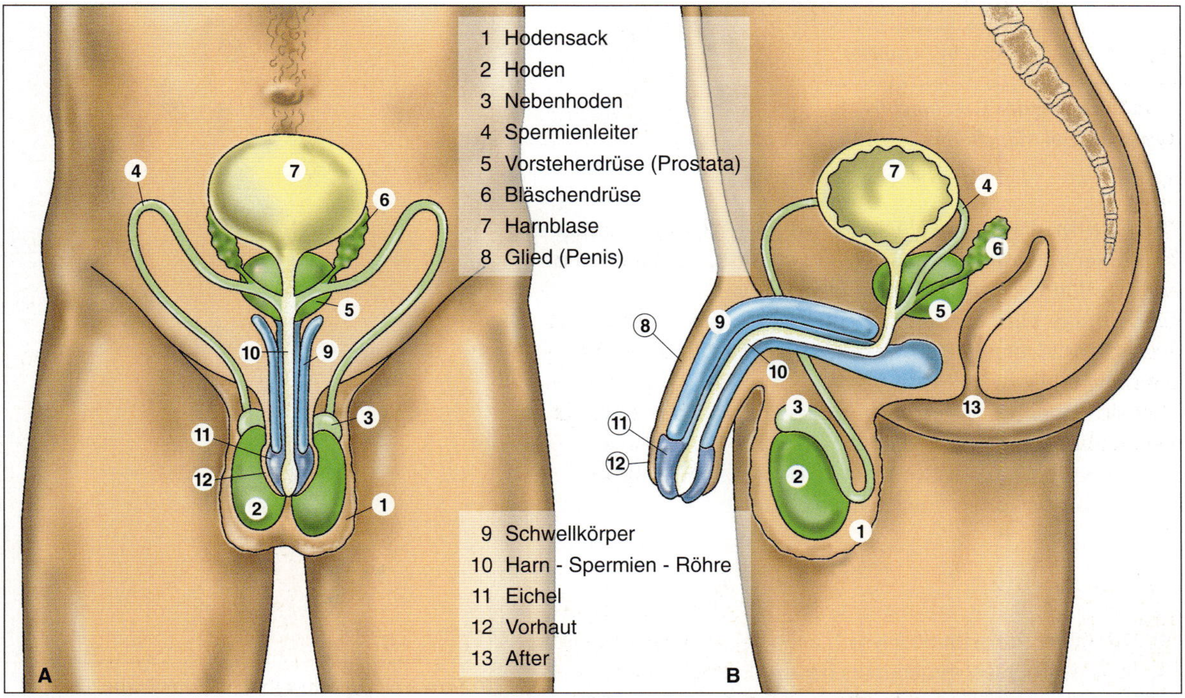

3 Bau männlicher Geschlechtsorgane. A *Aufsicht;* ***B*** *Längsschnitt*

9.3 Mädchen entwickeln sich zu Frauen

Das weibliche Erscheinungsbild

Die Pubertät beginnt bei Mädchen gewöhnlich früher als bei Jungen. Betrachtest du die Bildreihe, wirst du die Veränderungen der **primären Geschlechtsmerkmale,** der Geschlechtsorgane, allerdings nur schwer feststellen können. Die Entwicklung der Geschlechtsorgane läuft bei Mädchen vorwiegend im Innern des Körpers ab.

Deutlicher kannst du die äußerlich sichtbaren Veränderungen erkennen. Unter dem Einfluss von Hormonen entwickeln sich die **sekundären Geschlechtsmerkmale.** Die Mädchen bemerken zunächst Veränderungen an ihrer Figur. Das Becken wird breiter. Durch verstärkte Fetteinlagerungen in der Haut werden die Schenkel und die Hüften runder. Die Taille wirkt dadurch schmaler. Gleichzeitig beginnen die *Brüste* zu wachsen. Im Bereich der Geschlechtsorgane und in den Achselhöhlen zeigen sich feine Haare, die mit der Zeit stärker und krauser werden. Auch die Beschaffenheit der Haut verändert sich. Die Talgdrüsen produzieren mehr Fett als vorher. Dadurch können Pickel entstehen. Wer zu Pickeln neigt, sollte sich mit entzündungshemmenden Mitteln und viel warmem Wasser waschen und auf fette Speisen, scharfe Gewürze und Süßigkeiten möglichst verzichten.

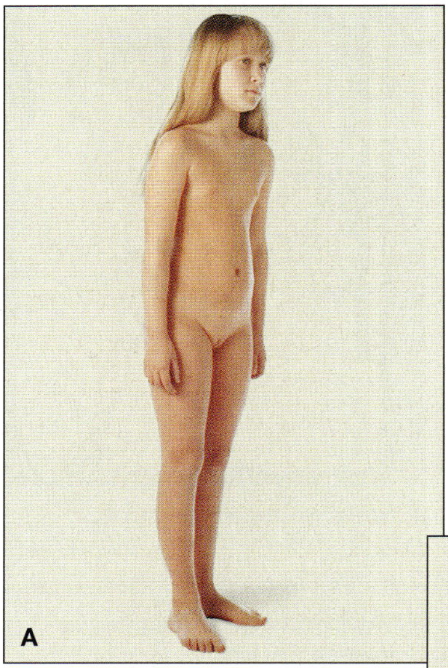

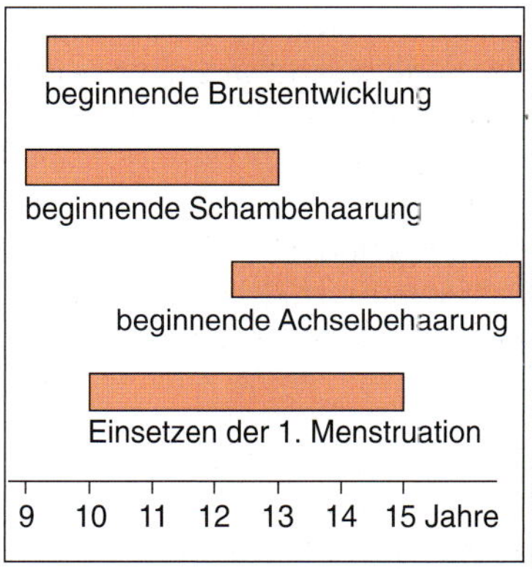

1 Entwicklung der Geschlechtsmerkmale bei Mädchen

Nicht alle Mädchen sind glücklich, wenn sie feststellen, dass sich ihr Körper äußerlich sichtbar verändert. Sie fühlen sich zu dick oder zu dünn, zu groß oder zu klein, zu wenig „fraulich" oder viel zu rund. Dies ist ein ganz natürliches Gefühl während der Pubertät. Mädchen müssen sich an ihren fraulicheren Körper erst gewöhnen.

Viele Mädchen wünschen sich in dieser Zeit einen ungestörten eigenen Bereich. Diesem Wunsch sollte von den Eltern, den Geschwistern und allen weiteren Personen im Umfeld eines Mädchens Verständnis entgegengebracht werden.

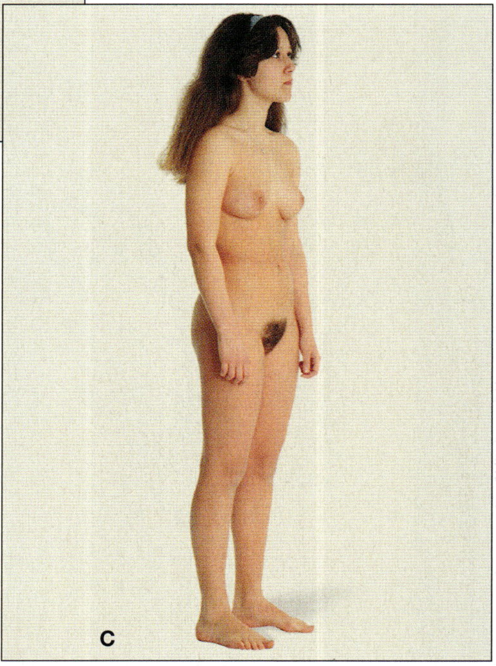

2 Entwicklung vom Mädchen zur Frau.
A *Mädchen;* ***B*** *Jugendliche;* ***C*** *Frau*

Während der Pubertät bilden sich auch bei Mädchen die sekundären Geschlechtsmerkmale heraus. Es sind die Brüste, die runderen Schenkel und Hüften und das breitere Becken.

Die weiblichen Geschlechtsorgane

Von den weiblichen Geschlechtsorganen sind äußerlich meist nur die *großen Schamlippen* mit den Schamhaaren sichtbar. Darunter liegen die *kleinen Schamlippen.* Sie umschließen den Kitzler, auch *Klitoris* genannt, die Harnröhrenöffnung und die Scheidenöffnung. Diese ist – bis auf eine kleine Öffnung – durch eine dünne Hautschicht, das Jungfernhäutchen, verschlossen. Scheide und After sind durch eine Muskelschicht, den Damm, getrennt.

Die **Scheide** ist eine etwa 10 cm lange Röhre. Sie führt zu den inneren Geschlechtsorganen, die im Becken liegen. Bei der Geburt wird das Kind durch diese Röhre, die stark dehnbar ist, hindurchgepresst. Am oberen Ende der Scheide befindet sich die muskulöse **Gebärmutter.** Sie ist mit der Gebärmutterschleimhaut ausgekleidet. Während einer Schwangerschaft entwickelt sich hier das Kind. In den oberen Teil der Gebärmutter münden die beiden Eileiter, an deren anderem Ende sich die Eierstöcke befinden. Die Eierstöcke haben etwa die Größe einer Walnuss. In ihnen befinden sich von Geburt an über 200 000 mikroskopisch kleine **Eizellen.** Es sind die weiblichen Geschlechtszellen. Jeden Monat reift abwechselnd im linken und rechten Eierstock eine Eizelle heran. Sie entwickelt sich in einem *Eibläschen.* Nach etwa 14 Tagen platzt das Eibläschen und entlässt die Eizelle in die trichterförmige Öffnung des Eileiters.

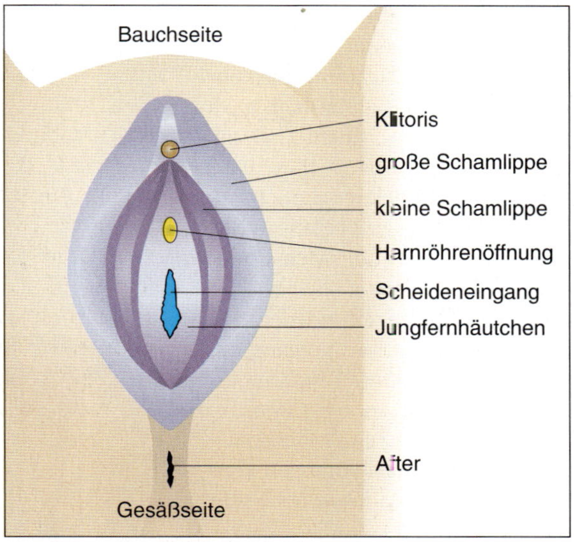

4 Die äußeren Geschlechtsorgane

Dieser Vorgang heißt *Eisprung.* Nachdem er zum ersten Mal stattgefunden hat, könnte ein Mädchen Kinder bekommen. Im Lauf von drei bis vier Tagen wird die Eizelle durch den Eileiter in die Gebärmutter transportiert. Dort hat sich indessen die Gebärmutterschleimhaut verdickt. Sie ist jetzt weich und stark durchblutet. Ein Kind könnte sich jetzt darin entwickeln. Wird die Eizelle nach dem

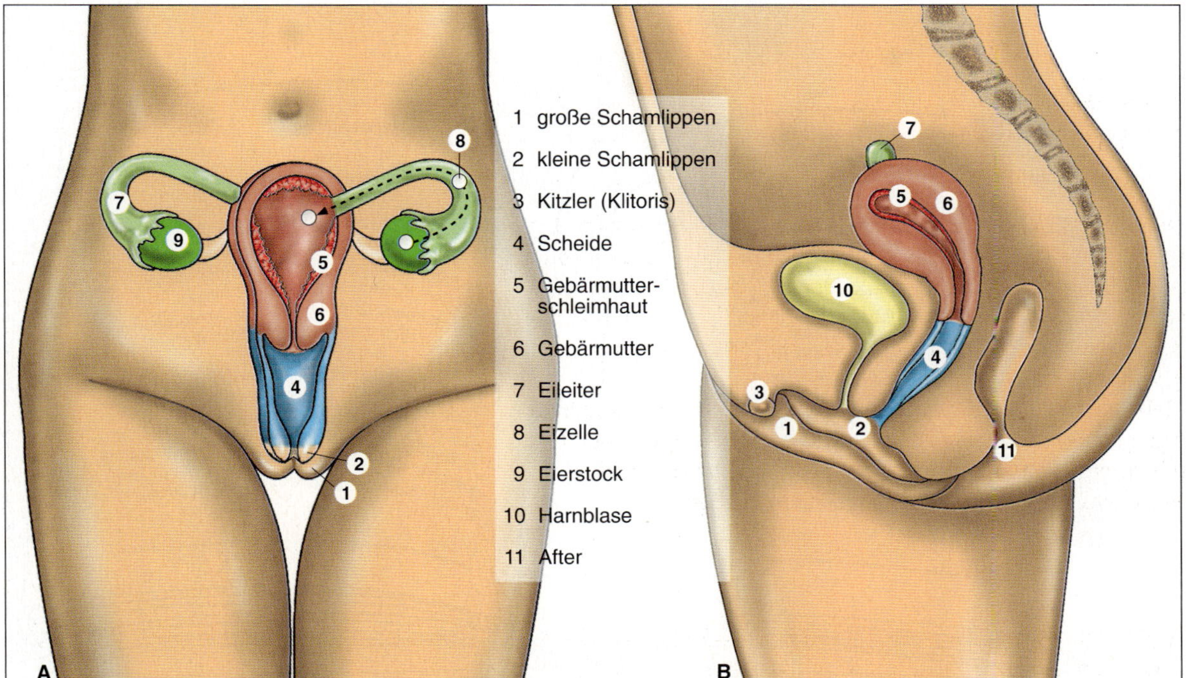

***3 Bau der weiblichen Geschlechtsorgane. A** Aufsicht; **B** Längsschnitt*

Eisprung nicht befruchtet, stirbt sie ab. Die Gebärmutterschleimhaut kann nun ihre Aufgabe nicht mehr erfüllen und löst sich deshalb etwa zwei Wochen nach dem Eisprung ab. Dabei werden Blut und Schleimhautreste durch die Scheide abgegeben. Diesen Vorgang nennt man Regelblutung oder **Menstruation.** Sie dauert etwa 4–5 Tage. Unmittelbar danach reift wieder eine Eizelle heran und der Vorgang beginnt von neuem. Man spricht deshalb auch von einem *Menstruationszyklus*. Die Zeitabstände zwischen zwei Monatsblutungen können bei jungen Mädchen noch sehr unregelmäßig sein.

Von den weiblichen Geschlechtsorganen sind äußerlich nur die großen Schamlippen zu sehen. Die inneren Geschlechtsorgane liegen im Becken. Sie nehmen in der Pubertät unter dem Einfluss von Hormonen ihre Aufgabe auf. Dies wird an der monatlich wiederkehrenden Menstruation erkennbar.

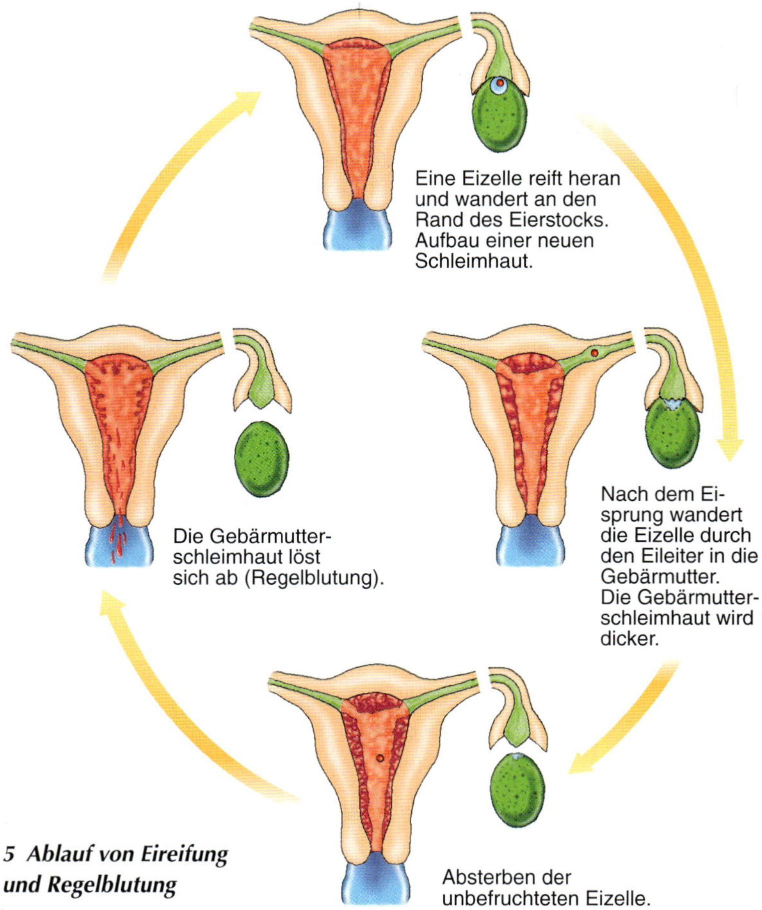

5 Ablauf von Eireifung und Regelblutung

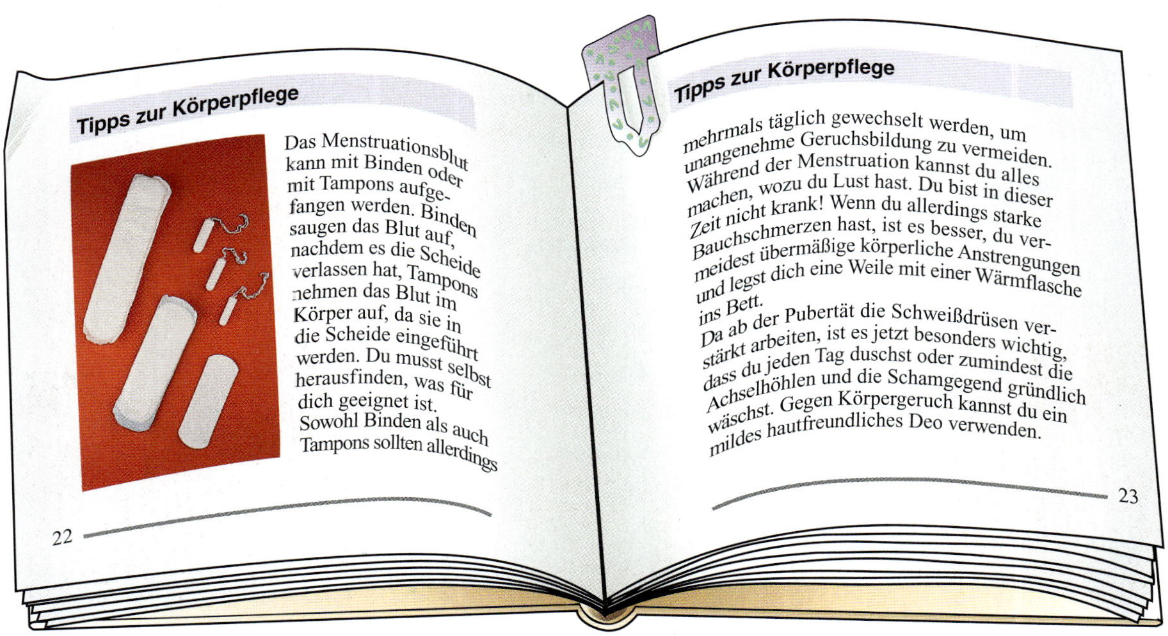

6 Körperpflege der Frau

9.4 Schwangerschaft und Geburt

Wenn sich eine Frau und ein Mann lieben, entsteht meist der Wunsch, „miteinander zu schlafen". Mit diesen Worten umschreibt man häufig den Geschlechtsverkehr. Dabei wird das steife Glied des Mannes in die Scheide der Frau eingeführt. Kommt es dort zu einem Spermienerguss, bewegen sich die Spermien von der Scheide durch die Gebärmutter in die beiden Eileiter. Treffen die Spermien dort auf eine reife Eizelle dringt eines von ihnen in die Eizelle ein. Die Kerne der beiden Zellen wandern nun aufeinander zu und verschmelzen miteinander. Diesen Vorgang nennt man **Befruchtung.** Anschließend wird die befruchtete Eizelle durch die Bewegung von Flimmerhärchen des Eileiters in die Gebärmutter befördert. Etwa eine Woche nach der Befruchtung nistet sich die Eizelle, die sich bis dahin bereits mehrfach geteilt hat, in der Gebärmutterschleimhaut ein. Damit beginnt die **Schwangerschaft.**

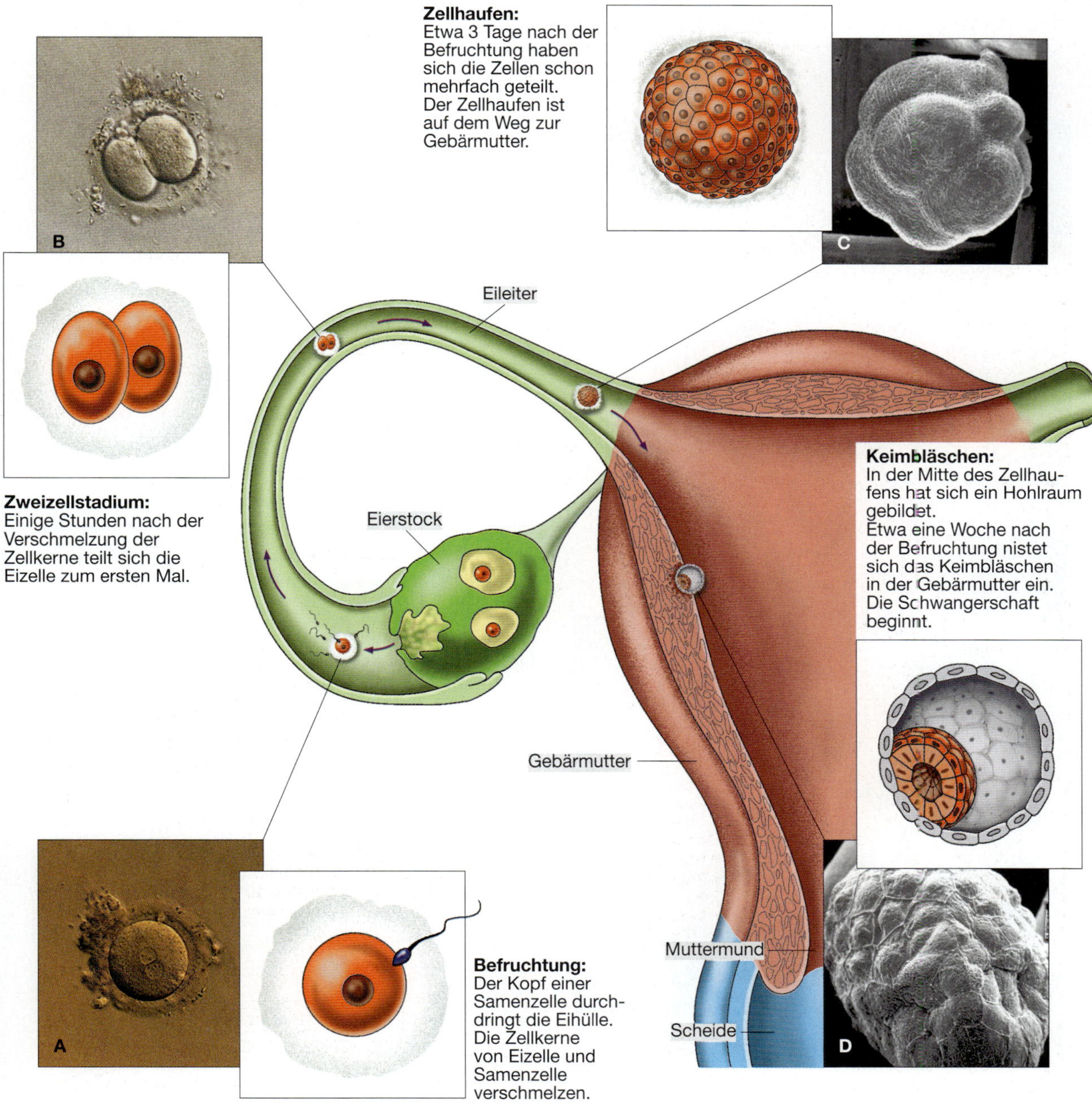

1 Weg der befruchteten Eizelle und erste Entwicklungsschritte

→ Pinnwand: Verhütungsmittel, Seite 233

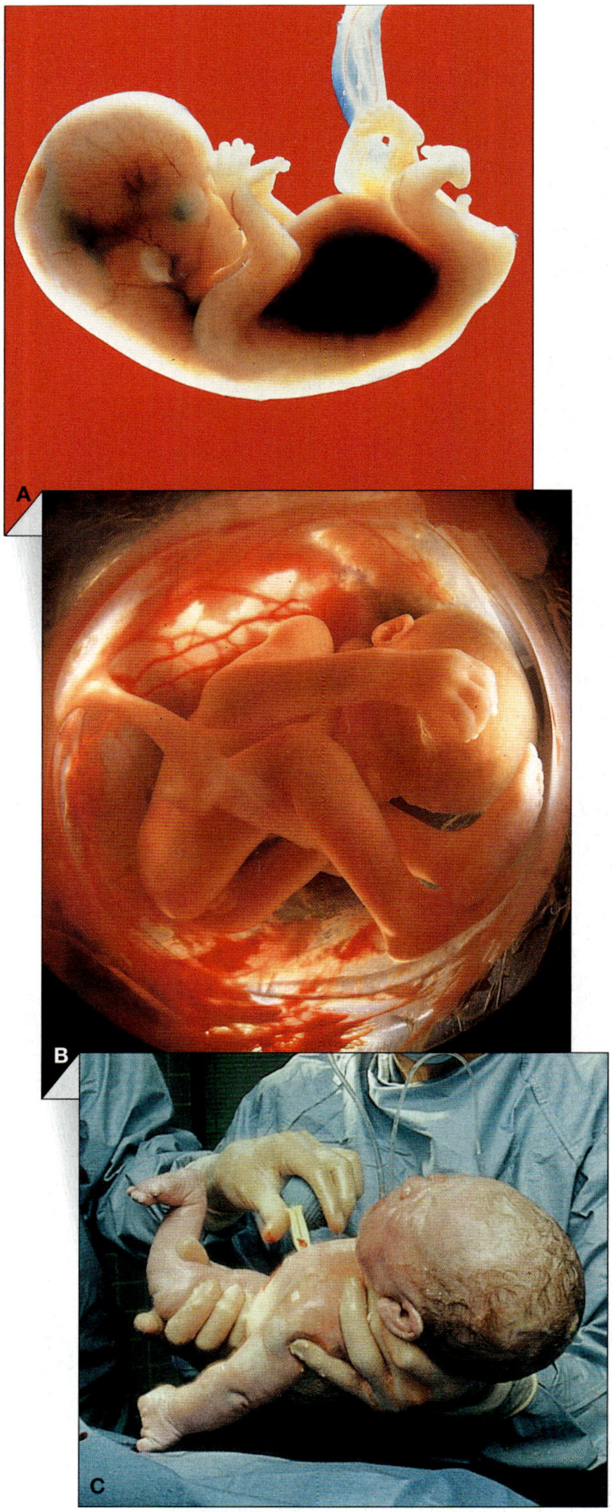

2 Entwicklung eines Kindes
A *Embryo, etwa 9 Wochen alt;* ***B*** *Fetus, 25. Woche;*
C *Neugeborenes mit abgeklemmter Nabelschnur*

Das Kind wächst nun in der Gebärmutter heran. Zunächst kann man in dem jungen Keim, dem **Embryo,** nur schwer ein menschliches Wesen erkennen. Doch schon innerhalb der ersten 8 Wochen werden alle Organe angelegt. Die Frau erkennt jetzt am Ausbleiben ihrer Regelblutung, dass sie schwanger ist.

Vom 3. Monat an wird der Keim **Fetus** genannt. Alle Organe sind schon ausgebildet und nehmen an Größe zu. Bis zur Geburt schwimmt er in der *Fruchtblase,* die mit *Fruchtwasser* gefüllt ist. Dieses schützt den Fetus vor Erschütterungen und ermöglicht ihm Bewegungsfreiheit. Ab dem 5. Monat kann die Mutter bereits erste Bewegungen des Kindes spüren. Das Kind wird von der Mutter über die *Nabelschnur* versorgt. Die Nabelschnur beginnt am Bauch des Kindes und endet im *Mutterkuchen.* So werden vom Mutterkuchen Nährstoffe und Sauerstoff in den Körper des Kindes transportiert. Gleichzeitig werden über die Nabelschnur Kohlenstoffdioxid und andere Abfallstoffe in den Mutterkuchen und damit in die Blutbahn der Mutter geleitet. Die Mutter scheidet diese Stoffe dann aus. Bei diesem *Stoffaustausch* können auch Nikotin, Alkohol und die Erreger der *Röteln* in das Blut des Kindes gelangen und den Fetus schädigen. Mädchen in der Pubertät wird deshalb eine *Rötelnschutzimpfung* empfohlen.

Nach 9 Monaten ist die Entwicklung des Kindes im Mutterleib abgeschlossen. Es ist jetzt etwa 50 cm lang. Die **Geburt** kündigt sich durch *Wehen* an. Dabei ziehen sich die Muskeln der Gebärmutter immer wieder zusammen und verursachen der Mutter Schmerzen. Schließlich platzt die Fruchtblase und das Fruchtwasser fließt heraus. Die eigentliche Geburt beginnt mit dem Erscheinen des Köpfchens. Jetzt hilft die Hebamme, die Ärztin oder der Arzt. Sobald das Kind die Scheide verlassen hat, beginnt es selbstständig zu atmen. Ein paar Minuten nach der Geburt wird die Nabelschnur einige Zentimeter vor dem Bauch des Kindes an zwei Stellen abgeklemmt und durchtrennt. Diesen Vorgang nennt man **Abnabelung.** Aus dem Fetus ist ein **Säugling** geworden.

Bei der Befruchtung verschmelzen eine Eizelle und ein Spermium. Mit dem Einnisten der befruchteten Eizelle in der Gebärmutterschleimhaut beginnt die Schwangerschaft. Der Geburtsvorgang beginnt mit dem Einsetzen der Wehen. Nach der Geburt wird das Kind abgenabelt.

1 Ordne auf Seite 213 die Pinnzettel den Abbildungen zu.

Pinnwand

VERHÜTUNGSMITTEL

Zwei Partner, die sich lieben, haben das Bedürfnis, sich auch körperlich sehr nahe zu sein. Da ein Geschlechtsverkehr zu einer Schwangerschaft führen kann, ergibt sich daraus eine besondere Verantwortung. Es ist möglich, durch die Anwendung von Verhütungsmitteln eine unerwünschte Schwangerschaft zu verhindern.

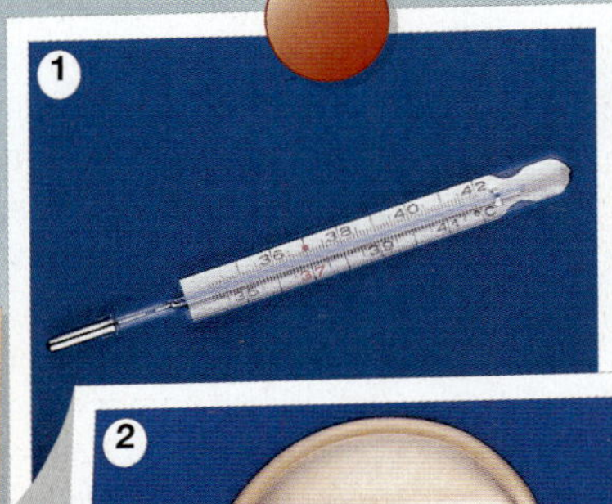

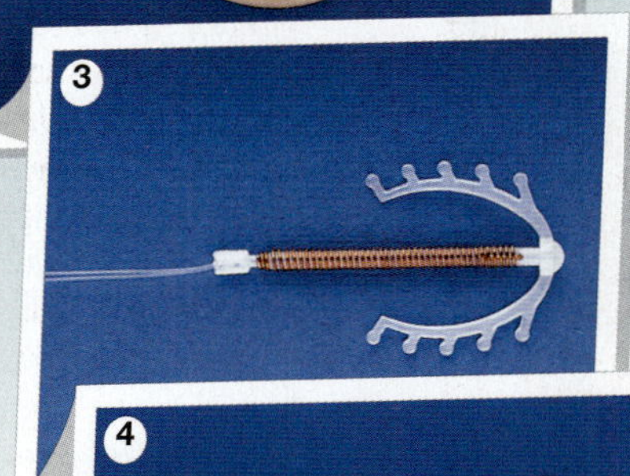

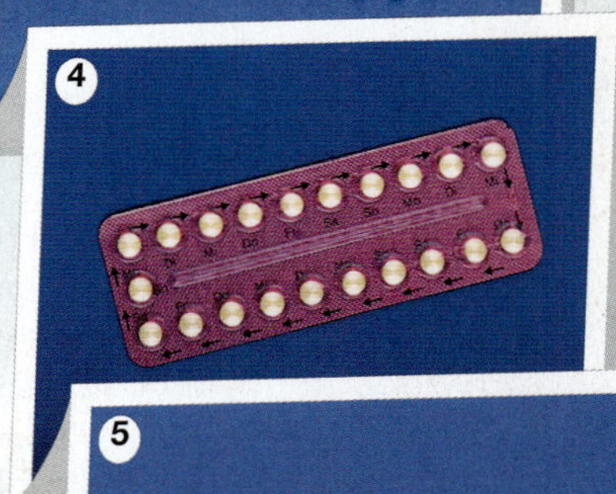

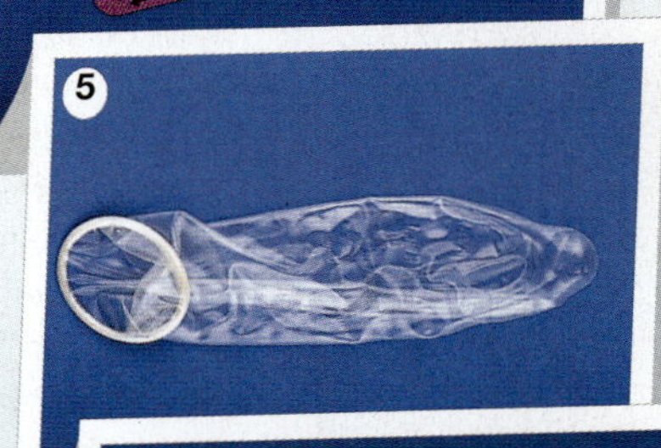

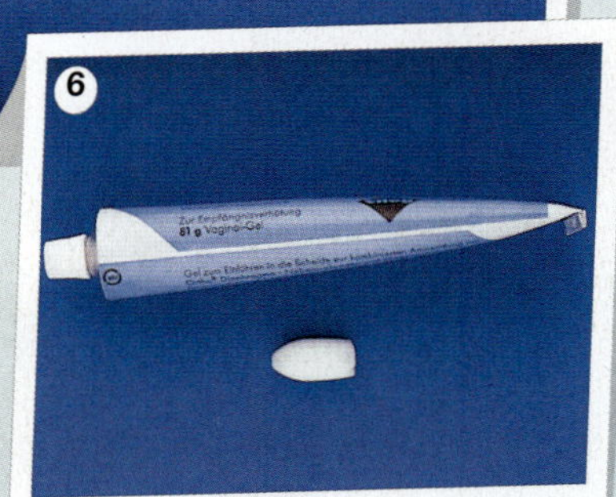

***** Muttermundkappe *****

eine Kappe, die auf den Eingang der Gebärmutter gesetzt wird und das Eindringen der Spermien in die Gebärmutter verhindert; keine Nebenwirkungen, aber in der Anwendung unsicher

******* Kondom *******

dünne Gummihaut, die über das steife Glied gestreift wird; das Kondom verhindert, dass beim Geschlechtsverkehr Spermien in die Scheide gelangen; keine Nebenwirkungen, aber nur bei richtiger Anwendung sicher

***** Natürliche Methode *****

Die Körpertemperatur wird jeden Tag vor dem Aufstehen gemessen; aus dem Verlauf der Temperaturkurve im Menstruationskalender kann abgelesen werden, wann ungefähr ein Eisprung erfolgte; diese Methode ist sehr unsicher.

***** Chemische Mittel *****

Zäpfchen und Salben werden erst kurz vor dem Geschlechtsverkehr in die Scheide eingeführt; sie enthalten spermientötende Substanzen; im Allgemeinen ohne Nebenwirkungen, aber sehr unsicher in der Anwendung.

********* Pille *********

tägliche Einnahme eines Hormonpräparates, das die Reifung einer Eizelle im Eierstock verhindert; sicherste Methode, aber mit gesundheitlichen Risiken

******* Spirale *******

wird vom Arzt in die Gebärmutter eingelegt; verhindert die Einnistung von befruchteten Eizellen; mögliche Nebenwirkungen wie Entzündungen und Blutungen

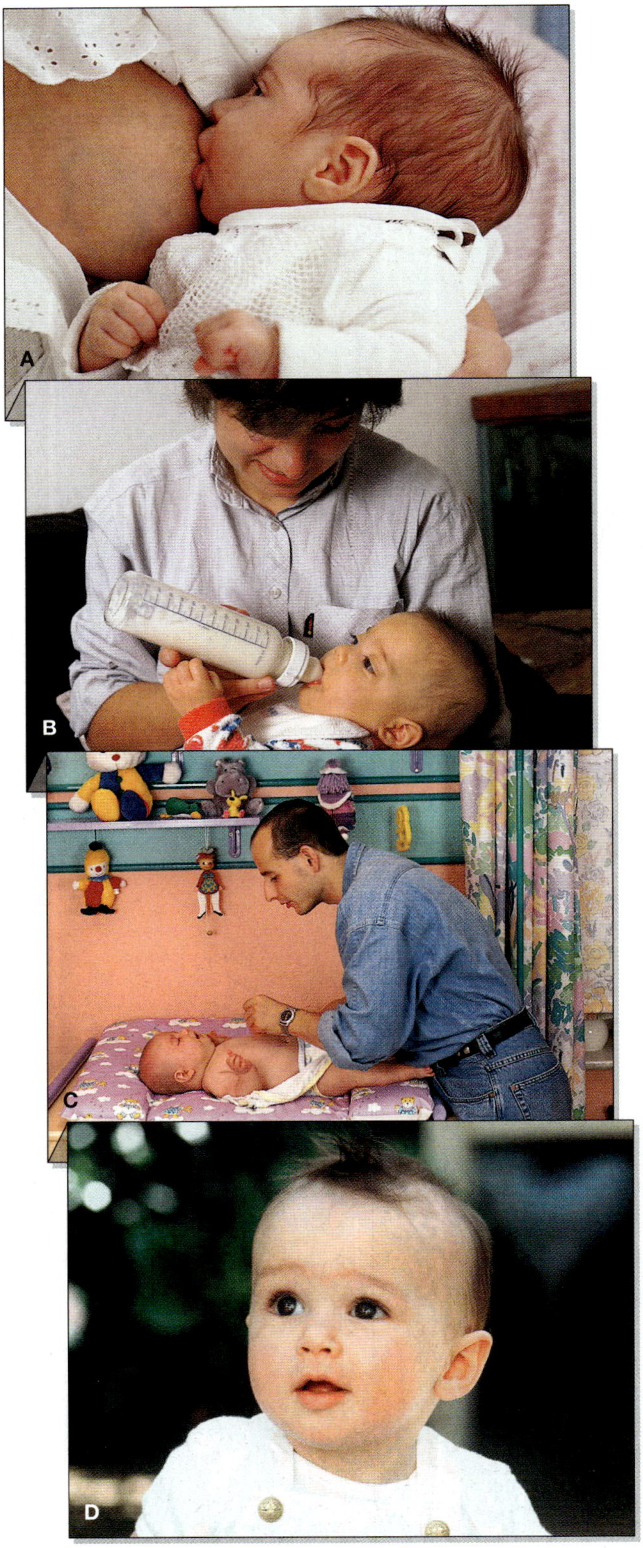

1 ***Säugling. A*** *Stillen;* ***B*** *Ernährung mit der Flasche;* ***C*** *Wickeln;* ***D*** *aufmerksames Betrachten der Umwelt*

9.5 Ein Säugling entwickelt sich zum Kleinkind

Marion fühlt sich genervt. Schon wieder schreit ihr Brüderchen. Der Vater beruhigt sie und erklärt ihr: „Dein Bruder kann uns noch nicht sagen, was ihm fehlt. Schließlich ist er gerade erst zwei Monate alt. Vielleicht ist seine Windel zu nass." „Oder er hat Hunger", ruft die Mutter aus dem Wohnzimmer. „Ich mache es mir für das Stillen schon bequem. Bringt ihr mir den Kleinen?" Marion nimmt den Kleinen vorsichtig aus dem Bettchen und trägt ihn, während sie seinen Hinterkopf mit der Hand stützt, zur Mutter. Sie legt den Säugling an die Brust und er beginnt zu saugen. Bei diesem **Stillen** ist er nun zufrieden und still.

Flaschenmilch sollte der Säugling am Anfang seines Lebens nur bekommen, wenn sich in der Brust der Mutter nicht genügend Milch bildet. Die beste Babynahrung ist nämlich die Muttermilch, da sie alle wichtigen Nährstoffe und Abwehrstoffe gegen Krankheiten enthält. Beim *Stillen* wird das Bedürfnis des Kindes nach Zuwendung und Sicherheit befriedigt. Durch diese enge Beziehung wird die Mutter zur *Bezugsperson* des Kindes. Doch auch der Vater entwickelt ein inniges Verhältnis zum Kind, wenn er sich von Anfang an um den Säugling kümmert. Die Sicherheit und Geborgenheit in der Familie fördert die seelische Entwicklung des Kindes.

In den ersten Lebensmonaten des Säuglings entwickeln sich seine **Wahrnehmung,** die **Körperhaltung** und die **Fortbewegung** sehr schnell. Schon kurz nach der Geburt kann der Säugling Helligkeit, einfache Formen und Bewegungen wahrnehmen. Zum Erkennen von Gesichtsumrissen und groben Mustern reicht die Sehfähigkeit bereits im zweiten Lebensmonat. Vier bis acht Wochen später erkennt das Baby die Eltern. Am Anfang löst noch jeder Blickkontakt mit verschiedenen Personen Lächeln beim Baby aus. Später, nach dem achten Monat, werden fremde Gesichter oft abgelehnt. Man sagt dann, das Kind „fremdelt". Gegenstände werden hingegen mit großer Ausdauer betrachtet.

Nach einem Monat kann ein Baby seinen Kopf heben, wenn es auf dem Bauch liegt. Den Oberkörper kann es nach zwei Monaten aufrichten. Im sechsten Monat dreht sich das Baby bereits auf den Rücken und beginnt mit den Füßen zu spielen. In der Regel kann es ohne fremde Hilfe sitzen. Dann kommt die Zeit, in der das Baby versucht sich an Möbeln hochzuziehen. Mit zehn Monaten können die meisten Babys schon krabbeln. Im Alter von etwas über einem Jahr laufen viele Kinder schon allein. Treppen steigen lernen die Kinder in der

Regel erst im dritten Lebensjahr. Im vierten Jahr üben sie das Hüpfen auf einem Bein. Hierfür müssen sie ihren Gleichgewichtssinn trainieren.

Unsere **Sprache** erlernen die Kinder allmählich, indem sie die aufgenommenen Wörter nachsprechen. Zuerst bringen die Kinder aber nur Laute hervor. Nach etwa sechs Monaten gelingen ihnen doppelte Silben („dada"). Fast ein Jahr braucht das Kind, bis es das erste Wort formuliert. Danach folgt die so genannte Zweiwortphase („Auto da"). Die Erwachsenensprache wird nun eifrig nachgeahmt.

Marions Brüderchen hatte mit fast vier Jahren schon viel zu erzählen. Besonders auffällig war, dass das Kind immer wieder Wörter wiederholte oder Wörter beim Aussprechen in die Länge zog. Marion war das gegenüber ihren Freundinnen ein bisschen unangenehm. „Was ist mit meinem Bruder los?", fragte Marion ihre Mutter. „Keine Sorge", sagte sie, „ich vermute, das ist das Stottern, das zwischen dem dritten und vierten Lebensjahr für kurze Zeit auftreten kann. Wenn es nicht bald aufhört, gehen wir natürlich zum Arzt."

Kleinkinder spielen sehr gerne. Sie lernen dabei viel Neues. Im **Spiel** ahmen sie die Welt der Erwachsenen nach, trainieren Bewegungen und erlernen auch den Umgang mit anderen Kindern. Kinder müssen lernen sich durchzusetzen, den anderen aber auch mal vorzulassen oder mit anderen Kindern zu teilen.
Für jede Altersstufe gibt es spezielle Spiele zu kaufen. Jedoch zeigt die Erfahrung, dass sich Kinder selbst die Spiele aussuchen, die sie für ihre aktuelle Entwicklung brauchen. Oft sind es nicht die gekauften Spielsachen, sondern die Dinge im Haushalt, die für sie interessant sind. Die Kleinkinder erobern sich so die Welt der Erwachsenen.

Ernährung, Körperpflege, Zuwendung und Zärtlichkeit sind für die Entwicklung eines Säuglings sehr wichtig. Die Entwicklung des Kindes verläuft im ersten Lebensjahr besonders schnell.

2 ***Entwicklung des Kindes. A*** *Schlafen mit einem Monat;* ***B*** *Abstützen und Kopf heben mit sechs Monaten;* ***C*** *Stehen mit einem Jahr;* ***D*** *Spielen mit zwei Jahren*

1 Beschreibe anhand der Fotos die körperliche Entwicklung des Säuglings zum Kleinkind.
2 Welche Bedeutung hat das Stillen für den Säugling?
3 Welche Bedeutung haben Eltern und Geschwister für die Entwicklung des Kindes?

Mädchen belästigt!

„**Essen** – Von einem Unbekannten wurde am Montagnachmittag eine 11-jährige Schülerin belästigt, als sie von der Schule nach Hause ging. In der Gartenstraße merkte sie, dass ihr ein Mann folgte. Direkt nach der Unterführung hielt er das Mädchen am Arm fest und berührte es unsittlich. Als die Elfjährige schrie und sich wehrte, ließ der Mann sie los und flüchtete …“

1 Bericht aus einer Tageszeitung

2 Deutliche Ablehnung

? Hier findest du Hilfe:

Deutscher Kinderschutzbund, Jugendamt, Frauenzentren, Mädchentreffs, Nottelefon für Kinder und Frauen, Pro Familia, Telefonseelsorge, … Die Telefonnummern stehen im Telefonbuch.

1 Betrachte die Abb. 2. Nenne weitere Möglichkeiten um Ablehnung auszudrücken.

9.6 Dein Körper gehört dir!

Schlagzeilen wie in dem nebenstehenden Zeitungsartikel findet man immer wieder in Tageszeitungen. Meist gehen die Mädchen nach so einem schrecklichen Erlebnis mit ihren Eltern zur Polizei und zeigen den Täter an. Zeitungsreporter greifen dann diese Vorfälle auf und berichten darüber. Doch solche Vorfälle sind trotz allem eher Einzelfälle. Zwar sind es fast immer Männer, die Mädchen oder manchmal auch Jungen belästigen oder sexuell missbrauchen, aber nur selten ist es ein ganz fremder Mann. Viel öfter sind es Männer, die die Mädchen und Jungen kennen. Das können andere Jungen aus der eigenen Schule sein, ein Mann aus der Nachbarschaft oder sogar jemand aus der eigenen Familie. Meistens ist der Tatort auch nicht ein dunkler Park oder eine abgelegene Straße, sondern eine vertraute Wohnung und sehr häufig ist gar keine brutale Gewalt im Spiel.

Mädchen und Jungen, die sexuell missbraucht werden, wissen häufig nicht, wie sie sich verhalten sollen. Oft glauben sie, dass es nur ihnen so geht und sie geben sich sogar noch selber die Schuld. Sie trauen sich nicht, darüber zu reden, denn sie haben Angst, dass ihnen niemand glaubt. Häufig müssen sie auch versprechen, niemand etwas über dieses „Geheimnis“ zu erzählen. Doch es ist sehr wichtig, darüber zu reden. Wenn sich keine Vertrauensperson zum Reden finden lässt, gibt es andere Stellen, wo Mädchen und Jungen alleine hingehen und sich aussprechen können, wo ihnen geglaubt wird.

Berührungen und Zärtlichkeiten können schöne Gefühle auslösen. Wenn sie aber unangenehm sind oder komische Gefühle auslösen, dann solltest du folgendes wissen:

- Dein Körper gehört dir! Du hast das Recht zu bestimmen, wer dich anfassen darf und wer nicht!
- Du hast das Recht, alle Zärtlichkeiten und Berührungen, die du nicht magst, sehr deutlich abzulehnen!
- Du hast das Recht, unheimliche, merkwürdige oder unangenehme Geheimnisse zu erzählen, auch wenn du versprochen hast, es nicht zu tun!

Jedes Kind darf selber bestimmen, wo und wie es angefasst werden möchte. Wenn Mädchen und Jungen sexuell belästigt oder missbraucht werden, sollten sie darüber reden, auch wenn es ihnen verboten wurde.

Mein Körper gehört mir!

Praktikum

A1 Was können sie tun?

Beispiel 1:
Auf dem Weg zur Schule nähert sich Anna von hinten ein Mann und fasst sie am Arm an. Sie hatte schon länger bemerkt, dass er ihr folgte. Was sollte sie tun?

1 Was könnte Anna sagen?

Beispiel 2:
Irgendwie mag Julia ihren Onkel Peter. Er ist witzig und unternimmt immer wieder tolle Sachen mit ihr. Wenn nur eins nicht wäre: Zum Abschied nimmt er sie immer ganz fest in die Arme, tätschelt ihren Po und gibt ihr einen dicken, feuchten Kuss. Sie traut sich nicht ihm zu sagen, dass ihr das alles unangenehm ist. Würde er dann noch mit ihr weggehen?

a) Was können Anna und Julia tun? Überlegt euch verschiedene Lösungsmöglichkeiten für beide Situationen.
b) Tragt die Lösungsmöglichkeiten in der Klasse vor und vergleicht sie miteinander.
Stimmt darüber ab, welche ihr für die beste haltet.

A2 Weitererzählen oder nicht?

Geheimnisse können der Anlass für gute oder schlechte Gefühle sein. Wann darf man sie weitererzählen?

Geheimnis 1:
Leyla (12) hat Marion (15) und Ellen (16) dabei beobachtet, wie sie im Supermarkt 4 CDs geklaut haben. Am nächsten Tag in der Schule verschenken die beiden Mädchen die CDs, um ihre Großzügigkeit zu beweisen. Mehmet, Leylas älterer Bruder, erhält auch eine und erzählt zu Hause ganz stolz davon.

Geheimnis 2:
Kai erzählt Uwe von einem Mädchen aus der 6b, das er ganz toll findet. Kai bittet Uwe, keinem Menschen etwas davon zu erzählen.

Geheimnis 3:
Der Freund von Anjas Vater will Anja, wenn sie alleine sind, immer streicheln und küssen, obwohl Anja das nicht mag. Er sagt ihr, dass sie niemand etwas davon erzählen darf, das wäre ihr gemeinsames Geheimnis.

a) Welches Geheimnis sollte man weitererzählen, welches nicht? Begründe.
b) Wer wäre der jeweils geeignete Ansprechpartner? Mache Vorschläge.

A3 Gefühle haben – Gefühle zeigen

Die einen machen lachend einen Luftsprung, die andern klatschen begeistert in die Hände; wieder andere strahlen über das ganze Gesicht, manche weinen sogar! Du weißt sicher, von welchem Gefühl die Rede ist: vom Glücklichsein! Wenn wir traurig oder wütend sind, verhalten wir uns ganz anders. Manche Menschen verstecken ihre Gefühle. Sie denken, es wäre eine Schwäche, sie zu zeigen. Doch das Gegenteil ist richtig: Wir müssen unsere eigenen Gefühle und die anderer Menschen ernst nehmen, um miteinander leben zu können, ohne krank zu werden.

a) Stellt Gefühle pantomimisch dar und lasst eure Mitschüler raten, welche ihr meint.

b) Fertigt eine Collage mit Bildern aus Zeitschriften, die Gefühle ausdrücken.

Körper und Bewegung

Welche Aufgaben erfüllen die Gelenke bei der Bewegung des Körpers?

→ **Seite 252**

Wie bewegen sich Menschen?
→ **Seite 248, 249**

Wie funktionieren Muskeln?
→ **Seite 254**

Wie kann man die Geschwindigkeit der Rennfahrer messen und berechnen?
→ **Seite 242, 243**

1 Kräfte bewegen

Ein kräftiger Sturm fegt über das Land. Die dünnen Baumstämme werden durch die **Kraft** des Windes gebogen. Können sie dieser Kraft widerstehen oder werden sie brechen? Wenn sie biegsam genug sind, richten sie sich nach jeder Sturmböe wieder auf.

Von den Ästen hat der Sturm viele Blätter abgerissen, die er nun vor sich her treibt. Er wirbelt sie herum und peitscht sie mit großer Geschwindigkeit nach vorne.

Wenn du entgegen diesem Wind laufen willst, musst du dich weit nach vorn beugen und sehr anstrengen. Aber dein Körper ist so gebaut, dass er diese Kräfte aushält. Läufst du mit dem Wind, musst du stark bremsen, damit du nicht umgeweht wirst.

1.1 Kräfte erzeugen Bewegung

Bei Windstille steht der Heißluftballon fast regungslos in der Luft, erst wenn der Wind weht und ihn treibt, kann er weiter fahren. Je stärker die **Windkraft** wirkt, desto schneller wird seine Fahrt.

1 *Ein Bogenschütze*

Der Bogenschütze spannt mit der Kraft seiner Muskeln den Bogen. Er legt den Pfeil auf und lässt die Sehne los. Durch die **Spannkraft** des Bogens wird der Pfeil mit hoher Geschwindigkeit nach vorne weg geschleudert.

Ein Sessellift bringt viele Menschen auf den Berg. Hier wird die **elektrische Kraft** von Motoren eingesetzt. Doch wenn der Strom ausfällt, stehen die Motoren still.

Die Rinder, die in Bild 4 zu sehen sind, bewegen sich mit der eigenen **Muskelkraft.**

Windkraft, Spannkraft, elektrische Kraft und Muskelkraft sind Kräfte, die Bewegungen erzeugen können.

1 Finde weitere Beispiele, in denen die Kraftarten aus den oberen Beispielen eingesetzt werden.
2 Nenne noch andere Kraftarten, die Bewegungen erzeugen können. Notiere sie mit Beispielen.

2 *Eine Fahrt mit dem Heißluftballon*

3 *So kommst du schnell zum Gipfel.*

4 *Eine wilde Herde*

→ 1.4 Kräfte ändern die Bewegung, Seite 244

1 Welche Skifahrerin wird gewinnen?

A1 Beim Abfahrtslauf der Damen will jede Sportlerin gewinnen. Was muss gemessen werden, um die Siegerin zu ermitteln?

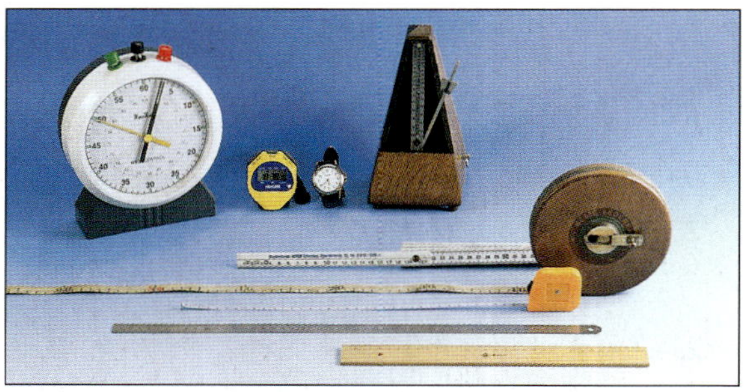

2 Längen- und Zeitmessgeräte

A2 Beschreibe den genauen Umgang mit den
a) Längenmessgeräten
b) Zeitmessgeräten.

V3 Drei Schüler fahren mit dem Fahrrad aus dem Stand eine 30 m lange Strecke. Stoppe die benötigten Zeiten. Notiere die Zeiten in einer Tabelle.

Schüler	Strecke	Zeit
1	30 m	
2		

V4 a) Rolle auf dem Schulhof ein 50 m-Maßband ab. Drei Schülerinnen fahren mit dem Fahrrad nacheinander schnell am Band entlang. Ab einem vorher festgelegten Punkt auf dem Maßband wird gemessen, wie weit die Schülerinnen nach 5 Sekunden jeweils gekommen sind. Notiere die zurückgelegten Strecken in einer Tabelle.

Schülerin	Strecke	Zeit
1		5 s
2		

b) Wer ist die schnellste Fahrerin? Begründe.

1.2 Weg und Zeit werden gemessen

Beim Abfahrtsrennen (Bild 1) wird eine bestimmte Strecke vorgegeben. Gewonnen hat immer die Sportlerin, die diese Strecke in der kürzesten Zeit schafft. Sie ist die schnellste Läuferin.
Ist dagegen bei einer anderen Sportart eine bestimmte Zeit festgelegt, gewinnt derjenige, der in dieser Zeit am weitesten kommt. Immer ist die Sportlerin oder der Sportler mit der größten **Geschwindigkeit** gefahren oder gelaufen.

Die Geschwindigkeit hängt von der *Länge* des **Weges** ab und von der **Zeit,** die für diesen Weg gebraucht wird. Du kannst die Geschwindigkeit berechnen, indem du die Länge des zurückgelegten Weges durch den Wert der benötigten Zeit dividierst.

Braucht ein 400 m-Läufer für seine Strecke 50 Sekunden, so legt er in einer Sekunde 8 m zurück. Seine Geschwindigkeit beträgt demnach 8 $\frac{m}{s}$ (gelesen: 8 Meter je Sekunde).

Du musst also zur *Berechnung der Geschwindigkeit* eine Strecke und die Zeit messen. Die **Messgeräte** für diese Messungen kennst du (Bild 2). Strecken lassen sich mit einem Lineal mit Millimetereinteilung, mit einem Zentimetermaß, mit einem Bandmaß oder mit dem Fahrradtachometer abmessen. Dabei musst du für die jeweilige Strecke das geeignete Messgerät wählen.
Den Weg einer Schnecke wirst du mit dem Lineal oder mit dem Zentimetermaß abmessen. Die Weite deines Ballwurfes bestimmst du mit dem Bandmaß, die Entfernung zweier Orte kannst du mit dem Fahrradtachometer messen.

Zur Bestimmung der Zeit steht dir eine Uhr oder eine Stoppuhr zur Verfügung. Ein weiteres Zeitmessgerät ist das Metronom. An diesem kannst du einstellen, wie schnell der Takt geschlagen wird.

Zur Bestimmung der Geschwindigkeit müssen die Werte für den Weg und die Zeit mit den jeweils geeigneten Messgeräten bestimmt werden.

1 Beschreibe, wie sich die Geschwindigkeit bestimmen lässt, die ein Windhund beim Rennen erreicht. Welche Messgeräte sind notwendig?

2 Du begleitest mit deinem Fahrrad einen Reiter auf einem trabenden Pferd. Wie kannst du die Geschwindigkeit des Pferdes bestimmen? Welche Messgeräte oder Angaben wirst du benutzen?

1.3 Die Durchschnittsgeschwindigkeit

Beim Fahrradfahren kannst du die Geschwindigkeit, mit der du gerade fährst, am Tachometer ablesen. Dabei stellst du fest, dass sich die Geschwindigkeit dauernd ändert. Die gerade abgelesene Geschwindigkeit heißt **Momentangeschwindigkeit.**

Wenn du jemandem von deiner Fahrradtour erzählst, wirst du aber nicht alle Werte der Momentangeschwindigkeit angeben können. Besser wäre schon, die *Höchstgeschwindigkeit* deiner Fahrt zu nennen. Das ist aber auch nicht immer sinnvoll. Deswegen wird meistens die **Durchschnittsgeschwindigkeit** ermittelt. Sie eignet sich am besten, um Geschwindigkeiten verschiedener Fahrten oder die bei der Bewegung von Tieren zu vergleichen.

Um die Durchschnittsgeschwindigkeit zu ermitteln, könntest du viele einzelne Werte der Momentangeschwindigkeit addieren und die Summe durch die Anzahl der Messwerte teilen. Die Durchschnittsgeschwindigkeit lässt sich aber einfacher bestimmen. Du ermittelst die Länge des Weges und die dafür benötigte Zeit. Dann teilst du die Weglänge durch die Zeit und erhältst den Wert der Durchschnittsgeschwindigkeit.
Die *Einheit* der Geschwindigkeit und damit auch der Durchschnittsgeschwindigkeit ist $\frac{m}{s}$ (Meter je Sekunde). Es ist aber auch üblich, die Geschwindigkeit in anderen Einheiten anzugeben wie $\frac{km}{s}$ oder $\frac{km}{h}$.

Du kannst die Einheiten ineinander umrechnen. Um $\frac{m}{s}$ in $\frac{km}{h}$ auszudrücken, musst du die Zahl mit 3,6 multiplizieren: $10\,\frac{m}{s} \xrightarrow{\cdot 3,6} = 36\,\frac{km}{h}$. Um die Einheit $\frac{km}{h}$ in $\frac{m}{s}$ umzuwandeln, musst du durch 3,6 dividieren: $36\,\frac{km}{h} \xrightarrow{:3,6} = 10\,\frac{m}{s}$.

Die Durchschnittsgeschwindigkeit ergibt sich aus dem zurückgelegten Weg und der benötigten Zeit.
Geschwindigkeit = Weg : Zeit.
Die üblichen Einheiten sind $\frac{m}{s}$ oder $\frac{km}{h}$.

1 In welcher Einheit wirst du die Durchschnittsgeschwindigkeit einer Katze, eines Hundes, eines Maulwurfs, einer Schlange oder einer Schnecke angeben? Begründe deine Antwort.

2 a) Wie weit kommt ein Auto in einer Stunde bei einer Durchschnittsgeschwindigkeit von 100 $\frac{km}{h}$?
b) Wie lange braucht das Auto bei dieser Durchschnittsgeschwindigkeit für 50 km?

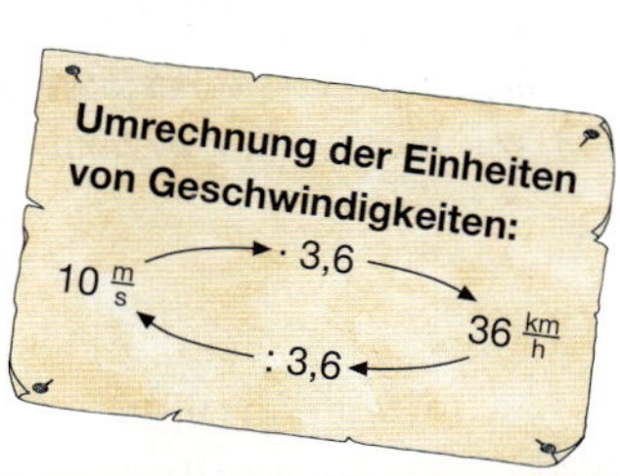

1 Vergleich der Durchschnittsgeschwindigkeiten

A 1 Berechne die Durchschnittsgeschwindigkeit der auf Bild 1 abgebildeten Läuferin und der Läufer.

2 Briefmarken zum Rennsport

A 2 Welcher der vier Sportler aus Bild 2 wird deiner Meinung nach die größte Durchschnittsgeschwindigkeit erreichen? Gib eine Reihenfolge an.

3 Ein Messgerät

A 3 Welche Werte lassen sich beim Fahren auf dem Tachometer ablesen?

V 4 Fahre eine beliebige Strecke mit dem Fahrrad. Lies die Länge der Fahrstrecke auf dem Kilometerzähler des Tachometers ab, miss die dazu benötigte Zeit und berechne die Durchschnittsgeschwindigkeit. Vergleiche den errechneten Wert mit der Angabe auf dem Tachometer.

1.4 Kräfte ändern die Bewegung

1 Ausreißversuch

Der Ausreißer hat viel Kraft eingesetzt, um sich von der Spitzengruppe zu lösen. Auch du merkst beim Radfahren, dass du zum Beschleunigen mehr Kraft brauchst als zum Fahren mit gleichbleibender Geschwindigkeit. Willst du das Fahrrad abbremsen, musst du wieder Kraft einsetzen. Du brauchst Kraft zum Beschleunigen oder Verzögern. Ohne Kraft ändert sich keine Bewegung.

Wenn du über einen Sandweg fährst, brauchst du eine größere Kraft als beim Fahren auf der Straße. Hier spürst du zusätzlich eine Kraft, die jede Bewegung hemmt. Es ist die **Reibung.** Du musst Kraft einsetzen, um dein Fahrrad zu bewegen, und eine zusätzliche Kraft, um die größere Reibung zu überwinden. Die Reibung ist es, die deine Bewegung behindert. Du spürst sie schon, wenn du dein Rad rollen lässt. Die Bewegung wird verzögert.

Für jede Bewegungsänderung ist Kraft nötig. Daher muss zum Beschleunigen oder Verzögern immer Kraft eingesetzt werden.

A 1 Warum entkommt der Ausreißer in Bild 1 der Spitzengruppe nicht?

A 2 Du näherst dich im Ruderboot einem Anlegesteg. Beschreibe, wie du das Boot abbremsen kannst.

V 3 Fahre auf einem Radweg eine Strecke mit gleichbleibender Geschwindigkeit. Wiederhole die Fahrt, bremse und beschleunige aber möglichst oft dabei. Erkläre, warum diese Fahrt für dich anstrengender ist als die erste.

A 4 Dein Freund ist mit dem Rad voraus gefahren, du versuchst ihn einzuholen. Warum musst du dich viel mehr anstrengen als dein Freund?

A 5 Bei einer Radtour steuert ihr einen Rastplatz an. Du fährst die Abkürzung über die Sandfläche, deine Freundin fährt den längeren Weg über die Straße.
Wer ist zuerst da?

2 Bremsscheibe auf dem Prüfstand

1 Du siehst in Bild 2 die hell glühende Bremsscheibe eines Autos. Ihr Test auf dem Prüfstand entspricht einer Fahrt mit 180 $\frac{km}{h}$. Sie wird schnell bis zum Stillstand abgebremst. Warum glüht die Bremsscheibe?
Beschreibe den gesamten Test, verwende dabei die Begriffe Kraft, Reibung, Beschleunigung, Verzögerung.

2 Wozu sind an Autorennstrecken zwischen Piste und Zuschauerabgrenzung große Kiesflächen angelegt worden?

3 Die Abkürzung – eine gute Idee?

4 Das Kiesbett hat Schlimmeres verhindert!

VERSCHIEDENE KRÄFTE KÖNNEN DIE GLEICHE WIRKUNG HABEN

Pinnwand

Der Wind bläht die Segel und treibt das *Segelboot* vorwärts. Es wird durch die **Windkraft** bewegt.
Beim *Motorboot* wird die **Motorkraft** eines Verbrennungsmotors eingesetzt, um es zu bewegen.

A 1 Welche Kraft muss beim Ruderboot, Surfbrett oder Tretboot wirken, damit es bewegt wird?

Bei einer *Dampflok* verbrennt in einem Heizkessel Steinkohle. Die heißen Verbrennungsgase wandeln in einem Rohrsystem Wasser in Dampf um. Wenn genügend Dampf vorhanden ist, kann die Lok mit der **Dampfkraft** fahren.

Bei der *Diesellok* wird die **Motorkraft** von Dieselmotoren ausgenutzt, um sie zu bewegen. Die Motorkraft entsteht durch die Verbrennung von Dieselkraftstoff.

Elektroloks werden durch Elektromotoren angetrieben. In ihnen wirken **elektrische Kräfte**. Diese bewirken den Antrieb.

Eine *mechanische Uhr* musst du jeden Tag aufziehen. Dabei spannst du eine Feder in der Uhr. Die **Spannkraft** der Feder bewegt über viele kleine Zahnräder die Zeiger der Uhr. Eine elektrische Uhr ist bequemer zu handhaben. Hier wird die **elektrische Kraft** einer Batterie ausgenutzt, um die Zeiger zu bewegen.

A 2 Welche Kraft wird bei einer Kuckucksuhr eingesetzt, damit sich die Zeiger bewegen?

1. Nenne weitere Beispiele zu den genannten Kraftarten.
2. Nenne weitere Kraftarten und schreibe dazu je ein Beispiel auf.
3. Zähle weitere Beispiele auf, bei denen verschiedene Kräfte die gleiche Wirkung haben.

1 Schafft es Birgit?

V 1 Hänge wie in Bild 2 einen Kraftmesser an ein Stativ. Markiere die unterste Stelle der Skala. Das ist die *Nulllage.* Belaste den Kraftmesser nacheinander mit gleich schweren Wägestücken. Lies die Kraft ab. Markiere erneut die unterste Stelle der Skala und miss die Ausdehnung. Erstelle dazu eine Tabelle.

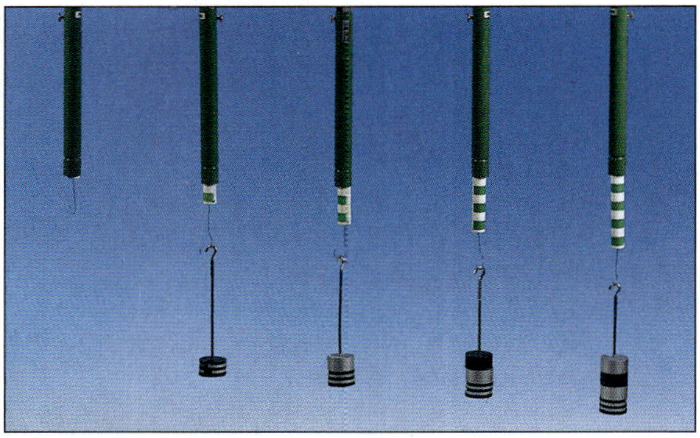

2 Wägestücke an der Feder üben Kräfte aus.

A 2 Zeichne zu V 1 ein Kraft-Dehnungs-Diagramm wie in Bild 3. Trage auf der Rechtsachse die Kraft ein. Trage auf der Hochachse ein, wie viel die Feder von der Nulllage aus länger geworden ist. Was stellst du fest?

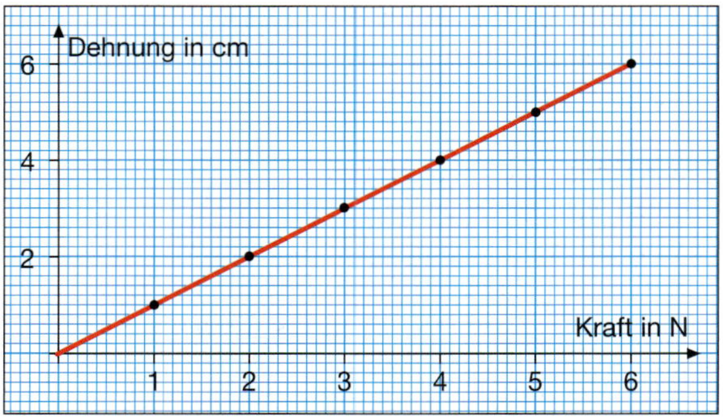

3 Kraft-Dehnungs-Diagramm

1.5 Der Kraftmesser

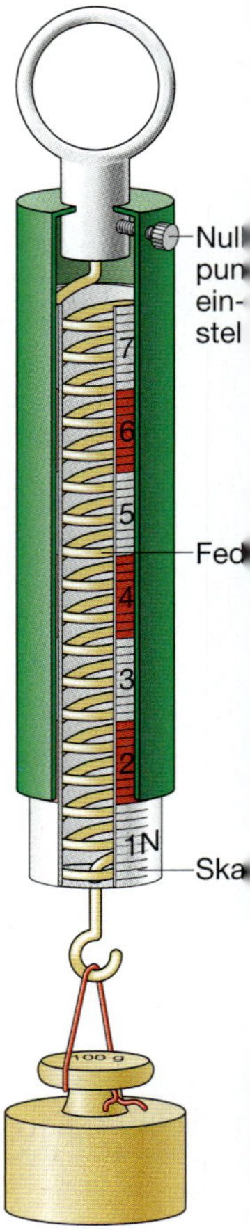

Birgit ist ein starkes Mädchen, aber hier hat sie sich etwas übernommen. Sie versucht Vaters Expander auseinander zu ziehen. Doch der wird nur ein kleines Stück länger. Birgits Vater kann den Expander ganz auseinander ziehen. Er ist eben stärker, er hat mehr Kraft.
Birgit mit ihrer geringeren Kraft kann den Expander kaum verlängern. Vater mit seiner größeren Kraft zieht ihn viel weiter auseinander. Mit dem Expander lassen sich also Kräfte vergleichen.

Kraftmesser sind ähnlich aufgebaut wie Expander. Der wichtigste Teil ist eine schraubenförmige Feder. Eine bestimmte Kraft dehnt die Feder um eine gewisse Strecke aus. Doppelte Kraft verlängert die Feder doppelt so weit, dreifache Kraft dreimal so weit (Bild 2). Daher haben die Markierungen auf der Skala des Kraftmessers immer den gleichen Abstand. Wirkt die Kraft nicht mehr, so zieht sich die Feder wieder auf ihre ursprüngliche Länge zusammen.

Messen mit dem Kraftmesser

Die Skala am Kraftmesser gibt an, welche Kraft zur Verlängerung seiner Feder nötig ist. Die Maßeinheit der Kraft ist das **Newton (N),** benannt nach Sir Isaak NEWTON (1643–1727). Ein angehängtes Wägestück mit einer Masse von 1 kg wirkt auf einen Kraftmesser mit einer Kraft von ungefähr 10 N.
Der Bereich zwischen der niedrigsten und der größten Kraft, die am Kraftmesser abgelesen werden kann, wird **Messbereich** genannt.

Wenn die Feder zu weit auseinander gezogen wird, so wird sie überdehnt. Sie bleibt dann ohne Belastung länger als sie ursprünglich war. Kraftmesser dürfen deshalb nur innerhalb ihres Messbereiches belastet werden.

Kraftmesser enthalten eine Feder, die durch die einwirkende Kraft gedehnt wird. Die Dehnung der Feder zeigt an, wie groß die Kraft ist.

1 Begründe, warum Kraftmesser nur zum Messen von Kräften innerhalb ihres Messbereiches eingesetzt werden dürfen.

Kraftmesser – selbst gebaut

Praktikum

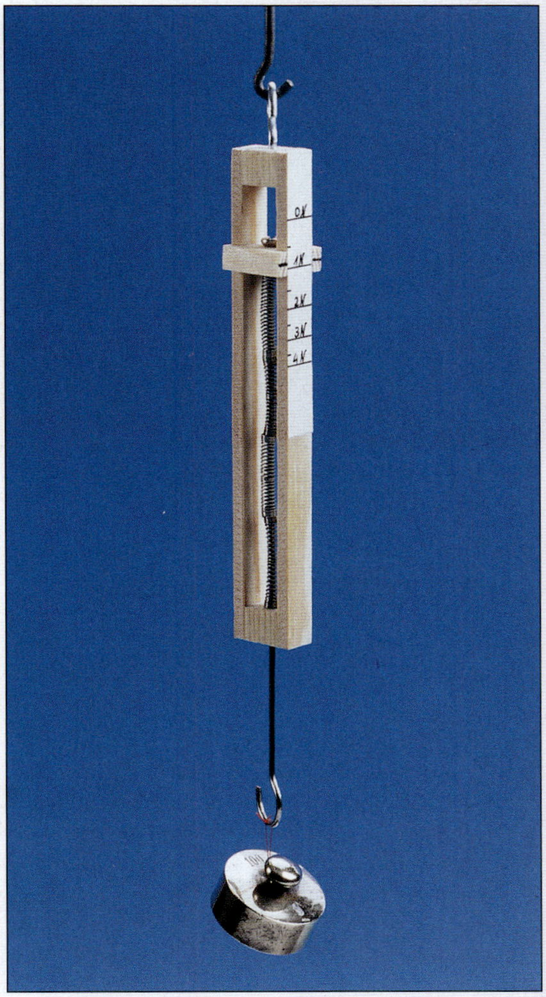

1 Der fertige Kraftmesser

Materialliste:
- 2 Sperrholzleisten 15 cm × 12 mm × 4 mm
- 2 Holzklötzchen 12 mm × 12 mm × 12 mm
- 1 Holzklötzchen 7 mm × 12 mm × 12 mm
- 2 Sperrholzleisten 7 mm × 20 mm × 4 mm
- 1 Fahrradspeiche mit Nippel
- 4 Stahlfedern aus Druckkugelschreibern
- 1 Schraubhaken

Bauanleitung:
Kürze die Speiche vom Gewinde aus auf eine Länge von 19 cm und biege das Ende ohne Gewinde zu einem Haken.

Durchbohre die 3 Klötzchen in der Mitte der Fläche von 12 mm × 12 mm.

Leime die beiden großen Leisten auf die 10 mm breiten Seitenflächen der größeren Klötzchen.

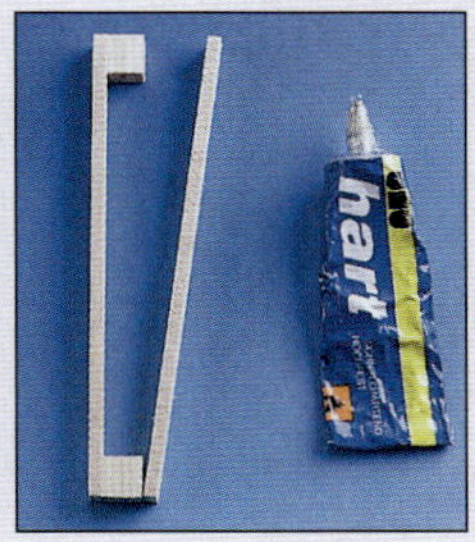

Leime die beiden kleinen Leisten auf die 10 mm breiten Seitenflächen des kleinen Klötzchens.
Schiebe den Speichennippel in die Bohrung.

Schmirgele die inneren Flächen des kleineren Bauteils glatt. Setze es dann in das größere Bauteil ein. Es muss leicht auf- und abgleiten können.

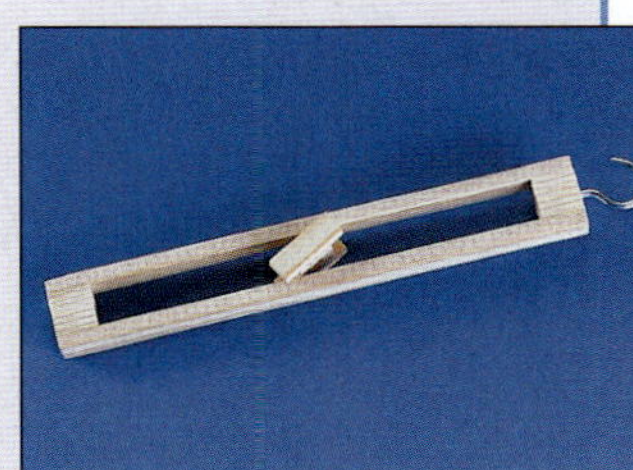

Schiebe die Speiche erst durch das untere Klötzchen, dann durch die Federn. Schraube das Speichenende in den Nippel. Schraube zum Abschluss den Haken in das obere Klötzchen.

Eichung des Kraftmessers:
Markiere auf einer der großen Leisten, an welcher Stelle sich das verschiebbare Bauteil ohne Belastung des Kraftmessers befindet. Schreibe 0 N an diese Markierung.
Hänge nacheinander 1, 2, 3 … Wägestücke von jeweils 50 g an den unteren Draht, bis der Kraftmesser nicht mehr weiter messen kann. Markiere jeweils, an welcher Stelle sich das verschiebbare Bauteil befindet. Schreibe nacheinander 0,5 N; 1 N; 1,5 N … an die Markierung.

Einsatz des Kraftmessers:
Miss mit welcher Kraft
- zwei Bananen zur Erde gezogen werden.
- du ein Buch über den Tisch ziehen kannst.

Suche weitere Beispiele, an denen du deinen Kraftmesser ausprobieren kannst.

1 Daniel beim Tennisspiel

2 Organe, die bei der Bewegung eine wichtige Rolle spielen. A *Nervensystem;* ***B*** *Muskeln;* ***C*** *Knochen und Gelenke*

2 Wie Menschen sich bewegen

2.1 Bei Bewegungen arbeiten die Organe zusammen

Der Tennisball saust in das hintere Drittel des Tennisfeldes. Ein gekonnter Sprung und Daniel erwischt ihn gerade noch. Ein kräftiger Schlag und nun muss Sven, der Gegenspieler, um den Ball kämpfen. Er springt hoch, ein starker Schmetterball und die Lage ist zunächst gerettet … .
Dieser Schlagaustausch erfordert eine schnelle Abfolge von Bewegungen, bei der mehrere Organe aufeinander abgestimmt zusammenarbeiten müssen.

Sehen wir uns einen Spieler an: Er erblickt den Ball. Sein **Gehirn** verarbeitet dieses Bild, entscheidet, wie dieser Ball zu nehmen ist, und lässt den **Muskeln** des Armes einen entsprechenden Befehl über die **Nerven** zukommen. Der Spieler holt aus und trifft mit Wucht den Ball. Um dieser Kraft standzuhalten, braucht der Körper eine Stütze, eine Art Gerüst. Die **Knochen** bilden dieses Gerüst. Sie sind untereinander durch Gelenke, Muskeln und Bänder beweglich verbunden. Das ganze Knochengerüst wird als **Skelett** bezeichnet.

Bei jeder Bewegung arbeiten das Nervensystem, die Muskeln und das Skelett zusammen.

1 Nenne anhand der Abbildung 2 die Organe, die beim Tennisspiel an der Ausführung von Bewegungen beteiligt sind.

2 Du stehst in den Startlöchern und wartest auf den Startschuss. Beschreibe, welche Organe bei dir während des „50-Meter-Laufs“ aufeinander abgestimmt arbeiten müssen.

2.2 Das Skelett gibt dem Körper Halt

Tennisspieler brauchen nicht nur gut trainierte Muskeln, sondern auch eine stabile innere Stütze – das Skelett.

Sven benutzt gerade sein rechtes **Armskelett,** um den Ball zurückzuschlagen. Beim Laufen trägt und stützt ihn sein **Beinskelett.** Damit Sven diese Bewegungen ausführen kann, müssen seine Gliedmaßen mit der **Wirbelsäule** beweglich verbunden sein. Diese Verbindungen stellen **Schultergürtel** und **Beckengürtel** her.

Die Wirbelsäule stützt das Skelett und hält es aufrecht. An ihr sind die übrigen Teile des Skeletts befestigt.

Beim Tennisspiel lassen sich kleine Unfälle nicht vermeiden. Bekommt ein Spieler unglücklicherweise einen Tennisball an den Kopf, so ist das Gehirn durch das **Kopfskelett** gut geschützt. Ähnlich schützt der **Brustkorb** das Herz und die Lunge. Die zwölf Rippenpaare des Brustkorbs sind hinten mit der Wirbelsäule und vorne zum Teil mit dem Brustbein verbunden und bilden so einen schützenden Korb.

Das Skelett setzt sich also aus Kopfskelett, Armskelett, Schultergürtel, Brustkorb, Wirbelsäule, Beckengürtel und Beinskelett zusammen.

Das Skelett stützt den Körper und schützt innere Organe.

1 Schätze, aus wie vielen einzelnen Knochen das menschliche Skelett besteht. Sind es 53, 220, 517 oder 930?

2 Welche Knochen kannst du besonders gut bei dir fühlen? Nenne sie. Orientiere dich an der Abbildung 1. Versuche bei dir zum Beispiel Schlüsselbein, Schulterblatt, Rippen oder Brustbein zu ertasten.

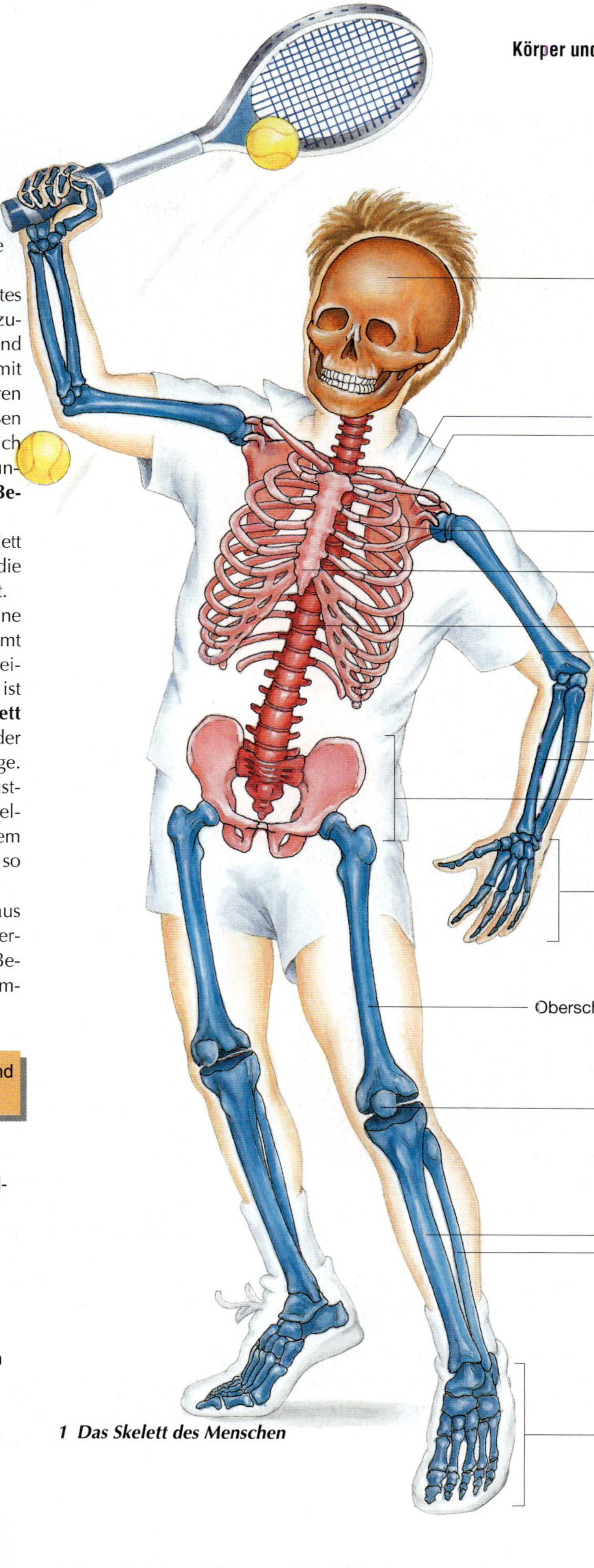

1 Das Skelett des Menschen

1 Im Sportunterricht: Rolle vorwärts

2.3 Die Wirbelsäule – Hauptstütze des Skeletts

Die Klasse 6a übt Rolle vorwärts. Anna setzt die Hände auf, legt das Kinn an die Brust, krümmt den Rücken, gibt sich mit den Beinen Schwung, rollt über den Rücken ab, springt hoch und steht.

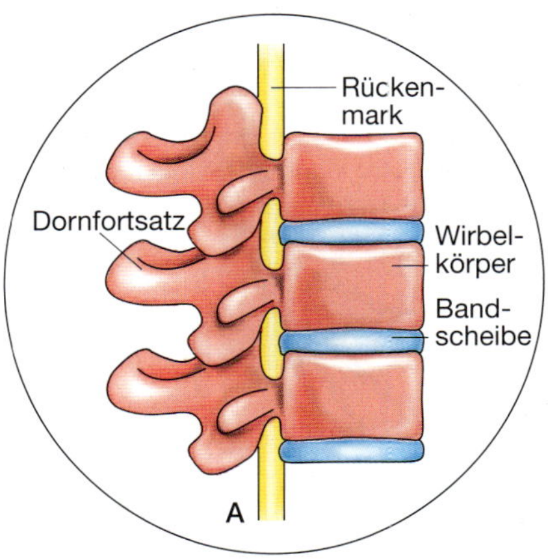

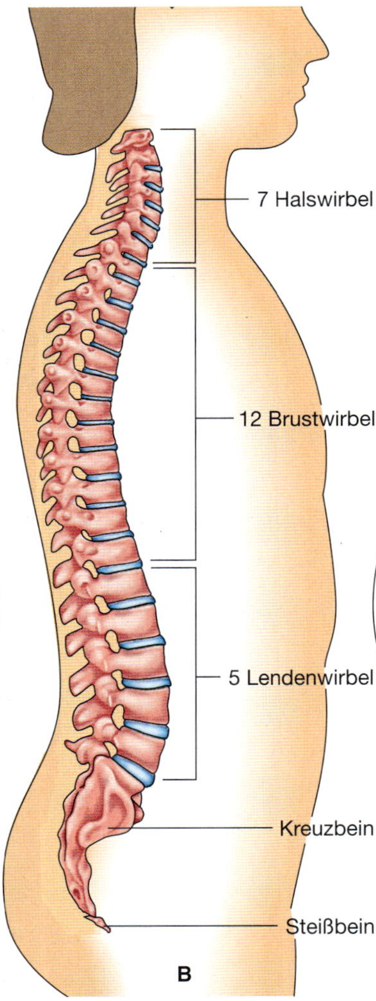

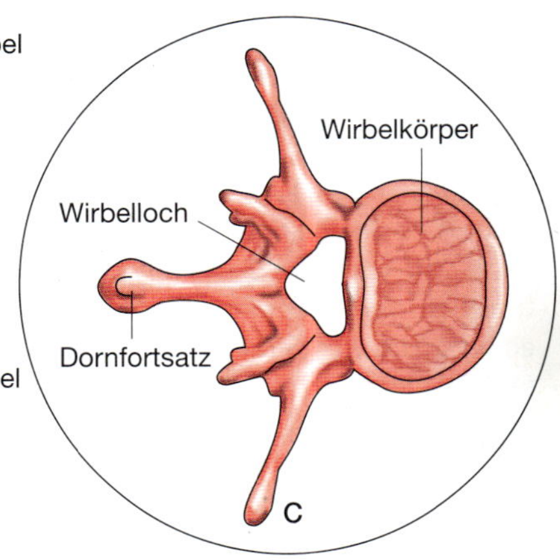

2 Wirbelsäule des Menschen.
A *Ausschnitt der Lendenwirbelsäule;*
B *Gesamtbild;* ***C*** *Lendenwirbel*

Weshalb ist Anna so beweglich? Betrachten wir das menschliche Skelett: Eine geschwungene Achse durchzieht den Rumpf und hält ihn aufrecht. Es ist die **Wirbelsäule.** Von der Seite hat sie die Form eines „Doppel-S“. Dadurch kann sie Stöße beim Laufen und Springen abfangen. Die Wirbelsäule besteht aus über 30 **Wirbeln.** Sie sind im Hals-, Brust- und Lendenbereich gegeneinander beweglich und durch knorpelige Scheiben voneinander getrennt. Diese elastischen **Bandscheiben** geben den Wirbeln Spielraum für Bewegungen beim Drehen und Beugen. Außerdem dämpfen sie Stöße. Bänder und Muskeln verbinden die Wirbel untereinander. Zwischen *Wirbelkörper* und *Wirbelbogen* liegt das *Wirbelloch.* Übereinander gereiht bilden diese Öffnungen den *Wirbelkanal.* Dieser schützt das Rückenmark, einen wichtigen Nervenstrang.

Kreuzbein und **Steißbein** sind Abschnitte der Wirbelsäule, die nur eingeschränkt beweglich sind.

> Die Wirbelsäule hält den Körper aufrecht und federt Stöße ab.

1 Beuge deinen Rumpf nach vorn, nach hinten und zur Seite. Welche Bereiche sind besonders beweglich? Erläutere.

2 Welche Knochen müsstest du dem „Skelettatlas“ auf der rechten Seite hinzufügen, damit das Skelett vollständig ist?

3 Male die Umrisse der rechten Hand ins Heft. Zeichne vereinfacht die Knochen der Hand ein. Orientiere dich dabei am „Skelettatlas“.

→ Praktikum: Bewegung, Seite 258/259

Pinnwand

KLEINER SKELETTATLAS

Kopfskelett

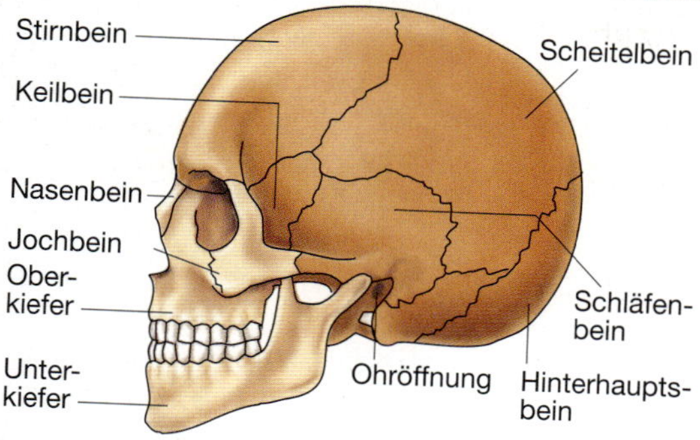

Das Kopfskelett setzt sich aus dem Gesichtsschädel und dem Hirnschädel zusammen. Die massiven Knochen des Hirnschädels bilden eine Kapsel, die das Gehirn schützt.

Handskelett

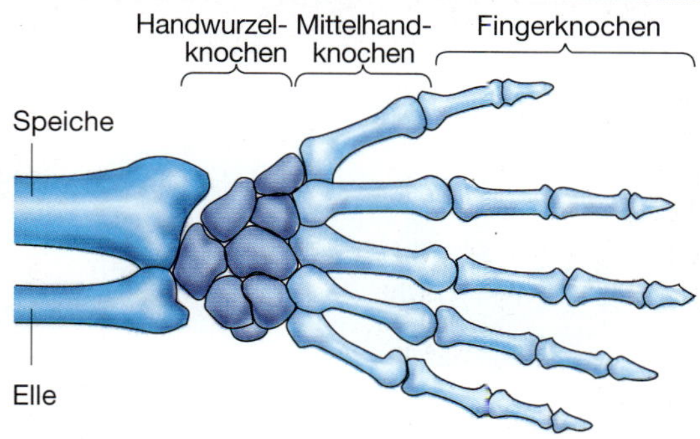

Die Hand besteht aus der Handwurzel, der Mittelhand und den Fingerknochen. Diese Feingliederung des Handskeletts ermöglicht vielseitige Bewegungen.

Schultergürtel

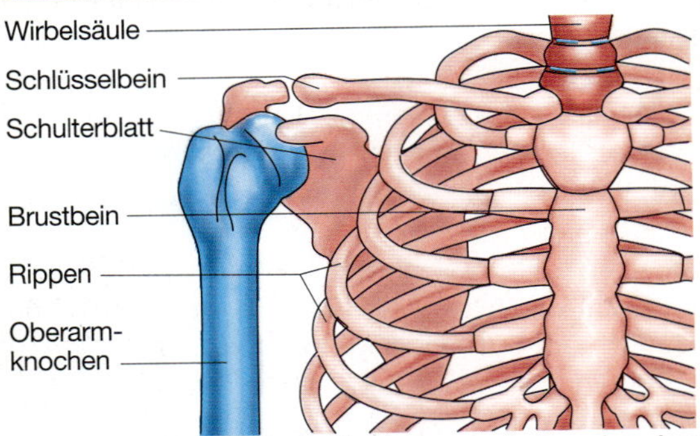

Der Schultergürtel stellt die Verbindung zwischen dem Arm und dem Brustkorb her. Das Schulterblatt liegt auf dem Brustkorb und wird nur durch Muskeln festgehalten. Dadurch ist der Arm sehr beweglich.

Beckengürtel

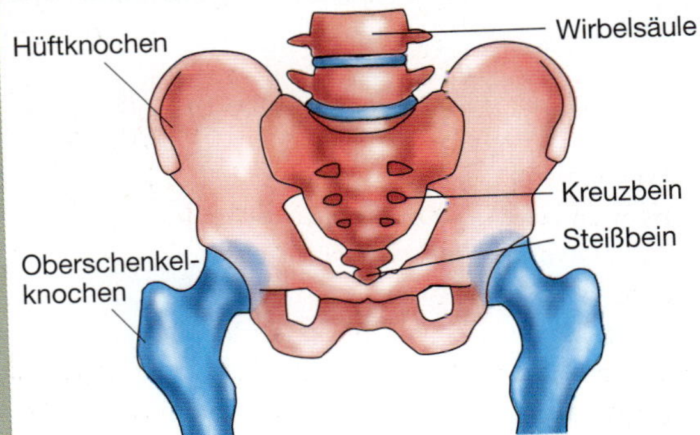

Der Beckengürtel besteht aus mehreren Knochen, die erst bei Erwachsenen miteinander verwachsen sind. Er trägt und schützt Organe der Bauchhöhle.

Fußskelett

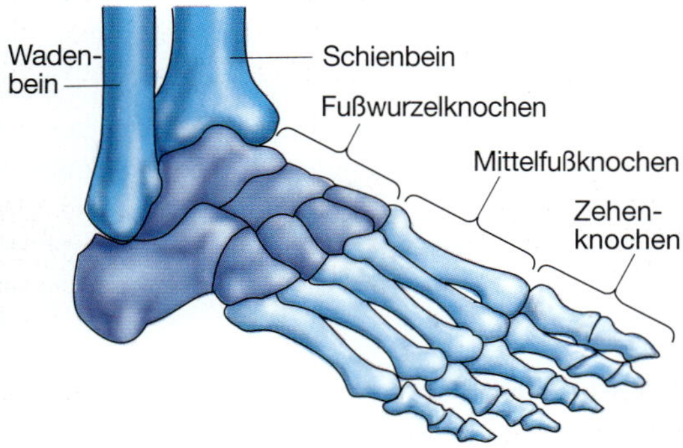

Das Fußskelett trägt das ganze Körpergewicht. Seine Wölbung federt beim Gehen und Springen Stöße und Erschütterungen ab.

1 Lisa in der Ballettstunde

2.4 Ohne Gelenke keine Beweglichkeit

Die Mädchen in der Ballettschule haben sich durch einen schnellen Jazztanz aufgewärmt. Jetzt stehen Dehnungsübungen auf dem Programm. Lisa steht an der Stange. Mit Leichtigkeit hebt sie ihr Bein wie zum Spagat hoch. Unglaublich, wie gelenkig sie nach drei Jahren Ballettunterricht geworden ist. Gelenkig, was heißt das eigentlich?

Sehen wir uns in der Abbildung 1 Lisas Beinstellung an: Ihr Oberschenkelknochen ist mit dem Becken fest verbunden und trotzdem kann Lisa ihr Bein fast nach allen Seiten bewegen. Diese Beweglichkeit ermöglicht ihr *Hüftgelenk*. Es ist ein **Kugelgelenk.** Lisas *Ellenbogengelenk* ist im Vergleich zu ihrem Hüftgelenk in seiner Beweglichkeit dagegen stark eingeschränkt. Wie das Scharnier einer Tür erlaubt dieses **Scharniergelenk** Bewegungen nur in einer Richtung. Der feste Griff an der Stange wird durch ein **Sattelgelenk** ermöglicht. Mit seiner Hilfe kann sich der Daumen gegenüber dem Handwurzelknochen in zwei Richtungen bewegen, nach vorne und hinten sowie nach links und rechts. Die Drehung des Kopfes ermöglichen die beiden ersten Wirbel. Sie sind mit einem **Drehgelenk** miteinander verbunden.

Obwohl diese Gelenkarten verschiedene Form und unterschiedliche Beweglichkeit besitzen, ist ihr Aufbau ähnlich. Das Ende des einen Knochens, der *Gelenkkopf*, passt in die Vertiefung am Ende des anderen Knochens, die *Gelenkpfanne*. Die Knochenenden sind durch eine feste und elastische **Gelenkkapsel** miteinander verbunden. Häufig wird diese Verbindung durch Bänder und Muskeln verstärkt. Damit sich Gelenkkopf und Gelenkpfanne bei Bewegungen durch Reibung gegenseitig nicht beschädigen, sind sie durch einen Knorpelüberzug und ein Gleitmittel, die *Gelenkschmiere*, geschützt.

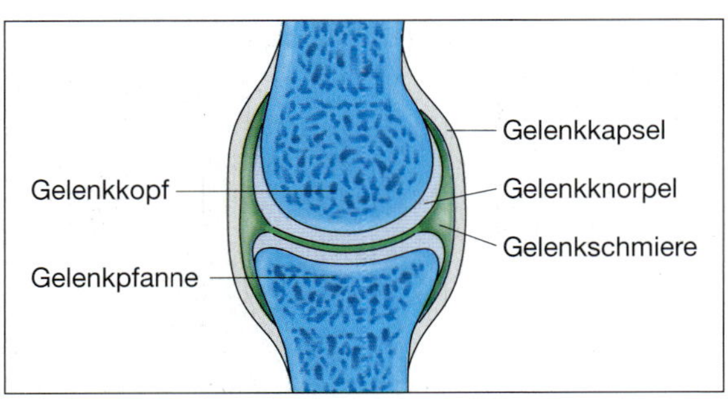

2 Schema eines Gelenkes

Die Bewegungen des Körpers werden durch Gelenke zwischen den Knochen ermöglicht. Man unterscheidet Kugelgelenke, Scharniergelenke, Sattelgelenke und Drehgelenke.

1 Suche am Skelett der Schulsammlung Kugelgelenke. Benenne sie.

2 Prüfe die Kugelgelenke des Skeletts der Schulsammlung auf ihre Beweglichkeit. Beschreibe.

3 Wo findest du an deinem Körper Scharniergelenke? Benenne sie. Beschreibe ihre Beweglichkeit.

→ Praktikum: Bewegung, Seite 259

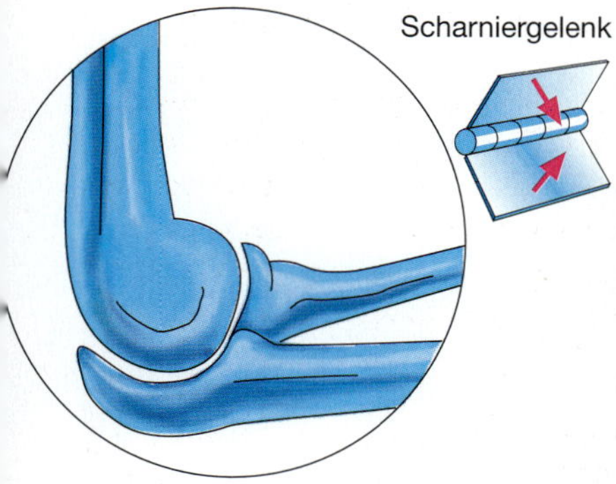

3 Ellenbogengelenk

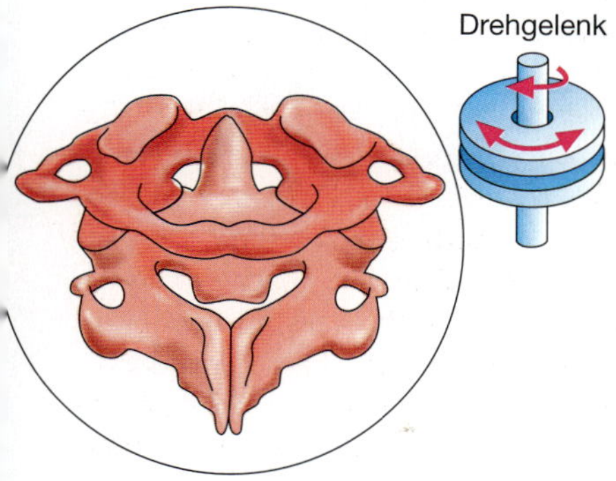

4 Die ersten beiden Halswirbel

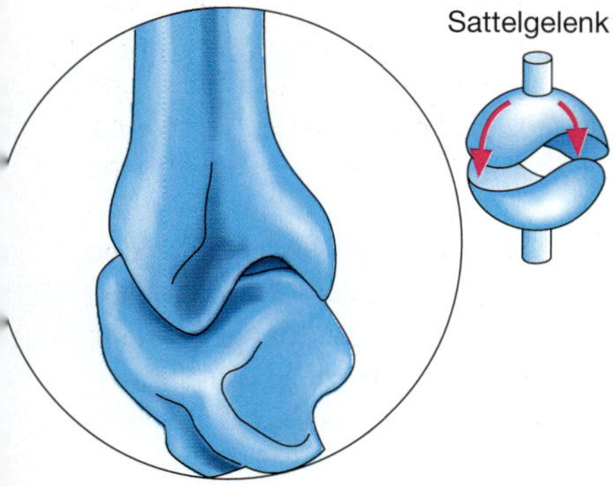

5 Daumengelenk

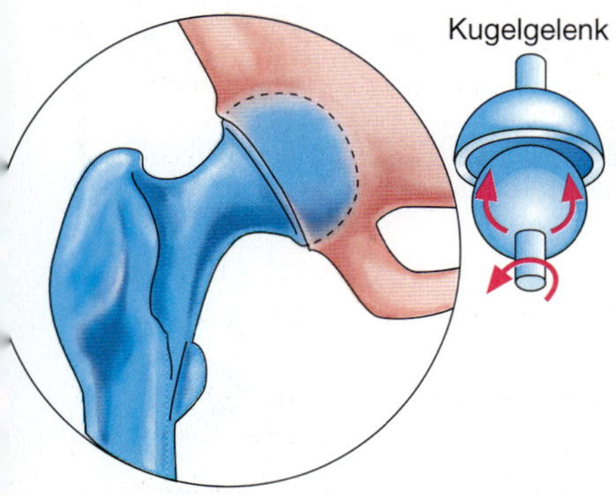

6 Hüftgelenk

Auch Roboter haben Gelenke

Streifzug

1 Roboter bei CD-Fertigung

Seit einigen Jahren erledigen Roboter in der Industrie für uns viele Arbeiten. Um beweglich zu sein, brauchen auch sie Gelenke. Wie funktioniert zum Beispiel ein Armroboter bei der CD-Fertigung? Der Roboter ist in Fuß, Körper und Arm gegliedert. Seine Glieder sind durch Gelenke verbunden.

Verfolgen wir den Vorgang, bei dem der Roboter nach einer CD greift. Zunächst dreht der Roboter seinen „Körper" zu der nächsten CD. Ein *Drehgelenk* zwischen „Fuß" und „Körper" bewirkt eine Kreisbewegung, die mit einer Kopfdrehung des Menschen vergleichbar ist. Mithilfe von zwei *Scharniergelenken* wird der Roboter aufgerichtet. Es sind Bewegungen, wie sie auch unsere Scharniergelenke ausführen.

Um die CD zu „ergreifen", wird der Unterarm über ein Teleskopgelenk verlängert. Ein solches *Schubgelenk* finden wir bei dem Menschen nicht. Du kennst es jedoch sicherlich von dem Herausziehen einer Antenne eines Autoradios. Nun ist der Roboter am Ziel und greift nach der CD.

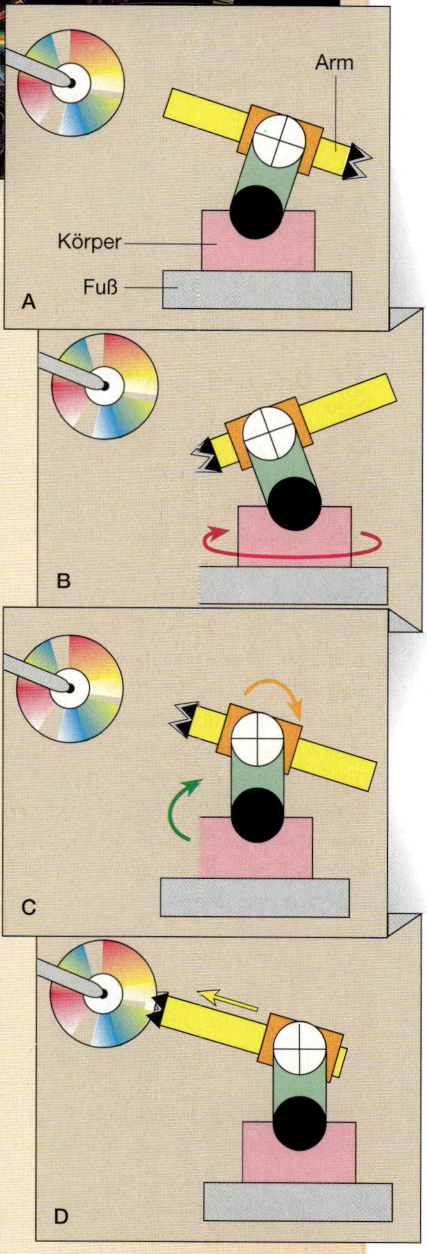

2 A–D Schema eines Armroboters

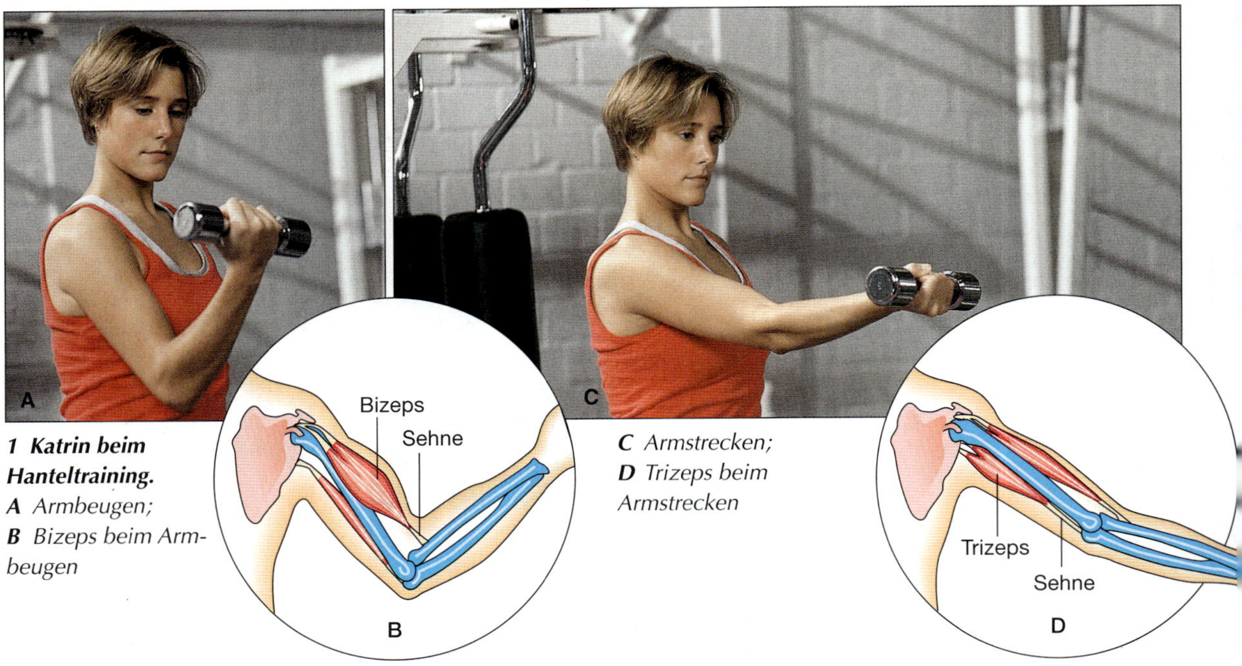

1 Katrin beim Hanteltraining.
***A** Armbeugen;*
***B** Bizeps beim Armbeugen*

***C** Armstrecken;*
***D** Trizeps beim Armstrecken*

2.5 Wie kommen Bewegungen zustande?

Lisas große Schwester Katrin arbeitet im Amtsgericht. Um in Form zu bleiben, geht sie zweimal in der Woche ins Fitnesscenter. Hier stärkt sie mithilfe eines Trainingsprogramms ihre Muskeln. Sie trainiert gerade die Muskeln des Oberarms mit einer Hantel. Zwanzigmal geht die Hantel ohne Pause auf und ab. Sehen wir uns genauer an, wie die Muskeln diese Bewegungen bewerkstelligen. Wenn der **Bizeps** arbeitet, zieht er sich zusammen. Dadurch wird er kürzer und dicker. Da er oben mit dem Schulterblatt und unten mit der Speiche verbunden ist, bewegen sich die Knochen gegeneinander und Katrins Arm beugt sich. Der Bizeps ist also ein **Beugemuskel.** Soll der Arm wieder gestreckt werden, entspannt sich der Bizeps und der **Trizeps** tritt in Aktion. Er ist mit Schulterblatt und Elle fest verbunden. Wenn er sich zusammenzieht, werden die Armknochen in die entgegengesetzte Richtung bewegt. Katrins Arm streckt sich. Der Trizeps ist ein **Streckmuskel.**
Überall am Körper wirken solche Streck- und Beugemuskeln zusammen und erzeugen entgegengesetzte Bewegungen. Daher nennt man sie *Gegenspieler.*

Um Bewegungen ausführen zu können, müssen die Muskeln mit den Knochen fest verbunden sein. Ein Muskel ist dafür von einer Hülle umgeben, die an ihren Enden in kräftige **Sehnen** übergeht. Die Sehnen sind mit den Knochen fest verwachsen.

Bewegungen entstehen durch Zusammenziehen von Muskeln. Beugemuskeln und Streckmuskeln arbeiten dabei als Gegenspieler.

1 Nimm ein schweres Buch in die rechte Hand und stelle dich vor einen Spiegel. Strecke und beuge deinen Arm und schau dir das „Spiel" der Oberarmmuskeln an. Fühle mit der freien Hand die arbeitenden Muskeln.
2 Erläutere anhand der Abbildungen 1 B und D, wieso man Bizeps und Trizeps als Gegenspieler bezeichnet.
3 Wie wird die Kraft der Muskeln auf die Knochen übertragen?
4 Nach dem Aufwärmen werden Muskeln weicher und dehnbarer. Dann kommen im Sport Verletzungen viel seltener vor.
a) Lies dir das Gespräch zwischen den beiden Personen in der Abbildung unten auf der Seite durch. Was meinst du zu dem Gespräch?
b) Hat sich der Sportlehrer richtig verhalten? Begründe deine Meinung.

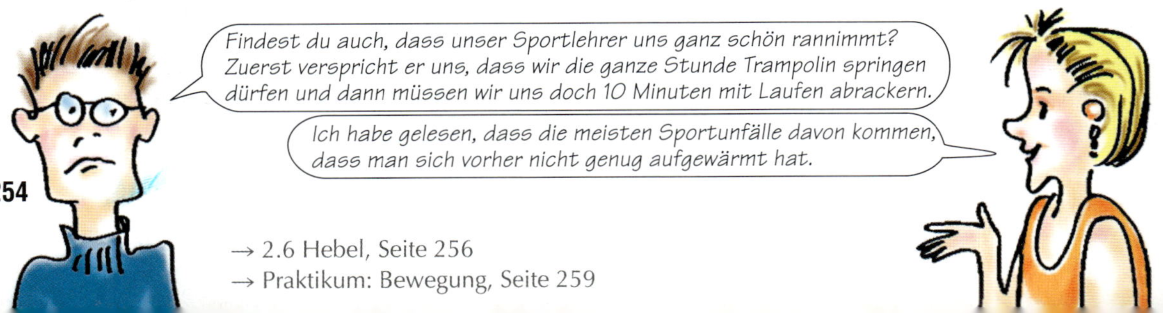

→ 2.6 Hebel, Seite 256
→ Praktikum: Bewegung, Seite 259

Muskeltraining im Klassenzimmer

Streifzug

Dein Körper wird durch Bewegung nicht abgenutzt, sondern gesund und leistungsfähig gehalten. Durch langes Sitzen in der Schule oder vor dem Fernseher werden Muskeln, Sehnen und Bänder schwächer und kürzer. Dadurch wirst du mit der Zeit unbeweglich. Durch die folgenden Übungen kannst du einen kleinen Ausgleich schaffen. Ein Aufwärmen ist nicht nötig, da keine Bewegung stattfinden soll. Die Muskeln werden nur angespannt. Außerdem darfst du keine Schmerzen spüren.

Wiederhole jede Aufgabe viermal. Halte jede Muskelanspannung fünf Sekunden lang an und mache zwischen den Übungen zwei Sekunden Pause. Brich die Übung ab, wenn du Schmerzen spürst.

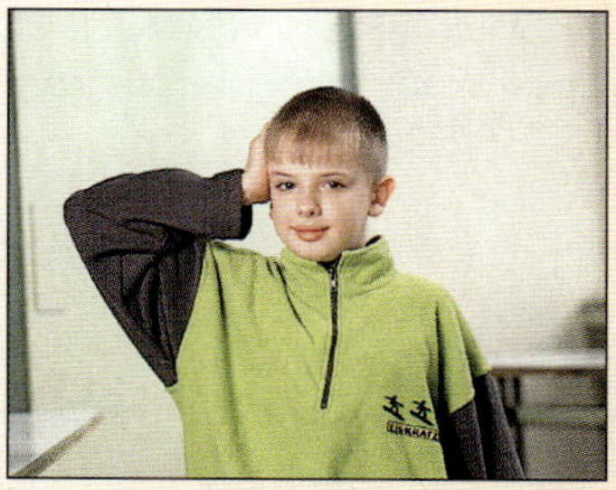

1 A Stärkung der Halsmuskeln

1 B Stärkung der Halsmuskeln

1 a) Drücke deine rechte Hand gegen die rechte Schläfe und drücke den Kopf kräftig dagegen. Wiederhole die Übung mit der linken Seite.
b) Lege die gefalteten Hände gegen die Stirn und drücke gleichzeitig den Kopf gegen die Hände.

2 Stärkung der Rückenmuskeln

2 Hake deine Finger beider Hände ineinander und halte die Arme hoch. Versuche nun die Ellenbogen auseinander zu ziehen.

3 Stärkung der Brustmuskeln

3 Lege deine Handflächen aufeinander. Drücke sie fest gegeneinander.

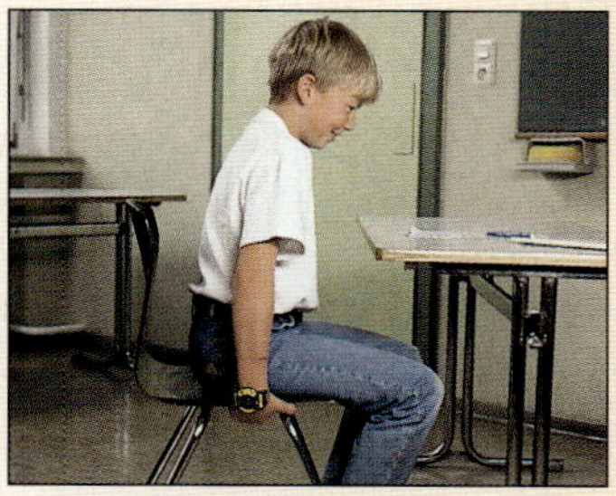

4 Stärkung des unteren Rückens

4 Halte dich mit beiden Händen an der Stuhlunterkante fest. Versuche deinen Rücken gegen diesen Widerstand aufzurichten.

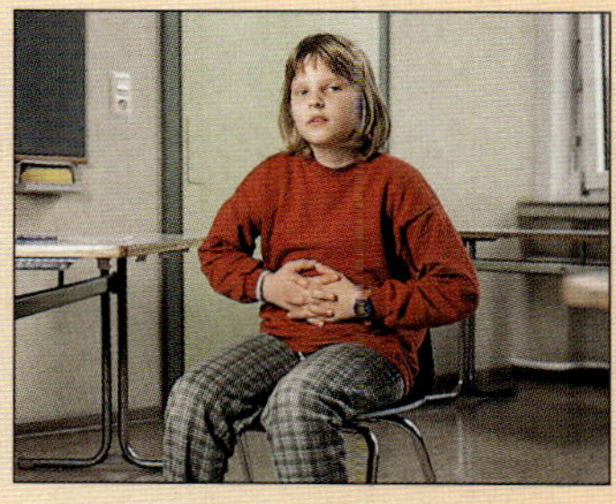

5 Stärkung der Bauchmuskeln

5 Verschränke deine Hände und drücke sie gegen deinen Bauch. Drücke ebenfalls den Bauch gegen die Hände.

6 Stärkung der Beinmuskeln

6 Strecke deine Beine aus, lege die Füße unter den Stuhl deines Nachbarn. Versuche die Stuhlbeine mit ausgestreckten Beinen auseinander zu drücken. Versuche anschließend die Stuhlbeine von außen zusammenzudrücken.

7 Stärkung der Fußmuskeln

7 Strecke die Beine und winkele die Füße an. Lege die Fußspitzen übereinander und drücke sie gegeneinander. Wechsle die Fußspitzen und wiederhole die Übung.

1 Anna und Jörg auf der Wippe

A 1 Wie kann Anna trotz ihrer geringeren Gewichtskraft auf der Wippe mit Jörg ins Gleichgewicht kommen?

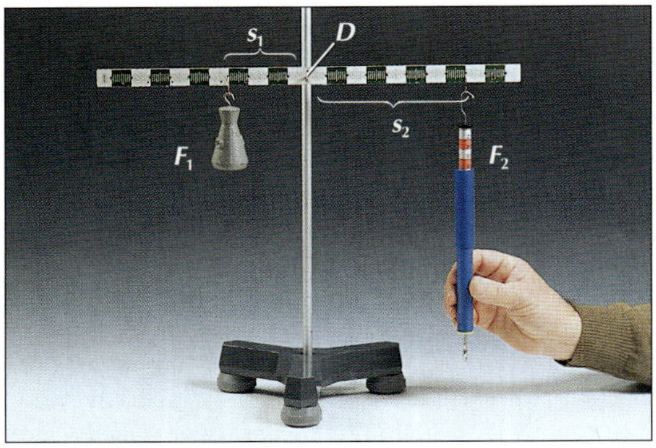

2 Messungen am zweiseitigen Hebel

V 2 a) Hänge an eine Stelle des linken Hebelarms ein Wägestück (Bild 2). Miss mit dem Kraftmesser an verschiedenen Stellen des rechten Hebelarms die Kraft, die du brauchst, um jeweils Gleichgewicht herzustellen. Zeichne eine Tabelle in dein Heft und notiere die Werte.

2.6 Hebel

Beim Hanteltraining bewegst du mit deinem Arm eine Hantel auf und ab. Dazu musst du eine *Kraft* auf die Hantel ausüben, die du mithilfe eines Muskels erzeugst. Anna möchte Jörg auf der Wippe (Bild 1) hochheben. Auch dazu muss sie eine Kraft wirken lassen. Im Moment hält Jörgs Gewichtskraft die Wippe fest. Was Anna tun muss, weißt du. Sie muss vom Drehpunkt der Wippe wegrutschen, dann kann sie Jörg hochheben. Ebenso gut könnte Jörg zur Mitte hinrutschen. Auch dann würde sich die Wippe bewegen. Welcher Zusammenhang tritt hier auf?

In Bild 2 ist ein **Hebel** dargestellt. Dieser Hebel dreht sich bei Belastung um den *Drehpunkt D*. Die Teile des Hebels rechts und links vom Drehpunkt heißen *Hebelarme*. Ihnen entsprechen die Teile der Wippe rechts und links von der Drehachse.
Ein Hebel wie in Abbildung 2, bei dem der Drehpunkt zwischen beiden Hebelarmen liegt, heißt **zweiseitiger Hebel.** Die Länge der Hebelarme reicht vom Drehpunkt D bis zum Angriffspunkt der Kraft. Am Hebelarm s_1 auf der linken Seite des Hebels wirkt eine Kraft F_1. Um den Hebel in Ruhe, also im Gleichgewicht zu halten, muss am rechten Hebelarm s_2 ebenfalls eine Kraft, die Kraft F_2, wirken. Die Größe von F_2 hängt von der Länge des Hebelarms s_2 ab. Für den Gleichgewichtsfall gilt das **Hebelgesetz:**

> Das Hebelgesetz lautet: Ein Hebel ist im Gleichgewicht, wenn das Produkt aus Kraft und Länge des Hebelarms für beide Hebelarme gleich groß ist.

Aus dem Hebelgesetz folgt, dass du für das Gleichgewicht bei doppelt so langem Hebelarm s_2 nur noch die halbe Kraft F_2 einzusetzen brauchst.
Beim einseitigen Hebel gilt das Hebelgesetz in der gleichen Form wie beim zweiseitigen Hebel.

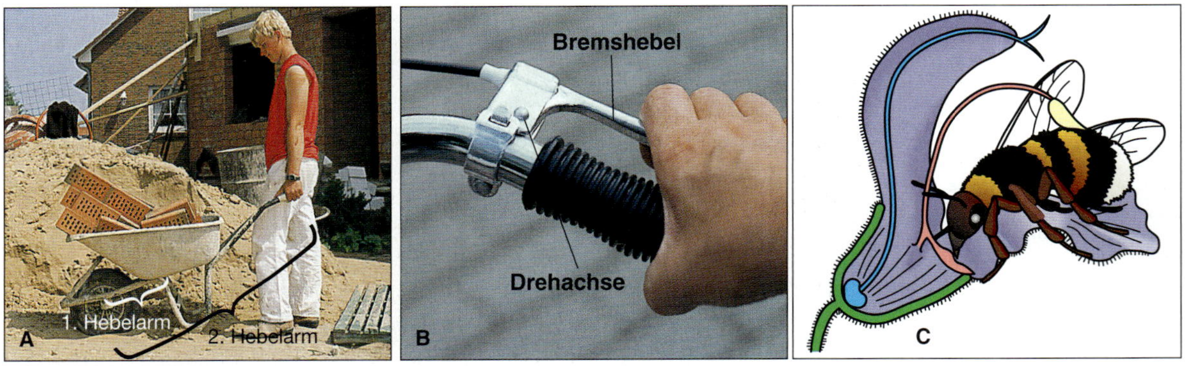

*3 **Verschiedene Hebel. A** Schubkarre; **B** Handbremse; **C** Staubblatt des Wiesensalbeis*

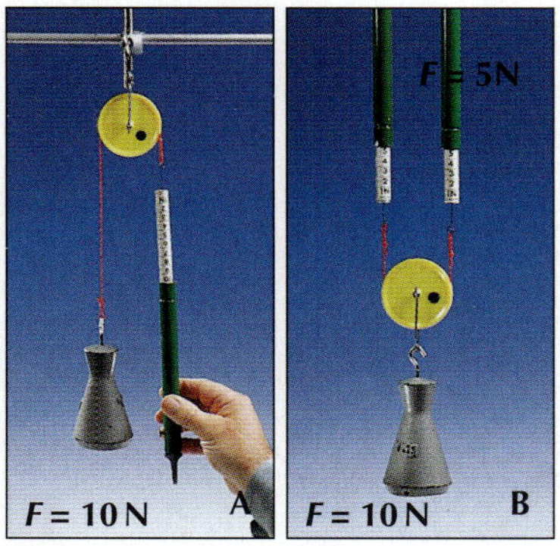

1 *Feste Rolle (A); lose Rolle (B)*

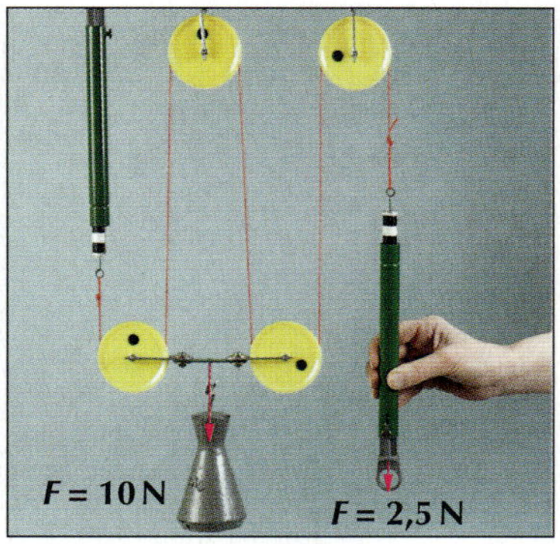

2 *Feste und lose Rollen*

2.7 Feste und lose Rollen

Ziehst du die Masse wie in Bild 1 A über eine Rolle hoch, musst du dabei so viel Kraft aufwenden wie beim senkrechten Hochziehen ohne Rolle. Nur die Richtung der Kraft ändert sich. Diese Anwendungsart der Rolle heißt **feste Rolle,** denn ihre Achse bleibt an einer Stelle.

Lose Rolle

Die Rolle, an der in Bild 1B die Masse hängt, heißt **lose Rolle.** Sie hängt im Seil und wird mit hochgezogen.
Beim Hochziehen der Masse brauchst du die *Hälfte der Kraft* wie bei der festen Rolle. Du musst aber *doppelt so viel Seil* einholen. Du erreichst damit die gleiche Höhe und sparst deshalb keine Hubarbeit.

A1 Wie viel Kraft musst du zum Heben der Masse von 1 kg einsetzen? In welche Richtung wirkt die eingesetzte Kraft?

V2 Ziehe die Masse wie in Bild 1 A über die feste Rolle 20 cm hoch. Miss die Kraft, die du einsetzen musst. Wie viel Seil musst du einholen? Gib auch hier die Richtung der eingesetzten Kraft an.

V3 Ziehe nun die Masse mit einer losen Rolle wie in Bild 1 B wieder 20 cm hoch. Miss jeweils die benötigte Kraft und die eingeholte Seillänge. Vergleiche die Ergebnisse mit denen aus V2.

V4 Baue den Versuch wie in Bild 2 auf, ziehe die Masse wieder 20 cm hoch, miss die benötigte Kraft und die eingeholte Seillänge. Vergleiche auch diese Ergebnisse mit denen von V2.

Flaschenzug

Der **Flaschenzug** besteht aus mehreren festen und losen Rollen. Hier sparst du durch jede lose Rolle einen bestimmten Teil der Kraft. Je mehr Rollen du hast, umso weniger Kraft musst du einsetzen, desto mehr Seil musst du aber einholen.

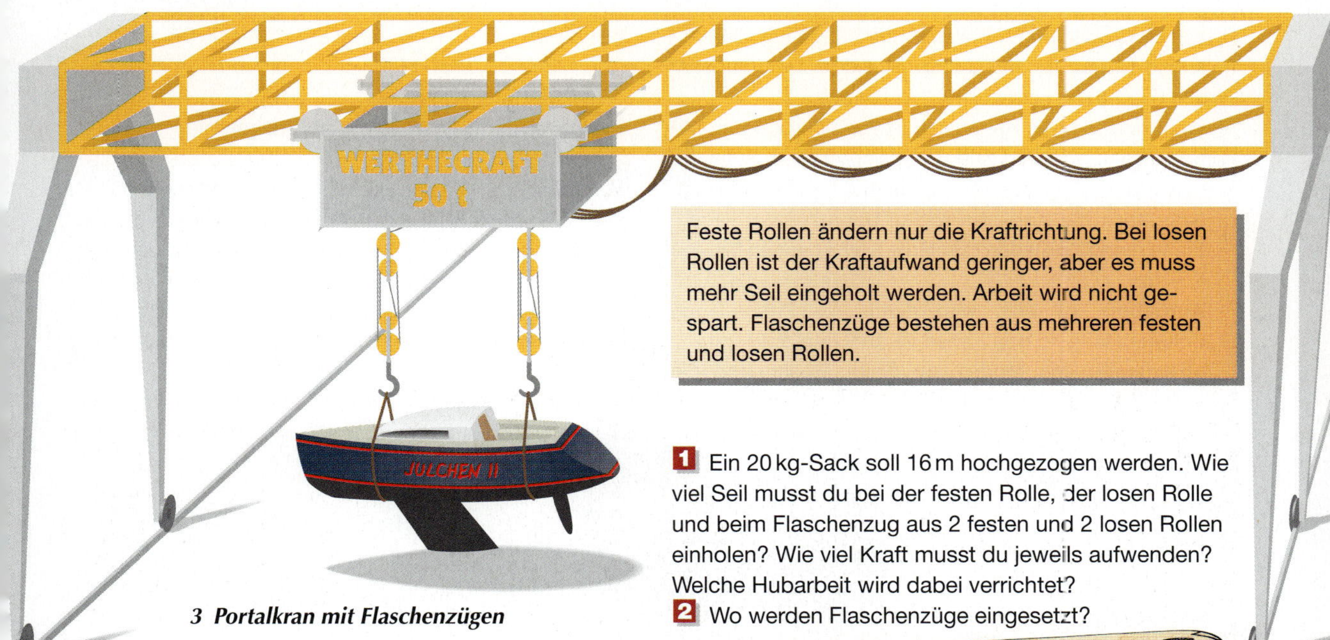

3 *Portalkran mit Flaschenzügen*

Feste Rollen ändern nur die Kraftrichtung. Bei losen Rollen ist der Kraftaufwand geringer, aber es muss mehr Seil eingeholt werden. Arbeit wird nicht gespart. Flaschenzüge bestehen aus mehreren festen und losen Rollen.

1 Ein 20 kg-Sack soll 16 m hochgezogen werden. Wie viel Seil musst du bei der festen Rolle, der losen Rolle und beim Flaschenzug aus 2 festen und 2 losen Rollen einholen? Wie viel Kraft musst du jeweils aufwenden? Welche Hubarbeit wird dabei verrichtet?

2 Wo werden Flaschenzüge eingesetzt?

Goldene Regel der Mechanik: Bei losen Rollen sparst du Kraft, dafür musst du aber mehr Seil einholen. Dabei wird keine Arbeit gespart. Entsprechendes gilt für die Arbeit auf der schiefen Ebene und am Hebel.
Kurz gesagt: „Was du an Kraft sparst, musst du an Weg zugeben."

Praktikum Bewegung

V 1 Biegsamkeit der Wirbelsäule

Material: Wellpappe; Schaumstoff 1 cm dick (Bettenfachgeschäft); Kunststoffkleber; Schere; Locher; Bleistift, Zirkel oder Kreisschablone

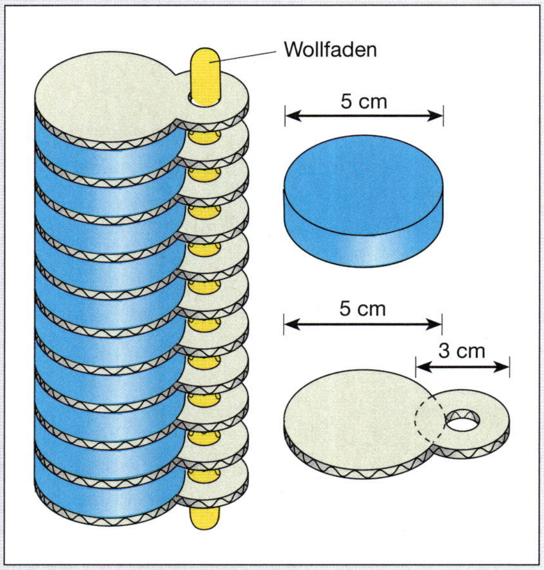

Durchführung: Zeichne 10 Kreise mit einem Durchmesser von 5 cm auf den Schaumstoff und schneide sie aus. Schneide 11 zusammenhängende Doppelkreise wie in der Abbildung mit einem Durchmesser von 5 cm bzw. 3 cm aus der Wellpappe.
Loche die kleinen Kreise wie in der Abbildung zu sehen. Klebe abwechselnd die gleich großen Schaumstoff- und Pappkreise aufeinander. Achte darauf, dass auch die kleineren Kreise übereinander liegen. Ziehe einen Wollfaden durch die Löcher in den kleinen Kreisen.
Aufgaben: a) Was wird durch die Pappe, den Schaumstoff und den Faden veranschaulicht?
b) Krümme das Modell zur Seite. Beschreibe die Verformung der einzelnen Teile. Welche Eigenschaft der menschlichen Wirbelsäule kannst du auf diese Weise nachvollziehen?

V 2 Belastbarkeit der Wirbelsäule

Material: ca. 1,5 m Klingeldraht; Unterlage (Holzbrett, 10 cm breit, 20 cm lang und 2 cm dick); etwa 65 Büroklammern; Kombizange; Lineal

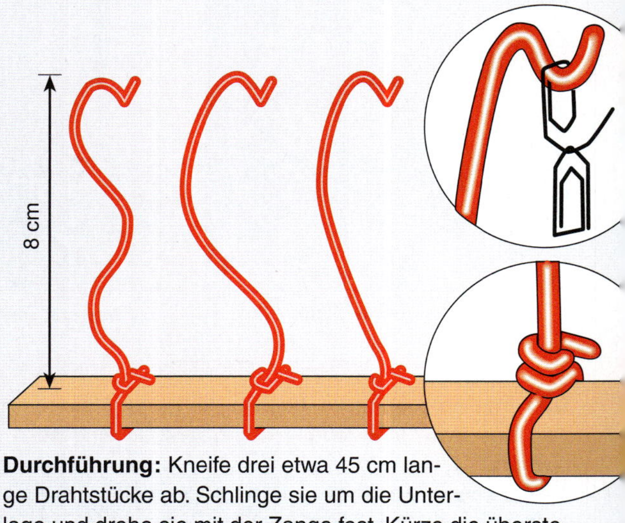

Durchführung: Kneife drei etwa 45 cm lange Drahtstücke ab. Schlinge sie um die Unterlage und drehe sie mit der Zange fest. Kürze die überstehenden Enden auf eine Länge von 13 cm. Biege die einzelnen Drahtstücke zu den abgebildeten Formen. Achte darauf, dass alle drei Drahtformen gleich hoch sind. Hänge auf jede Form wie in der Abbildung eine geöffnete Büroklammer.
Aufgaben: a) Miss die Höhe der Drahtstücke. Belaste die Formen zunächst mit 10 Klammern, dann mit 20 Klammern und miss jeweils ihre Höhe erneut. Welches Modell verbiegt sich am wenigsten?
b) Nenne das Modell, das die menschliche Wirbelsäule wiedergibt. Begründe, warum diese Form besonders vorteilhaft ist.

V 3 Stoßdämpferwirkung der Wirbelsäule

Material: Wirbelsäulenmodell und Büroklammern aus V 2
Durchführung: Stoße die Unterlage auf einen Tisch auf, sodass die Modelle erzittern. Führe diesen Versuch zuerst ohne Belastung durch. Hänge dann je 10 Büroklammern auf die Formen und wiederhole den Versuch. Stelle fest, bei welcher Form die Schwingungen am schnellsten nachlassen.
Aufgabe: Welche Baumerkmale der menschlichen Wirbelsäule sind für die Stoßdämpferwirkung verantwortlich?

V 4 Modell eines Scharniergelenkes

Material: Moosgummiplatte in zwei Farben (Papier- oder Bastelladen); Versandtaschenklammer; Kleber; Schere; Nagelschere, Bleistift, Lineal; Zirkel

→ 2.3 Die Wirbelsäule – Hauptstütze des Skeletts, Seite 250

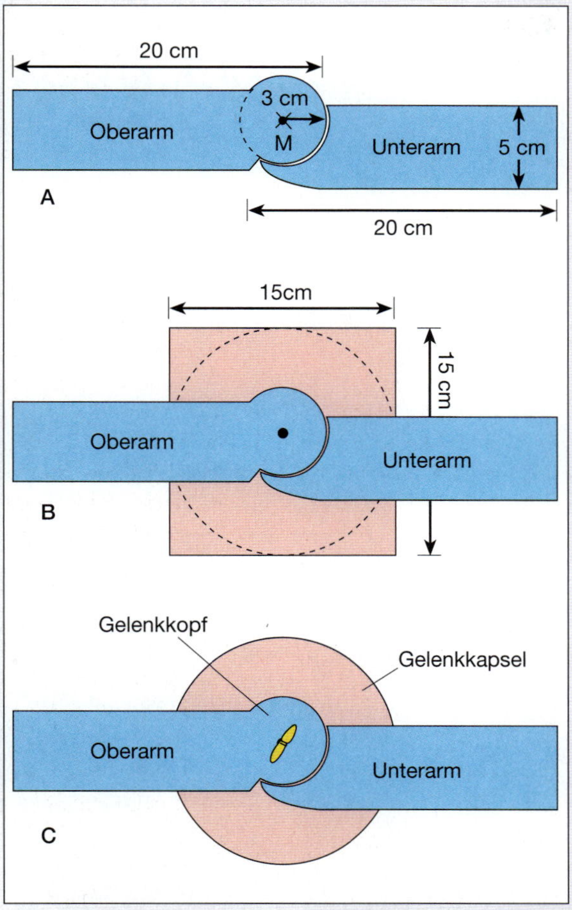

Durchführung: Zeichne das Modell von Oberarm und Unterarm auf Moosgummi in einer Farbe (Bild A). Beginne die Zeichnung mit dem Kreis. Zeichne auch den Kreismittelpunkt ein. Schneide „Oberarm" und „Unterarm" aus.
Zeichne die „Gelenkkapsel" wie in Bild B auf das Moosgummi der anderen Farbe und schneide sie aus. Klebe nun den „Unterarm" wie in Abb. B auf die „Gelenkkapsel".
Loche nun den „Gelenkkopf" in der Mitte. Passe ihn in die „Gelenkpfanne" ein. Markiere das Loch im „Gelenkkopf" auf der Gelenkkapsel. Schneide an der markierten Stelle mit der Nagelschere ein Loch in die Gelenkkapsel. Verbinde nun Gelenkkopf und Gelenkkapsel mit der Versandtaschenklammer (Bild C).
Aufgaben: a) Bewege beide Teile des Modells gegeneinander. In welcher Richtung sind sie beweglich?
b) Vergleiche das Modell mit dem Ellenbogengelenk. Halte Gemeinsamkeiten und Unterschiede fest.

V5 Wie Muskeln arbeiten

Material: Gelenkmodell aus V4, 1 Blatt Zeichenkarton; Wolle; Klebstoff; Locher

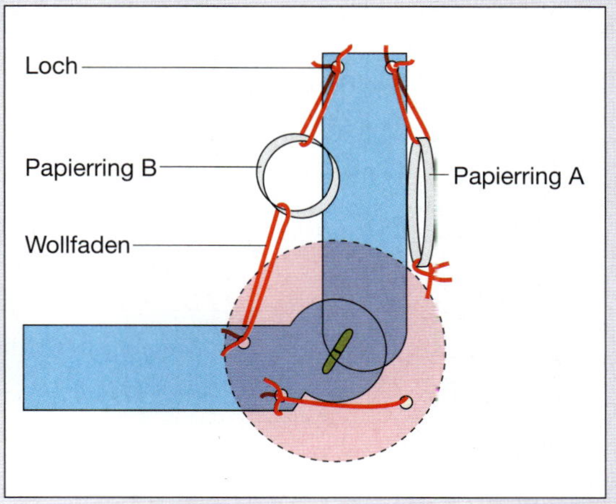

Durchführung: Loche das Moosgummi wie in der Abbildung zu sehen.
Schneide zwei Papierstreifen (1 cm breit, 18 cm lang) zu und klebe sie jeweils zu einem Ring zusammen.
Schneide vier Wollfäden ab (je 25 cm lang) und befestige damit die Papierstreifen an den Drahtringen wie in der Abbildung. Verknote die Wollfäden zunächst aber nur locker.
Beuge den Modellarm und ziehe die Wolle bei Ring A so fest an, dass dieser Ring zu einem Oval verformt wird.
Gleichzeitig sollen die Wollfäden am Ring B zwar gespannt sein, aber der Ring B soll in dieser Armstellung seine kreisrunde Form behalten. Verknote die Wollfäden in dieser Stellung nun endgültig.
Aufgaben: a) Strecke und beuge das Modell. Es muss dabei flach auf der Tischplatte liegen. Beschreibe, wie sich dabei die beiden Papierringe verformen.
b) Beschreibe die Arbeitsweise der Armmuskeln und vergleiche sie mit dem Modell. In welchen Punkten entspricht das Modell nicht der Wirklichkeit?
c) Welche Art Hebel stellt der Unterarm dar? Begründe deine Antwort.
d) Ziehe am linken Ende des Modells nach unten, halte den rechten Teil dabei fest. Beobachte die Aufhängung mit dem Ring B. Wo greifen die Kräfte an?
e) Zeichne das Modell ab. Trage in deine Zeichnung dann den Hebel mit Hebelarmen und Drehpunkt ein.

→ 2.4 Ohne Gelenke keine Beweglichkeit, Seite 252/253

Pflanzen – Tiere – Lebensräume

Wildtiere müssen an ihren Lebensraum angepasst sein, um zu überleben.
→ **Seite 72ff**

Der Wald bietet Lebensraum für viele Tier- und Pflanzenarten.
→ **Seite 110ff**

Welche Bedeutung hat der Wald für uns Menschen?
→ **Seite 124ff**

Viele Pflanzenarten, Tierarten und ganze Lebensräume sind bedroht. Nur durch gezielten Schutz können sie überleben bzw. erhalten werden.

→ **Seite 295**
→ **Seite 335**

Pflanzen sind die Grundlage des Lebens. Welche Bedingungen benötigen sie für Wachstum und Entwicklung? Wie pflanzen sie sich fort?

→ **Seite 132ff**

Wildtiere in ihren Lebensräumen

Menschen haben schon immer den Vogelflug bewundert.
Warum können Vögel fliegen?
Wie nutzen Flugzeugbauer ihre Kenntnisse über den Vogelflug beim Bau von Flugzeugen?

Fische leben im Wasser. Auch Lurche und Frösche verbringen dort einen großen Teil ihres Lebens.
Wie atmen diese Tiere unter Wasser? Wie bewegen sie sich in diesem Lebensraum?
Wie erfolgt die Fortpflanzung und Entwicklung der unterschiedlichen Arten im Wasser?

Der Maulwurf ist ein Säugetier, das im Boden lebt.
Wie ist er an diesen Lebensraum angepasst?
Wie arbeiten seine Sinnesorgane? Wovon ernährt er sich?

*1 **Raubtier Fuchs. A** Jagdverhalten, **B** Raubtiergebiss*

1 Säugetiere – angepasst an ihre Lebensräume

1.1 Der Fuchs – ein Pirschjäger

Einen Fuchs sieht man in der freien Wildbahn nur sehr selten. Er geht erst in der Abenddämmerung auf Beutejagd. Dabei kann er sich auf seine ausgezeichneten **Sinnesorgane** verlassen: die empfindliche Nase, die scharfen Augen und die guten Ohren. Der Fuchs frisst Regenwürmer, Käfer und Schnecken, manchmal sogar Früchte und Pilze. Hauptsächlich lebt er aber von Kleinsäugern wie Mäusen, Kaninchen und Eichhörnchen. Hat der Fuchs eine Beute entdeckt, schleicht er sich vorsichtig näher. Dann springt er sie mit einem weiten Satz an. Mit einem einzigen Biss der spitzen Fangzähne seines **Raubtiergebisses** tötet er das Beutetier.

Leben im Fuchsbau

Füchse haben einen unterirdischen Erdbau, den *Fuchsbau*. Er besteht aus mehreren Wohnbereichen, die durch Gänge miteinander verbunden sind. Ein Fuchsbau hat meist mehrere Ausgänge, die oft versteckt angelegt sind.

Im Bau bringt die Füchsin im Frühjahr ihre Jungen zur Welt. Die Welpen sind zunächst nackt, blind und hilflos. Man bezeichnet sie als **Nesthocker.** Nach etwa vier Wochen können sie zum ersten Mal den Bau verlassen.

Füchse können *Tollwut* übertragen, eine auch für Menschen und Haustiere gefährliche Krankheit. Man bekämpft die Tollwut, indem man für den Fuchs Nahrungsstücke, die mit Impfstoff versehen sind, im Wald auslegt.

Der Fuchs ist ein Pirschjäger mit hoch empfindlichen Sinnesorganen. Als Raubtier ernährt er sich vor allem von Kleintieren des Waldes, der Wiesen und Felder.

1 Der Fuchs besitzt Eigenschaften von Hund und Katze. Nenne je eine.

2 Betrachte Abbildung 1 B. Woran erkennst du, dass der Fuchs ein Raubtiergebiss hat?

*2 **Pirschender Fuchs***

→ Säugetiere lassen sich ordnen, Seite 292/293

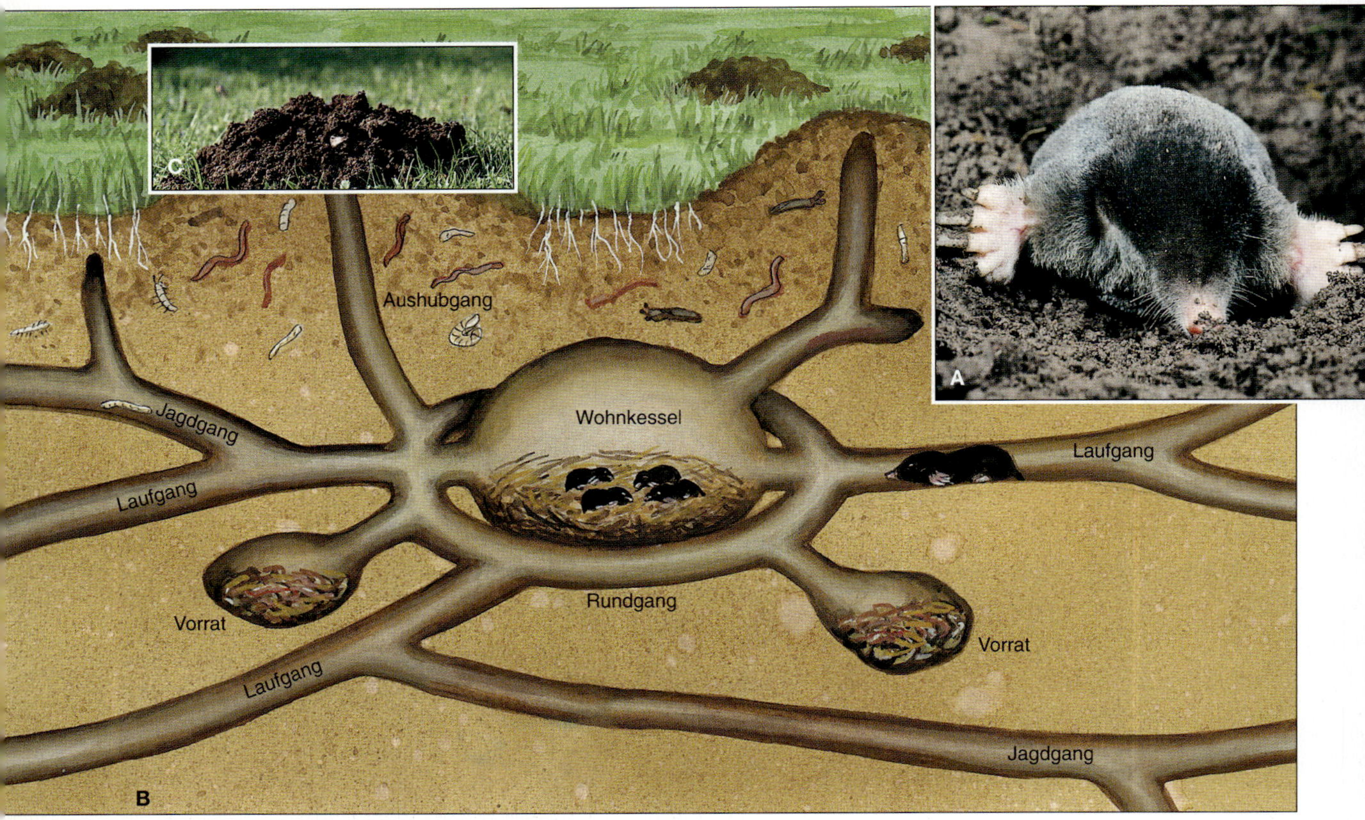

***1 Maulwurf. A** Kopf und Grabhände; **B** Maulwurfsbau; **C** Maulwurfshügel*

1.2 Der Maulwurf – ein unterirdischer Spezialist

„Das gibt's doch nicht!", hören Pia und Carsten ihren Nachbarn schimpfen. Herr Schwarz steht auf seinem Rasen, der mit aufgeworfenen Erdhügeln übersät ist. „Schon wieder ein Maulwurf in meinem Garten!", wettert er.

Du hast sicherlich auch schon solche Erdhügel, die *Maulwurfshaufen,* in Gärten, Parks oder auf Wiesen gesehen. Sie sind der Beweis für die Anwesenheit eines Maulwurfs. Sehen kann man ihn allerdings nur sehr selten, weil er hauptsächlich unter der Erde lebt. In diesem unterirdischen Lebensraum liegt auch sein *Wohnkessel.* Er ist mit Gras, Moos und anderen Pflanzenteilen ausgepolstert und wird zum Schlafen benutzt. Auch die Jungen werden hier geboren und aufgezogen. Um den Wohnkessel verläuft ein *Rundgang,* von dem verschiedene *Laufgänge* abzweigen. Die Wände der Gänge sind fest und glatt, sodass sich der Maulwurf

2 Nahrung des Maulwurfs

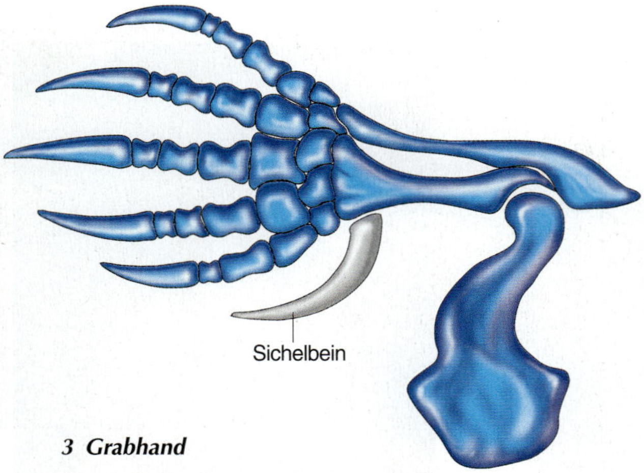

3 Grabhand

schnell in ihnen bewegen kann. Die Laufgänge führen in das **Jagdrevier** des Maulwurfs. Hier gräbt er lockere, dicht unter der Erdoberfläche verlaufende Jagdgänge. Die losgescharrte Erde wird über besondere Aushubgänge an die Erdoberfläche geschoben. So entstehen die typischen Maulwurfshügel.

Mehrmals am Tag läuft der Maulwurf sein Gangsystem ab und sucht nach eingedrungenen Beutetieren. Seine Nahrung besteht aus Insektenlarven, Käfern, Regenwürmern, Schnecken und manchmal Jungmäusen. Die harten Panzer der Insekten und Larven kann er mit den nadelspitzen Zähnen seines **Insektenfressergebisses** leicht knacken. Da er an einem Tag etwa so viel fressen muss wie er selbst wiegt, geht er alle drei bis vier Stunden auf Beutejagd. Maulwürfe sind das ganze Jahr über aktiv. Im Winter verlegen sie ihr Jagdrevier in tiefere Bodenschichten. Dorthin ziehen sich auch ihre Beutetiere zurück.

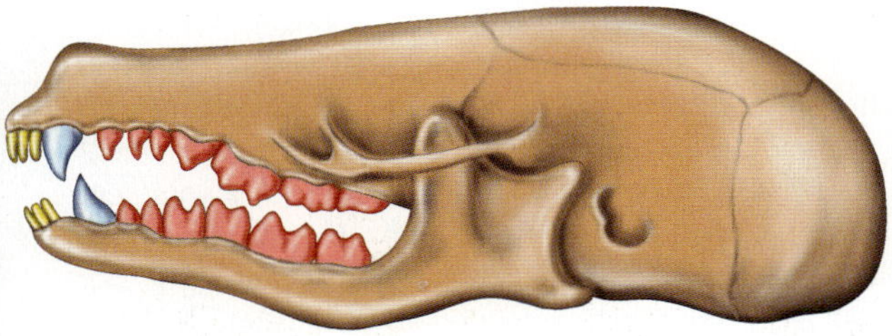

4 Insektenfressergebiss

Hin und wieder hat man in Maulwurfsrevieren Ansammlungen von „angebissenen“ Regenwürmern gefunden. Lange Zeit nahm man an, dass es sich hierbei um Wintervorräte handelt. Tatsächlich aber sind es Vorratsspeicher, mit denen der Maulwurf das ganze Jahr über Zeiten überbrückt, in denen die Nahrung knapp ist.
Beim Aufspüren der Nahrung helfen dem Maulwurf sein guter Geruchssinn, sein feines Gehör und sein ausgezeichneter Tastsinn. Die Sehfähigkeit ist dagegen nicht besonders gut.

Der Maulwurf ist an sein Leben unter der Erde angepasst. Der kurze, walzenförmige Körper geht ohne erkennbaren Hals in den Kopf über. Dieser endet vorne in einer durch Knorpel verstärkten Rüsselspitze. Er ist bis auf die Pfoten und die Rüsselspitze von einem schwarzen, samtartigen und sehr dichten Pelz bedeckt, der ihn vor Nässe und Kälte schützt. Das Fell hat keine Strichrichtung. So kann sich der Maulwurf in seinen Gängen vorwärts und rückwärts gleichermaßen gut bewegen. Die Augen sind sehr klein und im Fell verborgen. Ohrmuscheln fehlen ganz. Mund- und Nasenöffnung sind nach unten gerichtet. Beim Graben werden Ohröffnungen, Mund und Nase durch besondere Hautfalten verschlossen, damit Sand und Erde nicht eindringen können.

Auffällig sind die seitlich am Körper befindlichen Vorderbeine, die zu **Grabhänden** umgebildet sind. Die Handflächen zeigen nach hinten. Die fünf kurzen Finger sind teilweise durch Häute miteinander verbunden. Neben dem Daumen hat der Maulwurf außerdem noch einen sichelförmigen Knochen, die *Scharrkralle,* auch *Sichelbein* genannt. Alle Finger haben lange, breite und an der Spitze sehr scharfe Krallen. Sie sind damit für die Wühlarbeit bestens geeignet. Die Hinterbeine dienen dagegen vorwiegend der Fortbewegung.

Maulwürfe leben als Einzelgänger in unterirdischen Bauten mit einem weit verzweigten Gangsystem.
Mit ihrem Insektenfressergebiss zerkleinern sie Larven, Käfer, Regenwürmer und Schnecken.
Ihr Körper ist an das Leben unter der Erde angepasst.
Maulwürfe sind geschützt und dürfen nicht getötet werden.

1 Maulwürfe wiegen etwa 90 Gramm. Berechne: Wie viel frisst ein Maulwurf etwa in einer Woche, in einem Monat, in einem Jahr?
2 Maulwürfe werden oft als Schädlinge bezeichnet. Wie stehst du zu dieser Behauptung?
3 Nenne anhand der Abbbildung 2 einige Beutetiere des Maulwurfs.
4 Maulwürfe haben ein typisches Insektenfressergebiss. Finde mithilfe der Abbildung 4 Merkmale dieses Gebisses. Vergleiche es mit der Abbildung des Hundegebisses in diesem Buch.

1 Große Hufeisennase

1.3 Die Fledermaus jagt im Flug

Im Sommer kannst du am Stadtrand oder auf dem Lande in der Abenddämmerung manchmal die Umrisse von fliegenden Tieren am Himmel beobachten. Ständig mit den Flügeln auf und ab schlagend flattern diese Tiere lautlos in einem unruhigen Zickzackflug umher. Diese Art des Fliegens verrät dir, dass es sich nicht um Vögel, sondern um **Fledermäuse** handelt.

Fledermäuse sind Säugetiere, die fliegen können. Ihre Vordergliedmaßen sind zu Flügeln umgebildet. Im Gegensatz zu den Vögeln haben sie jedoch keine Federflügel, sondern Hautflügel. Diese *Flughäute* sind zwischen Armen, Beinen, Rumpf und Schwanz ausgebildet. Die Vordergliedmaßen haben sehr lange Knochen. Hierdurch können die Flughäute eine genügend große Oberfläche erreichen, um die Fledermaus in der Luft zu halten. Besonders stark verlängert sind die Unterarmknochen sowie die Mittelhand- und Fingerknochen. Nur die kurzen Daumen und die kleinen Füße ragen über die Flughäute hinaus. In Ruhe sind die Arm- und Fingerknochen mit den Flughäuten an den Körper angelegt. Zum Flug werden sie, ähnlich wie Rahmen und Bespannung eines Schirmes, aufgespannt. Zum Spannen der Schwanzflughaut dienen zusätzliche Knochen an den Füßen, die *Sporenbeine.*
Fledermäuse sind sehr geschickte Flieger. Allerdings erscheint ihr Flug nicht so elegant wie bei den Vögeln. Sie können nur schlecht gleiten oder im Aufwind segeln. Wegen ihres Flatterfluges nennt man die Fledermäuse auch **Flattertiere.**

Fledermäuse haben wie Maulwürfe ein *Insektenfressergebiss.* Sie ernähren sich vor allem von Schmetterlingen, Käfern und anderen Insekten, die sie als Nachtjäger im Fluge erbeuten.
Wie spüren sie aber in der Dunkelheit ihre Beute auf und wie gelingt es ihnen, zwischen Bäumen und anderen Hindernissen hindurchzufliegen, ohne anzustoßen? Während des Fluges stößt die Fledermaus in regelmäßigen Abständen kurze *Ultraschallrufe* aus, die für den Menschen unhörbar sind. Trifft dieser Schall auf ein Hindernis, zum Beispiel einen Baum oder ein Beutetier, so kehrt er von dort als *Echo* zurück. Je weiter der Gegenstand entfernt ist, umso länger braucht das Echo, um wieder zur Fledermaus zurückzukommen. Mit ihren großen Ohrmuscheln und ihrem feinen Gehör kann sie diese Echos wahrnehmen. Aus der Zeitverzögerung zwischen dem Ultraschallruf und dem Echo sowie der Richtung und der Stärke des Echos ist es der Fledermaus möglich, Entfernung, Lage und Größe eines Gegenstandes oder eines Beutetieres genau zu bestimmen. Im Experiment konnten Fledermäuse durch diese *Echopeilung* sogar dünne, im Raum gespannte Drähte orten und umfliegen, auch wenn ihnen die Augen verbunden waren. Verstopfte man den Tieren aber die Ohren, sodass sie die Ultraschallechos nicht mehr hören konnten,

→ Praktikum: Einfache Versuche zum Fliegen, Seite 272/273

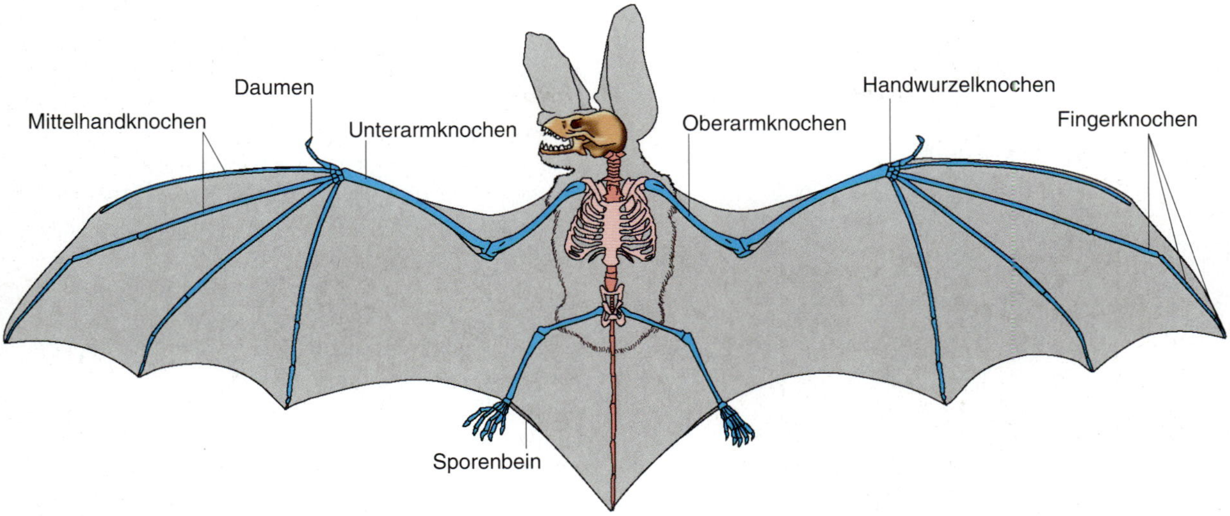

2 Skelett einer Fledermaus

verloren sie im Dunkeln sofort ihre Orientierungsfähigkeit.

Den Tag verbringen Fledermäuse in geschützten Verstecken. Dort krallen sie sich mit den Hinterbeinen an Vorsprüngen fest und hängen schlafend mit dem Kopf nach unten.

Da im Winter das Nahrungsangebot an fliegenden Insekten nicht mehr ausreicht, halten Fledermäuse einen **Winterschlaf.** In ihren frostsicheren Winterquartieren bilden sie häufig große Kolonien, um sich gegenseitig zu wärmen.

Im Frühjahr sammeln sich die Weibchen vieler Fledermausarten zu größeren Gesellschaften, den so genannten *Wochenstuben.* Jedes Tier bringt dann ein Junges zur Welt. Die winzigen Neugeborenen sind noch nackt und blind. Sie klammern sich am Fell des Muttertieres fest und werden in den ersten Wochen auch im Flug mitgenommen.

Die meisten Fledermausarten sind bei uns heute selten geworden. Umweltschützer bemühen sich, die Lebensbedingungen der Tiere zu verbessern. Dazu gehört es beispielsweise, ihnen geeignete Unterschlupfmöglichkeiten anzubieten.

Fledermäuse sind fliegende Säugetiere. Sie haben große Flughäute. Unterarmknochen, Mittelhand- und Fingerknochen sind stark verlängert. Nachts orientieren sich die Tiere im Flug durch Echopeilung mit Ultraschall. Die Nahrung besteht aus Insekten, die im Flug gejagt werden.

3 Ruhende Fledermäuse

1 Erläutere, wie sich Fledermäuse in der Dunkelheit orientieren können.

2 Beschreibe das Skelett einer Fledermaus. Nenne Anpassungen an die Flugfähigkeit.

3 Vergleiche den Flügel einer Fledermaus mit einem Vogelflügel. Nenne Gemeinsamkeiten und Unterschiede. Nimm zur Bearbeitung auch den Körperbau der Möwe zu Hilfe, den du in diesem Buch findest.

4 An den Fledermausflügeln ragen die Daumen als einzige Finger über die Flughäute hinaus. Überlege, welche Aufgaben die Daumen haben könnten.

5 Erkundige dich bei einem örtlichen Naturschutzverband, welche Fledermausarten an deinem Schulort vorkommen und wie sie geschützt werden.

→ Vögel – Wirbeltiere in Leichtbauweise, Seite 268/269

1 Möwe

2 Vögel sind fliegende Wirbeltiere

2.1 Vögel – Wirbeltiere in Leichtbauweise

Immer wieder schaut Felix bewundernd den Flugkünsten der Möwen zu. „Warum können wir nicht segeln und fliegen wie die Vögel?", fragt er seine Mutter. „Nun" antwortet diese, „der Vogelkörper ist für das Fliegen gebaut, ein Mensch aber nicht."

Schauen wir uns den Vogelkörper einmal genauer an. Er ist stromlinienförmig gebaut. Den gesamten Körper bedeckt ein **Federkleid,** nur Schnabel und Füße sind ohne Gefieder. Durch die dachziegelartige Anordnung der Federn werden Unebenheiten ausgeglichen. So kann die Luft ohne großen Widerstand vorbeiströmen. Unter den **Deckfedern** bilden die weichen **Daunenfedern** eine wärmende Schutzschicht. Sie schließen viel Luft ein und bewahren den Vogel vor Wärmeverlusten. Flügel und Schwanz besitzen große, zum Fliegen notwendige **Schwungfedern.** An ihnen kannst du besonders gut den Aufbau einer Feder erkennen. Von einem hohlen Schaft zweigen nach beiden Seiten viele Federäste ab. Sie bilden die *Fahnen.* Von jedem Federast zweigen wiederum *Strahlen* ab. Sie sind – wie bei einem Klettverschluss – durch kleine Häkchen miteinander verzahnt.

Vögel haben ein Knochenskelett wie alle anderen Wirbeltiere. Trotzdem ist ein Vogel wesentlich leichter als ein Säugetier gleicher Größe. In den großen Röhrenknochen befindet sich Luft. Dadurch sind sie erheblich leichter als die mit Mark gefüllten Säugetierknochen. Ein Netzwerk aus knöchernen Verstrebungen verleiht ihnen Stabilität. Das geringe Körpergewicht stellt eine weitere Angepasstheit an das Leben in der Luft dar.

Die Wirbelsäule ist starr, da alle Wirbel von der Brust bis zum Schwanz miteinander verwachsen sind. Dadurch können Vögel während des Fluges die richtige Körperhaltung bewahren. Auch die Rippen und das Brustbein sind fest miteinander verbunden. An dem kielförmig gebauten Brustbein sitzen die starken Brustmuskeln, mit denen die Flügel bewegt werden.

Eine besondere Einrichtung bei Vögeln sind die **Luftsäcke.** Sie zweigen von der Lunge ab und liegen zwischen den Muskeln und Organen des Rumpfes. Einige reichen bis in die Knochen. Wie Blasebälge pumpen sie die Luft beim Ein- und Ausatmen durch die Lunge. So kann das Blut mehr Sauerstoff aufnehmen. Beim Fliegen erbringen die Muskeln Hochleistungen und brauchen besonders viel Sauerstoff.

→ Wie Vögel fliegen, Seite 270/271
→ Praktikum: Einfache Versuche zum Fliegen, Seite 272/273

Auch die Ernährungsweise ist dem Fliegen angepasst. Vögel fressen häufig. Dabei nehmen sie aber immer nur kleine Mengen an Nahrung zu sich. Die Nahrung wird rasch verdaut. Unverdauliche Reste werden schnell ausgeschieden. So wird der Körper nicht durch zusätzliches Gewicht belastet.

Sogar die Art der Fortpflanzung dient der Gewichtsverminderung. Vögel pflanzen sich mithilfe von Eiern fort. Diese reifen nicht gleichzeitig, sondern nacheinander. Sie werden mit zeitlichem Abstand gelegt. So spart der Vogel Gewicht. Außerdem entwickeln sich die Jungen außerhalb des Vogelkörpers. Auch das bringt im Vergleich zu den Säugetieren eine Gewichtsersparnis.

Vögel sind durch Stromlinienform, Federkleid, Bau des Skeletts, Ernährung und Fortpflanzung dem Lebensbereich Luft angepasst.

1 Betrachte den Bau des Vogelflügels und vergleiche mit dem Bau eines Hundebeines.

2 Untersuche das Vogelskelett. Verwende dazu das Skelett eines Brathähnchens.

a) Finde Hand, Unterarm und Oberarm heraus.

b) Beschreibe den Aufbau des Brustbeins.

3 Untersuche eine Vogelfeder, auch mit Hilfe einer Lupe.

a) Zeichne die Feder in dein Heft.

b) Beschrifte deine Zeichnung mit den Begriffen aus Abbildung 2C.

c) Untersuche und erkläre, wie die Teile der Feder zu einer geschlossenen Fläche vereinigt sind.

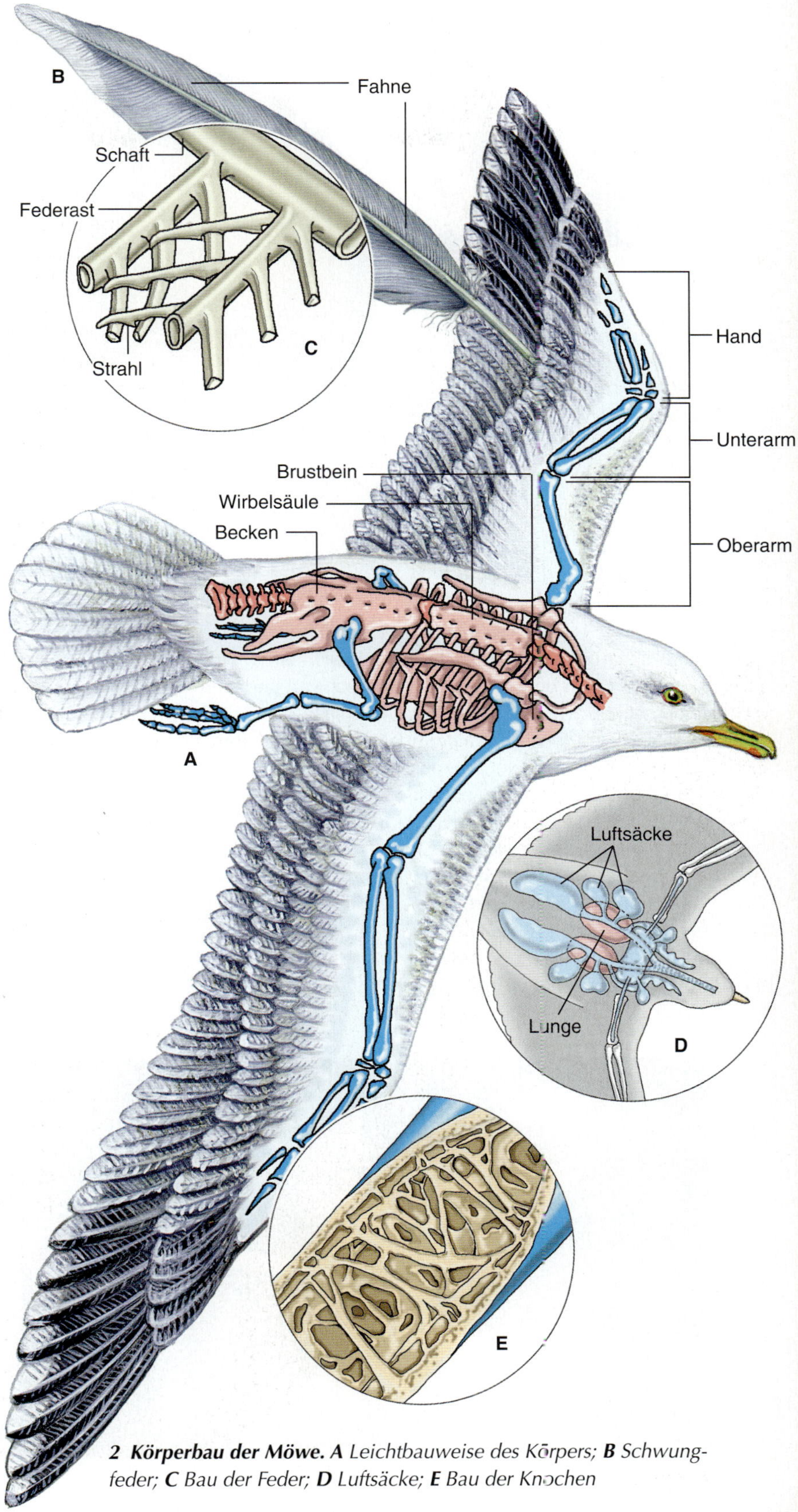

2 Körperbau der Möwe. ***A*** *Leichtbauweise des Körpers;* ***B*** *Schwungfeder;* ***C*** *Bau der Feder;* ***D*** *Luftsäcke;* ***E*** *Bau der Knochen*

→ Die Fledermaus im Flug, Seite 266/267
→ Wasservögel sind den Zonen des Sees angepasst, Seite 342/343

1 ***Rauchschwalbe.***
A *Gleitflug;*
B *Wasser aufnehmend;*
C *Ruderflug*

2.2 Wie Vögel fliegen

Es ist immer wieder faszinierend, Rauchschwalben bei ihren Flugmanövern zu beobachten. In schnellem Flug steuern sie zum Beispiel eine Wasserfläche an und gleiten dicht über die Oberfläche. Sie tauchen kurz mit dem Schnabel ein um Wasser aufzunehmen und steigen mit ein paar Flügelschlägen wieder auf. Das alles geht so schnell, dass man die einzelnen Flugphasen kaum unterscheiden kann.
Leichter ist der Flug beim Höckerschwan zu beobachten. Ehe der Schwan von einer Wasserfläche auffliegen kann, nimmt er Wasser tretend einen langen Anlauf. Dabei bewegt er die Flügel auf und ab, um die Schwerkraft zu überwinden und den nötigen Auftrieb zu erzeugen. Beim Abwärtsschlag werden die Flügel schräg nach unten geführt. Die Federn bilden eine geschlossene, luftundurchlässige Fläche. So kann sich der Schwan in der Luft halten und gleichzeitig vorwärts bewegen. Beim Aufwärtsschlag werden die Federn so gedreht, dass die Fahnen senkrecht stehen und die Luft zwischen ihnen hindurchströmen kann. Die Flügel werden angewinkelt nach oben gezogen, sodass der Flug nicht abgebremst wird und der Schwan nicht an Höhe verliert. Dieser **Ruderflug** ist die häufigste Form des Vogelflugs. Die Landung erfolgt im **Gleitflug.** Dabei werden die Flügel nicht mehr bewegt, sondern ausgebreitet in der Luft gehalten. Die Anziehungskraft der Erde sorgt dafür, dass der Vogel langsam zu Boden gleitet. Die Flügel bremsen wie

2 ***Auffliegender Höckerschwan***

3 ***Ruderflug des Höckerschwans***

→ Praktikum: Einfache Versuche zum Fliegen, Seite 272/273
→ Praktikum: Vogelflug, Seite 274

4 Fliegender Höckerschwan

6 Schwirrflug des Kolibris

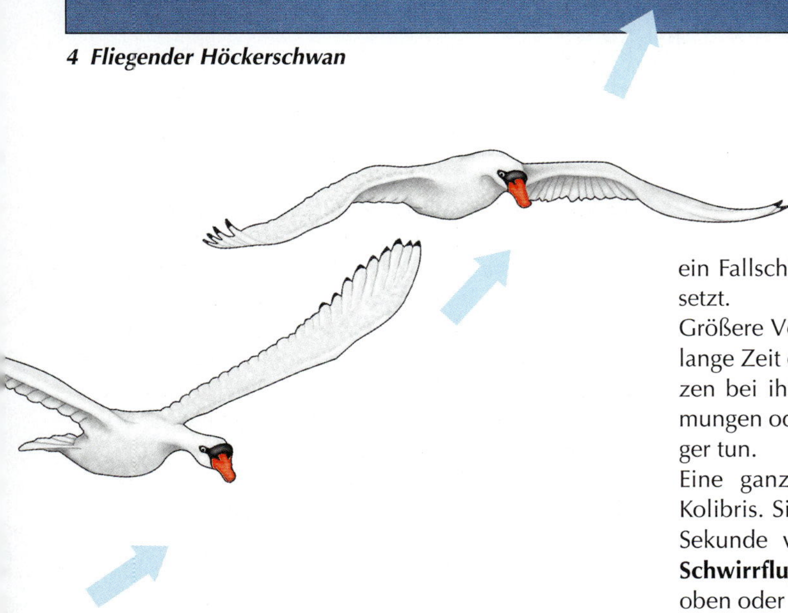

ein Fallschirm und der Schwanz wird als Steuer eingesetzt.

Größere Vögel können sich auch während des Fluges lange Zeit ohne Flügelschlag in der Luft halten. Sie nutzen bei ihrem **Segelflug** aufsteigende warme Luftströmungen oder Aufwinde aus, wie das auch die Segelflieger tun.

Eine ganz besondere Flugtechnik beherrschen die Kolibris. Sie bewegen ihre Flügel bis zu 70 Mal in der Sekunde vor und zurück. Dadurch können sie im **Schwirrflug** auf der Stelle „stehen", senkrecht nach oben oder unten und sogar rückwärts fliegen. Auch der Turmfalke „steht" beim **Rüttelflug** auf der Stelle. Er benutzt diese Technik, um den Erdboden nach Beutetieren abzusuchen. Dabei bewegt er seine Flügel sehr schnell. Die Schwanzfedern sind breit gefächert gegen die Flugrichtung gestellt und wirken als Bremse.

Der Flug der Vögel beruht auf einem Zusammenspiel von Muskelkraft, Flügelform und Federstellung.

5 Rüttelflug des Turmfalken

1 Beschreibe die Flugtechnik bei der Rauchschwalbe, beim Höckerschwan und beim Kolibri.

2 Beschreibe den Rüttelflug anhand des Textes und Abbildung 5.

3 Welche der beschriebenen Flugtechniken benötigen besonders viel Muskelkraft? Begründe.

→ Streifzug: Der Traum vom Fliegen, Seite 275

Praktikum

Einfache Versuche zum Fliegen

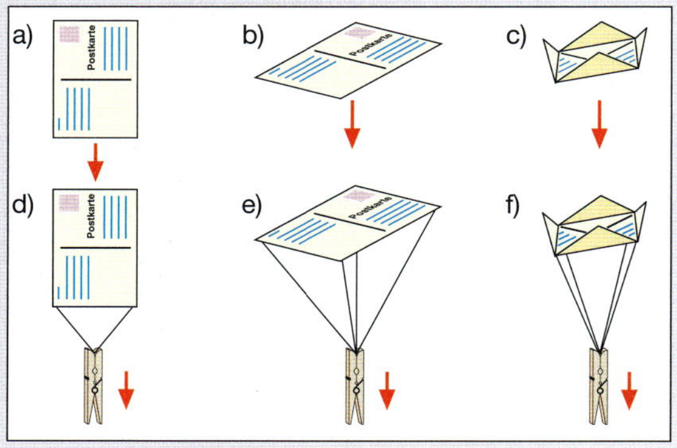

1 Postkarte fällt auf verschiedene Arten zu Boden.

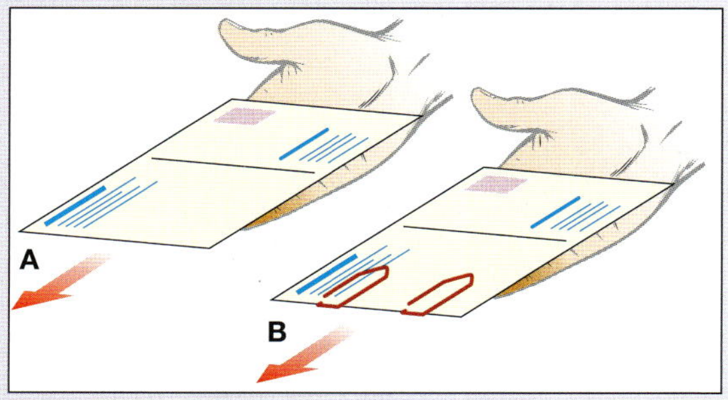

2 Postkarten. A unbeschwert; B beschwert

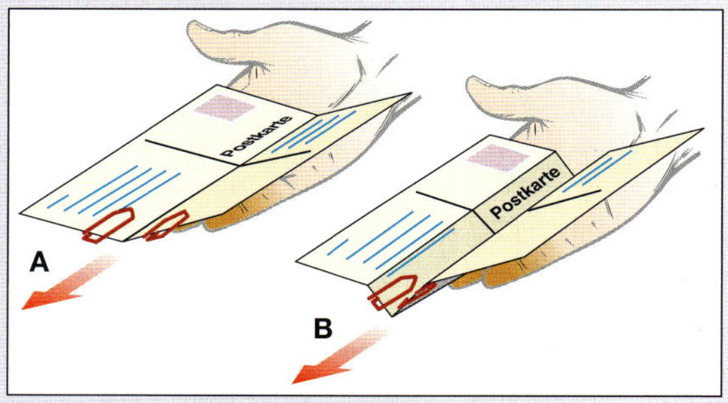

3 Postkarten. A einmal geknickt; B dreimal geknickt

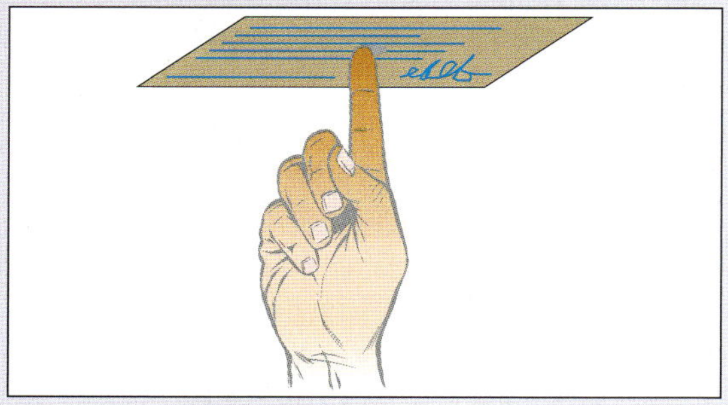

4 Postkarte balancieren

Vögel, Fledermäuse, viele Insekten und vom Menschen gebaute Fluggeräte ähneln sich in ihrer Form und fliegen nach denselben physikalischen Gesetzen. Einige dieser Gesetze sollst du in diesem Praktikum erarbeiten. Dazu werden dir viele Experimente vorgeschlagen, die mit einfachen Mitteln in der Schule und auch zu Hause durchgeführt werden können.

Als Materialien benötigst du lediglich mehrere Postkarten, Wäscheklammern und Büroklammern, eine Rolle Nähgarn, einen Bogen DIN A4-Papier, durchsichtiges Klebeband, eine Uhr, eine Schere und eine Gabel.

Versuche zur Gleitfähigkeit von Postkarten

V 1 Lass wie in Bild 1 eine Postkarte aus 2 m Höhe auf verschiedene Arten zu Boden fallen. Miss jeweils die Fallzeit, beschreibe die Flugbahnen und vergleiche sie miteinander.

A 2 In welchen Fällen ist die Fallzeit besonders groß? Warum ist das so?

V 3 Lass eine Postkarte aus der flachen Hand leicht nach vorn geneigt fallen (Bild 2 A). Beschwere sie dann nach jedem Gleitversuch an der Vorderseite mit Büroklammern (Bild 2 B), bis sie auf einer gleichmäßig geneigten Bahn möglichst ruhig und weit gleitet.
a) Welche Bewegungen macht sie?
b) In welchem Fall gleitet sie am besten?
c) Wie lange ist sie jeweils unterwegs? Vergleiche die Ergebnisse mit V1.

A 4 In welchem Fall gleitet eine Postkarte schräg und geradlinig nach unten?

V 5 a) Knicke eine Postkarte einmal (Bild 3 A). Beschwere sie dann wie in V 3 vorn mit Büroklammern und lass sie gleiten. Beschreibe die Flugbahn.
b) Knicke eine Postkarte dreimal (Bild 3 B). Beschwere sie wie in Versuch a) erneut mit Büroklammern und lass sie gleiten. Beschreibe die Flugbahn.
c) In welchem Fall gleitet sie am besten?

V 6 a) Balanciere wie in Bild 4 eine Postkarte auf einem Finger. Markiere auf der Postkarte den Punkt, in dem sie sich im Gleichgewicht befindet.
Hinweis: Dieser Punkt heißt **Schwerpunkt**.
b) Beschwere diese Postkarte wie in Bild 2 B mit Büroklammern. Markiere anschließend erneut den Schwerpunkt.
c) Vergleiche die Lage der Schwerpunkte in a) und b). Was fällt dir auf?

Versuche zum Flugverhalten von Papierfliegern

Bauanleitung:
Falte nach Bild 6 aus einem Bogen DIN A4-Papier einen Gleiter, indem du zunächst entlang der Mittellinie AB faltest und wieder aufklappst. Knicke anschließend den Bogen so ein, dass die Eckpunkte C und D auf die Mittellinie treffen. Mache das Gleiche mit den so entstandenen Eckpunkten E und F. Lege die beiden Hälften entlang der Mittellinie aufeinander und falte jede Seite längs der Verbindungslinie GH zurück. Knicke nun die Flügelenden auf beiden Seiten entlang der Strecke IJ zurück und klappe den Flieger auf. Klebe die oberen Flächen mit Klebestreifen so zusammen, dass der Gleiter seine Form behält.

V7 Versuche deinen Papierflieger auf einer Essgabel zu balancieren. Fahre dazu mit der Gabel wie in Bild 5 an dem Steg des Fliegers entlang, bis du ihn auf den Gabelspitzen balancieren kannst. Markiere den Schwerpunkt und lass den Papierflieger dann fliegen.

V8 Beschwere den Papierflieger an der Spitze mit einer Büroklammer oder mit mehreren Klebestreifen. Führe V7 erneut durch. Vergleiche die Lage der Schwerpunkte und das Flugverhalten des Gleiters.

V9 a) Beschwere den Papierflieger wie in V8, aber nun am hinteren Teil. Wiederhole V7 und vergleiche die Lage der Schwerpunkte sowie das Flugverhalten des Gleiters in allen drei Versuchen. Was stellst du fest?
b) Wann fliegt der Papierflieger am besten?

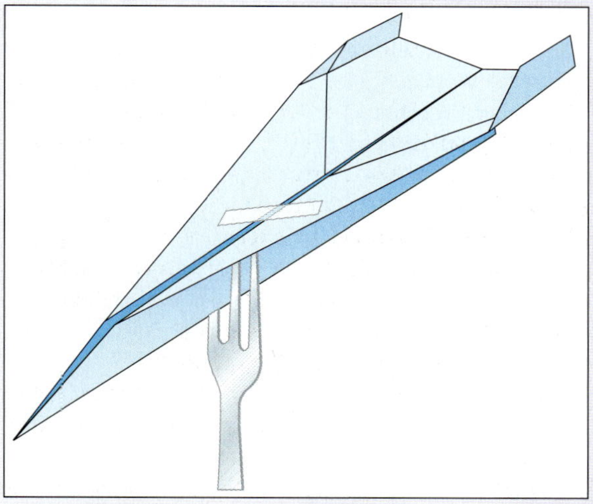

5 Papierflieger im Gleichgewicht

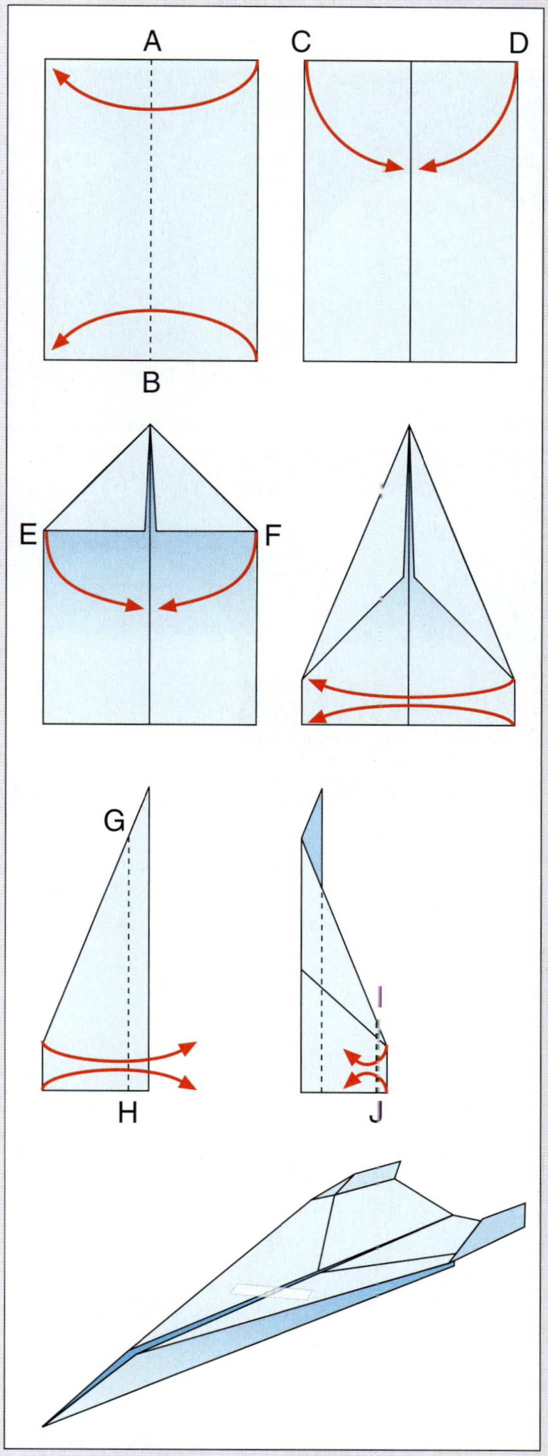

6 Bauanleitung für einen Papierflieger

Praktikum

Vogelflug

A1 Ruderflug

Beschreibe die Stellung der Flügel und der Federn beim Aufwärts- und Abwärtsschlag der Blaumeise. Welche Auswirkungen hat die Federstellung auf den Flug des Vogels?

A2 Segelflug

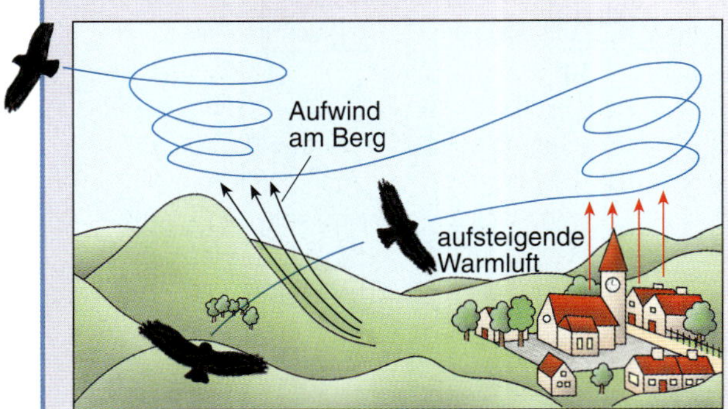

Erläutere, wie der Mäusebussard bei seinem Segelflug ohne Flügelschlag an Höhe gewinnen kann.

V3 Segeln gegen den Wind

Material: Bleistift; Papier (DIN A 5)

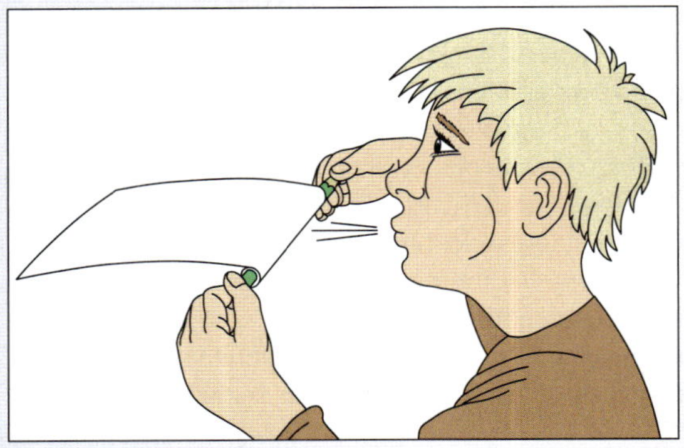

Durchführung: Wickle das Ende des Papiers um den Bleistift. Das Papier entspricht dem Flügel des Vogels.
Aufgaben: a) Was geschieht mit dem Blatt, wenn du darüber bläst?
b) Wiederhole den Versuch und blase diesmal von unten gegen das Blatt. Beschreibe deine Beobachtungen.
c) Welcher Zusammenhang besteht zwischen dem Versuch und dem Segelflug der Vögel?

V4 Wie wirkt warme Luft?

Material: Teelicht; Hülse einer Haushaltsrolle; Streichhölzer; Daunenfeder

Durchführung: Zünde ein Teelicht an. Halte die Papierhülse wie in der Abbildung über das Teelicht. Lasse eine Daunenfeder über der Hülse los.

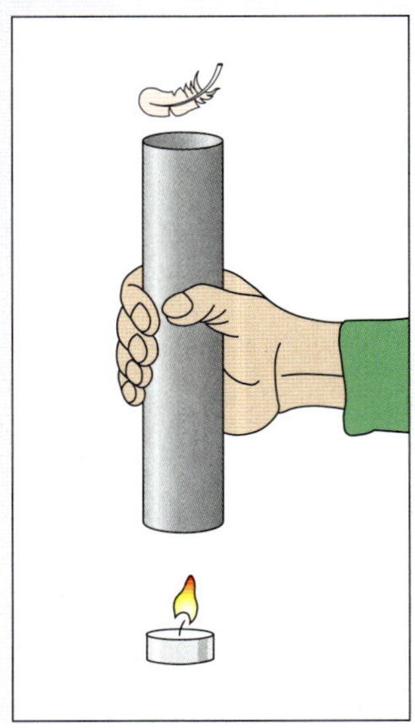

Aufgaben: a) Was passiert mit der Feder? Notiere deine Beobachtung.
b) Was kannst du daraus schließen?
c) Was bedeutet das für den Vogelflug?

Der Traum vom Fliegen

Streifzug

Fliegen können wie ein Vogel – dies ist ein alter Traum der Menschheit. Immer wieder haben Menschen versucht, diesen Traum zu verwirklichen.
Eine alte Sage aus Griechenland erzählt von DÄDALUS und seinem Sohn IKARUS (um 1500 vor Christus). Die beiden flohen aus der Gefangenschaft, indem sie Vogelfedern mit Wachs zusammenklebten

1 DÄDALUS und IKARUS

2 Otto LILIENTHAL

und diese „Flügel" an ihren Armen befestigten. IKARUS kam bei seinem Flug der Sonne zu nahe. Das Wachs schmolz, die Flügel zerfielen und IKARUS stürzte ins Meer und starb.

Im Mittelalter beschäftigte sich der Wissenschaftler und Künstler Leonardo DA VINCI (1452–1519) mit dem Entwurf und Bau von Flugapparaten. Aber es dauerte bis zum 19. Jahrhundert, ehe die ersten gebaut wurden. Diese Flugapparate mussten entweder mit Muskelkraft betrieben werden oder sie waren nur zum Gleiten geeignet. Otto LILIENTHAL (1848–1896) machte 1891 seine ersten Gleitversuche mit selbst gebauten Flugapparaten. Er startete von einem Turm aus und brachte es auf eine Weite von 500 Metern. Bei einem Flugversuch im Jahr 1896 verunglückte er tödlich. Die von Otto LILIENTHAL gebauten Gleiter ähnelten den heute benutzten Drachen der Drachenflieger.
Die Versuche mit Flugapparaten, die mit Muskelkraft betrieben wurden, konnten nicht gelingen. Denn für Menschen ist es aufgrund ihres Körperbaus und ihrer Masse unmöglich, wie Vögel zu fliegen.
Erst mit der Erfindung des Motors zu Beginn des 20. Jahrhunderts wurde auch der Bau von Flugmaschinen vorangetrieben. Die Motoren waren zunächst nicht besonders leistungsstark. Deshalb wurden die Flugzeuge aus leichten Materialien wie Holz und Leinwand gebaut. Durch Verbesserung der Motorstärke konnte man die Flugzeuge schließlich aus stabilem Metall bauen. Es entbrannte ein Wettstreit um immer leistungsstärkere Maschinen.

Eine der größten Pionierleistungen war die Atlantiküberquerung des Amerikaners Charles LINDBERGH (1902–1974). Er legte 1927 allein und im Nonstopflug eine Strecke von 5810 Kilometern zurück – in einem kleinen, einmotorigen Flugzeug!
In der weiteren Entwicklung wurden die Flugzeuge größer und erhielten mehrere Motoren. Sie konnten lange Strecken ohne Zwischenstopp zurücklegen und mehr Menschen und Frachtgut transportieren.

3 Charles LINDBERGH

Ein weiterer Höhepunkt in der Entwicklung der Luftfahrt war die Erfindung des Düsentriebwerkes. Große Passagiermaschinen fliegen heute fast ausschließlich mit Düsentriebwerken. Wir finden es selbstverständlich, mit Flugzeugen schnell und bequem in alle Länder der Erde reisen zu können. Für seinen Atlantikflug brauchte Charles LINDBERGH mehr als 33 Stunden. Die Concorde, das erste Überschall-Verkehrsflugzeug, flog in etwa drei Stunden von New York nach London!

1 ***Zauneidechse. A*** *beim Sonnenbaden;* ***B*** *Häutung*

2A–C ***Schlüpfende Zauneidechsen***

3 Kriechtiere in ihrem Lebensbereich

3.1 Kriechtiere lieben Wärme

Lars und Jan fahren mit ihren Fahrrädern einen sonnigen Feldweg entlang. „Da!", ruft Lars plötzlich. „Da ist etwas über den Weg geflitzt! Dort zwischen den Steinen ist es verschwunden." Die Freunde steigen ab und warten. Nach einer Weile kommt eine **Zauneidechse** zum Vorschein. Sie kriecht auf einen Stein und sonnt sich. Ihre kurzen Beine stehen seitlich vom Körper ab. Dadurch berührt der Bauch fast den Boden. Beim Kriechen bewegt die Eidechse schlängelnd ihren Körper. Die kriechende Fortbewegung kennzeichnet die Eidechse als **Kriechtier** oder *Reptil.*

Beim Sonnenbaden machen sich die Eidechsen breit und flach und strecken die Beine vom Körper ab. So „tanken" die Tiere Wärme. Sie können sich jetzt besonders flink bewegen und nach Spinnen und Insekten jagen. Wird es kühler, sinkt auch die Körpertemperatur der Eidechsen. Ihre Bewegungen werden schwerfällig. Tiere, bei denen die Körpertemperatur von der Temperatur der Umgebung abhängt, nennt man **wechselwarme Tiere.**

Die Haut der Eidechsen ist mit Hornschuppen besetzt, die sie vor Verletzungen und Austrocknung schützen. Diese *Schuppenhaut* kann nicht mehr wachsen. Wird die Eidechse größer, muss sie sich häuten. Das alte, zu klein gewordene Schuppenkleid wird abgestreift. Darunter hat sich schon eine neue Haut gebildet.

Im Frühjahr legen die Eidechsenweibchen 5 bis 15 weichschalige Eier in die Erde. Nach acht Wochen schlüpfen vier bis fünf Zentimeter große Eidechsen. Sie sind sofort selbstständig.

Auch **Schlangen** wie die *Ringelnatter* oder die *Kreuzotter* gehören zu den Kriechtieren. Sie sind selten geworden und stehen unter Naturschutz. Wird eine Schlange beim Sonnenbaden überrascht, schlängelt sie sich lautlos davon. Wie kann sie sich ohne Beine so gewandt fortbewegen?

Schlangen haben eine Wirbelsäule mit vielen beweglichen Wirbeln und Rippenpaaren. Seitlich am Körper verlaufende starke Muskeln bringen die Rippen nacheinander nach vorn. Dabei werden die Bauchschuppen aufgerichtet, im unebenen Boden verankert und anschließend wieder angelegt. Man sagt: Schlangen „laufen" auf den Rippen.

Eine Kreuzotter erkennst du an dem dunklen Zickzackband auf dem Rücken. Sie ist eine *Giftschlange*. Mäusen, Eidechsen und Fröschen lauert sie auf und tötet sie mit einem Biss ihrer Giftzähne. Diese liegen eingeklappt am Gaumen. Bei geöffnetem Maul richten sie sich auf. Die Kreuzotter verschlingt auch Beutetiere, die größer sind als ihr Kopf. Dazu kann sie Ober- und Unterkiefer „aushängen". Die beiden Hälften des Unterkiefers sind vorn durch ein dehnbares Band verbunden. So können sie unabhängig voneinander bewegt werden. Durch schiebende Bewegungen der Kiefer wird das Beutetier nach und nach verschlungen.

Eidechsen und Schlangen sind Kriechtiere, auch Reptilien genannt. Sie sind wechselwarm und besitzen eine Haut aus Hornschuppen.

B

A

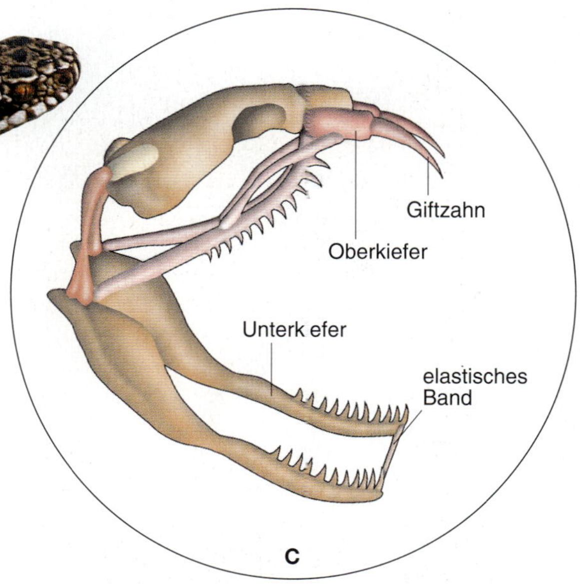

C

3 Kreuzotter.
***A** kriechend;*
***B** Kopf mit Giftzähnen;*
***C** Kopfskelett*

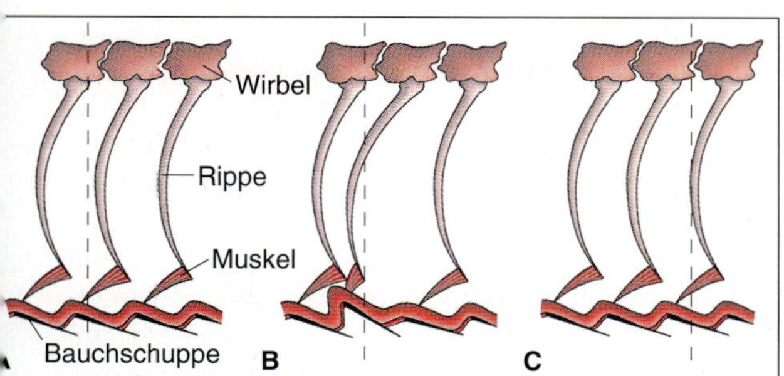

4 A–C Fortbewegung der Schlangen

1 Beschreibe die Fortbewegungsweise bei Eidechsen. Nenne eine Gemeinsamkeit und einen Unterschied zur Fortbewegung bei Schlangen.

2 Viele, teilweise auch größere Kriechtiere wie Schildkröten, Krokodile, Chamäleons oder Komodo-Warane leben in warmen Ländern. Nenne Gründe.

3 Suche Informationen zu einem Kriechtier warmer Länder und erstelle einen Steckbrief.

4 Lurche – Wirbeltiere zwischen Wasser und Land

4.1 Lebensweise von Fröschen

Hast du bei einem Spaziergang durch ein *Feuchtgebiet* schon einmal das laute Quaken von Fröschen gehört? An warmen Abenden im Frühsommer locken Männchen des Wasserfrosches damit die Weibchen an. Vielleicht hast du auch versucht, die Frösche zu beobachten, und dabei festgestellt, dass das gar nicht so einfach ist. Kaum nähert man sich ihnen, springen sie ins Wasser und sind nicht mehr zu sehen.

A

B

C

***1 Frösche leben in Feuchtgebieten. A** springender Frosch; **B** quakender Wasserfrosch mit Schallblasen; **C** schwimmender Frosch*

Frösche gehören wie Kröten, Unken, Salamander und Molche zu den **Lurchen** oder *Amphibien*. In der griechischen Sprache bedeutet dieses Wort „in beidem lebend", das heißt, Lurche können sowohl im Wasser als auch auf dem Land leben.

Wasserfrösche sind hervorragend an ihre Umgebung angepasst. Wenn sie unbeweglich am Ufer eines dicht bewachsenen Tümpels sitzen und auf Beute lauern, erkennt man sie kaum. Ihre Körperoberseite mit der grün-schwarzen Zeichnung verschwimmt fast mit dem Untergrund. Wegen dieser *Tarnfärbung* werden Frösche häufig von ihren Feinden übersehen. Die Frösche selbst bemerken allerdings jede Annäherung eines Feindes sofort. Sie können sehr gut hören und spüren sogar Erschütterungen des Bodens. Mit ihren großen Augen, die erhöht auf dem Kopf sitzen, haben sie einen guten Rundumblick und erkennen auch Feinde, die sich ihnen von hinten nähern.

An Land bewegen sich Frösche hüpfend oder springend vorwärts. Wenn du das Skelett betrachtest, siehst du ganz deutlich, dass die Vorderbeine eines Frosches wesentlich kürzer sind als die Hinterbeine. Dies kommt vor allem dem Sprungvermögen zugute.

→ Methode: Tiere bestimmen, Seite 282
→ Pinnwand, Einheimische Lurche, Seite 283

Bei Sprüngen drücken die Frösche die langen Hinterbeine kräftig gegen den Boden und strecken sie gleichzeitig. So können sie bis zu einem Meter weit springen. Bei der Landung fangen sie sich mit den Vorderbeinen wieder ab.

Der Sprung dient sowohl zur Flucht als auch zum Beutefang. Frösche sind *Ansitzjäger.* Sie schnappen nach allem, was sich bewegt und eine bestimmte Größe hat. Meist fangen sie Insekten und Würmer. Wenn die Beute nah genug ist, klappt die vorne im Maul angewachsene, klebrige Zunge blitzschnell heraus. Das Beutetier wird „geschossen" und bleibt an der *Klappzunge* kleben. Danach wird die Zunge wieder zurückgezogen und die Beute unzerkaut verschluckt. Frösche haben keine Zähne.

Im Wasser können sich Frösche gewandt fortbewegen. Beim Schwimmen ziehen sie beide Hinterbeine gleichzeitig an und stoßen sie dann kräftig nach hinten. Zwischen den fünf Zehen spannen sich dabei die *Schwimmhäute.* Die kurzen Vorderbeine sind eng an den Körper angelegt. Der Froschkörper bekommt so eine *stromlinienförmige Gestalt,* die eine schnelle Fortbewegung im Wasser ermöglicht.

Frösche können minutenlang unter Wasser bleiben ohne aufzutauchen. Im Wasser gelangt der Sauerstoff direkt durch die dünne Haut in die Blutgefäße. Eine solche Atmung bezeichnet man als **Hautatmung.** An Land atmen Frösche zusätzlich mit ihrer Lunge. Durch ständiges Heben und Senken der Kehlhaut saugen sie Luft über die Nasenlöcher in den Mundraum. Von dort pumpen sie die Luft mit einer Art Schluckbewegung in die Lungen. Frösche sind also auch **Lungenatmer.** Die Hautatmung ist für sie jedoch wichtiger. Während der Überwinterung im Bodenschlamm eines Teiches ist sie die einzige Art der Atmung. Allerdings muss dazu die Haut immer feucht sein. Schleimdrüsen verhindern deshalb das Austrocknen an Land. Außerhalb des Wassers halten sich Frösche meist dort auf, wo es feucht ist. Sie sind wie alle anderen Lurche **Feuchtlufttiere.** Ihre Körpertemperatur passt sich der Umgebungstemperatur an. Man nennt sie deshalb *wechselwarme Tiere.*

2 Beutefang beim Frosch

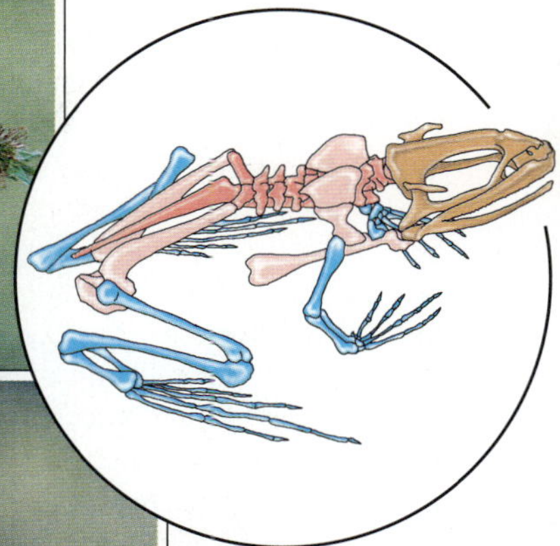

3 Skelett eines Frosches

Frösche gehören zu den Lurchen. Sie atmen mit Haut und Lungen. Frösche brauchen feuchte Lebensräume. Sie werden deshalb Feuchtlufttiere genannt.

1 Beschreibe anhand der Abbildung 1 A und C die Fortbewegung des Frosches an Land und im Wasser.

2 Beschreibe das Beutefangverhalten anhand der Abbildung 2.

3 Eine Fliege sitzt still auf einem Seerosenblatt in Reichweite eines Frosches. Sie wird trotzdem nicht gefressen. Erläutere.

→ Der See als Lebensraum, Seite 338

4.2 Aus Kaulquappen werden Frösche

Zur Paarungszeit im März wandern Grasfrösche zu ihren Laichgewässern. Was dort passiert, siehst du auf den Abbildungen.

A Das Männchen springt auf den Rücken des Weibchens und umklammert es mit seinen Vorderbeinen. Dann laicht das Weibchen: Während es bis zu 4000 Eier im Wasser ablegt, stößt das Männchen eine milchige Samenflüssigkeit aus. Damit werden die Eier befruchtet.

B Jedes Ei ist von einer Gallerthülle umgeben, in der sich der Embryo entwickelt. Bereits nach sieben Tagen sind dort einzelne Körperteile zu erkennen.

C Nach zehn Tagen schlüpft eine etwa sechs Millimeter lange *Larve,* die **Kaulquappe.** Zunächst bleibt sie an der Eihülle hängen, von der sie sich jetzt ernährt. Mit zunehmender Größe wächst auch ihr Ruderschwanz, mit dem sie sich dann fortbewegt. Sie atmet mithilfe büschelartiger Außenkiemen an beiden Seiten des Kopfes.

D Nach etwa 20 Tagen verschwinden die Außenkiemen. Sie werden von einer Hautfalte überwachsen. Es entstehen Innenkiemen wie bei Fischen. Mit ihren feinen Hornzähnchen auf den Lippen raspelt die Kaulquappe den grünen Belag von Pflanzen und Steinen ab. Nach 40 Tagen ist sie etwa vier Zentimeter lang. Die Hinterbeine beginnen zu wachsen.

E Nach sechs bis sieben Wochen entwickeln sich die Vorderbeine. Sie erscheinen hinter den Innenkiemen. Die Kiemen bilden sich zurück und die Lunge beginnt zu arbeiten.

1 A–F Paarung und Entwicklung bei Grasfröschen

F Nach etwa 15 Wochen hat sich aus der Kaulquappe ein zwei Zentimeter großer Frosch entwickelt. Diesen Gestaltwandel bezeichnet man als **Metamorphose.** Der Frosch ernährt sich jetzt von Insekten, Würmern und Schnecken. Nach drei Jahren können sich Grasfrösche fortpflanzen. Ihre Lebensdauer kann zehn Jahre und mehr betragen.

Aus Froscheiern schlüpfen Kaulquappen, die sich während einer Metamorphose zu Fröschen entwickeln.

1 Warum müssen die Kaulquappen ab Stadium E öfter zur Wasseroberfläche schwimmen? Erläutere.

1 Feuersalamander in seinem Lebensraum. A *Gebirgsquellbach;* **B** *Feuersalamander;* **C** *Rotbuchenwald der Mittelgebirge*

4.3 Schwanzlurche leben im Wasser und auf dem Land

Wir zelten im Gebirge. Anna ist früh aufgestanden und wandert durchs feuchte Gras am Bach entlang. Da, was war denn das? Etwas leuchtend Gelbes „rutscht" ins Wasser. Anna erkennt einen etwa 20 Zentimeter großen, eidechsenähnlichen Körper mit dottergelben Flecken auf schwarzer Haut. Es ist ein **Feuersalamander.** Mit dieser grellen *Warnfärbung* warnt er Fressfeinde vor seiner giftigen Hautabsonderung.

Was tut er hier? Normalerweise verkriecht er sich tagsüber in feuchte Verstecke und schützt dadurch seine Haut vor Austrocknung. Erst nachts sucht er nach Nahrung, zum Beispiel Schnecken, Würmern und Spinnen. Nur bei Regenwettern ist er auch tagaktiv. Der Feuersalamander ist an den Bergbach gekommen, um im kalten, klaren Wasser zu laichen. Es ist ein Weibchen. Schon lange vorher hat es von einem Männchen ein Samenpaket aufgenommen, durch das die Eizellen befruchtet wurden. Sie haben sich im Körper des Weibchens so weit entwickelt, dass sie, sobald sie mit Wasser in Kontakt kommen, aufplatzen und kleine Larven mit Außenkiemen freisetzen. Die Larven entwickeln sich drei bis fünf Monate im Wasser. In dieser Zeit bilden sich die Kiemen zurück und es entstehen Lungen. Bei der Umwandlung von der Larve zum erwachsenen Tier bleibt beim Feuersalamander der Schwanz erhalten. Deshalb gehört er zu den **Schwanzlurchen.** Er lebt hauptsächlich am Rand von Buchen- und Erlenwäldern. Dort verbringt er sein weiteres Leben. Nur die Weibchen wandern zum Laichen zurück zum Wasser.

Ein ähnliches Leben führen **Molche.** Zur Laichzeit bewohnen sie die Uferzonen von Gewässern. Den Sommer verbringen Molche im Laub, unter Steinen oder in Ritzen an Land. Dort ernähren sie sich von Insekten und Schnecken. Im Wasser dienen Insektenlarven oder Wasserflöhe als Nahrung. Schwanzlurche überwintern in frostfreien Verstecken an Land.

Feuersalamander und Molche gehören zu den Schwanzlurchen. Ihre Lebensräume sind feuchtes Land und Wasser.

1 Erkläre am Beispiel von Wasserfrosch und Feuersalamander den Unterschied zwischen Tarn- und Warnfärbung.

2 Molche und ihr Lebensraum. A *Weiher;* **B** *Teichmolch;* **C** *Kammmolch*

Methode

Tiere bestimmen

Um Tiere wie die Lurche zu bestimmen, kannst du einen **Bestimmungsschlüssel** benutzen. Von einem Startpunkt ausgehend entscheidest du dich immer wieder zwischen zwei Möglichkeiten. Erkennst du die Eigenschaften deines Tieres an jeder Verzweigung richtig, so gelangst du schließlich zum Namen der Tierart.
Beachte: Oft sehen Männchen und Weibchen einer Tierart unterschiedlich aus. Im Schlüssel sind Männchen mit dem Symbol ♂, Weibchen mit ♀ bezeichnet.

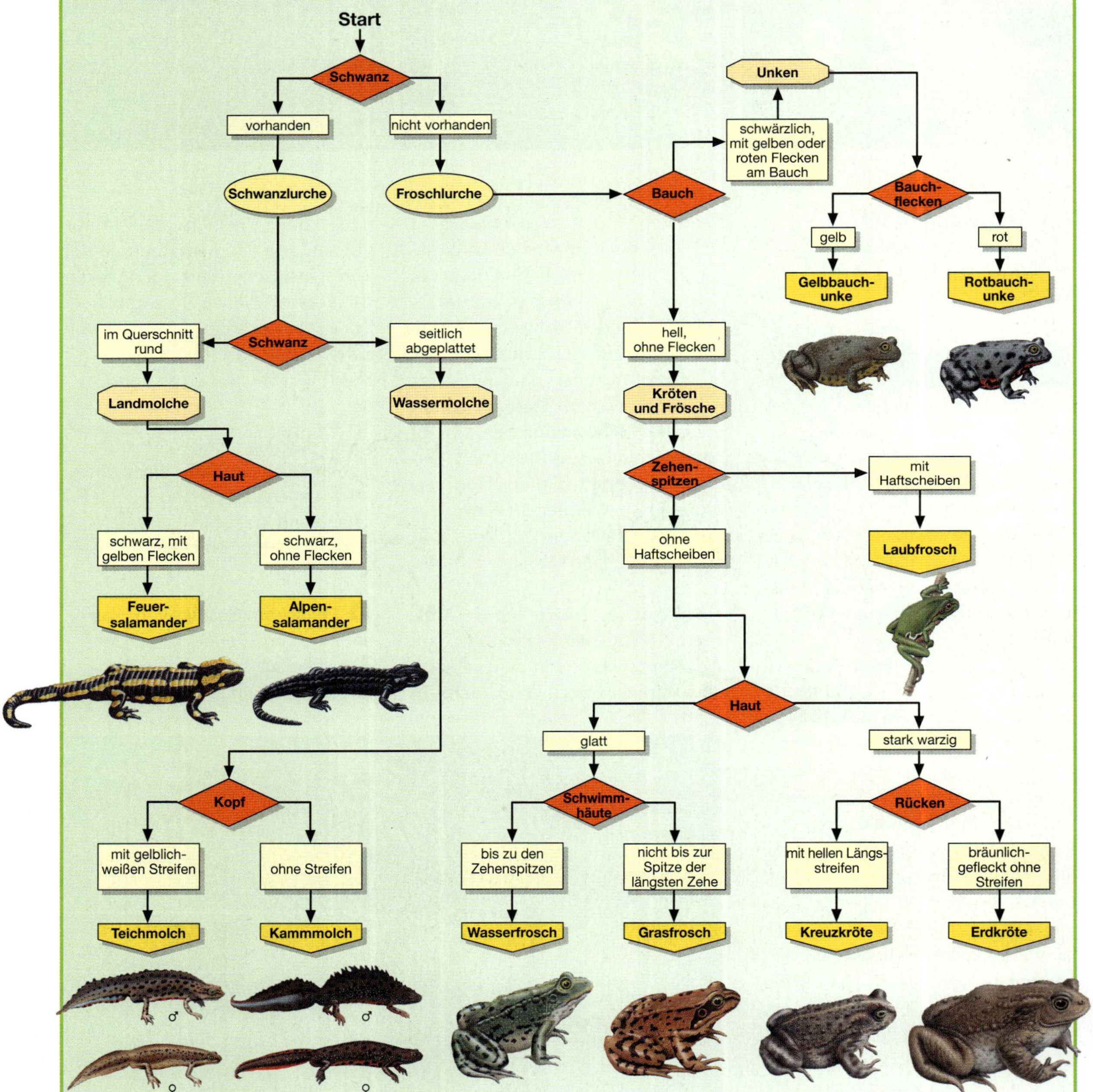

1 a) Bestimme mithilfe dieses Bestimmungsschlüssels die Artnamen der Lurche auf der folgenden Pinnwand.
b) Welchen „Lurch" kannst du nicht bestimmen?

Pinnwand

EINHEIMISCHE LURCHE

(A)

Aussehen: glatte Haut, heller Bauch; Schwimmhäute nicht ganz bis zu den Zehenspitzen; Länge ca. 10 cm
Lebensraum: Feuchtwiesen, Wälder, Parkanlagen
Lebensweise: Überwinterung im Wasser oder an Land; noch relativ häufig

(D)

Aussehen: Schwanz seitlich abgeplattet; am Kopf gelblich-weiße Seitenstreifen; Länge ca. 11 cm
Lebensraum: während der Laichzeit im Wasser, sonst in gewässernahen Gärten oder Wäldern
Lebensweise: Überwinterung an Land und im Wasser; nachtaktiv

(B)

Aussehen: glatte Haut, heller Bauch; Schwimmhäute bis zu den Zehenspitzen; Länge bis 15 cm
Lebensraum: lebt gesellig an Gewässern
Lebensweise: Überwinterung an Land und im Wasser; guter Schwimmer; im Sommer laute „Froschkonzerte"

(E)

Aussehen: dem Anlass entsprechend verschieden: trägt meist Schuhe; Länge nicht messbar
Lebensraum: in Schuhgeschäften Deutschlands
Lebensweise: lebt Abenteuer und kann alles

(C)

Aussehen: trockene, warzige Haut; Rücken bräunlich gefleckt, Bauch schmutzig-weiß; Länge bis 13 cm
Lebensraum: Wälder, Gärten, Wiesen
Lebensweise: Überwinterung an Land; im Frühjahr oft lange Laichwanderungen; nachtaktiv

(F)

Aussehen: Unterseite schwärzlich mit gelben Flecken; Länge bis 5 cm
Lebensraum: Teiche, Gräben, Pfützen im Bergland
Lebensweise: Überwinterung an Land; selten geworden

1 Goldfische im Gartenteich

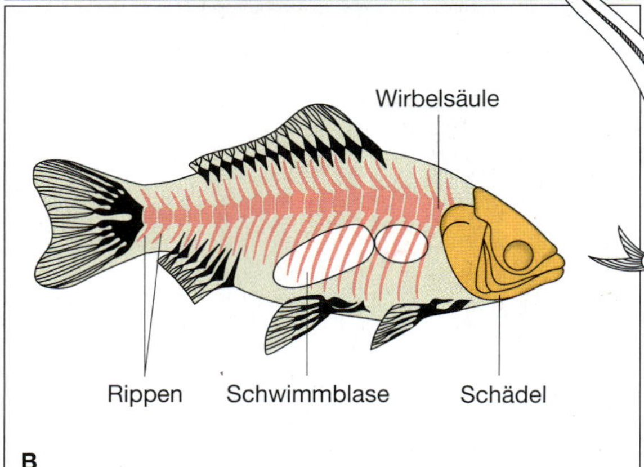

***2 Goldfisch. A** Körperbau; **B** Skelett und Schwimmblase*

5 Fische – Wirbeltiere des Wassers

5.1 Der Bau der Fische ist dem Lebensraum angepasst

Tina steht am Rand des Gartenteiches. Unter den Blättern der Schwimmblattpflanzen sieht sie leuchtend rote Fische. Es sind *Goldfische,* kleine, ursprünglich in China gezüchtete Verwandte unseres Karpfens. Der Körper dieser Fische ist lang gestreckt. Der Kopf geht ohne Hals in den Körper über. Er verschmälert sich zum Kopfende und zum Schwanzende. Durch diese *Spindelform* können sich die Fische im Wasser leicht bewegen. Man spricht von einer **Stromlinienform.**
Die Haut ist sehr glitschig, weil sie mit einer Schleimschicht bedeckt ist. In der Haut liegen dünne Knochenplättchen, die **Schuppen,** dachziegelartig übereinander. Sie schützen den Körper.

Goldfische suchen die Wasserpflanzen nach Insektenlarven, kleinen Würmern, Algen und vermodernden Pflanzenteilen ab. Die Augen sind recht groß und können in der Nähe gut sehen. Mit den Lippen tasten die Fische den Untergrund ab und durchwühlen auf ihrer Nahrungssuche den Schlamm. Goldfische fressen keine anderen Fische. Sie sind also keine *Raubfische* wie der Hecht, sondern *Friedfische.*

Durch Tina werden die Fische aufgeschreckt. Mit schlängelnden Bewegungen des Körpers gleiten sie durch

→ Praktikum: Schwimmen, Seite 286/287
→ Die Pflanzenzonen eines Sees, Seite 338/339
→ Zwischen den Lebewesen eines Sees bestehen vielfältige Beziehungen, Seite 346/347

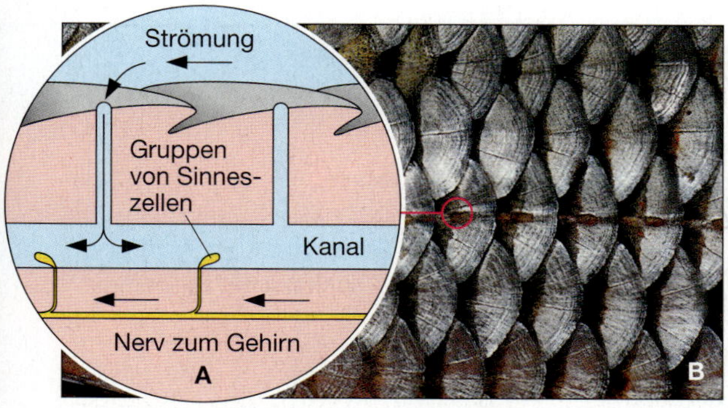

3 ***Seitenlinienorgan eines Rotauges. A*** *Haut im Querschnitt (Schema);* ***B*** *Schuppen (Foto)*

das Wasser. In Längsrichtung des Körpers liegen Muskeln seitlich der Wirbelsäule. Sie ziehen sich abwechselnd zusammen und treiben dadurch den Körper voran. Die Bewegung wird durch die kräftige **Schwanzflosse** verstärkt. Diese besteht aus einer derben Flossenhaut und wird durch Knochenstäbe gestützt. Die **Brustflossen** und **Bauchflossen** dienen zum Steuern, aber auch zum langsamen Schwimmen und zum Bremsen. Die **Rückenflosse** und die **Afterflosse** verhindern wie der Kiel eines Schiffes das seitliche Kippen.
Auch im Dunkeln stößt der Fisch nicht gegen Hindernisse. Er hat ein Sinnesorgan, mit dem er Änderungen der Wasserströmung feststellen kann. Dieses Organ besteht aus je einem kleinen, unter der Haut verlaufenden Kanal an jeder Seite des Fisches. Man bezeichnet es als **Seitenlinienorgan.** Winzige Öffnungen führen aus dem Kanal nach außen. Im Kanal sitzen Sinneszellen, die durch das vorbeiströmende Wasser bewegt werden. Dieses Sinnesorgan gibt es nur bei Fischen.
Ein Fisch kann bewegungslos im Wasser schweben. Dies wird durch die **Schwimmblase,** einen gasgefüllten Hautsack, erreicht. Der Fisch kann die Schwimmblase etwas verkleinern, indem er zum Beispiel Gas aus dem Mund nach außen abgibt. Dann sinkt er im Wasser tiefer. Um höher zu steigen, muss er seine Schwimmblase etwas vergrößern. Er scheidet dann Gas aus dem Blut in die Schwimmblase ab.

Fische sind an das Leben im Wasser angepasst: stromlinienförmiger Körper, glitschige Haut mit Schuppen, schlängelnde Bewegungen, Flossen, Seitenlinienorgane und Schwimmblase.

1 Erläutere, weshalb manche Flossen zweifach – also paarig – vorhanden sind, andere aber unpaarig.
2 Nenne zwei Besonderheiten der Haut, die den Körper eines Fisches schützen.

Streifzug

Auftrieb und Vortrieb im Wasser

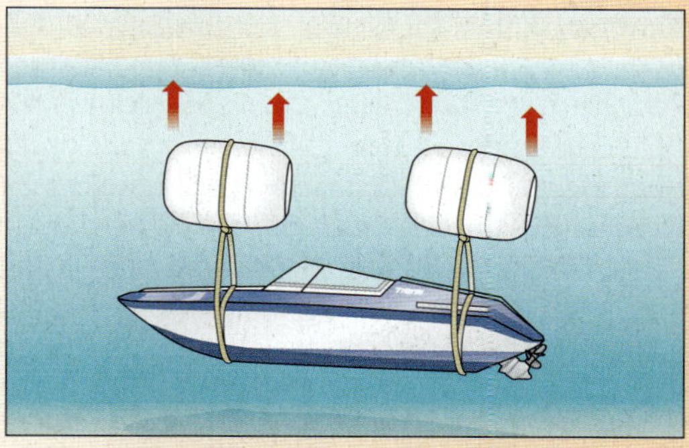

4 Ein gesunkenes Sportboot wird gehoben

Um ein gesunkenes Sportboot zu heben, werden große Behälter angehängt und mit Luft aufgeblasen. Langsam steigt das Boot nach oben.
Alle Dinge werden scheinbar leichter, wenn sie ins Wasser eintauchen. Sie erfahren einen **Auftrieb.** Wenn dieser Auftrieb geringer ist als die Gewichtskraft, mit der sie von der Erde angezogen werden, *sinken* sie im Wasser nach unten. Ein luftgefüllter Behälter dagegen *schwimmt.* Bei ihm ist die Auftriebskraft größer als die Gewichtskraft. Sind beide Kräfte gleich groß, *schwebt* der Gegenstand im Wasser in gleich bleibender Höhe.

Das gehobene Boot muss nun in den Hafen gezogen werden. Die Schiffsschraube des Schleppers dreht sich und wirft das Wasser nach hinten. Dadurch setzt sich der Schlepper nach vorne in Bewegung. Ein **Vortrieb** im Wasser wird immer dann erreicht, wenn Wasser nach hinten gestoßen wird.

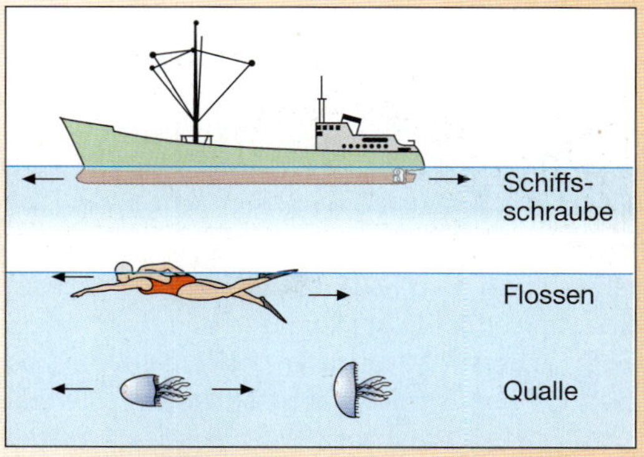

5 Vortrieb im Wasser

Praktikum

Schwimmen

V 1 Was schwimmt?

Material: Schale mit Wasser; Kartoffel; gekochtes Ei; Nuss; Korken; Stein; andere kleine Gegenstände aus verschiedenen Materialien, zum Beispiel aus Holz, Aluminium oder anderen Metallen, Kerzenwachs, Knetmasse, Kreide, verschiedene Kunststoffe
Durchführung: Stelle fest, ob ein Gegenstand aus einem bestimmten Material *schwimmt*, zu Boden *sinkt* oder im Wasser in gleich bleibender Höhe *schwebt*.
Aufgabe: Halte die Ergebnisse in einer Tabelle wie der folgenden fest:

Gegenstand	Material	schwimmt	schwebt	sinkt
Korken	Kork	+		

V 2 Luftblase unter Druck

Material: große Getränkeflasche aus klarem Kunststoff mit Schraubverschluss; Reagenzglas; große Schüssel; Wasser

Durchführung: Fülle die Flasche bis zum Rand mit Wasser und stelle sie in die Schüssel. Fülle das Reagenzglas etwa zu zwei Dritteln mit Wasser und bringe es mit der Öffnung nach unten in die Wasserflasche, ohne dabei viel Wasser zu verlieren. Das Reagenzglas soll in der Flasche schwimmen. Schraube die Flasche nun fest zu.
Drücke die Flasche seitlich zusammen und beobachte, was passiert. Drücke auch so fest, dass das Reagenzglas in der Mitte der Flasche schwebt.
Aufgaben: a) Beschreibe die Bewegungen des Reagenzglases bei unterschiedlich starkem Druck auf die Flasche.
b) Beschreibe die Größe der Luftblase im Reagenzglas bei unterschiedlich starkem Druck.
c) In größeren Wassertiefen steigt der Druck durch die darüber liegenden Wassermassen. Wie würde sich die Schwimmblase eines Fisches verändern, wenn er nach unten schwimmt?

V 3 Modell der Schwimmblase

Material: große Schüssel; Erlenmeyerkolben (100 ml); Luftballon; Haushaltsgummi; Trinkhalm mit Biegestelle

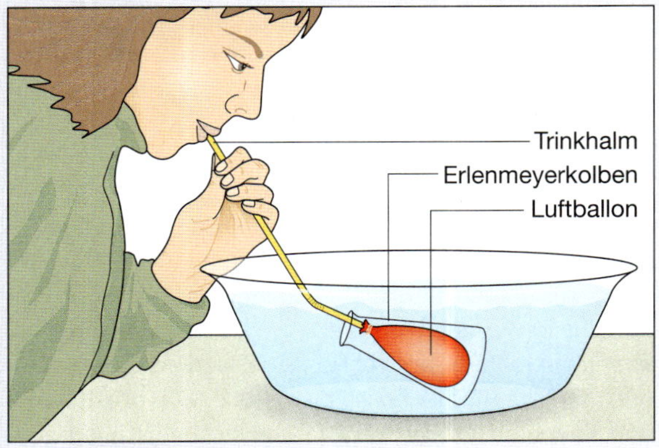

Durchführung: Stecke das kurze Ende des Trinkhalms in die Öffnung des Luftballons. Dichte die Verbindung mit dem Haushaltsgummi luftdicht ab. Fülle die Schüssel mit Wasser. Bringe den Erlenmeyerkolben unter Wasser und stecke den Luftballon hinein.
Blase den Luftballon über den Trinkhalm unterschiedlich stark auf und beobachte die Bewegung des Glaskolbens. Blase gerade so viel Luft in den Ballon, dass der Kolben im Wasser schwebt.
Aufgaben: a) Beschreibe die Bewegung des Glaskolbens bei unterschiedlich stark aufgeblasenem Luftballon.
b) Erkläre deine Beobachtungen.
c) Erläutere die Funktionsweise der Schwimmblase eines Fisches mithilfe des Modellversuchs. Wie kann der Fisch in unterschiedlichen Wassertiefen schweben? Wie verändert der Fisch die Luftmenge in der Schwimmblase?

V 4 Ein Schiff aus Metall?

Material: Teelichthülle aus Aluminium; Münzen; Becher mit Wasser
Durchführung: Lass die leere Teelichthülle auf dem Wasser schwimmen. Belade dein „Schiff" vorsichtig mit Münzen, ohne dass es umkippt.
Aufgaben: a) Wie weit kannst du das Teelicht beladen, ohne dass es sinkt? Berichte.
b) Warum kann ein Schiff aus Metall schwimmen, obwohl eine gleich schwere Metallkugel untergeht?

V 5 **Wie gleiten verschieden geformte Körper durchs Wasser?**

Material: schmaler Messzylinder, 50 cm hoch; Wasser; Lineal; Knetmasse; Küchenmesser; Schneidunterlage; Waage; Stoppuhr

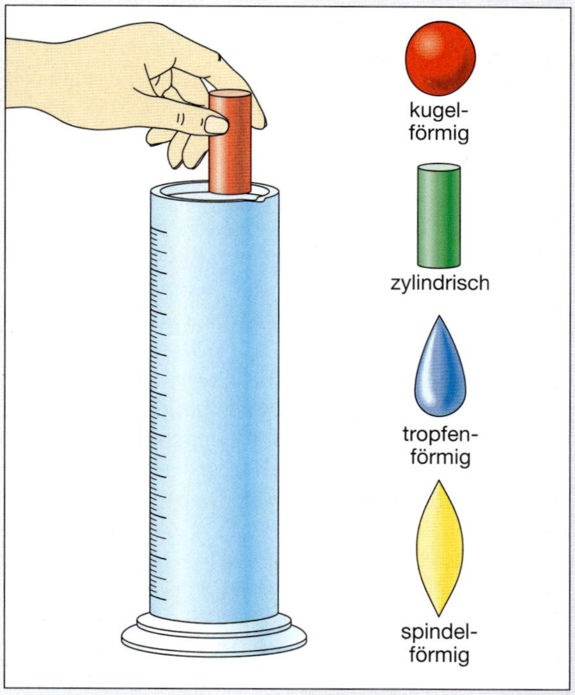

Durchführung: Fülle den Standzylinder mit Wasser bis zur oberen Markierung. Forme die Knetmasse zu einer Stange. Schneide vier Stücke von je 5 cm Länge ab. Kontrolliere mit der Waage, ob alle vier Knetstangen das gleiche Gewicht haben. Forme aus jedem Stück eine Figur wie in der Abbildung.

Aufgaben: a) Stelle fest, wie schnell verschieden geformte Körper im Wasser absinken. Miss dazu die Zeit zwischen Loslassen und Auftreffen am Gefäßboden mit der Stoppuhr. Notiere die gemessenen Zeiten. Vergleiche die Ergebnisse.

b) Erkläre deine Beobachtungen.

c) Erläutere, warum viele Fischarten eine Stromlinienform haben und auch Boote in dieser Form gebaut werden.

d) Forme jetzt aus denselben Knetmasseportionen Körper, die möglichst langsam absinken. Welche Körperformen bewegen sich am langsamsten durch das Wasser?

V 6 **Düsenantrieb unter Wasser**

Material: große Schüssel mit Wasser; Tinte; Luftballon

Durchführung: Gib in einen Luftballon einige Tropfen Tinte und fülle den Luftballon am Wasserhahn vorsichtig mit Wasser. Bringe den Ballon dann in die gefüllte Wasserschüssel, drücke ihn unter die Wasseroberfläche und lass ihn los. Beobachte seine Bewegungen.

Aufgaben: a) Beschreibe und erkläre die Bewegung des Ballons.

b) Beschreibe deine Bewegungen, wenn du schwimmst. Wohin bewegst du dabei das Wasser?

V 7 **Modell einer Schiffsschraube**

Material: Styropor®-Schiffchen (15 cm lang); Haushaltsgummi; Trinkhalmstück (5 cm); Gefrierbeutelklammer; 2 Büroklammern; Klebeband (möglichst wasserfest)

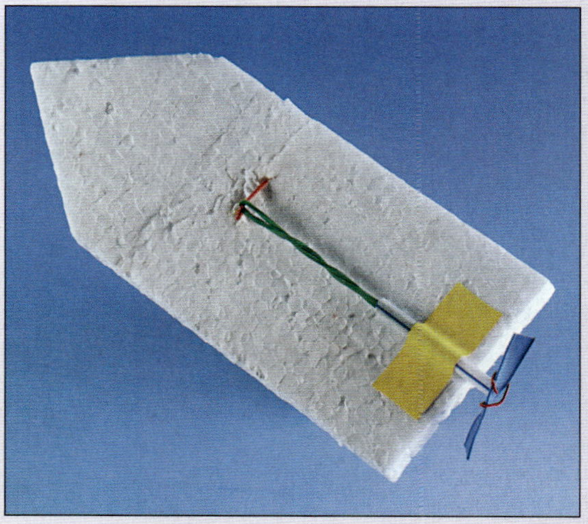

Durchführung: Biege aus der Beutelklammer einen zweiflügeligen Propeller und befestige ihn wie im Bild zu sehen an dem Styropor®-Boot. Stecke die zweite Büroklammer so in der Bootsunterseite fest, dass das Gummi nur leicht gespannt ist.

Aufgabe: a) Lass das Boot in einer größeren Wanne schwimmen. Verdrille mit dem Propeller das Gummiband. Lass die Schiffsschraube los und beobachte die Bewegung des Bootes.

b) Erläutere, warum das Boot vorwärts fährt.

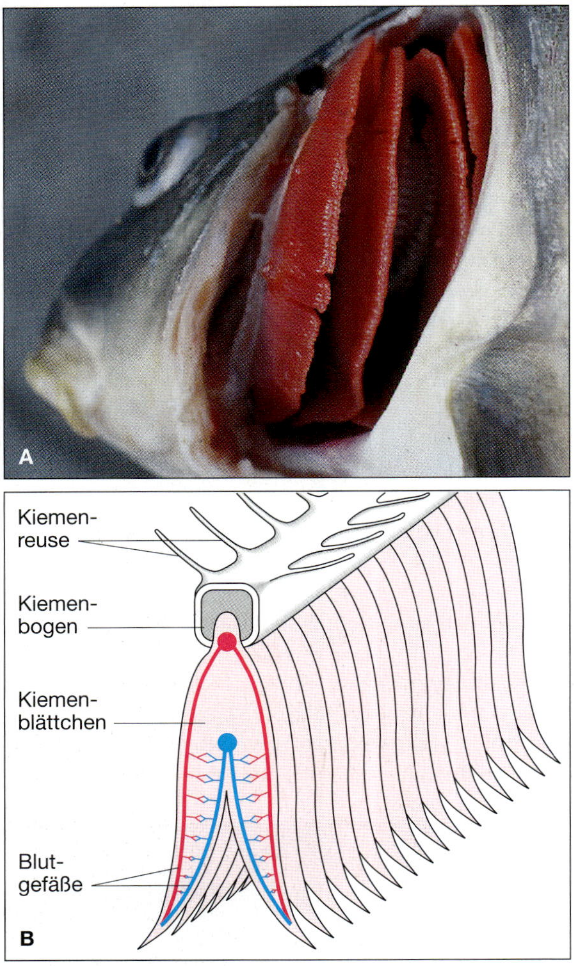

1 ***Kiemenbogen. A*** *Foto,* ***B*** *Schema*

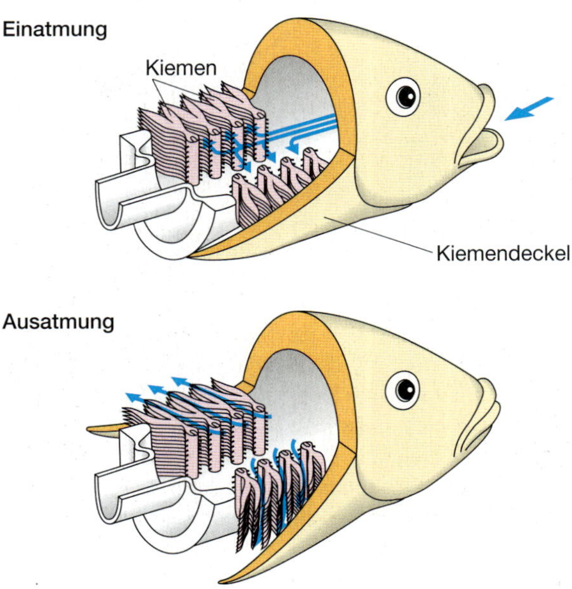

2 ***Wasserströmung beim Atmen***

5.2 Fische atmen unter Wasser

Wenn wir beim Schnorcheln mit dem Kopf unter Wasser tauchen, atmen wir weiterhin Luft durch das Schnorchelrohr. Wir können anders im Wasser nicht atmen, weil dann Wasser in die Lungen gelänge. Wir würden ersticken. Fische leben ständig im Wasser. Wie atmen sie?

Fische haben keine Lungen, sondern **Kiemen.** Man kann diese gut erkennen, wenn der schützende, knöcherne *Kiemendeckel* angehoben wird. Wir sehen dann die dunkelroten, hauchdünnen *Kiemenblättchen.* Sie sitzen in enger Reihe an Knochenspangen, die man als *Kiemenbögen* bezeichnet. Auf jeder Kopfseite liegen vier Kiemenbögen.

Ein Fisch öffnet und schließt ständig seinen Mund. Gleichzeitig werden die Kiemendeckel angelegt und abgespreizt. Beim Öffnen strömt Wasser in die Mundhöhle. Nun schließt der Fisch den Mund und drückt das Wasser an den Kiemenbögen vorbei nach außen.

Um eine Verletzung der Kiemenblättchen durch Schwebeteilchen des Wassers zu verhindern, befinden sich an den Kiemenbögen die *Kiemenreusen,* die den Zinken eines Kamms ähnlich sind. Hier werden die Teilchen zurückgehalten und dann verschluckt.

Im Wasser ist *Sauerstoff* gelöst. Wenn das Wasser an den Kiemenblättchen vorbeiströmt, wird der Sauerstoff vom Blut der Fische aufgenommen. Das im Blut gelöste *Kohlenstoffdioxid* wird an das Wasser abgegeben. Bei der Kiemenatmung muss also ständig frisches Wasser an den Kiemen vorbeiströmen.

Fische haben keine Lungen, sondern atmen mit Kiemen. Dies sind dünne Hautblättchen, die den im Wasser gelösten Sauerstoff ins Blut aufnehmen und Kohlenstoffdioxid an das Wasser abgeben.

1 Beschreibe den Atemvorgang bei Fischen. Nimm auch Abbildung 3 zu Hilfe.

2 Erläutere, weshalb die Kiemenblättchen so dünnhäutig und so zahlreich sind.

3 In kaltem Wasser löst sich mehr Sauerstoff als in warmem Wasser. Erläutere, weshalb Fische im Sommer unter Sauerstoffmangel leiden können.

4 Aus Kraftwerken wird sauberes, aber aufgewärmtes Kühlwasser in Flüsse eingeleitet. Warum kann dieses Wasser im Sommer für Fische besonders schädlich sein?

→ Wie wir atmen, Seite 210
→ Der Gasaustausch in der Lunge, Seite 212

1 Bachforellen

*2 **Entwicklung der Forelle.** **A** Eier; **B** schlüpfende Larve; **C** Larve mit Dottersack*

5.3 Fortpflanzung bei Fischen

Hast du schon einmal zwischen den Steinen eines Quellbachs Bachforellen beobachtet? Meist stehen sie mit dem Kopf gegen die starke Strömung gerichtet und warten auf Beute. Es ist kaum zu erkennen, dass sie mit kräftigen Schwanzschlägen ständig gegen die Strömung schwimmen.

Im Spätherbst bilden Männchen und Weibchen Paare. Der Bauch des Weibchens schwillt an, weil sich Eier bilden. Das Weibchen gräbt mit dem Maul und mit kräftigen Schwanzschlägen eine Grube im Sand des Bachbetts. Dort legt es seine Eier, den *Laich,* ab. Anschließend schwimmt das Männchen darüber und besamt die Eier. Besamung und Befruchtung erfolgen also außerhalb des Körpers des Weibchens. Man spricht von **äußerer Befruchtung.** Anschließend werden die Eier mit Sand abgedeckt.
Die Entwicklung des Fischembryos erfolgt im Ei. Dann schlüpft die **Forellenlarve.** Sie ist fast farblos und trägt am Bauch den gelben *Dottersack.* Aus diesem Vorratsspeicher ernährt sich die Larve etwa sechs Wochen lang.

Fische haben eine äußere Befruchtung. In den Eiern entwickeln sich Fischlarven mit einem Dottersack als Nahrungsspeicher.

1 Beschreibe die Entwicklung der Forelle. Nimm die Abbildungen 2 und 3 zu Hilfe.
2 Wie schützen Forellen ihren Laich?
3 Fische bilden „Rogen“ und „Milch“ in großen Mengen. Erkläre, warum dies nötig ist.

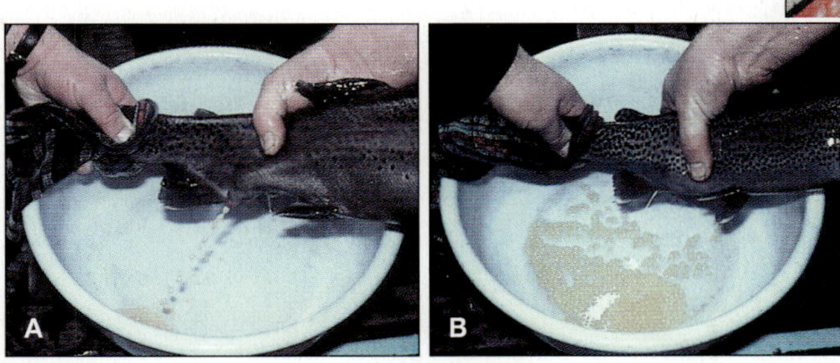

*3 **Forellenzucht.** **A** Abstreifen der Eier („Rogen“) vom „Rogner“; **B** Abstreifen der Spermaflüssigkeit („Milch“) vom „Milchner“; **C** Zuchtbecken*

1 *Einordnung des Buchfinken in die Klasse der Vögel*

6 Ordnung im Tierreich

6.1 Wirbeltiere lassen sich ordnen

Eulen, Greifvögel, Gänse, Störche, Sperlingsvögel … Hierbei handelt es sich um Gruppen von Vögeln, die man an bestimmten Merkmalen erkennen kann. So kannst du zum Beispiel Gänse mit ihren breiten flachen Schnäbeln und den Schwimmfüßen sicher ohne Schwierigkeiten von Greifvögeln mit Hakenschnäbeln und Greiffüßen unterscheiden.
Damit die große Vielfalt der Tiere überschaubar wird, hat man Tiere mit gleichen Merkmalen zu Gruppen zusammengefasst. Berücksichtigt man nur wenige gemeinsame Merkmale, so können sehr viele Tiere in eine Gruppe gestellt werden. Eulen, Greifvögel, Gänse, Störche und Sperlingsvögel haben als gemeinsame Merkmale ein Federkleid und Flügel als Vordergliedmaßen. Diese Tiere gehören alle zur **Klasse** der **Vögel.**
Charakteristische Merkmale von Gänsen und Greifvögeln wurden bereits genannt. Sie zeigen, dass man die Klasse der Vögel in verschiedene Gruppen unterteilen kann. Diese Gruppen nennt man **Ordnungen.**
Betrachten wir die Ordnung der *Sperlingsvögel* genauer. Zu dieser Gruppe gehören zum Beispiel *Sperlinge, Finken, Meisen, Drosseln* und *Schwalben.* Sie bilden **Familien**. Vögel aus der Familie der Finken erkennt man an

den kräftigen Körnerfresser-Schnäbeln. In jeder Familie gibt es noch mehrere **Gattungen** und **Arten.** Zur Gattung *Fink* gehören Arten wie der *Buchfink,* der ein anders gefärbtes Gefieder als der *Bergfink* hat.

Die Fledermaus gehört nicht zur Klasse der Vögel. Sie hat ein Fell, säugt ihre Jungen und gehört daher zur Klasse der **Säugetiere.** Weitere Tierklassen sind **Kriechtiere, Lurche** und **Fische.** Alle diese Tierklassen haben ein gemeinsames Merkmal, das sie von allen anderen Tieren unterscheidet. Säugetiere, Vögel, Kriechtiere, Lurche und Fische haben alle ein inneres Skelett mit einer Wirbelsäule. Aufgrund dieses gemeinsamen Merkmals fasst man die fünf Klassen zum **Stamm** der **Wirbeltiere** zusammen. Außer den Wirbeltieren gibt es noch andere Tierstämme. Alle zusammen bilden das **Tierreich.**

Die Entwicklung der Wirbeltiere kann man in einem *Stammbaum* anschaulich darstellen. Der Baumstamm entspricht dabei dem Stamm der Wirbeltiere, von dem die Klassen als Äste abzweigen.

Tiere mit gleichen Merkmalen werden zu Gruppen zusammengefasst. Man gliedert das Tierreich in Stämme, Klassen, Ordnungen, Familien, Gattungen und Arten. Zum Stamm der Wirbeltiere gehören die Klassen Fische, Lurche, Kriechtiere, Vögel und Säugetiere.

1 Ordne den Bergfinken den verschiedenen Gruppen des Tierreichs zu. Begründe deine Zuordnung.
2 Schneide aus Zeitschriften Tierbilder aus. Ordne sie nach Gruppen und klebe sie in dein Heft. Begründe dein Ordnungsschema.

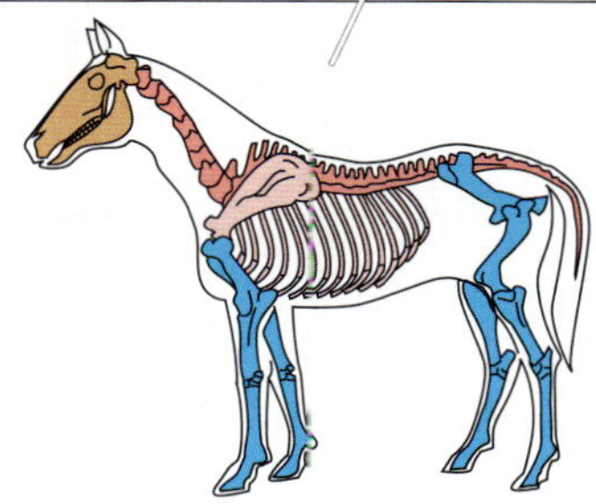

Klasse: Säugetiere

Körperbedeckung:	Haare
Gliedmaßen:	2 Arme und 2 Beine oder 4 Beine
Atmung:	Lungen
Körpertemperatur:	gleichwarm
Vermehrung:	gebären lebende Junge, die mit Muttermilch ernährt werden

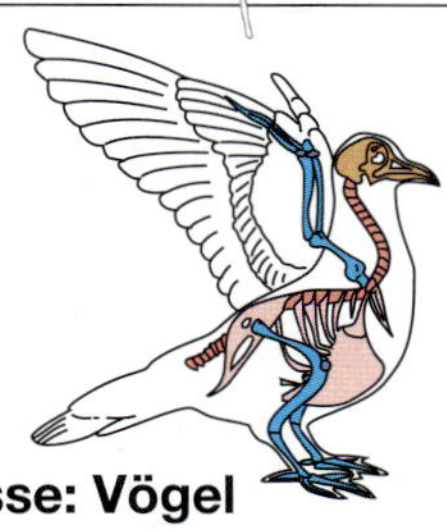

Klasse: Vögel

Körperbedeckung:	Federn
Gliedmaßen:	2 Flügel, 2 Beine
Atmung:	Lungen
Körpertemperatur:	gleichwarm
Vermehrung:	Eier

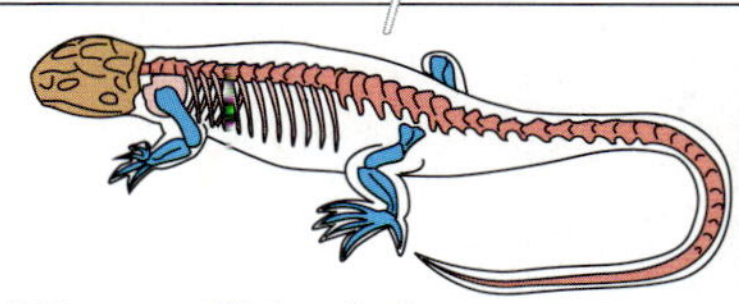

Klasse: Kriechtiere

Körperbedeckung:	Schuppen
Gliedmaßen:	meist 4 Beine
Atmung:	Lungen
Körpertemperatur:	wechselwarm
Vermehrung:	Eier; wenige Arten lebendgebärend, z. B. Waldeidechse

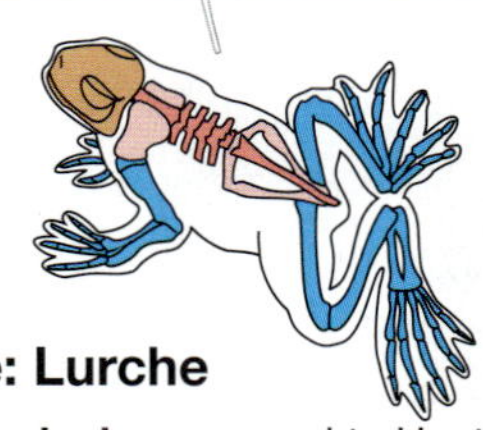

Klasse: Lurche

Körperbedeckung:	nackte Haut
Gliedmaßen:	4 Beine; vorn 4 Finger, hinten 5 Zehen
Atmung:	Kiemen bei Larven; Lungen bei erwachsenen Tieren
Körpertemperatur:	wechselwarm
Vermehrung:	Eier; Entwicklung über eine vollständige Verwandlung; Alpensalamander lebendgebärend

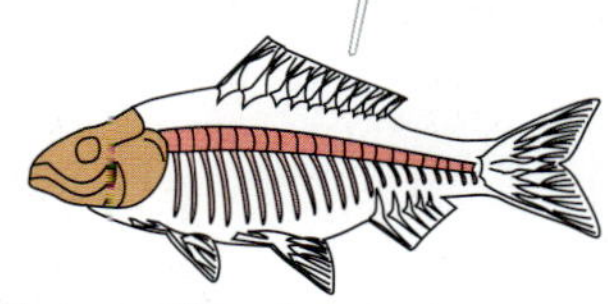

Klasse: Fische

Körperbedeckung:	Schuppen
Gliedmaßen:	Flossen
Atmung:	Kiemen
Körpertemperatur:	wechselwarm
Vermehrung:	Eier; wenige Arten lebendgebärend, z. B. Guppy

2 Stammbaum der Wirbeltiere

6.2 Säugetiere lassen sich ordnen

Die Schülerinnen und Schüler der Klasse 5a besuchen mit ihrem Lehrer den Zoo. Im Unterricht haben sie schon Hund und Katze als Säugetiere kennen gelernt. Im Zoo sollen sie weitere Säugetiere finden und beobachten. Außerdem sollen sie deren Namen und Merkmale festhalten.

Auf dem Weg, der an den verschiedenen Gehegen vorbeiführt, bleiben sie vor einem Schild stehen. Marderartige steht darauf. Darunter sind die Verwandtschaftsbeziehungen dieser Gruppe beschrieben. Christina ist überrascht, dass der Dachs zu den Marderartigen gehört. Herbert weiß, dass auch der Iltis ein Marderartiger ist. Gegenüber steht das Schild für die Hundeartigen. Doch leider fehlt eine Übersicht wie bei den Marderartigen. Das Schild Hundeartige wird nämlich erneuert. „Ich habe eine Idee“, sagt der Lehrer. „Ihr bekommt die Aufgabe, ein Schild für die Hundeartigen zu entwerfen.

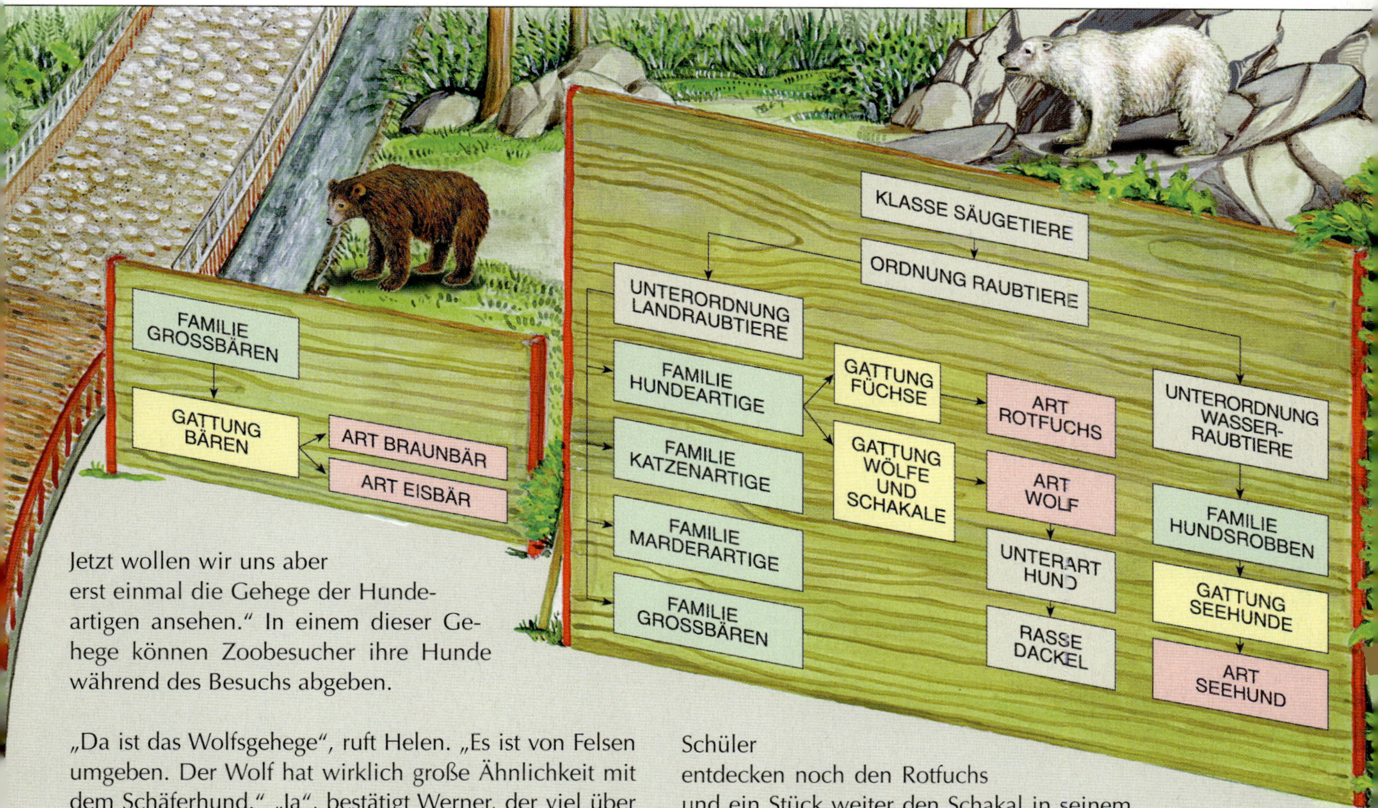

Jetzt wollen wir uns aber erst einmal die Gehege der Hundeartigen ansehen.“ In einem dieser Gehege können Zoobesucher ihre Hunde während des Besuchs abgeben.

„Da ist das Wolfsgehege“, ruft Helen. „Es ist von Felsen umgeben. Der Wolf hat wirklich große Ähnlichkeit mit dem Schäferhund.“ „Ja“, bestätigt Werner, der viel über Tiere liest, „Hund und Wolf können sich untereinander fortpflanzen. Sie gehören damit zur gleichen **Art.** Der Hund ist eine **Unterart** des Wolfs. Alle **Hunderassen** sind mit dem Wolf verwandt. Er ist ihr Stammvater.“ Die Schülerinnen und Schüler entdecken noch den Rotfuchs und ein Stück weiter den Schakal in seinem Gehege. Der Lehrer erklärt die Verwandtschaftsbeziehungen noch genauer: Die beiden **Arten** Wolf und Goldschakal unterscheiden sich zwar im Gewicht und in der Gestalt, sie haben aber als gemeinsames Merkmal runde Pupillen. Sie gehören deshalb zur selben **Gattung,** der *Gattung* Wölfe und Schakale. Bei Füchsen sind die verengten Pupillen dagegen oval; Füchse gehören zu einer eigenen *Gattung.* Die *Gattung* Wölfe und Schakale und die *Gattung* Füchse bilden zusammen mit weiteren Gattungen die **Familie** der Hundeartigen. Ihr gemeinsames Merkmal ist die übereinstimmende Zahnformel mit insgesamt 42 Zähnen.

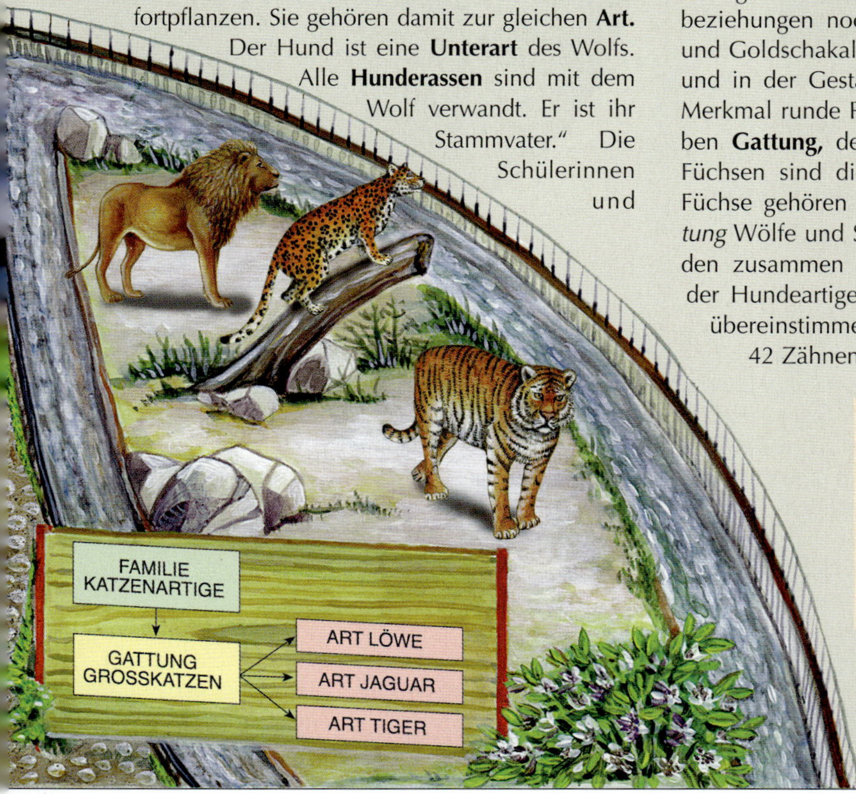

Im Zoo leben die Tiere in Gehegen. Man kann dort die verschiedenen Arten einer Verwandtschaftsgruppe, zum Beispiel der Raubtiere, beobachten. Tafeln verdeutlichen die Verwandtschaftsbeziehungen der verschiedenen Arten untereinander.

1 Entwirf das Hinweisschild für die Gehege der Hundeartigen.

1 Biber (A) und Eisvogel (B) in ihrem Lebensraum

7 Vom Aussterben bedrohte Tiere brauchen unseren Schutz

Der **Biber** lebt in sauberen Flüssen und Seen mit Laubholzwäldern. Blätter und Rinde sind seine Hauptnahrung. Mit seinen kräftigen Nagezähnen kann er Bäume fällen. Diese verbaut er zusammen mit Schlamm und Erde zu Staudämmen und „Wasserburgen". Um seine Jungen aufzuziehen, legt er im Uferbereich einen Bau an. Dieser ist nur durch einen Unterwassertunnel zu erreichen und deshalb besonders geschützt.

Der **Eisvogel** fliegt schnell in geringer Höhe über das Wasser. Sein buntes Gefieder glänzt. Er landet auf einem Ast über einem kristallklaren Bach. Plötzlich stürzt er sich ins Wasser und fängt einen kleinen Fisch. Den bringt er zu seinem Nest im Steilufer, wo seine Jungen schon hungrig warten. Sauberes klares Wasser und natürliche Ufer sind nicht nur für Biber und Eisvogel notwendig.

In **Naturschutzgebieten** können seltene Pflanzen und Tiere überleben. Wichtig ist, dass alle Menschen auf die Nutzung dieser Gebiete verzichten. So ist in einigen Bundesländern der Biber nicht mehr gefährdet, weil Naturschutzgebiete eingerichtet wurden.

Naturschutzgebiete sichern das Überleben seltener Pflanzen und Tiere.

1 Informiere dich über Naturschutzgebiete in deiner näheren Umgebung. Welche Tiere leben dort?

2 Trage Verhaltensregeln zusammen, die für Angler, Kanusportler, Windsurfer und andere Wassersportler an Gewässern gelten.

Amphibien schützen

Projekt

In den ersten milden, regnerischen Märznächten verlassen die Erdkröten ihre Winterquartiere. Überall sieht man nun Tiere, die zu den Laichgewässern wandern, in denen sie selbst aus dem Ei geschlüpft sind. Dort legen die Weibchen bis zu fünf Meter lange Laichschnüre an Uferpflanzen im Flachwasser ab. Die Männchen geben Spermien darüber.

Gruppe 1: Situation der Lurche erkunden

Informiert euch über die Wanderungen der Kröten zwischen Winterquartier, Laichgewässer und Sommerlebensraum. Bereitet einen kurzen Vortrag vor. Erkundet, welche Lurche in eurer Umgebung vorkommen. Berichtet. Tragt die Laichgewässer in eine Karte ein.

Gruppe 2: Wandernde Kröten schützen

An manchen Straßen sind Krötentunnel eingerichtet. Sie schützen wandernde Kröten vor dem Autoverkehr.

Wo es keine Tunnel gibt, könnt ihr zur Hauptwanderzeit einen etwa 50 Zentimeter hohen und unten ein wenig in die Erde eingegrabenen Kunststoffzaun errichten. Im Abstand von etwa 20 Meter werden Fangeimer eingegraben. Dort sammeln sich die Kröten und müssen jeden Morgen über die Straße getragen werden. Haltet in einem Protokoll die Anzahl und die Arten der Tiere fest. Wichtig ist, dass ihr euer Projektvorhaben mit den Aktivitäten örtlicher Naturschutzgruppen abstimmt.

1 Schutz wandernder Erdkröten

2 Teillebensräume der Erdkröte im Jahresverlauf

8 Pflanzen in ihren Lebensräumen

Blütenpflanzen sind vielgestaltig. Sie sind an unterschiedliche Lebensräume angepasst. Wie können sie dort überleben? Weißt du, wie sie sich fortpflanzen? Kennst du Ordnungssysteme, in denen man ihre Vielfalt ordnen kann?

Boden ist eine Lebensgrundlage wie Sonne, Wasser und Luft. Er entsteht im Laufe von 10 000 bis 20 000 Jahren. Durch Eingriffe oder Schadstoffe kann Boden schnell zerstört werden.

1 Blühendes Rapsfeld

8.1 Wie Blütenpflanzen gebaut sind

Im Frühjahr leuchten auf vielen Feldern die gelben Blüten der Rapspflanzen. Gleichzeitig blühen auch Heckenrose und Rosskastanie. Weil alle diese Pflanzen Blüten ausbilden, nennt man sie *Blütenpflanzen*. Haben sie noch weitere gemeinsame Merkmale?

Betrachten wir die Rapspflanze genauer. Die oberirdischen Pflanzenteile bilden den **Spross.** Er besteht aus Sprossachse, Laubblättern und Blüten. Bei *krautigen Pflanzen* wie dem Raps heißt die Sprossachse *Stängel.* Auch Rosskastanie und Heckenrose haben eine Sprossachse. Sie ist verholzt. Verholzte Sprossachsen heißen *Stamm.*
Heckenrose und Rosskastanie sind darum *Holzgewächse.* Bei der Heckenrose ist der Stamm kurz. Aus ihm wachsen knapp über dem Boden viele Seitenstämme. Pflanzen wie die Heckenrose bezeichnet man als *Strauch.*
Der Stamm der Rosskastanie kann sehr lang und dick werden. Er trägt eine Krone mit Ästen und Zweigen, an denen Blätter und Blüten wachsen. Diese Wuchsform nennt man *Baum.*

Die Rapspflanze ist mit einer **Wurzel** im Boden verankert. Ziehen wir eine Rapspflanze aus dem Boden, erkennen wir eine *Hauptwurzel* und zahlreiche *Nebenwurzeln.* Auch Heckenrose und Rosskastanie haben Wurzeln.

Alle Blütenpflanzen zeigen einen gemeinsamen Bauplan aus Spross und Wurzel. Je nach Wuchsform unterscheidet man krautige Pflanzen, Sträucher und Bäume.

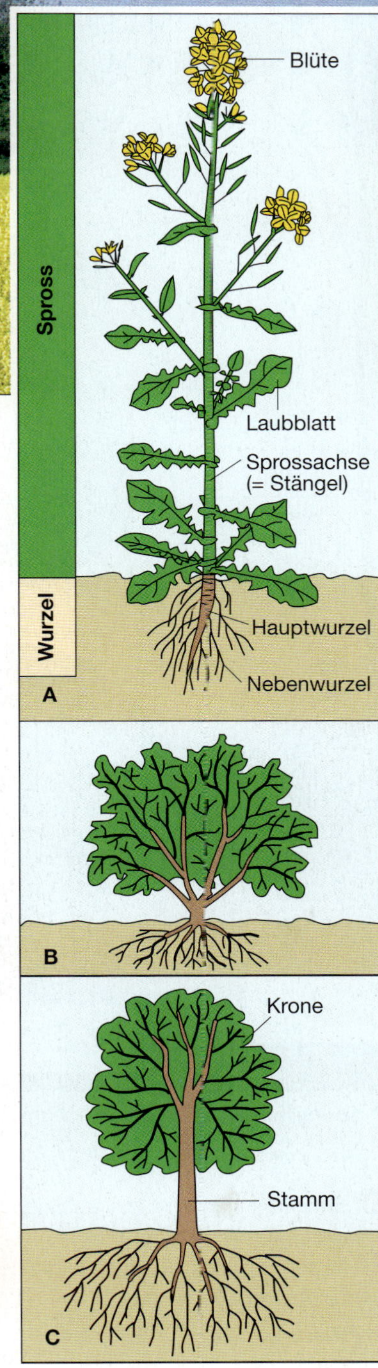

***2 Baupläne von Pflanzen. A** krautige Pflanze (Raps), **B** Strauch (Heckenrose), **C** Baum (Rosskastanie)*

1 Erkläre anhand der Abbildung 2 die Unterschiede zwischen Kraut, Strauch und Baum.

→ Kein Leben ohne Energie, Seite 268

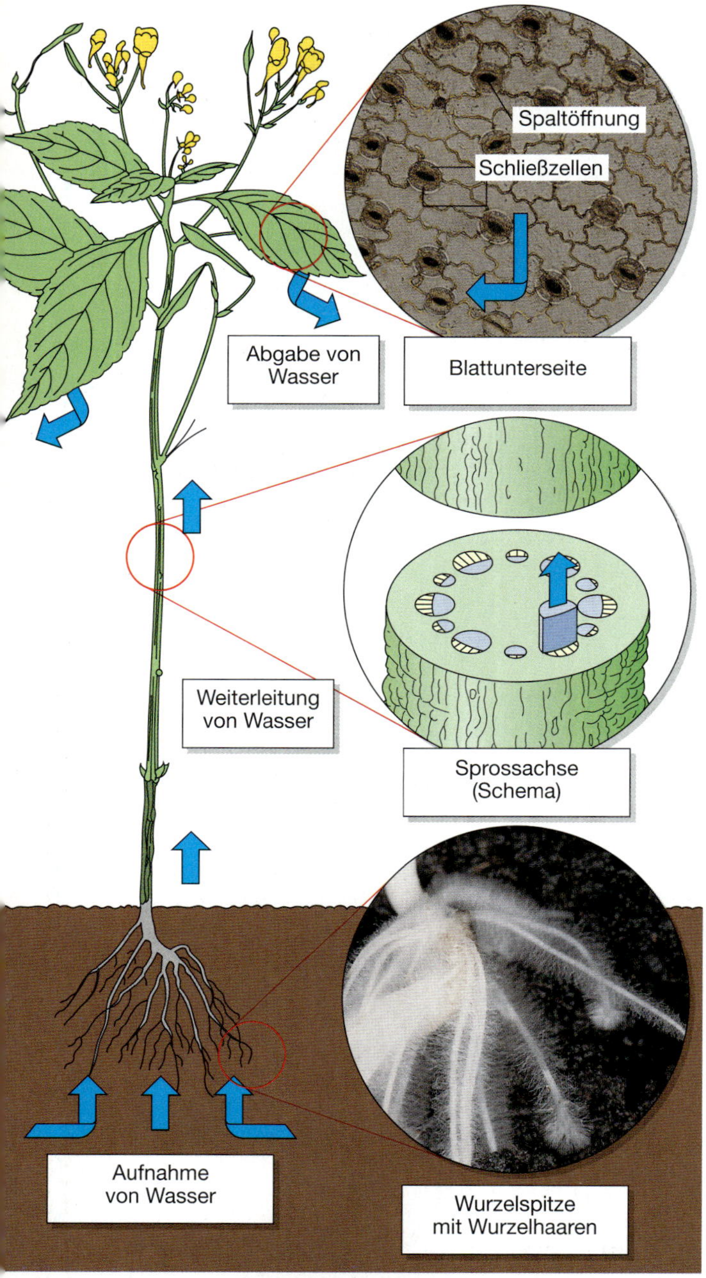

1 ***Springkraut.*** *Organe des Wassertransports*

1 Beschreibe anhand von Abbildung 1 den Weg des Wassers beim Springkraut.

2 Erstelle eine Tabelle nach folgendem Muster in deinem Heft und fülle sie aus:

Pflanzenorgan	Aufgabe
Blatt	...
Sprossachse	...
Wurzel	...

8.2 Pflanzenorgane erfüllen bestimmte Aufgaben

Stehen Pflanzen auf der Fensterbank nahe einer kalten Fensterscheibe, kann man mitunter eine seltsame Beobachtung machen: Berühren die Blätter die Scheibe, so wird sie an dieser Stelle nass. Auch die Blattunterseiten fühlen sich feucht an. Können Pflanzen über ihre Blätter „schwitzen"?

Das Blatt

Betrachtet man die Unterseite eines **Blattes** stark vergrößert mit einem Mikroskop, sieht man kleine ovale Öffnungen. Es sind *Spaltöffnungen,* die jeweils zwei *Schließzellen* besitzen. Damit kann die Pflanze die Spaltöffnungen öffnen und schließen. Über die Öffnungen gibt die Pflanze Wasserdampf ab. An einer kalten Fensterscheibe verdichtet sich der Wasserdampf zu kleinen Tröpfchen. Diese Verdunstung nennt man *Transpiration.* Über die Spaltöffnung wird jedoch nur ein Teil des Wassers abgegeben. Der Rest verbleibt im Blatt und wird dort zur Herstellung von Nährstoffen verwendet. Da Pflanzen ständig Wasser abgeben, muss es aus dem Boden nachgeliefert werden.

Die Sprossachse

Das Wasser wird dem Blatt über die *Blattadern* zugeführt. In den Blattadern verlaufen Bündel von dünnen Röhrchen. Solche **Leitbündel** führen von den Wurzelspitzen durch die **Sprossachse** bis in die Blätter. Die Röhrchen eines Leitbündels, durch die Wasser transportiert wird, nennt man *Gefäße.*

Die Wurzel

Ihren Ursprung haben die Leitbündel in den Wurzelspitzen. An jeder Wurzelspitze sitzen viele haarfeine Wurzelhärchen. Durch ihre Wände nimmt die Pflanze Wasser aus dem Boden auf. Die Gefäße bilden von den *Wurzelhaaren* bis zu den Blättern zusammenhängende Leitungsbahnen. Eine weitere Aufgabe der **Wurzel** ist die Verankerung der Pflanze im Boden. Bei einigen Bäumen, wie der Kiefer, kann sie mehrere Meter tief in den Boden wachsen. Andere Bäume bilden flache, aber sehr große Wurzelteller, zum Beispiel die Fichte.

Die Organe der Pflanze haben verschiedene Aufgaben. Die Wurzel dient der Verankerung im Boden und der Aufnahme von Wasser. Die Sprossachse leitet das Wasser in die Blätter. Die Blätter geben Wasserdampf ab und bilden Nährstoffe.

Praktikum

Wasserleitung und Verdunstung bei Pflanzen

V 1 **Stängel und Blätter leiten Wasser**

Material: Glaszylinder oder Marmeladenglas, Rasierklinge, Lupe, Eosin oder rote Tinte zum Färben, Fleißiges Lieschen

Durchführung: Gib Wasser und Farbstoff in den Glaszylinder. Stelle einen Spross vom Fleißigen Lieschen ohne Wurzeln in den Glaszylinder und bringe ihn an einen hellen Ort.

Aufgaben: a) Kontrolliere Stängel und Blattadern zwei Tage lang in jeder Pause.

b) Schreibe deine Beobachtungen auf und erkläre sie.

V 2 **Blätter verdunsten Wasser**

Material: 3 Marmeladengläser, 3 Plastiktüten, 3 Gummiringe, Öl, Wasser, Filzstift, Fleißiges Lieschen

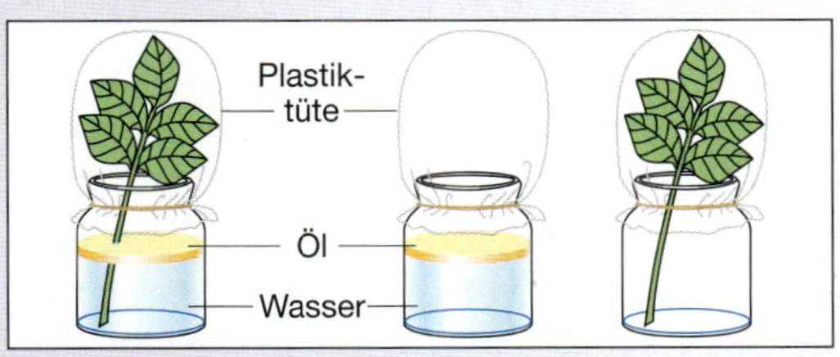

Durchführung: Fülle zwei Gläser gleich hoch mit Wasser und markiere die Füllhöhe. Gieße etwas Öl auf das Wasser, damit es nicht verdunstet. Stelle in eines der Gläser ein Fleißiges Lieschen, ebenso in das leere Glas. Stülpe über die drei Gläser jeweils eine Plastiktüte und ziehe die Gummiringe darüber. Stelle die Gefäße an einen hellen Ort.

Aufgaben: a) Miss täglich den Wasserstand. Notiere das Ergebnis.

b) Beschreibe das Aussehen der Pflanzen und die Veränderungen an den Plastikbeuteln.

c) Erkläre deine Beobachtungen.

8.3 Die Blätter der grünen Pflanzen wandeln Sonnenenergie um

Wie Menschen und Tiere brauchen auch Pflanzen die Nährstoffe Kohlenhydrate, Fette und Eiweißstoffe für ihre Lebensvorgänge. Mit ihren Wurzeln können sie aber nur Wasser und gelöste Mineralstoffe aus dem Boden aufnehmen. Woher bekommen die Pflanzen die lebensnotwendigen Nährstoffe?

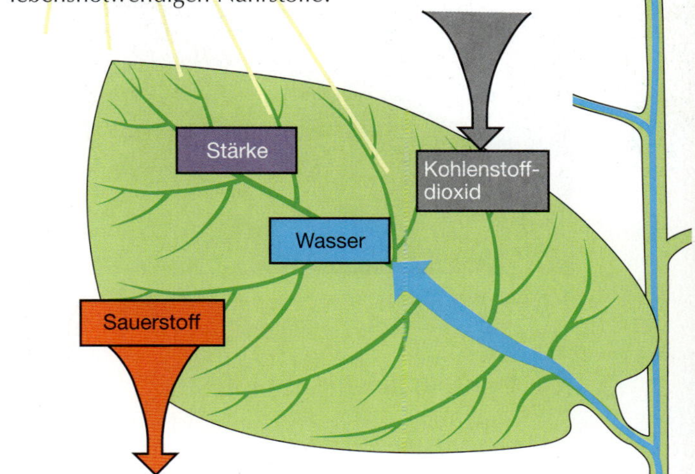

Forscher haben herausgefunden, dass Pflanzen das Kohlenhydrat *Stärke* aus dem *Kohlenstoffdioxid* der Luft und *Wasser* aufbauen können. Dieser Aufbau findet in den *Blattgrünkörnern* der Blätter statt. Die Energie für den Stoffaufbau liefert das *Sonnenlicht*. Diesen Vorgang nennt man **Fotosynthese.**

Bei der Fotosynthese entweicht aus den Spaltöffnungen der grünen Blätter *Sauerstoff*, den fast alle Lebewesen zur Atmung benötigen.

Die Stärke wird von den Pflanzen zu Fetten und Eiweißstoffen umgewandelt, die sie zum Wachsen, Blühen und zur Samenbildung brauchen.

Die grünen Pflanzen bauen mithilfe von Licht aus Kohlenstoffdioxid und Wasser Nährstoffe auf. Dabei geben sie Sauerstoff ab. Die grünen Pflanzen bilden damit die Grundlage des Lebens für alle Lebewesen.

1 Beschreibe anhand der Abbildung, wie die Pflanze Stärke herstellt.

2 Woher bekommen Menschen und Tiere Stärke, Fette und Eiweißstoffe?

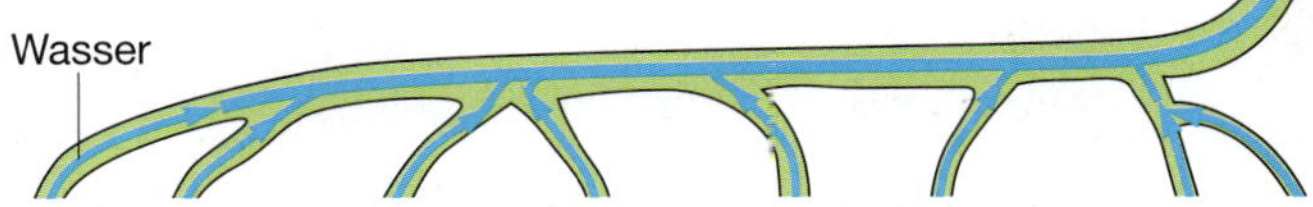

1 Blühender Kirschzweig

*2 **Kirschblüte.** Längsschnitt*

8.4 Der Bau der Kirschblüte

Im Frühjahr blühen die Obstbäume. Weithin sichtbar leuchtet der Kirschbaum mit tausenden seiner weißen Blüten. Betrachtest du eine Kirschblüte aus der Nähe, fallen dir sofort die fünf großen, weißen **Kronblätter** auf. Sie locken Insekten an. Schließt sich die Blüte, schützen die Kronblätter das Blüteninnere.
Am Rande des kelchförmigen Blütenbodens sitzen fünf grüne **Kelchblätter.** Bei geschlossener Blüte umhüllen sie die Kronblätter und dienen ebenfalls als Schutz für das Blüteninnere.

Die geschlechtlichen Organe der Blüte

Im Blüteninneren entdeckst du ein Bündel von etwa 30 **Staubblättern.** Jedes Staubblatt ist aus einem *Staubfaden* und einem *Staubbeutel* aufgebaut. Im Staubbeutel wird der Blütenstaub, der *Pollen,* gebildet. Er besteht aus winzig kleinen *Pollenkörnern,* aus denen sich männliche Geschlechtszellen entwickeln. Staubblätter sind die *männlichen Blütenorgane.*
Mitten zwischen den Staubblättern siehst du den *Stempel.* Er ist aus einem **Fruchtblatt** entstanden. Der Stempel besteht aus der klebrigen *Narbe,* dem *Griffel* und dem verdickten *Fruchtknoten.* Schneidest du den Stempel längs auf, entdeckst du die *Samenanlage* mit der *Eizelle.* Das Fruchtblatt ist das *weibliche Blütenorgan.*

Die Kirschblüte ist aus verschiedenen Blättern zusammengesetzt: Kelchblätter, Kronblätter, Staubblätter und Fruchtblatt.

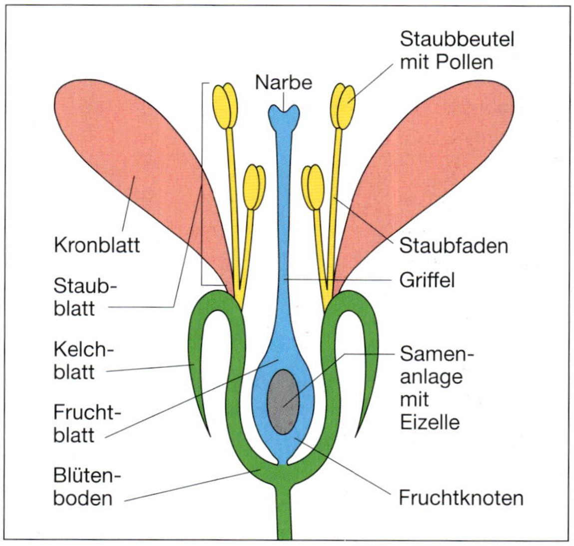

*3 **Kirschblüte.** Schemazeichnung*

1 Zeichne den Blütenlängsschnitt der Kirschblüte in dein Heft und beschrifte die Blütenteile.

2 Betrachte eine Kirschblüte mit der Lupe. Welche Blütenteile zählen zu den weiblichen, welche zu den männlichen Blütenorganen? Schreibe auf.

→ Insektenbestäubung, Seite 302
→ Von der Bestäubung zur Frucht, Seite 306

Blüten

Praktikum

V1 Zergliedern einer Kirschblüte

Material: Kirschblüte, Lupe, Pinzette, ein Stück durchsichtige Klebefolie (8 cm × 8 cm), schwarzer Zeichenkarton

Durchführung: *1. Bereitstellen und Ordnen der Blütenteile*

Nimm die Lupe zur Hand und betrachte zunächst die Kirschblüte genau. Suche die einzelnen Blütenteile. Lege den Zeichenkarton auf deinen Arbeitsplatz. Zupfe mit der Pinzette nacheinander Kronblätter, Kelchblätter, Staubblätter und Fruchtblatt ab. Ordne sie kreisförmig auf dem Zeichenkarton an (siehe Abbildung 1).

2. Herstellen eines Legebildes

Lege nun die Klebefolie mit der Klebeseite nach oben neben den Zeichenkarton. Übertrage mit der Pinzette die Blütenteile in der gleichen Anordnung auf die Klebefolie. Drücke die Blütenteile sofort leicht an. Drehe nun die Klebefolie mit den anhaftenden Blütenteilen um und klebe sie vorsichtig auf den Zeichenkarton. In Partnerarbeit geht das leichter. Du hast nun ein **Legebild** einer Kirschblüte hergestellt.

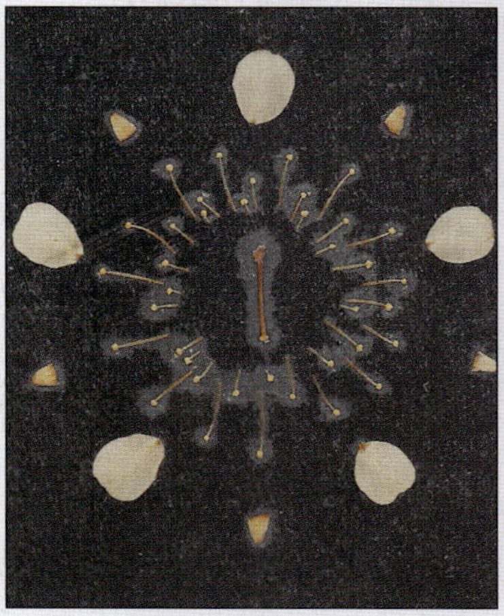

1 *Kirschblüte.* *Legebild*

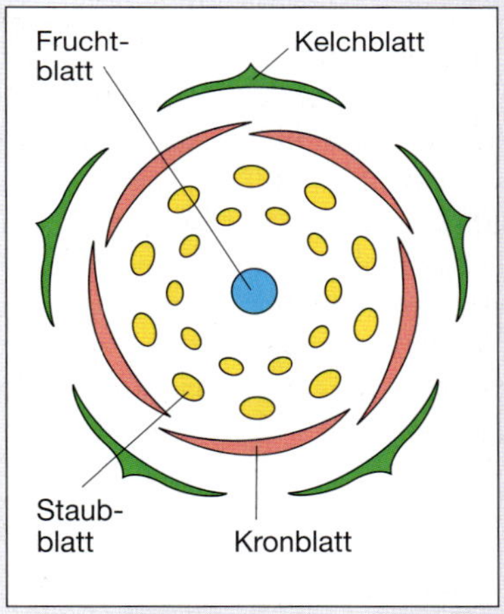

2 *Kirschblüte.* *Blütengrundriss*

3. Blütengrundriss

Du kannst die Anordnung der Blütenteile auch in einer Zeichnung darstellen. Beim Blütengrundriss schaust du von oben auf die Blüte. Alle Blütenteile werden nun schematisch dargestellt. Kelchblätter, Kronblätter und Staubblätter werden kreisförmig angeordnet. Die Kelchblätter bilden den äußeren Ring. Die Kronblätter werden in einem zweiten, inneren Ring versetzt angeordnet. Im Blüteninneren werden die Staubblätter dargestellt. Das Fruchtblatt bildet den Mittelpunkt. Den Blütengrundriss nennt man auch **Blütendiagramm.** Im Blütendiagramm haben alle Blütenteile ihre einheitlich festgelegte Farbe. Blütendiagramme erleichtern die Übersicht über die Anzahl und Stellung der Blütenteile.

Aufgaben: a) Zähle die einzelnen Blütenteile und nenne ihre Aufgaben.

b) Im Legebild und im Blütengrundriss sind die Blütenteile in einer ganz bestimmten Form angeordnet. Beschreibe und erkläre.

V2 Zergliedern einer Rapsblüte

Material: Rapsblüte, Lupe, Pinzette, ein Stück durchsichtige Klebefolie (8 cm × 8 cm), schwarzer Zeichenkarton

Durchführung: Betrachte die Rapsblüte mit einer Lupe. Suche die einzelnen Blütenteile.

Zur Herstellung eines Legebildes musst du die gleichen Arbeitsschritte anwenden, die bei der Kirschblüte beschrieben sind.

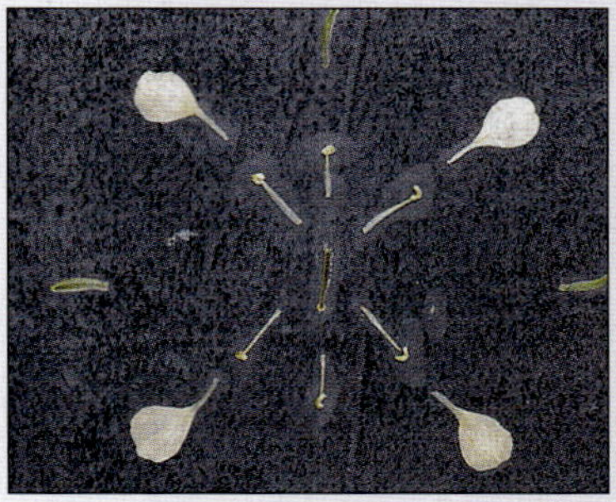

3 *Raps.* *Legebild*

Aufgaben: a) Stelle ein Legebild der Rapsblüte her.

b) Zeichne einen Blütengrundriss der Rapsblüte in dein Heft.

c) Vergleiche mit der Kirschblüte.

d) Übertrage die folgende Tabelle in dein Heft und fülle sie aus:

Anzahl	Kirsche	Raps
Kronblätter	…	…
Kelchblätter	…	…
Staubblätter	…	…
Fruchtblatt	…	…

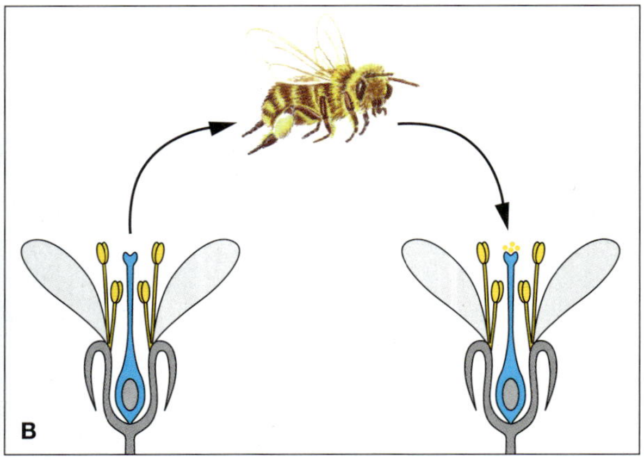

1 ***Insektenbestäubung. A*** *Honigbiene auf Kirschblüte,* ***B*** *Fremdbestäubung*

8.5 Insektenbestäubung

Am blühenden Kirschbaum herrscht Hochbetrieb. Honigbienen fliegen die Blüten an. Sie werden angelockt von dem Duft, der den Blüten entströmt. Die Blüten enthalten Pollen und Nektar, die den Bienen als Nahrung dienen. Nektar ist ein zuckerhaltiger Saft, der am Blütenboden ausgeschieden wird. Die Bienen saugen ihn mit ihrem Rüssel auf und bilden daraus Honig.

Die Kirschblüten enthalten in einer Blüte männliche und weibliche Blütenorgane. Solche Blüten heißen **Zwitterblüten.** Bei der Nahrungssuche streifen die Bienen Pollen von den Staubblättern der Kirschblüte ab. Die Pollenkörner bleiben an ihren haarigen Körpern haften. Bei weiteren Blütenbesuchen tragen sie die Pollenkörner auf die Narbe anderer Kirschblüten. Diesen Vorgang nennt man **Fremdbestäubung.**

Im Gegensatz zu den Zwitterblüten der Kirsche enthalten die Blüten der Salweide entweder nur männliche oder nur weibliche Blütenorgane. Sie sind *getrenntgeschlechtlich.* Im zeitigen Frühjahr leuchten die goldgelben „Kätzchen“ an den Sträuchern und locken Bienen an, die bei der Nektarsuche mit Pollen „eingepudert“ werden. Untersucht man den gelbblühenden Strauch näher, entdeckt man an den Blütenständen nur männliche **Pollenblüten,** nie weibliche Blüten. Diese wachsen an Salweiden mit graugrünen „Kätzchen“. Der weibliche Blütenstand besteht aus vielen einzelnen **Stempelblüten.** Sie sondern reichlich Nektar ab. Der Duft lockt Bienen an, die bei der Nektarsuche die klebrigen Narben mit Pollen bestäuben. Weibliche und männliche Blüten wachsen also auf unterschiedlichen Sträuchern. Die Salweide ist *zweihäusig.*

Die Kirschblüte ist eine Zwitterblüte. Sie besitzt weibliche und männliche Blütenorgane. Bei der Salweide wachsen Stempelblüten und Pollenblüten auf verschiedenen Pflanzen. Die Salweide ist zweihäusig. Die Übertragung von Pollen einer Blüte auf die Narbe einer anderen Blüte nennt man Bestäubung. Erfolgt die Bestäubung durch Insekten, spricht man von Insektenbestäubung.

2 ***Salweide. A*** *männliche Pflanze,* ***B*** *weibliche Pflanze*

1 Der Frühling ist warm und windstill. Die Bienen fliegen aus. Es gibt eine gute Kirschenernte. Erkläre.

2 Der Frühling ist warm, aber windig und regnerisch. Die Kirschernte ist schlecht. Erkläre.

3 Der Frühling ist warm und windstill. In einer Frostnacht erfrieren sehr viele Kirschblüten. Die Kirschenernte ist schlecht. Erkläre.

4 Die unauffälligen graugrünen Stempelblüten der Salweide werden gern von Bienen besucht. Erkläre.

→ Blüten und Insekten sind einander angepasst, Seite 304

8.6 Windbestäubung

Auch der Haselstrauch blüht bereits im Februar. Er trägt zwar noch keine Blätter, doch hängen an den Zweigen lockere, gelbe *„Kätzchen"*. Es sind die männlichen Blüten der Hasel. Jedes „Kätzchen" besteht aus hunderten von männlichen Einzelblüten, die nur Staubblätter enthalten. Die weiblichen Blüten der Hasel wachsen am gleichen Strauch. Man kann sie leicht mit Blattknospen verwechseln. An der Spitze der weiblichen Blüten wachsen rote, pinselartige Narben. Geht ein Windstoß durch den Strauch, so schweben ganze Blütenstaubwolken durch die Luft. Die klebrigen Narben fangen den Blütenstaub auf, der durch den Wind herangetragen wird. Die Bestäubung erfolgt bei der Hasel nicht durch Insekten, sondern durch den Wind. Wie die Salweide enthalten die Blüten der Hasel entweder nur männliche oder nur weibliche Blütenteile. Sie sind *getrenntgeschlechtlich*. Weil aber beide Blüten auf einem Strauch wachsen, ist die Hasel eine *einhäusige* Pflanze.

Bei der Hasel wachsen Stempelblüten und Pollenblüten auf einer Pflanze. Die Hasel ist einhäusig. Die Stempelblüten werden durch den Wind bestäubt.

1 Stäubende Hasel. A *männlicher Blütenstand,* ***B*** *weibliche Blüte*

1 Zeichne männliche und weibliche Blüten der Hasel in dein Heft. Woran erkennt man die weiblichen Blüten der Hasel?

2 Erkläre mit eigenen Worten die Unterschiede zwischen Zwitterblüte, Pollenblüte und Stempelblüte. Nenne Beispiele.

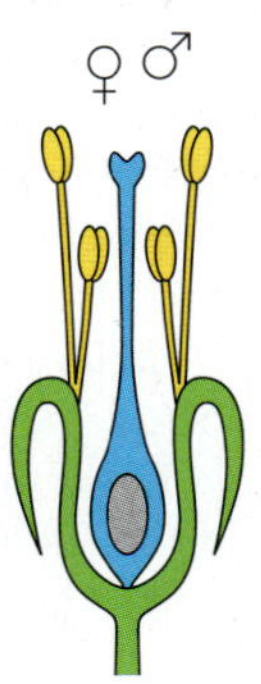

Zwitterblüte

Weibliche und männliche Blütenorgane befinden sich innerhalb einer Blüte. Die Kirschblüte ist eine Zwitterblüte.

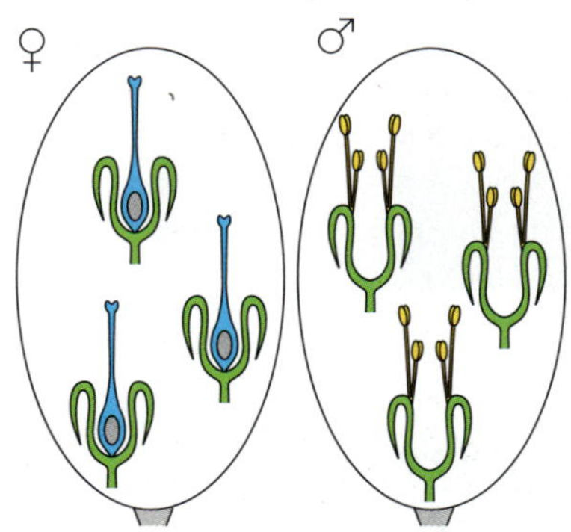

Zweihäusige Pflanzen

Weibliche und männliche Blüten wachsen auf unterschiedlichen Pflanzen. Die Salweide ist eine zweihäusige Pflanze.

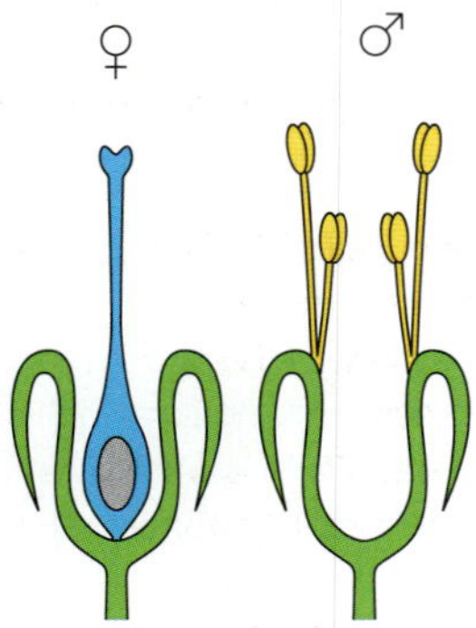

Getrenntgeschlechtliche Blüten

Weibliche und männliche Blütenorgane befinden sich in getrennten Blüten. Salweide und Hasel haben getrenntgeschlechtliche Blüten.

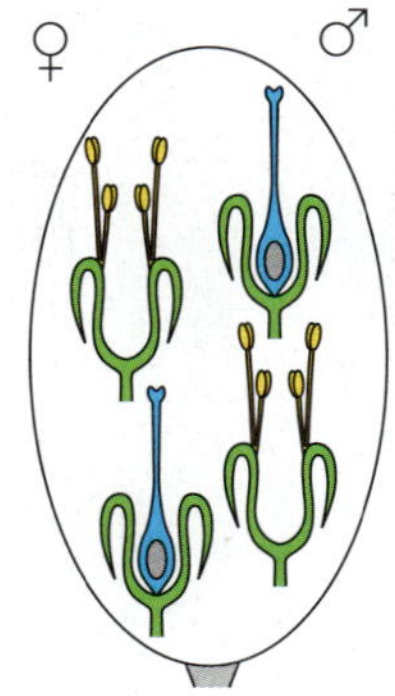

Einhäusige Pflanzen

Weibliche und männliche Blüten wachsen auf einer Pflanze. Die Hasel ist eine einhäusige Pflanze.

2 Kleines Lexikon der Bestäubung

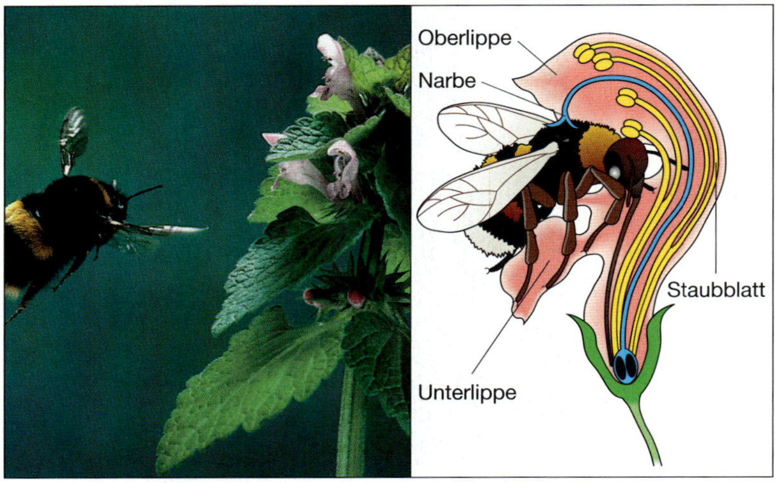

1 Weiße Taubnessel mit Hummel

2 Rote Lichtnelke mit Schmetterling

3 Wiesensalbei mit Biene

8.7 Blüten und Insekten sind einander angepasst

Im Laufe der Entwicklung haben sich Pflanzen und Insekten aneinander angepasst. Daher kommt es, dass wir bestimmte Insekten an ganz bestimmten Pflanzenarten antreffen. Wir sprechen daher von *Hummelblumen, Falterblumen* oder *Bienenblumen.*

Die **Taubnessel** hat Blüten mit einem langen, röhrenförmigen Kelch. Der Nektar wird am Blütenboden abgesondert. Mit ihren langen Rüsseln können Hummeln den Nektar aufsaugen. Dabei wird ihr Rücken mit Pollen beladen.

Die Blütenröhre der **Roten Lichtnelke** ist sehr tief und eng. Schmetterlinge sind auf solche Blüten spezialisiert. Mit ihren besonders langen Rüsseln saugen sie Nektar vom Blütenboden und fliegen zur nächsten Blüte. Dabei übertragen sie Pollen.

Der **Wiesensalbei** wird vor allem von Bienen besucht. Der Eingang zur Blüte ist durch eine Platte aus umgebildeten Staubblättern versperrt. Auf der Suche nach Nektar muss eine Biene diese wegdrücken. Dabei senken sich die oberen Staubblätter und bepudern die Biene mit Pollen. Beim Besuch anderer Salbeiblüten streift die Biene den Pollen auf den heraushängenden Narben der Blüten ab und bestäubt sie.

Pflanzen und Insekten haben sich im Lauf der Entwicklung einander angepasst.

1 Beschreibe anhand der Abbildungen 1 und 2, wie Taubnesseln und Lichtnelken bestäubt werden.

2 Beschreibe den „Trick“ des Wiesensalbeis mithilfe von Abbildung 3.

Pinnwand

UNGESCHLECHTLICHE VERMEHRUNG

Was ist ungeschlechtliche Vermehrung?

Blütenpflanzen vermehren sich durch Samen. Manche Blütenpflanzen sind jedoch in der Lage, sich zusätzlich ohne Ausbildung von Samen zu vermehren. Diese *ungeschlechtliche Vermehrung* erfolgt durch Ausläufer, Ableger, Brutknollen, Wurzelknollen oder Stecklinge.

Ausläufer

Die Erdbeere bildet lange Ausläufer. Das sind oberirdische Seitensprosse, die von der Mutterpflanze wegwachsen. Die an den Ausläufern heranwachsenden Tochterpflanzen werden zunächst durch die Ausläufer mit Nährstoffen versorgt. Haben die Tochterpflanzen Blätter und Wurzeln ausgebildet, können sie sich selbst versorgen. Die Ausläufer, also die Verbindung zur Mutterpflanze, vertrocknen.

Ableger

Das Brutblatt ist eine Zimmerpflanze. An seinen Blatträndern bildet es kleine Tochterpflanzen, die schon über Blätter und Wurzeln verfügen. Die Ableger fallen herab und wachsen im Boden an. Sie können nun zu großen Brutblattpflanzen heranwachsen.

Stecklinge

Manche Pflanzen wie das Usambaraveilchen können durch Stecklinge vermehrt werden. Dazu steckt man einen Sprossteil in feuchte Erde. Aus dem Sprossteil, zum Beispiel Zweige oder Blätter mit Blattstiel, entwickelt sich eine neue Pflanze. In Gärtnereien vermehrt man Pflanzen oft durch Stecklinge.

Grünlilie

1 Schneide ein etwa zehn Zentimeter langes Stängelstück eines Usambaraveilchens dicht unterhalb des Blattansatzes ab und stecke es etwa drei Zentimeter tief in feuchte Erde. Stelle den Topf an einen warmen, schattigen Ort. Halte die Erde feucht. Beobachte die Entwicklung des Stecklings etwa 14 Tage lang. Erkläre deine Beobachtungen.

2 Die Grünlilie ist eine Pflanze, die oft in Klassenzimmern gehalten wird. Wie kannst du sie vermehren? Schreibe deine Vermutungen auf.

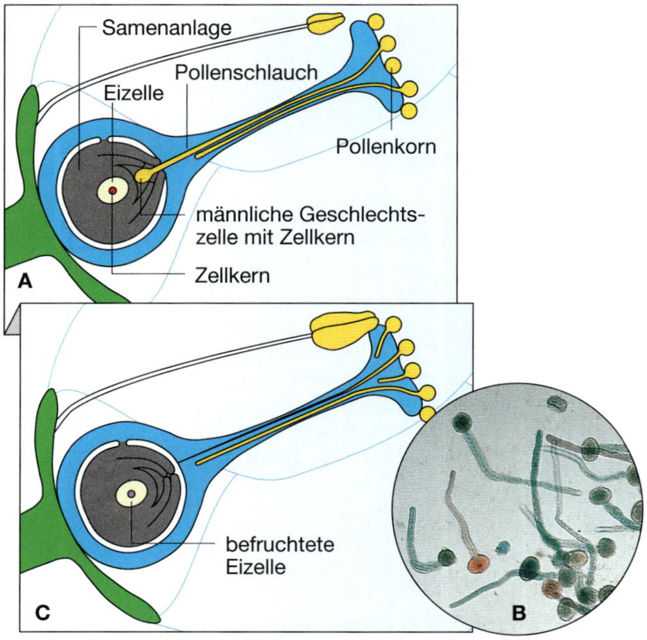

1 *Befruchtung, Kirsche.* ***A*** *Pollenschlauch vor der Befruchtung,* ***B*** *Pollenkornkeimung,* ***C*** *nach der Befruchtung*

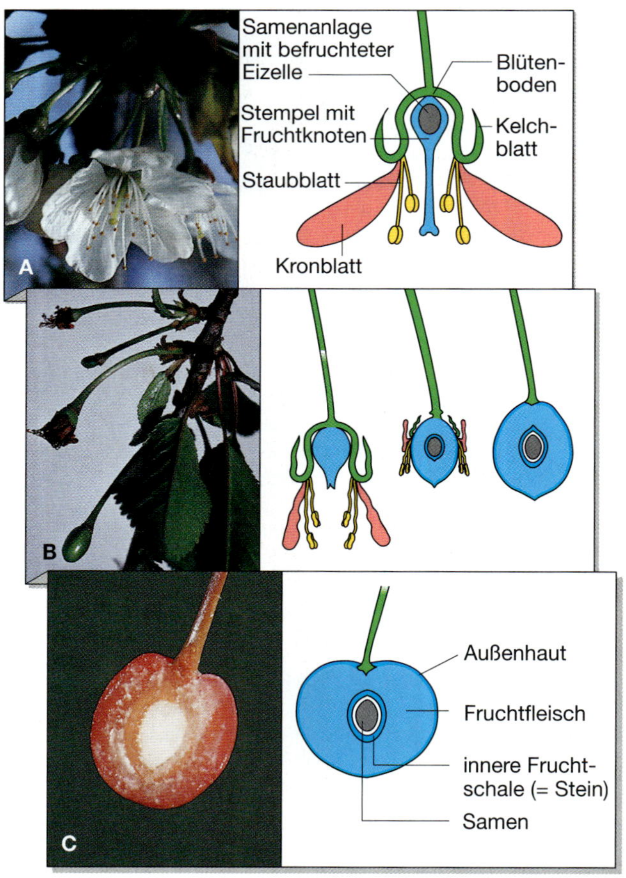

2 Entwicklung einer Kirschfrucht

8.8 Von der Bestäubung zur Frucht

Bei der **Bestäubung** der Kirschblüte werden die Pollenkörner einer Blüte durch Bienen auf den Stempel einer anderen Kirschblüte übertragen. Nach der Bestäubung keimen die Pollenkörner auf der Narbe und wachsen in den Stempel hinein. Mithilfe des Mikroskops lässt sich erkennen: Aus jedem Pollenkorn wächst ein *Pollenschlauch* durch die Narbe in den Griffel. Das Ziel der Pollenschläuche ist die Eizelle in der Samenanlage.
Während des Wachstums bilden sich in den Pollenschläuchen männliche Geschlechtszellen. Der Pollenschlauch, der am schnellsten wächst, dringt in die Samenanlage ein. Hier öffnet er sich und setzt eine männliche Geschlechtszelle frei. Die männliche Geschlechtszelle verschmilzt mit der *Eizelle*. Das Verschmelzen des männlichen Zellkerns mit der weiblichen Eizelle nennt man **Befruchtung.**
Ist die Befruchtung abgeschlossen, verschließt sich die Samenanlage. Weitere männliche Geschlechtszellen können nicht mehr in die Eizelle eindringen.

Entwicklung einer Kirschfrucht

Nach der Befruchtung setzt die Fruchtentwicklung ein. Das kann man auch äußerlich an der Veränderung der Blüten erkennen. Die Kronblätter werden braun und fallen ab. Auch der Griffel und die Narbe vertrocknen. Der Fruchtknoten dagegen schwillt stark an. Auch in seinem Inneren zeigen sich Veränderungen. Die Wand des Fruchtknotens entwickelt sich zur *Fruchtwand* der reifen Kirschfrucht.
Die Fruchtwand besteht aus drei Schichten. Die glatte *Außenhaut* schützt das saftige, rote *Fruchtfleisch*, das innen von einer steinharten *Schale* begrenzt wird. Daher nennt man solche Früchte *Steinfrüchte*. Im Inneren des Kirschsteins hat sich aus der Samenanlage mit der befruchteten Eizelle der **Samen** gebildet.

Nach der Bestäubung keimen die Pollenkörner zu Pollenschläuchen. In ihnen entwickeln sich die männlichen Geschlechtszellen. Bei der Befruchtung verschmilzt eine männliche Geschlechtszelle mit einer Eizelle. Nach der Befruchtung entsteht aus dem Fruchtknoten die Frucht. In der Frucht liegen ein oder mehrere Samen.

1 Beschreibe anhand der Abbildung 1 die Befruchtung der Kirschblüte.

2 Beschreibe anhand der Abbildung 2 die Fruchtbildung bei der Kirsche.

3 Aus welchen Teilen besteht eine reife Kirsche?

Pinnwand

FRÜCHTE UND SAMEN

Name: Walderdbeere
Frucht: rote, kugelige Beerenfrucht
Besonderheit: die „Lockfrucht" wird von Tieren verbreitet

Obst

Als Obst bezeichnet man Früchte, die Menschen zu ihrer Ernährung nutzen.

Name: Haselnuss
Frucht: braune, hartschalige Schalenfrucht, auch kurz „Nuss" genannt
Besonderheit: wird von manchen Säugetieren als Wintervorrat vergraben

Name: Apfel
Frucht: kugelige bis längliche Kernfrucht
Besonderheit: wird vom Menschen in vielen verschiedenen Sorten angebaut

Früchte

Früchte sind Pflanzenteile, die die Samen einer Pflanze bis zu deren Reifung enthalten. Sie dienen häufig der Verbreitung der Samen durch Tiere, zum Beispiel als Lockfrüchte.

1 Nenne zu jeder Frucht zwei weitere Beispiele.
2 Beschreibe, wie die einzelnen Fruchtarten vom Menschen genutzt werden.

→ Pinnwand: Samen und Früchte an Hecke und Waldrand, Seite 139

1 ***Löwenzahn.*** *„Pusteblume" – Fruchtstand des Löwenzahns*

8.9 Verbreitung von Früchten und Samen

Wenn du eine „Pusteblume" pflückst und darauf pustest, wirbeln viele kleine, fallschirmartige Gebilde durch die Luft. Die „Pusteblume" ist der Fruchtstand des Löwenzahns. Er besteht aus etwa 150 Einzelfrüchten, denn aus jeder einzelnen Blüte des gelben Blütenstandes hat sich eine Frucht entwickelt. Die Früchte besitzen Widerhaken und hängen an einem „Fallschirm" aus Haaren.

Verbreitung durch den Wind

Schirmflieger wie der Löwenzahn werden durch den Wind verbreitet und können viele Kilometer weit fliegen. Solche Früchte bezeichnet man als **Flugfrüchte.** Nach der Landung verankern sie sich mit Widerhaken auf dem Untergrund und keimen zu einer neuen Pflanze aus. So können sie sich an ihrem Standort verbreiten und neue Lebensräume besiedeln. Die Früchte des *Weidenröschens* sind mit einem Haarschopf ausgestattet, der wie ein Wattebäuschchen aussieht. Auch Weiden und *Pappeln* gehören zu den **Schopffliegern.** Ihre „Wattebäuschchen" bilden zur Flugzeit am Boden oft regelrechte Teppiche. Die Früchte von *Birke* und *Erle* haben zwei kleine Häutchen als Flügel. Diese **Segelflieger** schweben durch die Luft und keimen bei der Landung auf geeignetem Untergrund. Die Früchte der *Ulme* sitzen in der Mitte einer häutigen Scheibe. Im Flug rotieren sie um die eigene Achse. Auch der *Spitzahorn* hat Flugfrüchte. Jeweils zwei Früchte mit propellerartigen Flügeln sind zusammengewachsen. Sie werden durch den Wind getrennt. In der Luft drehen sie sich schraubenförmig und verlängern dadurch ihren Flug. Auch die Früchte von Hainbuche und Esche gehören zu den **Schraubenfliegern.**

Selbstverbreitung

Andere Pflanzen wie Ginster und Lupine besitzen **Schleuderfrüchte.** Wenn die Früchte reif sind, trocknen sie aus und brechen auf. Die beiden Hälften der Hülsen verdrehen sich dabei und schleudern die Samen bis zu fünf Meter weit fort. Auch die reifen Früchte des Springkrauts platzen bei Berührung auf und schleudern ihre Samen meterweit fort.

Verbreitung durch Tiere

Im Herbst sammeln Eichhörnchen die reifen Früchte vieler Sträucher und Bäume und verstecken sie als Wintervorrat im Boden oder in Baumhöhlen. Aus den Samen der Früchte, deren Verstecke die Eichhörnchen vergessen haben, keimen im Frühjahr neue Pflanzen. Manche Pflanzen schicken ihre Früchte als „blinde Passagiere" auf die Reise. Sie besitzen Haare mit Widerhaken, die wie eine Klettvorrichtung wirken. Sie haken sich im Fell oder im Gefieder von Tieren fest und werden irgendwo wieder abgestreift. Auch der Mensch verbreitet unfreiwillig **Klettfrüchte** wie Kleblabkraut, Klette und Waldmeister. Die Früchte des Schneeglöckchens enthalten Samen mit fetthaltigen Anhängseln, die gern von Ameisen gefressen werden. Sie schleppen die Samen häufig zu ihrem Bau. Unterwegs verzehren sie das Anhängsel und lassen den Samen liegen. Veilchen dagegen machen sich die Vorliebe der Ameisen für Süßes zunutze. Die Samen in ihren Früchten haben süße Anhängsel, mit denen sie die Ameisen anlocken. Die Früchte von Schneeglöckchen, Veilchen, Taubnesseln und Schöllkraut nennt man daher **Ameisenfrüchte.**

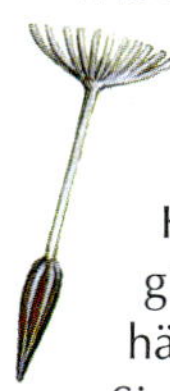

2 ***Blühender Löwenzahn***

→ Aus Samen entwickeln sich Pflanzen, Seite 310/311

3 ***Schleuderfrucht*** *(Ginster)*

4 ***Klettfrüchte*** *(Kleblabkraut)*

5 ***Lockfrüchte*** *(Vogelbeere)*

Manche Bäume und Sträucher wie Eberesche, Himbeere, Holunder oder Schneeball haben auffällig gefärbte **Lockfrüchte,** die von Vögeln gefressen werden. Die in den Früchten liegenden Samen haben harte Schalen. Sie sind unverdaulich und werden mit dem Kot der Vögel oft weit entfernt von der „Mutterpflanze“ ausgeschieden.

Verbreitung durch Wasser

Wasserpflanzen wie der Wasserhahnenfuß haben **Schwimmfrüchte.** Sie enthalten Luft in ihrem Gewebe. So können sie auf der Wasseroberfläche schwimmen. Sie treiben mit der Wasserströmung weit fort.

Die Verbreitung von Früchten und Samen kann durch Wind, Tiere und Menschen, Wasser oder durch Selbstverbreitung erfolgen. Auf diese Weise können Pflanzen neue Standorte und Lebensräume besiedeln.

1 Ordne die Früchte und Samen aus Abbildung 6 nach ihren Verbreitungseinrichtungen (4 Gruppen).

2 Warum findest du an Straßenrändern, Feldrainen oder Wiesen manchmal ein Blütenmeer aus Löwenzahn?

3 Nenne Lockfrüchte, die gern von Vögeln gefressen werden.

6 ***Früchte werden unterschiedlich verbreitet.*** *① Birke, ② Ginster, ③ Himbeere, ④ Wasserhahnenfuß, ⑤ Linde, ⑥ Klette, ⑦ Weidenröschen*

7 ***Ahorn. A*** *fruchtender Spitzahorn,* ***B*** *Schraubenflug einer Teilfrucht*

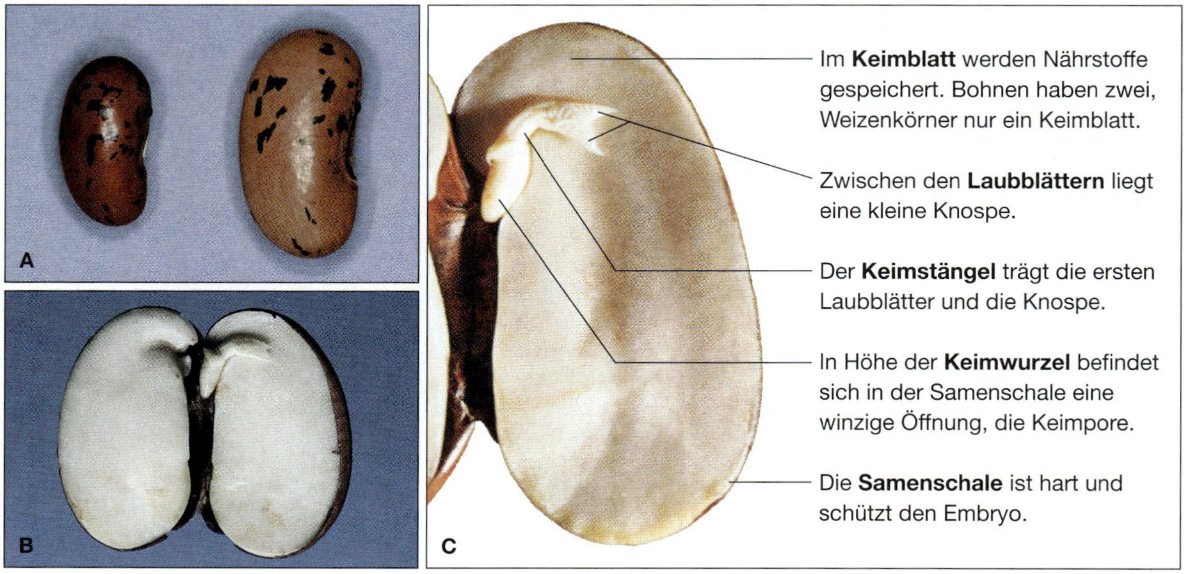

1 ***Feuerbohne. A*** *trockener und gequollener Samen,* ***B, C*** *Samen mit aufgeklappten Keimblättern*

8.10 Aus Samen entwickeln sich Pflanzen

Aus den Blüten von Feuerbohnen entwickeln sich Samen, die *Bohnen.* Lässt man eine solche Bohne 48 Stunden in Wasser quellen und klappt dann die beiden Bohnenhälften auf, sieht man im Inneren ein kleines Pflänzchen, den **Embryo.** Er besteht aus zwei winzigen *Laubblättern,* der *Keimwurzel* und dem *Keimstängel.* Die beiden weißlichen Hälften der Bohne werden *Keimblätter* genannt. Sie speichern die Nährstoffe, die zur Keimung nötig sind. Damit ist der Embryo unabhängig von den in der feuchten Erde gelösten Mineralstoffen. Der Keimling benötigt daher zum Keimen keine Erde.

Im trockenen Zustand kann ein Samen Trockenheit und Frost ohne Schaden überstehen. Das nennt man *Samenruhe.* Wenn er aber in Wasser oder feuchte Erde gelegt wird, nimmt er Wasser auf und quillt. Der Samen wird bei dieser **Quellung** größer und schwerer. Dabei entsteht ein starker Druck, der die Erde um den Samen herum lockert. Dadurch kann das kleine Pflänzchen den Boden leichter durchdringen.

Der Samen keimt

Die **Keimung** vollzieht sich ohne Licht in der feuchten Erde. Nach einigen Tagen platzt die Samenschale auf und die Keimwurzel bricht durch. Sie dringt senkrecht in die Erde ein. Bald bilden sich *Seitenwurzeln.* Nun erst beginnt sich der Keimstängel zu strecken und wächst aus der Bohne heraus. Er biegt sich hakenförmig und wächst durch den gelockerten Boden nach oben. Schließlich durchbricht der Keimstängel mit den Laubblättern die Erdoberfläche. Unter dem Einfluss des Lichts bilden die oberirdischen Pflanzenteile *Blattgrün* und ergrünen.

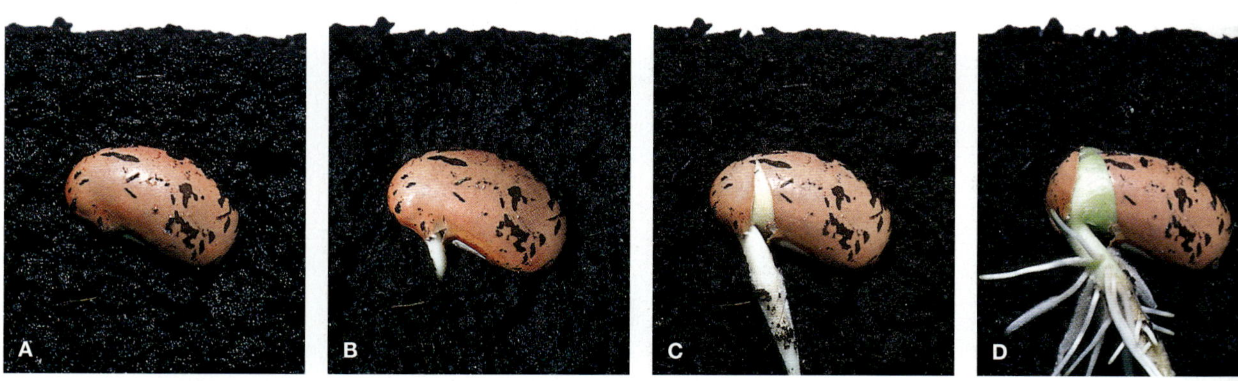

2 A–H Keimung der Feuerbohne

→ Praktikum: Keimung und Wachstum, Seite 312/313
→ Die Familie der Schmetterlingsblütengewächse, Seite 318

Die Bohnenpflanze wächst

Nach der Keimung beginnt die Bohnenpflanze zu wachsen. Sie bildet nun viele grüne Blätter. Bei Trockenheit muss sie gegossen werden. Über ihre Wurzeln leitet sie die im Wasser gelösten Mineralstoffe durch haarfeine Gefäße in die Zellen der grünen Blätter. Die Pflanze benötigt Sonnenlicht. Mit seiner Hilfe verwandelt sie Mineralstoffe in Baustoffe. Diese sind nötig für das Pflanzenwachstum und zur Blüten- und Samenbildung. Blütenpflanzen wie die Feuerbohne haben zwei Keimblätter. Deshalb nennt man sie auch *zweikeimblättrige* Pflanzen. Die Samen anderer Pflanzen, zum Beispiel der Gräser, sind anders gebaut. Sie besitzen nur ein Keimblatt. Sie sind *einkeimblättrig.*

Pflanzensamen enthalten den Keimling und Nährstoffe. Aus dem Keimling entwickelt sich eine Pflanze. Für Keimung und Wachstum sind unterschiedliche Voraussetzungen notwendig.

1 Beschreibe die Keimung der Feuerbohne. Nimm die Abbildungen 2 A bis H zu Hilfe.
2 Wie ist der Samen der Feuerbohne aufgebaut? Beschreibe und zeichne.
3 Welche Voraussetzung ist bei der Keimung im Gegensatz zum Wachstum nicht notwendig?
4 Beschreibe einen Versuch, mit dem du nachweisen kannst, welche der Bedingungen Wasser, Wärme, Erde, Licht und Luft für die Keimung notwendig sind.

Praktikum

Keimung und Wachstum

V1 Quellung

Material: Samen der Gemüsebohne, großer Eimer, kleines Marmeladenglas mit Deckel, Wasser
Durchführung: Fülle das Marmeladenglas randvoll mit trockenen Bohnen. Gib dann, ebenfalls bis zum Rand, Wasser hinzu. Verschließe das Glas mit dem Deckel und stelle es einen Tag lang in den Eimer.
Aufgaben: a) Beschreibe deine Beobachtungen nach einem Tag.
b) Erkläre das Versuchsergebnis.

V2 Wachstumsprotokoll

Material: Samen der Feuerbohne, Blumenerde, Marmeladenglas, Wasser, Lineal
Durchführung: Lege eine Bohne einen Tag lang in Wasser. Fülle Erde in das Marmeladenglas. Drücke den Bohnensamen ganz am Rand etwa vier Zentimeter in die Erde, sodass du ihn von außen sehen kannst. Stelle das Gefäß hell und warm auf.
Aufgaben: a) Miss täglich die Länge des Keimstängels. Schreibe die Werte auf.
b) Fertige ein Diagramm wie in Abbildung 1 an. Zeichne täglich den sichtbaren Zustand des Samens, des Keimlings und später der Pflanze.

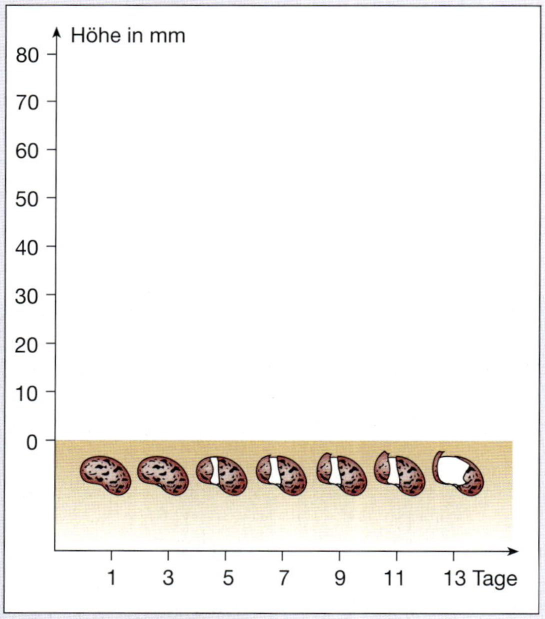

1 Wachstum einer Feuerbohne

V3 Untersuchung der Keimblätter

Material: gequollene Samen der Feuerbohne, Küchenmesser, Nadel, Pinzette, Zeichenpapier, Bleistift, Lupe
Durchführung: Entferne die Samenschale der Feuerbohne vorsichtig mit dem Küchenmesser. Klappe die beiden Keimblätter auseinander. Betrachte die aufgeklappten Keimblätter mit der Lupe.
Aufgabe: Zeichne beide Keimblätter und beschrifte sie.

V4 Keimungsbedingungen der Gemüsebohne

Material: Samen der Gemüsebohne, sechs gleich große Marmeladengläser (ein Glas mit Deckel), Watte, Blumenerde, Schuhkarton
Durchführung: Glas A: Fülle das Glas zu etwa einem Drittel mit Blumenerde. Feuchte die Erde an. Lege sechs Bohnen gleichmäßig verteilt auf die Erde und drücke sie leicht an. Stelle das Glas an einen hellen und warmen Ort, etwa auf die Fensterbank. Halte die Erde feucht, aber nicht nass.
Glas B: Fülle Glas B zu etwa einem Drittel mit Watte. Verfahre dann weiter wie bei Glas A.
Glas C: Fülle Glas C mit trockener Blumenerde. Verfahre dann weiter wie bei Glas A. Lass die Erde jedoch trocken.
Glas D: Verfahre mit Glas D wie bei Glas A. Stülpe über das Glas dann den Schuhkarton, sodass es vollständig abgedunkelt ist.
Glas E: Verfahre mit Glas E wie bei Glas A. Stelle das Glas bei Frost ins Freie.
Hinweis: Dieser Versuch ist im Sommer nicht machbar. Du kannst ihn nur im Winter bei Frost durchführen.
Glas F: Verfahre mit Glas F wie bei Glas A. Verschließe jedoch das Glas luftdicht mit dem Deckel. Beobachte die Versuchsreihe zwei Wochen lang täglich.
Aufgaben: a) Halte deine Beobachtungen in Form einer Tabelle fest.
b) Erstelle eine weitere Tabelle, aus der du entnehmen kannst, welche Bedingungen Bohnenpflanzen zur Keimung brauchen. Nimm dazu die Methodenseite „Umgang mit Diagrammen und Tabellen" zu Hilfe.

Wachstum

V 5 Beeinflusst die Temperatur das Pflanzenwachstum?

Material: zwei Blumenkästen, Blumenerde, Kressesamen, Draht, lichtdurchlässige Folie, zwei Thermometer, Lineal
Durchführung: Fülle zwei Blumenkästen mit Blumenerde. Säe in beide Kästen etwa gleich viele Kressesamen aus. Befestige in beiden Kästen ein Thermometer so in zwei Drahtschlingen, dass du die Temperatur leicht ablesen kannst. Baue über einen der beiden Blumenkästen eine Folienabdeckung aus Drahtstützen und lichtdurchlässiger Folie. Stelle beide Kästen nebeneinander an einen hellen warmen Ort im Freien auf. Halte die Erde in beiden Blumenkästen gleichmäßig feucht.

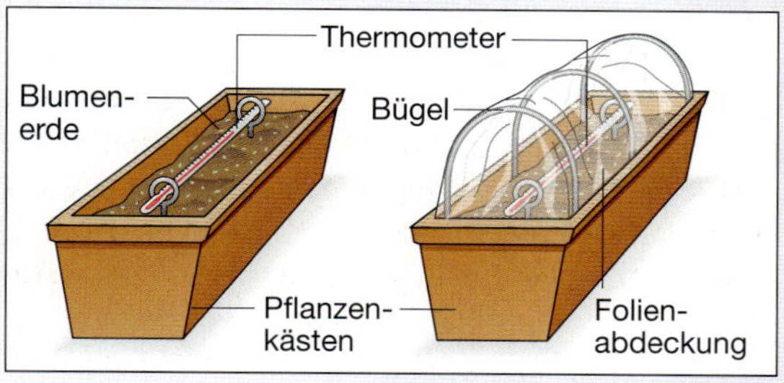

Aufgaben: a) Lies täglich jeweils morgens und mittags von dem Thermometer unter der Folienabdeckung und über dem Freiluftblumenkasten die Lufttemperatur ab.
b) Miss täglich die Höhe der verschiedenen Pflanzen mit dem Lineal.
c) Halte deine Beobachtungen in einer Tabelle fest:

Wachstum der Kressepflanzen				
Datum	Temperatur		Höhe der Pflanze	
Uhrzeit 20.5. 8^{00}	ohne Folie ...	mit Folie ...	ohne Folie ...	mit Folie ...

d) Zeichne zwei Säulendiagramme. Auf S. 23 findest du Hinweise dazu.
Diagramm A: Höhe der Kressepflanzen unter der Folie,
Diagramm B: Höhe der Kressepflanzen ohne Folie.
e) Nimm später einige Pflanzen aus der Erde. Vergleiche eine ganze Pflanze mit Stängel, Blättern und Wurzeln aus dem Folienkasten mit einer aus dem Freiluftkasten. Erkläre deine Beobachtungen.

V 6 Beeinflusst Licht das Pflanzenwachstum?

Material: zwei Blumentöpfe mit einem oberen Ø von 12 Zentimetern, Blumenerde, sechs Bohnenkeimlinge mit etwa ein bis zwei Zentimeter langen Wurzeln, ein hoher Pappkarton aus dicker, fester Pappe, Lineal
Durchführung: Fülle die Blumentöpfe mit Erde. Pflanze in jeden Blumentopf drei Bohnenkeimlinge. Stülpe über den einen Topf mit Bohnenkeimlingen den hohen Pappkarton, damit diese im Dunkeln stehen.
Der andere Topf wird an einen Platz mit normalem Lichteinfall gestellt.
Gieße beide Töpfe regelmäßig mit der gleichen Menge Wasser, sodass die Erde stets feucht bleibt.

Aufgaben: a) Miss täglich die Länge der Stängel und der Blätter. Notiere deine Messungen in einer Tabelle.

	im Dunkeln gewachsene Pflanzen		im Hellen gewachsene Pflanzen	
Datum	Stängel-länge	Blatt-länge	Stängel-länge	Blatt-länge
...	...	...	...	...

b) Vergleiche die Farbe der Blätter von beiden Versuchspflanzen.
c) Welche Pflanzenteile werden in ihrem Wachstum durch Dunkelheit gehemmt?
d) Lass die im Dunkeln aufgewachsenen Bohnen einige Zeit im Hellen weiterwachsen. Was stellst du fest?
e) Fasse mit deinen eigenen Worten zusammen, welchen Einfluss das Licht auf das Pflanzenwachstum hat.

*1 **Mauerpfeffer.** **A** Foto, **B** Blattquerschnitt (Schema)*

*2 **Besenheide.** **A** Foto, **B** Blattquerschnitt (Schema)*

9 Ob nass oder trocken – überall gedeihen Pflanzen

Pflanzen trockener Standorte

In der Gartenmauer blühen im Frühsommer kleine Blumen. Die gelben Blüten sehen aus wie kleine Sterne. Es ist der *Mauerpfeffer.* Wie ist es möglich, dass diese Blumen an einer solchen Stelle leben?

Betrachten wir die Pflanzen näher. Kleine Blättchen umgeben dicht den Stängel. Wenn du ein solches Blättchen abpflückst, bemerkst du, dass es dick und fleischig ist. Zerdrückst du es, bleibt Wasser an den Fingern zurück. Der Stängel entspringt aus einer Mauerritze, wie du leicht sehen kannst, wenn du ihn zurückverfolgst. Die wenigen Erdreste in den Ritzen genügen offenbar der Pflanze zum Wurzeln. Hat es in den letzten Tagen wenig geregnet, ist die Erde in der Mauerritze recht trocken. Trotzdem sieht die Pflanze frisch und saftig aus. Offensichtlich befindet sich in den Blättern ein Wasservorrat, den sie aufspart und der die Pflanze vor dem Austrocknen schützt.

*3 **Säulenkakteen.** **A** Foto, **B**, **C** Stammquerschnitt*

Auch an anderen trockenen Standorten finden wir solche **Wassersparer.** In den sandigen Flächen der Lüneburger Heide zum Beispiel versickert das Regenwasser schnell. Hier bedeckt die *Besenheide* den Boden an vielen Stellen in einem dichten Bestand. Sie schützt sich vor dem Austrocknen durch besondere Anordnung der Blätter, die bei Trockenheit wie Dachziegel dicht dem Stängel anliegen. Allerdings sind sie nicht fleischig wie beim Mauerpfeffer, dafür aber nach unten eingerollt. Eine derbe Haut schließt jedes einzelne Blatt nach außen gegen die Luft ab. Mit diesen Blättern verdunstet die Besenheide daher nur wenig Wasser, denn nur an der eingerollten Unterseite kann etwas Wasser aus den Blättern entweichen.

Noch besseren Verdunstungsschutz findet man bei extremen Wassersparern wie Kakteen, die sogar in Wüstengebieten leben können.

1 Beschreibe anhand der Abbildung 3, wie Kakteen an ihre trockenen Lebensräume angepasst sind.

Pflanzen an feuchten Standorten

Wie groß können die größten Blätter von Pflanzen unserer Heimat werden? Du wirst staunen: Es gibt bei uns eine Pflanzenart, deren Blätter einen Durchmesser von bis zu einem Meter erreichen können. Sie heißt **Pestwurz.** Ihre Blüten erscheinen im Frühjahr, ehe die Blätter hervortreten. Später im Jahr werden die Fruchtstände meistens völlig von den riesigen Blättern überdeckt. Mit den großen Blättern verdunstet sie eine große Menge an Wasser. Dort, wo die Pestwurz wächst, steht viel Wasser zur Verfügung. Die Pestwurz ist eine **Zeigerpflanze** für Feuchtigkeit.

1 Pestwurz

Am Rande kleiner Teiche, Tümpel oder in sumpfigen Gräben entdeckst du die löffelförmigen kräftigen Blätter des **Froschlöffels.** Seine kleinen weißen oder rötlichen Blüten hingegen sind weniger auffällig.

Den Froschlöffel findet man je nach Standort in verschiedenen Wuchsformen. Die kräftigsten Pflanzen wachsen im sumpfigen Wasser am Rande des Teiches. Die Blatt- und Blütenstiele dieser *Sumpfform* sind steif und ragen weit aus dem Wasser. Die Pflanze kann bis zu 70 cm hoch werden. Am Ufer eines Teiches oder Grabens wächst die *Landform* des Froschlöffels. Sie blüht zwar auch, gedeiht aber weniger gut als die Sumpfform. Die einzelnen Pflanzen bleiben deutlich kleiner.
Im tieferen Wasser finden wir Pflanzen mit länglicheren Blattspreiten als bei der Sumpfform. Sie liegen auf dem Wasser. Lange Blattstiele verbinden sie mit dem Untergrund. Es ist die *Schwimmblattform* des Froschlöffels. Eine weitere Form, die Tauchform, findet man in noch tieferem Wasser. Ihre bandförmigen Blätter bleiben im Wasser untergetaucht und besitzen nur kurze Blattstiele. Der Froschlöffel kann also auf dem Land und im Wasser wachsen. Er ist eine amphibische Pflanze.

1 Beschreibe, wie Pestwurz und Froschlöffel an feuchte Standorte angepasst sind.

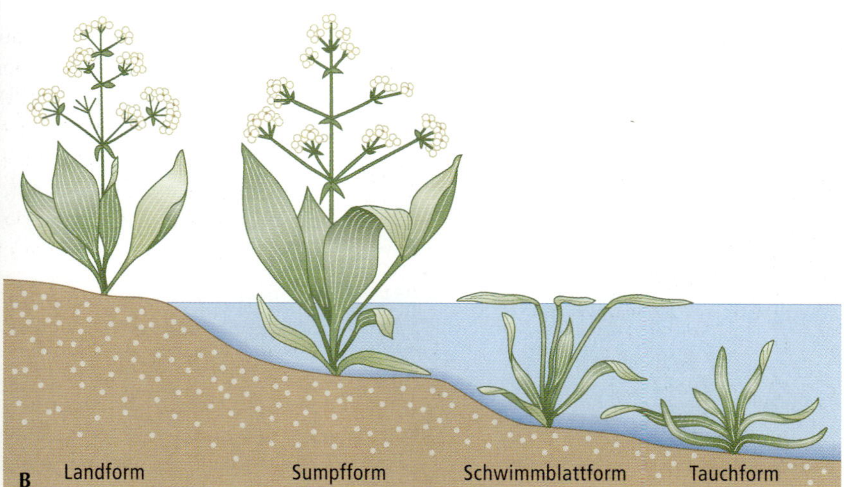

***2 Froschlöffel. A** Foto, **B** Wuchsformen*

→ Die Pflanzenzonen eines Sees, Seite 338/339
→ Pinnwand: Angepasstheit von Wasserpflanzen, Seite 340
→ Praktikum: Wasserpflanzen, Seite 341

1 ***Wiesenschaumkraut. A*** *Wiese mit blühenden Pflanzen,* ***B*** *Blüte*

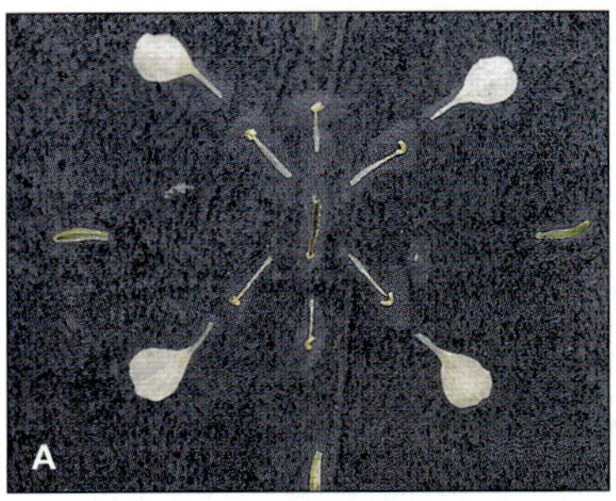

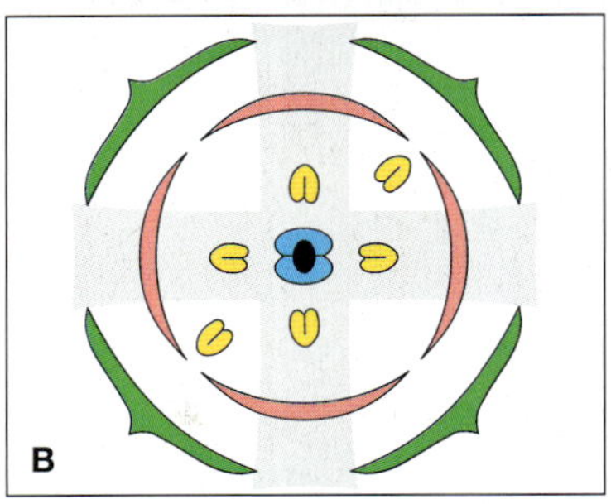

2 ***Kreuzblütengewächse.***
A *Legebild,* ***B*** *Blütengrundriss*

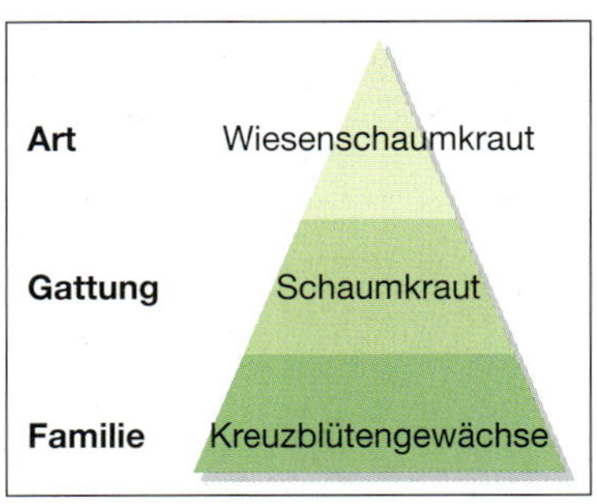

3 ***Einordnung des Wiesenschaumkrauts in die Familie der Kreuzblütengewächse***

10 Wie man Pflanzen ordnet

10.1 Pflanzen gehören zu Pflanzenfamilien

Sieh dir die Blüte des Wiesenschaumkrauts genau an. Sie hat vier Kronblätter, die *kreuzförmig* angeordnet sind. Besonders deutlich wird das im Legebild und im Blütengrundriss. Hier siehst du, wie auch die vier grünen Kelchblätter und vier der sechs Staubblätter ein Kreuz bilden. Auch die Blüten auf dem nebenstehenden Praktikum sind so gebaut. Alle Pflanzen mit gleichem Blütenbau sind miteinander verwandt. Sie gehören zu einer **Pflanzenfamilie,** zur Familie der **Kreuzblütengewächse.** Zu dieser Familie gehören auch alle Kohlsorten.
Trotz des gemeinsamen Blütenbaus gibt es bei den Familienmitgliedern auch Unterschiede, zum Beispiel in der Blütenfarbe oder in der Blatt- und Fruchtform.

Gattung und Art

Will man das Wiesenschaumkraut mit dem Pollen des Hederichs bestäuben, können sich keine Samen bilden. Anders ist es, wenn man Pollen des Wiesenschaumkrauts auf eine andere Wiesenschaumkrautpflanze überträgt. Pflanzen, die sich untereinander fortpflanzen können, bilden eine **Art.**
Außer dem Wiesenschaumkraut gibt es noch andere Schaumkräuter, die sich sehr ähneln. Solche Pflanzen fasst man zu einer **Gattung** zusammen.

Pflanzen lassen sich aufgrund gemeinsamer Merkmale in Familien ordnen. Nur Pflanzen einer Art können sich untereinander fortpflanzen.

1 Beschreibe den Bau der Blüte des Wiesenschaumkrauts. Erläutere, warum man diese Pflanze in die Familie der Kreuzblütengewächse einordnet.
2 Nenne Pflanzen, deren Blüten den gleichen Bauplan haben wie die des Wiesenschaumkrauts.

Bestimmungsschlüssel für Kreuzblütengewächse

Praktikum

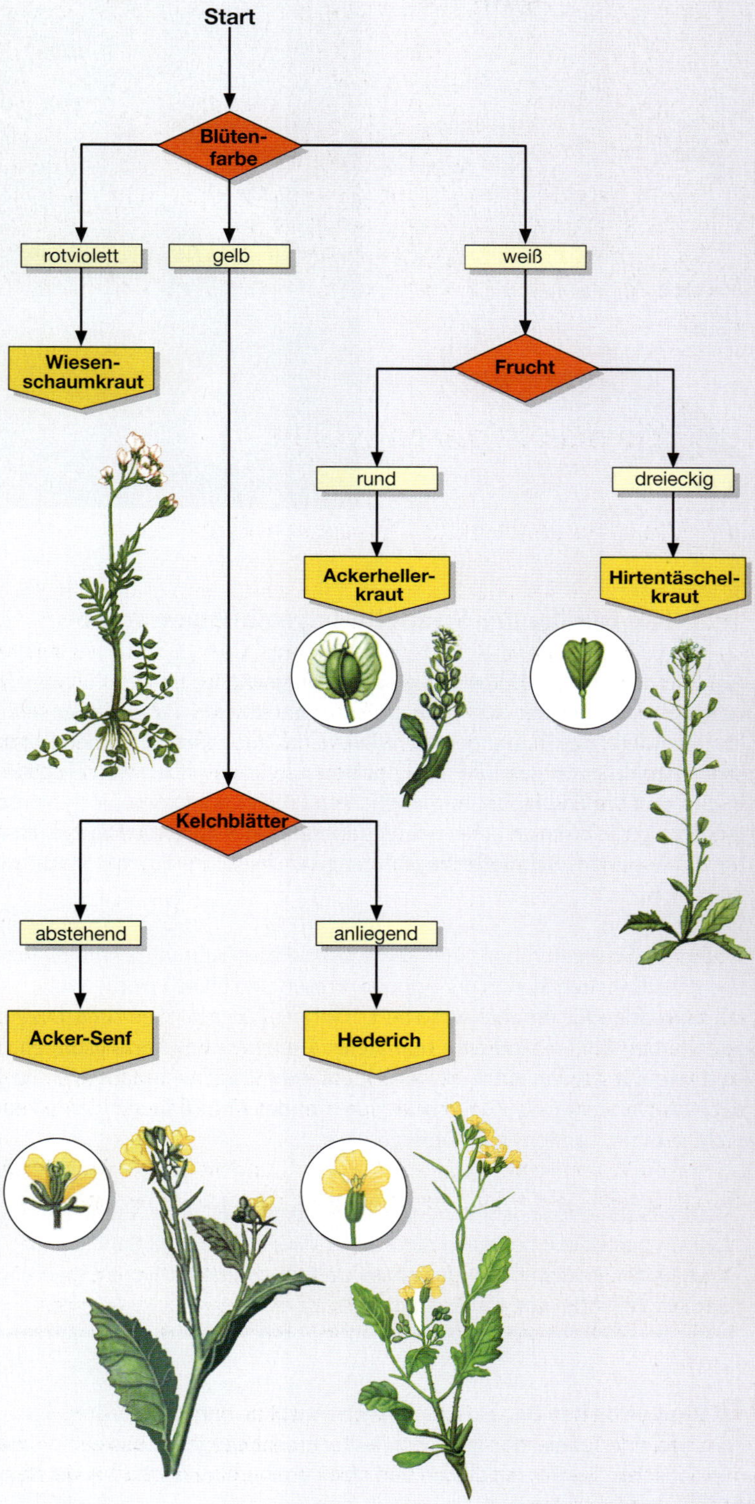

Wenn man den Namen einer unbekannten Pflanze bestimmen will, benötigt man ein Bestimmungsbuch. Dieses enthält Abbildungen und besondere Merkmale von Pflanzen. Mithilfe von Bestimmungsschlüsseln lassen sich die Namen der einzelnen Pflanzen feststellen. Anhand dieses Praktikums kannst du lernen, wie ein solcher Schlüssel benutzt wird:

Wenn du die beiden Pflanzen auf den unten stehenden Fotos bestimmen willst, beginne bei **Start.** Suche dann Schritt für Schritt den Weg zur richtigen Pflanze. Durch einen Vergleich der Zeichnungen und Fotos kannst du prüfen, ob dein Ergebnis stimmt.

A

B

Bestimme nun mithilfe des Bestimmungsschlüssels die Namen der beiden abgebildeten Pflanzen.

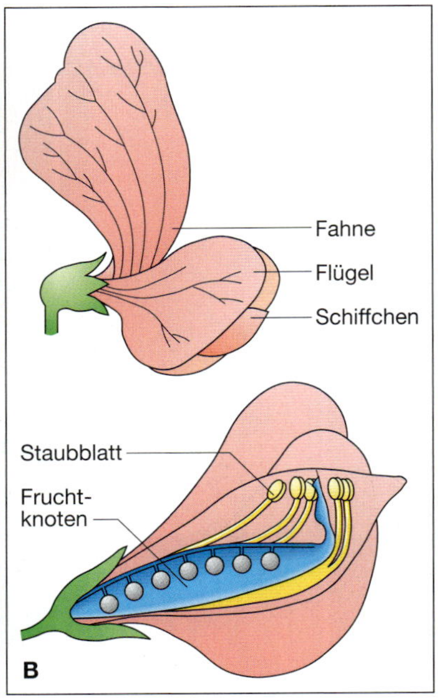

1 ***Erbse.*** ***A*** *Blüte,* ***B*** *Blütenschema,* ***C*** *Frucht*

2 ***Schmetterlingsblütengewächse.***
A *Rotklee,* ***B*** *Lupine*

10.2 Die Familie der Schmetterlingsblütengewächse

Ganz anders als die Blüten der Kreuzblütengewächse ist die Blüte der Erbse gebaut. Sie besteht aus der nach oben gerichteten *Fahne,* zwei seitlich abstehenden *Flügeln* und dem *Schiffchen,* das aus zwei zusammengewachsenen Kronblättern gebildet wird. Im Blüteninneren findest du zehn Staubblätter und ein Fruchtblatt mit länglichem Fruchtknoten. Von vorn betrachtet erinnert die Blüte an einen Schmetterling. Daher heißt die Familie, zu der die Erbse gehört, **Schmetterlingsblütengewächse.** Ihre Früchte nennt man *Hülsen.*

Unter den Schmetterlingsblütengewächsen gibt es sehr viele *Nutzpflanzen.* Die eiweißreichen Samen der Bohnen, Erbsen und Linsen werden schon seit Jahrtausenden für die menschliche Ernährung genutzt. Klee- und Luzernearten haben Blütenstände mit sehr vielen kleinen Schmetterlingsblüten. Sie sind wie die *Lupine* ein wertvolles Viehfutter. Darüber hinaus werden sie auch als Dünger für den Ackerboden verwendet. Die Pflanzen werden dann nicht gemäht, sondern grün untergeackert.

Zu den Schmetterlingsblütengewächsen gehören Bohnen, Erbsen und Linsen. Ihre Blüten bestehen aus Fahne, zwei Flügeln und Schiffchen. Viele Schmetterlingsblütengewächse sind für die menschliche Ernährung und als Viehfutter von Bedeutung.

1 Beschreibe den Bau einer Schmetterlingsblüte anhand der Abb. 1 B.
2 Lege eine Tabelle an. Trage Schmetterlingsblütengewächse ein, die der menschlichen Ernährung dienen und solche, die als Viehfutter Verwendung finden.

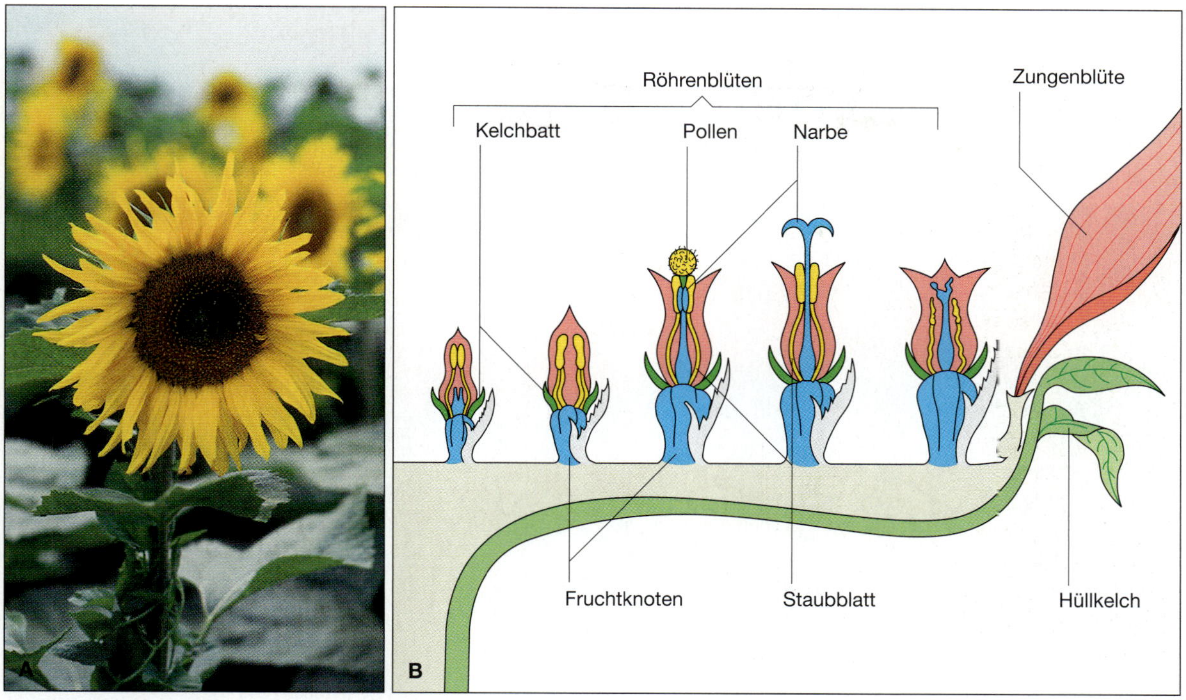

1 ***Sonnenblume.*** ***A*** *Blüten,* ***B*** *Blütenstand (Schema)*

10.3 Die Familie der Korbblütengewächse

Die Blüte der Sonnenblume scheint riesig groß zu sein. Bei genauer Betrachtung erkennst du jedoch, dass sie aus unzähligen Einzelblüten zusammengesetzt ist, die auf einem gemeinsamen Blütenboden stehen. Sie bilden einen Blütenstand, der korbförmig aussieht und dieser Pflanzenfamilie den Namen **Korbblütengewächse** gegeben hat.
Die Sonnenblume hat unterschiedliche Blüten. Die Blüten im Inneren heißen *Röhrenblüten.* Ihre fünf winzigen Kronblätter sind zu einer Röhre verwachsen. Sie verfügen über Staubblätter und Fruchtblatt und sind fruchtbar. Die Randblüten sind unfruchtbar. Sie haben eine lange, gelbe „Zunge", mit der sie Insekten anlocken. Man nennt sie daher *Zungenblüten.* Aus dem ölhaltigen Samen der Röhrenblüten wird Speiseöl gewonnen. Die Familie der Korbblütengewächse zählt zu den artenreichsten Pflanzenfamilien. Zu ihr gehören auffällig blühende Pflanzenarten wie Löwenzahn, Gänseblümchen, Schafgarbe und Kratzdistel.

Die Sonnenblume ist ein Korbblütengewächs. Der Blütenstand enthält fruchtbare Röhrenblüten und unfruchtbare Zungenblüten. Die Samen enthalten Öl.

1 Schneide eine Sonnenblume in der Mitte auseinander. Zeichne ihre einzelnen Teile und benenne sie mithilfe von Abbildung 1 B.

2 Woran erkennst du, dass bei der Sonnenblume die Röhrenblüten fruchtbar, die Zungenblüten jedoch unfruchtbar sind? Abbildung 1 B hilft dir bei der Lösung.

2 ***Korbblütengewäche.*** ***A*** *Margerite,* ***B*** *Kornblume*

11 Lebensraum Wald

Der Wald ist Lebensraum für Pflanzen und Tiere.
Sie bilden eine Lebensgemeinschaft. Welche Pflanzen und Tiere des Waldes kennst du?

Der Mensch nutzt den Wald auf vielfältige Weise.
Welche Rohstoffe liefert der Wald?
Wie beeinflusst der Wald die Gesundheit der Menschen?

Der Waldboden ist ein wichtiger Bestandteil des Waldes. Welche Lebewesen finden sich hier?

Jedes Jahr fallen riesige Laubmengen auf den Waldboden. Wo bleibt das Laub?

1 Tiere und Pflanzen in der Lebensgemeinschaft Wald

11.1 Der Wald – eine Gemeinschaft vieler Lebewesen

Bei einer Wanderung am Waldrand entdeckst du mit etwas Aufmerksamkeit viele Tiere und Pflanzen. Du siehst beispielsweise *Rehe*, die in das Waldesinnere flüchten. Über ihnen kreist ein *Mäusebussard*. Ver-mutlich hat er in der Nähe auf einem hohen Baum seinen Horst. Das *Springkraut* hat im Juni reife Früchte. Beim Berühren schleudert es seine Samen mehrere Meter weit fort. Auf einer Waldlichtung lässt der *Sauerklee* seine Blätter hängen, im Schatten dagegen breitet er sie aus. Er reagiert damit auf die Sonneneinstrahlung.

Ein Wald ist aber mehr als eine Ansammlung von Pflanzen und Tieren. In einem Mischwald können die rund 5000 vorkommenden Tierarten nur leben, weil die Pflanzen ihnen einen Lebensraum bieten. Zu den Tieren im Mischwald gehören etwa 4000 Arten *Insekten* wie Schmetterlinge, Fliegen oder Käfer. Manche Käfer haben sich auf eine bestimmte Nahrung spezialisiert. So ernährt sich beispielsweise der *Nashornkäfer* von vermoderndem Eichenholz. Der *Hirschkäfer* leckt die zuckerhaltigen Säfte der Eiche auf. Neben Insekten findet man in einem Mischwald auch bis zu 100 verschiedene Vogelarten. Säugetiere, Lurche und Kriechtiere leben ebenfalls hier. Alle diese Tiere haben in der **Lebensgemeinschaft** Mischwald ihren Platz gefunden.

Die Pflanzen bilden verschiedene *Stockwerke* oder **Schichten**. In die *Bodenschicht* reichen die Wurzeln der Pflanzen. Dicht über dem Boden wachsende Pflanzen bilden die *Moosschicht*. Sehr artenreich zusammengesetzt ist die *Krautschicht*. Kräuter sind kleine, zarte Pflanzen, deren Sprossachsen nicht verholzen. Über der Krautschicht schließt sich die *Strauchschicht* an, in der Sträucher und junge Bäume heranwachsen. Besonders an Waldrändern ist sie gut zu erkennen. In der darüber liegenden *Baumschicht* sind die Baum-kronen der bis zu 50 Meter hohen Waldbäume sichtbar. Die Kronen der Bäume schützen die darunter liegenden Pflanzen vor starken Regengüssen und Austrocknung.

Der Wald ist eine Lebensgemeinschaft vieler Pflanzen und Tiere. Die Pflanzen bilden Schichten, in denen die Tiere ihren Lebensraum finden.

1 a) Benenne die in Abbildung 1 dargestellten Tiere.
b) Erläutere, welche Bedeutung der Wald für diese Tiere hat. Sammle dazu die nötigen Informationen.

2 Informiere dich über den Goldglänzenden Laufkäfer. Berichte, wovon er sich ernährt.

2 Käfer im Wald

C Goldglänzender Laufkäfer

***1 Laubwald im Frühling. A** Buschwindröschen;*
***B** Schneeglöckchen; **C** Scharbockskraut*

11.2 Der Wald im Jahresverlauf

Wenn die Wärme von der Sonne im März zunimmt, wird auch der Waldboden erwärmt. Schon bald erscheint in lichten Laubwäldern ein buntes Blütenmeer. *Buschwindröschen, Waldveilchen* und *Scharbockskraut* bilden im **Frühjahr** einen Blütenteppich auf dem Waldboden. Was ermöglicht es diesen Pflanzen, so früh im Jahr zu blühen?
Das *Buschwindröschen* entwickelt sich schon unter dem Schnee. Die für die Entwicklung nötigen Nährstoffe hat es bereits im vergangenen Jahr in seinem *Erdspross* gespeichert. Sobald es im Frühjahr wärmer wird, treibt die Pflanze aus und blüht manchmal schon nach wenigen Tagen.
Auch andere **Frühblüher** wie Schneeglöckchen und Märzenbecher haben besondere **Speicherorgane** für Nährstoffe. *Schneeglöckchen* und *Märzenbecher* besitzen Zwiebeln, die der Küchenzwiebel ähneln. Beim *Scharbockskraut* erkennt man viele verdickte Wurzeln, die *Wurzelknollen.*

Frühblüher sind mit diesen Speicherorganen gut an die Verhältnisse im Frühjahr angepasst. Dadurch haben sie einen *Entwicklungsvorsprung* gegenüber anderen Pflanzen. Solange sich an den Bäumen und Sträuchern noch keine Blätter entwickelt haben, erreicht das volle Sonnenlicht den Waldboden. Die Frühblüher nutzen es. Sie wachsen kräftig, tragen Früchte und sammeln Nährstoffe in den Speicherorganen.

Die Laubbäume des Waldes beginnen im April ihre Blätter zu entfalten. Dann erreicht nur noch höchstens die Hälfte des einfallenden Sonnenlichtes den Waldboden. Wenn die Waldbäume voll belaubt sind, kommt kaum noch Sonnenlicht auf dem Waldboden an. Dadurch ändert sich die Zusammensetzung der Krautschicht. Die oberirdischen Pflanzenteile der Frühblüher sterben ab. Ihre Speicherorgane ruhen bis zum nächsten Frühjahr im Boden.

***2 Laubwald im Sommer. A** Goldnessel; **B** Waldsauerklee*

Im **Sommer** wachsen und blühen in der Krautschicht Pflanzen wie *Goldnessel, Waldsauerklee* und *Springkraut.* Diese **Schattenpflanzen** sind durch die großen, dünnen Laubblätter gut an die Lichtverhältnisse angepasst. Meist sind die Blätter reich an Chlorophyll und deshalb dunkelgrün gefärbt. Sie überdecken sich gegenseitig nur wenig, bilden also ein *Blattmosaik.* Auf diese Weise können sie viel Sonnenlicht aufnehmen. Auch Moose, Farne und verschiedene Grasarten gedeihen am schattigen Waldboden und kommen mit diesen Bedingungen gut zurecht.

Im **Herbst** blühen nur noch wenige Pflanzen. Zu ihnen gehört der *Efeu*, dessen Blätter immergrün sind und auch im Winter an der Pflanze bleiben. Der Efeu blüht im Oktober und bildet im November Früchte.
Viele Bäume und Sträucher fruchten im Herbst. Die Früchte, zum Beispiel von *Buche, Eiche, Ahorn, Fichte, Hasel* und *Holunder*, bieten den Waldtieren ein reiches Nahrungsangebot.

Wenn die Tage kürzer und kühler werden, verfärben sich die Blätter der Laubbäume. Dort, wo sie sich später vom Zweig lösen, wächst eine Trennschicht. Sie verhindert das Eindringen von Regenwasser, wenn die Blätter abgefallen sind. Wenn die Blätter vom Blattrand her zu vertrocknen beginnen, hängen sie nur noch lose an dieser „Sollbruchstelle". Ein kleiner Windstoß genügt oft und die Blätter fallen ab.

3 ***Laubwald im Herbst. A*** *Bucheckern;* ***B*** *Eicheln*

Jetzt erreicht wieder mehr Sonnenlicht die Krautschicht und den Waldboden. Viele **Sommerblüher** wie *Springkraut* und *Weißwurz* tragen nun Früchte. Später sterben ihre oberirdischen Sprossteile ab.

Zu den immergrünen Gewächsen gehören auch *Haselwurz* und *Immergrün*. Sie haben wie der *Efeu* derbe, lederartige Blätter, die den Winter überdauern. So können sie das Sonnenlicht das ganze Jahr über zur Herstellung von Nährstoffen nutzen.

Nach dem Laubfall beginnt die **Winterruhe** der Waldpflanzen. Kahl überstehen die Sträucher und Laubbäume den Frost im **Winter.** Doch auch sie haben für das nächste Jahr „vorgesorgt". In den Knospen sind bereits Blätter und Blüten angelegt. Im Winter umhüllen harte, lederartige Knospenschuppen die zarten Sprossteile. Sie schützen diese vor dem Austrocknen, vor Nässe und Kälte und vor Krankheitserregern.

Im Laufe eines Jahres herrschen im Wald unterschiedliche Licht- und Wärmeverhältnisse. Sie bestimmen Wachstum und Blütezeit der Pflanzen.

1 Erläutere, wie sich die Lichtverhältnisse in einem Laubwald im Jahresverlauf verändern.
2 Begründe, weshalb Frühblüher sehr zeitig im Jahr wachsen und blühen können.
3 Lege eine Sammlung zum Thema „Der Wald im Jahresverlauf" an. Nimm dazu die Methodenseite „Eine Sammlung anlegen" zu Hilfe.

4 ***Laubwald im Winter. A*** *Knospe der Stieleiche;* ***B*** *Knospe der Hainbuche*

Pinnwand

LAUB- UND NADELBÄUME

Birke

Höhe: 20 m–25 m hoher Baum; weiße Rinde mit schwarzer, tief gefurchter Borke
Blätter: langgestielt, rautenförmig mit lang ausgezogener Spitze, regelmäßig doppelt gesägt
Blüten: ♂ und ♀ Blütenstände getrennt in Kätzchen
Blütezeit: April bis Mai
Früchte: 3 mm lange geflügelte Nuss

Blattformen

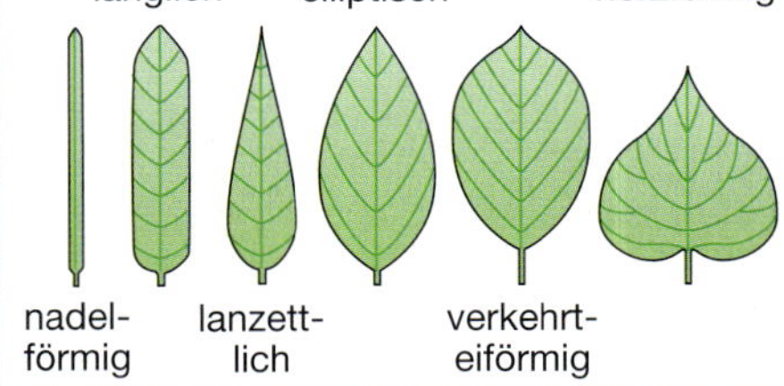

Blattränder

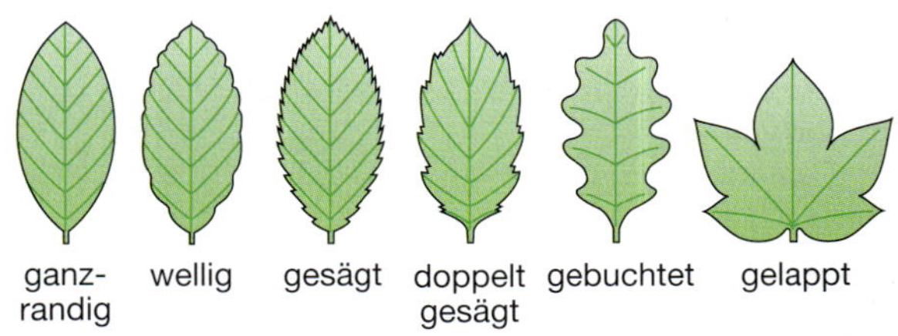

zusammengesetzte Blätter / Blattstellung

Fichte

Höhe: 40 m–50 m hoher Baum; Rinde wirkt rau durch die schuppige Borke
Nadeln: stachlig spitz und starr, sie stehen einzeln
Blüten: ♂ kleine, rote Blütenstände; ♀ große, rote Blütenstände
Blütezeit: Mai
Zapfen: 10 cm–15 cm, hängend, länglich

Bergahorn

Höhe: 30 m–40 m hoher Baum
Blätter: gefingert, fünflappig, mit gezähntem Rand
Blüten: in langen, hängenden Rispen, gelbgrün
Blütezeit: Mai
Früchte: zwei geflügelte Nussfrüchte hängen spitzwinklig aneinander

Kiefer

Höhe: 30 m–40 m hoher Baum mit rötlicher Borke, die bei älteren Bäumen stark aufgerissen ist
Nadeln: bis 8 cm lang und stechend, sie stehen paarweise
Blüten: ♂ längliche, gelbe Blütenstände, ♀ kleine, rote Blütenstände
Blütezeit: Mai
Zapfen: etwa 6 cm, auf kurzen Stielen, eiförmig

LAUB- UND NADELBÄUME

Weißtanne

Höhe: 50 m hoher Baum mit grauer Rinde
Nadeln: an der Unterseite zwei weiße Streifen, oft unterschiedlich lang, Ende rundlich
Blüten: ♂ kugelig, gelblich; ♀ rote Blütenstände
Blütezeit: Mai
Zapfen: aufrecht stehend

Hainbuche

Höhe: 20 m hoher Baum
Blätter: eiförmig, mit doppelt gezähntem Rand
Blüten: männliche und weibliche Kätzchen
Blütezeit: April bis Mai
Früchte: Nussfrüchte mit dreiteiligem Flügel

Lärche

Höhe: 30 m–40 m hoher Baum
Nadeln: kurz und weich, sie stehen in Büscheln und werden im Herbst abgeworfen
Blüten: ♂ kleine, braune Blütenstände, ♀ größere, rote Blütenstände
Blütezeit: April
Zapfen: etwa 3 cm, eiförmig

♂ = männlich

♀ = weiblich

Rotbuche

Höhe: 25 m–30 m hoher Baum mit grauer, glatter Rinde
Blätter: einfach, oval, glänzend mit leicht welligem Rand
Blüten: ♂ in langgestielten Kätzchen, ♀ in aufrechten Köpfchen
Blütezeit: Mai
Früchte: stacheliger Becher mit 2–3 Bucheckern

Esche

Höhe: 25 m–40 m hoher Baum, schlank, mit glatter, grauer Rinde, im Alter mit fast schwarzer Borke
Blätter: zusammengesetzt, gefiedert mit 7–13 Teilblättchen
Blüten: vor dem Laubausbruch; in dichten Büscheln, klein, rotviolett
Blütezeit: April bis Mai
Früchte: in dichten Büscheln, längliche Nüsschen mit zungenartigen Flügeln

Ulme

Höhe: 30 m hoher Baum
Blätter: eiförmig mit doppelt gesägtem Rand, am Stiel unsymmetrisch
Blüten: unscheinbare Blüten in Büscheln
Blütezeit: März
Früchte: Nussfrüchte mit zwei halbkreisförmigen Flügeln

Praktikum

Sträucher und Bäume bestimmen

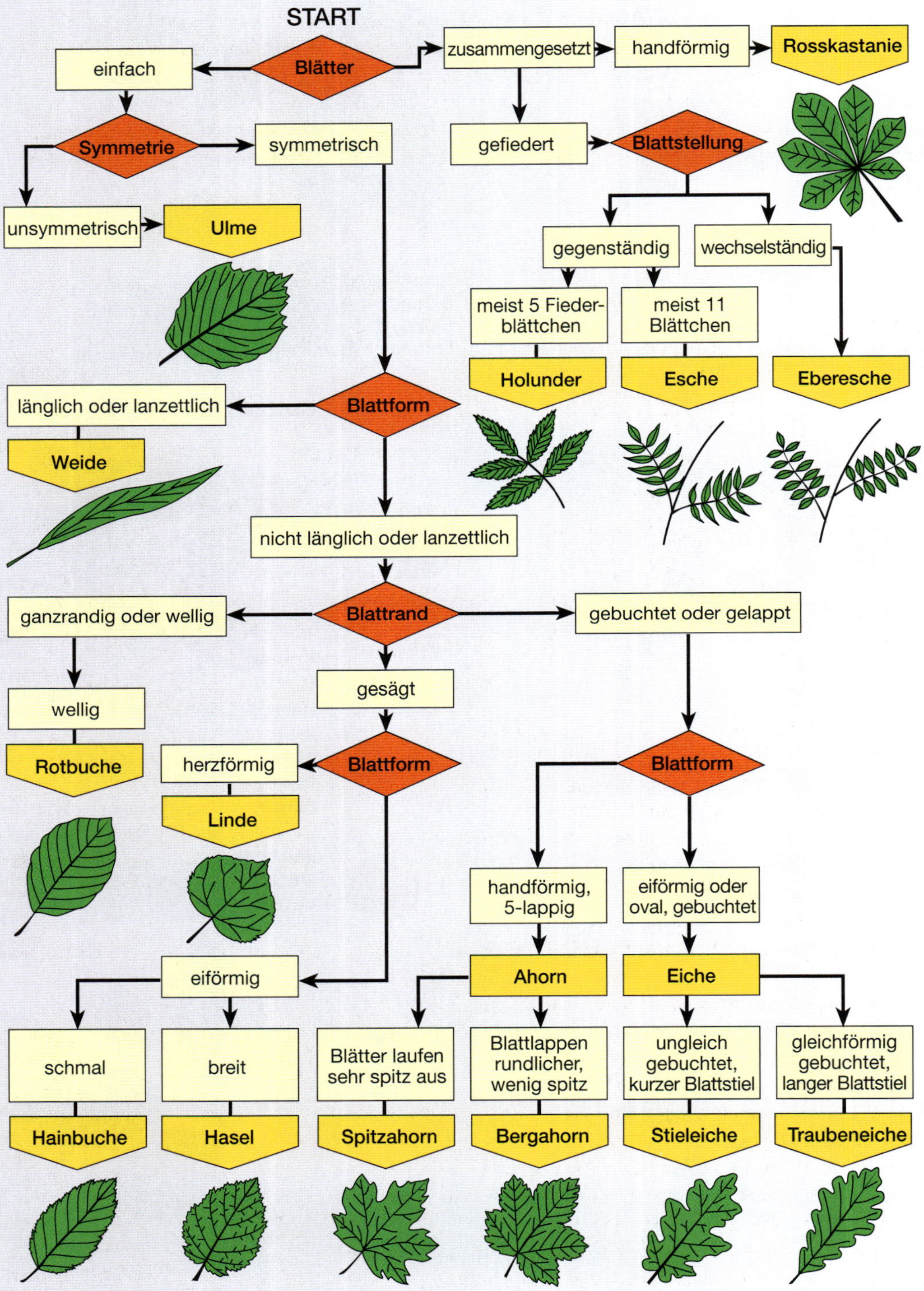

Methode

Eine Sammlung anlegen

Möchtest du zu einem Thema eine Sammlung anlegen, brauchst du bestimmte Hilfsmittel. Planst du beispielsweise eine Sammlung zum Thema „Spuren im Wald“, gehören Tüten, Bleistift, Papier, Bestimmungsbücher, Wanderkarten, Fotoapparat und Lupe zu deiner Ausrüstung. Mache dir zu jedem Fund Notizen, zum Beispiel wann und wo du ihn gefunden hast. Deine Sammlung kann durch Fotos oder Zeichnungen, beispielsweise von geschützten Pflanzen und Tieren, ergänzt werden. Du kannst die Gegenstände, die du gefunden hast, in einem Schaukasten sammeln. Für Pflanzen eignet sich gut ein Herbarium. Dazu müssen die Pflanzen gepresst werden. Denke daran, dass die Gegenstände in deiner Sammlung übersichtlich angeordnet und gut beschriftet sein müssen.

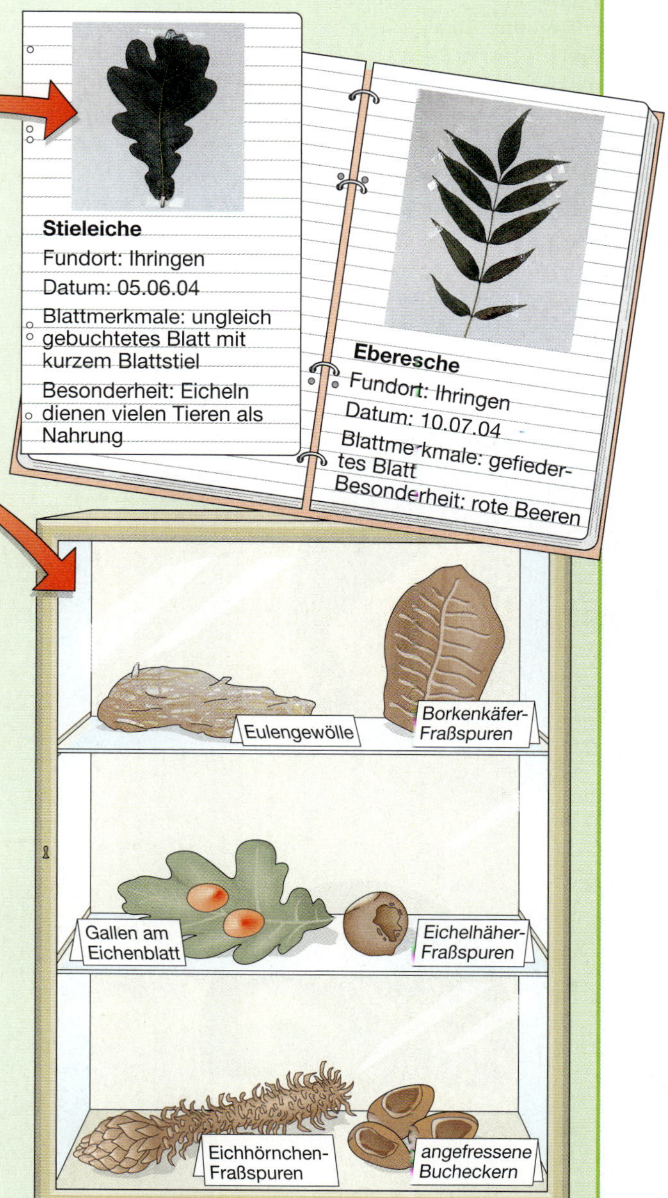

Hast du Pflanzen gesammelt und möchtest sie für ein **Herbarium** pressen, lege sie sorgfältig ausgebreitet zwischen mehrere Seiten Lösch- oder Zeitungspapier. Damit du dich später noch an Fundort, Namen und Datum erinnern kannst, beschrifte einen Zettel mit den Angaben und lege ihn zu den jeweiligen Pflanzen. Beschwere den Papierstapel mit Büchern. Verwende anfangs nur wenige Bücher, später mehr. Je langsamer die Pflanzen gepresst werden, umso schöner erhält sich ihre Farbe.

Nach zwei Wochen kannst du die gepressten Pflanzen aufkleben, zum Beispiel auf Zeichenkarton, und in einen Ordner heften. Klebe auf jede Seite nur eine Pflanze und beschrifte sie sorgfältig mit Namen, Fundort, Datum und besonderen Merkmalen.

In einem **Schaukasten** kannst du zum Thema „Spurensuche im Wald“ von Insekten angefressene Bucheckern, Holzstücke mit Fraßspuren von Borkenkäfern, von Eichhörnchen angenagte Zapfen und von Eichelhähern zerhackte Haselnüsse ausstellen. Auch Fotos von Spuren im Schnee, Eulengewöllen oder von angebissenen Sträuchern passen dazu.

11.3 Ameisen sind emsige Arbeiter

Betrachtest du längere Zeit einen Ameisenhaufen, so kannst du die **Kleine Rote Waldameise** bei der Arbeit sehen. Sie schleppt Fichtennadeln und Raupen in ihr Nest. Dabei trägt sie oft das Mehrfache ihres eigenen Gewichtes.

Die Tiere bewegen sich auf Ameisenstraßen, die kreuz und quer durch das Revier der Ameisen führen. Darauf hinterlassen sie eine *Duftspur*, die ihnen als Wegweiser dient.

Ein Ameisenhaufen kann über einen Meter hoch sein und bis zu zwei Meter in die Tiefe reichen. Darin befindet sich ein Labyrinth aus Gängen und Kammern. Zu einem *Ameisenvolk* gehören etwa 300 000 Tiere, die meisten von ihnen sind unfruchtbare Weibchen. Diese *Arbeiterinnen* bauen das Nest und verteidigen es, sorgen für Nahrung und pflegen die Brut. *Männchen* treten erst zur Begattungszeit auf. Sie leben nur kurze Zeit und sterben nach dem Hochzeitsflug. Für die Fortpflanzung sorgen mehrere hundert fruchtbare Weibchen, die *Königinnen*. Aus den Eiern, die sie legen, entwickeln sich Larven. Diese verpuppen sich nach einiger Zeit und aus der Puppe geht schließlich das fertige Insekt hervor.

Ein Ameisenvolk frisst täglich tausende von Insekten, auch viele Pflanzen fressende Käfer und Schmetterlingsraupen. Dadurch wird verhindert, dass sich einzelne Insektenarten übermäßig vermehren. Ameisen haben also eine wichtige Bedeutung für den Wald. Deshalb gibt es für sie besondere Schutzmaßnahmen.

Das Ameisenvolk frisst zahlreiche Insekten. Es hat somit eine wichtige Bedeutung für die Lebensgemeinschaft Wald. Ameisen und Ameisenhaufen stehen

1 Beschreibe den Aufbau des Ameisenhaufens mithilfe der Abbildung 1.
2 Suche eine Ameisenstraße. Unterbrich sie mit einem kleinen Holzstück und beobachte.
3 Informiere dich über Schutzmaßnahmen für die Kleine Rote Waldameise.
4 Ameisen werden auch die „Polizei des Waldes" genannt. Begründe diese Aussage.

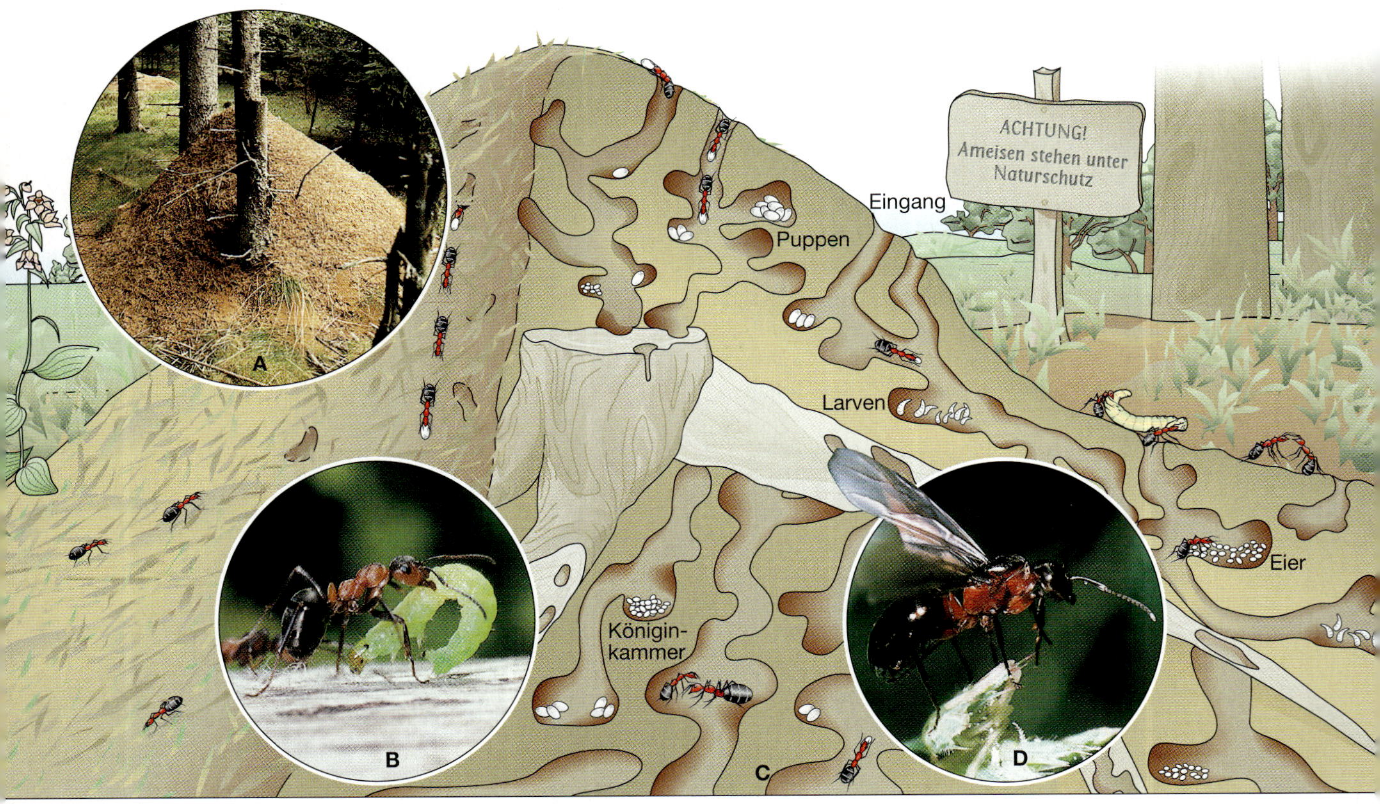

1 ***Ameise.*** ***A*** *Ameisenhaufen;* ***B*** *Arbeiterin;* ***C*** *Innenbau;* ***D*** *Königin*

11.4 Leben in der Laubstreu und im Waldboden

Eigentlich müssten sich die unzähligen Blätter, die in jedem Herbst von den Bäumen fallen, im Laufe der Jahre zu riesigen Laubbergen auftürmen. Warum geschieht dies nicht? Wer räumt im Wald das Laub weg?

Verantwortlich für den Laubabbau ist eine Vielzahl von Kleinlebewesen. Meist verbergen sie sich in der **Laubstreu,** weil es dort für sie angenehm feucht, warm und dunkel ist. Viele dieser **Bodenorganismen** sind so klein, dass man sie nur mit der Lupe oder unter dem Mikroskop richtig erkennen kann. Dennoch sorgen sie dafür, dass aus abgeworfenen Blättern wieder neue Mineralsalze entstehen. So entsteht ein Kreislauf, den wir uns näher anschauen wollen.

Betrachtet man die Laubstreu genauer, stellt man fest, dass die Blätter der oberen Schichten kleinste Fraßspuren aufweisen. Verursacher dieses **Fensterfraßes** sind *Springschwänze* und *Milben.* Andere Tiere wie *Fliegen-* und *Schnakenlarven* fressen gleich ganze Löcher in die Blätter, was wir als **Lochfraß** bezeichnen. In den unteren Schichten der Streulage leisten *Asseln, Tausendfüßer* und *Ohrwürmer* schließlich den Rest der Arbeit. Sie verzehren das gesamte weiche Blattgewebe zwischen den Blattadern, bis nur noch ein Blattgerippe übrig bleibt. Dies nennt man **Skelettfraß.**

Viele der Kleinlebewesen hinterlassen mit ihrem Kot unverdauliche Pflanzenreste. Davon ernähren sich wiederum andere Organismen wie *Fadenwürmer, Pilze* und *Bakterien.* Am Ende dieses Zersetzungsvorganges sind aus den Blättern **Mineralsalze** geworden, die den Pflanzen erneut zur Verfügung stehen. Auf diese Weise düngt sich der Wald selbst.

Auch *Regenwürmer* leisten einen Beitrag zur Bodenfruchtbarkeit. Den Darm der Regenwürmer eines Hektars Waldboden passieren beim Fressen und Ausscheiden bis zu 20 Tonnen Erde pro Jahr. Dabei vermischen sich die Pflanzenreste mit Sand- und Tonkörnchen. Durch die Zusammenarbeit der Bodenorganismen entsteht schließlich **Humus,** eine dunkle, fruchtbare Bodenschicht. Sie ist für die gute Durchlüftung und Wasserversorgung des Waldbodens verantwortlich.

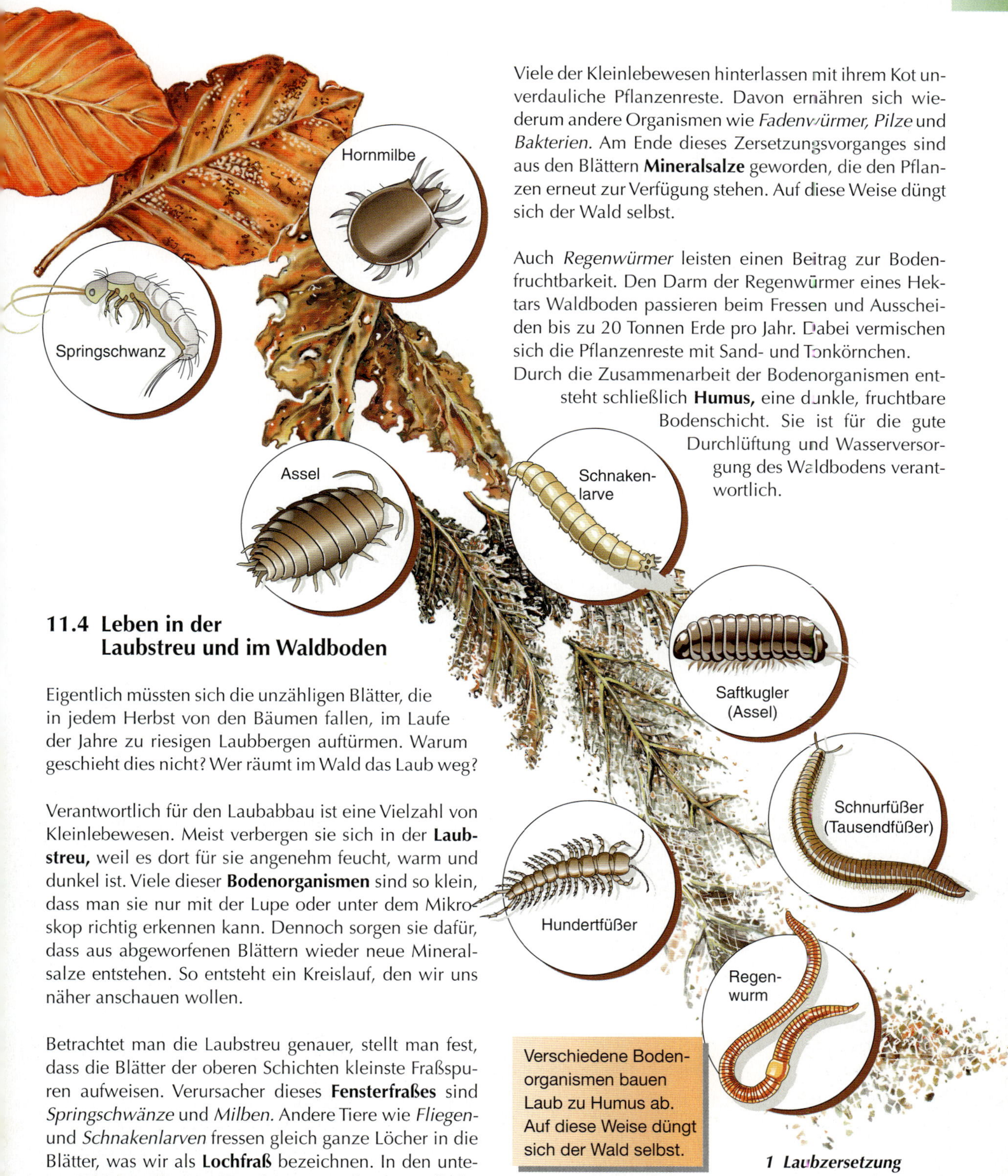

1 Laubzersetzung

1 Beschreibe die Humusbildung in einem Mischwald mithilfe der Abbildung 1.

2 „Der Wald düngt sich selbst." Erläutere diese Aussage.

→ Projekt: 30 cm von denen wir leben, Seite 348/349

Praktikum

Leben im Wald

V1 Messung von Temperatur, Luftfeuchtigkeit und Windstärke

Material: Thermometer; Feuchtigkeitsmesser (Hygrometer); Windstärkemessgerät

Durchführung: Suche in der Nähe der Schule oder an deinem Wohnort zwei verschiedene Waldtypen, zum Beispiel einen Nadelwald und einen Buchen-Eichen-Mischwald. Miss dort die Temperatur, die Luftfeuchtigkeit und die Windstärke an einem sonnigen Tag. Nimm die Messungen jeweils in Kopfhöhe etwa 1,50 Meter über dem Boden vor. Führe die Messungen im Wald, am Waldrand und etwa 10 Meter vom Wald entfernt durch.

Aufgaben: a) Trage die gemessenen Werte in eine Tabelle nach folgendem Muster ein.

	Temperatur in °C	Luftfeuchtigkeit in %	Windstärke in $\frac{m}{s}$
im Wald			
am Waldrand			
vor dem Wald			

b) Stelle die Messwerte in drei Säulendiagrammen dar.

c) Vergleiche anhand der Messergebnisse, wie sich die Lebensbedingungen im Wald von denen außerhalb des Waldes unterscheiden.

V2 Messung der Lichtstärke

Material: Instrument zur Messung der Beleuchtungsstärke (Luxmeter)

Durchführung: Miss an einem sonnigen Tag 10 Meter außerhalb eines Waldes und an einem Waldrand die Beleuchtungsstärke. Führe dann die Messungen an verschieden hellen Stellen, zum Beispiel auf einer Lichtung, unter einem Nadelbaum und unter einem Laubbaum durch.

Aufgaben: a) Trage die Messwerte in eine Tabelle ein.

	Beleuchtungsstärke in Lux
vor dem Wald	
Waldrand	
im Wald: Lichtung	
...	

b) Vergleiche die Beleuchtungsstärken der verschiedenen Messpunkte.

c) Vergleiche anhand der Messergebnisse, wie sich die Lichtverhältnisse an verschiedenen Stellen des Waldes unterscheiden und die Lebensbedingungen dort beeinflussen.

d) Erkläre, weshalb in einem Fichtenwald nur wenige krautige Pflanzen wachsen können.

V3 Spurensuche im Wald

Material: Lupe; Fernglas; Pinzette; Kunststofftüte; Sammelgläser; Zeichenmaterial; Fotoapparat; Bestimmungsbücher

Durchführung: Suche in einem Wald nach Spuren von Tieren und sammle sie. Zeichne oder fotografiere Spuren, die du nicht mitnehmen kannst.

Aufgaben: a) Halte fest, was du an welcher Stelle gefunden hast, und notiere, zu welchem Tier die Spur gehört.

b) Gestalte eine kleine Ausstellung.

Leben in und auf dem Waldboden

Praktikum

V1 Zersetzung in der Streuschicht

Material: Plastiktüten; Zeitungspapier; Zeichenkarton; Klebefolie

Durchführung: Sammle im Wald aus jeder Schicht der Laubstreu einige Blätter. Verpacke sie in Plastiktüten. Wähle Blätter aus, die verschiedene Fraßspuren zeigen. Presse sie zwischen Zeitungspapier.
Aufgaben: a) Klebe die getrockneten Fraßbilder mit Klebefolie auf Zeichenkarton. Vielleicht kannst du eine vollständige Zersetzungsreihe legen.
b) Beschrifte sie wie in der Abbildung. Nenne weitere Verursacher von Fraßspuren.

V2 Bau eines Fangapparates für Bodentiere

Material: helle Filmdose; Silikonschlauch mit 1 cm Durchmesser; Nylonstrumpf

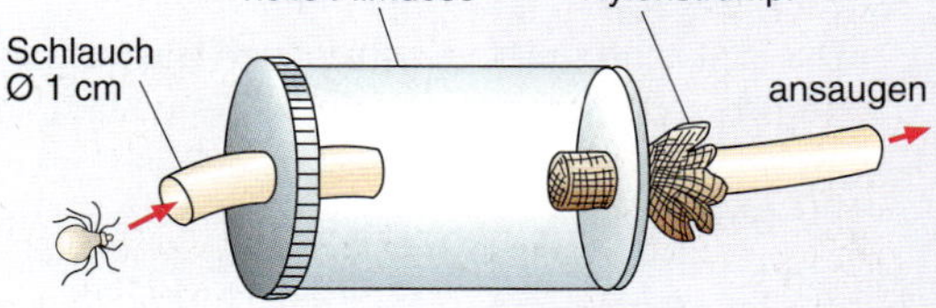

Durchführung: Baue ein Fanggerät wie in der Abbildung. Die Löcher in Deckel und Boden der Filmdose bohrst du am besten vorsichtig mit einem Messer. Gefangen werden die Kleinlebewesen durch Ansaugen am rechten Schlauchstück.
Aufgabe: Warum ist es nötig, einen Nylonstrumpf über den rechten Schlauch zu ziehen? Erkläre.

V3 Wer lebt in der Laubstreu?

Material: feuchte Laubstreu; Plastikteller; Petrischalen; Käfig-Lupe; Pinsel und Pinzette; eventuell Fanggerät aus V2

Durchführung: Breite etwas Laubstreu im Plastikteller aus. Fange mit Pinsel, Pinzette oder Fanggerät kleine Bodentiere. Setze die Tiere in eine Petrischale und lege den Deckel auf. Du kannst auch eine Käfiglupe verwenden.
Aufgabe: Betrachte die Laubstreubewohner mithilfe der Lupe. Bestimme einige von ihnen anhand der Abbildungen auf dieser Doppelseite. Setze die Tiere so schnell wie möglich zurück!

V4 Bodenorganismen zersetzen Filterpapier

Material: 2 große Petrischalen mit Deckel; Filterpapierstreifen; Sand- und Waldboden

Durchführung: Bedecke den Boden einer Petrischale mit einer Sandschicht. Lege Filterpapier auf und bedecke es wiederum mit Sand. Verfahre in der anderen Petrischale genauso mit Waldboden. Befeuchte beide Petrischalen und lege den Deckel schräg auf. Halte den Boden stets feucht.
Aufgaben: a) Betrachte das Filterpapier nach 5, 10 und 15 Tagen. In welcher Schale wird es schneller zersetzt? Erkläre.
b) Welche Aufgabe hat das Filterpapier in diesem Versuch? Bedenke, dass es aus Zellulose besteht.

Rote Waldameise 9–12 mm

Wolfsspinne 3–7 mm

Mistkäfer bis 20 mm

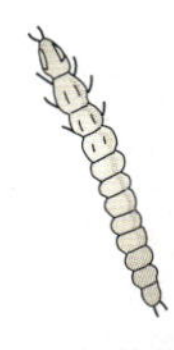
Käferlarve bis 25 mm

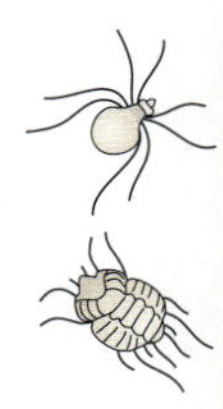
Milben bis 2 mm

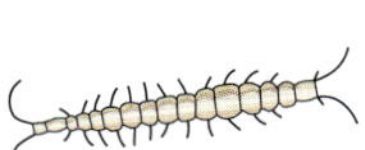
Zwergfüßer etwa 8 mm

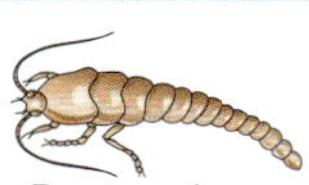
Borstenschwanz bis 20 mm

Fadenwürmer bis 10 mm

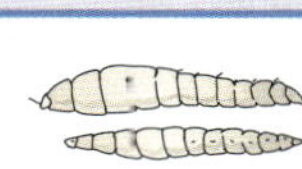
Mückenlarven etwa 3 mm

1 ***Stieleiche.*** ***A*** *weiblicher Blütenstand;* ***B*** *Eicheln;* ***C*** *Eichelhäher;* ***D*** *Eichhörnchen;* ***E*** *Waldmaus*

12 Nahrungsbeziehungen im Wald

12.1 Lebensraum Stieleiche

Am Waldrand wächst eine mächtige **Stieleiche.** Sie ist schon fast 200 Jahre alt. Der Baum ist 35 Meter hoch, seine tiefen *Wurzeln* verankern ihn im Erdreich. Mit ihnen nimmt er Wasser und Nährsalze auf, die im *Stamm* zur *Krone* transportiert werden. Typisch für Eichen sind unregelmäßige, weit ausladende Kronen mit starken Ästen.
Stieleichen blühen im Mai. Männliche und weibliche *Blüten* sitzen in unscheinbaren grünen Blütenständen. Sie werden vom Wind bestäubt. Im Juni wachsen die *Früchte* heran. Die Eichel befindet sich in einem Becher an einem langen Stiel.

Ein Baum wie die Stieleiche bietet Unterschlupf und Nahrung für viele Tiere. Hier wohnen Vögel wie *Eichelhäher, Buntspecht* und *Baumläufer.* Auch *Blaumeise* und *Kleiber* brüten in der Eiche. In der Baumkrone kannst du den Kobel eines *Eichhörnchens* sehen. Zwischen den Wurzeln versteckt sich die *Waldmaus.* Neben diesen Wirbeltieren leben hier noch viele wirbellose Tiere, zum Beispiel verschiedene *Spinnenarten* oder *Insekten* wie Käfer, Blattläuse und Ameisen. An einer einzigen Eiche wurden über 250 verschiedene Arten von Tieren nachgewiesen.
Es gibt auch viele Tiere, die sich nicht ständig an der Eiche aufhalten, sie jedoch zur Nahrungssuche oder als Unterschlupf aufsuchen. Eine große Höhle im Eichenstamm wird von einer *Fledermaus* oder einem *Steinkauz* genutzt. Auch *Wildschweine* suchen an der Eiche nach Nahrung.

Die Stieleiche bietet verschiedenen Säugetieren, Vögeln und vielen Wirbellosen wie Spinnen und Insekten einen Lebensraum. Diese Tiere finden an der Eiche Unterschlupf, Nahrung und Wohnraum.

1 Stelle einen Steckbrief für die Stieleiche zusammen. Beachte dabei Wuchshöhe, Kronenform, Blütezeit, Blüten und Früchte. Nimm die Methodenseite „Einen Steckbrief erstellen“ zu Hilfe.
2 Nenne einige Tiere, die an der Stieleiche vorkommen.
3 Schreibe einige lebenswichtige Vorteile auf, die die Stieleiche ihren Bewohnern und Gästen bietet.

12.2 Pflanzen und Tiere bilden Nahrungsketten

Die dunkelgrünen Blätter einer alten Eiche schimmern in der Sonne. An einigen Blättern sitzen Raupen. Es sind die Raupen des Eichenwicklers, eines Schmetterlings. Sie fressen das Eichenlaub.

Jetzt landet ein Rotkehlchen auf dem Zweig der Eiche, fängt eine Raupe und frisst sie. Wenig später streicht ein Sperber am Wald entlang, scheucht das Rotkehlchen auf und ergreift es mit seinen Fängen.

Tiere fressen also Pflanzen und werden selbst wieder von anderen Tieren gefressen. Man kann solche Nahrungsbeziehungen als Kette aus verschiedenen Gliedern darstellen, als **Nahrungskette.** In unserem Beispiel ergibt sich eine Nahrungskette aus vier Gliedern: *Eichenblätter → Raupe des Eichenwicklers → Rotkehlchen → Sperber.*

Das erste Glied einer Nahrungskette bilden die grünen Pflanzen. Sie erzeugen mithilfe des Sonnenlichts aus Wasser und Kohlenstoffdioxid ihre Nährstoffe selbst. Grüne Pflanzen dienen den Tieren wie Feldhase, Eichhörnchen, Reh oder Waldmaus als Nahrung. Man bezeichnet Tiere, die sich von Pflanzen ernähren, als **Pflanzenfresser.**

Die Pflanzenfresser werden oft selbst Beute anderer Tiere wie Sperber, Fuchs oder Mäusebussard. Diese Tiere sind **Fleischfresser.**

In einem Wald gibt es vielfältige Nahrungsbeziehungen, die sich als Nahrungsketten darstellen lassen.

1 Begründe, weshalb grüne Pflanzen stets das erste Glied einer Nahrungskette bilden.
2 Nenne fünf weitere Pflanzenfresser, die in einem Wald leben.
3 Nenne fünf Fleischfresser, die in einem Wald leben und dort jagen.
4 Überprüfe, ob die folgenden Nahrungsketten richtig und vollständig sind.
a) Bucheckern → Waldmaus → Wiesel
b) Eiche → Reh → Fuchs
c) Gras → Schnecke → Igel
d) Haselmaus → Baummarder
e) Brombeere → Feldmaus → Hummel
f) Heckenrose → Kleiner Fuchs → Rotkehlchen
g) Eicheln → Eichhörnchen
h) Buche → Fledermaus → Nachtfalter

1 ***Nahrungskette im Wald. A*** *Eiche;* ***B*** *Eichenwicklerraupe;* ***C*** *Rotkehlchen;* ***D*** *Sperber (→ wird gefressen von …)*

12.3 Viele Nahrungsketten bilden ein Nahrungsnetz

Ein Sperber ist auf Nahrungssuche. In seinem Horst warten das Weibchen und zwei hungrige Jungvögel auf Futter. Der Sperber erspäht am Waldboden einen jungen Baummarder, der gerade eine Waldmaus frisst. Der Sperber stößt zu und erbeutet den Marder. Mit seiner Beute fliegt der Greifvogel zum Horst zurück.
Hier ist eine Nahrungskette entstanden, die bei der Nahrung der Waldmaus beginnt und beim Sperber endet. Sie besteht aus: *Waldkräuter → Waldmaus → Sperber.*

Im Wald erbeutet der Sperber bevorzugt Kleinvögel. Aber auch Eichhörnchen und Waldmäuse dienen ihm als Nahrung. Daraus ergeben sich weitere Nahrungsketten, die alle mit dem Sperber enden. Jede einzelne Nahrungskette kann an einzelnen Gliedern wieder mit anderen Nahrungsketten verknüpft sein. So kann eine Waldmaus von einem Sperber, einem Uhu oder einem Fuchs gefressen werden. Ein Eichenblatt wird von einer Waldmaus, einer Eichenwicklerraupe oder einem Reh gefressen. Schließlich ergibt sich ein Netz von verschiedenen Nahrungsketten, ein **Nahrungsnetz.** Dieses Nahrungsnetz zeigt, wie vielfältig die Nahrungsbeziehungen in einem Lebensraum sind. Jede Pflanzen- und Tierart hat darin ihren besonderen Platz.

Am Anfang jeder Nahrungskette stehen Pflanzen. Sie sind **Erzeuger,** weil sie mithilfe der Fotosynthese für sich und andere Lebewesen Nährstoffe produzieren können.

Von ihnen ernähren sich Pflanzenfresser wie die Waldmaus. Die Pflanzenfresser dienen wiederum Fleischfressern als Nahrung. Pflanzenfresser und Fleischfresser sind **Verbraucher,** weil sie ihre Nahrung nicht selbst herstellen, sondern auf die Vorleistungen der Pflanzen angewiesen sind.

Viele Nahrungsketten in einer Lebensgemeinschaft sind zu einem Nahrungsnetz verknüpft.

1 Skizziere drei Nahrungsketten, die über die Waldmaus verknüpft sind.
2 Erläutere die Begriffe „Erzeuger" und „Verbraucher" und nenne je drei Beispiele.

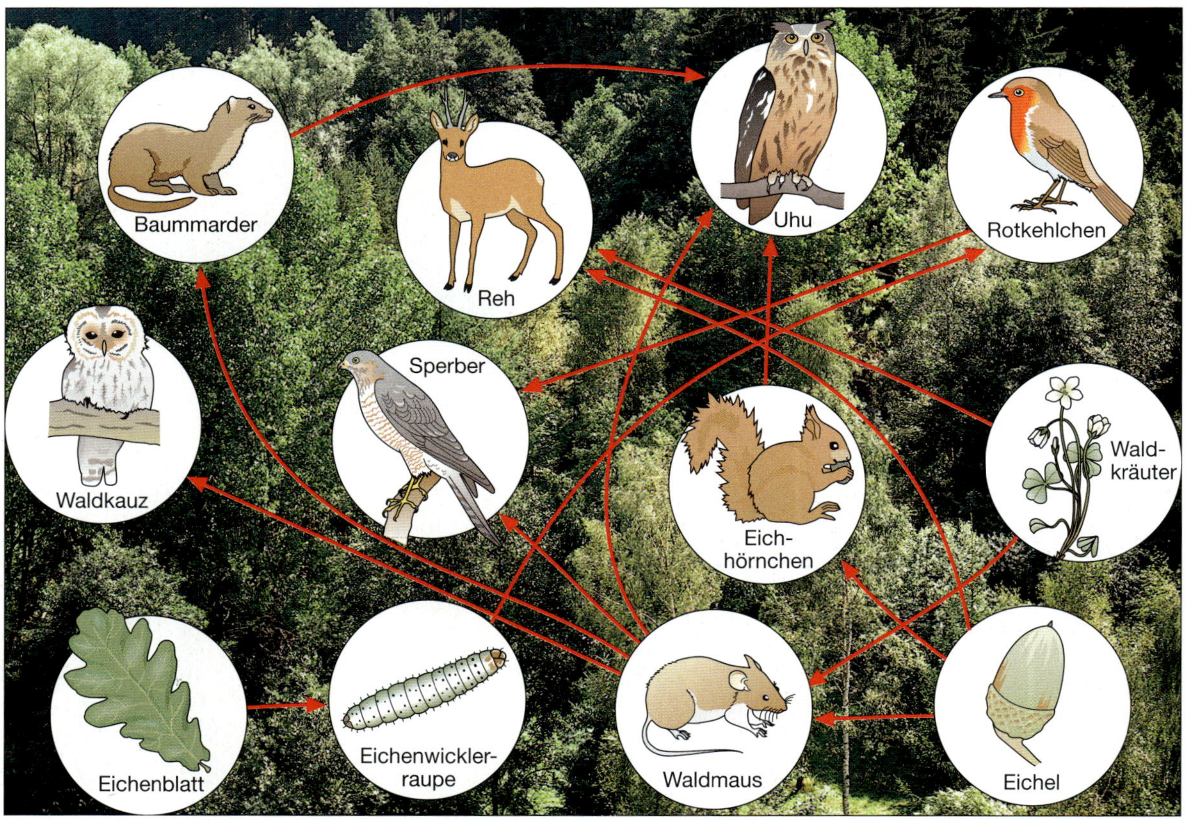

1 Nahrungsnetz im Wald

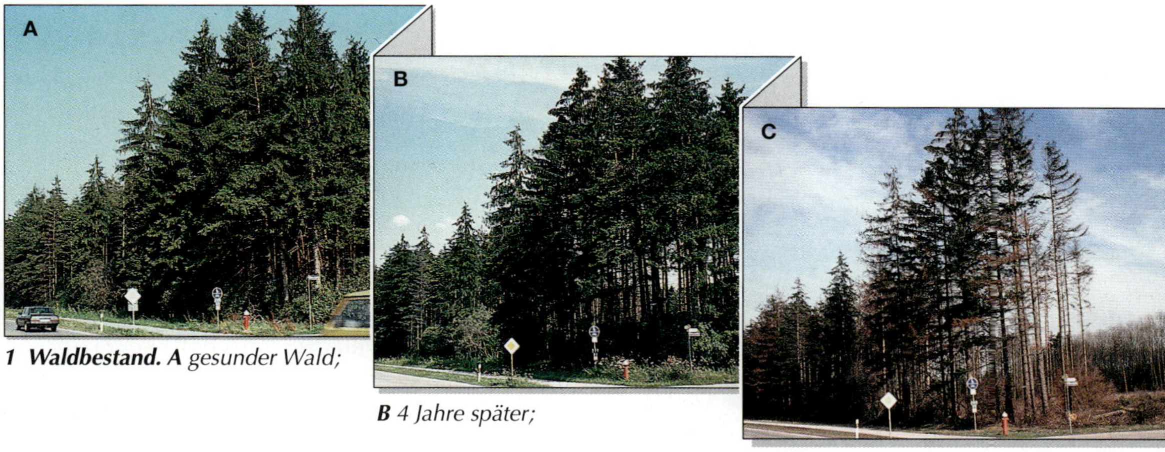

1 ***Waldbestand. A*** *gesunder Wald;* ***B*** *4 Jahre später;* ***C*** *5 Jahre später*

12.4 Wälder sind gefährdet

Wenn du dir Abbildung 1 anschaust, stellst du fest, dass dieser Wald im Laufe der Jahre stark geschädigt wurde. Vielleicht hast du schon etwas vom **Waldsterben** gehört. Aber warum stirbt ein Wald?

Vielfach werden die Erkrankungen der Bäume durch Luftschadstoffe verursacht. Dazu gehören *Rauchgase* aus Kohlekraftwerken und andere Industrieabgase. Aber auch die Abgase aus Autos und Flugzeugen tragen zur Luftverschmutzung bei. Bei der Verbrennung von Erdöl, Erdgas und Kohle und von deren Produkten wie Benzin und Diesel bilden sich viele verschiedene Gase. Wenn sich diese Gase in der Luft mit dem Wasser der Wolken und mit der Luftfeuchtigkeit verbinden, entsteht der *saure Regen.* Er wird als eine der Hauptursachen des Waldsterbens angesehen. Eine wichtige Maßnahme gegen den sauren Regen ist die Verwendung von Katalysatoren in Kraftfahrzeugen und von Abgasfiltern in Öl- und Kohlekraftwerken. Diese vermindern den Ausstoß von schädlichen Gasen. Da vor allem bei der Energiegewinnung aus Öl und Kohle viele dieser Gase entstehen, kann man durch Energieeinsparung das Waldsterben vermindern.

Andere Waldschäden sind leicht mit dem bloßen Auge zu erkennen, so zum Beispiel Brandschäden, Wind- und Schneebrüche und Schäden durch Insektenbefall. Der *Fichtenborkenkäfer* ist ein gefährlicher Waldschädling, der krankes und totes Holz befällt. Sind in einem Fichtenforst die Bäume geschädigt oder gibt es durch Wind- oder Schneebruch viele tote Bäume, vermehrt er sich dort so stark, dass er auch gesunde Bäume befällt.
Da durch *Waldbrände* jedes Jahr große Schäden in unseren Wäldern entstehen, sollte man bei Wanderungen stets die Hinweisschilder zur Waldbrandgefahr beachten und auf jeden Fall das Rauchen und den Umgang mit Feuer im Wald unterlassen.

Saurer Regen ist eine Hauptursache des Waldsterbens. Waldbrände und Schädlingsbefall stellen ebenfalls große Gefahren für den Wald dar.

1 Nenne Maßnahmen, mit denen sich das Waldsterben eindämmen lässt.

2 Wald nach einem Waldbrand

3 ***Borkenkäfer. A*** *Fraßbild;* ***B*** *Käfer*

Projekt

Wald

Mit dem Thema Wald könnt ihr euch auf ganz unterschiedliche Art und Weise beschäftigen. Interessante Themenbereiche sind beispielsweise Tiere und Pflanzen des Waldes, Lebewesen im Waldboden oder der Wald in verschiedenen Jahreszeiten. Deshalb der Vorschlag: Betrachtet den Wald in Arbeitsgruppen aus unterschiedlichen Blickwinkeln.

Wald erforschen Wald erleben
Wald und Naturschutz
Wald und Kunst
Wald als Wirtschaftsfaktor

Dazu findet ihr auf diesen beiden Seiten einige Vorschläge, die euch helfen, euer Projekt Wald zu planen und zu bearbeiten. Sicher fallen euch noch weitere Themen ein.

Wenn ihr euch für ein Thema entschieden habt, könnt ihr je nach Themenbereich unterschiedliche Arbeitsmethoden anwenden. Um erste *Informationen* zu sammeln, bietet sich die Suche in der Schulbibliothek oder im Internet an. Die Methodenseite „Informationen suchen und auswerten“ hilft euch dabei.
Besprecht in der Gruppe, welche Arbeitsmethoden zur *Erarbeitung* und *Dokumentation* des Themas am sinnvollsten sind. Wählt entsprechende Methoden aus, zum Beispiel Fotos, Video-Clips, Skizzen oder Zeichnungen erstellen, Interviews durchführen und ausarbeiten, Pflanzen und Tiere beobachten und bestimmen.
Wenn ihr euch für eine oder mehrere Arbeitsmethoden entschieden habt, stellt eine Liste der notwendigen *Arbeitsmaterialien* zusammen.

Gruppe 1: Wald und Naturschutz

Wenn ihr euch mit dem Thema „Wald und Naturschutz“ beschäftigen möchtet, könnt ihr eine Waldsäuberungsaktion durchführen oder Waldbesucher mit einem Informationsstand zum Thema „Naturschutz im Wald“ informieren. Dazu besorgt ihr euch Materialien bei den Forstämtern oder verschiedenen Naturschutzorganisationen. Informiert euch dabei auch über die Bedeutung des Waldes für den Menschen.
Ebenfalls ist es interessant, eine Liste bedrohter Pflanzen- und Tierarten des Waldes zu erstellen. Außerdem lässt sich erarbeiten, wie man seltene Pflanzen- und Tierarten im Wald schützen kann.

Haselmaus

Lebensraum: Wälder, Gebüsche und Feldgehölze
bedroht durch: Beseitigung vieler Hecken und Gebüsche; intensive Forstwirtschaft
Hilfe: Anlegen von Hecken; Anbieten von Nistkästen für den Bau eines Kugelnestes

Gruppe 2: Waldlehrpfad

Um einen Waldlehrpfad zu erstellen, müsst ihr euch zuerst auf ein Thema einigen, zum Beispiel „Pflanzen des Waldes“. Richtet mehrere Stationen ein. Sucht dazu Pflanzen aus, die ihr vorstellen möchtet. Sie sollten in der Nähe des Waldweges wachsen. Bestimmt sie und stellt Informationen zusammen, zum Beispiel Name der Pflanze, Blütezeit, Herkunft und Besonderheit in der Verwendung. Gestaltet ein Informationsplakat mit kurzen Texten und Bildern, zum Beispiel von den Blüten, Früchten und Blättern. Stellt diese Plakate an den Stationen auf und nummeriert sie. Bedenkt, dass die Stationen in einer sinnvollen Reihenfolge angeordnet sein sollten. Ihr könnt auch Arbeitsblätter mit Aufgaben, Rätseln und Schätzfragen erstellen. Führt dann mit euren Mitschülerinnen und Mitschülern eine Waldrallye in eurem Waldlehrpfad durch.

Empfehlenswerte Anschriften:
- Haus des Waldes
  Königsstäßle 74
  70597 Stuttgart, www.hausdeswaldes.de
- Bayerisches Staatsministerium
  Ludwigstraße 2
  80539 München, www.forst.bayern.de
- NABU Naturschutzbund e. V.
  Tübinger Straße 15
  70187 Stuttgart, www.nabu-bw.de
- Ministerium Ländlicher Raum Landesforstverwaltung
  Kernerplatz 10
  70114 Stuttgart, www.wald-online-bw.de

Gruppe 3: Wald erleben

Organisiert einen Walderlebnisnachmittag für eure Klasse, eure Eltern und die Lehrerinnen und Lehrer. Stellt dazu verschiedene Stationen im Wald zusammen, bei denen der Wald mit allen Sinnen erforscht werden kann. Überlegt euch, welche Materialien und Helfer ihr für die einzelnen Stationen benötigt. Tragt alles in eine übersichtliche Tabelle wie im folgenden Beispiel ein.

Station	Materialien	Personen
Bäume ertasten Mit verbundenen Augen werden die Teilnehmer zu drei verschiedenen Bäumen geführt, deren Rinde sie ertasten sollen. Anschließend versuchen sie, die Bäume mit offenen Augen wiederzufinden.	5 Tücher, um die Augen zu verbinden 5 Teilnehmer;	5 Helfer, jeweils ein Helfer führt einen Teilnehmer zu den Bäumen
Geräuschkarte erstellen Auf einem DIN A4-Blatt zeichnen die Teilnehmer in der Mitte als Punkt den eigenen Standort ein. Danach werden fünf Minuten lang alle wahrgenommenen Geräusche auf der Karte notiert. Dabei sollen die Teilnehmer die Entfernung, aus der das jeweilige Geräusch kommt, abschätzen.	DIN A4-Blatt, Stifte	1 Helfer, 5 Teilnehmer; Helfer teilt an der Station Arbeitsmaterialien aus
Pflanzen am Geruch erkennen Mit verbundenen Augen riechen die Teilnehmer an Pflanzenteilen von jeweils zwei verschiedenen Kräutern, Sträuchern oder Bäumen. Anschließend sollen sie die dazugehörigen Pflanzen in der Umgebung wiederfinden.	5-mal 6 verschiedene Pflanzenteile zum Schnuppern; 5 Tücher, um die Augen zu verbinden	5 Helfer, 5 Teilnehmer; jeweils ein Helfer reicht einem Teilnehmer die verschiedenen Pflanzenteile
Waldmemory Die Teilnehmer betrachten 15 Sekunden lang die Waldgegenstände, danach werden die Gegenstände mit einem Tuch verdeckt. Jetzt müssen die Mitspieler in möglichst kurzer Zeit für jeden Gegenstand einen „Doppelgänger" sammeln.	1 großes Tuch; 10 bis 15 Waldgegenstände, zum Beispiel verschiedene Früchte, Blätter, Holzstücke, …	1 Helfer, 2-mal 5 Teilnehmer; es treten zwei Gruppen gegeneinander auf Zeit an

Sicher habt ihr noch viele andere spannende Ideen für weitere Stationen. Plant, wer welche Station übernimmt und wer die Materialien bereitstellt. Einigt euch auf Datum, Dauer und Ablauf des Erlebnisnachmittags und gestaltet eine Einladung mit Rückmeldung.

Präsentation: Die Ergebnisse, die ihr zu eurem Themenbereich erarbeitet habt, müssen dokumentiert und präsentiert werden.

13 Der See als Lebensraum

13.1 Die Pflanzenzonen eines Sees

Auf Streifzügen an einem Seeufer gibt es oft etwas Neues zu entdecken. Ein natürlicher See hat an der vom Wind geschützten Seite meistens eine dicht bewachsene Uferzone. Im Dickicht der Pflanzen halten sich zahlreiche Tiere auf. Alle Pflanzen und Tiere leben dort, wo sie die Bedingungen finden, die sie zum Leben brauchen.

Geht man über einen Steg vom Land zum offenen Wasser, erkennt man, dass sich der Pflanzenbewuchs schnell ändert. Zuerst umsäumt ein schmaler Streifen von *Schwarzerlen* und *Weiden* das Ufer. Darunter wachsen im Frühjahr gelb blühende *Sumpfdotterblumen* und im Sommer der rote *Blutweiderich*. *Binsen* mit runden und *Seggen* mit dreikantigen Stängeln breiten sich hier aus. Die Pflanzen dieser **Erlenzone** vertragen ständig hohes Grundwasser oder zeitweise Überflutung.

Etwas weiter am flachen Uferrand, wo ständig Wasser steht, beginnt das **Röhricht.** Hier finden wir die gelbe *Wasserschwertlilie,* das *Pfeilkraut* und den *Froschlöffel.* Diese Sumpfpflanzen erhielten ihre Namen nach der Form ihrer Blätter, die an Schwerter, Pfeile und Löffel erinnern. Der Froschlöffel hat allerdings unterschiedliche Blattformen. Untergetauchte Blätter sehen ganz anders aus als Luftblätter. In dieser Zone wachsen auch *Rohrkolben* und *Schilf.* Sie kommen bis zu einer Wassertiefe von 1,5 Meter vor. Mit ihren verzweigten Wurzelstöcken sind sie fest im Schlamm verankert. Ihre hohen Halme sind heftigen Windstößen und Wellenschlägen ausgesetzt. Diesen Angriffen geben die elastischen Halme jedoch federnd nach und richten sich sofort wieder auf. Der röhrenförmige Stängelaufbau und die Knoten verleihen den Schilfhalmen die erforderliche Festigkeit und Biegsamkeit. Die schmalen, bandförmigen Blätter sind derb und äußerst reißfest. Sie flattern bei Sturm wie Fahnen zur windabgewandten Seite.

An das Röhricht schließt sich in stillen Buchten die **Schwimmblattzone** an. *Seerosen* mit weißen und *Teichrosen* mit gelben Blüten breiten sich hier aus. Lange, biegsame Stiele stellen die Verbindung zu den kräftigen Erdstängeln her. Bei schwankendem Wasserstand können die elastischen Stiele jede Bewegung so ausgleichen, dass die Blätter und Blüten immer an der Oberfläche schwimmen. Die gesamte Pflanze ist von Luftkanälen durchzogen. Dadurch werden die Erdstängel im Seeboden mit Luft versorgt. Über die Spaltöffnungen,

1 Ein See und seine Bewohner.
① *Teichrohrsänger,* ② *Libelle,* ③ *Teichhuhn,* ④ *Schwan,* ⑤ *Haubentaucher,* ⑥ *Stockente,* ⑦ *Wasserläufer,* ⑧ *Eisvogel,* ⑨ *Graureiher,* ⑩ *Wasserfrosch,* ⑪ *Kammolch,* ⑫ *Rückenschwimmer,* ⑬ *Hecht,* ⑭ *Plötze,* ⑮ *Libellenlarve,* ⑯ *Gelbrandkäfer mit Kaulquappe,* ⑰ *Teichmuscheln,* ⑱ *Schlammschnecke*

→ Fische – Wirbeltiere des Wassers, Seite 284
→ Pflanzen an feuchten Standorten, Seite 315

die an der Blattoberseite liegen, stehen die Kanäle mit der Außenluft in Verbindung. Die tellergroßen Schwimmblätter enthalten luftgefüllte Hohlräume. Deshalb schwimmen sie wie eine Luftmatratze an der Wasseroberfläche.

Je tiefer das Wasser wird, um so mehr treten die Schwimmblattpflanzen zurück und andere Wasserpflanzen, die ganz untergetaucht leben, breiten sich aus. In dieser **Tauchblattzone** kommen neben *Laichkräutern* auch *Tausendblatt, Wasserpest* und *Hornkraut* vor, deren Blätter meistens sehr klein sind. Sie besitzen keine Spaltöffnungen. Kohlenstoffdioxid und Sauerstoff werden über die Blattoberfläche ausgetauscht. Auch die notwendigen Mineralstoffe werden über die Blattoberfläche aus dem Wasser aufgenommen. Je nach Trübung können ab fünf Meter Tiefe auch Tauchpflanzen nicht mehr wachsen, weil das Sonnenlicht nicht mehr zur Fotosynthese ausreicht.

Man erkennt, dass sich durch unterschiedliche Lebensbedingungen in den einzelnen Zonen ganz bestimmte Pflanzengesellschaften ansiedeln. Diese Bedingungen sind zum Beispiel Wasserstand, Licht- und Windverhältnisse.

Am Seeufer bilden sich verschiedene Pflanzenzonen aus. Vom Land zum Wasser folgen nacheinander: Erlenzone, Röhricht, Schwimmblattzone und Tauchblattzone. In ihnen sind die Pflanzen den unterschiedlichen Lebensbedingungen angepasst.

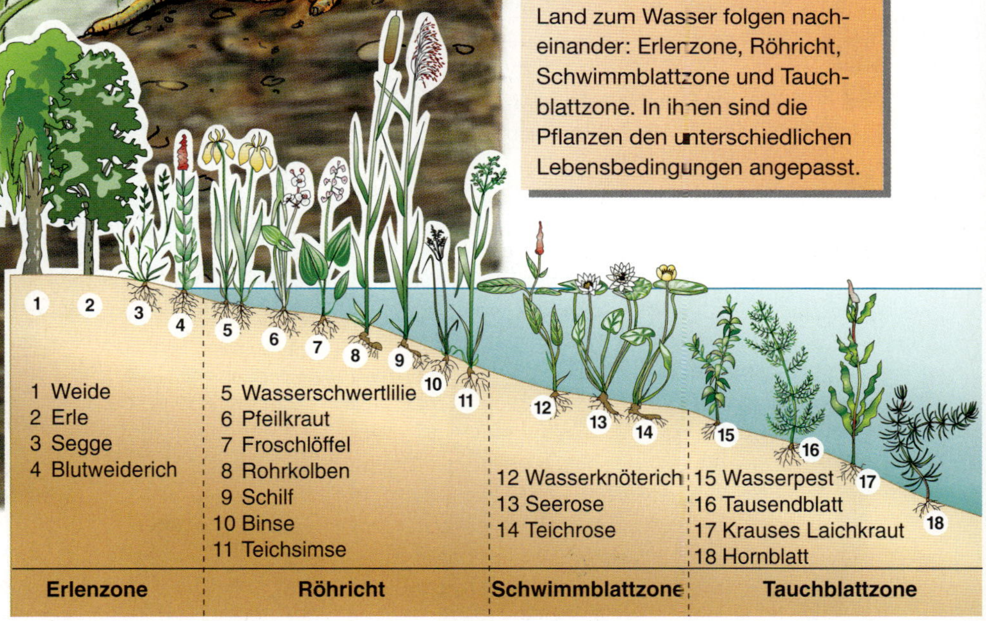

2 Pflanzengürtel eines Sees *(Schema)*

1 Wie ist das Schilf den Wasserstands- und Windverhältnissen angepasst?

2 Wie sind die Pflanzen der Tauchblattzone an das Leben unter Wasser angepasst?

3 Welche Pflanzenarten findest du in der Abbildung 1? Ordne sie den einzelnen Pflanzenzonen eines Sees zu.

Pinnwand

ANGEPASSTHEIT VON WASSERPFLANZEN

Wasserhahnenfuß

Der Wasserhahnenfuß bildet zweierlei Blätter aus: Schwimmblätter (1) und Tauchblätter (2)

Seerose

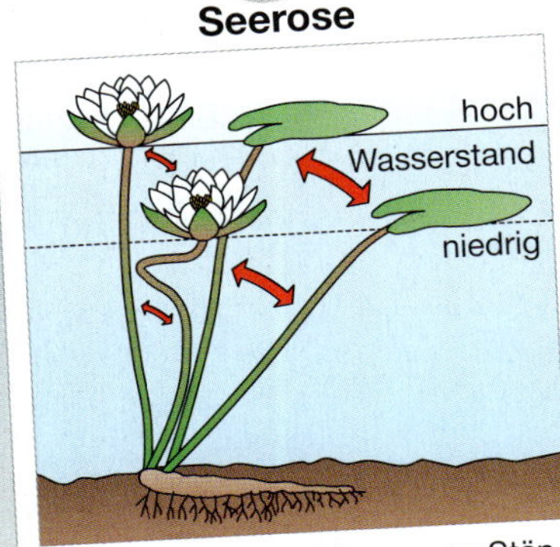

Die Seerose ist mit biegsamen Stängeln an den schwankenden Wasserstand angepasst.

1 Erläutere, wie Froschlöffel, Seerose und Wasserhahnenfuß an ihre Umweltbedingungen angepasst sind.

2 Vergleiche die Lage der Spaltöffnungen auf den Land- und Schwimmblättern des Wasserknöterichs. Begründe.

Froschlöffel

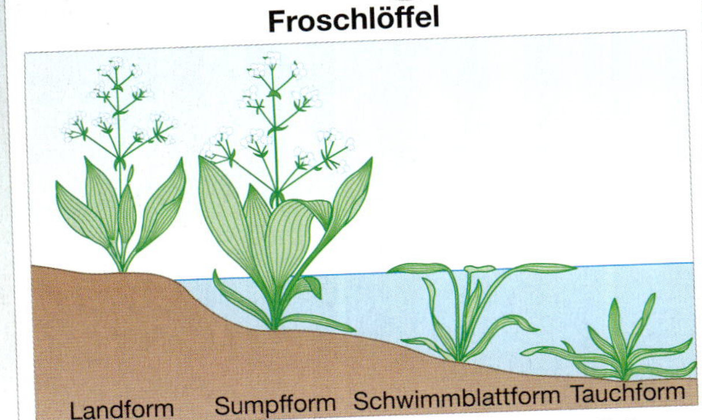

Je nach Standort bildet der Froschlöffel unterschiedliche Lebensformen aus.

Wasserknöterich

Aus einem im Boden kriechenden Wurzelstock wächst ein etwa ein Meter langer Stängel mit langgestielten, lanzettlichen Blättern. Wasserknöterich wächst sowohl an Land als auch im Wasser. An der Wasseroberfläche bilden sich Schwimmblätter, die im Sommer von einer rosaroten Blütenähre überragt werden.

Wasserknöterich

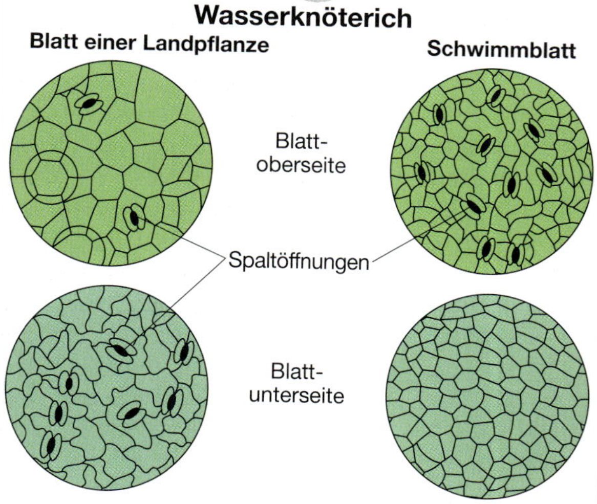

Durch die Spaltöffnungen erfolgen der Gasaustausch und die Abgabe von Wasserdampf.

Wasserpflanzen

Praktikum

V1 Belastbarkeit eines Schilfblattes

Material: 2 Pappstreifen (10 cm × 3 cm); Alleskleber; Nagel; Bindfaden; verschiedene Wägestücke; Stück eines Schilfblattes aus einem Gartenteich oder einer Gärtnerei (*Vorsicht:* scharfe Ränder!); Schreibmaterial

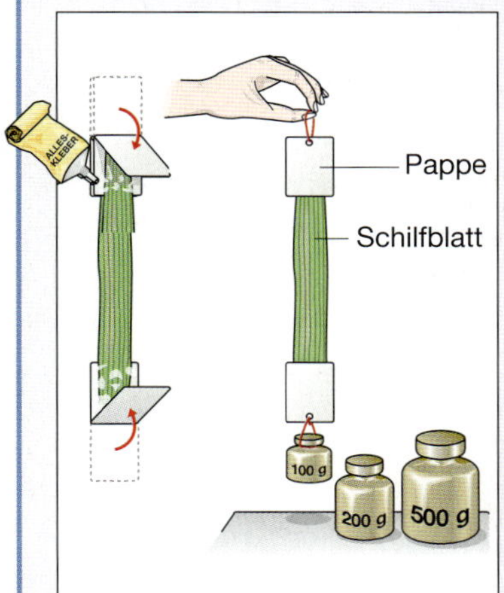

Durchführung: Schneide die Blätter in 20 cm bis 30 cm lange Stücke. Falte beide Pappstreifen in der Mitte und bestreiche die Innenseiten mit Alleskleber. Lege je ein Ende des Schilfblattes zwischen einen Pappstreifen und drücke es fest zusammen. Warte, bis der Alleskleber trocken ist. Bohre dann mit dem Nagel in jeden Pappstreifen ein Loch, ziehe jeweils einen Bindfaden hindurch und knote die Enden zusammen. Hänge nacheinander die Wägestücke daran und hebe sie hoch.

Aufgaben: a) Stelle fest, welche Belastung das Blatt aushält ohne zu zerreißen.

b) An welche Umweltbedingungen am See ist das Schilfblatt mit seiner Reißfestigkeit angepasst? Beschreibe.

V2 Leitung von Luft durch ein Seerosenblatt

Material: große Glasschale; Wasser; Messer; Nadel; Seerosenblatt; Schreib- und Zeichenmaterial

Hinweis: Da Seerosen unter Naturschutz stehen, darf man sie nicht aus einem natürlichen Gewässer entnehmen. Besorge deshalb aus einer Gärtnerei oder einem Gartenteich ein Seerosenblatt mit einem langen Stängel.

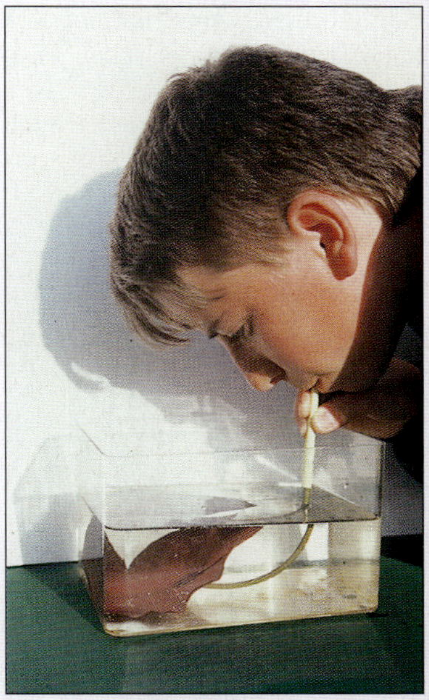

Durchführung: Schneide das Endstück vom Stängel sauber ab und puste kräftig Luft in den Stängel. Drücke dabei mit einer Hand das Blatt unter Wasser. Stich anschließend Löcher in die Blattadern und wiederhole den Versuch, um den Weg der Luft zu verfolgen.

Aufgaben: a) Beschreibe, was du bei den Versuchen beobachtest.

b) Zeichne ein Blatt mit Stiel und Blattadern und trage mit roten Pfeilen den Weg der Luft ein.

c) Erkläre, welche Bedeutung die Durchlüftung für die Pflanze hat.

V3 Tragfähigkeit von Seerosenblättern

Material: große Glasschale; Wasser; Seerosenblatt; Sonnenblumenblatt; einige Wägestücke; Schreibmaterial

Durchführung: Lege nacheinander einige kleine Wägestücke gleichmäßig verteilt zuerst auf ein Seerosenblatt, dann auf ein etwa gleich großes Sonnenblumenblatt.

Aufgaben: a) Stelle fest, welche Belastung die Blätter aushalten ohne unter Wasser gedrückt zu werden.

b) Vergleiche die Ergebnisse der beiden Versuche und erkläre.

V4 Oberflächen von Seerosenblättern

Material: große Glasschale; Gefäß mit Wasser; Seerosenblatt

Durchführung: Halte das Seerosenblatt über die Glasschale und gieße Wasser über die Blattoberseite. Wiederhole diesen Versuch mit der Blattunterseite.

Aufgaben: a) Beschreibe, was du bei den Versuchen beobachtet hast.

b) Erkläre das Ergebnis.

13.2 Wasservögel sind den Zonen des Sees angepasst

An vielen Seen kann man **Stockenten** beobachten. Von Zeit zu Zeit tauchen sie Kopf und Vorderkörper ins Wasser, sodass der Schwanz fast senkrecht in die Höhe ragt. Dabei rudern sie mit den Füßen. Mit offenem Schnabel pflügen sie dann durch den Schlamm am Grund. Wenn sie den Schnabel schließen, wird der „Schmutz" mit dem Wasser hinausgedrückt. Die Nahrung bleibt zwischen den Hornleisten wie in einem Sieb hängen und wird verschluckt. Auf diese Weise suchen Stockenten nach Insektenlarven, Würmern, Schnecken oder Teilen von Wasserpflanzen.

1 Nahrungssuche in verschiedenen Zonen des Sees. *① Stockente, ② Reiherente, ③ Fluss-Seeschwalbe, ④ Haubentaucher*

Eine andere Entenart, die **Reiherente,** kann dagegen ganz untertauchen. Sie sucht ihre Nahrung in größeren Tiefen und bleibt bis zu 40 Sekunden lang unter Wasser. Dabei erbeutet sie kleine Muscheln, Schnecken und Würmer.

Haubentaucher sind nicht nur geschickte Schwimmer, sondern auch ausgezeichnete Taucher. Sie gleiten bis zu sieben Meter Tiefe hinab. Die Flügel werden eng angelegt und beide Beine mit den Schwimmfüßen gleichzeitig bewegt. Ihre Beute sind kleine Fische, die sie mit dem spitzen Schnabel packen und ganz hinunterschlucken.

Die **Fluss-Seeschwalbe** jagt aus der Luft. Wenn sie einen Fisch erspäht, legt sie die Flügel eng an und schießt ins Wasser. Die Beute wird mit dem Schnabel festgehalten und im Flug verzehrt.

Vergleicht man den Nahrungserwerb der verschiedenen Wasservögel, dann wird man feststellen, dass sich die einzelnen Arten auf bestimmte Zonen im See spezialisiert haben. Dadurch ist es möglich, dass viele Arten auf engstem Raum nebeneinander leben können.
Wie die Nahrungsreviere sind auch die Nester der Vögel in den Pflanzenzonen unterschiedlich verteilt. Stockenten brüten an Land, Reiherenten auf kleinen Inseln und Haubentaucher bauen ein schwimmendes Nest am Rand des Röhrichts. Die Fluss-Seeschwalbe nistet an Ufern ohne Pflanzenbewuchs.

Verschiedene Arten von Wasservögeln suchen in unterschiedlichen Bereichen Nahrung und Nistgelegenheiten, ohne sich Konkurrenz zu machen.

1 Beschreibe, wie die einzelnen Vogelarten nach Nahrung suchen.
2 Wie ist es möglich, dass viele Vogelarten auf engem Raum zusammenleben können?

→ Vögel sind fliegende Wirbeltiere, Seite 268

Pinnwand

WASSERVÖGEL

Ein ungebetener Gast

Ein **Teichrohrsänger** füttert einen jungen Kuckuck. In einem unbewachten Moment hat die Mutter des Kuckucks ihr farbgleiches Ei gegen ein Ei des Teichrohrsängers ausgetauscht. Nun wird der Jungkuckuck als „Adoptivkind“ von den Teichrohrsängern aufgezogen, nachdem er die anderen Jungen aus dem Nest geworfen hat.

Brutzeiten von Wasservögeln

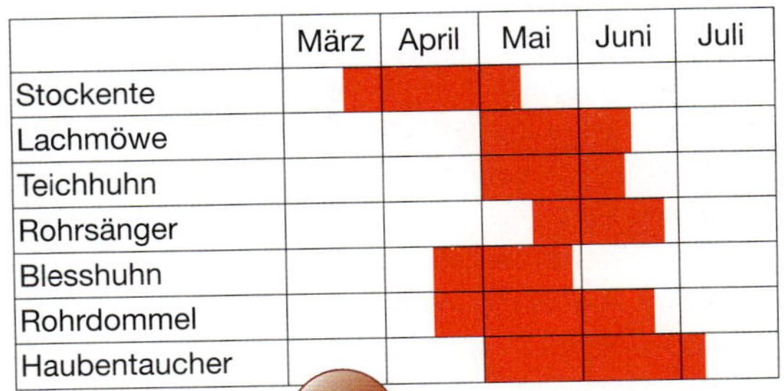

„Huckepack“ bei Haubentauchern

Kleine Haubentaucher reisen auf dem Rücken ihrer Eltern übers Wasser. Haubentaucher brüten auf Seen mit langen, dichten Röhrichtgürteln. Die bevorzugten Gewässer haben eine Mindestgröße von etwa zehn Hektar und eine Wassertiefe von etwa sechs Metern.

1 Welche Aufgaben erfüllt das Schilf beim Nisten der Wasservögel?

2 In welcher Zeit sollten die Uferzonen von Menschen gemieden werden? Begründe.

3 Nenne Ansprüche der Haubentaucher an ihr Brutrevier.

Brutstätten von Wasservögeln

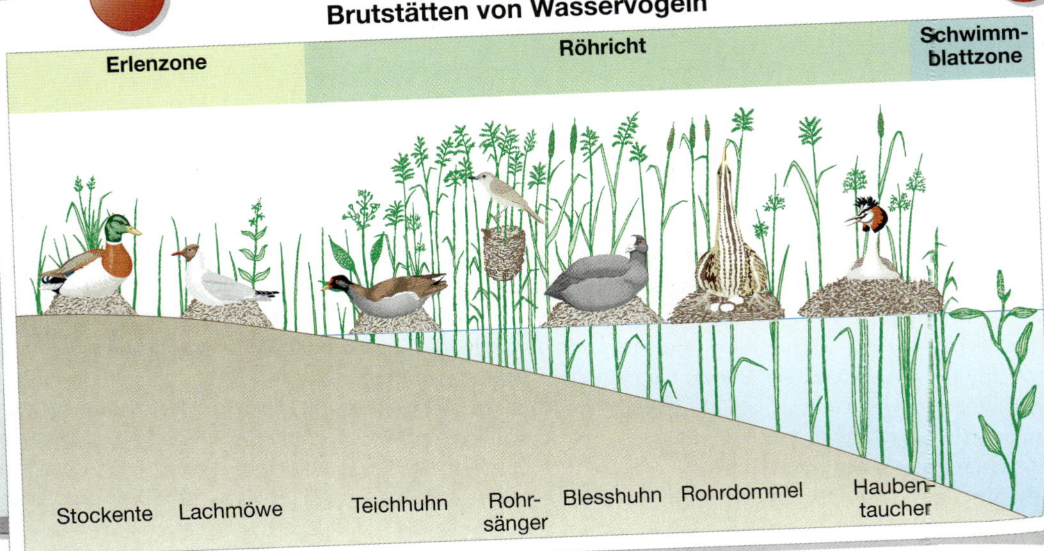

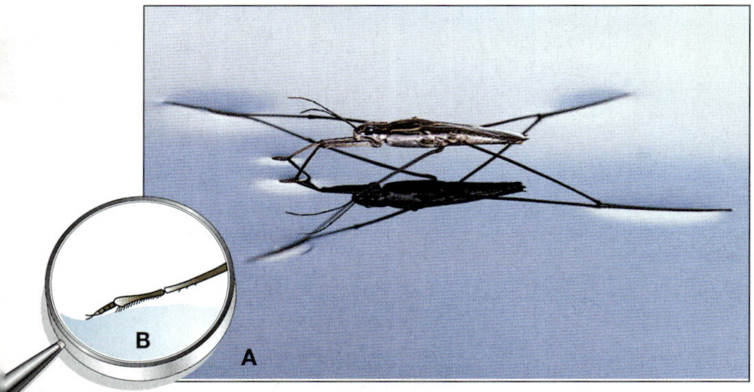

1 ***Wasserläufer. A*** *über das Wasser gleitend;* ***B*** *Fuß auf der Wasseroberfläche*

3 ***Larve der Stechmücke. A*** *beim Atmen;* ***B*** *Atemröhre*

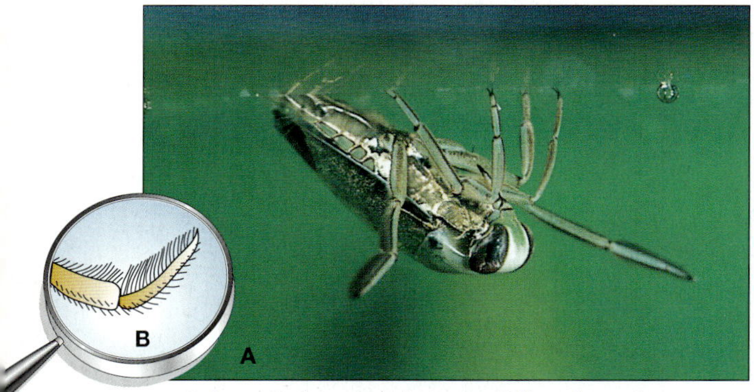

2 ***Rückenschwimmer. A*** *beim Auffüllen des Luftvorrats;* ***B*** *Schwimmbein*

4 ***Larve einer Kleinlibelle. A*** *unter Wasser;* ***B*** *Blättchen der Tracheenkiemen*

13.3 Insekten in und an Seen

Wer still am flachen Ufer eines Sees sitzt, kann an der Wasseroberfläche ein lebhaftes Tierleben beobachten. Grau-grüne *Wasserläufer* gleiten ruckartig übers Wasser ohne einzusinken. Dies beruht auf einer besonderen Eigenschaft des Wassers, der Oberflächenspannung. Sie bewirkt, dass sich die Wasseroberfläche wie eine elastische Haut verhält, die beim Laufen nur leicht eingedrückt wird. Zusätzlich sind die langen Mittel- und Hinterbeine an den Fußenden mit dichten, Wasser abweisenden Haarbüscheln versehen. Die eingefetteten Härchen verhindern, dass die Füße eintauchen, denn Wasser und Fett stoßen sich gegenseitig ab.

Dicht unter dem Wasserspiegel taucht ein *Rückenschwimmer* auf, um einen Vorrat an Atemluft aufzunehmen. Dazu streckt er das Ende seines Hinterleibs aus dem Wasser und saugt zwischen die Härchen der Bauchseite Luftbläschen auf. Durch dieses Luftpolster entsteht ein Auftrieb. Dieser führt dazu, dass die Bauchseite ständig nach oben zeigt. Die Tiere schwimmen also in Rückenlage. Mit kräftigen Stößen der langen Hinterbeine taucht der Rückenschwimmer wieder hinab. Dabei spreizen sich bei jedem Ruderschlag die feinen Schwimmhaare an den Beinen auseinander. Beim Vorziehen legen sich die Haare zusammen. Dadurch verringert sich der Widerstand.

Auch kleine Larven der *Stechmücke* tauchen auf, um Luft zu tanken. Sie hängen dabei schräg unter der Wasseroberfläche und strecken ihre Atemröhre wie einen Schnorchel in die Luft.

Die etwa streichholzlangen Larven einer *Kleinlibelle* bekommt man nur selten zu sehen. Sie leben ständig unter Wasser und brauchen zum Atmen nicht aufzutauchen. Sie atmen mithilfe der drei blattförmigen Tracheenverzweigungen am Hinterende und mit dem Enddarm. Dieser ist an der Innenseite mit zahlreichen dünnwandigen Häutchen, den *Tracheenkiemen,* ausgekleidet. Sie entziehen dem eingesogenen Atemwasser den Sauerstoff.

Pinnwand

WASSERINSEKTEN UND TECHNISCHE ERFINDUNGEN

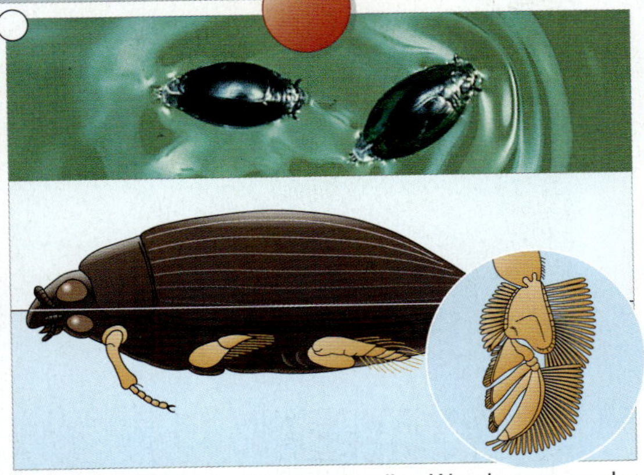

Der **Taumelkäfer** kreist mit schnellen Wendungen an der Oberfläche und sucht dort nach Beute. Mit seinen zweigeteilten Augen kann er sowohl über als auch unter Wasser sehen. Den ovalen Körper treibt er mit kurzen Ruderbeinen voran, deren Glieder plattenförmig verbreitert sind und wie ein Fächer auseinander gespreizt und wieder zusammengeklappt werden können.

Der **Gelbrandkäfer** nimmt in einem Hohlraum unter den Deckflügeln einen Luftvorrat auf. Mit dieser Reserve kann er längere Zeit unter Wasser bleiben. Die Luft wird durch kleine Öffnungen in den Hinterleibsringen in das Atmungssystem aufgenommen. Gelbrandkäfer fressen Wassertiere bis zur Größe kleiner Fische.

Der **Wasserskorpion** hat am Hinterleib zwei lange Fortsätze, die wiederum jeweils eine Rinne besitzen. Beim Atmen legt er sie so zusammen, dass beide Fortsätze eine geschlossene Röhre bilden. Kopfabwärts streckt er diese Atemröhre aus dem Wasser und holt dadurch Luft. Wasserskorpione fangen ihre Beute mit den scherenartigen Vorderbeinen. Sie sind nicht mit den echten Skorpionen verwandt.

A Schiffbrüchiger mit Rettungsweste

B Taucher mit Schnorchel

C Ruderer im Boot

D Sporttaucher mit Atemgerät

1 Ordne die Körpermerkmale und Lebensweisen der Wasserinsekten hier und auf den beiden Seiten davor den entsprechenden technischen Erfindungen zu.

13.4 Zwischen den Lebewesen eines Sees bestehen vielfältige Beziehungen

Während unseres Ausflugs an einen kleinen See in der Nähe der Schule fällt uns die Färbung des Wassers auf. Es sieht ganz grün aus. Wir werden neugierig und nehmen eine Probe mit in die Schule. Als Erstes benutzen wir eine Lupe. Aber ihre Vergrößerung reicht nicht aus, um etwas Konkretes zu sehen. Deshalb untersuchen wir einen Wassertropfen mit dem Mikroskop. Im Präparat erkennt man verschieden geformte grüne Pflanzen. Es sind *Algen.* Da sie in großer Zahl vorhanden sind, färben sie das Wasser grün. Es müssen dort gute Bedingungen für ihr Wachstum vorhanden sein. Die dazu nötigen Nährstoffe können grüne Pflanzen mithilfe des Sonnenlichtes aus Wasser und Kohlenstoffdioxid selbst herstellen. Deshalb gehören sie zu den **Erzeugern.**
Aber auch ein *Wasserfloh* ist zu sehen. Er besitzt einen grün gefärbten Darm. Offensichtlich hat er Algen ge-

1 ***Nahrungskette. A*** *Algen;* ***B*** *Wasserfloh;* ***C*** *Stichling;* ***D*** *Hecht;* ***E*** *Graureiher*

fressen. Deshalb sind Wasserflöhe, wie alle anderen Pflanzenfresser, **Erstverbraucher.** Diese ruckartig hüpfenden, kleinen Krebse dienen wiederum dem *Stichling* als Nahrung. Der Stichling ist als Fleischfresser **Zweitverbraucher.** Aber auch ein Stichling kann gefressen werden. So ernährt sich zum Beispiel der *Hecht* ausschließlich von anderen Tieren. Auch wenn der Stichling wegen seiner drei spitzen Stacheln nicht oft gefressen wird, kommt es doch vor, dass er dem Hecht, einem **Drittverbraucher,** zum Opfer fällt. Da der Hecht oft selbst keine Fressfeinde besitzt, ist er gleichzeitig der **Endverbraucher.** Manchmal haben wir am See aber schon einen *Graureiher* beobachten können. Auch er sucht hier nach Nahrung, die hauptsächlich aus Fischen wie einem kleinen Hecht besteht. In dem Nahrungsgefüge ist auch er ein Dritt- oder Endverbraucher.
Die Lebewesen im See sind also über ihre Nahrungsbeziehungen wie Glieder einer Kette miteinander verbunden. Sie bilden eine **Nahrungskette.**

Im See kommen neben den Algen auch andere Wasserpflanzen vor. Am Anfang einer Nahrungskette stehen stets grüne Pflanzen, weil sie die Nahrungsgrundlage für die Pflanzenfresser liefern. Im See sind dies beispielsweise Wasserschnecken, Kaulquappen und Rotfedern.

Das folgende Glied in der Kette ernährt sich von den Pflanzenfressern. Deshalb steht am Ende einer Nahrungskette immer ein Fleischfresser, im See zum Beispiel Stichling, Hecht oder Graureiher. In Wirklichkeit sind aber die Nahrungsbeziehungen viel verzweigter. So ernähren sich die Tiere nicht nur von einer einzigen Art. Ein Wasserfrosch frisst beispielsweise Kaulquappen, kleine Fische, Insekten und ihre Larven, aber auch Schnecken und Würmer. Noch komplizierter sind die Nahrungsbeziehungen beim Karpfen. Er ernährt sich von verschiedenen Algen und Wasserpflanzen, frisst aber genauso oft Schnecken, Insektenlarven und Wasserflöhe. Ihn können wir also weder den Pflanzenfressern noch den Fleischfressern eindeutig zuordnen.

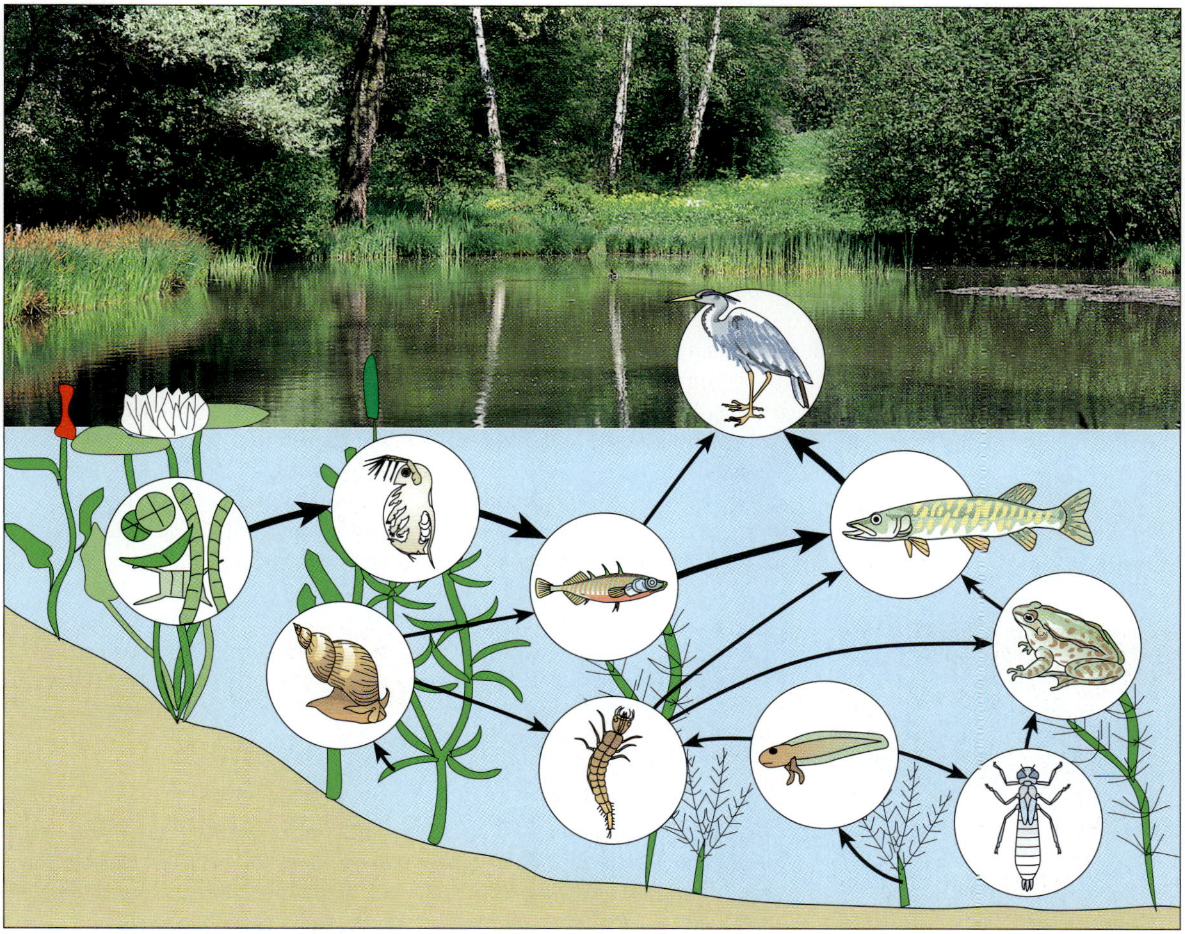

2 Nahrungsnetz in einem See mit verschiedenen Nahrungsketten

Die abgebildete Nahrungskette Alge → Wasserfloh → Stichling → Hecht → Graureiher ist nur eine von vielen möglichen im Lebensraum See.

Einzelne Pflanzen und Tiere bilden also mehrere Nahrungsketten, die untereinander so verknüpft sind wie Maschen in einem Netz. Deshalb werden diese verzweigten Nahrungsbeziehungen als **Nahrungsnetz** bezeichnet.

Je mehr Lebewesen in einem See vorhanden sind, umso abwechslungsreicher ist ihr Speisezettel. Dadurch haben Schwankungen im Nahrungsangebot keine größeren Auswirkungen. Die **Lebensgemeinschaft** bleibt stabil. Umfasst das Nahrungsnetz nicht so viele Arten, reicht für bestimmte Tiergruppen das Nahrungsangebot nicht aus. Dadurch wird die Ernährung weiterer Arten gefährdet. Dies hat zur Folge, dass die Lebewesen im See beginnen, nun langsam nacheinander auszusterben.

Menschliche Eingriffe, zum Beispiel das Einleiten von Abwasser, Gülle und Dünger in Gewässer oder das Überfischen, führen oft zu solchen Kettenreaktionen.

Zwischen den Lebewesen in einem See bestehen Nahrungsbeziehungen. Die einfachsten Beziehungen sind Nahrungsketten. An ihrem Anfang steht eine grüne Pflanze als Erzeuger. Danach können mehrere Glieder von Verbrauchern folgen. Miteinander verknüpfte Nahrungsketten bilden ein Nahrungsnetz.

1 Stelle anhand der Abbildung 2 weitere Nahrungsketten zusammen. Ordne den Gliedern die Begriffe Erzeuger, Erstverbraucher, Zweitverbraucher, Drittverbraucher und Endverbraucher zu.

2 Beschreibe mithilfe der Abbildung 2 die vielfältigen Nahrungsbeziehungen in einem See.

Projekt

30 cm von denen wir leben

Alle Pflanzen, von denen sich Tiere und Menschen ernähren, brauchen Boden, auf dem sie wachsen können. Boden ist wie Sonne, Wasser und Luft eine Lebensgrundlage.

Boden entsteht im Laufe von 10 000 bis 15 000 Jahren aus hartem Felsgestein. Hitze und Kälte sowie Wasser und Wind zerkleinern das Urgestein. Bodenorganismen unterstützen die physikalische und chemische Verwitterung. Das zersetzte Gestein bildet zusammen mit abgestorbenen Pflanzen und Tieren die Humusschicht. Sie ist die wichtigste Schicht für die Pflanzen und voller Leben. Eine Handvoll Humus bietet Lebensraum für Millionen Bakterien und Pilze, für Algen, Würmer, Schnecken und Insekten.

Die beiden oberen Bodenschichten spielen außerdem eine große Rolle bei der Reinigung des Regenwassers und der Abwässer. Das durch sie hindurchsickernde Wasser sammelt sich in porösen Schichten als sauberes Grundwasser.

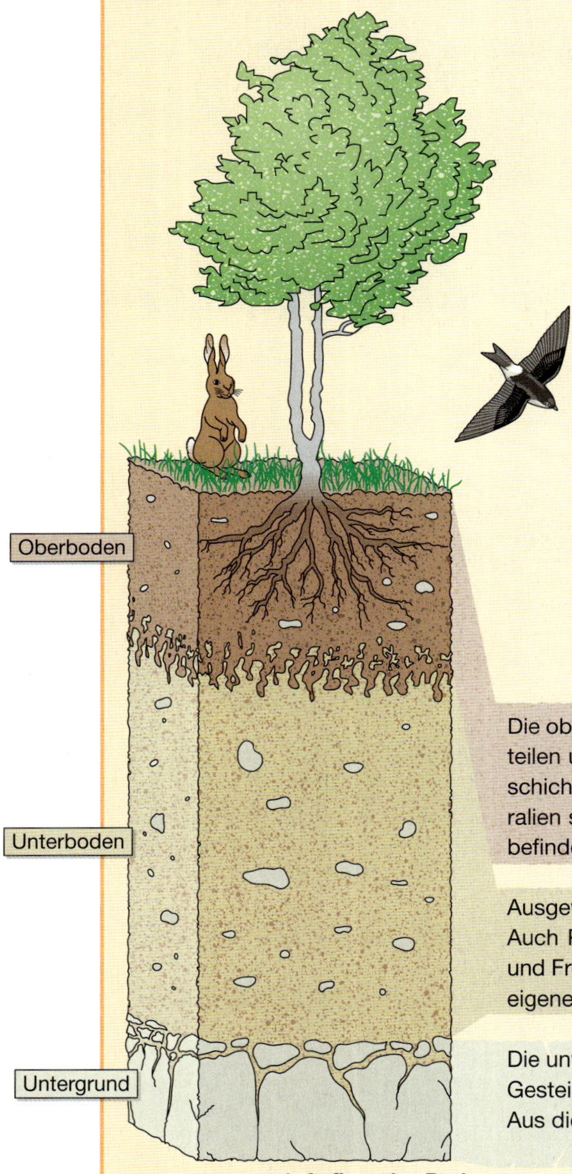

Die oberste Schicht besteht aus abgestorbenen und verrotteten Pflanzenteilen und Tieren. Sie bilden zusammen mit Gesteinsmaterial die Humusschicht, in der die Pflanzen wurzeln. Leicht lösliche Nährstoffe und Mineralien stehen den Pflanzen hier zur Verfügung. Fast alle Bodenlebewesen befinden sich in dieser Schicht.

Ausgewaschene Stoffe aus dem Oberboden sammeln sich im Unterboden. Auch Pflanzenwurzeln reichen bis in diese Schicht. Durch Regenwasser und Frost wird hier das Urgestein weiter zerkleinert. Dabei werden bodeneigene Nährstoffe freigesetzt und in den Oberboden transportiert.

Die unverwitterte Ausgangsschicht besteht aus festem Fels und lockerem Gestein. Sie ist arm an löslichen aber reich an zersetzbaren Nährstoffen. Aus diesem „Elterngestein“ entwickelt sich das, was wir Boden nennen.

1 Aufbau des Bodens

In diesem Projekt untersucht ihr den Boden auf vielfältige Art. Ihr erfahrt etwas über die Stoffe, aus denen er sich zusammensetzt und über Stoffe, die für die Ernährung der Pflanzen wichtig sind. Außerdem untersucht ihr die Fähigkeit des Bodens, Wasser zu speichern und zu filtrieren. Ihr werdet auch Lebewesen der obersten Bodenschicht suchen und kennen lernen. Die Gefährdungen für den Boden zu erkunden und zusammenzustellen ist eine weitere wichtige Aufgabe in diesem Projekt.
Beschafft euch Informationen aus Büchern und Zeitschriften oder aus dem Internet. Befragt auch Landwirte und Förster. Achtet bei der Entnahme von Bodenproben darauf, dass ihr keine Schäden anrichtet. Auch Kleinstlebewesen müssen nach dem Betrachten zurückgebracht werden.

Gruppe 1: Bodenart und -temperatur

Die Zusammensetzung des Bodens und seine Temperatur sind wichtige Voraussetzungen für das Pflanzenwachstum.

Stecht mit einem Spaten einen Erdklumpen aus und nehmt eine esslöffelgroße Probe. Diese muss so lange mit wenig Wasser geknetet werden, bis kein Wasser mehr von der Probe aufgenommen wird. Anschließend führt ihr die Untersuchungen nach Bild 2 durch. Bestimmt und benennt verschiedene Bodenproben.

Die Pflanzen sind von der Blüte bis zur letzten Wurzelspitze unterschiedlichen Temperaturen ausgesetzt. Bei zu großen Unterschieden würden sie absterben. Fangt mit der Messung der Temperaturen an der Oberfläche an und messt dann jeweils fünf Zentimeter tiefer im Boden. Zeichnet Tiefen-Temperatur-Diagramme der Böden.

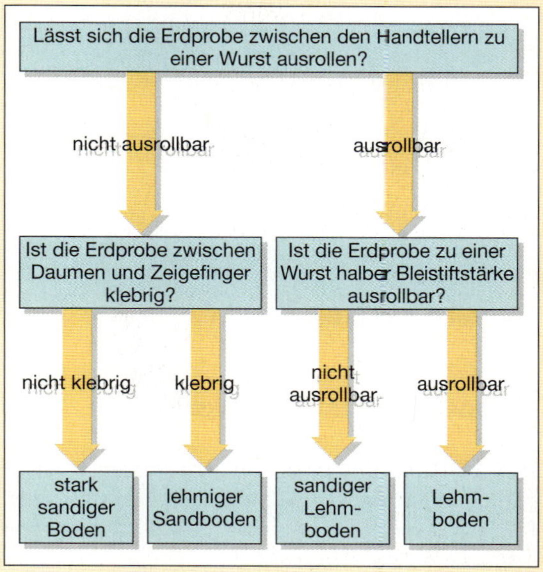

2 Bestimmung der Bodenarten

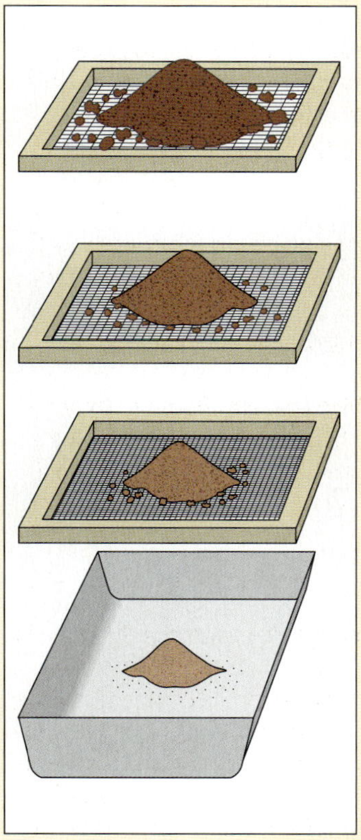

3 Sieben des Bodens

Gruppe 2: Bodenbestandteile

Mit Sieben und durch Aufschlämmen könnt ihr die Bestandteile des Bodens trennen und bestimmen. Fünf Sorten werden dabei unterschieden. Der gröbste Bestandteil ist Kies. Es folgen Sand und Schluff. Der Bestandteil mit den kleinsten Teilen ist der Ton. Schwimm- und Schwebstoffe aus der Humusschicht sind die fünfte Sorte.

Trennt trockene Bodenproben durch immer feinere Siebe. Beschreibt, was in den einzelnen Sieben hängen bleibt.
Gebt weitere Bodenproben zum Aufschlämmen in einen Standzylinder und verrührt sie mit etwa 300 ml Wasser. Vergleicht den Inhalt der Zylinder nach 10 Minuten und nach 1 Stunde.
Fertigt vergrößerte Zeichnungen der Inhalte der Standzylinder an und beschriftet sie.

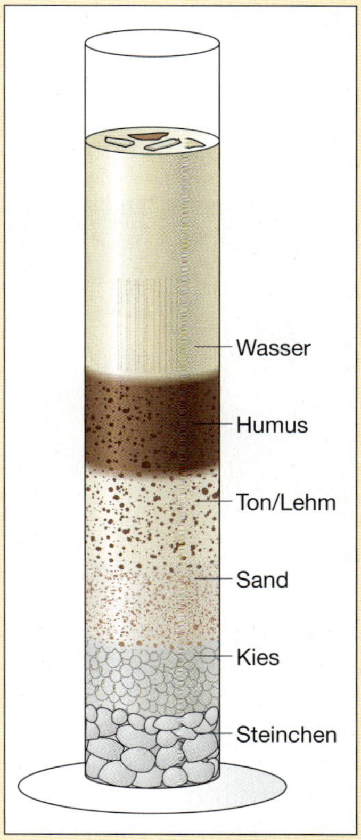

4 Aufschlämmen des Bodens

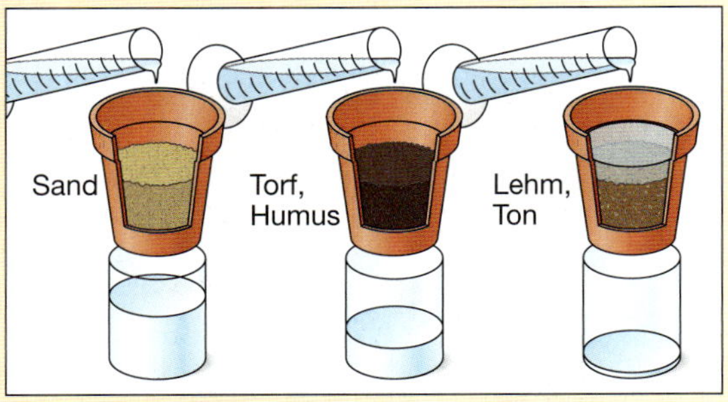

5 Boden speichert Wasser.

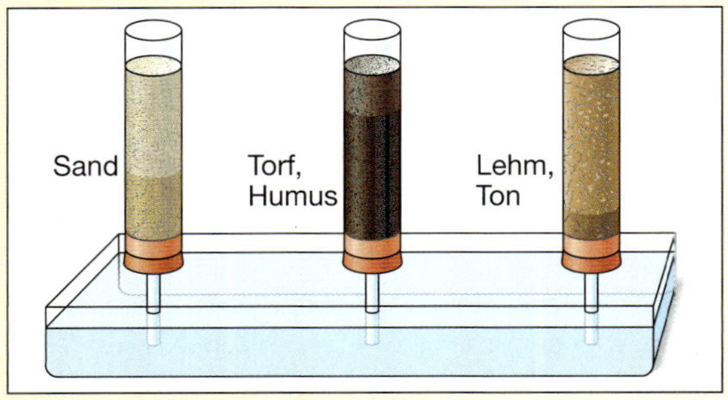

6 Boden saugt Wasser an.

Gruppe 3: Bodenfeuchtigkeit

Der Boden muss Wasser speichern können. Doch es darf nicht auf einer undurchlässigen Schicht stehen bleiben, denn ständig „nasse Füße" schaden den Pflanzen.

Legt über das Loch im Boden von Blumentöpfen je eine kleine Tonscherbe. Füllt die Töpfe dann wie in Bild 5 jeweils zur Hälfte mit verschiedenen Bodenproben. Gießt langsam einen halben Liter Wasser auf die verschiedenen Proben und messt die durchgelaufene Menge. Berechnet und vergleicht die in den Bodenproben gespeicherten Wassermengen.

Wie ein Schwamm sind Böden in der Lage, Wasser von unten her aufzunehmen. So steht es den Pflanzen für eine ausreichende Wasserversorgung zur Verfügung. Das ist eine der wichtigsten Voraussetzungen für das Wachsen von Pflanzen.

Verschließt drei weite Glasrohre mit je einem durchbohrten Stopfen, in dem ein kleines Glasrohr steckt (Bild 6). Füllt dann unterschiedliche Bodenproben ein und drückt sie leicht an. Bis zum Stopfen werden die Glasrohre dann in Wasser eingetaucht. Beobachtet, ob und wie weit Wasser in die Bodenproben aufsteigt. Beendet den Versuch nach 15 Minuten und notiert, wie hoch das Wasser aufgestiegen ist.

7 Bestimmung des pH-Wertes mit einem pH-Meter

Gruppe 4: Bodenchemie

Kalk, Nitrate und Phosphate gehören zu den wichtigsten Nährstoffen für Pflanzen. Der pH-Wert zeigt den Kalkbedarf eines Bodens an. Je niedriger der pH-Wert, desto größer ist der Kalkbedarf. Die benötigten Mengen sind aber von Pflanze zu Pflanze unterschiedlich.

Bestimmt mit Indikatorpapier oder einem Boden-pH-Meter den pH-Wert verschiedener Böden.

Stellt den Nitrat- und Phosphatgehalt mit Teststreifen fest.

Erkundigt euch in einer Gärtnerei und einem landwirtschaftlichen Betrieb, welche Pflanzen auf den von euch untersuchten Böden gut wachsen würden.

8 Bestimmung des Nitratgehaltes mit Teststreifen

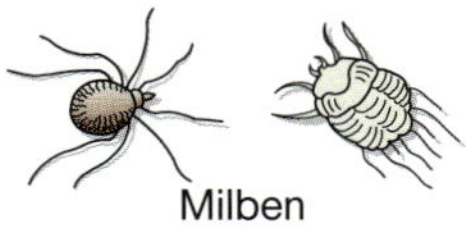
Milben

Raubmilbe

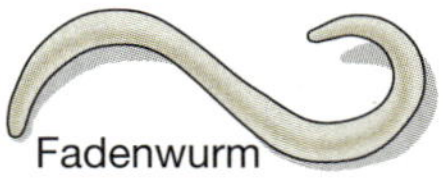
Fadenwurm

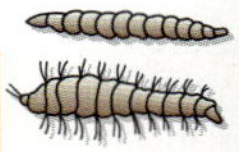
Mücken-larven

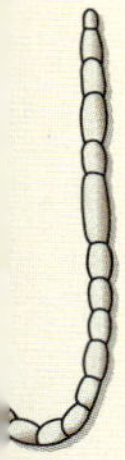
Topf-wurm

Gruppe 5: Bodenlebewesen

In einer Hand voll Erde aus der obersten Bodenschicht gibt es mehr Lebewesen als Menschen auf der Erde. Mehr als 6 Milliarden Bakterien, Pilze, Algen, Würmer, Insekten, Spinnen und Schnecken haben hier ihren Lebensraum.
Bakterien, Pilze, Algen, Einzeller und Fadenwürmer, die den größten Anteil ausmachen, sind nur mit einem Mikroskop zu sehen. Mit dem bloßen Auge oder einer Lupe entdeckt ihr Milben, Würmer, Schnecken, Spinnen, Asseln, Käfer und Larven.
Diese kleinen Lebewesen sorgen rund um die Uhr für neuen Humus. Sie fressen und zersetzen Pflanzenreste und lockern den Boden.
Um Bodenlebewesen beobachten zu können, müsst ihr Bodenproben der oberen Bodenschicht vorsichtig sieben. Im Frühling und im Sommer sind hier viele Lebewesen zu finden. Betrachtet sie mit einer Lupe und zeichnet einige. Bestimmt sie mithilfe eines Bestimmungsbuches.
Hinweis: Setzt alle Tiere nach der Beobachtung wieder ins Freie.

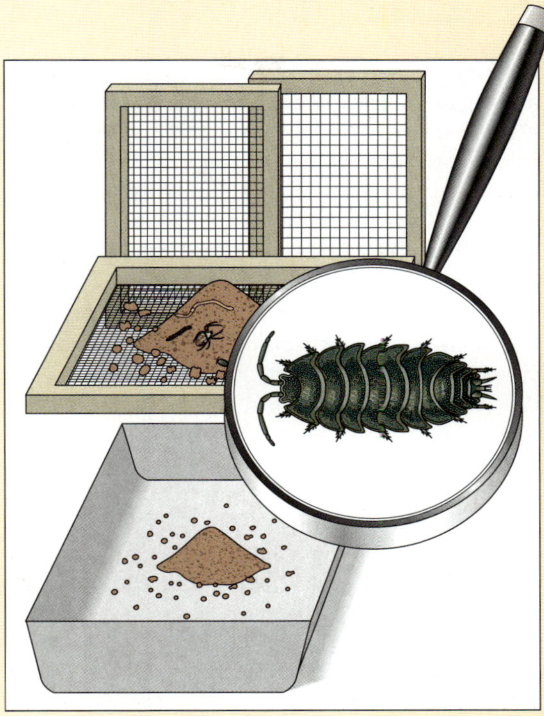
9 Fangvorrichtung für Bodentiere

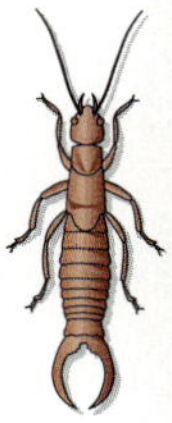
Ohrwurm

Schnur-füßer

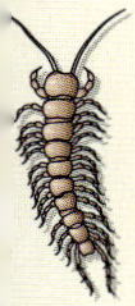
Stein-läufer

Erdläufer

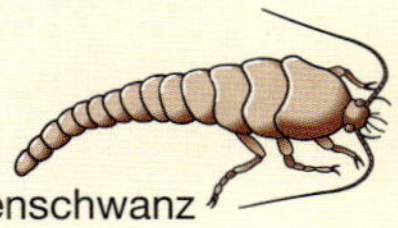
Borstenschwanz

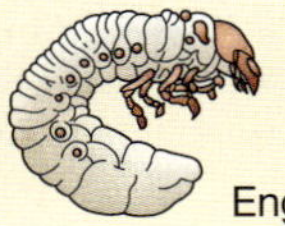
Engerling

Kugelassel

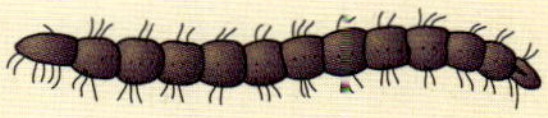
Drahtwurm

Spring-schwanz

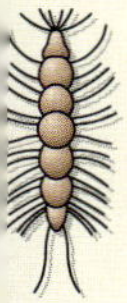
Wenig-füßer

Gruppe 6: Bodengefährdung und Bodenschutz

Die Nutzung des Bodens ist uns selbstverständlich und es sollte ebenso selbstverständlich sein, dass der Boden geschützt werden muss. Vielen wird das aber erst bei Unfällen bewusst, etwa wenn Dieselöl ausläuft. Verseuchten Boden zu reinigen ist sehr zeitaufwendig und kostet viel Geld.
Aber die hauptsächlichen Gefährdungen kommen nicht von Unfällen, sondern aus der alltäglichen Beanspruchung und übermäßigen Bewirtschaftung des Bodens. Beispiele dafür sind Verdichtung durch schwere Landmaschinen, Versiegelung durch zu viel Gülle, Vergiftung durch Pflanzenschutzmittel und sauren Regen.
Informiert euch über die Ursachen und Auswirkungen von Gefährdungen und stellt sie auf Plakaten dar.
Was können Landwirte, was kann jeder von uns tun, um den Boden zu schützen? Stellt auch diese Möglichkeiten auf Plakaten dar.

10 Gefährdung für den Boden

Saft-kugler

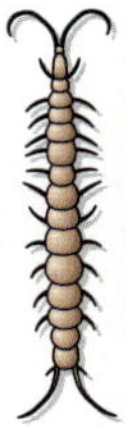
Zwerg-füßer

Keller-assel

Doppelschwanz

Rote Waldameise

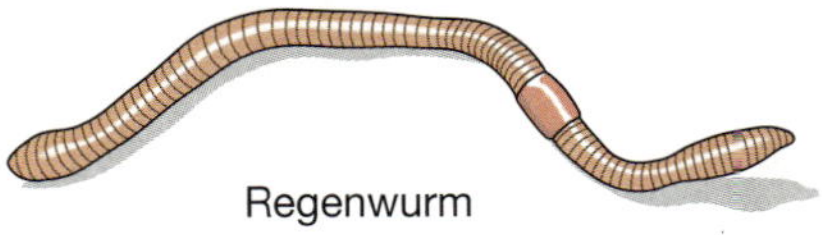
Regenwurm

Käferlarve

Projekt

Schulgarten

Der **Spätsommer** ist die beste Jahreszeit, um ein Beet anzulegen. Lasst euch dazu eine entsprechende Fläche auf dem Schulgrundstück zuweisen. Wer selbst Pflanzen setzt und ihr Wachstum beobachtet, weiß, wie wichtig die richtige Bodenbearbeitung und die Pflege der Pflanzen ist.
Im **Oktober** beginnt ihr mit dem Umgraben. Dabei muss jede abgestochene Scholle gewendet werden. Wenn möglich, bringt Mist zwischen die Schollen ein. Das umgegrabene Land bleibt über den **Winter** unbearbeitet liegen. Das Wasser kann in den Boden eindringen. Durch Schnee, Frost und Tauwetter zerfallen die groben Schollen zu kleinen Krümeln. Der Boden wird locker.

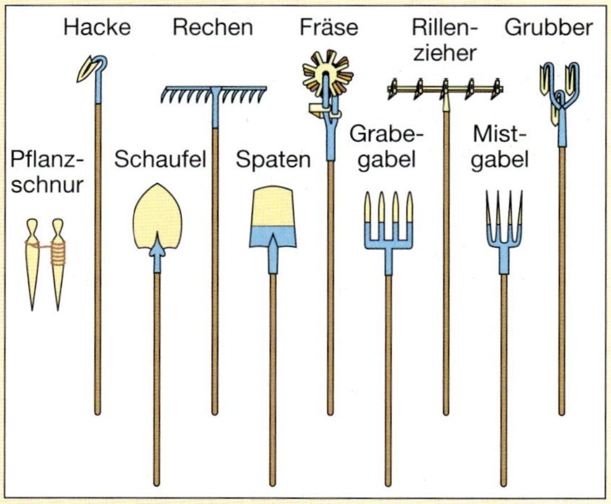

1 Gartengeräte zur Bodenbearbeitung und Aussaat

Im Frühjahr wird die Fläche geharkt und geebnet. Wann ihr mit der Aussaat beginnt, könnt ihr auf der Saatgutverpackung lesen.
Vor der Aussaat lockert ihr mit dem **Grubber** den Boden auf. Anschließend wird er mit der **Harke** glattgezogen und so bearbeitet, dass ganz feine Krümel entstehen. So kann der Boden eng am Saatgut anliegen. Dadurch gelangt Feuchtigkeit an das Saatgut und Luft kann in den Boden eindringen. Im Frühsommer müsst ihr die Wildkräuter vom Beet entfernen und den Boden zwischen den Kulturpflanzen lockern. Außerdem müssen die Pflanzen regelmäßig gegossen werden. Reinigt die Arbeitsgeräte nach dem Gebrauch.
Fotografiert die einzelnen Arbeitsschritte. Verwendet die Fotos zur Darstellung eures Projekts.

2 Gartenarbeiten im Jahreslauf

Gruppe 1: Anlage eines Blumenbeetes

Wenn ihr auf eurem Blumenbeet das ganze Jahr über blühende Pflanzen haben wollt, müsst ihr diese nach ihren unterschiedlichen Blühzeiten auswählen.
Vor der Aussaat harkt ihr den Boden und ebnet ihn ein. Dann kann die Verteilung der Pflanzen erfolgen. Dabei müsst ihr den Platzbedarf der einzelnen Pflanze, ihre Größe, den Blütezeitpunkt und ihren Lichtbedarf berücksichtigen.
Im Herbst könnt ihr die Zwiebeln von Schneeglöckchen, Narzissen und Tulpen setzen.
Die Samen von Ringelblumen, Kapuzinerkresse und Sonnenblumen werden im April direkt ins Beet gesät. Es sind **einjährige Pflanzen.** Sie müssen jedes Jahr neu gesät werden.
Im Frühjahr werden außerdem **Stauden** gesetzt, die über einen Meter hoch werden können. Deshalb werden Flammenblumen, Margeriten, Malven, Rittersporn und Lupinen in der Mitte des Beetes gepflanzt. Zwischen den Stauden lasst ihr etwas Platz, damit ihr leichter unerwünschte Wildkräuter jäten könnt.
Fertigt zu euren einzelnen Arbeitsschritten Zeichnungen an. Fotografiert einzelne Stadien des Pflanzenwachstums. Verwendet die Fotos zur Präsentation eures Projektes.

Gruppe 2: Anbau von Kopfsalat und Radieschen im Schulgarten

1. Besorgt euch im März in einer Gärtnerei oder in einem Gartencenter ein Päckchen Salatsamen.
Sät den Samen in Blumentöpfe. Stellt diese auf die Fensterbank im Klassenzimmer. Haltet den Boden feucht. Wenn die Pflanzen etwa 10 cm hoch sind, könnt ihr sie im Schulgarten anpflanzen.
Dazu müsst ihr die Salatpflanzen vorsichtig aus der Erde entnehmen. Dann setzt ihr sie in einer Reihe im Abstand von 20–30 cm. Die Pflanzen müssen nach dem Setzen angegossen werden. Haltet den Boden um die Pflanzen herum von Wildpflanzen frei. Gießt sie regelmäßig.

2. Zuerst lockert ihr den Boden und ebnet ihn ein. Sät dann die Radieschen in einem Reihenabstand von 10 cm ganz flach (ca. 1 cm) in den Boden. Die Pflanzen müssen immer kräftig gegossen werden. Nach ungefähr acht Tagen beginnt der Samen zu keimen. Eine Ernte kann nach 45–50 Tagen erfolgen.
Fotografiert einzelne Stadien des Pflanzenwachstums. Verwendet die Fotos zur Präsentation eures Projektes.

Projekt

Gruppe 3: Anlage einer Erdbeerpflanzung

Die beste Pflanzzeit für Erdbeeren ist die Zeit von Ende Juli bis August.
Haltet die in einem Gartencenter gekauften Erdbeerpflanzen bis zum Setzen feucht. Die Pflanzen werden in einem Abstand von 30 Zentimetern gepflanzt. Zwischen den einzelnen Reihen beträgt der Abstand 50 Zentimeter. Das Pflanzloch muss so tief sein, dass die Wurzeln locker hineinpassen. Die Erde muss um die Pflanzen fest angedrückt werden.
Nach dem Pflanzen müssen die Erdbeeren etwa 14 Tage lang regelmäßig gegossen werden. Den Boden um die Pflanzen müsst ihr das ganze Jahr über locker und frei von Wildkräutern halten. Der Boden wird flach angedrückt. Die Erntezeit beginnt im Juni.

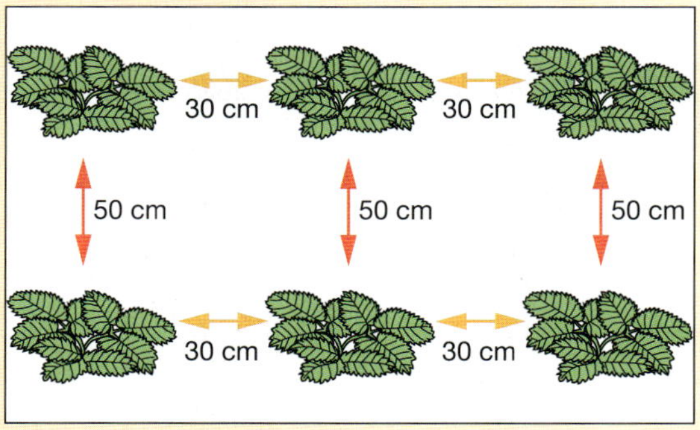

Fotografiert eure Tätigkeiten und einzelne Stadien des Pflanzenwachstums. Verwendet die Fotos zur Präsentation eures Projektes.

Gruppe 4: Anlage eines Komposthaufens

Für den Boden ist es sehr wichtig, dass ihm immer wieder Humus zugeführt wird, da der Humus viele Mineralstoffe enthält und außerdem Wasser binden kann.
Humusbildung findet auch im Komposthaufen statt. In der Abbildung unten könnt ihr erkennen, was alles auf einen Komposthaufen gegeben werden kann.

Die Anlage des Komposthaufens sollte folgendermaßen durchgeführt werden:
Besorgt euch im Baumarkt einen Holzkompostierer. Legt auf den Boden eine Schicht aus Ästen und ähnlichen Holzteilen. Legt in die Mitte die Wildkräuter, die beim Jäten anfallen. Darüber kommen Küchenabfälle, Laub, Gras, Obstreste und Gartenabfälle. Schüttet an den Rand Erde oder später fertigen Kompost. Deckt den gefüllten Holzkompostierer mit Erde ab.
Den fertigen Kompost könnt ihr im Herbst auf die Beete ausbringen. Fotografiert eure Tätigkeiten. Verwendet die Fotos zur Präsentation eures Projektes.

f. = die folgende Seite; ff. = die folgenden Seiten

T

U

V

W

Z

Trotz entsprechender Bemühungen ist es nicht in allen Fällen gelungen, den Rechtsinhaber ausfindig zu machen.
Gegen Nachweis der Rechte zahlt der Verlag für die Abdruckerlaubnis die gesetzlich geschuldete Vergütung.

Titel (Eisbär): Dr. Bäsemann/Okapia, Frankfurt; 3.1: zefa, Hamburg; 3.2: Studio Schmidt-Lohmann, Hannover; 4.1: Mangelsen/Arnold/Okapia, Frankfurt; 5.1: Studio Schmidt-Lohmann, Hannover; 6.1: Gebhardt/Mauritius, Mittenwald; 7.1: fact/Mauritius, Mittenwald; 7.2: Reinhard-Tierfoto, Heiligkreuzsteinach; 12.1: zefa, Hamburg; 13.1: Glammeier, Hannover; 14.1A, 14.2A: Minkus, Isernhagen; 15.3A: Fabian, Hannover; 17.2A–C: Tegen, Hambühren; 19.1D: Lacz/Silvestris, Kastl; 20.1–4: Tegen, Hambühren; 22.1A: Silvestris, Kastl; 24.1: Illustration von F.J. Tripp, aus: Otfried Preußler, DER RÄUBER HOTZENPLOTZ © 1962 by Thienemann Verlag (Thienemann Verlag GmbH), Stuttgart - Wien; 24.2: Tegen, Hambühren; 24.3A: Fogden/Okapia, Frankfurt; 26.1B: Reinhardt/Mauritius, Mittenwald; 32/33: Studio Schmidt-Lohmann, Hannover; 34.1: Tönnies, Laatzen; 34.2: Fabian, Hannover; 35.1: Tönnies, Laatzen; 35.2: Kerscher/Silvestris, Kastl; 36.1–5, 37.1–2: Tegen, Hambühren; 38.1: Fabian, Hannover; 38.2: Phywe Systeme GmbH, Göttingen; 38.3: Physikalisch-technische Bundesanstalt, Braunschweig; 39.4: Tegen, Hambühren; 39.5–7: Phywe Systeme GmbH, Göttingen; 40.2A–B, 41.1: Tegen, Hambühren; 41.4: Phywe Systeme GmbH, Göttingen; 41.5: Degussa AG, Frankfurt; 42.1, 43.3–4, 44.2–4, 45.5–7, 46.3: Tegen, Hambühren; 46.4: Minkus, Isernhagen; 47.1A: Lade Fotoagentur, Frankfurt; 47.2: Opel AG, Rüsselsheim; 47.3A: Witte-Gaedecke, Hannover; 48.4, 49.5, 50.1–2, 51.1–5, 52.1, 52.2A–C, 53.3, 53.4A, 53.4C, 54.1, 54/55.2A–H: Tegen, Hambühren; 56.1: Gerhard P. Müller Fotodesign, Dortmund; 56.2: Solvay Deutschland GmbH, Hannover; 57.1A–B: Tegen, Hambühren; 57.2–3: Werkfoto der Wacker Siltronic AG, Burghausen; 58.1–2, 59.1–3, 60.1, 61.1–3, 62.1–3, 63.1–2, 64.1–4: Tegen, Hambühren; 65.1–3: Gouasé, Speyer; 65.4: Frank Lane Picture Agency LTD/Silvestris, Kastl; 65.5: Meinel, Hannover; 66.1: Janssen/Okapia, Frankfurt; 66.1A: creativ collection Verlag GmbH, Freiburg; 67.1B: dpa,Frankfurt; 67.2: Gouasé, Speyer; 72.2: Preussen Elektra, Hannover; 82 .1, 83.2, 84.1–3, 86.1A, 86.1B1, 86.1B2, 86.3, 87.5A–B: Tegen, Hambühren; 88.1: Phototheque/Mauritius, Mittenwald; 89.2–3: Tegen, Hambühren; 92.1–8: Tönnies, Laatzen; 93.1: de Cuveland, Hamburg; 94/95.1: Mangelsen/Arnold/Okapia, Frankfurt; 96.1: Geduldig/Naturbild/Okapia, Frankfurt; 96.2: Schröter/Mauritius, Mittenwald; 97.1: Mauritius, Mittenwald; 98.4, 99.1: Tegen, Hambühren; 101.1A–B: Astrofoto Bildagentur GmbH, Sörth; 101.1C: Tegen, Hambühren; 101.1D: Conrad Electronic GmbH, Hirschau; 101.2A: Tegen, Hambühren; 101.2B–C: creativ collection Verlag GmbH, Freiburg; 101.2D: Astrofoto Bildagentur GmbH, Sörth; 102.0: Lahall/IFA-Bilderteam, Ottobrunn; 102.1, 103.1–3: Tegen, Hambühren; 104.1–2: creativ collection Verlag GmbH, Freiburg; 105.1: Phywe Systeme GmbH, Göttingen; 105.2: Messerschmidt Apparate GmbH, Langenhagen; 106.1: Mauritius, Mittenwald; 106.2: Tegen, Hambühren; 107.1: Zefa, Hamburg; 109.2A: Beiersdorf AG, Hamburg; 109.2B: Tiroler Nussöl Sonnenkosmetik GmbH & Co. Vertriebs- und Marketing KG, Hamburg; 110.1: NASA/Astrofoto Bildagentur GmbH, Sörth; 111.1A–D, 111.2–3, 112.1: Tegen, Hambühren; 112.2A–B: Tegen, Hambühren mit freundlicher Unterstützung von PHYWE SYSTEME GmbH, Göttingen; 112.3, 113.2–3, 114.1, 115.0: Tegen, Hambühren; 115.1: Messer Griesheim GmbH, Krefeld; 115.3: Silvestris, Kastl; 115.4: TPC/IFA-Bilderteam, Ottobrunn; 116.1: Fabian, Hannover; 118.1: Astrofoto Bildagentur GmbH, Sörth; 118.2, 119.2A: Mauritius, Mittenwald; 119.1B: NAS/J. Bucher/Okapia, Frankfurt; 119.1C: Eric Bach Superbild, Berlin; 120.1, 120.2A–C: Tegen, Hambühren; 121.4: Mauritius, Mittenwald; 121.5: IFA-Bilderteam, Ottobrunn; 122.1, 123.4, 124.2, 125.3: Tegen, Hambühren; 127.2A: Miele & Cie. GmbH & Co., Güterlsoh; 128.2A: Rosing/Mauritius, Mittenwald; 128.2B: Susan/Mauritius, Mittenwald; 128.2C: Schrempp/Greiner + Meyer, Braunschweig; 129.1: Havlicek/zefa, Hamburg; 129.2–3: metropress presseagentur GmbH&Co., Frankfurt; 129.4: Emu/Okapia, Frankfurt; 130.1, 131.3A–B: Tegen, Hambühren; 134.1: Dr. Philipp, Berlin; 134.2–3, 136.1: Wellinghorst, Quakenbrück; 136.1A: Schroedel-Archiv; 137.1: Prof. Dr. Weber, Reutlingen; 137.2: Wellinghorst, Quakenbrück; 137.3: Tönnies, Laatzen; 137.4: Wellinghorst, Quakenbrück; 137.5: Dr. Philipp, Berlin; 137.6: Tönnies, Laatzen; 138.1: Wellinghorst, Quakenbrück; 138.2: Tönnies, Laatzen; 138.3 o., Mi, u.:Wellinghorst, Quakenbrück; 139.1–2: Tönnies, Laatzen; 139.3: Schroedel-Archiv; 139.4: Reinhard/Okapia, Frankfurt; 139.5: Prof. Dr. Weber, Reutlingen; 139.6: Reinhard/Mauritius, Mittenwald; 139.7–8: Dr. Philipp, Berlin; 140.1: Schroedel-Archiv; 140.1 (Kreis): Wellinghorst, Quakenbrück; 140.2: Schroedel-Archiv; 140.2 (Kreis): Wellinghorst, Quakenbrück; 140.3: Schroedel-Archiv; 140.3 (Kreis): Wellinghorst, Quakenbrück; 140.4: Schroedel-Archiv; 140.4 (Kreis): Wellinghorst, Quakenbrück; 141.0: Tönnies, Laatzen; 141.4: Reinhard/Okapia, Frankfurt; 141.3, 141.1: Schroedel-Archiv; 141.2: Haneforth/Okapia, Frankfurt; 141.5: Schroedel-Archiv; 142.1A: Reinhard/Mauritius, Mittenwald; 142.2: Dr. Pott/Mauritius, Mittenwald; 143.3: Gierth/Mauritius, Mittenwald; 143.4: Klein & Hubert/BIOS/Okapia, Frankfurt; 144.1: M-SAT, Saarbrücken/Astrofoto Bildagentur GmbH, Sörth; 144.1A: Dr. Michael Kaatz/Storchenhof Loburg; 144.1B: Buchhorn/Silvestris, Kastl; 144.1C: Buchhorn/Okapia, Frankfurt; 144.1D: Wothe/Silvestris, Kastl; 145.2A: Nill/Mauritius, Mittenwald; 145.2B: Brandl/Silvestris, Kastl; 145.2C: Cramm/Silvestris, Kastl; 145.2D: Schmidt/Silvestris, Kastl; 146.1: Fischer/Mauritius, Mittenwald; 146.2: Dr. Pott/Okapia, Frankfurt; 146.3: Reinhard/Angermayer, Holzkirchen; 146.4: Danegger/Okapia, Frankfurt; 147.6A: Kuch/Silvestris, Kastl; 147.6B: Reinhard-Tierfoto, Heiligkreuzsteinach; 147.7: Soder/Okapia, Frankfurt; 148/149: Studio Schmidt-Lohmann, Hannover; 150.1: Meckes/eye of science/Focus, Hamburg; 150.2: picture-alliance/dpa, Frankfurt; 151.1: Behrens, Lehrte; 151.2: Zeiss, Jena; 152.1A: Behrens, Lehrte; 152.1B: Zeiss, Jena; 152.2: Tönnies, Laatzen; 153.1A: eye of science/Focus, Hamburg; 153.2, 154.1, 155.1A : Schroedel-Archiv; 155.2B: Reschke/Arnold/Okapia, Frankfurt; 157.1A, 157.3: Schroedel-Archiv; 160.1A: Tegen, Hambühren; 160.1B: Niehoff, Hannover; 161.1: Thonig/Mauritius, Mittenwald; 161.2, 162.2–3: Tegen, Hambühren; 163.A: Van Ravenswaay/Astrofoto Bildagentur GmbH, Sörth; 164.1–2, 165.2–3, 166.1–3, 167.1–3, 168.1, 168.3, 169.1: Tegen, Hambühren; 170.1A–B: Minkus, Isernhagen; 171.3: Stelter; 174.1–2, 175.1A: Tegen, Hambühren; 175.1B: Niehoff, Hannover; 177.1, 177.2A–B, 178.2–6: Astrofoto Bildagentur GmbH, Sörth; 180/181: Gebhardt/Mauritius, Mittenwald; 182.1–2: Studio Schmidt-Lohmann, Hannover; 183.1 A–E: Minkus, Isernhagen; 184.1: Tegen, Hambühren; 184.3: Simper, Wennigsen; 186.1A: Cash/Mauritius, Mittenwald; 186.1B–D: Minkus, Isernhagen; 187.3: NAS/Will & Deni MCIntyre/Okapia, Frankfurt; 188.2–3, 189.1: Tegen, Hambühren; 189.2: SONOR Johs. Link GmbH, Bad Berleburg; 189.3–4, 190.1, 190.1 (Lupe), 190.2: Tegen, Hambühren; 191.1: Bandelin GmbH, Berlin; 191.2: Dr. Schwerdtfeger, Hannover; 192.1, 193.1,. 194.1–2: Tegen, Hambühren; 195.1–2: Aearo GmbH, Ettlingen; 195.3: teco Schallschutz GmbH, Peine; 195.4: Ernst-Apparatebau GmbH & Co., Hagen; 196.1: Sony, Köln; 196.2A–B: Aearo GmbH, Ettlingen; 197.1: Tegen, Hambühren; 199.2: MEV Verlag; 199.3: Simper, Wennigsen; 200.1: Minkus, Isernhagen; 200.2A–C, 201.3–4, 202.1–4: Tegen, Hambühren; 203.1A: Minkus, Isernhagen; 203.1B: Deutsche Gesellschaft für Ernährung e. V., Frankfurt; 203.1C, 204.1–4: Minkus, Isernhagen; 205.1: Archiv für Kunst und Geschichte, Berlin; 207.1: Kühn, Heidelberg; 210.1: Herden, Extertal; 210.2: Fabian, Hannover; 212.1: Sporting Pictures/Mauritius, Mittenwald; 213.4–6: Branddirektion Frankfurt/Main; 214.2A–B: Tegen, Hambühren; 216.1A–B, 217.1: Minkus, Isernhagen; 217.3: Döhring, Uetze; 218.1A: Telner/Okapia, Frankfurt; 218.1B: Meckes/Ottawa/eye of science/Focus, Hamburg; 218.3: eye of science/Focus, Hamburg; 219 1: Meckes/Institut für Wissenschaftliche Fotografie Kage, Lauterstein; 223.1A–E: Behrens, Lehrte; 223.3: Dobers, Walsrode; 224.1A–B, 225.3: Minkus, Isernhagen; 226.2A–C, 228.2A–C: Lemke, Peters & Partner, Ratingen; 230.4: Minkus, Isernhagen; 231.1 A–B: Dr. Schleyer/Karly, München; 231.1 C–D: Dr. Heinzmann/Karly, München; 232.2A: Garry Watson/Science Photo Library/Focus, Hamburg; 232.2B: Ein Kind entsteht/Lennart Nilsson/Mosaik Verlag, München; 232.2C: Meadows/Arnold, Inc./Okapia, Frankfurt; 233.1–6: Minkus, Isernhagen; 234.1 A: Guenther/Mauritius, Mittenwald; 234.1 B: Janfot/Naturbild/Okapia, Frankfurt; 234.1 C: Habel/Mauritius, Mittenwald; 234.1 D: Boddy/Picture Press, Hamburg; 235.2A–D: Tönnies, Laatzen; 236.2: Auf den Spuren starker Mädchen. Cartoons für Mädchen, Zartbitter e. V., Köln; 237.3: Minkus, Isernhagen; 238/239: fact/Mauritius, Mittenwald; 240.1: Nissen/zefa, Hamburg; 241.2: Mauritius, Mittenwald; 241.3: Bilder Pur, München; 241.4: Thomann/Stern, Hamburg; 242.1: Mauritius, Mittenwald; 242.2: Tegen, Hambühren; 243.2: Deutsche Post AG, Bonn; 243.3: Tegen, Hambühren; 244.1: Foto H. A. Roth, Pulheim; 244.2: VW AG, Wolfsburg; 244.4: auto motor und sport, Stuttgart; 245.1A–B: Mauritius, Mittenwald; 245.2: Adtranz – DaimlerChrysler Rail Systems GmbH, Hennigsdorf; 245.3A: Glashütter Uhrenbetrieb GmbH, Glashütte; 245.3B: Swatch, Biel, CH; 246.2, 247.1–4: Tegen, Hambühren 248.1, 250.1, 252.1: Minkus, Isernhagen; 253.1: aus: C. Taylor/Stephen Pople: Das große Technikbuch für Schüler, c) der deutschsprachigen Ausgabe by Arena Verlag GmbH, Würzburg, 1996; 254.1A, 254.1C, 255.1A–B, 255.2–7: Minkus, Isernhagen; 256.2: Tegen, Hambühren; 256.3A–B: Fabian, Hannover; 257.1A–B 257.2:Tegen, Hambühren; 260/261: Reinhard-Tierfoto, Heiligkreuzsteinach; 262.1: dpa, Frankfurt; 262.2: Leeson/Okapia, Frankfurt; 262.3: LeMoigne/Okapia, Frankfurt; 263.1B: Lanceau/Nature/Okapia, Frankfurt; 263.2: Danegger/Silvestris, Kastl; 264.1C: Pfletschinger/Angermayer, Holzkirchen; 264.1A: Reinhard/Angermayer, Holzkirchen; 266.1: Heblich/Okapia, Frankfurt; 267.3: Pfletschinger/Angermayer, Holzkirchen; 268.1: Quedens, Norddorf/Amrum; 270.1A: Tilford/OSF/Okapia, Frankfurt; 270.1B: NHPA/Silvestris, Kastl; 270.1C: Mönch/Angermayer, Holzkirchen; 270.2: Sohns/Silvestris, Kastl; 271.4: Rosing/Silvestris, Kastl; 271.5: Groß/Okapia, Frankfurt; 271.6: Osolinski/OSF/Okapia, Frankfurt; 274.1: Dalton/Silvestris, Kastl; 275.1–2: Deutsches Museum, München; 275.3: Archiv für Kunst und Geschichte, Berlin; 275.4: SOP/Mauritius, Mittenwald; 276.1A: Maier/Silvestris, Kastl; 276.1B, 276.2A–C: Pfletschinger/Angermayer, Holzkirchen; 277.3A: Meyers/zefa, Hamburg; 277.3B: Schrempp/Greiner + Meyer, Braunschweig; 278.1A: Wegner/Silvestris, Kastl; 278.1B: Wellinghorst, Quakenbrück; 279.2: Bach/zefa,Hamburg; 280.1A: Thielscher/Silvestris, Kastl; 280.1B–F: Pfletschinger/Angermayer, Holzkirchen; 281.1A: Walz/Silvestris, Kastl; 281.1B: Pfletschinger/Angermayer, Holzkirchen; 281.1C: Walz/Silvestris, Kastl; 281.2A: Büttner/Naturbild/Okapia, Frankfurt; 281.2B: Pfletschinger/Angermayer, Holzkirchen; 281.2C: Willner/Silvestris, Kastl; 283.1: Schroedel-Archiv; 283.2: Wendler/Silvestris, Kastl; 283.3: Wellinghorst, Quakenbrück; 283.4: Pfletschinger/Angermayer, Holzkirchen; 283.5 Salamander AG, Kornwestheim; 283.6: Pfletschinger/Angermayer, Holzkirchen; 284.1: Stadler/Silvestris, Kastl; 284.2A: Reinhard/Okapia, Frankfurt; 285.3B: Schwind/Okapia, Frankfurt; 286.1A–B, 287.2: Tegen, Hambrühren; 288.1A: Lichtbild-Archiv Dr. Keil, Neckargemünd; 289.1: Reinhard/Angermayer, Holzkirchen; 289.2A: Hartl/Okapia, Frankfurt; 289.2B: Heppner/Silvestris, Kastl; 289.2C: Hartl/Okapia, Frankfurt; 289.3A–B: Lichtbild-Archiv Dr. Keil, Neckargemünd; 289.3C: NAS Miller/Okapia, Frankfurt; 294.1: Ziesler/Angermayer, Holzkirchen; 294.1A: Reinhard/Angermayer, Holzkirchen; 294.1B: Groß/Okapia, Frankfurt; 295.2: Wellinghorst, Quakenbrück; 295.2A: Wahl/Silvestris, Kastl; 295.2B: Pfletschinger/Angermayer, Holzkirchen; 295.2D–E: Wellinghorst, Quakenbrück; 296.1A: Tönnies, Laatzen; 296.1B: Reinhard-Tierfoto, Heiligkreuzsteinach; 296.1C: Reinhard/Okapia, Frankfurt; 296.2: Tönnies, Laatzen; 297, 298: Schroedel-Archiv; 300.1: Lughofer/Silvestris, Kastl; 300.2, 301.1, 301.3: Schroedel-Archiv; 302.1A: Bruckner/Silvestris, Kastl; 302.2A: Geduldig/Naturbild/Okapia, Frankfurt; 302.2B: Wellinghorst, Quakenbrück; 303.1: Nill/Silvestris, Kastl; 304.1: Shay/OSF/Okapia, Frankfurt; 304.2: Angermayer, Holzkirchen; 304.3: Kotzke/Silvestris, Kastl; 305.1–3: Schroedel-Archiv; 305.4: Reinhard-Tierfoto, Heiligkreuzsteinach; 306.1B: Dr. Sauer/Silvestris, Kastl; 306.2A–C: Schroedel-Archiv; 307.1: Reinhard/Mauritius, Mittenwald; 307.2: fm/Mauritius, Mittenwald; 307.3: Reinhard/Mauritius, Mittenwald; 308.1: Tönnies, Laatzen; 308.2, 309.3: Dobers, Walsrode; 309.4 (Lupe): Schroedel-Archiv; 309.4: Dobers, Walsrode; 309.5: Wegner/Silvestris, Kastl; 310.1A–C, 310/311.2A–H, 314.1A: Schroedel-Archiv; 314.2A: Tönnies, Laatzen; 314.3A: Lindner/Mauritius, Mittenwald; 315.1: Dr. Philipp, Berlin; 315.2A, 316.1A: Tönnies, Laatzen; 316.1B, 316.2A: Schroedel-Archiv; 317.2A: hapo/Okapia, Frankfurt; 317.2B: Reinhard/Okapia, Frankfurt; 318.1A: Starke, Leipzig; 318.1C, 318.2A–B, 319.1A: Tönnies, Laatzen; 319.2A: Wellinghorst, Quakenbrück; 319.2B: Schroedel-Archiv; 320.1: Giel/Okapia, Frankfurt; 322.1–2: Tönnies, Laatzen; 322.2A: Grzimek/Okapia, Frankfurt; 322.2B Tönnies, Laatzen; 323.3: Dr. Philipp, Berlin; 323.3A: Dr. Thomas, Göttingen; 323.3B: Willna/Silvestris, Kastl; 323.4: Dr. Thomas, Göttingen; 327.1A: Elfner/Angermayer, Holzkirchen; 327.1B: Angermayer, Holzkirchen; 327.1C: Reinhard/Mauritius, Mittenwald; 327.1D: Deymann/Silvestris, Kastl; 327.1E1–2: Schroedel-Archiv; 328.1A: Angermayer, Holzkirchen; 328.1B, 328.1D: Pfletschinger/Angermayer, Holzkirchen; 332.1A: Robba/Silvestris, Kastl; 332.1B: Willna/Silvestris, Kastl; 332.1C: Weber/Silvestris, Kastl; 332.1D: Reinhard-Tierfoto, Heilikreuzsteinach; 332 1E: Marquez/Silvestris, Kastl; 333.1A: Tönnies, Laatzen; 333.1B: Mauritius, Mittenwald; 333.1C: Heartsoul – 189 – ACE/Mauritius, Mittenwald; 333.1D: Brehm/Okapia, Frankfurt; 334.1: Thonig/Mauritius, Mittenwald; 335.1A–C: Ossi Baumeister/Gesellschaft für ökologische Forschung e. v., München; 335.2: Steinmetz/Naturbild/Okapia, Frankfurt; 335.3A: Bühler/Silvestris, Kastl; 335.3B: Kratz/Okapia, Frankfurt; 336.1: Lane/Silvestris, Kastl; 340.2: Tönnies, Laatzen; 341.2: Beuck, Helvesiek; 343.1: Dr. Philipp, Berlin; 343.4: Arndt/Silvestris, Kastl; 344.1A: NAS/Eisenbeiss/Okapia, Frankfurt; 344.2A: Pfletschinger/Angermayer, Holzkirchen; 344.3A: Martinez/Silvestris, Kastl; 344.4A: Pfletschinger/Angermayer, Holzkirchen; 345.1: NHPA/Silvestris, Kastl; 345.2–3: Hecker/Silvestris, Kastl; 345.4: Bernhardt Apparatebau, Wedel; 345.5: Manning/Mauritius, Mittenwald; 345.6: Silvestris, Kastl; 345.7: Freund/Okapia, Frankfurt; 346.1A: Birke/Mauritius, Mittenwald; 346.1B: Wothe/Silvestris, Kastl; 346.1C: Lacz/Silvestris, Kastl; 346.1D–E, 347.2: Reinhard-Tierfoto, Heiligkreuzsteinach; 350.7–8: Tegen, Hambühren; 351.10: Josef Ege/Okapia, Frankfurt; 353.1: Greiner/Greiner + Meyer, Braunschweig; 353.2: Pfeiffer/Silvestris, Kastl; 353.3: Wellinghorst, Quakenbrück; 354.1: Behrens, Lehrte